Kontextbasierte Integration agiler und plangetriebener Entwicklungsprozesse

Context-Based Integration of Agile and Plan-Driven Development Processes

Von der Fakultät für Maschinenwesen
der Rheinisch-Westfälischen Technischen Hochschule Aachen
zur Erlangung des akademischen Grades einer
Doktorin der Ingenieurwissenschaften
genehmigte Dissertation

vorgelegt von

Laura Johanna Ays geb. Koch

Berichter:

Univ.-Prof. Dr.-Ing. Dipl.-Wirt. Ing. Günther Schuh
apl. Prof. Dr.-Ing. Wolfgang Boos

Tag der mündlichen Prüfung: 04. Mai 2022

ERGEBNISSE AUS DER PRODUKTIONSTECHNIK

Johanna Ays

Kontextbasierte Integration agiler und plangetriebener Entwicklungsprozesse

Herausgeber:
Prof. Dr.-Ing. T. Bergs
Prof. Dr.-Ing. Dipl.-Wirt. Ing. G. Schuh
Prof. Dr.-Ing. C. Brecher
Prof. Dr.-Ing. R. H. Schmitt

Band 26/2022

WZL | RWTH AACHEN UNIVERSITY

Fraunhofer IPT

Bibliografische Information der Deutschen Nationalbibliothek
Die Deutsche Nationalbibliothek verzeichnet diese Publikation in der Deutschen Nationalbibliografie; detaillierte bibliografische Daten sind im Internet über https://portal.dnb.de abrufbar.

Johanna Ays:

Kontextbasierte Integration agiler und plangetriebener Entwicklungsprozesse

1. Auflage, 2022

Gedruckt auf holz- und säurefreiem Papier, 100% chlorfrei gebleicht.

Apprimus Verlag, Aachen, 2022
Wissenschaftsverlag des Instituts für Industriekommunikation und Fachmedien an der RWTH Aachen
Steinbachstr. 25, 52074 Aachen
Internet: www.apprimus-verlag.de, E-Mail: info@apprimus-verlag.de

Druck: CPI Druckdienstleistungen GmbH, Ferdinand-Jühlke-Straße 7 I 99095 Erfurt

ISBN 978-3-98555-087-6

D 82 (Diss. RWTH Aachen University, 2022)

„If you can’t describe what you are doing as a process,
you don’t know what you’re doing.“

W. Edwards Deming (1900-1993)

Vorwort

Die vorliegende Dissertation entstand während meiner Zeit als wissenschaftliche Mitarbeiterin in der Abteilung Innovationsmanagement am Lehrstuhl für Produktionssystematik des Werkzeugmaschinenlabors WZL der RWTH Aachen University. Die Erstellung der Dissertation war eine herausfordernde, aber auch sehr bereichernde Erfahrung. An dieser Stelle möchte ich mich bei all den Menschen bedanken, die mich auf diesem Weg begleitet und auf unterschiedlichste Art und Weise unterstützt haben.

Mein besonderer Dank gilt zunächst meinem Doktorvater Herrn Professor Günther Schuh, der mir als Inhaber des Lehrstuhls für Produktionssystematik ein innovatives Umfeld bot, das mich gleichermaßen fachlich sowie persönlich gefördert und gefordert hat. Neben seiner inspirierenden, visionären Art und seinem disziplinübergreifenden, unternehmerischen Denken hat vor allem sein Vertrauen in meine Person maßgeblich zu meiner Promotion beigetragen und mich nachhaltig geprägt.

Für die Übernahme des Koreferats danke ich darüber hinaus Herrn Professor Wolfgang Boos. Bei Herrn Professor Christian Hopmann möchte ich mich für die Übernahme des Prüfungsvorsitzes und bei Frau Professorin Julia Kowalski für die Übernahme des Prüfungsbeisitzes bedanken.

Mein Dank gilt außerdem meinen Oberingenieuren. Dr. Michael Riesener, der mich als wissenschaftliche Mitarbeiterin einstellte, danke ich für die ersten Anregungen bei der Entwicklung meiner Dissertationsidee. Dr. Christian Dölle gebührt ein großer Dank für die vielen Impulse zu meiner Dissertation, für den immerwährenden Ansporn bei deren Erstellung sowie dafür, dass er mir stets mit Rat und Tat zur Seite stand. Bedanken möchte ich mich auch bei Dr. Maximilian Kuhn, der mich in der finalen Phase meiner Promotion mit seinem Scharfsinn und Ideenreichtum unterstützt hat.

Für die Zusammenarbeit, für die Kollegialität und für die vielen positiven Erinnerungen möchte ich mich ganz herzlich bei meinen Kolleginnen und Kollegen bedanken. Ein Dank gilt Dr. Christian Tönnes, der zu jeder Zeit ein offenes Ohr für mich hatte. Danken möchte ich auch Dr. Merle Jank für die vielen schönen Augenblicke, beruflich und privat, sowie das gemeinsame „am Ball bleiben". Ebenso gilt mein Dank Annika

Becker, in der ich in vielerlei Hinsicht am WZL eine Gleichgesinnte gefunden habe. Bedanken möchte ich mich weiterhin bei Dr. Alexander Menges, für die gemeinsame Zeit als Gruppenleitung, und bei Hendrik Lauf, für amüsante Gespräche und das erfolgreiche Meistern gemeinsamer Projekte. Die Zeit am WZL wurde außerdem durch Dr. Casimir Ortlieb, Dr. Frederic Diels, Dr. Sebastian Barg, Dr. Jan Kantelberg, Dr. Christian Mattern, Dr. Jan Koch, Dr. Sebastian Schlößer, Dr. Manuel Ebi, Michael Mendl-Heinisch, Julian Kreß und Jonas Tittel entscheidend mitgeprägt.

Ein weiterer Dank gilt meinen studentischen MitarbeiterInnen und AbschlussarbeiterInnen. Besonders hervorheben möchte ich hier Stefan Perau, mittlerweile selbst wissenschaftlicher Mitarbeiter am WZL, und Joschka Finke.

Bedanken möchte ich mich darüber hinaus bei meinen Studienfreunden Lena und Martin, Marga und Robert, Cecilia und Tim. Ihr habt die Zeit in Aachen, auch über das Studium hinaus, unvergesslich gemacht. Wir sind gemeinsam „groß geworden". Eure Freundschaft ist für mich von ganz besonderem Wert.

Der größtmögliche Dank aber gebührt schließlich meiner Familie. Danken möchte ich meinem viel zu früh verstorbenen Vater Peter, von dem mir bis heute erzählt wird, dass er mich von klein auf (offensichtlich erfolgreich) versucht hat für technische Fragestellungen zu begeistern. Danken möchte ich auch meiner Mutter Rosemarie und meiner Schwester Miriam für ihre grenzenlose Unterstützung, ihren unvergleichlichen Rückhalt und ihr unerschütterliches Vertrauen in mich. Nicht zuletzt haben ihre stetige Fürsorge und ihr regelmäßiges, teils spontanes Einspringen bei der Kinderbetreuung mir zahlreiche Stunden des Schreibens ermöglicht. Meinem Stiefvater Tom danke ich für die ermutigenden und wegweisenden Gespräche, die unter anderem zur Wahl meines Studienfachs geführt und mich bei der Entscheidung für eine Promotion bestärkt haben. Ein Dank gilt auch meinen Schwiegereltern und meiner Schwägerin für ihren fortwährenden Zuspruch und dafür, dass sie dazu beigetragen haben meinen Mann zu dem werden zu lassen, der er heute ist. Denn dir, Julian, gebührt abschließend mein tiefster Dank. In den vergangenen Jahren warst du nicht nur zu jeder Zeit mein bester Freund, Ehemann und Vater unserer Kinder, sondern auch mein engster Verbündeter in der Forschungswelt, mein Diskussionspartner, mein größter Kritiker, mein persönlicher Motivator, mein Ratgeber und Lektor. Ich danke dir von Herzen für diese intensive Zeit, für deine Entbehrungen und deinen bedingungslosen Rückhalt. Dir und unseren Kindern, Charlotte und Jonathan, widme ich diese Arbeit.

Aachen, im Mai 2022

Laura Johanna Ays

Inhaltsverzeichnis

Verzeichnis der Abbildungen

Verzeichnis der Tabellen

Verzeichnis der Abkürzungen

Abb.	Abbildung
AM	Agile Modeling
APM	Agile Project Management
ASD	Agile Systems Design
Aufl.	Auflage
B2B	Business-to-Business
B2C	Business-to-Customer
Bsp.	Beispiel
bspw.	beispielsweise
bzgl.	bezüglich
bzw.	beziehungsweise
ca.	circa
d.h.	das heißt
DIN	Deutsches Institut für Normung e.V.
DMM	Domain Mapping Matrix
DoD	Definition of Done
DSDM	Dynamic Systems Development Method
DSM	Design Structure Matrix
EN	Europäische Norm
engl.	englisch

et al.	et alii (und andere)
etc.	et cetera
e.V.	eingetragener Verein
EVGM	Eignungseinstufungsverfahren für Vorgehensmodelle
f.	folgende
FDD	Feature Driven Development
ff.	fortfolgende
F&E	Forschung und Entwicklung
ggf.	gegebenenfalls
Gl.	Gleichung
GmbH	Gesellschaft mit beschränkter Haftung
Gr.	Gruppe
HAMRA	Hybrid Adaptive Methodology Reference Architecture
Hrsg.	Herausgeber
HyProM	Adaptives Vorgehensmodell für hybrides Projektmanagement
i.d.R.	in der Regel
IGTA	Idicula-Gutierrez-Thebeau-Algorithmus
IPT	Fraunhofer Institut für Produktionstechnologie
ISO	Internationale Organisation für Normung
IVPM2	Iterative and Visual Project Management Method
Jg.	Jahrgang
Kap.	Kapitel
LeSS	Large-Scale Scrum
LH	Lösungshypothese
MoSCoW	Priorisierungsmethode („Must“, „Should“, „Could“ und „Won’t“)

MVM	Münchener Vorgehensmodell
NPD	New Product Development
Nr.	Nummer
NTCP	Diamond Approach („Novelty“, „Technology“, „Complexity“ und „Pace“)
PMI	Project Management Institute
ProKoB	Projektkontext-spezifische Prozessbaustein-Orchestrierung
OECD	Organisation für wirtschaftliche Zusammenarbeit und Entwicklung
o.V.	ohne Verfasserangabe
RUP	Rational Unified Process
RWTH	Rheinisch-Westfälische Technische Hochschule
S.	Seite
SAFe	Scaled Agile Framework
Tab.	Tabelle
TRIZ	Theorie des erfinderischen Problemlösens (russisches Akronym)
UDD	Usability Driven Development
VDI	Verein Deutscher Ingenieure e.V.
VDID	Verband Deutscher Industrie Designer e.V.
VDM	Verband Deutscher Maschinen- und Anlagenbauer e.V.
Verl.	Verlag
Vgl./vgl.	Vergleiche/vergleiche
VUKA	Volatilität, Unsicherheit, Komplexität und Ambiguität (engl.: VUCA)
WZ	Wirkzusammenhang
WZL	Werkzeugmaschinenlabor
XP	Extreme Programming
z.B.	zum Beispiel

Verzeichnis der Formelzeichen

$AP_{i;j}$	Ausprägung j des Kontextfaktors i
$a_{i;j}$	Auswahlwert von $AP_{i;j}$
AP	Anzahl zu berücksichtigender Ausprägungspaare je Bündel
AS_i	Aktivsumme des Prozessmerkmals i
$CB_{j;elmt}$	Angebot (ClusterBid) von Cluster j an Element elmt
CS_j	Anzahl der Elemente in Cluster j (ClusterSize)
DI_i	Dynamikindex des Prozessmerkmals i
$DSM_{elmt;i}$	DSM-Verknüpfung zwischen den Elementen elmt und i
$DSM_{i;elmt}$	DSM-Verknüpfung zwischen den Elementen i und elmt
$DSM_{i;k}$	DSM-Verknüpfung zwischen den Elementen i und k
$DSM_{k;i}$	DSM-Verknüpfung zwischen den Elementen k und i
$DSMSize$	Anzahl der Elemente (Reihen) in der DSM
ECC	Kosten zwischen verschiedenen Clustern (ExtraClusterCost)
EG_t	Eignungswert des Grundtyps t
G_i	Absolute Gewichtung des Kontextfaktors i
g_i	Relative Gewichtung des Kontextfaktors i
ICC	Kosten innerhalb bestehender Cluster (IntraClusterCost)
IPI_i	Impulsindex des Prozessmerkmals i
k	Anzahl aller Kontextfaktoren
l	Anzahl maximaler Ausprägungen eines Kontextfaktors

m	Anzahl der bestehenden Cluster
n	Anzahl aller Grundtypen
$powcc$	Gewichtung zur Betonung der Clustergröße
PS_i	Passivsumme des Prozessmerkmals i
r	Anzahl der Typologisierungskriterien je Grundtyp
S_i	Zeilensumme des Kontextfaktors i
S_{max}	Maximale Zeilensumme
S_{min}	Minimale Zeilensumme
TC	Gesamtkosten TotalCost
$TK_{t;p}$	Ausprägung des Typologisierungskriteriums p bei Grundtyp t
$w_{i;j;t;p}$	Wirkzusammenhang zwischen $AP_{i;j}$ und $TK_{t;p}$
z	Zufällige Zahl

Zusammenfassung

In Zeiten zunehmender Dynamik der Märkte sehen sich produzierende Unternehmen mit kürzer werdenden Produktlebenszyklen und volatilen Kundenanforderungen konfrontiert. Für die Produktentwicklung ergibt sich dabei insbesondere die Herausforderung, frühzeitig und antizipativ zu agieren. Es gilt, das Reaktions- und Anpassungsvermögen der unternehmenseigenen Entwicklungsprozesse sicherzustellen und zu steigern. Da plangetrieben gestaltete Prozesse dem neuen Flexibilitätsanspruch nicht mehr gerecht werden, verfolgen produzierende Unternehmen seit einigen Jahren stattdessen den Einsatz agiler Ansätze in ihren Entwicklungsprozessen. Dabei wird weniger eine rein agile Entwicklung angestrebt. Vielmehr konzentriert sich die Industrie auf die Integration plangetriebener und agiler Prozesse. Der damit zu generierende Projekterfolg ist maßgeblich von der richtigen Auswahl und Gestaltung der resultierenden hybriden Mischansätze abhängig. Ein hybrider Entwicklungsprozess sollte stets auf ein spezifisches Projekt und dessen Projektkontext angepasst werden.

Im Fokus dieser Arbeit steht daher die Entwicklung einer Methodik zur kontextbasierten Integration agiler und plangetriebener Entwicklungsprozesse mit dem Ziel, die Produktentwicklung projektspezifisch auszurichten und damit langfristig die Prozesseffektivität und -effizienz zu steigern. Um dies zu ermöglichen, werden im ersten Schritt prozessrelevante Kontextfaktoren bestimmt, die den Projektkontext eines Entwicklungsprojekts charakterisieren. Außerdem werden Prozessmerkmale identifiziert, die einen hybriden Entwicklungsprozess beschreiben können. Das Ergebnis des zweiten Schritts bildet die Grundlage für die Definition von Grundtypen hybrider Entwicklungsprozesse, die sich methodisch durch den Ansatz der Typologisierung bestimmen lassen. Durch die Formalisierung von Wirkzusammenhängen werden im vierten Schritt der Projektkontext und die Grundtypen miteinander verknüpft. Der fünfte Schritt der Methodik fasst schließlich die vorausgegangenen Ergebnisse in einer für die industrielle Praxis einsetzbaren Methode zusammen, die es ermöglicht, die kontextbasierte Integration durch die Auswahl und Gestaltung eines geeigneten Grundtyps hybrider Entwicklungsprozesse für ein konkretes Entwicklungsprojekt anzuwenden.

Summary

In times of increasing market dynamics, manufacturing companies are confronted with shorter product life cycles and volatile customer requirements. For product development, this brings especially the challenge to act early and anticipatorily. As a consequence, it is essential to ensure the adaptability of the company's product development processes. Since plan-driven processes no longer meet the new demand for flexibility, manufacturing companies have been adopting agile approaches in their development processes for some years now. In this context, the implementation of pure agile approaches is less preferred than the combined integration of plan-driven and agile processes. The resulting project success depends significantly on the suitable and appropriate selection and design of those hybrid processes. A hybrid development process should always be adapted to a specific project and its project context.

Therefore, the focus of this dissertation lies on the development of a methodology for the context-based integration of agile and plan-driven development processes with the aim of aligning product development to specific projects and thus increasing process effectiveness and efficiency in the long term. To realize this, the first step of the methodology is to determine process-relevant context factors that characterize the project context of a development project. In addition, process attributes are identified, which can describe a hybrid development process. The result of the second step forms the basis for the definition of basic types of hybrid development processes, which can be methodically determined by typification. In the fourth step, the project context and the basic types are linked to each other through the formalization of interdependencies. The fifth and last step of the methodology summarizes the preceding results in a method applicable for industrial practice that makes it possible to apply the context-based integration by the selection and design of a suitable basic type of hybrid development processes for a concrete development project.

1 Einleitung

Die Produktentwicklung als Oberbegriff für die Summe aller Aktivitäten, von der ersten Produktidee bis hin zur Finalisierung eines marktreifen Produkts, verfolgt das Ziel, einen spezifischen Kundenbedarf mittels technischer Lösungen sowohl in kurzer Zeit, qualitativ hochwertig als auch möglichst günstig zu bedienen.[1] Gerade für etablierte Unternehmen bedeuten kundenbegeisternde, innovative Produkte einen erheblichen Differenzierungsvorteil gegenüber dem Wettbewerb.[2] In Zeiten zunehmender Dynamik im Geschäftsumfeld stehen produzierende Unternehmen dabei vor der Herausforderung, insbesondere frühzeitig und antizipativ zu agieren.[3] Einen Erfolgsfaktor, um der daraus resultierenden operativen und strategischen Bedeutung der Produktentwicklung gerecht zu werden, stellt die Auseinandersetzung mit den dazugehörigen Prozessen dar.[4] Vermehrt wird die Beherrschung der Prozesse in der Praxis als vorrangige Herausforderung gesehen.[5] In erfolgreichen Unternehmen werden Prozesse daher oft nicht nur nach ihrer Effizienz, sondern auch nach ihrer Effektivität beurteilt.[6] Denn mit der radikalen Veränderung der Märkte können die Vorteile des Neuen nicht mehr nur durch das Streben nach mehr Effizienz kompensiert werden.[7]

Mit steigender Produkt- und Projektkomplexität[8], hervorgerufen durch den fortschreitenden Wandel vom Verkäufer- zum Käufermarkt[9], wächst der Bedarf nach Flexibilität in den Produktentwicklungsprozessen.[10] Für einen Großteil der heutigen Projektlandschaft steht damit charakteristisch der Faktor Unsicherheit im Mittelpunkt.[11] Um die-

1 Vgl. Schmidt & Paetzold (2016), Agilität als Alternative zu traditionellen Standards, S. 256
2 Vgl. Schuh et al. (2017), Agile Produktentwicklung, S. 31
3 Vgl. Baltes & Freyth (2017), Neue Anforderungen und die Konsequenz für Veränderungsarbeit, S. 50
4 Vgl. Bender & Gericke (2016), Entwicklungsprozesse, S. 420
5 Vgl. VDI Verein Deutscher Ingenieure e.V. (2019), VDI 2221 - Blatt 1, S. 3
6 Vgl. Schmitt (2015), Basiswissen Qualitätsmanagement, S. 20
7 Vgl. Baltes & Freyth (2017), Neue Anforderungen und die Konsequenz für Veränderungsarbeit, S. 56
8 Vgl. Marle & Vidal (2016), Managing Complex, High Risk Projects, S. 53
9 Vgl. Schuh & Riesener (2018), Produktkomplexität managen, S. 7
10 Vgl. Wysocki (2014), Effective Project Management, S. 315
11 Vgl. Shenhar & Dvir (2007), Reinventing Project Management, S. 10

sem gerecht zu werden, beschäftigen sich produzierende Unternehmen mit der Problematik, prozessual eine situationsgerechte, kontextbasierte Reaktionsfähigkeit für ihre Projekte gewährleisten zu können.[12] Immer mehr Entwicklungsprozesse werden daher unter Nutzung sogenannter agiler Vorgehensmodelle umgesetzt.[13] Eine Gleichbehandlung aller F&E-Vorhaben eines Unternehmens wäre in diesem Zusammenhang jedoch weder effektiv noch effizient.[14] Das bedeutet, weder ein rein agil gestalteter noch ein ausschließlich klassisch plangetriebener Prozess ist grundsätzlich für die Durchführung heutiger Entwicklungsprojekte geeignet.[15]

Genau an dieser Stelle greift die vorliegende Arbeit an und liefert mit einer Methodik zur kontextbasierten Integration agiler und plangetriebener Entwicklungsprozesse einen hybriden Ansatz, der es produzierenden Unternehmen erlaubt, ein individuell geeignetes Maß an Agilität in einem Entwicklungsprojekt umzusetzen. Ziel einer solchen auf den situativen Kontext eines Projekts abgestimmten prozessualen Kombination agiler und plangetriebener Merkmale ist die Sicherstellung einer Balance zwischen erforderlicher Stabilität und notwendiger Flexibilität. Die resultierende Hybridisierung des Entwicklungsprozesses unterstützt die Steigerung der Prozesseffizienz und -effektivität in der physischen Produktentwicklung.

Zur Einführung in den relevanten Betrachtungsbereich der vorliegenden Arbeit sollen folgend die Hintergründe für das Verfassen dieser Arbeit näher erläutert (Kapitel 1.1) sowie die Zielsetzung beschrieben werden (Kapitel 1.2). Im Anschluss wird die zugrundeliegende Forschungskonzeption vorgestellt (Kapitel 1.3). Der dargelegte forschungsmethodische Ansatz bildet die Basis für den Aufbau dieser Arbeit (Kapitel 1.4).

1.1 Motivation

Einleitend wurde bereits auf die Notwendigkeit hingewiesen, Produktentwicklungsprozesse kontextbasiert und projektspezifisch auszugestalten, um die effiziente und effektive Durchführbarkeit aktueller Entwicklungsprozesse unter den Rahmenbedingungen einer dynamischen Unternehmensumwelt weiterhin zu gewährleisten.[16] Obwohl es längst zahlreiche Ansätze gibt, die sich mit der prozessualen Optimierung von

[12] Vgl. Cooper (2017), Idea-to-Launch Gating Systems, S. 48

[13] Vgl. Komus & Kuberg (2017), Abschlussbericht: Status Quo Agile, S. 17f.

[14] Vgl. Specht et al. (2002), F&E-Management, S. 210

[15] Vgl. Albers et al. (2019), Selection of Agile, Sequential and Hybrid Approaches, S. 841

[16] Vgl. Specht et al. (2002), F&E-Management, S. 210; Paulukuhn (2005), Typologisierung von Entwicklungsprojekten, S. 53

Entwicklungsprojekten mithilfe verschiedener Vorgehensmodelle auseinandersetzen, weisen diese unterschiedliche Defizite auf. Insbesondere die bestehenden klassischen Modelle stoßen nach TAKEUCHI & NONAKA schon seit Langem an ihre Grenzen, wenn es um die situative Beherrschbarkeit von Projekten geht.[17] Im Kontext der heutigen Produktentwicklung gestalten sich traditionelle Ansätze, wie bspw. der Stage-Gate Prozess nach COOPER, zu linear, zu starr und unflexibel.[18] FARNBACH bezeichnet die resultierenden plangetriebenen Prozesse dabei nicht nur als ineffektiv sondern als „counter effective".[19]

Vor dem Hintergrund, dass auch in den kommenden Jahren mit einer Zunahme der Volatilität und einem stetigen Wandel des Nutzermarktes zu rechnen ist, scheint die Notwendigkeit nach einer Prozessanpassung, um angemessen auf die Dynamik des Unternehmensumfeldes reagieren zu können, größer als je zuvor.[20] DEUBEL schreibt dazu: „Ist die Zukunft nicht gänzlich vorhersehbar, muss ein Unternehmen agil sein, um effizient zu sein."[21] Einen Ansatz, um die Entwicklungseffizienz zu steigern und gleichzeitig der Forderung nach mehr Flexibilität gerecht zu werden, stellt damit die aus der Softwareentwicklung bekannte agile Produktentwicklung dar.[22] Trotz einer fehlenden 1:1-Übertragbarkeit agiler Vorgehensmodelle und Methoden auf die Entwicklung technischer Produkte[23] implementieren Unternehmen diese Ansätze mittlerweile auch seit einigen Jahren für ihre technischen Entwicklungsprojekte[24].

In Summe sind rein agil umgesetzte Prozesse in der produzierenden Industrie jedoch nur vereinzelt vorzufinden.[25] Durch die Physikalität technischer Produkte entstehen bei der Anwendung agiler Vorgehensmodelle Herausforderungen, bspw. durch kurzfristige Anforderungsänderungen, die insbesondere Zeit, Ressourcen und Koordination benötigen. Diese sind in der agilen Produktentwicklung in diesem Maße eigentlich nicht vorgesehen.[26] Zahlreiche Studien belegen, dass die Erfolgsquote von Projekten nach wie vor unzureichend ist.[27] Auch die Praxis zeigt, dass agile Vorgehensmodelle nicht für alle Entwicklungsaufgaben gleichermaßen geeignet sind. Eines der

[17] Vgl. Takeuchi & Nonaka (1986), The new new product development game, S. 137
[18] Vgl. Cooper (2017), Idea-to-Launch Gating Systems, S. 48
[19] Vgl. Farnbach (2011), Why Companies Aren't Jumping on the 'Agile' Bandwagon, S. 37
[20] Vgl. Schuh & Bender (2012), Grundlagen des Innovationsmanagements, S. 3
[21] Deubel (2017), Profitabel, S. 104
[22] Vgl. Cooper & Sommer (2016), The Agile-Stage-Gate Hybrid Model, S. 1f.
[23] Vgl. Brehm et al. (2017), Konfiguration des hybriden Projektmanagements für die, S. 30
[24] Vgl. Atzberger & Paetzold (2019), Current Challenges of Agile Hardware Development, S. 2210
[25] Vgl. Schuh et al. (2017), Agile Produktentwicklung, S. 32
[26] Vgl. Ahmed-Kristensen & Faria (2018), Hybrid Agile-Planned product development processes, S. 18
[27] Vgl. Hüsselmann et al. (2019), Zielgerichtete Adaption des Projektmanagements, S. 1

Kernthemen bei der Implementierung agiler Ansätze ist nach COOPER & SOMMER die Frage, bei welchem Projekt und wo genau im Entwicklungsprozess es sich lohnt, agil zu sein.[28] Manche Anforderungen können mitunter mit klassischen, plangetriebenen Vorgehensmodellen wesentlich effizienter umgesetzt werden.[29] SCHMIDT ET AL. fassen diese Tatsache als „the right degree of agility“[30] zusammen. Während ein zu hohes Maß an Agilität zu Effizienzproblemen führen kann, bringt ein zu geringes Agilitätsmaß große Herausforderungen im Wettbewerb unter VUKA[31]-Bedingungen mit sich.[32]

Als Folge des steigenden Bedarfs nach Flexibilität und der gleichzeitig wachsenden Sorge vor einem Stabilitätsverlust durch die Anwendung agiler Entwicklungsansätze entstehen verschiedenste prozessuale Mischformen. Die daraus resultierende Hybridität erlaubt eine Kombination von klassisch plangetriebenen und agilen Vorgehensmodellen sowie die Möglichkeit, einzelne Prozessmerkmale innerhalb einer Projektstruktur situativ zu variieren.[33] Nach KALUS ist ein solch integrierter Ansatz nicht nur zu bevorzugen, sondern auch geboten[34], denn er ermöglicht die parallele Ausnutzung der Vorteile beider Ansätze.[35] Da Entwicklungsprojekte jedoch sehr verschiedenartig sein können, lässt sich in diesem Zusammenhang kein „one-size-fits all“-Ansatz finden.[36] In Abhängigkeit einer Vielzahl projektspezifisch einflussnehmender Faktoren sollten stattdessen verschiedene Ausprägungen eines Mischansatzes von plangetriebenen und agilen Merkmalen zum Einsatz kommen.[37] Damit es während der Umsetzung nicht zu prozessualen Unklarheiten kommt, muss das jeweils gewählte Kombinationsmuster adäquat beschrieben werden.[38] Allerdings existieren bislang keine etablierten Konzepte oder Ansätze für eine solche Detaillierung eines hybriden Vorgehensmodells.[39] Es besteht zwar Konsens darüber, dass ein solcher Ansatz auf das Projekt und dessen

[28] Vgl. Cooper & Sommer (2018), Agile-Stage-Gate for Manufacturers, S. 24

[29] Vgl. Albers et al. (2019), Selection of Agile, Sequential and Hybrid Approaches, S. 839

[30] Schmidt et al. (2018), Agile Development of Physical Products, S. 91

[31] Die englische Abkürzung VUCA bzw. in Deutsch VUKA steht repräsentativ für die Bestandteile Volatilität, Unsicherheit, Komplexität und Ambiguität.

[32] Vgl. Schmidt et al. (2018), Agile Development of Physical Products, S. 91

[33] Vgl. Aldushyna & Engstler (2015), Erfolgsfaktoren bei der Umsetzung hybrider Projekte, S. 39f.

[34] Vgl. Kalus (2013), Projektspezifische Anpassung von Vorgehensmodellen, S. 2

[35] Vgl. Zasa et al. (2021), Managing the Hybrid Organization, S. 54f.

[36] Vgl. Shenhar & Dvir (2007), Reinventing Project Management, S. 10; Rauhut (2011), Synchronisation von Entwicklungsprozessen durch Taktung, S. 136; Wysocki (2014), Effective Project Management, S. 315

[37] Vgl. Belling (2020), Suceeding with Agile Hybrids, S. 3

[38] Vgl. David et al. (2018), The parallel agile process, S. 50

[39] Vgl. Eljayar & Busch (2021), Agile-Stage-Gate Approach, S. 69

Kontext zugeschnitten sein muss, wie dies jedoch zu erreichen ist, bleibt bislang ungeklärt.[40] HEIMICKE ET AL. fassen die aktuellen Herausforderungen daher wie folgt zusammen: „[...] there is still much confusion about what Hybrid Development Approaches are and how the two different approaches of agile and plan-driven development can be effectively integrated."[41]

1.2 Zielsetzung und Forschungsfragen der Arbeit

Ausgehend von der initial beschriebenen Ausgangssituation besteht das übergeordnete Forschungsziel dieser Arbeit darin, einen Beitrag zur effizienteren und effektiveren Initiierung und prozessualen Abwicklung von Entwicklungsprojekten technischer Produkte zu leisten. Als Ansatz wird die kontextbasierte Integration agiler und plangetriebener Entwicklungsprozesse gewählt. Bei den dabei entstehenden hybriden Mischansätzen sorgt die Vielzahl der einflussnehmenden Projektparameter dafür, dass sich Entwicklungssituationen und -prozesse auch bei Ähnlichkeiten nie vollständig gleichen.[42] Die Herausforderung besteht unter anderem darin zu definieren, welche Projektcharakteristiken für einen integrativen Ansatz von Bedeutung sind und gleichzeitig zu gewährleisten, dass auf Basis des Projektkontexts das Kombinationsmuster eines hybriden Prozesses individuell ausgewählt und gestaltet werden kann.[43] Solche Entscheidungen geschehen heute meist auf Basis der Erfahrung einzelner Individuen. Dies ist zum einen subjektiv und aufwendig, zum anderen rückblickend nur schwer nachvollziehbar.[44] Entsprechend lässt sich das Ziel des vorliegenden Forschungsvorhabens damit wie folgt formulieren:

Zielsetzung dieser Arbeit ist der Aufbau einer Methodik zur kontextbasierten Integration agiler und plangetriebener Entwicklungsprozesse, die es produzierenden Unternehmen erlaubt, ihre Produktentwicklung projektspezifisch auszurichten, um die Prozesseffektivität und -effizienz in der Produktentwicklung zu steigern.

[40] Vgl. Shenhar & Dvir (2007), Reinventing Project Management, S. 10; Feldmüller (2018), Usage of agile practices in Mechatronics System Design, S. 33

[41] Heimicke et al. (2020), Agile meets Plan-Driven, S. 584

[42] Vgl. Lindemann (2007), Methodische Entwicklung technischer Produkte, S. 37

[43] Vgl. Špundak (2014), Mixed Agile/Traditional Project Management Methodology, S. 946; Aldushyna & Engstler (2015), Erfolgsfaktoren bei der Umsetzung hybrider Projekte, S. 48

[44] Vgl. Seel & Timinger (2017), Ein adaptives Vorgehensmodell für hybrides Projektmanagement, S. 20; Wilmsen et al. (2019), Context-model for adapting design processes and methods, S. 428

In anderen Anwendungsbeispielen[45] hat sich bereits gezeigt, dass die Berücksichtigung des Projektkontexts bei der Durchführung eines Entwicklungsprojekts die gesamte Projektphase in ihrer Effizienz und Effektivität positiv beeinflussen kann. Für eine konkret prozessual ausgerichtete Optimierung sieht RAUHUT außerdem den Schlüssel in „[...] einem bewussten Umgang mit der Varietät von Entwicklungsprozessen durch eine Typologisierung [...]“[46]. Die Typologisierung als systematisches Verfahren zur Typenbildung[47] wird in der vorliegenden Arbeit zur Ableitung von Grundtypen hybrider Entwicklungsprozesse eingesetzt. Diese Grundtypen können als hybride Kombinationsmuster verstanden werden, d.h. sie stellen voneinander signifikant verschiedene Vorgehensmodelle dar, die je nach Entwicklungsprojekt kontextbasiert auszuwählen und projektspezifisch zu gestalten sind.

Zur weiteren Eingrenzung des Untersuchungsbereichs und für eine gezielte Ausrichtung des Forschungsvorhabens empfiehlt KUBICEK die Formulierung einer handlungsleitenden Forschungsfrage.[48] Vor dem Hintergrund der zuvor dargestellten Zielsetzung resultiert folgende Hauptforschungsfrage:

„Wie kann die Prozesseffektivität und -effizienz in der Produktentwicklung mithilfe der kontextbasierten Integration agiler und plangetriebener Entwicklungsprozesse gesteigert werden?“

Aus der übergeordneten Forschungsfrage werden die nachfolgenden Teilforschungsfragen abgeleitet, die zur weiteren Strukturierung des forschungsmethodischen Vorgehens dienen:

- Wie kann der für einen Entwicklungsprozess relevante Kontext eines Entwicklungsprojekts beschrieben werden?
- Wie lässt sich ein hybrider Entwicklungsprozess anhand von Prozessmerkmalen beschreiben?
- Wie können Grundtypen hybrider Entwicklungsprozesse auf Basis der Prozessmerkmale definiert werden?
- Wie lassen sich Wirkzusammenhänge zwischen dem Projektkontext und den identifizierten Grundtypen hybrider Entwicklungsprozesse ermitteln?

---

[45] Vgl. Paulukuhn (2005), Typologisierung von Entwicklungsprojekten; Barg (2018), Kontextbezogene Auslegung von Produktbaukästen; Hollauer (2019), Tailoring of Interdisciplinary Development Processes

[46] Vgl. Rauhut (2011), Synchronisation von Entwicklungsprozessen durch Taktung, S. 118

[47] Vgl. Welter (2006), Die Forschungsmethode der Typisierung, S. 113

[48] Vgl. Kubicek (1977), Heuristische Bezugsrahmen und heuristisch angelegte Forschungsdesigns, S. 14ff.

- Wie kann die kontextbasierte Integration agiler und plangetriebener Entwicklungsprozesse projektspezifisch umgesetzt werden?

Diese Teilforschungsfragen sollen die Struktur der vorliegenden Arbeit vorgeben. Sie unterstützen die Erarbeitung des Grobkonzepts in Kapitel 4.3 und werden in Kapitel 4.4 zur Ableitung von Teilmodellen genutzt, die den Kern des Forschungsvorhabens bilden. Jedes Teilmodell adressiert inhaltlich ein Element der Zielsetzung und enthält Ergebnisse, die in Bezug zu den jeweils definierten Teilforschungsfragen stehen. Folgende Ergebnisse werden in der vorliegenden Arbeit angestrebt:

- Erarbeitung eines **Beschreibungsmodells** zur Ermittlung von Kontextfaktoren zur Beschreibung des prozessrelevanten Projektkontexts
- Erarbeitung eines **Beschreibungsmodells** zur Identifikation von Prozessmerkmalen zur Beschreibung hybrider Entwicklungsprozesse
- Erarbeitung eines **Erklärungsmodells** zur Definition von konsistenten und signifikanten Grundtypen hybrider Entwicklungsprozesse auf Basis der identifizierten Prozessmerkmale
- Erarbeitung eines **Erklärungsmodells** zur Formalisierung von Wirkzusammenhängen zwischen den prozessrelevanten Kontextfaktoren und den Merkmalsausprägungen der identifizierten Grundtypen hybrider Entwicklungsprozesse
- Erarbeitung eines **Gestaltungsmodells** zur projektspezifischen Auswahl und Gestaltung eines Grundtyps hybrider Entwicklungsprozesse für ein konkretes Entwicklungsprojekt

Zur Absicherung des Forschungsprozesses erfolgt die Herleitung und Erarbeitung der Teilmodelle und damit die Beantwortung der Forschungsfragen im Rahmen einer strukturierten Forschungskonzeption. Dieser forschungsmethodische Ansatz wird im nachfolgenden Kapitel beschrieben.

1.3 Forschungskonzeption

In Anlehnung an BINDER & KANTOWSKY lässt sich der Prozess der wissenschaftlichen Forschung mit einer Art Reise vergleichen. Auf dieser Reise entdecken Forschende fremde Länder, Orte oder möglicherweise ganze Kontinente. Dabei bahnen sie sich neue Wege durch noch unbekanntes Gelände. Die Forschenden erschließen „[...] so eine neue Wirklichkeit für sich und die ‚scientific community' [...]"[49]. In diesem Sinne kann die vorliegende Arbeit als die Dokumentation einer Forschungsreise, des neubeschrittenen Wegs, bezeichnet werden. Damit dieser Weg für die Wissenschaftsgemeinschaft nachvollziehbar gestaltet werden kann, ist es sowohl erforderlich, den Ausgangspunkt der Reise als auch die Mittel, mit denen die Reise bestritten wird, zu beschreiben. Konkret bedeuten diese Anforderungen für die Forschenden, sich die Erkenntnisperspektive und die methodologische Vorgehensweise des Erkenntnisprozesses zu Beginn ihres Weges zu verdeutlichen.[50] Dieser Feststellung folgend wird zur Einordnung der Erkenntnisperspektive dieser Arbeit die Wissenschaftssystematik nach ULRICH & HILL herangezogen, die es erlaubt, die spezifischen Eigenschaften einer Perspektive konkret zu charakterisieren (siehe Abbildung 1-1).

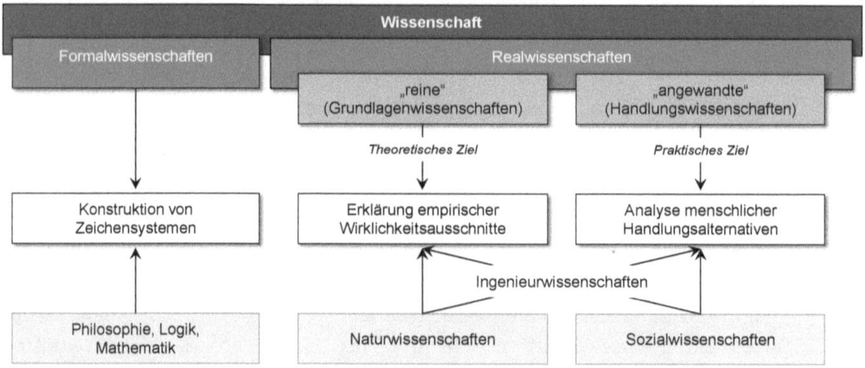

Abbildung 1-1: Wissenschaftssystematik nach ULRICH & HILL[51]

Dabei wird die Wissenschaft grundlegend in die Kategorien Formal- und Realwissenschaften unterteilt. Während sich die Formalwissenschaften mit der Konstruktion von Sprache auseinandersetzen, typischerweise werden die Bereiche Mathematik, Philosophie und Logik dieser Gruppe zugeordnet, beschäftigen sich die Realwissenschaften mit der Beschreibung, Erklärung und Gestaltung tatsächlich wahrnehmbarer Ausschnitte der Realität. Die weitere Spezifizierung der Realwissenschaften in Grundlagen- und Handlungswissenschaften erlaubt eine Unterteilung in Erklärungs- und Entscheidungsmodelle. Bei den reinen Grundlagenwissenschaften wird die Erklärung von

[49] Binder & Kantowsky (1996), Technologiepotentiale, S. 3

[50] Binder & Kantowsky (1996), Technologiepotentiale, S. 3f.

[51] In Anlehnung an Ulrich & Hill (1976), Wissenschaftstheoretische Grundlagen der BWL (I), S. 305; Kantelberg (2018), Gestaltung agiler Entwicklungsprozesse technischer Produkte, S. 6

Wirklichkeitsausschnitten in den Vordergrund gestellt, daher werden ihnen klassischerweise die Naturwissenschaften zugeordnet.[52] Die angewandten Handlungswissenschaften dagegen konzentrieren sich auf die Analyse menschlicher Handlungsalternativen mit dem Ziel der Gestaltung sozialer und technischer Systeme, als Beispiel können hier die Sozialwissenschaften aufgeführt werden.[53] Die Ingenieurwissenschaften stellen das Bindeglied zwischen den Grundlagen- und Handlungswissenschaften dar. Sie sind an reale Problemstellungen angelehnt, verstehen sich also nicht nur als reine Theorie, und zeichnen sich durch einen Verzicht auf Geschlossenheit und vollkommene Mathematisierung aus.[54]

Den Betrachtungsbereich der vorliegenden Arbeit bildet, wie aus der Motivation (siehe Kapitel 1.1) und Zielsetzung (siehe Kapitel 1.2) ersichtlich wird, die Produktentwicklung technischer Systeme. Die Idee zu dieser Arbeit ist im Rahmen der Beratung produzierender Unternehmen entstanden und wurde institutsseitig von grundlegenden Forschungsprojekten in den Themenfeldern Komplexitäts- und Entwicklungsmanagement begleitet. Im Sinne der vorgestellten Wissenschaftssystematik lässt sich damit zunächst eine Zuordnung an der Schnittstelle zwischen den Ingenieurwissenschaften, durch den technischen Bezug der Produktentwicklung, und den Sozialwissenschaften, aufgrund der an der Entwicklung eines Produkts beteiligten Personen, vornehmen. Gleichzeitig weist die Arbeit, durch eine aus der produzierenden Industrie abgeleitete Problemstellung (siehe Kapitel 3.1), einen direkten Praxisbezug auf und ist somit auf spezifische und praktische Ziele ausgerichtet.[55] Die Erkenntnisperspektive der vorliegenden Arbeit entspricht insofern vornehmlich der Sicht der Handlungswissenschaften.

In Anlehnung an die Ausführungen von KUBICEK dient „[...] als Maßstab für wissenschaftlichen Fortschritt [...] unter Bezugnahme auf das pragmatische Wissenschaftsziel dabei weniger der Zuwachs in der Erkenntnissicherung als vielmehr der Zuwachs im Verständnis [...]“[56]. Im Sinne der Offenlegung der methodologischen Vorgehensweise des Erkenntnisprozesses, als zweite Anforderung an die Forschenden, lässt sich ein auf Beherrschung und Verständnis der Realität bezogener Fortschritt vor allem durch die Gewinnung kontraintuitiver Erkenntnisse, die Analyse unbeabsichtigter Wirkungen

[52] Vgl. Ulrich & Hill (1976), Wissenschaftstheoretische Grundlagen der BWL (I), S. 305
[53] Vgl. Ulrich & Hill (1976), Wissenschaftstheoretische Grundlagen der BWL (I), S. 305
[54] Vgl. Ulrich & Hill (1976), Wissenschaftstheoretische Grundlagen der BWL (I), S. 308
[55] Vgl. Schanz (2009), Wissenschaftsprogramme der Betriebswirtschaftslehre, S. 111f.
[56] Kubicek (1977), Heuristische Bezugsrahmen und heuristisch angelegte Forschungsdesigns, S. 7

sowie durch das Aufzeigen von Gemeinsamkeiten von zuvor als verschieden angesehener Phänomene erzielen.[57] Wenn demnach nun der Forschungsprozess von der Erläuterung der Realität aus Sicht der Forschenden ausgeht, besteht eine Grundherausforderung realwissenschaftlichen Denkens in der Bewältigung des sogenannten Subjektivitätsproblems. Durch die subjektive Wahrnehmung des Forschenden und dessen individuelle Interessensbezüge fließen Werturteile in den Forschungsprozess ein.[58] Um besagtes Subjektivitätskriterium zu überwinden, werden in der Wissenschaft auch als Paradigmen bezeichnete Grundmodelle zur Verfügung gestellt. Über solche Grundmodelle werden Ansätze geboten, die vorgegebene Begriffe, Fragestellungen und Lösungsverfahren liefern. Damit kann sichergestellt werden, dass die Gemeinschaft der Wissenschaftler und Wissenschaftlerinnen einer gemeinsamen Orientierung folgt.[59] ULRICH & HILL zeigen mit dem faktortheoretischen Ansatz nach GUTENBERG[60], dem entscheidungstheoretischen Ansatz nach HEINEN[61] und dem systemtheoretischen Ansatz nach ULRICH[62] drei zentrale Paradigmen der Betriebswirtschaftslehre auf.[63]

Im Rahmen dieser Arbeit soll im Zusammenhang mit der Verdeutlichung der methodologischen Vorgehensweise auf den Ansatz von ULRICH als Grundmodell zurückgegriffen werden. Der Ansatz ist am ehesten mit den Ingenieurwissenschaften zu vergleichen. Charakteristisch sind unter anderem das interdisziplinäre Begriffssystem und die Systemoffenheit gegenüber der Umwelt. Das Modell erlaubt darüber hinaus die parallele Berücksichtigung verschiedenster Einflussfaktoren bzw. Variablen und besitzt damit einen hohen integrativen Charakter.[64] Gleichermaßen, einhergehend mit der Einordnung der Arbeit zu den Handlungswissenschaften, zielt das Grundmodell auf die Entwicklung, Gestaltung und Lenkung eines zweckgerichteten, sozialen Systems ab.[65] Unter Berücksichtigung der Ausführungen von KUBICEK beginnt der Erkenntnisgewinn nicht mit der Wahrnehmung von Tatsachen oder Daten, sondern mit der Erfassung eines oder mehrerer Probleme.[66] Im Rahmen der angewandten Hand-

57 Vgl. Kubicek (1977), Heuristische Bezugsrahmen und heuristisch angelegte Forschungsdesigns, S. 7
58 Vgl. Ulrich & Hill (1976), Wissenschaftstheoretische Grundlagen der BWL (I), S. 306
59 Vgl. Kuhn (2009), The Structure of Scientific Revolutions, S. 11
60 Vgl. Gutenberg (1951), Grundlagen der Betriebswirtschaftslehre
61 Vgl. Heinen (1968), Einführung in die Betriebswirtschaftslehre
62 Vgl. Ulrich (1968), Die Unternehmung als produktives soziales System
63 Vgl. Ulrich & Hill (1976), Wissenschaftstheoretische Grundlagen der BWL (I), S. 308
64 Vgl. Ulrich & Hill (1976), Wissenschaftstheoretische Grundlagen der BWL (I), S. 308f.
65 Vgl. Ulrich et al. (1984), Management, S. 168
66 Vgl. Kubicek (1977), Heuristische Bezugsrahmen und heuristisch angelegte Forschungsdesigns, S. 14ff.

lungswissenschaften ergeben sich Probleme wiederum vor allem im Praxiszusammenhang.[67] Damit deckt sich die methodologische Vorgehensweise dieser Arbeit mit dem Verständnis zum Maßstab wissenschaftlichen Fortschritts und die gewonnenen Erkenntnisse generieren einen praktischen Nutzen.[68] Die Schritte des Forschungsprozesses sowie der Bezug zur vorliegenden Arbeit sind in Abbildung 1-2 dargestellt.

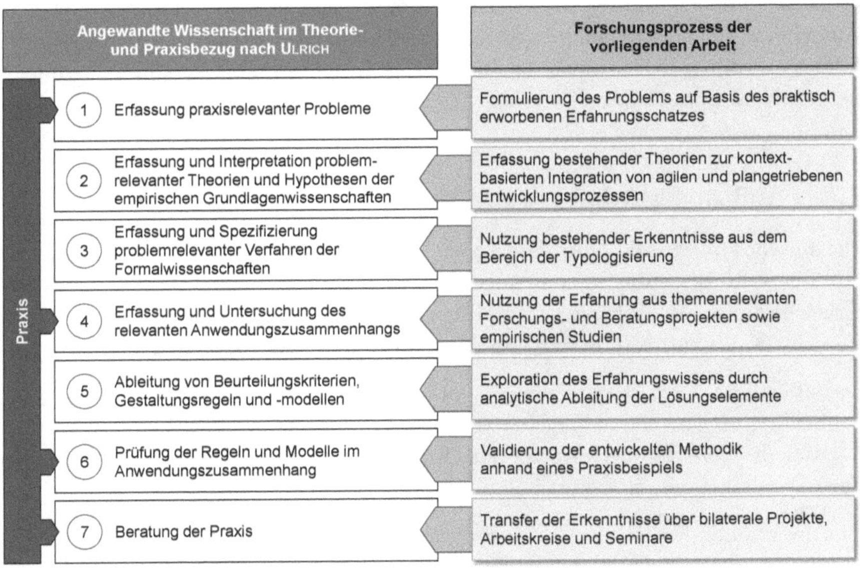

Abbildung 1-2: Forschungsprozess nach ULRICH ET AL.[69]

Die Erfassung der praxisrelevanten Probleme dieser Arbeit beruhen maßgeblich auf den Erfahrungen und Erkenntnissen der Autorin aus zahlreichen Forschungs- und Beratungsprojekten in der produzierenden Industrie während ihrer Tätigkeit als wissenschaftliche Mitarbeiterin am Lehrstuhl für Produktionssystematik des Werkzeugmaschinenlabors WZL der RWTH Aachen University. Durch die ergänzende Teilnahme an Kongressen und Tagungen zum Thema der agilen Produktentwicklung konnte die Autorin ihr Wissen in diesem Bereich fortlaufend diskutieren, weiterentwickeln und

67 Vgl. Ulrich et al. (1984), Management, S. 173

68 Vgl. Kubicek (1977), Heuristische Bezugsrahmen und heuristisch angelegte Forschungsdesigns, S. 5

69 In Anlehnung an Ulrich et al. (1984), Management, S. 193; Rudolf (2013), Produktionsgerechte Baukastengestaltung, S. 7

einen Praxisbezug sicherstellen. Gleichzeitig wird die Forderung nach der Identifikation und Interpretation problemrelevanter Theorien durch eine umfassende Literaturanalyse in verschiedenen Forschungsgebieten erfüllt. Der nach ULRICH als Voraussetzung betrachteten Interdisziplinarität im Forschungsprozess wird damit Rechnung getragen. Die Ableitung der zu entwickelnden Teilmodelle wird ebenfalls durch die bereits erwähnten Forschungs- und Industrieprojekte sichergestellt. Diese begleiteten die Autorin während des Erstellungsprozesses der Arbeit kontinuierlich. Abschließend erfolgt die Prüfung der erarbeiteten Regeln und Modelle im Anwendungszusammenhang anhand eines Fallbeispiels aus der Praxis.

1.4 Aufbau der Arbeit

Der im vorherigen Abschnitt dargestellte Forschungsprozess nach ULRICH bildet die Grundlage für den inhaltlichen Aufbau der vorliegenden Arbeit. Die Gliederung der Arbeit in sieben Hauptkapitel sowie die Verknüpfung dieser Kapitel mit den sieben Phasen des systemtheoretischen Forschungsprozesses ist in Abbildung 1-3 dargestellt.

Das einleitende erste Kapitel umfasst neben der zentralen Themenmotivation und Problemstellung die daraus abgeleitete Zielsetzung der Arbeit. Anschließend wird die zugrundeliegende Forschungsmethodik hergeleitet und daran angelehnt der Aufbau der Arbeit erläutert.

Ziel des zweiten Kapitels ist es, durch die Beschreibung grundlegender Begrifflichkeiten und theoretischer Zusammenhänge ein einheitliches Verständnis für die im Rahmen dieser Arbeit zentralen Themengebiete zu schaffen. Ausgehend von der Definition und Entwicklung eines technischen Produkts im Kontext der F&E sowie der Bedeutung des Prozess- und Projektbegriffs in diesem Zusammenhang werden insbesondere verschiedene Prozessarten betrachtet. Im Vordergrund steht hierbei die Vorstellung und Erläuterung plangetriebener, agiler und integriert hybrider Vorgehensmodelle. Aufgrund ihres abstrahierten Charakters müssen Vorgehensmodell für die praktische Anwendung projektspezifisch adaptiert, d.h. ausgewählt und gestaltet werden. Dafür gilt es insbesondere den Projektkontext im Rahmen der Produktentwicklung zu thematisieren. Abschließend werden die Grundlagen zu bestehenden Methoden der Typisierung aufgearbeitet.

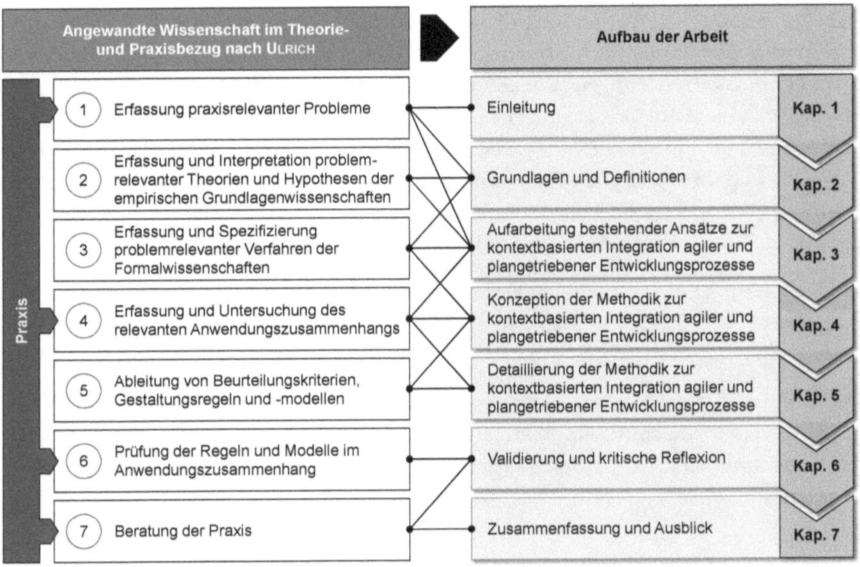

Abbildung 1-3: Aufbau der Arbeit[70]

Das dritte Kapitel dient der Herleitung der wissenschaftlichen Relevanz der Problemstellung dieser Arbeit in Form der Aufarbeitung des aktuellen Forschungsbedarfs. Es werden bestehende Ansätze verschiedener Themenfelder vorgestellt und anhand ausgewählter Kriterien bewertet, die sich am Objekt- und Zielbereich sowie der Lösungshypothese der Arbeit orientieren. Das abgeleitete Forschungsdefizit wird den zuvor identifizierten Herausforderungen der Praxis gegenübergestellt und in einem Zwischenfazit zusammengefasst.

Aufbauend auf dem zuvor identifizierten Forschungsbedarf erfolgt im vierten Kapitel die Grobkonzeption der Methodik zur kontextbasierten Integration agiler und plangetriebener Entwicklungsprozesse. Neben der Darstellung des für die vorliegende Arbeit relevanten Leitbilds und der angestrebten Nutzenpotenziale der Methodik werden außerdem die inhaltlichen und formalen Anforderungen an das Konzept erarbeitet. Diese tragen maßgeblich zur anschließenden Herleitung der einzelnen Teilschritte des Grobkonzepts bei. Mit der Überführung der Teilschritte in Teilmodelle werden diese in das übergeordnete Gesamtmodell eingeordnet.

[70] In Anlehnung an Ulrich et al. (1984), Management, S. 192f.

Das fünfte Kapitel bildet den inhaltlichen Kern der vorliegenden Arbeit. Die Detaillierung und Ausarbeitung der Teilmodelle des Grobkonzepts, unter Berücksichtigung der formulierten Anforderungen, stehen im Mittelpunkt des Kapitels. Die zu entwickelnde Lösung soll eine Antwort darauf geben, wie eine kontextbasierte Integration agiler und plangetriebener Entwicklungsprozesse projektspezifisch umzusetzen ist. Als Ergebnis wird eine in der industriellen Praxis einsetzbare Methode erarbeitet, die es ermöglicht, die Integration durch die Auswahl und Gestaltung eines geeigneten Grundtyps hybrider Entwicklungsprozesse für ein konkretes Entwicklungsprojekt anzuwenden.

Die Validierung der Methodik in der Praxis ist Teil des sechsten Kapitels. Anhand eines Praxisbeispiels werden die einzelnen Teilmodelle im Anwendungszusammenhang diskutiert. Ziel der Validierung ist die kritische Reflexion der Ergebnisse.

Das siebte und letzte Kapitel fokussiert die Zusammenfassung und Einordnung der Ergebnisse in den Forschungskontext. Die Arbeit schließt mit einem Ausblick auf weiteren Forschungsbedarf zur kontextbasierten Integration agiler und plangetriebener Entwicklungsprozesse.

2 Grundlagen und Definitionen

Im folgenden Kapitel sollen Grundlagen und Definitionen erläutert werden, die im weiteren Verlauf dieser Arbeit die erforderliche Basis für die Konzeption und die Detaillierung der Methodik zur kontextbasierten Integration agiler und plangetriebener Entwicklungsprozesse schaffen. Ziel ist es dabei zum einen, den Objektbereich der vorliegenden Arbeit einzugrenzen und zum anderen, ein einheitliches Begriffsverständnis in den für diese Arbeit relevanten Themengebieten zu erzeugen. Zunächst werden einleitend der Begriff des technischen Produkts und die Bedeutung der Produktentwicklung im Kontext von Forschung und Entwicklung definiert sowie die Abgrenzung des Prozess- und Projektbegriffs vorgenommen (Kapitel 2.1). Darauf aufbauend werden sowohl die relevanten Charakteristiken plangetriebener als auch agiler und hybrider Entwicklungsprozesse in der Produktentwicklung näher betrachtet und verschiedene Vorgehensmodelle je Prozessart werden vorgestellt (Kapitel 2.2). Da Projekte den Anwendungskontext der in dieser Arbeit zu entwickelnden Methodik darstellen, kommt insbesondere der Betrachtung einer projektspezifischen Auswahl und Gestaltung, d.h. der Adaption, dieser Vorgehensmodelle eine übergeordnete Rolle zu (Kapitel 2.3). Der Variationsraum der Integration agiler und plangetriebener Entwicklungsprozesse ergibt sich in der vorliegenden Arbeit durch die Herleitung von Grundtypen hybrider Entwicklungsprozesse. Daher werden schließlich auch die wesentlichen Inhalte zum Themenbereich der Typologisierung als systematisches Typenbildungsverfahren hergeleitet (Kapitel 2.4). Mit einem Zwischenfazit werden die Grundlagen des zweiten Kapitels zusammengefasst (Kapitel 2.5).

2.1 Entwicklung technischer Produkte

Die Produktentwicklung, als Phase der Umsetzung von Produktideen in herstellbare und vermarktbare Produkte, ist für Unternehmen von zentraler Bedeutung.[71] Effektive und effiziente Prozesse tragen dabei zu einer höheren Qualität neuer Produkte bei.[72]

[71] Vgl. Feldhusen & Grote (2013), Qualitätssicherung in der Produktentwicklung und Konstruktion, S. 753

[72] Vgl. Schmitt (2015), Basiswissen Qualitätsmanagement, S. 20

Da der Fokus der vorliegenden Arbeit auf der physischen Produktentwicklung liegt, werden im Rahmen von Kapitel 2.1 daher zunächst die Grundlagen zur Entwicklung technischer Produkte vermittelt. Neben der allgemeinen und der technischen Sicht auf den Produktbegriff (Kapitel 2.1.1) steht die Darstellung der Produktentwicklung im Kontext von F&E (Kapitel 2.1.2) und, in diesem Zusammenhang, die Bedeutung von Prozessen und Projekten (Kapitel 2.1.3) im Vordergrund der folgenden Abschnitte.

2.1.1 Technisches Produkt

Um ein ganzheitliches Verständnis der Produktentwicklung sicherzustellen, bedarf es in einem ersten Schritt der näheren Beschreibung des Produktbegriffs. Grundsätzlich kann ein Produkt im Rahmen dieser Arbeit aus zwei Perspektiven betrachtet werden, einer allgemeinen und einer technischen Sicht.[73]

Aus allgemeiner Sicht wird ein Produkt als das physische Erzeugnis einer Fertigung verstanden und dabei als Ergebnis menschlicher Arbeit beschrieben.[74] Das Gabler Wirtschaftslexikon stellt zwei weitere Aspekte in Bezug auf den Produktbegriff in den Vordergrund und bezeichnet ein Produkt als „Sachziel einer Unternehmung oder auch Mittel der Bedürfnisbefriedigung“[75]. JENNY erweitert diese Sichtweise und ergänzt sie um ein prozessuales Verständnis, indem er das Produkt als Resultat eines erfolgreich durchgeführten Projekts bezeichnet.[76] Dies deckt sich mit den Ausführungen von BURGHARDT, der den Produktbegriff als Output von Entwicklungs- und Projektierungsanstrengungen sieht. Von zentraler Bedeutung ist darüber hinaus eine Produktbeschaffenheit, die für den Kunden nützlich ist. Damit ist eine der wichtigsten Produkteigenschaften die Vermarktbarkeit.[77] Rein materielle Erzeugnisse können auch als Hardware bezeichnet werden, wohingegen Software, ungeachtet des Liefermediums, aus Informationen besteht, also immateriell ist.[78] LINDEMANN stellt fest, dass heute materielle und immaterielle Produkte mehr und mehr ineinander übergehen.[79] Ein Produkt muss damit nicht zwangsläufig rein physischer Natur sein.[80] Aufbauend auf den vorangegangenen Ausführungen soll daher für dieser Arbeit die nachstehend allgemeine Definition für Produkte gelten:

---

[73] Vgl. Diels (2018), Indikatoren agil zu entwickelnder Produktumfänge, S. 14
[74] Vgl. o.V. (2022), Dudenverlag - Produkt
[75] o.V. (2022), Gabler Wirtschaftslexikon - Produkt
[76] Vgl. Jenny (2005), Projektmanagement, S. 58
[77] Vgl. Burghardt (2013), Einführung in Projektmanagement, S. 18
[78] Vgl. DIN Deutsches Institut für Normung e. V. (2015), DIN EN ISO 9000, S. 44
[79] Vgl. Spath & Dangelmaier (2016), Produktentwicklung Quo Vadis, S. 3
[80] Vgl. Ponn & Lindemann (2011), Konzeptentwicklung und Gestaltung technischer Produkte, S. 8

Das **Produkt aus allgemeiner Sicht** kann als ein materielles und immaterielles Resultat eines erfolgreichen Projekts in einer Organisation verstanden werden, wobei der materielle Hardware-Anteil überwiegt. Das Produkt dient der Befriedigung von Kundenbedürfnissen und besitzt damit einen Einfluss auf den wirtschaftlichen Erfolg des produzierenden Unternehmens.

Insbesondere die zweite Perspektive, also die technische Sicht auf den Produktbegriff, spielt im Rahmen dieser Arbeit eine übergeordnete Rolle. Neben dem allgemeinen Produktverständnis unterstützt der technische Blickwinkel auf das Produkt einerseits den ingenieurwissenschaftlichen Anspruch der vorliegenden Arbeit und bildet andererseits die Grundlage für die folgenden Ausführungen zur Produktentwicklung technischer Produkte im Kontext von F&E (siehe Kapitel 2.1.2).

Der Begriff *Technik* im Sinne der VDI-Richtlinie 3780 umfasst sowohl die „Menge der nutzenorientierten, künstlichen, gegenständlichen Gebilde“, also Artefakte und Sachleistungen, als auch die Menge menschlicher Handlungen und Einrichtungen, in denen Sachsysteme entstehen bzw. verwendet werden.[81] Solche Sachsysteme besitzen stets einen materiellen Kern.[82] Von der Sachsystemdefinition kommend sind technische Systeme damit künstlich erzeugte und geometrisch-stoffliche Objekte mit dem Ziel, eine bestimmte Funktion zu erfüllen. Steht dabei vor allem das Objekt im Mittelpunkt der Betrachtung und weniger der Prozess oder das Verfahren, die das Objekt umsetzt und durchführt, so spricht EHRLENSPIEL von einem technischen Produkt. Ein solches Produkt besitzt eine Vielzahl an Eigenschaften. Ein wesentliches Merkmal technischer Produkte ist deren Komplexität.[83] Je nach Ausgestaltung sowie in Abhängigkeit von Kunden- bzw. Lieferantenbeziehungen kann die Komplexität unterschiedlich stark ausgeprägt sein.[84] Als mechatronische Systeme werden technische Produkte bezeichnet, wenn sie sich zusätzlich durch das Zusammenwirken der Bereiche Mechanik, Elektronik und Informatik auszeichnen.[85] Referenzierend auf die Definition der allgemeinen Produktsicht sind mechatronische Systeme mit ihrem Zusammenspiel aus Hardware- und Softwareanteilen demnach ein Beispiel für ein Produkt mit gleichzeitig materiellen und immateriellen Komponenten.[86]

[81] Vgl. VDI Verein Deutscher Ingenieure e.V. (2000), VDI 3780, S. 2
[82] Vgl. Neumeister (2012), Technik und Transzendenz, S. 64f.
[83] Vgl. Ehrlenspiel (2009), Integrierte Produktentwicklung, S. 25f.
[84] Vgl. Ponn & Lindemann (2011), Konzeptentwicklung und Gestaltung technischer Produkte, S. 12f.
[85] Vgl. Czichos (2019), Mechatronik, S. 3
[86] Vgl. Atzberger & Paetzold (2019), Current Challenges of Agile Hardware Development, S. 2211

Vor diesem Hintergrund lässt sich die bislang lediglich allgemeine Produktdefinition um die aufgeführten technischen Aspekte erweitern, sodass sich folgende Definition für die technische Sicht auf den Produktbegriff in Anlehnung an KANTELBERG[87] ergibt:

Das **Produkt aus technischer Sicht** ist ein physisches Erzeugnis mit variierendem Komplexitätsgrad, dessen Funktion sowohl auf mechanische Prinzipien zurückzuführen ist als auch durch den Einsatz von Elektronik, Software und (internetbasierten) Kommunikations- und Nutzungsschnittstellen realisiert wird.

Wie zu Kapitelbeginn bereits thematisiert soll unter Berücksichtigung des ingenieurwissenschaftlichen Schwerpunkts der vorliegenden Arbeit hauptsächlich die physisch-technische Produktentwicklung adressiert werden. Unter der Bezeichnung *physisch* werden im Verlauf dieser Arbeit vornehmlich Produkte mit überwiegendem Hardware-Anteil verstanden. Dem entsprechend bezieht sich der in den folgenden Kapiteln verwendete Ausdruck *Produkt* damit synonym auf technische Produkte. Ein das physische Produkt ergänzender Softwareanteil wird damit nicht ausgeschlossen.

2.1.2 Produktentwicklung im Kontext von F&E

Die Forschung und Entwicklung (F&E) für ein technisches Produkt stellt das Kernstück des Innovationsprozesses eines Unternehmens dar.[88] Neben einer klaren Begriffsabgrenzung ist für das richtige Verständnis auch die Gliederung der F&E in ihre Teilbereiche von Bedeutung.[89] Eine solche Differenzierung ist ausschlaggebend, da sich die darzustellenden Bereiche wesentlich in ihrer Unsicherheit, Komplexität und ihren Risiken unterscheiden und als Resultat unterschiedliche Planungs-, Steuerungs- und Kontrollmaßnahmen zu berücksichtigen sind.[90] Im Folgenden wird daher zunächst der F&E-Begriff charakterisiert (Kapitel 2.1.2.1) und anschließend die Produktentwicklung in den Kontext von F&E eingeordnet (Kapitel 2.1.2.2).

2.1.2.1 Begriffsdefinition und Teilbereiche der F&E

Die OECD[91] beschreibt die F&E als „[...] schöpferische und systematische Arbeit zur Erweiterung des Wissensstands [...] und zur Entwicklung neuer Anwendungen auf Basis des vorhandenen Wissens“[92]. Um der F&E zugeordnet werden zu können, muss eine

[87] Vgl. Kantelberg (2018), Gestaltung agiler Entwicklungsprozesse technischer Produkte, S. 17

[88] Vgl. Specht et al. (2002), F&E-Management, S. 14

[89] Vgl. Specht et al. (2002), F&E-Management, S. 14

[90] Vgl. Werner (2002), Leistung von Forschung und Entwicklung im Innovationsprozeß, S. 27

[91] Die Abkürzung OECD steht für „Organisation for Economic Co-operation and Development“ (Deutsch: Organisation für wirtschaftliche Zusammenarbeit und Entwicklung).

[92] OECD (2018), Frascati-Handbuch 2015, S. 47

Tätigkeit als neuartig, schöpferisch, ungewiss in Bezug auf das Endergebnis, systematisch und übertragbar oder reproduzierbar eingestuft werden können.[93] Tätigkeiten, auf die diese Eigenschaften zutreffen, können im Rahmen der F&E klassischerweise in die Bereiche Grundlagenforschung, angewandte Forschung und experimentelle Entwicklung eingeordnet werden (siehe Abbildung 2-1).[94]

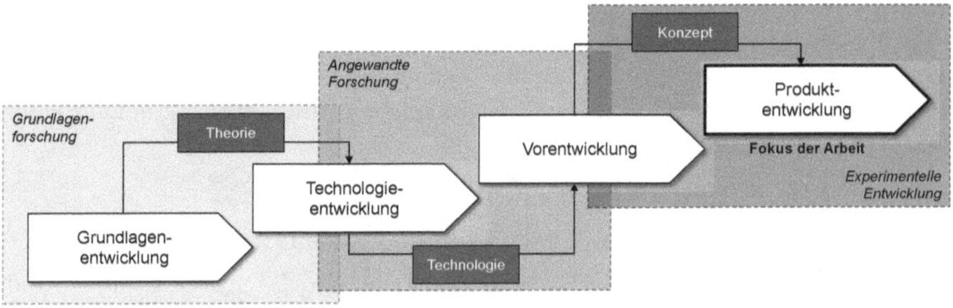

Abbildung 2-1: Teilbereiche der F&E[95]

Die Grundlagenforschung umfasst alle experimentellen und theoretischen Arbeiten mit dem primären Fokus, neues Wissen über grundlegende Ursachen von Phänomenen und beobachtbaren Fakten zu erlangen. Die Anwendbarkeit der Arbeiten steht dabei nicht im Vordergrund. In der angewandten Forschung werden dagegen originäre Arbeiten durchgeführt, die das Ziel haben, neues Wissen zu erzeugen. In Abgrenzung zur Grundlagenforschung sind sie auf ein spezifisches praktisches Ziel oder Ergebnis ausgerichtet. Die experimentelle Entwicklung, als dritter Bereich der F&E, beinhaltet „[...] auf vorhandenen Kenntnissen aus Forschung und praktischer Erfahrung aufbauende und ihrerseits zusätzliches Wissen erzeugende [...]“[96] Arbeiten. Da sowohl die Grundlagenforschung als auch die angewandte Forschung vorrangig auf einen Zuwachs von Wissen abzielen, ist für diese Arbeit insbesondere die experimentelle Entwicklung von Bedeutung. Die Entwicklung grundlegender Technologien gestaltet die Kernfunktionen eines Produkts.[97] Die Technologieentwicklung stützt sich dabei sowohl auf Ergebnisse der Grundlagenforschung als auch auf praktische Erfahrungen und anwendungsorientiertes Wissen. In der Vorentwicklung werden Technologien

[93] Vgl. OECD (2018), Frascati-Handbuch 2015, S. 47
[94] Vgl. Brockhoff (1999), Forschung und Entwicklung, S. 51ff.
[95] In Anlehnung an Specht et al. (2002), F&E-Management, S. 16
[96] OECD (2018), Frascati-Handbuch 2015, S. 55
[97] Vgl. Engeln (2006), Methoden der Produktentwicklung, S. 17

anwendungsorientiert ausentwickelt.[98] Es werden Produktideen weiterverfolgt, die einen hohen Neuigkeitsgrad aufweisen.[99] Aufgabe der Produktentwicklung ist es schließlich, ein konkretes Produkt mit neuer oder veränderter Technologie zu entwickeln. Die Entwicklung setzt sich einerseits aus dem Wissen der Grundlagenforschung, der Technologie- und Vorentwicklung zusammen, und andererseits aus dem Bereich der Anwendungsfelder und Märkte.[100] Nachfolgend soll der Begriff der Produktentwicklung den vorangegangenen Ausführungen entsprechend definiert werden. Da die Aktivitäten der Technologie- und Vorentwicklung in der Regel nicht projektgebunden umgesetzt werden[101], wird der Betrachtungsbereich für diese Arbeit auf die Produktentwicklung beschränkt.

2.1.2.2 Einordnung der Produktentwicklung in die F&E

Die Produktentwicklung gilt als entscheidendste Phase des Innovationsprozesses.[102] Ausgehend vom Beschluss zur Umsetzung eines Produkts über die Steigerung des Reifegrads bis hin zum regulären Produktionsanlauf[103] wird aus unternehmerischer Sicht mit der Produktentwicklung das Ziel verfolgt, einen spezifischen Kundenbedarf mithilfe einer technischen Lösung möglichst schnell, hochwertig und günstig zu bedienen.[104] Konkret beschreibt LINCKE die Produktentwicklung als die „[...] Summe aller operativen und steuernden Aktivitäten, die [...] die Eigenschaften, Kosten und Erträge, Marketing, Vertrieb und Kundendienst des Produkts festlegen und sicherstellen“[105]. Diese Phase entscheidet damit maßgeblich über den Erfolg oder Misserfolg eines Produkts am Markt.[106] Jegliche Kosten, die während der Produktentwicklung verursacht werden, senken den potenziell späteren Gewinn eines Unternehmens.[107] Ein strukturiertes, systematisches und zielgerichtetes Vorgehen ist nach HELLENBRAND Voraussetzung für ein qualitativ hochwertiges Ergebnis der Produktentwicklung. Ein solches Vorgehen ist durch die Wahl geeigneter Aktivitäten unter Berücksichtigung der vorherrschenden Entwicklungssituation und Rahmenbedingungen zu gewährleisten.[108]

---

[98] Vgl. Specht et al. (2002), F&E-Management, S. 15f.
[99] Vgl. Engeln (2006), Methoden der Produktentwicklung, S. 17
[100] Vgl. Specht et al. (2002), F&E-Management, S. 16
[101] Vgl. Rauhut (2011), Synchronisation von Entwicklungsprozessen durch Taktung, S. 20
[102] Vgl. Ehrlenspiel & Meerkamm (2017), Integrierte Produktentwicklung, S. 305
[103] Vgl. Rauhut (2011), Synchronisation von Entwicklungsprozessen durch Taktung, S. 20
[104] Vgl. Schmidt & Paetzold (2016), Agilität als Alternative zu traditionellen Standards, S. 256
[105] Lincke (1995), Simultaneous Engineering, S. 14
[106] Vgl. Eigner & Stelzer (2009), Product Lifecycle Management, S. 17
[107] Vgl. Bender & Gericke (2016), Entwicklungsprozesse, S. 401
[108] Vgl. Hellenbrand (2013), Planung und Synchronisation von Produktentwicklungsprozessen, S. 38

Von zentraler Bedeutung ist außerdem die kontinuierliche Optimierung des Entwicklungsvorgehens und dessen reibungslose Integration in das Unternehmen.[109]

Entsprechend den aufgeführten Eigenschaften kann die Produktentwicklung zudem als eine spezifische Ausprägungsform des F&E-Begriffs verstanden werden. Auch wenn das Konzept der experimentellen Entwicklung nicht direkt mit dem Begriff der Produktentwicklung gleichgesetzt werden sollte, erfüllt der Bereich dennoch das notwendige Verständnis von der Entwicklung technischer Produkte im Sinne des in dieser Arbeit angestrebten Kontexts. Die experimentelle Entwicklung ist eine wiederkehrende Tätigkeit im Rahmen der Produktentwicklung. Es ist die Phase, in der allgemein vorhandenes Wissen in Bezug auf die Fragestellung hin getestet wird, ob es für die Entwicklung des Zielprodukts erforderlich bzw. zuträglich ist, um die Produktentwicklung erfolgreich abzuschließen.[110]

Die **Produktentwicklung** als Teilbereich der F&E besitzt die Aufgabe, neue Produkte zu entwickeln oder bestehende Produkte zu verbessern. Dies geschieht durch die Anwendung wissenschaftlicher und technischer Lösungen mit dem Ziel, einen spezifischen Kundenbedarf zu erfüllen und gleichzeitig den wirtschaftlichen Anforderungen eines Unternehmens gerecht zu werden.

An dieser Stelle sei abschließend darauf hingewiesen, dass die Produktentwicklung von einer Vielfalt an einflussnehmenden Parametern, sogenannten Kontextfaktoren[111], bestimmt wird.[112] Die Vielfalt an Kontextfaktoren hat individuelle Ausprägungsformen kontextspezifischer Modelle der Produktentwicklung zur Folge.[113] Die aus diesem Verständnis resultierende Bedeutung des Entwicklungskontexts wird in Kapitel 2.3 eingehender betrachtet. Eine detaillierte Beschreibung einzelner konkreter Kontextfaktoren ist darüber hinaus insbesondere für das in Kapitel 5.1 herzuleitende Teilmodell von Relevanz und wird daher erst dort vorgenommen.

2.1.3 Prozesse und Projekte in der Produktentwicklung

Innerhalb der Produktentwicklung existieren die unterschiedlichsten Prozesse. Bestehende Produkte müssen aufgrund von Gesetzesänderungen angepasst werden, für die Erschließung zusätzlicher Kundenmärkte werden neue Produkte entwickelt oder die

[109] Vgl. Bender & Gericke (2016), Entwicklungsprozesse, S. 401
[110] Vgl. OECD (2018), Frascati-Handbuch 2015, S. 53ff.
[111] Die Begriffe Kontextfaktor und Einflussfaktor werden im Rahmen dieser Arbeit synonym verwendet.
[112] Vgl. Ponn & Lindemann (2011), Konzeptentwicklung und Gestaltung technischer Produkte, S. 9
[113] Vgl. VDI Verein Deutscher Ingenieure e.V. (2019), VDI 2221 - Blatt 1, S. 24

Produktqualität und -sicherheit am Markt befindlicher Produkte wird beobachtet.[114] Für die vorliegende Arbeit werden aus der Vielzahl der insgesamt erforderlichen Prozesse der Produktentwicklung diejenigen in den Fokus gerückt, in deren Kontext ein neues Produkt entwickelt oder ein bereits vorhandenes Produkt weiterentwickelt wird. Ein Produktentwicklungsprozess repräsentiert damit die Gesamtheit aller Prozesse, die für die Entwicklung eines Produkts notwendig sind.[115] Grundsätzlich sind Entwicklungsprozesse dabei in Form von Projekten organisiert.[116] Die folgenden Abschnitte beschäftigen sich daher mit der Erläuterung des Prozess- und Projektbegriffs.

2.1.3.1 Abgrenzung des Prozessbegriffs

Da Produktentwicklungsprozesse eine spezielle Form von Prozessen darstellen, soll im Folgenden detaillierter auf den allgemeinen Prozessbegriff und dessen Abgrenzung von Vorgehensmodellen und Methoden eingegangen werden. Gemäß der DIN EN ISO 9000 ist ein Prozess ein „[...] Satz zusammenhängender oder sich gegenseitig beeinflussender Tätigkeiten, der Eingaben zum Erzielen eines vorgesehenen Ergebnisses verwendet“[117]. Eingaben für einen Prozess sind in der Regel das Resultat anderer Prozesse. Der Terminus *Ergebnis* wird im Zusammenhang von Entwicklungsprozessen mit dem Produkt gleichgesetzt.[118] Damit kann ein Prozess nach SCHMELZER ganz allgemein als Transformation eines definierten Inputs in einen Output interpretiert werden.[119] Innerhalb eines Prozesses ist der Input verschiedenen Aktivitäten ausgesetzt. Diese Aktivitäten verändern den Input und damit dessen ursprünglichen Zustand.[120] Für das Ergebnis eines Entwicklungsprozesses ist darüber hinaus mindestens ein Kunde erforderlich, der in der Lage ist, seine Wünsche und Anforderungen an das Produkt zu formulieren.[121] Die Eingangsgrößen für den Entwicklungsprozess setzen sich aus Kundenanforderungen bzw. Marktbedingungen oder Unternehmenszielen zusammen.[122]

Jeder Prozess weist einen spezifischen Detaillierungsgrad auf. Mittels vertikaler Prozesszerlegung können Prozesse in tieferliegenden Ebenen spezifiziert werden.[123] Dies ermöglicht eine hierarchische Unterteilung in kleinere Einheiten. Ein Prozess besteht

---

114 Vgl. Lindemann (2007), Methodische Entwicklung technischer Produkte, S. 16
115 Vgl. Feldhusen & Grote (2013), Der Produktentstehungsprozess, S. 11
116 Vgl. Hellenbrand (2013), Planung und Synchronisation von Produktentwicklungsprozessen, S. 71
117 DIN Deutsches Institut für Normung e. V. (2015), DIN EN ISO 9000, S. 33
118 Vgl. DIN Deutsches Institut für Normung e. V. (2015), DIN EN ISO 9000, S. 33
119 Vgl. Schmelzer (2013), Geschäftsprozessmanagement in der Praxis, S. 62
120 Vgl. Schallmo et al. (2018), Process Innovation, S. 15
121 Vgl. Becker (2018), Prozesse in Produktion und Supply Chain optimieren, S. 7
122 Vgl. Mattern (2018), Kollaborationsproduktivität in der interdisziplinären Produktentwicklung, S. 14
123 Vgl. Fischer et al. (2017), Entwicklung einer Konzeption für das Prozesscontrolling, S. 133

somit aus unterschiedlichen Teilprozessen, deren Summe den Gesamtprozess ergibt.[124] In der horizontalen Prozessstruktur wird dagegen der Ablauf des Prozesses aufgezeigt.[125] Damit ergibt sich die Definition des Prozessbegriffs wie folgt:

Ein **Prozess** stellt eine zeitliche, sachlogische und inhaltlich abgeschlossene Folge von Aktivitäten dar, die zur Erzeugung eines Ergebnisses in einem spezifizierten Endzustand erforderlich ist. Ein Prozess besteht auf vertikaler Ebene aus unterschiedlichen Teilprozessen. Die horizontale Ebene stellt den Prozessablauf dar.

Zur Umsetzung des aus der vertikalen und horizontalen Struktur resultierenden individuellen unternehmens- bzw. projektspezifischen Ablaufmusters eines Prozesses empfiehlt es sich, in der Produktentwicklung bewährte Vorgehensweisen heranzuziehen. Diese liegen dokumentiert in Form von generischen Vorgehensmodellen, auch häufig als Prozessmodelle[126] bezeichnet, vor.[127] Vorgehensmodelle sind informationsreduzierte Abbilder der Realität.[128] Sie setzen sich aus einzelnen, generischen Prozessmerkmalen zusammen und können als Abstraktion des konkreten Handlungsmusters in einem Projekt verstanden werden. Gleichzeitig betonen sie lediglich ausgewählte Informationen, während andere Informationen nicht oder nur unvollständig abgebildet werden.[129] Vorgehensmodelle werden sowohl für die Planung zukünftiger Prozesse eingesetzt als auch für die Orientierung innerhalb aktueller Prozesse und die Reflexion abgeschlossener Prozesse genutzt.[130] Als Unterstützung bei der Kontrolle und Verbesserung von Prozessen leisten Vorgehensmodelle damit einen nicht unerheblichen Beitrag zum Projekterfolg.[131] Dies lässt sich unter anderem mit einer erhöhten Prozesstransparenz und der auf der Standardisierung beruhenden Wissensbasis begründen.[132] Die Definition eines Vorgehensmodells wird daher in Anlehnung an PONN & LINDEMANN formuliert[133]:

[124] Vgl. Becker (2018), Prozesse in Produktion und Supply Chain optimieren, S. 8
[125] Vgl. Hellenbrand (2013), Planung und Synchronisation von Produktentwicklungsprozessen, S. 76
[126] Die Begriffe Vorgehensmodell und Prozessmodell werden im Rahmen dieser Arbeit synonym verwendet.
[127] Vgl. Ponn & Lindemann (2011), Konzeptentwicklung und Gestaltung technischer Produkte, S. 10
[128] Vgl. Lindemann (2009), Methodische Entwicklung technischer Produkte, S. 37f.
[129] Vgl. Kalus (2013), Projektspezifische Anpassung von Vorgehensmodellen, S. 18; Bender & Gericke (2016), Entwicklungsprozesse, S. 405
[130] Vgl. Ponn (2007), Situative Unterstützung der Konzeptentwicklung technischer Produkte, S. 79
[131] Vgl. Hammerschall (2008), Flexible Methodenintegration in anpassbare Vorgehensmodelle, S. 3
[132] Vgl. Ziegler (2009), Eignungseinstufung von Vorgehensmodellen, S. 174
[133] Vgl. Ponn & Lindemann (2011), Konzeptentwicklung und Gestaltung technischer Produkte, S. 17; VDI Verein Deutscher Ingenieure e.V. (2019), VDI 2221 - Blatt 1, S. 11

Ein **Vorgehensmodell** enthält generische Prozessmerkmale für bestimmte Situationen oder Zielsetzungen, die bei der strategischen Planung, Kontrolle und Optimierung von Entwicklungsprozessen unterstützen.

Bei der Auswahl eines Vorgehensmodells spielt der Auflösungsgrad der zu betrachtenden Prozesse eine wesentliche Rolle.[134] Entwicklungsprozesse können sowohl auf der Mikroebene, diese steht für elementare Denk- und Handlungsabläufe, als auch auf der Makroebene, also der Ebene des Gesamtprojekts, untersucht werden.[135] In Anlehnung an das Drei-Ebenen Modell von GIAPOULIS kann die Makroebene auch als Ebene der strategischen Planung verstanden werden. Sie umfasst die vornehmlich abstrakte Planung von Teilprojekten und Phasen. Vorgehensmodelle auf dieser Stufe dienen der Planung des gesamten Entwicklungsprozesses.[136]

Neben Vorgehensmodellen dienen Methoden als unterstützende Arbeitstechniken, um einen Prozess zielgerichtet ausführen zu können.[137]. Primär unterscheidet sich eine Methode dabei von einem Vorgehensmodell durch ihre formalisierte Beschreibung und ihren operativen Charakter. LINDEMANN verwendet für die Begriffsabgrenzung die Fragen „Was?" und „Wie?". In diesem Zusammenhang beschreibt das Vorgehensmodell, was zu tun ist. Eine Methode definiert, wie etwas zu tun ist.[138] In Bezug auf den Methodeneinsatz kann ein Vorgehensmodell dabei methodenneutral oder methodenspezifisch gestaltet werden. Methodenneutrale Vorgehensmodelle konzentrieren sich auf die Beschreibung der übergeordneten Prozessebene bzw. Makroebene und lassen die konkret anzuwendenden Methoden offen.[139] Methodenspezifische Vorgehensmodelle weisen ein speziell auf das Projekt angepasstes Methodenset auf. Diese Spezialisierung verbessert zwar einerseits die konkrete Anwendbarkeit des Modells, schränkt andererseits jedoch den Anwendungsbereich des Vorgehensmodells stark ein. Darüber hinaus führt eine konkrete Methodendefinition zu stark monolithischen Strukturen, die eine flexible kontextbasierte Adaption des Vorgehensmodells erschweren.[140]

Zusammenfassend können Entwicklungsprozesse im Rahmen der Produktentwicklung als eine spezielle Form der hergeleiteten Prozessdefinition interpretiert werden. Produktentwicklungsprozesse ähneln einem unternehmensspezifischen Leitfaden mit

---

[134] Vgl. Lindemann (2009), Methodische Entwicklung technischer Produkte, S. 37f.; Ziegler (2009), Eignungseinstufung von Vorgehensmodellen, S. 184

[135] Vgl. VDI Verein Deutscher Ingenieure e.V. (2004), VDI 2206, S. 26

[136] Vgl. Giapoulis (1998), Modelle für effektive Konstruktionsprozesse, S. 103

[137] Vgl. Feldhusen & Grote (2013), Der Produktentstehungsprozess, S. 14

[138] Vgl. Lindemann (2009), Methodische Entwicklung technischer Produkte, S. 57f.

[139] Vgl. Schmidt & Paetzold (2016), Agilität als Alternative zu traditionellen Standards, S. 257

[140] Vgl. Hammerschall (2008), Flexible Methodenintegration in anpassbare Vorgehensmodelle, S. 6f.

dem Ziel, ein Entwicklungsteam sicher durch ein Entwicklungsprojekt zu führen. Entwicklungsprozesse können damit als Grundlage für die Steuerung eines Entwicklungsprojekts verstanden werden.[141]

2.1.3.2 Abgrenzung des Projektbegriffs

Ein Projekt ist ein „Vorhaben, das im Wesentlichen durch Einmaligkeit der Bedingungen in ihrer Gesamtheit gekennzeichnet ist“[142]. In der DIN EN ISO 9000 wird dieser Einmaligkeitscharakter aufgegriffen und ein Projekt ergänzend als einmaliger Prozess bezeichnet, „[...] der aus einem Satz von abgestimmten und gesteuerten Tätigkeiten mit Anfangs- und Endterminen besteht [...]“[143]. Für die Erreichung des angestrebten Zielzustands müssen darüber hinaus sowohl spezifische Anforderungen als auch Beschränkungen bzgl. der zur Verfügung stehenden Ressourcen berücksichtigt werden.[144] Auch wenn durch die Einmaligkeit eines Projekts Wiederholungen prinzipiell ausgeschlossen sind, können repetitive Aktivitäten innerhalb des Projekts durchaus auftreten.[145] Das PROJECT MANAGEMENT INSTITUTE (PMI) beschreibt ein Projekt außerdem als „a temporary endeavor“[146]. Daraus lässt sich die Charakteristik einer zeitlichen Begrenzung von Projekten ableiten. Ein Projekt ist beendet, wenn die gesteckten Ziele erreicht wurden oder nicht mehr erreicht werden können, wenn der Bedarf nach dem Projektergebnis nicht mehr gegeben ist oder der Projektkunde einen Abschluss des Projekts wünscht. Trotz zeitlicher Terminierung geht ein Projekt nicht zwangsläufig mit einer kurzen Projektdauer einher.[147] Meist sind Projekte jedoch zeitkritisch.[148]

Jedes Projekt setzt sich darüber hinaus aus einer Aufbau- und einer Ablauforganisation zusammen. Die Aufbauorganisation stellt das hierarchische Gerüst der Projektorganisation dar und bestimmt die organisatorischen Rahmenbedingungen.[149] In diesem Zusammenhang beschreibt KUSTER Projekte als komplex, da sie aufbauorganisatorisch die gewöhnliche Unternehmensstruktur der Linie überschreiten und verschiedene Fachdisziplinen und Verantwortungsbereiche integrieren.[150] Die entstehende Interdisziplinarität führt zu wirksamen und bei allen Projektbeteiligten akzeptierten Lösungen.[151]

[141] Vgl. Paulukuhn (2005), Typologisierung von Entwicklungsprojekten, S. 50
[142] DIN Deutsches Institut für Normung e. V. (2009), DIN 69901-5, S. 11
[143] DIN Deutsches Institut für Normung e. V. (2015), DIN EN ISO 9000, S. 34
[144] Vgl. DIN Deutsches Institut für Normung e. V. (2015), DIN EN ISO 9000, S. 34
[145] Vgl. Project Management Institute (2017), A guide to the project management, S. 4
[146] Project Management Institute (2017), A guide to the project management, S. 4
[147] Vgl. Project Management Institute (2017), A guide to the project management, S. 5
[148] Vgl. Fiedler (2016), Controlling von Projekten, S. 2
[149] Vgl. Helmold et al. (2019), Erfolgreiche Verhandlungen, S. 219
[150] Vgl. Kuster (2011), Handbuch Projektmanagement, S. 4
[151] Vgl. Fiedler (2016), Controlling von Projekten

Die Ablauforganisation wiederum legt die innerhalb des organisatorischen Rahmens abzuwickelnden Prozesse fest.[152] Ein Projekt kann dabei je nach Randbedingungen einen oder mehrere Prozesse beinhalten.[153] Im Hinblick auf den Entwicklungsfokus der vorliegenden Arbeit kann ergänzend zum allgemeinen Projekt-Prozess-Zusammenhang außerdem die spezifische Definition von VOIGTSBERGER herangezogen werden. Ein Entwicklungsprojekt wird demnach definiert als „[...] eine konkrete, parametrisierte Instanz eines allgemeinen, generischen Produktentwicklungsprozesses [...]"[154].

Ziel eines Produktentwicklungsprojekts ist es, Produktanforderungen effizient in technisch machbare und wirtschaftlich verwertbare Lösungen umzusetzen.[155] Insbesondere Projekte in der Produktentwicklung sind allerdings nur dann erfolgreich, wenn der Markteintritt eines neuen Produkts besonders schnell erfolgt.[156] Als Folge spiegelt sich die aus der Zeitkritikalität und dem Einmaligkeitscharakter von Projekten resultierende fehlende Erfahrung der Projektbeteiligten häufig als auftretende Unsicherheit im Projektverlauf wider.[157] Hinzu kommt die hohe Dynamik heutiger Entwicklungsprojekte. Die häufig komplexen Aufgabenstellungen führen zu einer Vielzahl an Abhängigkeiten zwischen den Einzelaufgaben und dem Projektumfeld. Als Ergebnis sorgt der hohe Vernetzungsgrad dafür, dass ein Projekt kontinuierlichen Veränderungen unterliegt.[158] Das dabei entstehende Projektrisiko ist nach FIEDLER gerade bei Entwicklungsprojekten nicht zu vernachlässigen.[159] Aus den vorangegangenen Ausführungen ergibt sich die Definition des Projektbegriffs im Rahmen dieser Arbeit wie folgt:

Ein **Projekt** ist ein dynamisches Vorhaben, das auf der einen Seite durch seine Einzigartigkeit und auf der anderen Seite durch eine zeitliche Terminierung und eine klare Ressourcenbegrenzung gekennzeichnet ist. Damit stellt es die konkrete, parametrisierte Instanz eines Prozesses dar.

Projekte werden in ihrer Durchführung durch das Projektmanagement unterstützt. Übergeordnete Aufgabe des Projektmanagements ist es, Projekte zu einem zielgerich-

[152] Vgl. Helmold et al. (2019), Erfolgreiche Verhandlungen, S. 219
[153] Vgl. Hellenbrand (2013), Planung und Synchronisation von Produktentwicklungsprozessen, S. 72
[154] Voigtsberger (2005), Adaptive Modellierung und Simulation von Produktentwicklungsprozessen, S. 15
[155] Vgl. Lenders (2009), Beschleunigung der Produktentwicklung durch Lösungsraum-Management, S. 16
[156] Vgl. Fiedler (2016), Controlling von Projekten, S. 2
[157] Vgl. Patzak & Rattay (2017), Projektmanagement, S. 21f.
[158] Vgl. Patzak & Rattay (2017), Projektmanagement, S. 22; Diels (2018), Indikatoren agil zu entwickelnder Produktumfänge, S. 27f.
[159] Vgl. Fiedler (2016), Controlling von Projekten, S. 7

teten Abschluss zu führen. Es umfasst damit die Gesamtheit aller planenden, überwachenden, koordinierenden und steuernden Tätigkeiten.[160] Hierzu gehört auch die Auswahl der für ein Projekt geeignetsten Prozessart.

2.2 Prozessarten in der Produktentwicklung

Die Qualität der Entwicklungsprozesse wird durch die Parameter Effizienz und Effektivität bestimmt.[161] Die Prozesseffektivität legt fest, ob der Prozess den angestrebten Output erzeugt. Die Prozesseffizienz bestimmt, ob der Output mit minimal möglichem Aufwand erreicht wird. Optimale Prozesse sind folglich sowohl effektiv als auch effizient.[162] Um der Verschiedenartigkeit einzelner Entwicklungsprojekte im Hinblick auf die Prozesseffektivität und -effizienz gerecht zu werden, existieren in der Produktentwicklung drei übergeordnete Ausprägungsarten von Entwicklungsprozessen.[163] Je nach Prozessart empfehlen sich wiederum verschiedene Vorgehensmodelle.[164] Im Folgenden werden zunächst die klassisch plangetriebene (Kapitel 2.2.1) und die agile Produktentwicklung (Kapitel 2.2.2) beschrieben. Das Kapitel schließt mit der Darstellung der sogenannten hybriden Produktentwicklung, als Integration der beiden erstgenannten Prozessarten (Kapitel 2.2.3).

2.2.1 Plangetriebene Produktentwicklung

Charakteristisch für eine plangetriebene Produktentwicklung ist das Streben nach einer optimalen Prozessdurchführung mithilfe eines zu Projektbeginn vollständig ausdetaillierten Aufgaben- und Zeitplans.[165] Im Sinne der Prozesseffizienz verfolgen plangetriebene Prozesse hauptsächlich das Ziel, den Aufwand für das zu realisierende Ergebnis zu minimieren.[166] Gleichzeitig wird, mittels gezielter Standardisierung, die Maximierung der Funktionalität aller Abläufe in den Vordergrund gestellt.[167] Attribute wie Vorhersagbarkeit, Stabilität und Projektsicherheit beschreiben damit typische

---

[160] Vgl. Zanker (1999), Situative Anpassung und Neukombination von Entwicklungsmethoden, S. 14f.

[161] Vgl. Schmitt (2015), Basiswissen Qualitätsmanagement, S. 20

[162] Vgl. Becker (2018), Prozesse in Produktion und Supply Chain optimieren, S. 12

[163] Vgl. Lindemann (2009), Methodische Entwicklung technischer Produkte, S. 37f.; Diels (2018), Indikatoren agil zu entwickelnder Produktumfänge, S. 28; VDI Verein Deutscher Ingenieure e.V. (2019), VDI 2221 - Blatt 1, S. 28

[164] Vgl. Gürtler & Lindemann (2016), Innovationsmanagement, S. 489

[165] Vgl. Wysocki (2014), Effective Project Management, S. 42

[166] Vgl. Becker (2018), Prozesse in Produktion und Supply Chain optimieren, S. 12

[167] Vgl. Karlström & Runeson (2005), Combining Agile Methods with Stage-Gate Project Management, S. 44

Merkmale plangetriebener Prozesse.[168] Die folgenden Abschnitte beschäftigen sich darauf aufbauend mit der Herleitung und den grundlegenden Eigenschaften plangetriebener Produktentwicklungsprozesse und stellen anschließend exemplarisch ein repräsentatives plangetriebenes Vorgehensmodell vor.

2.2.1.1 Herleitung und grundlegende Eigenschaften

Die Bezeichnung *plangetrieben* lässt sich von dem hauptsächlich im Englischen verwendeten Ausdruck „plan-driven product development“ ableiten. In der deutschsprachigen Literatur finden sich neben dem Begriff *plangetrieben* vor allem Synonyme wie deterministisch, konzeptgesteuert, präskriptiv, klassisch oder traditionell für die Beschreibung überwiegend sequenziell ablaufender Entwicklungsprozesse.[169] Ein wesentliches Merkmal plangetriebener Prozesse ist die Unterteilung der Entwicklungsaufgabe in einzelne Arbeitsschritte.[170] COOPER beschreibt dies als „[...] a conceptual and an operational model for moving a new product from idea to launch“[171]. Im Fokus plangetriebener Prozesse steht dabei stets das Endprodukt.[172] Es wird davon ausgegangen, dass sich die Informationsgrundlage während des Projektverlaufs im Vergleich zum Startzeitpunkt des Projekts nicht oder nur kaum verändert. Als Voraussetzung dafür wird angenommen, dass das zu entwickelnde Produkt vom Kunden konkret und nur mit geringen Unschärfen beschrieben werden kann.[173] Jeder Entwicklungsschritt ist vorgeplant. Alle Anforderung werden frühzeitig zu Projektbeginn festgelegt. Eine Anforderungsänderung im Projektverlauf verursacht unverhältnismäßigen Aufwand und hohe Kosten. Je später eine notwendige Änderung auftritt, desto größer ist die Realisierungshürde.[174] Eine plangetriebene Produktentwicklung ist damit in der Regel linear. Es werden nur vereinzelt große Iterationen im Prozessverlauf integriert.[175] Abweichungen vom ursprünglichen Projektplan werden meist als störend empfunden und größtenteils vermieden.[176] Die vordefinierten Anforderungen, die klaren und fokussierten Projektziele und der detailliert terminierte Zeitplan unterstützen die Planung, Organisation und Überwachung des Projektfortschritts.[177] Zur Sicherstellung

---

[168] Vgl. Boehm & Turner (2006), Balancing Agility and Discipline, S. 27

[169] Vgl. Diels (2018), Indikatoren agil zu entwickelnder Produktumfänge, S. 28f.; Kantelberg (2018), Gestaltung agiler Entwicklungsprozesse technischer Produkte, S. 21

[170] Vgl. Garrido (2012), Agile vs. Waterfall, S. 152

[171] Cooper (1990), Stage-Gate Systems, S. 44

[172] Vgl. Cooper (2016), Next in New Product Development, S. 10

[173] Vgl. Schmidt & Paetzold (2016), Agilität als Alternative zu traditionellen Standards, S. 259

[174] Vgl. Feldhusen et al. (2009), Agile Methods for Design to Customer, S. 454

[175] Vgl. Guaragni et al. (2016), Traditional and Agile Product Development, S. 63

[176] Vgl. Fuchs & Sauer (2016), Anforderungsmanagement in heterogenen IT-Projekten, S. 178

[177] Vgl. Diels (2018), Indikatoren agil zu entwickelnder Produktumfänge, S. 32

der Zielerreichung sind sowohl die Aufgabenverteilung als auch die Kommunikation im Projekt insbesondere zentralistisch und hierarchisch geprägt. GUARAGNI verwendet in diesem Zusammenhang auch den Ausdruck „command-and-control"[178].

2.2.1.2 Plangetriebene Vorgehensmodelle

Plangetriebene Prozesse gelten als die traditionelle Entwicklungsart. Bereits seit Mitte des 20. Jahrhunderts werden plangetriebene Ansätze in der physischen Produktentwicklung eingesetzt.[179] Eine Kurzbeschreibung heute etablierter, plangetriebener Vorgehensmodelle zeigt Tabelle 2-1.

Tabelle 2-1: Kurzbeschreibung etablierter plangetriebener Vorgehensmodelle[180]

Jahr	Name	Kurzbeschreibung
1970	**Wasserfallmodell** ROYCE (1970)	Lineares Vorgehensmodell für die Software- und Hardwareentwicklung, bei dem die einzelnen Phasen bindend aufeinander aufbauen
1979	**Stage-Gate Prozess** COOPER (1979)	Normatives Vorgehensmodell zur Standardisierung der Vorgehensweise bei Entwicklungsprojekten unter Nutzung von Phasen und Meilensteinen
1985	**Y-Diagramm** WALKER &THOMAS (1985)	Vorgehensmodell für Hardwareentwürfe mit drei Entwurfsdomänen und fünf Abstraktionsebenen der Beschreibung
1986	**Spiralmodell** BOEHM (1986)	Inkrementelles Vorgehensmodell, das wiederholt die Phasen Zielfestlegung, Risikobeurteilung, Entwicklung und Test, Zyklusplanung durchläuft
1993	**VDI 2221 (zurückgezogen)** VDI 2221 (1993)	Sequenzielles Vorgehensmodell zum Entwickeln und Konstruieren technischer Systeme und Produkte
1997	**Vorgehen nach PAHL/BEITZ** PAHL & BEITZ (1997)	Vorgehensmodell für die Produktplanung als Leitfaden für zweckmäßiges Handeln
1998	**Rational Unified Process (RUP)** KRUCHTEN (1998)	Vorgehensmodell für die Softwareentwicklung mit Kernarbeitsschritten und unterstützenden Schritten mit Fokus auf konkrete Anwendungsfälle
2002	**W-Modell** BRANDENBURG (2002)	Vorgehensmodell in sieben Phasen, als abgrenzbare Einheiten, zur Planung technischer Produktinnovationen
2003	**Vorgehenszyklus nach EHRLENSPIEL** EHRLENSPIEL (2003)	Teiliteratives und rekursives Vorgehensmodell zur Systemsynthese mit den Phasen Problemerklärung, Lösungssuche und Lösungsauswahl
2004	**Münchener Vorgehensmodell (MVM)** LINDEMANN (2004)	Vorgehensmodell für die Produktentwicklung bestehend aus sieben Elementen, die eine situative Anpassungsfähigkeit gewährleisten
2004	**Quality-Gate-Modell** GEISBERGER & SCHMIDT (2004)	Vierstufiges Vorgehensmodell mit Fokus auf Interdisziplinarität unter besonderer Berücksichtigung der frühen Entwicklungsphasen
2004	**V-Modell** VDI 2206 (2004)	Vorgehensmodell für die Produktentwicklung mit den Phasen Systementwurf, domänenspezifischer Entwurf und Systemintegration
2005	**3-Ebenen-Vorgehensmodell** BENDER (2005)	Vorgehensmodell auf drei Ebenen zur Integration von Mechanik, Hardware und Software mit übergeordneten Prozessschritten
2005	**V-Modell XT** WEIT E.V. (2005), Version 1.0	Vorgehensmodell zur Planung und Durchführung von Systementwicklungsprojekten für die öffentliche Hand und im militärischen Umfeld
2008	**Entwurfsmethodik nach ISERMANN** ISERMANN (2008)	Iteratives Vorgehensmodell mit detaillierten Entwurfsschritten für die Entwicklung mechatronischer Systeme

[178] Vgl. Guaragni et al. (2016), Traditional and Agile Product Development, S. 63

[179] Vgl. Špundak (2014), Mixed Agile/Traditional Project Management Methodology, S. 941

[180] Eigene überarbeitete Darstellung in Anlehnung an Klein (2016), Agiles Engineering im Maschinen- und Anlagenbau, S. 35

Die Spalte *Jahr* gibt das Datum der erstmaligen Veröffentlichung des jeweiligen Vorgehensmodells an (bspw. als Thema eines Konferenzvortrags). Die Gründer bzw. Autoren und das Datum der Erstpublikation (z.B. in einem Fachmedium) wird als Zusatzinfo unter *Namen* aufgeführt. Einige der Modelle wurden anschließend erneut überarbeitet und weiterentwickelt.

Im Folgenden wird exemplarisch das Vorgehensmodell der VDI 2221 aus dem Jahr 1993 als repräsentatives plangetriebenes Modell mit dem Ziel vorgestellt, ein detaillierteres Grundverständnis der Eigenschaften und Charakteristika plangetriebener Vorgehensmodelle zu erzeugen. Für eine vollständige Beschreibung der Inhalte aller Modelle sei an dieser Stelle auf die jeweilige Literatur verwiesen.

VDI 2221 (zurückgezogen)

Die durch den Verein Deutscher Ingenieure e.V. veröffentlichte Richtlinie VDI 2221[181] wurde zwar im Jahr 2019 zugunsten einer Aktualisierung[182] (siehe Kapitel 3.2.2) zurückgezogen, da ein Großteil der in der Literatur vorzufindenden plangetriebenen Vorgehensmodelle sich heutzutage jedoch an dieser Richtlinie orientiert, soll sie an dieser Stelle trotzdem vorgestellt werden.[183]

Die Richtlinie stellt ein Entwicklungsvorgehen vor, das sowohl produkt- als auch branchenunabhängig Anwendung finden sollte.[184] Den vier Phasen Planen (Phase 1), Konzipieren (Phase 2), Entwerfen (Phase 3) und Ausarbeiten (Phase 4) werden sieben Arbeitsabschnitte zugeordnet, aus denen wiederum sieben Arbeitsergebnisse resultieren (siehe Abbildung 2-2). In Abhängigkeit der Aufgabenstellung wird jeder Arbeitsabschnitt vollständig, nur teilweise oder iterativ durchlaufen. Gleichzeitig ermöglicht das Vorgehensmodell die entwicklungsbegleitende Detaillierung und Anpassung der initialen Aufgabenstellung und damit der Anforderungsliste. In jedem Arbeitsabschnitt sind dafür mehrere Lösungsvarianten zu untersuchen und zu beurteilen. Jeder Arbeitsabschnitt berücksichtigt immer auch Optimierungs- und Entscheidungsschritte. Die Intensität der Arbeitsabschnitte richtet sich nach dem Neuheitsgrad und der Zielsetzung der Entwicklungsaufgabe.[185]

[181] Vgl. VDI Verein Deutscher Ingenieure e.V. (1993), VDI 2221 (zurückgezogen)

[182] Vgl. VDI Verein Deutscher Ingenieure e.V. (2019), VDI 2221 - Blatt 1; VDI Verein Deutscher Ingenieure e.V. (2019), VDI 2221 - Blatt 2

[183] Vgl. Pahl et al. (2013), Gestaltungsrichtlinien, S. 663

[184] Vgl. Schmidt & Paetzold (2016), Agilität als Alternative zu traditionellen Standards, S. 257

[185] Vgl. VDI Verein Deutscher Ingenieure e.V. (1993), VDI 2221 (zurückgezogen), S. 9f.

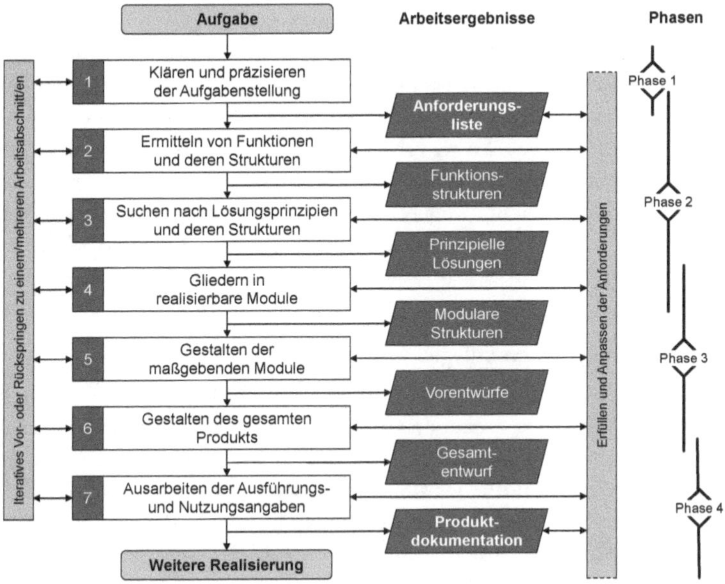

Abbildung 2-2: Entwicklungsvorgehen nach VDI 2221 (1993)[186]

Voraussetzung für eine plangetriebene Entwicklung ist eine möglichst vollständige Definition der Produktanforderungen zu Projektbeginn. COOPER bezeichnet dieses fundamentale Prinzip traditioneller Prozesse als „[...] sharp, early, and fact-based product definition [...]“[187]. Zwar ermöglichen solche Prozesse den sicheren Umgang mit einer vergleichsweise hohen Vielfalt der Systemelemente, gleichzeitig wird jedoch mit steigender Vielfalt die Veränderungsdynamik eingeschränkt.[188]

2.2.2 Agile Produktentwicklung

Unter den heutigen VUCA-Bedingungen ist die Vorstrukturierung von Entwicklungsprozessen nur mit begrenzter Genauigkeit möglich. Insbesondere in den frühen Planungsphasen stehen notwendige Informationen nur lückenhaft zur Verfügung.[189] Mit

---

[186] In Anlehnung an VDI Verein Deutscher Ingenieure e.V. (1993), VDI 2221 (zurückgezogen), S. 9

[187] Cooper (2017), Winning at New Products, S. 151

[188] Vgl. Adickes et al. (2008), Lean Innovation, S. 475; Link (2014), Agile Methoden im Produkt-Lifecycle-Prozess handhaben, S. 84

[189] Vgl. Rauhut (2011), Synchronisation von Entwicklungsprozessen durch Taktung, S. 6; Schmidt et al. (2018), Agile Development of Physical Products, S. 2

wachsender Komplexität des Entwicklungskontexts wird die Berücksichtigung von Anforderungsänderungen, auch in späten Entwicklungsphasen, unvermeidbar.[190] Für ADICKES ET AL. erreichen plangetriebene Prozesse damit ihre Beherrschbarkeitsgrenzen. Um im Wettbewerb konkurrenzfähig zu bleiben, gilt es die Effektivität in der Produktentwicklung maßgeblich zu erhöhen.[191] Bereits 1986 formulierten TAKEUCHI & NONAKA in diesem Zusammenhang: „The traditional sequential or ‚relay race' approach to product development [...] may conflict with the goals of maximum speed and flexibility. Instead, a holistic or 'rugby' approach [...] may better serve today's competitive requirements."[192] TAKEUCHI & NONAKA gelten damit als Vorreiter der agilen Produktentwicklung.[193]

2.2.2.1 Herleitung und grundlegende Eigenschaften

Die agile Produktentwicklung kann als Antwort auf die steigenden Unzulänglichkeiten plangetriebener Prozesse verstanden werden.[194] In einem Umfeld, das vornehmlich durch externe Unsicherheit geprägt ist, ermöglicht die Fähigkeit, agil zu handeln, die Realisierung neuer, wirtschaftlicher Chancen.[195] Dabei unterliegt der Agilitätsbegriff als solcher in Wissenschaft und Praxis einer großen Definitionsbandbreite.[196] Das Wort *agil* stammt etymologisch aus dem Lateinischen („agilis") und bedeutet so viel wie *leicht beweglich*.[197] Dementsprechend definiert HIGHSMITH Agilität als die Fähigkeit, in einem turbulenten Marktumfeld auf Veränderungen zu reagieren.[198] Agilität nach CONFORTO ET AL. wiederum ist konkreter als „[...] the project team's ability to quickly change the project plan as a response to customer or stakeholder needs, market or technology demands in order to achieve a better project and product performance in an innovative and dynamic project environment."[199] beschrieben. HASSANI-ALAOUI ET AL. bezeichnen Agilität daher auch als Ansatz des Projektmanagements, bei dem Kollaboration, Transparenz sowie die kontinuierliche Verbesserung und Anforderungsanpassung an sich verändernde Kundenbedürfnisse im Vordergrund stehen.[200] Darüber hin-

[190] Vgl. Gürtler & Lindemann (2016), Innovationsmanagement, S. 492
[191] Vgl. Adickes et al. (2008), Lean Innovation, S. 475
[192] Takeuchi & Nonaka (1986), The new new product development game, S. 137
[193] Vgl. Ahmed-Kristensen & Faria (2018), Hybrid Agile-Planned product development processes, S. 11
[194] Vgl. Diels (2018), Indikatoren agil zu entwickelnder Produktumfänge, S. 33
[195] Vgl. Luczak (2017), Agil, S. 19
[196] Vgl. Luczak (2017), Agil, S. 19; Diels (2018), Indikatoren agil zu entwickelnder Produktumfänge, S. 33
[197] Vgl. Pfeifer (1993), Etymologisches Wörterbuch des Deutschen - agil
[198] Vgl. Highsmith (2009), Agile Project Management, S. 13
[199] Conforto et al. (2016), Agility construct on project management theory, S. 667
[200] Vgl. Hassani-Alaoui et al. (2020), "We Use Scrum, but...", S. 6257

aus lässt sich Agilität als schnell, veränderungsorientiert sowie wert- und risikofokussiert charakterisieren.[201] Trotz einiger Unterschiede existieren gewisse Ähnlichkeiten zwischen den einzelnen Definitionen.[202] Aus diesem Grund leitet DIELS die Beschreibung des Agilitätsbegriffs basierend auf einer Literaturrecherche her, bei der Agilitätsdefinitionen von 1998 bis 2016 untersucht und anschließend in einer ganzheitlichen Definition konsolidiert werden.[203] Diese Definition soll auch in der vorliegenden Arbeit Gültigkeit besitzen:

„Der Agilitätsbegriff beschreibt die Fähigkeit eines Unternehmens, sich in einem volatilen und dynamischen Umfeld flexibel und iterativ an die jeweilig vorherrschende Situation anzupassen."[204]

Überträgt man diese Eigenschaften auf die Produktentwicklung, so beschreibt Agilität die Fähigkeit, sich verändernde Produktanforderungen zu erkennen, schnell zu berücksichtigen bzw. umzusetzen und gleichzeitig weiterhin Fortschritt bei der Entwicklung des Produkts zu erzielen.[205] Obwohl bereits TAKEUCHI & NONAKA[206] grundsätzliche Richtlinien für eine agile Produktentwicklung technischer Produkte aufstellen, herrscht bis heute das Verständnis, dass die agile Produktentwicklung primär aus der Softwareentwicklung stammt. Dies begründet sich unter anderem durch die Veröffentlichung des „Manifest für agile Softwareentwicklung"[207] im Jahr 2001, das als Meilenstein bei der Verbreitung des agilen Ansatzes in der Entwicklung von Software und Hardware gilt.[208] Die 17 Autoren („Agile Alliance") des Manifests erarbeiteten neben vier Werten, die als wesentliche Leitsätze des Manifests gelten (siehe Abbildung 2-3), außerdem zwölf ergänzende Prinzipien, die sie auf Grundlage ihrer Erfahrungen als Möglichkeit deklarieren, Entwicklungsprojekte trotz dynamischem und komplexem Marktumfeld erfolgreich umsetzen zu können.[209]

[201] Vgl. Canty (2015), Agile for Project Managers, S. 1ff.
[202] Vgl. Stare (2014), Agile Project Management in Product Development, S. 296f.
[203] Vgl. Diels (2018), Indikatoren agil zu entwickelnder Produktumfänge, S. 36
[204] Diels (2018), Indikatoren agil zu entwickelnder Produktumfänge, S. 36
[205] Vgl. Rebentisch et al. (2018), Agility Factors and their Impact on Development Performance, S. 894
[206] Vgl. Takeuchi & Nonaka (1986), The new new product development game
[207] Vgl. Beck et al. (2001), Manifesto for Agile Software Development
[208] Vgl. Conforto et al. (2016), Agility construct on project management theory, S. 661
[209] Vgl. Beck et al. (2001), Manifesto for Agile Software Development; Sandhaus et al. (2014), Hybride Softwareentwicklung, S. 34; Cooper & Sommer (2016), The Agile-Stage-Gate Hybrid Model, S. 517; Diels (2018), Indikatoren agil zu entwickelnder Produktumfänge, S. 34

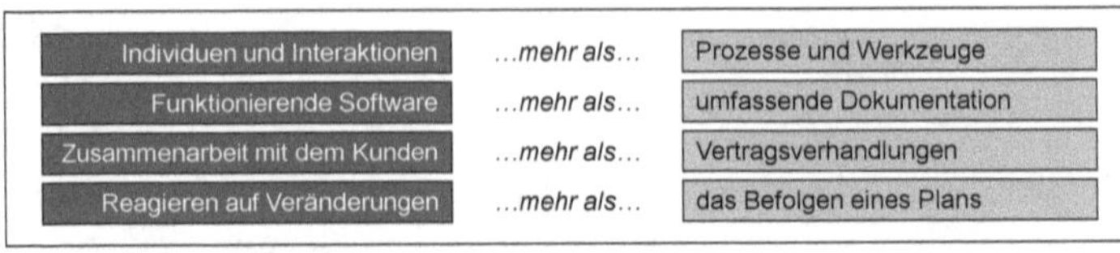

Abbildung 2-3: Vier Werte des Agilen Manifests[210]

Der zwölfte und einer der entscheidendsten Handlungsgrundsätze beschreibt dabei die regelmäßige Reflexion des Entwicklungsteams mit dem Ziel der Effektivitätssteigerung und ggf. entsprechend folgenden Verhaltensanpassungen.[211] Die situative Anpassung wird durch eine kleinschrittige, iterative Realisierung von Teilergebnissen innerhalb des Entwicklungsprojekts gewährleistet.[212] TAKEUCHI & NONAKA bezeichnen die Berücksichtigung von Iterationen als Ermutigung zu „trial and error“[213], da bei Bedarf zu einem vorherigen Schritt des Prozesses zurückgekehrt werden kann.[214] Da im Rahmen der agilen Produktentwicklung außerdem davon ausgegangen wird, dass die zu Projektbeginn bekannten Rahmenbedingungen über den Projektverlauf dynamischen Veränderungen unterliegen und damit nicht vollständig im Voraus spezifiziert werden können, ist ein vollständiger Ablaufplan nicht erforderlich. Stattdessen wird die stetige Unsicherheitspräsenz akzeptiert und der Kunde wird in regelmäßigen Produktevaluationen involviert. Die Kundenintegration gilt bei der agilen Produktentwicklung als erfolgskritisch.[215]

Entsprechend den vorherigen Ausführungen findet die agile Produktentwicklung vor allem dann Anwendung, wenn sich ein Entwicklungsprojekt in einem höchst unsicheren und volatilen Kontext bewegt.[216] RIGBY ET AL. fassen die daraus resultierenden Vorteile wie folgt zusammen: „By improving visibility and continually adapting customers‘ changing priorities, agile improves customer engagement and satisfaction, brings the most valuable products and features to market faster and more predictably, and reduces risk.“[217]

[210] In Anlehnung an Beck et al. (2001), Manifesto for Agile Software Development; Diels (2018), Indikatoren agil zu entwickelnder Produktumfänge, S. 35

[211] Vgl. Beck et al. (2001), Manifesto for Agile Software Development

[212] Vgl. Link (2014), Agile Methoden im Produkt-Lifecycle-Prozess handhaben, S. 74f.

[213] Takeuchi & Nonaka (1986), The new new product development game, S. 138

[214] Vgl. Špundak (2014), Mixed Agile/Traditional Project Management Methodology, S. 943

[215] Vgl. Link (2014), Agile Methoden im Produkt-Lifecycle-Prozess handhaben, S. 75; Schmidt & Paetzold (2016), Agilität als Alternative zu traditionellen Standards, S. 259

[216] Vgl. Schmidt et al. (2017), Media Richness Theory in Agile Development, S. 538

[217] Rigby et al. (2016), Embracing Agile, S. 43f.

2.2.2.2 Agile Vorgehensmodelle

Da der Agilitätsbegriff in erster Linie eine Art Wertesystem darstellt, wurden in der Vergangenheit eine Vielzahl agiler Vorgehensmodelle entwickelt (siehe Tabelle 2-2).

Tabelle 2-2: Kurzbeschreibung etablierter agiler Vorgehensmodelle[218]

Jahr	Name	Kurzbeschreibung
1994	**Dynamic Systems Development Method (DSDM)** STAPLETON (1997)	Framework für die Abwicklung von Software- und Hardwareprojekten unter Berücksichtigung definierter Prinzipien sowie dem Timeboxing- und MoSCoW-Ansatz
1995	**Scrum** SCHWABER (1997)	In der Software- und Hardwareentwicklung vermehrt eingesetztes Vorgehensmodell für das Produkt- und Projektmanagement
1997	**Feature Driven Development (FDD)** COAD ET AL. (1999)	Fünfphasige Prozessabfolge und Best Practice Sammlung für das Projektmanagement mit Fokus auf dem Feature-Begriff
1998	**Crystal** COCKBURN (1998)	Familie von Vorgehensmodellvarianten zur anwendungsspezifischen Auswahl und Anpassung anhand von Teamgröße und Projektkritikalität
1999	**Extreme Programming (XP)** BECK (1999)	Vorgehensmodell entstanden durch die Synthese von Ideen und Ansätzen bestehender Planungs- und Entwicklungsaktivitäten
1999	**Lean (Product) Development** SOBEK II ET AL. (1999)	Übertragung des Management Konzepts „Lean Production" auf die Produktentwicklung anhand von sieben Gestaltungsprinzipien
2000	**Adaptive Software Development (ASD)** HIGHSMITH (2000)	Adaptiver Lebenszyklus für die Softwareentwicklung unter Berücksichtigung einer Entwicklungsphilosophie für Änderungsmanagement
2001	**Design Thinking** KELLEY (2001)	Vorgehensmodell mit Fokus auf der Entwicklung neuer Ideen und der Problemlösung unter Berücksichtigung von Interdisziplinarität
2001	**Effectuation** SARASVATHY (2001)	Ansatz für Situationen mit hoher Unsicherheit, der davon ausgeht, dass alles, was beeinflusst werden kann, nicht vorhergesagt werden muss
2002	**Agile Modeling (AM)** AMBLER (2002)	Sammlung von Kernpraktiken sowie Werten, Prinzipien und Methoden zur effizienten Modellierung von Softwareprojekten
2003	**Lean Software Development** POPPENDIECK & POPPENDIECK (2003)	Überführung des Lean-Gedankens inklusive der klassischen sieben Lean-Prinzipien auf die Softwareentwicklung
2004	**Blue Ocean** KIM & MAUBORGNE (2004)	Strategie zur Entwicklung langfristig profitabler Geschäftsmodelle durch die Maßnahmen Eliminierung, Reduzierung, Steigerung und Kreierung
2007	**Theory U** SCHARMER (2009)	Management-Framework für eine nachhaltige und soziale Prozessgestaltung, in dessen Zentrum der Begriff „Presencing" steht
2008	**DevOps** DEBOIS (2011)	Vorgehensmodell zur Prozessverbesserung mit Fokus auf eine effektivere Zusammenarbeit der Entwicklung und des IT-Betriebs
2008	**Usability Driven Development (UDD)** JÄGER (2008)	Neunphasiges Vorgehensmodell, dessen Schwerpunkt auf der Berücksichtigung der Benutzbarkeit (Usability) im Entwicklungsprozess liegt
2009	**Scrumban** LADAS (2009)	Vorgehensmodell, das sich aus der Kombination zentraler Elemente von Scrum und Kanban zusammensetzt
2010	**Kanban („IT-Kanban")** ANDERSON (2010)	Softwareentwicklung unter Berücksichtigung von Prinzipien der „Lean Production", „Lean Development" und der Engpasstheorie
2011	**Lean Startup** RIES (2011)	Vorgehensmodell für die Produkt- und Geschäftsmodellentwicklung mit dreiphasigem Zyklus aus den Elementen Bauen, Messen und Lernen
2018	**Agile Prozesse für techn. Produkte** KANTELBERG (2018)	Auswahl von vier charakteristischen agilen Iterationstypen und disziplinspezifischen Praktiken für die Hardwareentwicklung

[218] Eigene ergänzte Darstellung in Anlehnung an Klein (2016), Agiles Engineering im Maschinen- und Anlagenbau, S. 45; Komus (2017), Status Quo Agile 2016/207, S. 50ff.; Komus (2020), Status Quo Scaled Agile 2019/20, S. 51ff.

Alle dargestellten Ansätze verfolgen das Ziel, die agilen Werte und Prinzipien in konkrete Maßnahmen zu überführen.[219] Sie berücksichtigen Veränderungen des Projektverlaufs und gewährleisten gleichzeitig eine Anpassung an die sich verändernden Rahmenbedingungen. Im Gegensatz zu plangetriebenen Modellen umfassen sie in der Regel außerdem Wertedefinitionen, die einen signifikanten Einfluss auf die Gestaltung des resultierenden Entwicklungsprozesses besitzen.[220] Exemplarisch und repräsentativ für ein agiles Vorgehensmodell wird nachfolgend das Vorgehensmodell Scrum detaillierter beschrieben, um ein erweitertes Grundverständnis der Eigenschaften und Charakteristika agiler Vorgehensmodelle zu gewährleisten. Für eine Erläuterung aller weiteren Modelle aus Tabelle 2-2 sei an dieser Stelle auf die weiterführende Literatur verwiesen.

Scrum

Scrum gilt als agiles Vorgehensmodell für die Entwicklung und Auslieferung komplexer Produkte.[221] SCHWABER & SUTHERLAND selbst definieren Scrum wie folgt: „A framework within which people can address complex adaptive problems, while productively and creatively delivering products of the highest possible value."[222] Das Vorgehensmodell stellt dabei weder einen reinen Prozess dar, noch wird eine spezifische Technik oder Methodik in den Vordergrund gerückt. Vielmehr bietet Scrum das Rahmenwerk, innerhalb dessen unterschiedlichste Techniken und Methoden ihren Einsatz finden können.[223] Als Modell für eine empirische Prozesssteuerung verfolgt Scrum bei der Produktentwicklung einen iterativ-inkrementellen Ansatz mit dem Ziel, die Prognosesicherheit zu optimieren und Risiken zu überwachen. Grundlegend für eine empirische Steuerung sind die Faktoren Transparenz, Überprüfung und Anpassung.[224] Eng mit diesen Faktoren verknüpft sind die bei Scrum vorgestellten Werte wie bspw. Selbstverpflichtung, Fokus oder Offenheit. Fünf sogenannte Ereignisse definieren den typischen Prozessverlauf bei Scrum und unterstützen insbesondere die Umsetzung der Faktoren. Zentrales Element von Scrum ist das Ereignis *Sprint*. Ein Sprint umfasst einen Zeitraum von höchstens einem Monat. Er beginnt mit dem Ereignis des *Sprint Planning* und endet mit den Ereignissen *Sprint Review* und *Retrospektive* (siehe Abbildung 2-4).[225]

[219] Vgl. Burchardi et al. (2016), Five Secrets to Scaling Up Agile, S. 3
[220] Vgl. Link (2014), Agile Methoden im Produkt-Lifecycle-Prozess handhaben, S. 74
[221] Vgl. Schwaber & Sutherland (2017), The Scrum Guide, S. 3
[222] Schwaber & Sutherland (2017), The Scrum Guide, S. 3
[223] Vgl. Schwaber & Sutherland (2017), The Scrum Guide, S. 3
[224] Vgl. Schwaber & Sutherland (2017), The Scrum Guide, S. 4
[225] Vgl. Schwaber & Sutherland (2017), The Scrum Guide, S. 5ff.

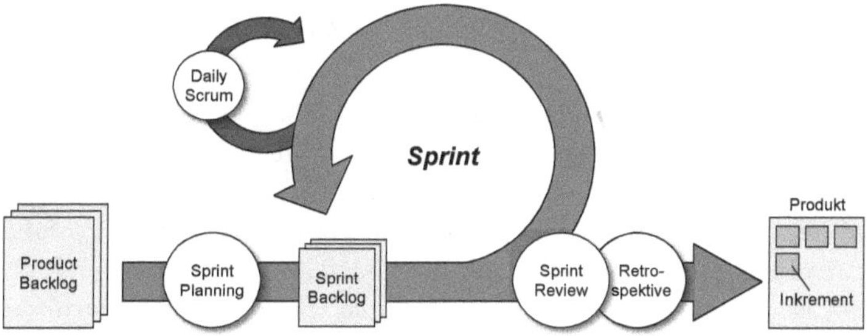

Abbildung 2-4: Überblick über das schematische Vorgehen bei Scrum[226]

Inhalt eines Sprints ist die Entwicklungsarbeit, die innerhalb der vorgegebenen Sprintzeit ein fertiges („Done"), potenziell nutzbares und auslieferbares Produktinkrement erzeugen soll. Die Zielerreichung wird über das Ereignis der *Daily Scrums* sichergestellt. Ein Entwicklungsprojekt besteht aus einer Vielzahl an Sprints, die nach Scrum alle die gleiche Dauer besitzen.[227] Scrum-Artefakte, wie das Product Backlog, das Sprint Backlog oder das Inkrement tragen zur Steigerung der Transparenz und Überprüfbarkeit des Projektfortschritts bei.[228]

Während Scrum in der Vergangenheit vor allem für die Entwicklung von Software eingesetzt wurde, findet das Modell mittlerweile auch Verwendung in der physischen Produktentwicklung.[229] Tatsächlich wurde ein Großteil der in Tabelle 2-2 aufgeführten Vorgehensmodelle in der Vergangenheit zunächst ausschließlich für die Entwicklung von Softwareprodukten vorgesehen. Dies lässt sich unter anderem dadurch begründen, dass eine agile Entwicklung technischer Produkte bis heute noch als recht unreif eingestuft wird.[230] Die meisten Modelle sind jedoch nicht grundsätzlich auf die Softwareentwicklung begrenzt. CONFORTO ET AL. stellen in einer Studie heraus, dass agile Modelle der Softwareentwicklung auch auf die physische Produktentwicklung übertragen werden können.[231]

---

[226] In Anlehnung an Schwaber (2007), Agiles Projektmanagement mit Scrum, S. 9; Kantelberg (2018), Gestaltung agiler Entwicklungsprozesse technischer Produkte, S. 88

[227] Vgl. Schwaber & Sutherland (2017), The Scrum Guide, S. 9

[228] Vgl. Schwaber & Sutherland (2017), The Scrum Guide, S. 14ff.

[229] Vgl. Schwaber & Sutherland (2017), The Scrum Guide, S. 4

[230] Vgl. Schmidt et al. (2018), Agile Development of Physical Products, S. 93

[231] Vgl. Conforto et al. (2014), Can Agile Project Management Be Adopted, S. 30; Schmidt et al. (2017), Agile Development and the Constraints of Physicality, S. 200

2.2.2.3 Übertragbarkeit agiler Vorgehensmodelle auf die physische Produktentwicklung

Agile Produktentwicklung ist kein Ansatz, der ausschließlich nur in der Softwareentwicklung Verwendung finden kann und sollte.[232] Im Gegenteil sind sich heutige Forschende einig, dass Agilität auch in der physischen Produktentwicklung zu einer besseren Performance führt.[233] Bei der Übertragung der in Tabelle 2-2 aufgeführten softwareorientierten Vorgehensmodelle und Methoden auf die Entwicklung technischer Produkte stoßen produzierende Unternehmen jedoch nicht nur auf strukturelle und prozessuale Herausforderungen, sondern sehen sich auch mit Transferproblemen konfrontiert, die sich aus der Physikalität von Hardwareprodukten ergeben.[234]

Das bedeutet, trotz einer theoretisch möglichen Übertragbarkeit der Vorgehensmodelle[235] und ähnlichen situativen Branchenbedingungen, wie einer steigenden Produktkomplexität, einem zunehmenden Kostendruck oder der Forderung nach einer kürzeren Time-to-Market, unterscheidet sich die Entwicklung von Software- und Hardwareprodukten erheblich.[236] Im Umkehrschluss ist ein 1:1-Transfer der agilen Modelle auf die physische Produktentwicklung in der Regel nicht umsetzbar.[237]

Die charakteristischen Unterschiede von Software- und Hardwareentwicklung lassen sich zu einem Großteil aus der Materialität physischer Produkte ableiten. Softwareprodukte enthalten per Definition keine physischen Komponenten und sind damit nicht nur einfacher und schneller zu testen, sondern können auch Anforderungsänderungen leichter berücksichtigen, indem der zugrundeliegende Code angepasst wird.[238] Diese Aspekte üben insbesondere einen Einfluss auf die Gestaltung von Iterationen im Rahmen der agilen Produktentwicklung aus.[239] Auch die Erzeugung eines Produktinkrements nach jeder Iteration, als typisches Merkmal agiler Vorgehensmodelle, stellt eine Herausforderung für die physische Produktentwicklung dar.[240] Dieser Schritt erfordert, bspw. im Hinblick auf die Bestellung erforderlicher mechanischer Komponenten, einen erheblichen Zeit-, Koordinations- und Ressourcenaufwand, der in dieser

[232] Vgl. Schmidt et al. (2018), Agile Development of Physical Products, S. 13
[233] Vgl. Conforto et al. (2016), Agility construct on project management theory, S. 667
[234] Vgl. Komus & Kuberg (2017), Abschlussbericht: Status Quo Agile, S. 156; Diels (2018), Indikatoren agil zu entwickelnder Produktumfänge, S. 62
[235] Vgl. Conforto et al. (2014), Can Agile Project Management Be Adopted, S. 30
[236] Vgl. Brehm et al. (2017), Konfiguration des hybriden Projektmanagements für die, S. 31f.
[237] Vgl. Brehm et al. (2017), Konfiguration des hybriden Projektmanagements für die, S. 30
[238] Vgl. Ahmed-Kristensen & Faria (2018), Hybrid Agile-Planned product development processes, S. 18
[239] Vgl. Ahmed-Kristensen & Faria (2018), Hybrid Agile-Planned product development processes, S. 18
[240] Vgl. Schmidt et al. (2017), Agile Development and the Constraints of Physicality, S. 203

Form nicht kompatibel mit den vorgestellten agilen Elementen erscheint.[241] Während also die charakteristische Adaptionsfähigkeit agiler Vorgehensmodelle bei Softwareprodukten lediglich für Personalkosten sorgt, können im Rahmen der physischen Produktentwicklung durch Produktinkremente und unvorhergesehene Änderungen zusätzlich hohe Materialkosten entstehen.[242] Übertragungsschwierigkeiten ergeben sich in diesem Zusammenhang auch aus der eingeschränkten Modularisierbarkeit physischer Produkte und der damit zusammenhängenden Aufteilung von Entwicklungsarbeiten auf einzelne, kurze Iterationen.[243] Zusammenfassend zeigen die bis hierhin aufgeführten exemplarischen Unterschiede damit deutlich Herausforderungen für eine Übertragung agiler Vorgehensmodelle auf die physische Produktentwicklung. COOPER & SOMMER stellen folglich die Frage: „So will Agile work in this different manufacturing context?“[244] Auch wenn erste Studien die Anwendbarkeit agiler Modelle und Methoden für die Hardwareentwicklung bestätigen, bleibt eine Vielzahl unbeantworteter Fragen für eine konkrete Übertragung offen.[245]

2.2.3 Hybride Produktentwicklung

Die Unterschiede zwischen Software- und Hardwareentwicklung verdeutlichen die Herausforderungen, vor denen produzierende Unternehmen stehen, wenn sie agile Vorgehensmodelle und Methoden in der physischen Produktentwicklung umsetzen und von ihnen profitieren wollen. Dennoch gewinnt der agile Ansatz auch in industriellen Entwicklungsumgebungen zunehmend an Bedeutung.[246] Die Einführung agiler Prozesse in der Entwicklung technischer Produkte bedeutet jedoch nicht, dass auf klassisch plangetriebene Prozessmerkmale, wie Meilensteine, verzichtet werden muss.[247] Im Gegenteil formulieren BOEHM & TURNER: „However, both agile and planned approaches have situation-dependent shortcomings that, if left unaddressed, can lead to project failure. The challenge is to balance the two approaches to take advantage of their strengths in a given situation while compensating for their weaknesses.“[248] Seit

---

[241] Vgl. Ahmed-Kristensen & Faria (2018), Hybrid Agile-Planned product development processes, S. 18

[242] Vgl. Brehm et al. (2017), Konfiguration des hybriden Projektmanagements für die, S. 32

[243] Vgl. Schmidt et al. (2017), Agile Development and the Constraints of Physicality, S. 203; Kantelberg (2018), Gestaltung agiler Entwicklungsprozesse technischer Produkte, S. 48

[244] Cooper & Sommer (2016), The Agile-Stage-Gate Hybrid Model, S. 513

[245] Vgl. Schuh et al. (2017), Determining the Application Suitability of Agile Methods, S. 1

[246] Vgl. Ovesen & Chris (2012), The Challenges of Becoming Agile, S. 14

[247] Link (2014), Agile Methoden im Produkt-Lifecycle-Prozess handhaben, S. 89; Vgl. Shenhar & Dvir (2007), Reinventing Project Management, S. 12

[248] Boehm & Turner (2003), Using Risk to Balance Agile and Plan-Driven Methods, S. 57

einigen Jahren lässt sich daher beobachten, dass plangetriebene Prozesse agiler werden und auch agile Prozesse plangetriebener gestaltet werden.[249]

2.2.3.1 Herleitung und grundlegende Eigenschaften

In der Vergangenheit wurden plangetriebene und agile Entwicklungsprozesse als grundlegend gegensätzliche Pole gesehen. Noch heute herrscht auf ein einzelnes Entwicklungsprojekt bezogen eine ausgeprägte „Entweder-oder-Mentalität“[250]. Die Gegensätzlichkeit der Ansätze wird nicht selten auch als Unvereinbarkeit interpretiert. Plangetriebene Prozesse gelten in diesem Zusammenhang als vorausschauend, berechenbar und einem systematischen Ablauf folgend. Agile Prozesse hingegen werden als reaktiv und unkalkulierbar verstanden, fokussieren dafür aber die menschliche Interaktion.[251] Der empfundene Widerspruch zwischen den beiden Prozessarten ist ausschlaggebend dafür, dass Entwicklungsprojekte häufig unter Anwendung von Vorgehensmodellen umgesetzt werden, die nicht gänzlich zur Projektstruktur passen. Das Resultat sind Verluste in Bezug auf die Prozesseffizienz und -effektivität.[252]

Weder eine rein plangetriebene noch eine rein agile Produktentwicklung scheinen jedoch grundsätzlich geeignet, dem aktuell steigenden Bedarf nach Schnelligkeit, Innovationen, Flexibilität, Stabilität und Qualität alleine ausreichend gerecht zu werden.[253] Stattdessen weisen beide Prozessarten einen von BOEHM & TURNER bezeichneten „home ground“ auf. Der Begriff umschreibt den Bereich eines agilen bzw. plangetriebenen Prozesses, in dem dieser am ehesten eingesetzt werden sollte und sich am wohlsten fühlt.[254] Auf Entwicklungsprojekte übertragen bedeutet das, jedes Projekt besitzt einen individuellen Grad an Agilität, den es für die optimale Prozessgestaltung zu berücksichtigen gilt.[255] KIRCHHOF & KRAFT stellen daher die Frage: „Warum nicht die Stärken beider Ansätze innerhalb eines Projekts nutzen?“[256] Auch ŠPUNDAK greift diesen Gedanken auf, indem er schreibt, dass es nicht ausreicht, auf ein einzelnes Vorgehen zu setzen, um eine erfolgreiche Projektsteuerung sicherzustellen.[257] Stattdessen

[249] Vgl. Ahmed-Kristensen & Daalhuizen (2015), Combined use of agile and stage-gate models, S. 1

[250] Habermann (2013), Hybrides Projektmanagement, S. 93

[251] Vgl. Habermann (2013), Hybrides Projektmanagement, S. 93

[252] Vgl. Kirchhof & Kraft (2012), Hybrides Vorgehensmodell, S. 2; Diels (2018), Indikatoren agil zu entwickelnder Produktumfänge, S. 43

[253] Vgl. Özcan & Drescher (2016), Hybride Vorgehensmodelle und Lean Methoden, S. 154; Sturm & Märkl (2018), Best of both Worlds, S. 43

[254] Vgl. Boehm & Turner (2006), Balancing Agility and Discipline, S. 22

[255] Vgl. Baschin et al. (2020), Context-specific Agile Process Design, S. 491

[256] Kirchhof & Kraft (2012), Hybrides Vorgehensmodell, S. 2

[257] Vgl. Špundak (2014), Mixed Agile/Traditional Project Management Methodology, S. 945

gilt es die optimale Balance zwischen Stabilität und Flexibilität für einen Entwicklungsprozess zu finden.[258]

In Anlehnung an die Biologie, wo aus der Kreuzung zweier verschiedener Gattungen oder Arten sogenannte Hybride hervorgehen, wird die Integration agiler und plangetriebener Prozesse innerhalb eines Entwicklungsprojekts als hybride Produktentwicklung bezeichnet.[259] Entsprechende hybride Vorgehensmodelle werden zwar bereits seit Mitte der 2000er Jahre diskutiert, seit dem Jahr 2014 gewinnt der Ansatz für die physische Produktentwicklung jedoch mehr und mehr an Bedeutung.[260] Ziel der integrierten Anwendung ist es, die Vorteile beider Ansätze miteinander zu verknüpfen[261], um unter den gegebenen situativen Rahmenbedingungen einen optimalen Entwicklungsverlauf zu ermöglichen[262] oder mit den Worten COOPERS: „The hybrid model integrates the best of both systems."[263] Das adäquate Maß an Agilität in einem hybriden Entwicklungsprozess muss dabei kontextbasiert definiert werden, d.h. es ist an die individuelle Situation eines Entwicklungsprojekts anzupassen (siehe Kapitel 2.3) und damit im Einzelfall konkret zu bestimmen.[264] Diesen Gedanken greift die in Kapitel 5 beschriebene Methodik zur kontextbasierten Integration agiler und plangetriebener Prozesse auf. Darauf aufbauend soll im Rahmen der vorliegenden Arbeit der Begriff der hybriden Produktentwicklung wie folgt verstanden werden:

Die **hybride Produktentwicklung** integriert agile und plangetriebene Prozesse in einem Entwicklungsprojekt. Dabei gilt es das optimale Agilitätsmaß kontextbasiert zu berücksichtigen, um eine Balance zwischen erforderlicher Stabilität und notwendiger Flexibilität für das Entwicklungsprojekt zu gewährleisten.

Hybride Prozesse besitzen nach HEIMICKE ET AL. großes Potenzial für den Einsatz in der Entwicklung technischer Produkte. Neben der erhöhten Flexibilität, auf Änderungen zu reagieren und die damit einhergehende Kostenminimierung im Gesamtprojekt führen die Autoren auch Vorteile wie eine erhöhte Komplexitätsbeherrschbarkeit, ein reduziertes Projektrisiko, eine steigende Produktivität im Entwicklungsprojekt und eine größere Prozessstabilität an.[265]

---

[258] Vgl. Cooper & Sommer (2016), The Agile-Stage-Gate Hybrid Model, S. 513

[259] Vgl. Rosenberger & Ortner (2017), Kostenschätzungsmethoden bei hybriden Projekten, S. 50; Schuh et al. (2018), Balanceakt im Spannungsfeld, S. 20

[260] Vgl. Heimicke et al. (2020), Agile meets Plan-Driven, S. 580

[261] Vgl. Timinger (2017), Modernes Projektmanagement, S. 278

[262] Vgl. Timinger & Seel (2016), Ein Ordnungsrahmen für adaptives hybrides Projektmanagement, S. 55

[263] Cooper (2017), Winning at New Products, S. 213

[264] Vgl. Luczak (2017), Agil, S. 19; Rabitsch (2017), Strategisch, S. 139f.

[265] Vgl. Heimicke et al. (2020), Agile meets Plan-Driven, S. 578ff.

2.2.3.2 Hybride Vorgehensmodelle

Durch die Variabilität des Agilitätsmaßes entstehen verschiedenste Integrationsmöglichkeiten für einen hybriden Entwicklungsansatz. Diese von ALDUSHYNA ET AL. als Kombinationsmuster bezeichnete Vielzahl denkbarer Ausprägungen ermöglichen es, den individuellen Bedürfnissen und Spezifikationen von Entwicklungsprojekten effizient begegnen zu können. Die Umsetzung eines hybriden Vorgehensmodells erfordert demnach zunächst die Beschreibung des jeweiligen Kombinationsmusters.[266] Nach HABERMANN ist dabei ein wesentliches Unterscheidungskriterium hybrider Vorgehensmodelle der Überlegenheitsgrad. Er vergleicht dafür hybride Vorgehensmodelle mit dem Hybridantrieb eines Automobils. In Abhängigkeit technischer Parameter existieren unterschiedliche Varianten des Zusammenspiels von Verbrenner- und Elektromotor (z.B. serieller oder paralleler Hybrid).[267] Dies lässt sich in ähnlicher Form auf die Gestaltung hybrider Vorgehensmodelle übertragen (siehe Abbildung 2-5).[268]

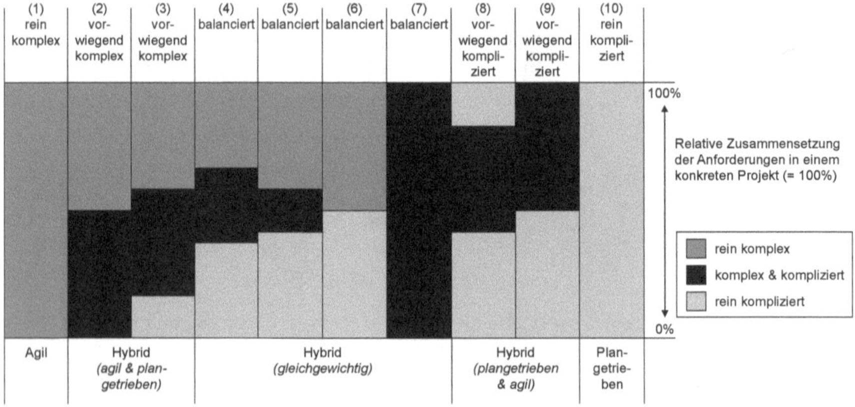

Abbildung 2-5: Ansatz zur Beschreibung hybrider Kombinationsmuster nach HABERMANN[269]

Die Abbildung zeigt einen Ansatz zur Beschreibung hybrider Kombinationsmuster in Abhängigkeit der Kompliziertheit bzw. Komplexität der Produktanforderungen. Der jeweils überlegene Ansatz wird in der Abbildung an erster Stelle aufgeführt. Für eine

[266] Vgl. Aldushyna & Engstler (2015), Erfolgsfaktoren bei der Umsetzung hybrider Projekte, S. 40

[267] Vgl. Habermann (2013), Hybrides Projektmanagement, S. 97

[268] Vgl. Habermann (2013), Hybrides Projektmanagement, S. 97

[269] In Anlehnung an Habermann (2013), Hybrides Projektmanagement, S. 98

nähere Beschreibung der dargestellten Kombinationsmuster sei auf Kapitel 3.2.2.3 verwiesen. Auch wenn die Reinform eines plangetriebenen Vorgehensmodells, d.h. eine reale Prozessumsetzung mit nullprozentigem agilen Anteil, in der Theorie noch existiert (siehe (10) in Abbildung 2-5), ist dies gemäß SCHMIDT ET AL. heute mit absoluter Handlungsunfähigkeit im Projekt gleichzusetzen.[270] Neben der Darstellung in Abbildung 2-5 existieren in der Literatur die unterschiedlichsten Ansätze zur generischen Unterscheidung von Kombinationsmustern hybrider Vorgehensmodelle.[271]

Die vorliegende Arbeit orientiert sich für eine solche Unterscheidung maßgeblich an der Differenzierung nach TIMINGER[272] bzw. den Ausführungen des PMI[273]. Die Integration agiler und plangetriebener Modelle in einem gemeinsamen Vorgehensmodell wird in Abgrenzung zu TIMINGER jedoch als Oberbegriff verstanden. Gemäß dem deutschen Duden beschreibt das Wort *Integration* die Einbeziehung oder Eingliederung in ein größeres Ganzes bzw. die Herstellung einer Einheit.[274] Integriert in Bezug auf die hybride Produktentwicklung bedeutet in diesem Zusammenhang, dass hybride Vorgehensmodelle entweder in eingebundener, serieller oder paralleler Form innerhalb eines Entwicklungsprozesses umgesetzt werden (siehe Abbildung 2-6).

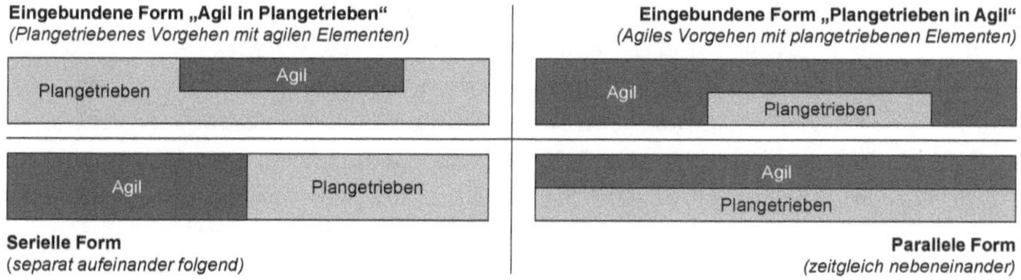

Abbildung 2-6: Ansatz zur Beschreibung hybrider Kombinationsformen des PMI[275]

Bei einer rein zufälligen Verknüpfung agiler und plangetriebener Prozessmerkmale zu einem dieser Kombinationsmuster würde eine nicht beherrschbare Anzahl möglicher

[270] Vgl. Schmidt & Paetzold (2017), Maturity assessment, 372

[271] Vgl. Aldushyna & Engstler (2015), Erfolgsfaktoren bei der Umsetzung hybrider Projekte, S. 40f.; Brehm et al. (2017), Konfiguration des hybriden Projektmanagements für die, S. 31; Project Management Institute (2017), Agile Practice Guide, S. 27f.; Timinger (2017), Modernes Projektmanagement, S. 247; Komus & Kuberg (2020), Ergebnisbericht: Status Quo (Scaled) Agile, S. 9; Lichtenthaler (2020), Combining Agile and Structured Innovation Processes, S. 44f.

[272] Vgl. Timinger (2017), Modernes Projektmanagement, S. 247

[273] Vgl. Project Management Institute (2017), Agile Practice Guide, S. 27f.

[274] Vgl. o.V. (2022), Dudenverlag - Integration

[275] In Anlehnung an Project Management Institute (2017), Agile Practice Guide, S. 27f.

Vorgehensmodelle entstehen. Eine ungesteuerte Integration ist demnach weder inhaltlich umsetzbar noch zielführend. Die prozessuale Anordnung in einem hybriden Vorgehensmodell sollte stattdessen einer inneren Logik folgen und einer abgestimmten Struktur unterliegen, um die Konsistenz der hybriden Vorgehensmodelle gewährleisten zu können. Gleichzeitig gilt es die erforderliche Prozessstabilität über einen längeren Projektzeitraum sicherzustellen.[276] Für eine konkrete Auflistung hybrider Vorgehensmodelle sei an dieser Stelle auf Kapitel 3.2.2 verwiesen.

2.3 Projektspezifische Adaption von Vorgehensmodellen

Der hohe Abstraktionsgrad der im vorherigen Kapitel aufgeführten Vorgehensmodelle ermöglicht auf der einen Seite das Verstehen des Ablaufmusters eines Prozesses unabhängig des zu betrachtenden Anwendungsfalls. Auf der anderen Seite kann ein Vorgehensmodell damit nicht 1:1 in einem konkreten Entwicklungsprojekt angewendet werden.[277] Die Produktentwicklung wird von einer Vielfalt an Kontextfaktoren bestimmt.[278] Jedes Entwicklungsprojekt besitzt folglich individuelle Eigenschaften und bedarf eines projektspezifischen Entwicklungsprozesses.[279] Der resultierenden Notwendigkeit einer flexiblen und dynamischen Adaption der Vorgehensmodelle an den Projektkontext liegt der aus der Organisationstheorie stammende situative Ansatz zugrunde.[280] Der Begriff *Adaption* kann in diesem Zusammenhang in die in Abbildung 2-7 dargestellten vier Felder Auswahl, Reduktion[281], Fokussierung und Ergänzung unterteilt werden. HÜSSELMANN ET AL.[282] beziehen den Adaptionsbegriff zwar auf Projektmanagementsysteme, diese sind nach HILMER ET AL.[283] aber synonym als standardisierte

[276] Vgl. Vogl (2013), Strategie, Organisation und Performance im Innovationsmanagement, S. 34; Riesener et al. (2020), Prozessuale Grundtypen für eine hybride Produktentwicklung, S. 409

[277] Vgl. Bender & Gericke (2016), Entwicklungsprozesse, S. 415

[278] Vgl. VDI Verein Deutscher Ingenieure e.V. (2019), VDI 2221 - Blatt 1, S. 24

[279] Vgl. Rauhut (2011), Synchronisation von Entwicklungsprozessen durch Taktung, S. 136

[280] Vgl. Shenhar (2001), One Size Does Not Fit All Projects, S. 394f.; Meißner et al. (2005), Eine adaptive Produktentwicklungsmethodik, S. 67

[281] In Hüsselmann et al. (2019) wird das hier als Reduktion bezeichnete Auslassen von Modellelementen als Tailoring (deutsch: projektspezifische Gestaltung) bezeichnet. Dem entgegen steht die Vielzahl der in Kapitel 2.3.4 dargestellten Definitionen des Tailoring-Begriffs, die stattdessen einen Großteil der in Hüsselmann et al. (2019) aufgeführten Felder miteinschließt. Im Rahmen dieser Arbeit wird der Begriff des Tailoring bzw. der projektspezifischen Gestaltung daher ebenfalls weiter gefasst.

[282] Vgl. Hüsselmann et al. (2019), Zielgerichtete Adaption des Projektmanagements, S. 4

[283] Vgl. Hilmer & Krieg (2014), Standardisierung vs. Kultur, S. 48

Vorgehensmodelle zu verstehen. Als Ergebnis der Adaption entstehen in der industriellen Praxis damit projektspezifische Vorgehensmodelle.[284]

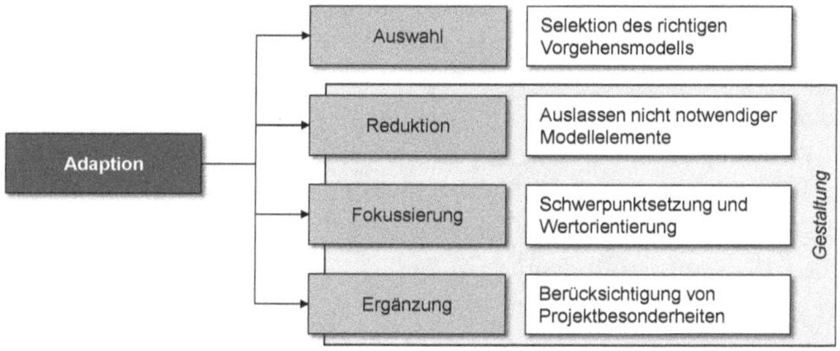

Abbildung 2-7: Vier Felder der Adaption von Vorgehensmodellen[285]

Im Folgenden werden neben der grundlegenden Erläuterung des Gestaltansatzes als Erweiterung der bereits erwähnten Situationstheorie (Kapitel 2.3.1) sowohl die Bedeutung des Projektkontexts für die Produktentwicklung hergeleitet (Kapitel 2.3.2) als auch näher auf die sich daraus notwendigerweise ergebende projektspezifische Adaption von Vorgehensmodellen eingegangen. Dabei wird insbesondere ein Fokus auf die projektspezifische Auswahl (Kapitel 2.3.3) eines Vorgehensmodells gelegt. Für eine vollständige Beschreibung des Adaptionsbegriffs werden anschließend auch die Felder Reduktion, Fokussierung und Ergänzung, welche die Autorin unter dem Ausdruck *Gestaltung* zusammenfasst, konsolidiert betrachtet (Kapitel 2.3.4).

2.3.1 Situationstheorie und Gestaltansatz

Die Situationstheorie gilt als der bekannteste organisationstheoretische Ansatz.[286] Da dieser im Englischen hauptsächlich als *Contingency Theory* bezeichnet wird, findet sich im Deutschen oft auch die anlehnende Übersetzung *Kontingenztheorie.*[287] Die Situationstheorie geht davon aus, dass für eine Organisation, ein Unternehmen, keine universell effizienten Strukturen existieren. Stattdessen wird der Zusammenhang zwischen Struktur und Kontext in den Vordergrund gerückt.

---

[284] Vgl. VDI Verein Deutscher Ingenieure e.V. (2019), VDI 2221 - Blatt 2, S. 4

[285] Eigene Darstellung in Anlehnung an Hüsselmann et al. (2019), Zielgerichtete Adaption des Projektmanagements, S. 4

[286] Vgl. Wolf (2013), Organisation, Management, Unternehmensführung, S. 194

[287] Vgl. Kieser (2019), Der Situative Ansatz, S. 170

Dem liegt die Annahme zugrunde, dass Organisationsstrukturen, darunter werden auch Prozesse gefasst[288], situationsbezogen an den jeweiligen Kontext anzupassen sind.[289] SHENHAR bündelt diese Aussagen wie folgt: „This theory assorts that different conditions might require different organizational settings, and that the effectiveness of the organization is contingent on the amount of fit between structural and environmental variables.“[290]. Dabei integriert SHENHAR ergänzend zu der bisherigen Ausführung den Fit-Gedanken.[291] Der als Fit bezeichnete Übereinstimmungsgrad zwischen den internen Unternehmensstrukturen und den situativen Rahmenbedingungen bestimmt die Effektivitätshöhe einer Organisation.[292] In Summe beschäftigt sich die Situationstheorie demnach mit den folgenden Forschungsfragen[293]:

- Welche Kontextfaktoren sind für eine Beschreibung unterschiedlicher Gestaltungsformen von Organisationen relevant?
- Wie hängen die zu identifizierenden Kontextfaktoren jeweils mit den Gestaltungsformen zusammen?
- Auf welche Weise müssen Kontextfaktoren und Gestaltungsformen operationalisiert, also messbar gemacht werden?

Trotz ihrer Reichweite wurde die Situationstheorie in der Vergangenheit in einigen grundlegenden Aussagen in Frage gestellt. Eine wesentliche Schwäche des Ansatzes ergibt sich aus der Annahme, Unternehmen seien kontextdeterminiert.[294] Unter der Voraussetzung, dass Unternehmen nicht einseitig durch die Umwelt beeinflusst werden, sondern wechselseitige Zusammenhänge berücksichtigt werden müssen[295], wurde der Gestaltansatz als eine spezielle Form der Situationstheorie entwickelt.[296]

Der Gestaltansatz begreift Organisationen als zeitraumbezogene, multikausale Systeme.[297] Zentraler Bestandteil des Ansatzes ist die Annahme, dass das Ganze mehr als die Summe seiner Einzelteile ist. Erst durch die Kombination aller Teile zu einem einheitlichen Ganzen erhält ein Einzelteil seine eigentliche Bedeutung. Neben dem damit

[288] Vgl. Wolf (2013), Organisation, Management, Unternehmensführung, S. 200
[289] Vgl. Vogl (2013), Strategie, Organisation und Performance im Innovationsmanagement, S. 58
[290] Shenhar (2001), One Size Does Not Fit All Projects, S. 395
[291] Vgl. Shenhar (2001), One Size Does Not Fit All Projects, S. 395
[292] Vgl. Donaldson (2001), The Contingency Theory of Organizations, S. 10
[293] Vgl. Wolf (2013), Organisation, Management, Unternehmensführung, S. 203
[294] Vgl. Kieser (2019), Der Situative Ansatz, S. 185
[295] Vgl. Vogl (2013), Strategie, Organisation und Performance im Innovationsmanagement, S. 31
[296] Vgl. Vogl (2013), Strategie, Organisation und Performance im Innovationsmanagement, S. 3
[297] Vgl. Bandte (2007), Komplexität in Organisationen, S. 157f.

verbundenen Streben einer Organisation nach interner Konsistenz[298] ist ein weiterer relevanter Baustein des Gestaltansatzes das sogenannte Äquifinalitätsprinzip.[299] Durch das charakteristische Systemverständnis wird angenommen, dass für einen spezifischen Kontext nicht eine ausschließlich geeignete, sondern mehrere gleichermaßen erfolgreiche Gestaltungsformen existieren.[300] Im Sinne der Äquifinalität kann der Unternehmenserfolg damit auf unterschiedliche Weise erreicht werden.[301] Nach MILLER ist jedoch davon auszugehen, dass für einen Kontext nicht unendlich viele, sondern lediglich eine definierte Anzahl verschiedener Konfigurationen als erfolgversprechend eingestuft werden können.[302] Der Grund dafür ist zum einen in den logischen, funktionalen sowie ästhetischen Ansprüchen der Unternehmen an eine Konfiguration zu finden[303] und liegt zum anderen am Streben jeder Organisation nach der kontextbasiert wettbewerbsfähigsten Konfiguration.[304]

2.3.2 Bedeutung des Projektkontexts für die Produktentwicklung

Die Annahmen der Situations- bzw. Gestalttheorie haben nicht nur Auswirkungen auf die übergeordnete Organisationsgestaltung, sondern auch auf die Umsetzung der Produktentwicklung.[305] Nach SHENHAR sind Entwicklungsprojekte dabei nichts anderes als „[...] temporary organizations within organizations [...]“[306]. Sein Verständnis der Übertragung des Gestaltansatzes auf die Produktentwicklung fasst SHENHAR unter dem Paradigma „One size does not fit all projects“ zusammen.[307] Dem Paradigma liegt der Gedanke zugrunde, dass unter Berücksichtigung der Vielzahl und der Verschiedenartigkeit der einflussnehmenden Kontextfaktoren auf die Produktentwicklung ein Vorgehensmodell nicht für jedes Projekt gleichermaßen zum Erfolg führen muss.[308] Referenzierend auf Abbildung 2-7 sind damit sowohl die Wahl als auch die anschließende projektspezifische Gestaltung eines Vorgehensmodells unter Berücksichtigung des Projektkontexts vorzunehmen.[309]

---

298 Vgl. Donaldson (2001), The Contingency Theory of Organizations, S. 141
299 Vgl. Bandte (2007), Komplexität in Organisationen, S. 158
300 Vgl. Barg (2018), Kontextbezogene Auslegung von Produktbaukästen, S. 59
301 Vgl. Bandte (2007), Komplexität in Organisationen, S. 158
302 Vgl. Miller (1986), Configurations of Strategy and Structure, S. 236
303 Vgl. Miller (1981), Toward a New Contingency Approach, S. 11
304 Vgl. Meyer et al. (1993), Configurational Approaches to Organizational Analysis, S. 1175f.
305 Vgl. Shenhar & Dvir (2007), Reinventing Project Management, S. 221
306 Shenhar (2001), One Size Does Not Fit All Projects, S. 395
307 Vgl. Shenhar (2001), One Size Does Not Fit All Projects, S. 394f.
308 Vgl. Lindemann (2009), Methodische Entwicklung technischer Produkte, S. 37
309 Vgl. Hüsselmann et al. (2019), Zielgerichtete Adaption des Projektmanagements, S. 3

Der Duden definiert den Begriff *Kontext* als Sinnzusammenhang, in dem eine Äußerung steht bzw. als „Sach- und Situationszusammenhang, aus dem heraus sie verstanden werden muss".[310] MEIßNER ET AL. übertragen dieses Begriffsverständnis auf die Produktentwicklung und beschreiben den Kontext als den Umgebungszusammenhang, in dem ein Entwicklungsprojekt und damit auch der zugrundeliegende Entwicklungsprozess steht. Darunter fassen sie neben den individuellen Eigenschaften der Produktentwickler auch die Randbedingungen der Aufgabenstellung des jeweiligen Projekts sowie die Organisationsstrukturen des Unternehmens zusammen.[311] Der Ablauf eines Entwicklungsprozess wird damit nicht nur durch die Anforderungen an das zu entwickelnde Produkt selbst geprägt, sondern auch projektspezifisch durch externe Zwänge oder innerbetriebliche Vorgaben bestimmt.[312] Jede Änderung im Umfeld des Entwicklungsprojekts kann in diesem Sinne als Kontext verstanden werden.[313] GAREIS unterteilt den Projektkontext dabei bspw. in eine inhaltliche, eine zeitliche und eine soziale Dimension.[314] Für den Kontextbegriff, insbesondere in Bezug auf die Produktentwicklung, existieren verschiedenste Synonyme in der Literatur. Darunter fallen Bezeichnungen wie Situation oder Randbedingungen.[315] Nach HOLLAUER ist der Projektkontext daher „[...] the sum of factors influencing a particular project."[316]. Diese Definition kommt dem Kontextverständnis der vorliegenden Arbeit am nächsten:

Der **Projektkontext** beschreibt die Summe aller Kontextfaktoren, die auf ein Produktentwicklungsprojekt Einfluss nehmen. Als Folge ist er insbesondere entscheidend für die projektspezifische Auswahl und Gestaltung, also die Adaption, generischer Vorgehensmodelle.

Unter Berücksichtigung der Kontextfaktoren kann ein allgemeines Vorgehensmodell also entsprechend dem spezifischen Projektkontext ausgewählt und gestaltet werden.[317] Um sicherzustellen, dass alle relevanten Faktoren für diese Adaption erfasst werden, gilt es den allgemeinen Projektkontext zu analysieren und vorhandenes unternehmensinternes Prozesswissen in die Gestaltung miteinzubeziehen.[318] Dabei spielt auch der zu berücksichtigende Zeithorizont eine Rolle. Kontextfaktoren unterscheiden sich je nachdem, ob der lang-, mittel- oder kurzfristige Projektkontext Gegenstand

[310] Vgl. o.V. (2022), Dudenverlag - Kontext
[311] Vgl. Meißner et al. (2005), Eine adaptive Produktentwicklungsmethodik, S. 67
[312] Vgl. VDI Verein Deutscher Ingenieure e.V. (2019), VDI 2221 - Blatt 1, S. 25
[313] Vgl. Meißner et al. (2005), Eine adaptive Produktentwicklungsmethodik, S. 69
[314] Vgl. Gareis (2013), Re-Thinking Project Initiation and Project Management, S. 137
[315] Vgl. Hollauer (2019), Tailoring of Interdisciplinary Development Processes, S. 53f.
[316] Hollauer (2019), Tailoring of Interdisciplinary Development Processes, S. 54
[317] Vgl. Bender & Gericke (2016), Entwicklungsprozesse, S. 416
[318] Vgl. VDI Verein Deutscher Ingenieure e.V. (2019), VDI 2221 - Blatt 2, S. 14

der Betrachtung ist.[319] Gleichzeitig sind nicht alle Kontextfaktoren für jedes Unternehmen von ähnlicher Bedeutung. Für eine effiziente Anpassung eines Vorgehensmodells sind vornehmlich die Bereiche eines Entwicklungsprozesses zu betrachten, die tatsächlich von einer Kontextveränderung der Produktentwicklung betroffen sind.[320] Die für einen Produktentwicklungsprozess konkret zu berücksichtigenden innerbetrieblichen und äußeren Kontextfaktoren sowie deren unternehmens- bzw. projektspezifischen Ausprägungen werden im Rahmen der in dieser Arbeit herzuleitenden Methodik in Kapitel 5.1 im Detail betrachtet. Zusammenfassend lässt sich festhalten, dass die Notwendigkeit projektspezifischer Entwicklungsprozesse und die damit erforderliche kontextbasierte Adaption generischer Vorgehensmodelle maßgeblich die Bedeutung des Projektkontexts für die Produktentwicklung beeinflussen.[321]

2.3.3 Projektspezifische Auswahl von Vorgehensmodellen

So wie sich reale Entwicklungsprozesse für einzelne Projekte unterscheiden, so sind auch verschiedene Vorgehensmodelle für die Vielzahl an Projekten notwendig, um das jeweilige Produkt effektiv und effizient entwickeln zu können.[322] Vorgehensmodelle tragen jeweils zur Lösung bestimmter Problemstellungen in Projekten bei.[323] Abhängig vom Kontext eines Entwicklungsprojekts empfiehlt sich dabei die Wahl verschiedener Vorgehensmodelle. Während sich manche Modelle vor allem auf die schnelle Umsetzung von Teillösungskonzepten fokussieren, rücken andere die Planung größerer Entwicklungsprojekte in den Vordergrund.[324] Diese aus dem Projektkontext resultierenden Anforderungen können nicht immer gleichermaßen in ein und demselben Vorgehensmodell berücksichtigt werden.[325]

Vor dem Hintergrund der Anzahl und Diversifikation der existierenden Vorgehensmodelle stellt sich also die Frage, welches Modell für welchen Einsatzzweck am besten geeignet ist.[326] Nach HABERMANN ist die charakteristische Konstellation von komplizierten und komplexen Anforderungen an einen Entwicklungsprozess dabei ausschlaggebend für die Modellauswahl.[327] ZIEGLER formuliert dazu: „Der Schlüssel für die Nut-

[319] Vgl. Gericke et al. (2013), Understanding the Context of Product Development, S. 194
[320] Vgl. Meißner et al. (2005), Eine adaptive Produktentwicklungsmethodik, S. 73
[321] Vgl. Baschin et al. (2020), Context-specific Agile Process Design, S. 496
[322] Vgl. Lindemann (2009), Methodische Entwicklung technischer Produkte, S. 37
[323] Vgl. Ziegler (2009), Eignungseinstufung von Vorgehensmodellen, S. 6
[324] Vgl. Gürtler & Lindemann (2016), Innovationsmanagement, S. 488
[325] Vgl. Ziegler (2009), Eignungseinstufung von Vorgehensmodellen, S. 6
[326] Vgl. Filß (2005), Vergleichsmethoden für Vorgehensmodelle, S. 1
[327] Vgl. Habermann (2013), Hybrides Projektmanagement, S. 96

zenpotentiale von Vorgehensmodellen ist deren Eignung für eine konkrete Problemstellung."[328] Als Voraussetzung für die Realisierung dieser Nutzenpotenziale sieht er die projektbezogene Eignungsbewertung von Vorgehensmodellen als Grundlage für eine strategische Modellauswahl.[329] Bei Projektinitiierung müssen charakteristische Merkmale eines Projekts erkannt und bei der Modellauswahl systematisch berücksichtigt werden.[330] Aufbauend auf dem hergeleiteten Verständnis lässt sich im Rahmen dieser Arbeit folgende Definition des Auswahlbegriffs formulieren:

Als **Auswahl** wird die Selektion eines generischen Vorgehensmodells für einen konkreten Entwicklungsprozess unter Berücksichtigung des individuellen Projektkontexts des jeweiligen Entwicklungsprojekts verstanden.

Die Entscheidung, welches Vorgehensmodell in einem konkreten Entwicklungsprojekt Anwendung findet, wird bislang entweder subjektiv nach der Auffassung Einzelner getroffen[331] oder folgt nach wie vor dem „One-Size-Fits-All" Gedanken[332]. Ein objektiver und damit nachvollziehbarer Evaluierungs- und Entscheidungsprozess ist in den wenigsten Fällen vorzufinden.[333]

2.3.4 Projektspezifische Gestaltung von Vorgehensmodellen

Aus dem idealisierten Charakter eines Vorgehensmodells ergibt sich, dass eine solche Prozessdarstellung keine exakte Repräsentation eines realen Entwicklungsprozesses sein kann.[334] Damit die in Kapitel 2.2 vorgestellten Vorgehensmodelle vor diesem Hintergrund in einem spezifischen Projekt anwendbar werden, ist neben der systematischen Auswahl eines Vorgehensmodells anschließend die Anpassung des gewählten Modells an den individuellen Projektkontext notwendig.[335] In der Praxis ist die resultierende Gestaltung von Vorgehensmodellen auf unterschiedlichsten Ebenen unter dem englischen Begriff *Tailoring* bekannt.[336] Die projektspezifische Gestaltung von Vorgehensmodellen umfasst in Anlehnung an Abbildung 2-7 die Felder Reduktion, Fokussierung und Ergänzung. Diese werden im Folgenden konsolidiert betrachtet.

[328] Ziegler (2009), Eignungseinstufung von Vorgehensmodellen, S. 176
[329] Vgl. Ziegler (2009), Eignungseinstufung von Vorgehensmodellen, S. 6
[330] Vgl. Hüsselmann et al. (2019), Zielgerichtete Adaption des Projektmanagements, S. 23
[331] Vgl. Albers (2017), Der Auswahlprozess von Vorgehensmodellen, S. 207
[332] Vgl. Shenhar & Dvir (2007), Reinventing Project Management, S. 10; Rauhut (2011), Synchronisation von Entwicklungsprozessen durch Taktung, S. 136
[333] Vgl. Albers (2016), Der Auswahlprozess von Vorgehensmodellen im Projektmanagement, S. 171f.
[334] Vgl. Bender & Gericke (2016), Entwicklungsprozesse, S. 415
[335] Vgl. Hammerschall (2008), Flexible Methodenintegration in anpassbare Vorgehensmodelle, S. 6
[336] Vgl. Klein (2016), Agiles Engineering im Maschinen- und Anlagenbau, S. 40

Nach BROWNING ET AL. erfordert jeder standardisierte Prozess ein gewisses Maß an Anpassung, bevor er für die Planung und Steuerung eines Projekts eingesetzt werden kann.[337] Ziel ist es, den Prozess so zu individualisieren, dass er den Aufgaben und Eigenschaften eines Projekts, in anderen Worten dem Projektkontext, gerecht wird.[338] HOLLAUER bezeichnet den Projekterfolg als gefährdet, wenn der jeweilige Entwicklungsprozess nicht am Projektkontext orientiert zugeschnitten wird.[339] Generische Vorgehensmodelle können auf unterschiedlichsten Ebenen gestaltet werden (siehe Abbildung 2-7).[340] GINSBERG & QUINN verstehen Tailoring dabei als „the act of adjusting the definitions and/or particularizing the terms of general description to derive a description applicable to an alternate (less general) environment [...]“[341]. HÜSSELMANN ET AL. gehen einen Schritt weiter und beziehen in ihre Definition den Projektkontext mit ein. Die individuelle Gestaltung bedeutet aus ihrer Sicht die „Anpassung des Standards an projektspezifische Belange“.[342] Ergänzend dazu formuliert KALUS sein Begriffsverständnis in Bezug auf die Anpassung von Vorgehensmodellen wie folgt: „Unter Tailoring verstehen wir die Anpassung eines vorgegebenen Vorgehensmodells zu Projektbeginn auf Basis der Projektcharakteristika durch einen Anwender des Vorgehensmodells.“[343] Daraus ergibt sich die folgende, für die vorliegende Arbeit gültige Definition.

Als **projektspezifische Gestaltung** (engl.: Tailoring) wird die Anpassung eines generischen Vorgehensmodells an den individuellen Kontext eines Entwicklungsprojekts bezeichnet. Dies umfasst sowohl die *Reduktion* des Vorgehensmodells auf die wesentlichen Modellbestandteile als auch die *Fokussierung* auf ausgewählte bzw. die *Ergänzung* des Vorgehensmodells um neue Modellbestandteile zur Berücksichtigung etwaiger Projektbesonderheiten.

Aufgabe bei der projektspezifischen Gestaltung ist es demnach, die individuell passenden Inhalte aus der Gesamtmenge eines Ansatzes auszuwählen und ggf. anzupassen.[344] Damit ergibt sich die Möglichkeit, auf bewährte Aktivitäten zurückzugreifen, deren Wirksamkeit bereits nachgewiesen wurde.[345] Die Alternative, einen Prozess für jedes

[337] Vgl. Browning et al. (2006), Concepts in modeling product development processes, S. 118
[338] Vgl. Hollauer (2019), Tailoring of Interdisciplinary Development Processes, S. 50
[339] Vgl. Hollauer (2019), Tailoring of Interdisciplinary Development Processes, S. 4
[340] Vgl. Klein (2016), Agiles Engineering im Maschinen- und Anlagenbau, S. 40
[341] Ginsberg & Quinn (1995), Process Tailoring, S. 3
[342] Vgl. Hüsselmann et al. (2019), Zielgerichtete Adaption des Projektmanagements, S. 4
[343] Kalus (2013), Projektspezifische Anpassung von Vorgehensmodellen, S. 25
[344] Vgl. Kalus (2013), Projektspezifische Anpassung von Vorgehensmodellen, S. 112
[345] Vgl. Bender & Gericke (2016), Entwicklungsprozesse, S. 421

Projekt von Grund auf neu zu modellieren, wird in der Literatur als schwer umsetzbar und nicht lohnenswert im Hinblick auf Zeit, Kosten und Risiko eingestuft.[346]

2.4 Methodologie der Typologisierung

Der Variationsraum aller möglichen projektspezifischen Entwicklungsprozesse ergibt sich aus der Berücksichtigung der relevanten Kontextfaktoren und der daraus resultierenden, im vorherigen Kapitel dargestellten individuellen Adaption eines generischen Vorgehensmodells.[347] Ein Kompromiss zwischen standardisierter und gleichzeitig individueller Umsetzung eines Entwicklungsprozesses in einem Projekt ist die Bildung von Grundtypen.[348] Im Kontext der vorliegenden Arbeit werden Grundtypen hybrider Entwicklungsprozesse als Vorgehensmodelle verstanden, die sich aus der integrierten Betrachtung agiler und plangetriebener Prozessmerkmale ergeben. Durch die Nutzung von prozessualen Grundtypen lässt sich die Realität vereinfachen. Gleichzeitig besitzen sie trotz ihres abstrahierten Charakters einen hohen erklärenden Wert.[349]

Die Typologisierung als systematisches Typenbildungsverfahren gewährleistet sowohl eine beschleunigte Projektinitiierung als auch eine anschließend optimierte Abwicklung des Entwicklungsprozesses.[350] Im Fokus des folgenden Kapitels steht daher zunächst die Einordnung und Abgrenzung des Oberbegriffs Typisierung in das Feld der analytischen Forschungsmethoden (Kapitel 2.4.1). Im Anschluss daran wird erst die Bedeutung von Typen und Typologien (Kapitel 2.4.2) und anschließend das Verfahren der Typenbildung (Kapitel 2.4.3) näher erläutert.

2.4.1 Typisierung als analytische Forschungsmethode

Erfolgsentscheidend für den Umgang mit betriebswirtschaftlichen Herausforderungen ist die Sicherstellung eines systematischen Vorgehens im Rahmen des Lösungsprozesses. Die Anwendung von Forschungsmethoden gewährleistet eine solche stringente Vorgehensweise. Es existieren drei Arten von Forschungsmethoden. Als klassische Schlussfolgerungsverfahren gelten unter anderem die Induktion, die Deduktion und

[346] Vgl. de Cesare et al. (2008), Tailoring Software Development Methodologies in Practice, S. 157
[347] Vgl. Kalus (2013), Projektspezifische Anpassung von Vorgehensmodellen, S. 55
[348] Vgl. Specht et al. (2002), F&E-Management, S. 210
[349] Vgl. Becker (2014), Wertschöpfung durch Lieferantenintegration, S. 44
[350] Vgl. Paulukuhn (2005), Typologisierung von Entwicklungsprojekten, S. 50; Welter (2006), Die Forschungsmethode der Typisierung, S. 113

die Abduktion, während als interpretative Forschungsmethoden vor allem die Hermeneutik und die Phänomenologie verstanden werden. Die Typisierung zählt zu der Gruppe der analytischen Forschungsmethoden.[351]

Charakteristisch für analytische Forschungsmethoden ist das Ziel der logischen Ordnung einer Menge von Untersuchungsobjekten auf Basis von am Untersuchungsziel orientierten Merkmalen.[352] Da die Identifizierung von Grundtypen hybrider Entwicklungsprozesse ein wesentliches Kernelement zur Erreichung der Zielstellung der vorliegenden Arbeit darstellt und dies weitgehend Konformität mit dem Anwendungsbereich der analytischen Forschungsmethoden aufweist, wird im Folgenden ausschließlich auf die Grundlagen dieser Forschungsmethoden eingegangen. Im Fokus der folgenden Betrachtungen steht dabei insbesondere die Typisierung. In Bezug auf die in Kapitel 1 aufgezeigte Problemstellungen bietet sich diese Methode an, weil sie im Wesentlichen zwei grundsätzliche Funktionen erfüllt. Sie ermöglicht die Strukturierung des Untersuchungsbereichs, um diesen systematisch erfassen und beschreiben zu können, und gewährleistet eine heuristische Analyse der inhaltlichen Zusammenhänge innerhalb und zwischen den identifizierten Typen.[353]

Darüber hinaus bietet die Typisierung den Vorteil eines breiten Spektrums an Anwendungsmöglichkeiten, d.h. sie ist als Methode prinzipiell für alle Untersuchungsbereiche einsetzbar, die in unterschiedlicher Gestalt und Ausprägung auftreten. Eine Stärke der Typisierung ist auch ihre hohe Anschaulichkeit. Sie bewegt sich zwischen der individuellen Betrachtung einzelner Untersuchungsobjekte und einer vollständigen Verallgemeinerung des gesamten Untersuchungsbereichs.[354] Dem folgend kann die Forschungsmethode der Typisierung in eine statische und eine dynamische Sichtweise eingeteilt werden (siehe Abbildung 2-8).[355]

Die statische Sichtweise umfasst das jeweilige Denkergebnis der Typisierung. Dieses liegt in Form von Typen bzw. der Summe aller Typen, der Typologie, vor und wird daher auch als ergebnisorientierte Betrachtung beschrieben.[356]

---

351 Vgl. Welter (2006), Die Forschungsmethode der Typisierung, S. 113

352 Vgl. Rühmann (2008), Entwicklung einer Typologie für Gestaltungsvarianten der Serviceproduktion, S. 4

353 Vgl. Kluge (1999), Empirisch begründete Typenbildung, S. 43; Rühmann (2008), Entwicklung einer Typologie für Gestaltungsvarianten der Serviceproduktion, S. 4

354 Vgl. Welter (2006), Die Forschungsmethode der Typisierung, S. 114

355 Vgl. Knoblich (1969), Betriebswirtschaftliche Warentypologie, S. 29; Welter (2006), Die Forschungsmethode der Typisierung, S. 113

356 Vgl. Isenmann (2003), Natur als Vorbild, S. 167

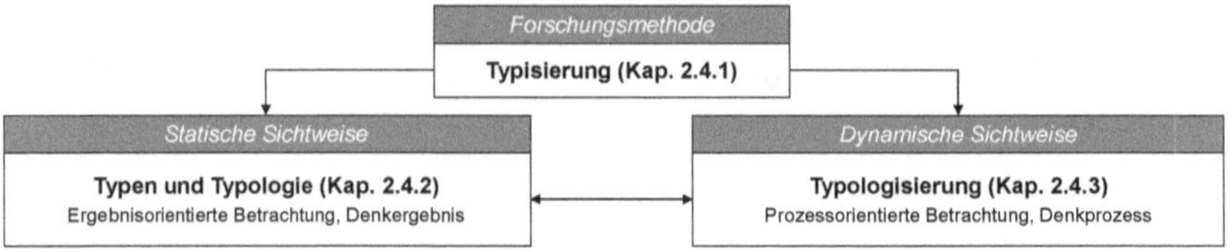

Abbildung 2-8: Dynamische und statische Sichtweise der Typisierung[357]

Die dynamische Sichtweise dagegen, die Typologisierung, beinhaltet alle Denkprozesse der Typisierung und wird daher auch als prozessorientierte Betrachtung oder Typenbildung bezeichnet.[358]

2.4.2 Typen und Typologie

Die Bezeichnung *Typ* oder auch *Typus*[359] stammt aus dem Griechischen und bedeutet soviel wie Gestalt, Muster oder Modell.[360] Der deutsche Duden beschreibt den Typenbegriff als „durch bestimmte charakteristische Merkmale gekennzeichnete Kategorie".[361] Nach KNOBLICH ist ein Typ damit ein Repräsentant einer Reihe an Objekten, die sich in einer bestimmten Anzahl charakterisierender Merkmale gleichen.[362] KLUGE beschreibt einen Typ ergänzend als Teil- bzw. Untergruppe eines Objektbereichs, die durch gemeinsame Eigenschaften gekennzeichnet ist, deren Objekte sich also hinsichtlich einzelner oder mehrerer Merkmalsausprägungen ähneln und anhand dieser spezifischen Eigenschaften charakterisiert werden können.[363] Es existieren grundsätzlich zwei Arten von Typen. Eine Unterscheidung kann aufgrund ihrer Verifizierbarkeit und empirischen Relevanz vorgenommen werden. Idealtypen sind das Ergebnis rein gedanklicher Modelle. Realtypen dagegen besitzen den Anspruch, die wirtschaftliche Realität abzubilden.[364]

---

[357] In Anlehnung an Isenmann (2003), Natur als Vorbild, S. 168; Welter (2006), Die Forschungsmethode der Typisierung, S. 113; Rühmann (2008), Entwicklung einer Typologie für Gestaltungsvarianten der Serviceproduktion, S. 11

[358] Vgl. Rühmann (2008), Entwicklung einer Typologie für Gestaltungsvarianten der Serviceproduktion, S. 11

[359] Vgl. Ahrend (2001), Eine Typologie der strategischen Kontrolle im Konzern, S. 67

[360] Vgl. Knoblich (1969), Betriebswirtschaftliche Warentypologie, S. 24

[361] Vgl. o.V. (2022), Dudenverlag - Typ

[362] Vgl. Knoblich (1969), Betriebswirtschaftliche Warentypologie, S. 25

[363] Vgl. Kluge (1999), Empirisch begründete Typenbildung, S. 27

[364] Vgl. Rühmann (2008), Entwicklung einer Typologie für Gestaltungsvarianten der Serviceproduktion, S. 12

Eine *Typologie* wiederum beschreibt das Ergebnis eines Gruppierungsprozesses, umfasst also die Summe aller Typen eines Untersuchungsbereichs.[365] Während auf der Typenebene vor allem die separate Betrachtung der einzelnen Typen im Vordergrund steht, konzentriert sich die Ebene der Typologie stattdessen auf die Abgrenzung der einzelnen Typen untereinander. Das Hauptaugenmerk liegt auf der Differenz zwischen den einzelnen Gruppen.[366] KELLE & KLUGE bezeichnen dies als interne Homogenität und externe Heterogenität. Die interne Homogenität betont die möglichst hohe Ähnlichkeit der Objekte innerhalb eines Typs. Die externe Heterogenität betont die anzustrebende Unterschiedlichkeit zwischen den verschiedenen Typen.[367]

Verschiedene Typen ergeben eine Typologie, wenn sie sich auf den gleichen Merkmalsraum beziehen.[368] Der Merkmalsraum beschreibt die Merkmale und Ausprägungen, mittels derer der Objektbereich differenziert wird.[369] Liegt eine besonders große Anzahl an Merkmalen vor, die es für die Erfassung des Untersuchungsbereichs zu berücksichtigen gilt, kann nach BAILEY die Ableitung von Typen auf zwei Wegen erfolgen. Entweder wird ein von Beginn an reduzierter Betrachtungsbereich aufgebaut, der lediglich die vorab zu bestimmenden Schlüsselmerkmale enthält. Oder die identifizierten Typen werden nach Aufbau der vollständigen Typologie durch gezielte Konsolidierung weiter zusammengefasst.[370] WELTER unterscheidet in diesem Zusammenhang typenbildende und typenbeschreibende Merkmale. Merkmale mit typenbildendem Charakter sind konstitutiv für das Vorliegen eines Typs. Merkmale mit typenbeschreibender Eigenschaft dienen lediglich der näheren Erläuterung eines Typs.[371]

Zusammenfassend liegt der Nutzen einer Typologie in der Möglichkeit der theoretischen Durchdringung praktischer Probleme und der Schaffung eines eindeutigen Begriffssystems.[372] Neben dem Gruppierungszweck verfolgen Typologien auch eine heuristische Funktion, indem sie inhaltliche Sinnzusammenhänge zwischen und innerhalb der Typen analysieren. Sie dienen damit als Grundlage für die Hypothesenbildung und der späteren Theoriebildung.[373]

---

[365] Vgl. Kluge (1999), Empirisch begründete Typenbildung, S. 42
[366] Vgl. Kluge (1999), Empirisch begründete Typenbildung, S. 28
[367] Vgl. Kelle & Kluge (2010), Vom Einzelfall zum Typus, S. 85
[368] Vgl. Kluge (1999), Empirisch begründete Typenbildung, S. 42
[369] Vgl. Sodeur (1974), Empirische Verfahren zur Klassifikation, S. 11
[370] Vgl. Bailey (1994), Typologies and Taxonomies, S. 5
[371] Vgl. Welter (2006), Die Forschungsmethode der Typisierung, S. 115
[372] Vgl. Fischer (1995), Typologien von Unternehmensverbindungen; Rühmann (2008), Entwicklung einer Typologie für Gestaltungsvarianten der Serviceproduktion, S. 10
[373] Vgl. Kluge (1999), Empirisch begründete Typenbildung, S. 43ff.

2.4.3 Typologisierung

Das eigentliche Verfahren der Typenbildung, die Typologisierung, besteht nach KNOBLICH in der Regel aus fünf Schritten. Im ersten Schritt gilt es zunächst den *Untersuchungsbereich eindeutig abzugrenzen*. Erst die genaue Kenntnis der Vielfältigkeit der zu betrachtenden Objekte ermöglicht die erfolgreiche Durchführung der einzelnen Typologisierungsstufen. [374] Die Bildung von Typen erfolgt stets im Kontext einer konkreten Zielsetzung.[375] Der zweite Schritt umfasst die *Auswahl geeigneter Merkmale*.[376] Die Merkmalsauswahl legt fest, auf welche Weise die Elemente des Untersuchungsbereichs gruppiert werden. Sie bildet eine wesentliche Grundlage für das typologische Arbeiten.[377] Die Gewährleistung der vollständigen Erfassung aller Merkmale, die einem Untersuchungsbereich zuzuordnen sind, ist dabei nicht erforderlich. Vielmehr muss die Zusammenstellung lediglich die wesentlichen Eigenschaften und Merkmale beinhalten.[378] PAULUKUHN bezeichnet dies auch als Verdichtung auf die relevanten Merkmale.[379] Die *Festlegung sinnvoller Merkmalausprägungen* bildet den dritten Schritt der Typologisierung.[380] Um Merkmale voneinander abzugrenzen und inhaltlich berücksichtigen zu können, ist eine Schaffung von Maßstäben erforderlich"[381]. Da die dafür notwendige Operationalisierung der Merkmale[382] zumeist subjektiv erfolgt, unterliegt sie einer gewissen Willkür. Eine detaillierte Definition der Merkmalsausprägungen als Grundlage für die Vermeidung von Subjektivitätseinflüssen ist daher sicherzustellen.[383] Im vierten Schritt der Typologisierung steht die konkrete *Bildung von Typen* durch die Kombination von Merkmalen im Vordergrund.[384] Das von KNOBLICH fokussierte Vorgehen konzentriert sich dabei auf das sogenannte sachlogische Verfahren der Typenbildung. Dieses ist von der empirisch begründeten Typenbildung zu unterscheiden.[385] Während bei der empirisch begründeten Typenbildung der Untersuchungsbereich nach empirischen Regelmäßigkeiten und Sinnzusammenhängen hin

---

[374] Vgl. Knoblich (1969), Betriebswirtschaftliche Warentypologie, S. 47ff.; Welter (2006), Die Forschungsmethode der Typisierung, S. 115

[375] Vgl. Barg (2018), Kontextbezogene Auslegung von Produktbaukästen, S. 56

[376] Vgl. Knoblich (1969), Betriebswirtschaftliche Warentypologie, S. 49

[377] Vgl. Sodeur (1974), Empirische Verfahren zur Klassifikation, S. 9

[378] Vgl. Knoblich (1969), Betriebswirtschaftliche Warentypologie, S. 49

[379] Vgl. Paulukuhn (2005), Typologisierung von Entwicklungsprojekten, S. 93

[380] Vgl. Welter (2006), Die Forschungsmethode der Typisierung, S. 115

[381] Vgl. Knoblich (1969), Betriebswirtschaftliche Warentypologie, S. 50

[382] Vgl. Paulukuhn (2005), Typologisierung von Entwicklungsprojekten, S. 59

[383] Vgl. Knoblich (1969), Betriebswirtschaftliche Warentypologie, S. 50

[384] Vgl. Welter (2006), Die Forschungsmethode der Typisierung, S. 115

[385] Vgl. Kreutzer (2019), Nutzenpotenziale von Felddaten cyber-physischer Systeme, S. 84

analysiert wird und somit eine breite empirische Basis für die Typenbildung erforderlich ist, verzichtet das sachlogische Vorgehen auf zeit- und rechenintensive Untersuchungen und die Auswertung empirischer Daten.[386] Die Bildung von Typen erfolgt stattdessen durch die konstruktive Verknüpfung der Ausprägungen verschiedener Merkmale.[387] Eine Kombination aller Ausprägungen erweist sich dabei jedoch aufgrund der hohen Anzahl sich ergebender Möglichkeiten kaum als praktikabel. Zusätzlich ergeben sich aus einer rein zufälligen Kombination von Ausprägungen eine Reihe an widersinnigen und damit unbrauchbaren Verknüpfungen. Im Rahmen des sachlogischen Verfahrens werden daher nur realisierbare, zweckmäßige Kombinationen betrachtet.[388] Die Typenbildung erfolgt in diesem Falle progressiv. Die Typen werden ausgehend von den Merkmalen vorwärtsgerichtet erzeugt und müssen daher stets hinsichtlich ihrer Brauchbarkeit für das Untersuchungsziel und auf ihre reale Verifizierbarkeit hin überprüft werden. Im Gegensatz dazu wird eine retrograde Typenbildung durchgeführt, wenn bereits ein gewisses Vorverständnis von den zu bildenden Typen existiert. Rückwärtsgerichtet können einzelne Merkmale isoliert werden, die diese bekannten Typen kennzeichnen. Gemäß WELTER führt jedoch nur die Verbindung der progressiven und retrograden Herleitung zu aussagekräftigen Typen und Typologien.[389] Der fünfte und letzte Schritt der Typologisierung umfasst schließlich die *Darstellung der gewonnenen Typen*. Diese kann typbasiert anhand der jeweils charakteristischen Merkmale und Merkmalsausprägungen sowohl rein verbal als auch grafisch umgesetzt werden.[390]

2.5 Zwischenfazit: Grundlagen zur kontextbasierten Integration agiler und plangetriebener Entwicklungsprozesse

Ziel des zweiten Kapitels war es, die Grundlagen zur kontextbasierten Integration agiler und plangetriebener Entwicklungsprozesse darzustellen und die wesentlichen Begrifflichkeiten für die damit verbundenen Themenfelder zu definieren. Dafür wurde zunächst die Entwicklung technischer Produkte auf allgemeiner Ebene betrachtet. Neben der inhaltlichen Abgrenzung eines technischen Produkts (Kapitel 2.1.1) und der Einordnung der Produktentwicklung in den Kontext von F&E (Kapitel 2.1.2) wurden

[386] Vgl. Hirt (1990), PPS beim Einsatz flexibler Fertigungssysteme, S. 211; Kluge (1999), Empirisch begründete Typenbildung

[387] Vgl. Barg (2018), Kontextbezogene Auslegung von Produktbaukästen, S. 56

[388] Vgl. Knoblich (1969), Betriebswirtschaftliche Warentypologie, S. 53

[389] Vgl. Welter (2006), Die Forschungsmethode der Typisierung, S. 116

[390] Vgl. Welter (2006), Die Forschungsmethode der Typisierung, S. 115

in diesem Zusammenhang auch die Bedeutung von Prozessen und Projekten in der Produktentwicklung (Kapitel 2.1.3) beschrieben. Um der Verschiedenartigkeit einzelner Entwicklungsprojekte im Hinblick auf die Prozessgestaltung gerecht zu werden, wurden anschließend die drei Arten heutiger Entwicklungsprozesse erläutert. Für die Herleitung der hybriden Produktentwicklung (Kapitel 2.2.3) wurden dafür zunächst die plangetriebene (Kapitel 2.2.1) und die agile Produktentwicklung (Kapitel 2.2.2) vorgestellt. Für jede Prozessart wurde darüber hinaus exemplarisch ein repräsentatives und in der industriellen Praxis etabliertes Vorgehensmodell aufgeführt.

Vorgehensmodelle werden vornehmlich für die Steuerung eines realen Entwicklungsprozesses eingesetzt. Aufgrund des hohen Abstraktionsgrades können sie jedoch in der Regel nicht 1:1 in einem konkreten Entwicklungsprojekt Anwendung finden. Stattdessen gilt es, in Anlehnung an die Situationstheorie und den Gestaltansatz (Kapitel 2.3.1), den Projektkontext der Produktentwicklung (Kapitel 2.3.2) zu berücksichtigen und die Vorgehensmodelle projektspezifisch auszuwählen (Kapitel 2.3.3) und entsprechend dem jeweiligen Entwicklungsprojekt zu gestalten (Kapitel 2.3.4). Ergänzend wurde als zweckmäßiger Kompromiss zwischen standardisierter und gleichzeitig individueller Umsetzung eines Entwicklungsprozesses in einem Projekt außerdem die Methodologie der Typenbildung beschrieben. Sie bildet eines der Kernelemente zur Erreichung der Zielsetzung der vorliegenden Arbeit. Die Typisierung zählt zu den analytischen Forschungsmethoden (Kapitel 2.4.1). Ergebnis der Typisierung ist eine Gruppe von unterschiedlichen Typen, die sogenannte Typologie (Kapitel 2.4.2). Das eigentliche Verfahren zur Typenbildung wird als Typologisierung bezeichnet (Kapitel 2.4.3).

Der zusammenfassende Themenüberblick des zweiten Kapitels im Zwischenfazit zeigt, dass alle erforderlichen inhaltlichen Grundlagen zur kontextbasierten Integration agiler und plangetriebener Entwicklungsprozesse beschrieben wurden und das Themengebiet entsprechend eingegrenzt werden konnte, um ein einheitliches Begriffsverständnis zu erzeugen. Bevor die in dieser Arbeit angestrebte Methodik jedoch im vierten und fünften Kapitel konzipiert und detailliert werden kann, sollen zunächst im nachfolgenden Kapitel 3 zum einen die aktuellen Herausforderungen in der Praxis hergeleitet und zum anderen der in der wissenschaftlichen Theorie bestehende Forschungsbedarf dargelegt und bewertet werden.

3 Bestehende Ansätze zur kontextbasierten Integration agiler und plangetriebener Entwicklungsprozesse

Im Fokus des dritten Kapitels steht die Herleitung und Begründung des aktuellen Forschungsbedarfs zur kontextbasierten Integration agiler und plangetriebener Entwicklungsprozesse. Um in diesem Zusammenhang auch die Anwendungsorientierung und Relevanz der vorliegenden Arbeit sicherzustellen, werden dafür zunächst Herausforderungen in diesem Themengebiet aus praktischer Sicht vorgestellt (Kapitel 3.1). Nach der Erarbeitung des Praxisdefizits erfolgt die Identifikation des wissenschaftlichen Theoriedefizits (Kapitel 3.2). Dazu werden Ansätze aus der thematisch relevanten Literatur zusammengefasst erörtert und im Anschluss hinsichtlich ihres Erfüllungsgrades auf Basis zuvor definierter Kriterien bewertet. Diese Kriterien adressieren neben dem Objektbereich und der Zielsetzung auch die Lösungshypothese dieser Arbeit. Das abschließende Zwischenfazit (Kapitel 3.3) leitet aus dem identifizierten Praxis- und Theoriedefizit resümierend den Forschungsbedarf ab.

3.1 Herausforderungen in der Praxis

In den beiden vorausgegangenen Kapiteln wurde bereits dargelegt, dass ein zentraler Erfolgsfaktor für die Produktentwicklung heutzutage in einer möglichst kurz zu gestaltenden Innovationszeit liegt. Auf der einen Seite müssen Produkte damit in immer kürzer werdenden Zyklen entwickelt werden. Auf der anderen Seite führt der Wechsel von Verkäufer- zu Käufermarkt dazu, dass Produkte eine stetig wachsende individuelle Kundenorientierung zu erfüllen haben.[391] Gleichzeitig ändern sich politische, rechtliche oder marktbezogene Rahmenbedingungen unter Umständen sprunghaft. Das resultierende volatile Umfeld, in dem produzierende Unternehmen sich bewegen, ist dabei nur begrenzt beeinflussbar. Daher gilt es insbesondere, das Reaktions- und

[391] Vgl. Ehrlenspiel & Meerkamm (2017), Integrierte Produktentwicklung, S. 227f.

Anpassungsvermögen der projektindividuellen Entwicklungsprozesse sicherzustellen und zu stärken.[392] Dieser zunehmend notwendige Prozessfokus in der Produktentwicklung spiegelt sich auch in der im Jahr 2019 neu veröffentlichten, praxisorientierten Überarbeitung der Richtlinie VDI 2221 wider. Die Prozessbeherrschung wird in diesem Zusammenhang als vorrangige Herausforderung gesehen.[393] Vor allem plangetriebene Prozesse werden dem neuen Flexibilitätsanspruch in den meisten Fällen nicht mehr gerecht. Im heutigen Anwendungskontext gestalten sie sich häufig zu linear, starr und unflexibel.[394] Daher setzt die industrielle Praxis seit einigen Jahren auf den Einsatz agiler Vorgehensmodelle in ihren Entwicklungsprozessen.[395]

Eine Studie des Werkzeugmaschinenlabor WZL der RWTH Aachen University aus dem Jahr 2018 zeigt jedoch, dass produzierende Unternehmen dabei nur zu einem geringen Anteil eine rein agile Entwicklung bevorzugen. Vielmehr gaben über die Hälfte der 138 befragten Unternehmen an, agile Vorgehensmodelle vornehmlich situativ und in Kombination mit den bereits im Unternehmen etablierten plangetriebenen Prozessen anzuwenden.[396] Dieses Ergebnis bestätigt auch der von KOMUS ET AL. 2020 veröffentlichte Ergebnisbericht zum Nutzen agiler Ansätze (siehe Abbildung 3-1).

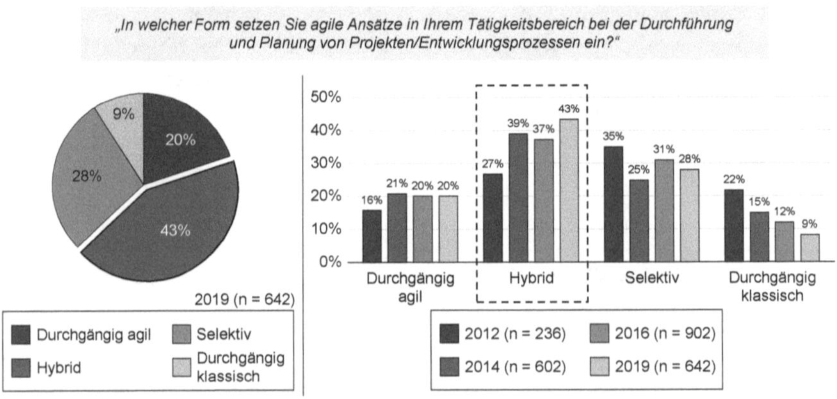

Abbildung 3-1: Anwendung hybrider Prozesse in den Jahren 2012 bis 2019[397]

[392] Vgl. Gürtler & Lindemann (2016), Innovationsmanagement, S. 491

[393] Vgl. VDI Verein Deutscher Ingenieure e.V. (2019), VDI 2221 - Blatt 1, S. 3

[394] Vgl. Cooper (2017), Idea-to-Launch Gating Systems, S. 48; Riesener et al. (2020), Prozessuale Grundtypen für eine hybride Produktentwicklung, S. 409

[395] Vgl. Atzberger & Paetzold (2019), Current Challenges of Agile Hardware Development, S. 2210

[396] Vgl. Schuh et al. (2021), Agile Innovation, S. 12

[397] In Anlehnung an Komus & Kuberg (2020), Ergebnisbericht: Status Quo (Scaled) Agile, S. 13f.

Die Mehrheit der teilnehmenden Unternehmen setzte zum Zeitpunkt der Befragung weder plangetriebene noch agile Vorgehensmodelle durchgängig ein. 43% der 642 Befragten beschrieben ihre Entwicklungsprozesse stattdessen als hybrid. Im Jahr 2012 gaben lediglich 27% der Teilnehmenden an, mit einem hybriden Entwicklungsansatz zu arbeiten. Der Anteil der durchgängig agilen Anwender hingegen sank im Vergleich zum Jahr 2014 geringfügig.

Schon im Jahr 2015 prognostizierten ALDUSHYNA & ENGSTLER bei ihrem auswertenden Vergleich von 90 teils plangetrieben, teils hybrid durchgeführten Projekten eine Etablierung hybrider Entwicklungsprozesse aufgrund ihrer Effektivität. Abbildung 3-2 fasst die Vorteile zusammen, die sich aus einer hybriden Gestaltung der Produktentwicklung ergeben.

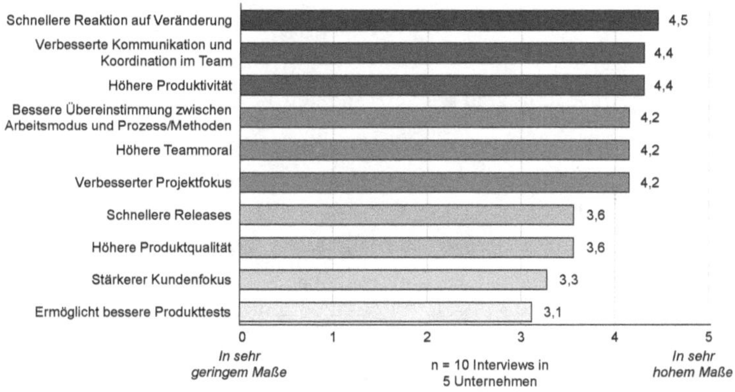

Abbildung 3-2: Nutzen hybrider Entwicklungsprozesse[398]

Der Erfolg und die zu erreichenden Nutzenpotenziale eines hybriden Projekts hängen dabei maßgeblich von der Wahl und der Gestaltung des Vorgehensmodells ab.[399] In einer Studie des Instituts für Technische Produktentwicklung der Universität der Bundeswehr München aus dem Jahr 2020, die den Stand der Anwendung und Umsetzung der agilen Produktentwicklung physischer Produkte im deutschsprachigen Raum erfasst, sind ähnliche Aussagen zu finden. Im Zusammenhang mit der zunehmenden Hybridisierung zwischen den bewährten plangetriebenen und agilen Ansätzen gaben 70% der Studienteilnehmer an, Elemente einzelner Vorgehensmodelle lediglich als

[398] In Anlehnung an Cooper & Sommer (2016), The Agile-Stage-Gate Hybrid Model, S. 516

[399] Vgl. Aldushyna & Engstler (2015), Erfolgsfaktoren bei der Umsetzung hybrider Projekte, S. 52

Orientierung zu nutzen bzw. für die konkrete hybride Anwendung umfangreich anzupassen.[400] In der Studie wurde der notwendige Anpassungsgrad an den firmeneigenen Kontext auf einer Skala von gar nicht („nach Lehrbuch") bis sehr stark („vollständig angepasst") unterschieden. Auffällig ist, dass lediglich 2% aller Befragten die Vorgehensmodelle ohne jegliche Anpassung für ihre Entwicklungsprozesse einsetzen (siehe Abbildung 3-3).[401]

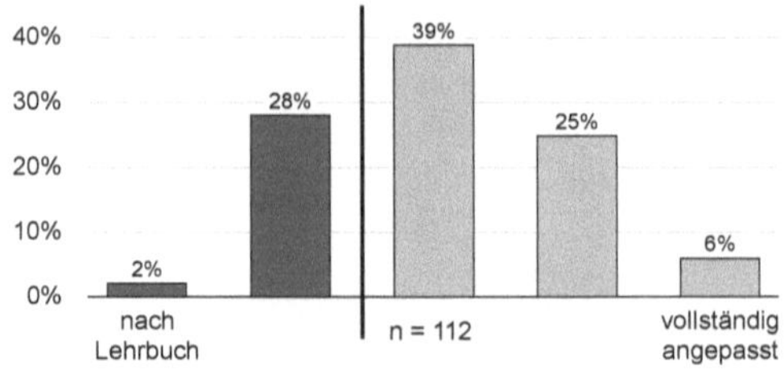

Abbildung 3-3: Anpassungsgrad der verwendeten Vorgehensmodelle[402]

In der industriellen Praxis hat sich über die letzten Jahrzehnte gezeigt, dass die Übertragung beliebiger und unveränderter Vorgehensmodellstandards für die Umsetzung eines projektspezifischen Entwicklungsprozesses nicht ausreichend ist.[403] Damit ergibt sich die Frage nach dem für ein Projekt geeignetsten Vorgehensmodell. Das beste Vorgehensmodell nach HABERMANN ist „[...] dasjenige, das dazu geeignet ist, einen konkreten Entwicklungsprozess zu steuern."[404] Zusätzlich müssen Unternehmen sich mit der projektspezifischen Gestaltung eines Vorgehensmodells auseinandersetzen, um der gelebten Realität im Projekt mit dem Vorgehensmodell ausreichend gerecht werden zu können.[405] Denn das adäquate Maß der im Entwicklungsprozess zu wählenden Agilität ist immer im Einzelfall zu bestimmen.[406] Für die Auswahl und Gestaltung eines passenden hybriden Ansatzes entsprechend dem individuellen Projektkontext existieren bislang jedoch keine etablierten oder bewährten Konzepte.[407] Dies liegt unter anderem darin begründet, dass es für hybride Vorgehensmodelle bis heute keine geschlossene

[400] Vgl. Atzberger et al. (2020), Agile Entwicklung physischer Produkte, S. 4
[401] Vgl. Atzberger et al. (2020), Agile Entwicklung physischer Produkte, S. 14
[402] In Anlehnung an Atzberger et al. (2020), Agile Entwicklung physischer Produkte, S. 15
[403] Vgl. Kalus (2013), Projektspezifische Anpassung von Vorgehensmodellen, S. 23; Klein (2016), Agiles Engineering im Maschinen- und Anlagenbau, S. 40
[404] Habermann (2013), Hybrides Projektmanagement, S. 96
[405] Vgl. Kalus (2013), Projektspezifische Anpassung von Vorgehensmodellen, S. 4
[406] Vgl. Luczak (2017), Agil, S. 19
[407] Vgl. Feldmüller (2018), Usage of agile practices in Mechatronics System Design, S. 33

Form der Darstellung gibt.[408] Zwar herrscht mittlerweile in der Praxis der Konsens, dass hybride Entwicklungsansätze „[...] nicht nur zu bevorzugen, sondern geboten [...]"[409] sind.[410] Viele Probleme bei der Integration agiler und plangetriebener Prozesse sind bislang aber noch ungelöst.[411] Es fehlt produzierenden Unternehmen an entsprechenden Frameworks, grundlegenden Regeln bzw. eindeutig beschriebenen hybriden Kombinationsmustern.[412] Die Frage, wie und in welcher Form agile und plangetriebene Ansätze integriert werden können, führt in der industriellen Praxis nach wie vor zu keiner eindeutigen Antwort.[413] Durch die vornehmlich stringente Fokussierung auf fest definierte agile Vorgehensmodelle, wie Scrum, wird die erfolgversprechende hybride Anwendung lediglich einzelner Aspekte, d.h. einzelner für ein Vorgehensmodell charakteristischer Merkmale, sowie die dabei relevante Berücksichtigung des Kontexts vernachlässigt.[414] BOEHM & TURNER definieren die sich daraus ergebende Anforderung an die Gestaltung hybrider Prozesse in einem Satz: „We believe that an organization should have a repository of 'plug-compatible' process assets that can be quickly adopted, arranged, and put in place to support specific projects."[415]

Die Analyse der Herausforderungen in der Praxis wird durch die Erfahrung der Autorin aus zahlreichen am Werkzeugmaschinenlabor WZL der RWTH Aachen University durchgeführten Industrieprojekten bzw. Seminar- und Netzwerktätigkeiten unterstützt. Zusammenfassend lassen sich die Herausforderungen in der Praxis wie folgt formulieren:

- Produzierenden Unternehmen fehlt es an konkret beschriebenen Typen hybrider Vorgehensmodelle, welche die möglichen Kombinationsmuster einer Integration agiler und plangetriebener Prozesse abbilden. Die Hybridisierung erfolgt nur selten auf der Ebene einzelner Prozessmerkmale.
- Ein hybrides Vorgehensmodell kann bislang nicht entsprechend dem individuellen Projektkontext eines Unternehmens ausgewählt werden. Eine Gegenüberstellung der unterschiedlichen hybriden Modelle und der projekt-

[408] Vgl. Timinger & Seel (2016), Ein Ordnungsrahmen für adaptives hybrides Projektmanagement, S. 55
[409] Kalus (2013), Projektspezifische Anpassung von Vorgehensmodellen, S. 2
[410] Vgl. Feldmüller (2018), Usage of agile practices in Mechatronics System Design, S. 33
[411] Vgl. Heimicke et al. (2020), Agile meets Plan-Driven, S. 580
[412] Vgl. Aldushyna & Engstler (2015), Erfolgsfaktoren bei der Umsetzung hybrider Projekte, S. 48; Rosenberger & Ortner (2017), Kostenschätzungsmethoden bei hybriden Projekten, S. 50
[413] Vgl. Heimicke et al. (2020), Agile meets Plan-Driven, S. 584
[414] Vgl. Diebold et al. (2016), Prozessverbesserung durch fragmentierte Anwendung von Scrum & Co., S. 137
[415] Boehm & Turner (2006), Balancing Agility and Discipline, S. 23f.

spezifischen Anforderungen an die Prozessgestaltung wird bislang nur unzureichend adressiert. Nicht berücksichtigt wird, welchen Einfluss das jeweilige Entwicklungsprojekt auf die Wahl des Vorgehensmodells besitzt.

- Für die dafür erforderliche Beurteilung des Projektkontexts existiert ebenfalls kein entsprechend anwendungsorientierter Ansatz. Die Charakterisierung eines Projekts geschieht in den meisten Fällen losgelöst und unabhängig vom anzuwendenden Vorgehensmodell.
- Die Wirkung der Projektcharakteristiken auf die anschließend notwendigerweise umzusetzende projektspezifische Gestaltung des ausgewählten Vorgehensmodells bleibt ebenfalls unbeantwortet.

Unter Berücksichtigung der zu Kapitelbeginn dargestellten dynamischen Veränderungen der Märkte führen die aufgeführten Praxisdefizite dazu, dass produzierende Unternehmen heutzutage nicht den erforderlichen Flexibilitätsansprüchen ihrer Umwelt gerecht werden können. Die Potenziale hybrider Entwicklungsprozesse in Bezug auf die Steigerung des Reaktions- und Anpassungsvermögens der Produktentwicklung werden nur unzureichend ausgeschöpft.[416] Die vorliegende Arbeit fokussiert daher die kontextbasierte Integration agiler und plangetriebener Entwicklungsprozesse, um dieser Diskrepanz systematisch entgegenzuwirken. Übergeordnetes Ziel ist dabei die Steigerung der Prozesseffektivität und -effizienz.

3.2 Darstellung und Bewertung bestehender Ansätze

Um die aus den praktischen Herausforderungen resultierende Notwendigkeit der in dieser Arbeit herzuleitenden Methodik auch theoretisch-wissenschaftlich zu begründen, soll in den folgenden Abschnitten untersucht werden, inwiefern bereits bestehende Ansätze einzelne Kernelemente der angestrebten Methodik thematisieren. Zur Ableitung des darauf aufbauenden Forschungsbedarfs werden zunächst Bewertungskriterien identifiziert, die eine einheitlich qualitative Bewertung der bestehenden Ansätze ermöglichen (Kapitel 3.2.1). Für die Bestimmung des Theoriedefizits werden die verschiedenen Ansätze einzeln vorgestellt (Kapitel 3.2.2) und hinsichtlich ihres Erfüllungsgrades der Bewertungskriterien analysiert (Kapitel 3.2.3). Dies ermöglicht die Positionierung der vorliegenden Arbeit entsprechend dem Forschungsbedarf.

---

[416] Vgl. Albers et al. (2019), A systematic approach to situation-adequate mechatronic, S. 1015f.

3.2.1 Kriterien zur Bewertung bestehender Ansätze

Voraussetzung für eine sachlich vergleichende Bewertung der bestehenden Ansätze aus der wissenschaftlichen Literatur ist, wie zuvor beschrieben, die Identifikation von eindeutigen Bewertungskriterien. Diese werden im Folgenden entsprechend ihrer Zugehörigkeit zu den übergeordneten Kategorien Objektbereich, Zielbereich und Lösungshypothese beschrieben. Während der Objektbereich den Betrachtungs- bzw. zentralen Analysegegenstand für die vorliegende Arbeit festlegt, spiegelt der Zielbereich die für diese Arbeit formulierten Ziele und damit den Analysezweck wider. Bewertungskriterien, die dem Objektbereich zuzuordnen sind, beurteilen also, inwieweit ein Ansatz denselben Fokus wie die in dieser Arbeit zu entwickelnde Methodik verfolgt. Bewertungskriterien, die den Zielbereich beschreiben, analysieren dagegen, inwiefern ein Ansatz die für die Arbeit definierten Ziele erfüllt. Zum Abschluss wird die Konformität der in der wissenschaftlichen Literatur aufgezeigten Lösungsansätze anhand der Lösungshypothese der vorliegenden Arbeit beurteilt. Die formulierten Kriterien lassen sich aus den Forschungsfragen (siehe Kapitel 1.2) ableiten und werden inhaltlich durch die zuvor aufgezeigten Herausforderungen in der Praxis ergänzt.

In Bezug auf den **Objektbereich** können folgende Kriterien formuliert werden:

- **Fokus auf die Entwicklung technischer Produkte:** Die Methodik betrachtet Projekte im Bereich der physischen Produktentwicklung. Die Entwicklung technischer Produkte umfasst hierbei jegliche Tätigkeiten von der Projektinitiierung bis hin zur Übergabe des Produkts an die Serienproduktion.
- **Fokus auf Entwicklungsprozesse:** Die Methodik verfolgt einen prozessualen Schwerpunkt. Sie konzentriert sich auf die Ablauforganisation eines Entwicklungsprojekts und damit auf dessen Entwicklungsprozess.
- **Betrachtung des Entwicklungsprozesses auf Makroebene:** Die Betrachtung des Entwicklungsprozesses erfolgt auf der übergeordneten Prozessebene des Gesamtprojekts. Die Inhalte fokussieren vornehmlich die strategische Prozessplanung und sind daher methodenneutral zu gestalten.
- **Fokus auf eine hybride Produktentwicklung:** Die Methodik konzentriert sich auf die Integration agiler und plangetriebener Prozesse für die Realisierung einer hybriden Produktentwicklung.
- **Berücksichtigung der Branchenunabhängigkeit:** Die Methodik adressiert verschiedene Anwendungsfälle produzierender Unternehmen, fokussiert also keine branchenspezifischen Individuallösungen.

Im Hinblick auf den **Zielbereich** ergeben sich die nachfolgend aufgeführten Kriterien:

- **Ermittlung prozessrelevanter Kontextfaktoren:** Die Methodik berücksichtigt den für die Modellauswahl und -gestaltung eines Entwicklungsprozesses relevanten Projektkontext, in dem ein Produkt entwickelt wird. Durch die Heterogenität von Entwicklungsprojekten ist eine möglichst ganzheitliche Beschreibung des prozessrelevanten Kontexts in Form von Kontextfaktoren erforderlich.
- **Ableitung von hybriden Prozessmerkmalen:** Durch die Analyse von agilen und plangetriebenen Vorgehensmodellen wird die konsolidierte Ableitung von hybriden Prozessmerkmalen ermöglicht.
- **Darstellung von Grundtypen hybrider Entwicklungsprozesse:** Die Methodik stellt unterschiedliche Typen bzw. Vorgehensmodelle hybrider Entwicklungsprozesse dar, die in Abhängigkeit des Projektkontexts Variationsmöglichkeiten hinsichtlich der Prozessmerkmale bieten.
- **Verknüpfung von Kontextfaktoren und Grundtypen:** Die Wirkzusammenhänge zwischen einzelnen Kontextfaktoren, die sich aus dem spezifischen Projektkontext ergeben, und den Prozessmerkmalen der identifizierten hybriden Grundtypen werden beschrieben.
- **Projektspezifische Adaption eines hybriden Entwicklungsprozesses:** Der Anwendende wird durch die Methodik bereits bei der Projektinitiierung dazu befähigt, einen dem spezifischen Projektkontext entsprechenden Grundtyp eines hybriden Entwicklungsprozesses für ein Projekt auswählen und entsprechend gestalten zu können.
- **Steigerung der Prozesseffektivität und -effizienz:** Die Methodik verfolgt mit der Integration agiler und plangetriebener Entwicklungsprozesse das Ziel der Steigerung der Prozesseffektivität und -effizienz.

Die **Lösungshypothese** bildet das letzte Bewertungskriterium. Sie überführt die Anforderungen, die sich aus dem Objektbereich ergeben, in den beschriebenen Zielbereich und repräsentiert damit den Neuheitsgrad der Methodik. Die Lösungshypothese der vorliegenden Arbeit beruht auf der Forschungsmethode der Typisierung.

Durch die Identifikation von hybriden Prozessmerkmalen lassen sich mithilfe des Verfahrens der Typologisierung Grundtypen hybrider Entwicklungsprozesse ableiten. Die Berücksichtigung des prozessrelevanten Kontexts eines Entwicklungsprojekts ermöglicht darauf aufbauend die projektspezifische Auswahl und Gestaltung eines hybriden Grundtyps zur Umsetzung einer kontextbasierten Integration agiler und plangetriebener Entwicklungsprozesse.

In Abbildung 3-4 werden die zuvor beschriebenen Bewertungskriterien des Objektbereichs, des Zielbereichs und der Lösungshypothese zusammengefasst dargestellt.

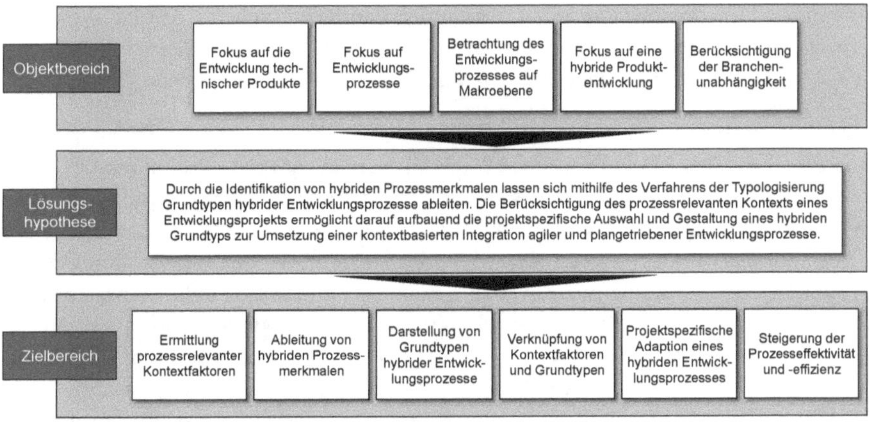

Abbildung 3-4: Kriterien zur Bewertung bestehender Ansätze

Aufbauend auf diesen zwölf Kriterien erfolgt im Nachgang die einheitliche Bewertung der bestehenden Ansätze sowie die Herleitung des Theoriedefizits bzw. des sich daraus ergebenden Forschungsbedarfs.

3.2.2 Vorstellung bestehender Ansätze

In den folgenden Abschnitten werden die bestehenden, für die vorliegende Arbeit relevanten Ansätze der Literatur in aufsteigend chronologischer Reihenfolge einzeln zusammengefasst und in Bezug auf den Objektbereich, den Zielbereich und die Lösungshypothese anhand der zuvor aufgeführten Kriterien kritisch analysiert. Um bei der Vielzahl der Ansätze ein strukturiertes Vorgehen sicherstellen zu können, werden thematisch ähnliche Ansätze einer gemeinsamen Gruppe zugeordnet. So werden zunächst Ansätze zur kontextbasierten Adaption von Vorgehensmodellen für die Produktentwicklung (Kapitel 3.2.2.1) betrachtet. Darauf aufbauend werden Ansätze in den Fokus gerückt, die spezifischer eine kontextbasierte Gestaltung agiler Prozesse in der physischen Produktentwicklung beschreiben (Kapitel 3.2.2.2) oder konkret die Integration agiler und plangetriebener Entwicklungsprozesse verfolgen (Kapitel 3.2.2.3). Der letzte Abschnitt gibt schließlich einen Überblick über die eigenen bestehenden Ansätze der Autorin im Kontext der hybriden Produktentwicklung (Kapitel 3.2.2.4).

3.2.2.1 Ansätze zur kontextbasierten Adaption von Vorgehensmodellen für die Produktentwicklung

Der erste Abschnitt beschäftigt sich mit bestehenden Ansätzen zur kontextbasierten Adaption von Vorgehensmodellen. Es werden demnach zunächst Ansätze beschrieben, die sich, orientiert am Projektkontext, mit der individuellen Auswahl und bzw. oder Gestaltung von Vorgehensmodellen im Allgemeinen auseinandersetzen.

„Defining an Adaptive Product Development Methodology" nach MEIßNER & BLESSING

MEIßNER & BLESSING rücken mit ihrer Methodik für eine adaptive Produktentwicklung die flexible Anpassung und projektspezifische Gestaltung eines Entwicklungsprozesses in den Vordergrund.[417] Zentral für die Anpassung ist dabei die Berücksichtigung des Projektkontexts.[418] Die Autoren stellen einen Ansatz vor, der den Entwicklungsprozess in einzelne Module mit definierten Schnittstellen zerlegt. Diese Module repräsentieren das gesamte Spektrum möglicher Produktentwicklungsaktivitäten. Unter Berücksichtigung des Projektkontexts bzw. der daraus resultierenden Kontextfaktoren sollen so nur die wirklich kontextspezifisch erforderlichen Module für einen geplanten Entwicklungsprozess ausgewählt, miteinander verknüpft und angepasst werden. Je nach Dynamik eines Kontextfaktors, d.h. wie hoch die Änderungsrate des jeweiligen Faktors in einem gewissen Zeitabschnitt ist, werden verschiedene Anpassungsmaßnahmen entweder auf strategischer Ebene, also auf Ebene des generischen Vorgehensmodells, auf Ebene des spezifischen Entwicklungsprozesses oder situationsbezogen auf Modulebene vorgenommen.[419] MEIßNER & BLESSING bleiben bei der Ausdifferenzierung der Methodik jedoch sehr generisch. Auf eine Verknüpfung zwischen den auf ein Entwicklungsprojekt wirkenden Kontextfaktoren und den darauf aufbauend auszuwählenden bzw. anschließend anzupassenden Modulen wird nicht näher eingegangen.

[417] Vgl. Meißner & Blessing (2006), Defining an Adaptive Product Development Methodology, S. 69
[418] Vgl. Meißner & Blessing (2006), Defining an Adaptive Product Development Methodology, S. 73
[419] Vgl. Meißner & Blessing (2006), Defining an Adaptive Product Development Methodology, S. 73ff.

„Situative Unterstützung der methodischen Konzeptentwicklung technischer Produkte" nach PONN

PONN entwickelt eine Methodik zur situativen Unterstützung von Ingenieuren in der Produktentwicklung bei der Erarbeitung von Lösungskonzepten für technische Produkte. Mit Unterstützung ist in diesem Zusammenhang die situationsgerechte Bestimmung des operativen Vorgehens im Entwicklungsprozess gemeint.[420] Zentraler Bestandteil der Methodik sind die drei Elemente Entwicklungssituation, Prozess und Methoden, die durch eine systematische Verbindung miteinander den Kern der Methodik bilden.[421] Die Entwicklungssituation wird dafür in Form einer Morphologie beschrieben, bei der lediglich solche Faktoren eine Rolle spielen, die einen Rückschluss auf die Methodeneignung zulassen.[422] Die Elemente Prozess und Methoden werden jeweils generisch durch die Herleitung eines Prozess- bzw. Methodenbaukastens dargestellt.[423] Mithilfe von Situationskonstellationen wird anschließend die Verknüpfung von Situation und Prozess bzw. Prozess und Methode vorgenommen.[424] Die Methodik schließt mit dem Aufbau eines Anwendungskonzepts für die praktische Umsetzung von der Situationsanalyse bis hin zur Methodenauswahl und -anpassung.[425] Durch die Einschränkung auf die Konzeptentwicklung als Teilbereich der Produktentwicklung fällt der Betrachtungsbereich und damit die Übertragungsmöglichkeit der Methodik jedoch recht spezifisch aus. Die Herleitung des Prozessbaukastens erfolgt außerdem ausschließlich auf Basis von plangetriebenen Prozessmerkmalen.

„Reinventing Project Management" nach SHENHAR & DVIR

Unter der Annahme, dass Entwicklungsprojekte einzigartig sind, entwickeln SHENHAR & DVIR ein flexibles und adaptierbares Framework, das es Unternehmen basierend auf der Situationstheorie ermöglichen soll, Entscheidungen für eine optimale Durchführung von Projekten in Abhängigkeit des Projektkontexts treffen zu können.[426] Diese Entscheidungsunterstützung umfasst sowohl die Projektplanung, die Ressourcenverteilung und Risikoanalyse als auch die richtige Wahl des Prozesses und der Methoden für die Ablauforganisation.[427] Das auch als „Diamond Approach" bekannte NTCP Mo-

[420] Vgl. Ponn (2007), Situative Unterstützung der Konzeptentwicklung technischer Produkte, S. 8
[421] Vgl. Ponn (2007), Situative Unterstützung der Konzeptentwicklung technischer Produkte, S. 121
[422] Vgl. Ponn (2007), Situative Unterstützung der Konzeptentwicklung technischer Produkte, S. 136ff.
[423] Vgl. Ponn (2007), Situative Unterstützung der Konzeptentwicklung technischer Produkte, S. 139ff.
[424] Vgl. Ponn (2007), Situative Unterstützung der Konzeptentwicklung technischer Produkte, S. 143ff.
[425] Vgl. Ponn (2007), Situative Unterstützung der Konzeptentwicklung technischer Produkte, S. 147ff.
[426] Vgl. Shenhar & Dvir (2007), Reinventing Project Management, S. 37ff.
[427] Vgl. Shenhar & Dvir (2007), Reinventing Project Management, S. 46

dell beschreibt dafür die vier Dimensionen Novelty (Neuartigkeit), Technology (Technologie), Complexity (Komplexität) und Pace (Geschwindigkeit), die in Form eines Diamanten auf Abszisse und Ordinate eines Koordinatensystems angeordnet die charakteristischen Eigenschaften eines Projekts wiedergeben. Jede der Dimensionen besitzt wiederum drei bis vier Ausprägungen verschiedener Projekttypen.[428] Mit der Charakterisierung eines Projekts anhand der vier Dimensionen soll die Lücke zwischen „[...] how a project should be managed and how it was acually managed"[429] bzw. „[...] required style versus the actual style [...]"[430] geschlossen werden. Zwar spielt in diesem Kontext auch der Prozessablauf eine Rolle, auf die genaue Gestaltung des Entwicklungsprozesses in Abhängigkeit der vier Dimensionen gehen die Autoren jedoch nicht weiter ein. Offen bleibt auch, wie die Bestimmung des „required style" für ein spezifisches Entwicklungsprojekt auszusehen hat.

„Eignungseinstufung von Vorgehensmodellen" nach ZIEGLER

ZIEGLER stellt in seinem Ansatz ein Eignungseinstufungsverfahren für Vorgehensmodelle (EVGM) vor, das Unternehmen der Softwarebranche methodisch dazu befähigt, ein geeignetes Vorgehensmodell für ein konkretes Projekt im Hinblick auf die jeweils individuellen Problemschwerpunkte auszuwählen.[431] Ein wesentlicher Schritt des EVGM ist daher die Analyse der erfolgsbestimmenden Projektmerkmale, die in einem Projektportfolio zusammengefasst werden.[432] Aus den zentralen Einflussfaktoren des zu betrachtenden Projekts lassen sich anschließend Anforderungen an das auszuwählende Vorgehensmodell ableiten.[433] Als Grundlage dafür dient ein von ZIEGLER aufgestelltes Ursache-Wirkungs-Diagramm zur Darstellung der Wechselwirkungen zwischen den Merkmalen von Projekten und Vorgehensmodellen.[434] Vorgehensmodelle, die zu einem gewissen Grad den identifizierten Anforderungen entsprechen, werden daraufhin im Rahmen des EVGM systematisch verglichen. Basierend auf dieser Gegenüberstellung kann eine begründete Entscheidung für eines dieser Vorgehensmodelle getroffen werden. Die zuvor definierten Anforderungen dienen außerdem als Hinweis für die ferner erforderliche projektspezifische Anpassung des gewählten Vorgehensmodells.[435] Das von ZIEGLER vorgestellte Modell liefert zwar eine Reihe interessanter einflussnehmender Faktoren auf die Produktentwicklung und leitet Prozessmerkmale

[428] Vgl. Shenhar & Dvir (2007), Reinventing Project Management, S. 49ff.
[429] Shenhar & Dvir (2007), Reinventing Project Management, S. 50
[430] Shenhar & Dvir (2007), Reinventing Project Management, S. 51
[431] Vgl. Ziegler (2009), Eignungseinstufung von Vorgehensmodellen, S. 3f.
[432] Vgl. Ziegler (2009), Eignungseinstufung von Vorgehensmodellen, S. 17ff.
[433] Vgl. Ziegler (2009), Eignungseinstufung von Vorgehensmodellen, S. 166f.
[434] Vgl. Ziegler (2009), Eignungseinstufung von Vorgehensmodellen, S. 138ff.
[435] Vgl. Ziegler (2009), Eignungseinstufung von Vorgehensmodellen, S. 166f.

von Vorgehensmodellen her, diese sind jedoch vornehmlich für die Betrachtung von Softwareprojekten geeignet und daher nur bedingt auf die Entwicklung technischer Produkte übertragbar.

„Projektspezifische Anpassung von Vorgehensmodellen“ nach KALUS

In seinem Ansatz zum Feature-basierten Tailoring entwickelt KALUS ein Konfigurationsmodell zur Steuerung von variablen Inhalten eines Vorgehensmodells für die Softwareentwicklung. Die im Konfigurationsmodell berücksichtigten Projektcharakteristika bestimmen über formal fundierte Tailoring-Operationen Gestalt und Umfang eines projektspezifisch ausprägbaren Modells für den Entwicklungsprozess.[436] Ziel des Ansatzes ist es also, die hergeleiteten Tailoring-Mechanismen in existierende Vorgehensmodelle zu integrieren, damit diese nachvollziehbar und transparent an die konkrete Projektsituation angepasst werden können.[437] Durch den Fokus auf die variablen Inhalte werden dabei ausdrücklich nur solche Teile eines Vorgehensmodells adressiert, die von einer projektspezifischen Anpassung betroffen sind.[438] Die grundlegende Idee dieses Ansatzes entspricht damit zwar grundsätzlich der Motivation der vorliegenden Arbeit, adressiert jedoch lediglich einen Teilausschnitt des angestrebten Lösungsansatzes. Die betrachteten Kontextfaktoren besitzen einen klaren Softwarefokus und auch die dem Tailoring vorgeschaltete Auswahl des passenden Vorgehensmodells wird nicht weiter betrachtet.

„Systematisierung der Auswahl von Vorgehensmodellen durch Kennzahlen“ nach HENNEN ET AL.

Die Methodik nach HENNEN ET AL. unterstützt die Auswahl eines geeigneten plangetriebenen, agilen oder hybriden Vorgehensmodells für die Projektabwicklung von Softwareprojekten.[439] Die dafür von den Autoren erarbeiteten 53 erfolgsrelevanten Kennzahlen dienen als Grundlage für die Modellauswahl in einem konkreten Projektkontext. Aus dem Projektmanagement abgeleitet werden sie anschließend spezifiziert und in einer Kennzahlenmatrix systematisiert.[440] Die so bestimmbaren Rahmenbedingungen des umzusetzenden Projekts werden mit den Koordinationsmechanismen der Vorgehensmodelle strukturiert abgeglichen.[441] In Anlehnung an die Situationstheorie der Organisationsforschung können so Ausprägungen der Koordinationsmechanismen

[436] Vgl. Kalus (2013), Projektspezifische Anpassung von Vorgehensmodellen, S. 6f.
[437] Vgl. Kalus (2013), Projektspezifische Anpassung von Vorgehensmodellen, S. 206ff.
[438] Vgl. Kalus (2013), Projektspezifische Anpassung von Vorgehensmodellen, S. 10
[439] Vgl. Hennen et al. (2015), Auswahl von Vorgehensmodellen durch Kennzahlen, S. 55
[440] Vgl. Hennen et al. (2015), Auswahl von Vorgehensmodellen durch Kennzahlen, S. 60
[441] Vgl. Hennen et al. (2015), Auswahl von Vorgehensmodellen durch Kennzahlen, S. 61ff.

in Abhängigkeit der Umweltbedingungen dargestellt werden.[442] Allerdings geschieht dies ausschließlich auf einer idealtypisch beispielhaften Ebene. Nicht jeder identifizierten Kennzahl werden Ausprägungen zugewiesen; nicht zu jeder Ausprägung wird die Auswirkung für die Eignung eines Vorgehensmodells aufgeführt.

„Prozessanpassung im Unternehmen" nach BENDER & GERICKE

Der Ansatz zur Prozessanpassung nach BENDER & GERICKE ist Teil des Kapitels „Entwicklungsprozesse" im Sammelwerk „Handbuch Produktentwicklung" von LINDEMANN[443]. Eine Prozessanpassung ist aus Sicht der Autoren notwendig, um dem hohen Abstraktionsgrad generischer Vorgehensmodelle entgegenzuwirken bzw. dem spezifischen Entwicklungsvorhaben und dem damit verbundenen Projektkontext gerecht zu werden.[444] Vor diesem Hintergrund führen die Autoren eine Vielzahl von relevanten Kontextfaktoren der Produktentwicklung auf und ordnen diese, in Anlehnung an GERICKE ET AL.[445], fünf Kontextebenen zu.[446] Entgegen der geläufigen Auffassung, dass für jeden wirkenden Kontextfaktor eine spezielle Ausprägung für die Prozessgestaltung festgelegt wird, aus deren Kombination sich schließlich der unternehmensspezifische Produktentwicklungsprozess ableiten lässt, vertreten BENDER & GERICKE die These, dass stattdessen die Prozessanpassung auf Basis der Szenariotechnik umzusetzen ist. Das resultierende Vorgehen enthält vier Schritte, die im Wesentlichen aus der Analyse des Entwicklungskontexts, der Bestimmung der Dynamik der Kontextfaktoren, der Prognose der für die Produktentwicklung relevanten Faktoren und der eigentlichen Prozessanpassung bestehen.[447] Der Ansatz bildet damit eine relevante Grundlage für die in der vorliegenden Arbeit erforderliche Erarbeitung der Kontextfaktoren und Bestimmung deren Auswirkung auf die Auswahl und Gestaltung eines hybriden Entwicklungsprozesses. Allerdings geben BENDER & GERICKE lediglich die Methodik vor, ohne bzgl. der tatsächlichen inhaltlichen Umsetzung näher ins Detail zu gehen.

„Workshop-based Tailoring of Interdisciplinary Product Development by Means of Structural Analysis" nach HOLLAUER

Ziel der Arbeit von HOLLAUER ist die Entwicklung eines präskriptiven Ansatzes zur Anpassung strukturell komplexer, interdisziplinärer Produktentwicklungsprozesse. Es

---

[442] Vgl. Hennen et al. (2015), Auswahl von Vorgehensmodellen durch Kennzahlen, S. 61

[443] Vgl. Lindemann (2016), Handbuch Produktentwicklung

[444] Vgl. Bender & Gericke (2016), Entwicklungsprozesse, S. 415

[445] Vgl. Gericke et al. (2013), Understanding the Context of Product Development

[446] Vgl. Bender & Gericke (2016), Entwicklungsprozesse, S. 417

[447] Vgl. Bender & Gericke (2016), Entwicklungsprozesse, S. 416

wird ein fünfstufiges Tailoring-Verfahren vorgestellt, das die Schritte (1) Vorbereitung, (2) Aneignung von organisationsspezifischem Tailoring-Wissen bzgl. der Projekteigenschaften, der Prozessvielfalt und der Wechselwirkungen zwischen den beiden Faktoren, (3) grafische Dokumentation des erworbenen Wissens in einem Modell, (4) Analyse möglicher erkennbarer Muster und schließlich (5) die Anwendung der Analyseergebnisse in kollaborativen Tailoring-Workshops umfasst.[448] Die von HOLLAUER entwickelte Methodik integriert außerdem einen Methodenkatalog für die erforderliche Informationsgewinnung.[449] Der Ansatz ermittelt damit zwar keine konkreten Kontextfaktoren bzw. zeigt deren Wechselwirkungen mit den projektspezifisch anzupassenden Vorgehensmodellen auf, liefert jedoch eine methodische Vorgehensweise für die Gestaltung von Entwicklungsprozessen.

„Zielgerichtete Adaption des Projektmanagements" nach HÜSSELMANN ET AL.

Im Vordergrund des Ansatzes von HÜSSELMANN ET AL. steht die Typisierung von Projekten als entscheidender Faktor für einen erfolgreichen Projektverlauf.[450] Dafür formulieren die Autoren zunächst Kriterien der Projektcharakterisierung, aus denen in einem zweiten Schritt Handlungsempfehlungen für die Projekttypisierung abgeleitet werden. Auf Basis des so entstehenden Projektprofils sollen für das Projektmanagement spezielle Schwerpunkte eines Entwicklungsprojekts erkannt und bei der Durchführung des Projekts berücksichtigt werden können.[451] Das Projektprofil wird phasenübergreifend über ein Netzdiagramm visualisiert, d.h. die gewichteten Kriterien werden in Abhängigkeit ihrer Ausprägung eingetragen und grafisch miteinander verbunden. Das so entstehende Charakterisierungsschema zeigt Implikationen, wie bspw. kritische Bereiche für die Projektplanung und zukünftige Projektsteuerung auf.[452] HÜSSELMANN ET AL. setzen sich in diesem Zusammenhang allerdings nicht mit der konkreten Prozessauswahl und -gestaltung auseinander. Die von den Autoren beschriebenen Charakterisierungskriterien bieten jedoch eine gute Grundlage zur Erarbeitung der prozessrelevanten Kontextfaktoren auf die Produktentwicklung im weiteren Verlauf der vorliegenden Arbeit.

„Gestaltung individueller Produktentwicklungsprozesse" nach VDI 2221

Die VDI-Richtlinie 2221 zur Entwicklung technischer Produkte und Systeme besteht aus zwei Teilen. Während in Blatt 1 ein allgemeines Modell der Produktentwicklung

---

448 Vgl. Hollauer (2019), Tailoring of Interdisciplinary Development Processes, S. 125ff.
449 Vgl. Hollauer (2019), Tailoring of Interdisciplinary Product Development Processes, S. 101ff.
450 Vgl. Hüsselmann et al. (2019), Zielgerichtete Adaption des Projektmanagements, S. 1f.
451 Vgl. Hüsselmann et al. (2019), Zielgerichtete Adaption des Projektmanagements, S. 11ff.
452 Vgl. Hüsselmann et al. (2019), Zielgerichtete Adaption des Projektmanagements, S. 17f.

aufgebaut wird, beschäftigt sich Blatt 2 darauf aufbauend mit der Ableitung eines kontextspezifischen Entwicklungsprozesses unter Berücksichtigung des individuellen Projektkontexts.[453] Blatt 2 steht daher im Fokus der Betrachtung. Der spezifische Produktentwicklungsprozess wird je nach Entwicklungsaufgabe entweder individuell oder systematisch durch die gezielte Adaption von Prozessschritten an die miteinander in Wechselwirkung stehenden Kontextfaktoren angepasst.[454] Die Richtlinie zeigt die grundsätzlich für einen Entwicklungsprozess bedeutenden Faktoren auf und unterscheidet diese in externe, d.h. makro- und mikroökonomische, sowie interne Kontextfaktoren, die entweder die Organisation, das Projekt selbst oder das Individuum beeinflussen.[455] Bei der Gestaltung des spezifischen Entwicklungsprozesses ist außerdem der Zugriff auf vorhandenes Prozesswissen notwendig, denn die Gestaltung erfordert sowohl die Planung der logischen und zeitlichen Abfolge von Phasen und Aktivitäten als auch ggf. die Ergänzung bzw. das Weglassen einzelner Schritte.[456] Prozesswissen liegt häufig in Form von Referenzprozessen vor.[457] Unter Einbeziehung aller identifizierten, relevanten Kontextfaktoren eines Entwicklungsprojekts wird schließlich entschieden, welche Prozessvariante erstellt werden soll.[458] Die Richtlinie schafft zwar mit dem aufgeführten Kriterienkatalog die Grundlage für die Analyse der Kontextfaktoren, die weiteren Gestaltungsschritte werden jedoch nur konzeptionell erarbeitet. Insbesondere mögliche Prozessvarianten oder ein konkret methodisches Vorgehen für deren Herleitung liefert die Richtlinie nicht.

„A Context-model for Adapting Design Processes and Methods“ nach WILMSEN ET AL.

Inhalt der Arbeit von WILMSEN ET AL. ist weniger ein methodischer Ansatz, als vielmehr der inhaltliche Aufbau eines Kontextmodells zur Darstellung der Zusammenhänge zwischen Kontextfaktoren eines Entwicklungsprojekts und deren Auswirkungen auf die initiale Auswahl und Gestaltung des Entwicklungsprozesses physischer Produkte.[459] Die über eine Literaturanalyse identifizierten Kontextfaktoren werden, neben ihrer Kategorisierung nach Unternehmen, Abteilung, Entwicklungsprojekt und Projektfortschritt, vor allem hinsichtlich ihrer Änderungshäufigkeit über die Zeit und ihrer Auswirkung auf Prozess und Projekt bewertet.[460] WILMSEN ET AL. unterscheiden in diesem Zusammenhang fünf Dimensionen. Geprüft wird, ob der Kontextfaktor eine

[453] Vgl. VDI Verein Deutscher Ingenieure e.V. (2019), VDI 2221 - Blatt 2, S. 2
[454] Vgl. VDI Verein Deutscher Ingenieure e.V. (2019), VDI 2221 - Blatt 2, S. 5
[455] Vgl. VDI Verein Deutscher Ingenieure e.V. (2019), VDI 2221 - Blatt 2, S. 10f.
[456] Vgl. VDI Verein Deutscher Ingenieure e.V. (2019), VDI 2221 - Blatt 2, S. 14
[457] Vgl. VDI Verein Deutscher Ingenieure e.V. (2019), VDI 2221 - Blatt 2, S. 17
[458] Vgl. VDI Verein Deutscher Ingenieure e.V. (2019), VDI 2221 - Blatt 2, S. 14
[459] Vgl. Wilmsen et al. (2019), Context-model for adapting design processes and methods, S. 428f.
[460] Vgl. Wilmsen et al. (2019), Context-model for adapting design processes and methods, S. 429

Auswirkung auf die (1) initiale Projektplanung besitzt, (2) ungeplant erforderliche Iterationen während des Projektverlaufs bedingt, (3) die Wahl oder (4) Ausführung von Prozessschritten oder Methoden beeinflusst oder aber (5) Auswirkung auf „soft facts" wie die Teammotivation und das Arbeitsklima hat.[461] Die Autoren präsentieren zwar außerdem eine Matrix, in der sie exemplarische Kontextfaktoren mit konkreten Entwicklungsaktivitäten in Verbindung bringen.[462] Sie entwickeln jedoch keine detaillierte Methodik, welche diese beispielhaften Wirkzusammenhänge dafür nutzt, ein geeignetes Vorgehensmodell auszuwählen oder zu gestalten, auch wenn dies, nach Aussage der Autoren, das langfristige Ziel darstellen sollte.

3.2.2.2 Ansätze zur kontextbasierten Gestaltung agiler Prozesse in der physischen Produktentwicklung

Der zweite Abschnitt beschreibt Ansätze, die gemeinschaftlich die agile Prozessgestaltung thematisieren. Im Vordergrund der Betrachtung stehen dabei Ansätze, die sowohl den Projektkontext fokussieren, als auch insbesondere zum Objektbereich der physischen Produktentwicklung gezählt werden können. Für einen allgemeinen Überblick zu agilen Vorgehensmodellen sei an dieser Stelle auf Kapitel 2.2.2.2 verwiesen.

„Agiles Engineering im Maschinen- und Anlagenbau" nach KLEIN

Der Ansatz nach KLEIN adressiert die Entwicklung einer Methodik zum agilen Engineering im Maschinen- und Anlagenbau basierend auf dem Vorgehensmodell Scrum.[463] Unter agilem Engineering wird die „Herstellung von auslieferungs- und verkaufsfähigen Produktinkrementen, die in iterativen Zyklen mithilfe von Abläufen, Artefakten, Hilfsmitteln und Rollen entwickelt werden"[464] verstanden. Da es bei der Entwicklung von physischen Produkten, nach Meinung des Autors, nicht immer erforderlich ist, den gesamten Scrum-Prozess zu implementieren, leitet KLEIN vier Agilitätsklassen her, die jeweils einen anderen Integrationsgrad von Agilität im Entwicklungsprozess aufweisen. Die Agilitätsklassen unterscheiden sich in der Kombination der enthaltenen agilen Techniken und ermöglichen so die Realisierung spezifischer Charakteristiken bei der Umsetzung eines agilen Prozesses.[465] Über Kontextkriterien kann auf die geeignete Agilitätsklasse für ein betrachtetes Projekt geschlossen werden.[466] Der Ansatz unterstreicht damit die Bedeutung des Projektkontexts bei der Agilisierung von

[461] Vgl. Wilmsen et al. (2019), Context-model for adapting design processes and methods, S. 429f.
[462] Vgl. Wilmsen et al. (2019), Context-model for adapting design processes and methods, S. 432
[463] Vgl. Klein (2016), Agiles Engineering im Maschinen- und Anlagenbau, S. 5
[464] Klein (2016), Agiles Engineering im Maschinen- und Anlagenbau, S. 85
[465] Vgl. Klein (2016), Agiles Engineering im Maschinen- und Anlagenbau, S. 99ff.
[466] Vgl. Klein (2016), Agiles Engineering im Maschinen- und Anlagenbau, S. 112

Entwicklungsprozessen physischer Produkte. KLEIN fokussiert bei der Herleitung seiner Methodik jedoch ausschließlich die Übertragung der Prozessmerkmale von Scrum.

„Indikatoren für die Ermittlung agil zu entwickelnder Produktumfänge" nach DIELS

DIELS baut in seiner Arbeit eine Methodik zur Identifikation agil zu entwickelnder Produktumfänge auf. Ziel dieses Ansatzes ist es, eine Aussage darüber treffen zu können, ob einzelne Umfänge eher geeignet sind, agil oder plangetrieben entwickelt zu werden.[467] Die Methodik setzt sich aus vier wesentlichen Schritten zusammen. Die im ersten und zweiten Schritt durch die Verknüpfung von anforderungsspezifischen Fragestellungen und physischen Produktkomponenten hergeleiteten Produktumfänge werden im dritten Schritt einzeln hinsichtlich ihrer Eignung zum Einsatz agiler Methoden mithilfe von zwei Indikatoren bewertet.[468] Der interne und externe Indikator entsteht aus der gewichteten Aggregation von Einflussfaktorclustern.[469] Innerhalb eines solchen Clusters sind all jene Einflussfaktoren enthalten, die auf ein Projekt wirken und in Abhängigkeit zueinander stehen.[470] Diesen konsolidierten Einflussfaktoren wird über das Cluster außerdem eine gemeinsame Bewertungslogik zugrunde gelegt, um eine Aussage über die Anwendungseignung agiler Methoden treffen zu können.[471] Schritt 4 der Methodik thematisiert abschließend die gesamtsystemoptimierte Auswahl tatsächlich agil zu entwickelnder Produktumfänge.[472] Durch die Möglichkeit, einzelne Produktumfänge agil oder plangetrieben entwickeln zu können, strebt DIELS mit seiner Methodik eine hybride Prozesslösung in Form eines parallelen Kombinationsmusters an. Wie eine prozessuale Umsetzung dieses Musters aussieht, betrachtet er in seiner Arbeit jedoch nicht. Auch finden weitere Kombinationsmuster einer hybriden Entwicklung keine Erwähnung.

„Context-specific Agile Process Design to Support the Planning of Product Development Projects" nach BASCHIN ET AL.

Der Ansatz nach BASCHIN ET AL. beschreibt ein Konzept für die agile Prozessgestaltung zur Reduktion von Unsicherheiten im Entwicklungsprojekt basierend auf einer kontextorientierten Anpassung der Prozessplanung.[473] Dafür definieren die Autoren die vier einflussnehmenden Faktoren des Projektkontexts Ziele, Produkt, Organisation und Tools, deren unterschiedliche Ausprägungen entweder einen strategischen, einen

[467] Vgl. Diels (2018), Indikatoren agil zu entwickelnder Produktumfänge, S. 5
[468] Vgl. Diels (2018), Indikatoren agil zu entwickelnder Produktumfänge, S. 99
[469] Vgl. Diels (2018), Indikatoren agil zu entwickelnder Produktumfänge, S. 171
[470] Vgl. Diels (2018), Indikatoren agil zu entwickelnder Produktumfänge, S. 138
[471] Vgl. Diels (2018), Indikatoren agil zu entwickelnder Produktumfänge, S. 147ff.
[472] Vgl. Diels (2018), Indikatoren agil zu entwickelnder Produktumfänge, S. 178
[473] Vgl. Baschin et al. (2020), Context-specific Agile Process Design, S. 491f.

taktischen oder einen operativen Einfluss auf die Prozessplanung besitzen.[474] Drei Schritte führen anschließend den Anwender der Methodik zu einem kontextbasierten agilen Entwicklungsprozess. Nach der individuellen Projekteinstufung über die vorgegebenen Kontextfaktoren erfolgt die Prozessplanung. In Abhängigkeit der erwarteten Unsicherheit werden Iterations- bzw. Feedbackschleifen in den Prozess integriert und der anzuwendende Referenzprozess ausgewählt und gestaltet. Der dritte Schritt umfasst schließlich die konkrete Prozessrealisierung.[475] Damit geben BASCHIN ET AL. zwar einen generischen Ablauf für die Ausarbeitung eines kontextbasierten agilen Entwicklungsprozesses vor, über die deskriptive Beschreibung der Kontextfaktoren gehen die Autoren jedoch nicht hinaus. Inwiefern die Faktoren des Projektkontexts konkret auf die agile Gestaltung des Prozesses wirken, ist nicht Gegenstand der Betrachtung.

3.2.2.3 Ansätze zur Integration agiler und plangetriebener Entwicklungsprozesse

Der dritte Abschnitt umfasst bestehende Ansätze, die sich mit der Integration agiler und plangetriebener Entwicklungsprozesse, sowohl in der physischen Produktentwicklung, als auch in der Softwareentwicklung, auseinandersetzen. Thematisch zentral für diese Ansätze ist die Beschreibung bzw. Gestaltung eines hybriden Prozesses.

„Balancing Agility and Discipline" nach BOEHM & TURNER

BOEHM & TURNER beschäftigen sich in ihrem Ansatz mit der Aufgabe, den richtigen Agilitätsgrad für ein Softwareentwicklungsprojekt zu bestimmen. Die Autoren stellen dafür die These auf, dass agile und plangetriebene Vorgehensmodelle einen sogenannten „home ground" besitzen, also Rahmenbedingungen, unter denen sie ein Projekt am wahrscheinlichsten zum Erfolg führen. Je mehr sich die Projektbedingungen von denen des „home grounds" des gewählten Vorgehensmodells unterscheiden, desto riskanter ist es, diese Vorgehensweise in reiner Form umzusetzen.[476] BOEHM & TURNER definieren daher die fünf Bewertungskriterien Größe („Size"), Kritikalität („Criticality"), Dynamik („Dynamism"), Mitarbeitende („Personnel") und Kultur („Culture"), anhand derer auf Gesamtprojektebene der notwendige Agilitätsgrad in einer konkreten Projektsituation bestimmt werden soll.[477] Übertragen auf die fünf Achsen eines Polardiagramms entscheidet die Verortung der jeweiligen Bewertungen anschließend über den zu integrierenden Grad an Agilität. Ordnet sich ein Großteil der Faktoren nahe um den Diagrammmittelpunkt an, sind die Rahmenbedingungen für den Einsatz eines rein agilen Vorgehensmodells gegeben. Je weiter sie vom Mittelpunkt entfernt

[474] Vgl. Baschin et al. (2020), Context-specific Agile Process Design, S. 495f.
[475] Vgl. Baschin et al. (2020), Context-specific Agile Process Design, S. 497
[476] Vgl. Boehm & Turner (2006), Balancing Agility and Discipline, S. 51f.
[477] Vgl. Boehm & Turner (2006), Balancing Agility and Discipline, S. 56

sind, desto eher sollte das Projekt auf eine plangetriebene Weise umgesetzt werden. Sofern keine eindeutige Zuteilung eines Vorgehensmodells möglich ist, favorisieren die Autoren eine hybride Projektdurchführung.[478] Für die Ausbalancierung plangetriebener und agiler Prozessmerkmale geben BOEHM & TURNER zwar einen fünfstufigen Ablauf vor, wie ein entsprechender Entwicklungsprozess auszusehen hat, stellen sie allerdings nicht dar.

„Hybrides Projektmanagement" nach HABERMANN

HABERMANN untersucht in seinem Beitrag das Effektivitätspotenzial, das sich aus der Kombination agiler und plangetriebener Vorgehensmodelle ergibt.[479] Als Unterscheidungskriterium von Hybridansätzen definiert er dafür die Überlegenheit eines Vorgehensmodells.[480] In Abhängigkeit des Projektszenarios, d.h. ob die Anforderungsart im Projekt vorwiegend kompliziert, komplex oder in einer balancierten Mischform vorliegt, gilt es den hybriden Entwicklungsprozess zu gestalten. Überwiegt eine komplexe Struktur der Anforderungen, liegt die relative Vorteilhaftigkeit bei der Nutzung eines agilen Vorgehensmodells. Der zugrundeliegende Entwicklungsprozess wird demnach vorrangig agil betrieben, kann jedoch punktuell für plangetriebene Elemente geöffnet werden. Bei komplizierten Anforderungen verhält es sich entsprechend umgekehrt. Eine besondere Herausforderung sieht HABERMANN allerdings bei Szenarien, in denen keine Anforderungsart überwiegt. Solche Entwicklungsprojekte erfordern eine detaillierte Analyse der Anforderungen hinsichtlich Quantität und Qualität sowie eine individuelle Entscheidung, welches Vorgehensmodell priorisiert verfolgt werden soll.[481] Damit bietet der Ansatz eine erste Grundlage für die Definition von Grundtypen hybrider Entwicklungsprozesse. Allerdings fehlt es an der konkreten Ausformulierung der für diese Entwicklungsszenarien notwendigen hybriden Prozessmerkmale.

„Pioneering the Combined Use of Agile and Stage-Gate Models in New Product Development" nach AHMED-KRISTENSEN & DAALHUIZEN

Kern des Beitrags von AHMED-KRISTENSEN & DAALHUIZEN bildet die Darstellung der Ergebnisse einer empirischen Studie, bei der die Autoren untersuchen, wie plangetriebene und agile Vorgehensmodelle in der industriellen Praxis kombiniert werden und welche notwendigen Bedingungen für eine erfolgreiche Verknüpfung der Modelle

[478] Vgl. Boehm & Turner (2006), Balancing Agility and Discipline, S. 54ff.
[479] Vgl. Habermann (2013), Hybrides Projektmanagement, S. 93
[480] Vgl. Habermann (2013), Hybrides Projektmanagement, S. 97
[481] Vgl. Habermann (2013), Hybrides Projektmanagement, S. 98

existieren sollten.[482] Die vier untersuchten Fallstudien zeigen, dass die befragten Unternehmen ihren hybriden Entwicklungsprozess vornehmlich in eingebundener Form gestalten, d.h. agile Elemente in einen plangetriebenen Entwicklungsprozess einbetten oder vice versa. Eine Kausalität zwischen der Gestaltung des hybriden Entwicklungsprozesses und den umsetzenden Unternehmen konnten die Autoren jedoch nicht finden. Stattdessen nehmen sie an, dass sich die Unterschiede in der prozessualen Umsetzung aus dem jeweiligen Projektkontext ergeben könnten.[483] Allerdings betrachten AHMED-KRISTENSEN & DAALHUIZEN die Implikationen des Projektkontexts auf die Gestaltung eines hybriden Entwicklungsprozesses in ihrem Beitrag nicht weiter.

„Improved Product Development Performance through Agile/Stage-Gate Hybrids" nach SOMMER ET AL.

In ihrem Ansatz leiten SOMMER ET AL., aufbauend auf einer Befragung von sieben Technologieunternehmen, ein generisches hybrides Framework her, das sie „Industrial Scrum" nennen.[484] Das auf Scrum basierende Modell wird von den Autoren in drei hierarchische Planungsebenen unterteilt: Die Ebene des strategischen Projektmanagements, die Ebene der Koordination der Wertschöpfungskette und die Ebene der Projektausführung.[485] Auf der übergeordneten strategischen Ebene setzt sich das Modell aus den Phasen (1) „Idea or Request", (2) „Preparation and Prototyping", (3) „Design and Test", (4) „Implementation and Evaluation" und (5) „Market Launch" zusammen. Die Aktivitäten innerhalb der Phasen werden im Rahmen einzelner Sprints ausgeführt, die erst während der Phasendurchführung selbst inhaltlich geplant werden.[486] Zwar lässt das Modell damit einigen Spielraum für die projektspezifische Ausgestaltung des hybriden Entwicklungsprozesses zu, die Form des hybriden Kombinationsmusters als solches ist jedoch nicht variabel. Auch der festgelegte Fokus auf die Vorgehensmodelle Scrum und Stage-Gate bei der Herleitung des hybriden Frameworks schränkt die Möglichkeiten für eine kontextbasierte Adaption wesentlich ein.

„Agile Project Management and Stage-Gate Model" nach CONFORTO & AMARAL

CONFORTO & AMARAL stellen in ihrem Ansatz ein hybrides Vorgehensmodell für die Entwicklung innovativer Produkte vor. Die „Iterative and Visual Project Management Method" (IVPM2) integriert Elemente der „New Product Development" (NPD) Theo-

---

[482] Vgl. Ahmed-Kristensen & Daalhuizen (2015), Combined use of agile and stage-gate models, S. 4f.
[483] Vgl. Ahmed-Kristensen & Daalhuizen (2015), Combined use of agile and stage-gate models, S. 12
[484] Vgl. Sommer et al. (2015), Development performance through Agile/Stage-Gate Hybrids, S. 34
[485] Vgl. Sommer et al. (2015), Development performance through Agile/Stage-Gate Hybrids, S. 42
[486] Vgl. Sommer et al. (2015), Development performance through Agile/Stage-Gate Hybrids, S. 42f.

rie und „Agile Project Management“ (APM) Methoden in einem Entwicklungsprozess.[487] Eine zentrale Rolle spielen in der IVPM2 die zu betrachtenden Planungs- und Steuerungsebenen. Die erste Ebene stellt das klassische Stage-Gate Modell mit seinen Phasen und Meilensteinen über das Gesamtprojekt dar. Die zweite Ebene fokussiert die iterative Entwicklung in Scrum-typischen Sprints, d.h. Aufgaben werden definiert und zeitlich priorisiert. Die dritte Ebene bezieht sich auf die den Sprints untergeordneten wöchentlichen bzw. täglichen Planungseinheiten.[488] Die Funktionalität ihres Ansatzes weisen CONFORTO & AMARAL über die Implementierung ihres Frameworks im Rahmen einer Fallstudie nach.[489] Damit liefern die Autoren ein praxistaugliches hybrides Vorgehensmodell, das sowohl einzelne hybride Prozessmerkmale berücksichtigt als auch die Betrachtung des Entwicklungsprozesses über die gesamte Projektlaufzeit ermöglicht. Nichtsdestotrotz beziehen CONFORTO & AMARAL den Projektkontext dabei kaum in die Prozessadaption mit ein. Es bleibt unklar, für welche Entwicklungsprojekte sich die IVPM2 tatsächlich als geeignet erweist.

„Prozessverbesserung durch fragmentierte Anwendung von Scrum & Co.“ nach DIEBOLD ET AL.

DIEBOLD ET AL. konzentrieren sich in ihrem Beitrag auf die Entwicklung einer Methodik für die Projektkontext-spezifische Prozessbaustein-Orchestrierung (ProKoB) mit dem übergeordneten Ziel der Prozessverbesserung.[490] Unter der Annahme, dass jedes Vorgehensmodell für die Anwendung in einem konkreten Entwicklungsprojekt zunächst an den Projektkontext angepasst werden muss, verfolgen die Autoren den Ansatz, die individuelle Anpassung eines „fertigen“ Modells zu vermeiden und stattdessen eine schrittweise Implementierung von einzelnen Bausteinen bzw. Bausteingruppen umzusetzen. Die ProKoB Methodik beschreibt daher, wie ein Katalog, bestehend aus Fragmenten einzelner (vorrangig) agiler Vorgehensmodelle sogenannter Prozessbausteine, systematisch aufgebaut und anschließend modular genutzt werden kann.[491] Jeder Prozessbaustein wird, gemäß einer einheitlichen Ontologie, mit einem spezifischen Verbesserungsziel, wie Produktqualität oder Time-to-Market, verknüpft. Gleichzeitig wird für jeden Baustein angegeben, in welchem Kontext der Baustein jeweils keine Anwendung finden sollte. DIEBOLD ET AL. stellen die Kontextfaktoren

[487] Vgl. Conforto & Amaral (2010), Evaluating an agile method for innovative projects, S. 75ff.; Conforto & Amaral (2016), Agile project management and stage-gate model, S. 3

[488] Vgl. Conforto & Amaral (2016), Agile project management and stage-gate model, S. 3

[489] Vgl. Conforto & Amaral (2016), Agile project management and stage-gate model, S. 5ff.

[490] Vgl. Diebold et al. (2016), Prozessverbesserung durch fragmentierte Anwendung von Scrum & Co., S. 136

[491] Vgl. Diebold et al. (2016), Prozessverbesserung durch fragmentierte Anwendung von Scrum & Co., S. 135

(1) Projektdauer, (2) Teamgröße im Projekt, (3) Team-Verteilung, (4) Endnutzerverfügbarkeit und (5) Kundenverfügbarkeit in diesem Zusammenhang als für Softwareprojekte wesentlich heraus.[492] Unter Berücksichtigung von Verbesserungsziel und Kontextfaktoren bilden die Autoren anschließend Ensembles, d.h. Mengen an Prozessbausteinen, die in ihrer Zusammensetzung sinnvoll erscheinen. Ein vollständiges Ensemble, ein sogenanntes Orchester, ergibt sich, wenn ein Entwicklungsprozess in allen relevanten Aspekten durch das Zusammenspiel der Prozessbausteine abgebildet werden kann.[493] Die diesem modularen Ansatz zugrundeliegenden Annahmen bilden eine wichtige Grundlage für die in der vorliegenden Arbeit zu entwickelnde Methodik. Einschränkungen ergeben sich durch den Fokus des Beitrags auf die Softwarebranche, die mangelnde inhaltliche Ausführung konkreter Prozessbausteine und die nur vage dargestellten Wechselwirkungen zwischen den Prozessbausteinen und Kontextfaktoren.

„Konfiguration des hybriden Projektmanagements für die Entwicklung technischer, physischer Produkte" nach BREHM ET AL.

BREHM ET AL. verfolgen mit ihrem Ansatz das Ziel, die wesentlichen Unterscheidungsmerkmale des Produkts und dessen Lebenszyklus, die eine Auswirkung auf die Auswahl und Gestaltung eines Entwicklungsvorgehens besitzen, bei der Integration agiler Merkmale in die technische Produktentwicklung miteinzubeziehen.[494] Dazu ergänzen die Autoren die fünf von BOEHM & TURNER[495] für die Softwareentwicklung hergeleiteten Bewertungskriterien um eine Produktperspektive, um eine Klassifizierung von Projekten in Bezug auf ihr Agilitätspotenzial vornehmen zu können.[496] Da sich das Vorgehen analog auf einzelne Teilprojekte anwenden lässt, ergibt sich die Möglichkeit, dass die Eignung einzelner Teilprojekte für ein agiles Entwicklungsvorgehen unterschiedlich ausfällt. Daraus leiten BREHM ET AL. den Bedarf nach einem Modell für die Konfiguration eines hybriden Projektmanagements ab.[497] Die Modularisierbarkeit eines technischen Produkts stellen sie als einen dafür wesentlichen Faktor heraus.[498] Ein konkretes Regelwerk für die parametrisierbare Konfiguration eines Projektmanagementansatzes leiten sie jedoch nicht her. Die Autoren lassen offen, wie die Adaption eines hybriden Vorgehens in der Entwicklung aussehen könnte.

[492] Vgl. Diebold et al. (2016), Prozessverbesserung durch fragmentierte Anwendung von Scrum & Co., S. 138
[493] Vgl. Diebold et al. (2016), Prozessverbesserung durch fragmentierte Anwendung von Scrum & Co., S. 139
[494] Vgl. Brehm et al. (2017), Konfiguration des hybriden Projektmanagements für die, S. 30
[495] Vgl. Boehm & Turner (2006), Balancing Agility and Discipline
[496] Vgl. Brehm et al. (2017), Konfiguration des hybriden Projektmanagements für die, S. 34f.
[497] Vgl. Brehm et al. (2017), Konfiguration des hybriden Projektmanagements für die, S. 35
[498] Vgl. Brehm et al. (2017), Konfiguration des hybriden Projektmanagements für die, S. 37

„Agile-Stage-Gate Hybrid Model“ nach COOPER

Das hybride Vorgehensmodell, das COOPER in seinem Buch „Winning at New Products“ vorstellt, baut auf einem Ansatz von COOPER & SOMMER[499] aus dem Jahr 2016 auf und integriert agile Merkmale von Scrum in den plangetriebenen Stage-Gate Prozess.[500] Bei der Modellgestaltung berücksichtigt COOPER unter anderem die in einer empirischen Umfrage identifizierten Vorteile sowie praktischen Herausforderungen bei der Implementierung eines hybriden Entwicklungsprozesses.[501] Darüber hinaus definiert er neun relevante agile Elemente, die es im Rahmen eines Agile-Stage-Gate Hybrids zu berücksichtigen gilt. Dazu zählen unter anderem „Time-boxed Sprints“ und „Daily Scrums“.[502] Zwar geben COOPER & SOMMER in der vorausgehenden Veröffentlichung an, dass das entwickelte Vorgehensmodell prinzipiell in der Theorie sowohl für radikale als auch inkrementelle Entwicklungsprojekte geeignet ist[503], den größten Erfolg erzielt das Agile-Stage-Gate Hybrid Modell jedoch in Projekten mit hoher Unsicherheit und „[...] a great need für experimentation and failing fast.“[504] Der vorgestellte Ansatz kann damit als Möglichkeit verstanden werden, auf eine spezifische Projektsituation zu reagieren, entspricht damit also einem denkbaren Grundtyp eines hybriden Prozesses. Weitere Gestaltungsoptionen zeigt COOPER allerdings nicht auf. Die in das Vorgehensmodell eingeflossenen Studienergebnisse können jedoch in Form von Prozessmerkmalen in der vorliegenden Arbeit aufgegriffen werden.

„Life Cycle Selection“ nach dem PROJECT MANAGEMENT INSTITUTE (PMI)

Um Projektteams die Möglichkeit zu geben, den für die jeweilige Situation erfolgversprechendsten Entwicklungsansatz auszuwählen, definiert das PMI im Buch „Agile Practice Guide“ vier sogenannte Lebenszyklustypen („types of life cycles“). Es wird unterschieden zwischen einer prädiktiven, iterativen, inkrementellen und agilen Ausprägungsform.[505] Während der prädiktive bzw. agile Lebenszyklustyp jeweils die Reinform eines Entwicklungsansatzes darstellt, können der dazwischenliegende iterative und inkrementelle Typ als hybrides Entwicklungsvorgehen verstanden werden.[506] Für die Auswahl eines der Lebenszyklustypen definiert das PMI drei Kategorien zur Bewertung individueller Projekteigenschaften: (1) Kultur, (2) Team und (3) Projekt. Jede

[499] Vgl. Cooper & Sommer (2016), The Agile-Stage-Gate Hybrid Model
[500] Vgl. Cooper (2017), Winning at New Products, S. 184ff.
[501] Vgl. Cooper (2017), Winning at New Products, S. 194f.
[502] Vgl. Cooper (2017), Winning at New Products, S. 198ff.
[503] Vgl. Cooper & Sommer (2016), The Agile-Stage-Gate Hybrid Model, S. 524
[504] Cooper & Sommer (2016), The Agile-Stage-Gate Hybrid Model, S. 524
[505] Vgl. Project Management Institute (2017), Agile Practice Guide, S. 17
[506] Vgl. Project Management Institute (2017), Agile Practice Guide, S. 126

der drei Kategorien enthält wiederum drei Unterkategorien. So wird bspw. das Projekt in die Bereiche (3.1) Änderungen, (3.2) Kritikalität und (3.3) Auslieferungen unterteilt. Jeder Unterkategorie ordnet das PMI eine Skala zu. Im Falle der Änderungen bezieht sich diese auf die Beurteilung der Veränderungswahrscheinlichkeit. So kann der geeignete Agilitätsgrad für ein Entwicklungsprojekt numerisch bestimmt werden.[507] Neben der Auswahl gibt das PMI außerdem Optionen zur projektspezifischen Gestaltung des gewählten Ansatzes vor.[508] Das PMI verfolgt damit ein ähnliches Ziel wie die vorliegende Arbeit. Allerdings steht dabei das Projektmanagement im Betrachtungsfokus und nicht der Entwicklungsprozess. Als Folge besitzen auch die zur Auswahl des Entwicklungsansatzes dienenden Kategorien nicht notwendigerweise Prozessrelevanz.

„Adaptives Vorgehensmodell für hybrides Projektmanagement“ nach SEEL & TIMINGER

Das von SEEL & TIMINGER vorgestellte adaptive Referenzmodell für automatisiertes Tailoring hybrider Projektmanagementprozesse baut auf dem bereits im Jahr 2016 von TIMINGER & SEEL[509] entwickelten hybriden Ordnungsrahmen (HyProM) auf.[510] Es beinhaltet sowohl plangetriebene als auch agile Abläufe, die mit spezifischen Parametern versehen sind. Bei der Anwendung des Modells werden die für das zugrundeliegende Projekt zutreffenden Parameter ausgewählt und instanziert. Die Instanzierung wird für die automatische Anpassung des Referenzmodells genutzt, um sicherzustellen, dass das spätere Entwicklungsvorgehen für das Projekt geeignet ist. Das adaptierte Referenzmodell umfasst dann entweder nur plangetriebene, nur agile oder plangetriebene und agile Prozessmerkmale, die zu einem hybriden Projektmanagementprozess integriert werden.[511] Sogenannte Konsistenzparameter sorgen außerdem dafür, dass bei der Zusammenführung der Prozessmerkmale zu einem Vorgehensmodell ausschließlich konsistente Abläufe entstehen.[512] Eine genauere Beschreibung dieser Konsistenzparameter oder der inhaltlichen Verknüpfung der Projektparameter zu den plangetriebenen und agilen Prozessmerkmalen erfolgt nicht.

„Hybrides Projektmanagement“ nach TIMINGER

In seinem Buch „Modernes Projektmanagement“ beschreibt TIMINGER fünf Phasen für den Aufbau eines unternehmensindividuellen hybriden Vorgehensmodells.[513] Die (1) Analyse der Projektsituation ermöglicht die Identifikation von Anforderungen an

[507] Vgl. Project Management Institute (2017), Agile Practice Guide, S. 129ff.
[508] Vgl. Project Management Institute (2017), Agile Practice Guide, S. 32
[509] Vgl. Timinger & Seel (2016), Ein Ordnungsrahmen für adaptives hybrides Projektmanagement
[510] Vgl. Seel & Timinger (2017), Ein adaptives Vorgehensmodell für hybrides Projektmanagement, S. 22
[511] Vgl. Seel & Timinger (2017), Ein adaptives Vorgehensmodell für hybrides Projektmanagement, S. 22f.
[512] Vgl. Seel & Timinger (2017), Ein adaptives Vorgehensmodell für hybrides Projektmanagement, S. 24
[513] Vgl. Timinger (2017), Modernes Projektmanagement, S. 248

einen hybriden Entwicklungsansatz. Die (2) Zielformulierung dient anschließend der Festlegung der Ziele, die durch den Einsatz eines hybriden Vorgehensmodells erfüllt werden sollen. Im Rahmen der (3) Lösungssuche werden die Anforderungen und die Ziele miteinander verglichen und deren unternehmensspezifischer Erfüllungsgrad beurteilt, d.h. es wird bewertet, ob der Erfüllungsgrad eher für ein agiles oder ein plangetriebenes Vorgehen spricht. Gleichzeitig werden in diesem Zusammenhang der Beurteilung entsprechende Teilprozesse, Methoden und Werkzeuge diskutiert. In der (4) Auswahlphase wird dann eine individuelle Lösung als Ergebnis aus der vorangegangenen Diskussion ausgewählt. Die letzte Phase (5) setzt sich abschließend mit der Einführung des individuellen Vorgehensmodells im Projekt auseinander.[514] TIMINGER beschreibt damit eine Methodik, die Unternehmen bei der Vorgehensmodellauswahl systematisch unterstützen soll. Der Ansatz verfolgt diesbezüglich zwar grundsätzlich dieselbe Intention wie die vorliegende Arbeit, bleibt jedoch in der inhaltlichen Ausarbeitung recht oberflächlich.

„Reference model for hybrid traditional-agile software development methodologies" nach GILL ET AL.

GILL ET AL. adressieren in ihrem Beitrag die Frage „[...] which elements or components (agile or non-agile) are relevant to develop the context-aware hybrid [H] adaptive [A] methodology [M] reference [R] architecture [A]?"[515] Das sogenannte HAMRA-Modell leiten die Autoren basierend auf einer Literaturanalyse und zwei empirischen Fallstudien her.[516] Zentral für das HAMRA-Modell sind zwölf hybride Methodikelemente, die sich in „Core"- und „Extended"-Elemente unterteilen lassen. Exemplarisch seien an dieser Stelle die „Core"-Elemente Prozess und Technologie sowie die „Extended"-Elemente Kontext und Business Value genannt.[517] Die Methodikelemente dienen als Checkliste für die Konfiguration verschiedener, kontextorientierter hybrider Vorgehensmodelle. GILL ET AL. sehen das HAMRA-Modell als Grundlage für weitere Forschungstätigkeiten.[518] Das Modell bezieht sich allerdings rein auf die Softwarebranche. Da außerdem die situationsspezifische Ausgestaltung der Elemente nicht thematisiert wird, ist die Anwendbarkeit des Modells in dieser Form maßgeblich eingeschränkt.

[514] Vgl. Timinger (2017), Modernes Projektmanagement, S. 248ff.

[515] Gill et al. (2018), Scaling for agility, S. 315

[516] Vgl. Gill et al. (2018), Scaling for agility, S. 318

[517] Vgl. Gill et al. (2018), Scaling for agility, S. 319

[518] Vgl. Gill et al. (2018), Scaling for agility, S. 334

„Systematic Approach to Situation-Adequate Mechatronic System Development by Agile Systems Design" nach Albers et al.

Ziel des Ansatzes von Albers et al. ist die projektspezifische, situations- und bedarfsorientierte Unterstützung von Entwicklungsprojekten durch das Agile Systems Design (ASD), um einerseits Planungsstabilität sicherzustellen und andererseits den Anforderungen einer flexiblen, mechatronischen Produktentwicklung gerecht zu werden.[519] Dafür entwickeln die Autoren ein Prozessmodell, das ASD, das über vier Granularitätslevel sowohl die Mikro- als auch die Makroebene eines Entwicklungsprojekts darstellt. Je nach geforderter Planungsstabilität empfehlen Albers et al. auf jedem Level entweder eine sequenzielle oder eine iterative Vorgehensweise.[520] Da dieser Ansatz jedoch lediglich ein Framework darstellt und keine Detaillierung hinsichtlich der praktischen Anwendung erfolgt, bleibt die praktische Umsetzbarkeit fraglich. Eine Verknüpfung zwischen dem Prozessmodell und dem Projektkontext wird darüber hinaus nur in Bezug auf die Planungsstabilität hergestellt. Andere Kontextfaktoren der Projektsituationen bleiben unbeachtet.

„Identification of Indicators for the Selection of Agile, Sequential and Hybrid Approaches in Product Development" nach Albers et al.

Albers et al. beschäftigen sich in ihrem Ansatz mit dem Aufbau einer Methodik, die in Abhängigkeit der Entwicklungsaufgabe eines Projekts die geeignete Auswahl eines agilen, sequenziellen oder hybriden Vorgehensmodells ermöglicht.[521] Die dafür erforderliche Unterscheidung einzelner Entwicklungsaufgaben basiert auf einer Clusterung der initialen Produktanforderungen und der Komplexität der mit den Anforderungen verbundenen Aktivitäten in der Produktentwicklung.[522] Zur Bewertung der Komplexität nutzen die Autoren einen sogenannten Kompass, der die Entropie eines soziotechnischen Systems beurteilt.[523] Jede Position auf dem Entropie-Kompass wiederum ist mit der jeweils geeignetsten Vorgehensweise für den Entwicklungsprozess verknüpft. Je höher der Grad der Entropie ist, desto eher wird ein rein agiles Vorgehensmodell favorisiert. Je geringer die Entropie ist, desto besser eignet sich ein rein sequenzielles Modell. Dazwischen wird eine hybride Prozessgestaltung empfohlen.[524] Die Autoren fokussieren in ihren Ausführungen damit lediglich die Modellauswahl. Es wird

[519] Vgl. Albers et al. (2019), Approach to situation-adequate mechatronic system development, S. 1018
[520] Vgl. Albers et al. (2019), Approach to situation-adequate mechatronic system development, S. 1020
[521] Vgl. Albers et al. (2019), Selection of Agile, Sequential and Hybrid Approaches, S. 838
[522] Vgl. Albers et al. (2019), Selection of Agile, Sequential and Hybrid Approaches, S. 841
[523] Vgl. Albers et al. (2019), Selection of Agile, Sequential and Hybrid Approaches, S. 841
[524] Vgl. Albers et al. (2019), Selection of Agile, Sequential and Hybrid Approaches, S. 845

nicht thematisiert, wie ein ggf. zu wählendes hybrides Vorgehensmodell auszusehen hat und welche projektspezifischen Prozessmerkmale das Modell kennzeichnen.

„Conceptual Framework for Combining Agile and Structured Innovation Processes" nach LICHTENTHALER

In seinem Ansatz betrachtet LICHTENTHALER die Integration agiler Innovationsprozesse in die Strukturen plangetriebener Prozesse.[525] Zur Herleitung möglicher resultierender hybrider Prozesse baut der Autor zunächst ein Portfolio auf, das den Bedarf nach Struktur mit dem Bedarf nach Agilität in einem Prozess in Verbindung bringt. Bei einem sowohl geringen Bedarf nach Struktur als auch Agilität spricht LICHTENTHALER von „Ad hoc innovation processes". Darüber hinaus führt er Prozesse mit einem strategischen Schwerpunkt auf strukturierten Prozessen (Struktur hoch, Agilität gering) bzw. auf agilen Prozessen (Struktur gering, Agilität hoch) an. Die im Fokus seines Ansatzes stehenden kombinierten Prozesse bilden das vierte Portfoliofeld und weisen einen hohen Struktur- und Agilitätsbedarf auf.[526] Für die Realisierung dieses Bedarfsprofils in einem Projekt entwickelt LICHTENTHALER schließlich vier Kombinationsmuster: (1) „Agile within gating", (2) „Agile before gating", (3) „Agile after gating" und (4) „Agile alongside gating".[527] Zur Auswahl eines dieser vier hybriden Muster gibt LICHTENTHALER zwar Kriterien, wie den Systemcharakter, die Komplexität der Technologie und die Länge des Produktlebenszyklus vor[528], detailliert jedoch nicht deren Wirkzusammenhänge mit den zuvor definierten Kombinationsmustern. Eine nähere Beschreibung der praktischen Umsetzung der Muster bleibt ebenfalls offen.

3.2.2.4 Eigene Ansätze zur kontextbasierten Integration agiler und plangetriebener Entwicklungsprozesse

Der letzte Abschnitt gibt schließlich einen kurzen Überblick über die eigenen Veröffentlichungen der Autorin im Zusammenhang mit der Themenstellung der vorliegenden Arbeit, d.h. im Bereich der kontextbasierten Integration agiler und plangetriebener Entwicklungsprozesse. Während der Zeit als wissenschaftliche Mitarbeiterin bzw. im Rahmen der Erstellungsphase der Dissertation veröffentlichte die Autorin bereits einzelne Teilergebnisse mit dem Ziel, das gewonnene Feedback sowie erste Validierungsmöglichkeiten in die Ausgestaltung dieser Arbeit einfließen lassen zu können.

[525] Vgl. Lichtenthaler (2020), Combining Agile and Structured Innovation Processes, S. 42
[526] Vgl. Lichtenthaler (2020), Combining Agile and Structured Innovation Processes, S. 43
[527] Vgl. Lichtenthaler (2020), Combining Agile and Structured Innovation Processes, S. 44
[528] Vgl. Lichtenthaler (2020), Combining Agile and Structured Innovation Processes, S. 46

Die Idee bzw. Motivation für diese Dissertation wurde erstmalig zu Beginn des Jahres 2018 von der Autorin publiziert. In SCHUH ET AL.[529] wird als Kernherausforderung heutiger Entwicklungsprojekte die Hybridisierung der zugrundeliegenden Prozesse produzierender Unternehmen thematisiert. Eine Zusammenführung agiler und plangetriebener Prozessmerkmale auf vertikaler und horizontaler Projektebene wird als erfolgversprechend herausgestellt. Ebenfalls im Jahr 2018 veröffentlichte die Autorin anschließend in RIESENER ET AL.[530] ein Framework zur kontextbasierten Hybridisierung von Entwicklungsprojekten, um den zukünftig noch folgenden Forschungsergebnissen einen Rahmen zu geben. Der Ansatz präsentiert ein vierstufiges Vorgehen, das in groben Zügen der in dieser Arbeit zu entwickelnden Methodik entspricht und die Notwendigkeit aufzeigt, verschiedene hybride Kombinationsmuster herzuleiten, um den projektspezifischen Anforderungen an eine Integration agiler und plangetriebener Prozessmerkmale gerecht zu werden. Den ersten Schritt des Frameworks, die Identifikation der beschriebenen Prozessmerkmale durch eine empirische Analyse von etablierten Vorgehensmodellen, adressierte die Autorin durch einen zu Beginn des Jahres 2019 veröffentlichten Ansatz in AYS ET AL.[531]. Im Jahr 2019 publizierte die Autorin außerdem in KRUG ET AL.[532] einen Beitrag zur Kombination des plangetriebenen Stage-Gate Prozesses mit Scrum. Der zweite und dritte Schritt des Frameworks, d.h. die Herleitung prozessualer Grundtypen für eine hybride Produktentwicklung, wurde im darauffolgenden Jahr 2020 (RIESENER ET AL.[533]) sowie im Jahr 2021 (AYS ET AL.[534]) in weiteren Veröffentlichungen inhaltlich vertieft. Durch den Aufbau einer Typologie, basierend auf den bereits vorgestellten konstituierenden Prozessmerkmalen, werden mittels eines aus der Szenariotechnik bekannten Verfahrens hybride Entwicklungsprozesse innerhalb der Typologie konfiguriert und anschließend genauer beschrieben. Der vierte Schritt des Frameworks wurde teilweise in einem im Jahr 2021 veröffentlichten Ansatz in AYS ET AL.[535] detailliert. In der Publikation beschäftigt sich die Autorin mit der Herleitung und Festlegung von Kontextfaktoren, die einen Einfluss auf die Auswahl und Gestaltung eines hybriden Entwicklungsprozesses besitzen. Die bis dato erschienenen Veröffentlichungen der Autorin werden schließlich durch ein im Jahr 2021 von SCHUH ET AL.[536] verfasstes Whitepaper untermauert, das die Ergebnisse zweier

[529] Vgl. Schuh et al. (2018), Balanceakt im Spannungsfeld
[530] Vgl. Riesener et al. (2018), Hybridization of Development Projects
[531] Vgl. Ays et al. (2019), Constitutive Features in Hybrid Product Development
[532] Vgl. Krug et al. (2019), Synchonization of Scrum and Stage-Gate in Hybrid Product Development
[533] Vgl. Riesener et al. (2020), Prozessuale Grundtypen für eine hybride Produktentwicklung
[534] Vgl. Ays et al. (2021), Basic Types of Hybrid Development Processes
[535] Vgl. Ays et al. (2021), Context Factors for Hybrid Development Processes
[536] Vgl. Schuh et al. (2021), Agile Innovation

vom Werkzeugmaschinenlabor WZL in Zusammenarbeit mit dem Fraunhofer IPT der RWTH Aachen University durchgeführten Konsortialstudien präsentiert.

Diese acht Publikationen können zusammenfassend als „Brückenschlag" zur vorliegenden Arbeit verstanden werden. Wie aus der Bewertung der relevanten Ansätze (siehe Abbildung 3-6) und der daraus abgeleiteten Positionierung der vorliegenden Arbeit dem folgenden Kapitel zu entnehmen ist, erfüllen die vorgestellten Ansätze nur jeweils einzelne Teilaspekte der angestrebten Methodik. Sie zeigen damit den wissenschaftlichen Forschungsweg der Autorin während der Erstellung der Dissertation auf.

3.2.3 Zusammenfassung bestehender Ansätze und Positionierung der Arbeit

Ausgehend von den in Kapitel 3.2.1 definierten Bewertungskriterien sowie den in Kapitel 3.2.2 vorgestellten bestehenden Ansätzen zur Auswahl und Gestaltung von hybriden Entwicklungsprozessen wird im Folgenden ein Fazit in Bezug auf den Erfüllungsgrad der Kriterien je Ansatz gezogen. Die beschriebenen Ansätze repräsentieren den aktuellen Stand der Forschung hinsichtlich des zu adressierenden Objekt- und Zielbereichs. Bei der Auswahl der zu betrachtenden Ansätze wurde Wert darauf gelegt, möglichst aktuelle Beiträge zu berücksichtigen, um den neuesten Wissens- und Informationsstand abbilden zu können. Die Relevanz des adressierten Themas zeigt sich unter anderem durch die zahlreichen Veröffentlichungen der letzten fünf Jahre. Ausgewählte Beiträge aus früheren Jahren wurden ebenfalls in die Betrachtung miteinbezogen. Der Anteil englisch- bzw. deutschsprachiger Ansätze ist ausgewogen. Die Beiträge entstammen zu einem Großteil wissenschaftlichen Werken in Journals oder Tagungsbänden. Eine statistische Auswertung der betrachteten Ansätze ist in Abbildung 3-5 dargestellt. Die in Kapitel 3.2.2.4 vorgestellten eigenen Ansätze wurden von dieser Analyse ausgeschlossen.

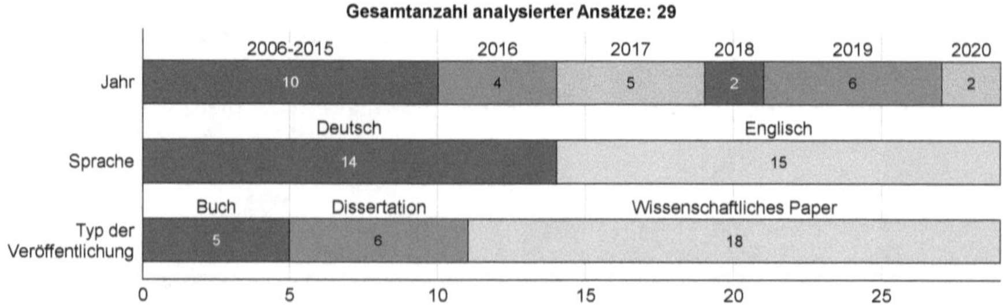

Abbildung 3-5: Statistische Auswertung der bestehenden Ansätze

Für eine inhaltliche Positionierung der vorliegenden Arbeit werden die vorgestellten Ansätze schließlich den identifizierten Bewertungskriterien gegenübergestellt. Das Ergebnis ist Abbildung 3-6 zu entnehmen. Die als Harvey Ball visualisierten Erfüllungsgrade ermöglichen die Herleitung des in Bezug auf die Themenstellung zu identifizierenden Forschungsbedarfs. Zur Unterstützung der Bedarfsanalyse werden zusätzlich der durchschnittliche Erfüllungsgrad eines Ansatzes über alle Kriterien (siehe Abbildung 3-6 letzte Spalte) und der durchschnittliche Deckungsgrad eines Kriteriums über alle Ansätze (siehe Abbildung 3-6 letzte Zeile) betrachtet. Der durchschnittliche Erfüllungsgrad ist ein Maß für die inhaltliche Ähnlichkeit des bewerteten Ansatzes mit dem Objekt- und Zielbereich sowie der Lösungshypothese der vorliegenden Arbeit. Der durchschnittliche Deckungsgrad gibt an, in welchem Maße ein Kriterium im Mittel über alle Ansätze erfüllt wird.

Abbildung 3-6 ist zu entnehmen, dass Teilaspekte der zu entwickelnden Methodik von den bestehenden Ansätzen bereits erfüllt werden. Bei einer deutlichen Mehrheit der Ansätze liegt der durchschnittliche Erfüllungsgrad jedoch unter 50%. Die wenigen höheren Werte werden maßgeblich von Beiträgen aus der Gruppe der Ansätze zur Integration agiler und plangetriebener Entwicklungsprozesse erzielt. Begründen lässt sich dies durch die vergleichsweise hohe Übereinstimmung des Objektbereichs dieser Ansätze mit dem der vorliegenden Arbeit. Die Kriterien des Zielbereichs werden stattdessen, ähnlich wie in anderen Gruppen, niedrig bewertet. Eine Ausnahme bilden die Veröffentlichungen der Autorin selbst. Gleichzeitig wird durch die Betrachtung des durchschnittlichen Deckungsgrads deutlich, dass einige Kriterien nur von einer geringen Anzahl von Ansätzen adressiert werden. Die niedrigsten Werte weisen unter anderem die Kriterien „Ableitung von hybriden Prozessmerkmalen" und „Verknüpfung von Kontextfaktoren und Grundtypen" auf. Gemeinsam bilden sie die Kernidee für die kontextbasierte Integration agiler und plangetriebener Entwicklungsprozesse.

Ergänzend zu dieser übergeordneten Analyse ergeben sich weitere Erkenntnisse aus der Detailbetrachtung der Ansätze bzw. der Ansatzgruppen. Ansätze zur Adaption von Vorgehensmodellen konzentrieren sich bspw. gemeinschaftlich auf die Ermittlung von Kontextfaktoren, berücksichtigen jedoch weder deren erforderliche Prozessrelevanz noch legen sie im Rahmen des Objektbereichs den Fokus auf hybride Entwicklungsprozesse.

- ○ nicht erfüllt
- ◔ kaum erfüllt
- ◑ teilweise erfüllt
- ◕ fast erfüllt
- ● vollständig erfüllt
- LH: Lösungshypothese

	Objektbereich					Zielbereich						LH	
	Fokus auf Entwicklung technischer Produkte	Fokus auf Entwicklungsprozesse	Betrachtung des Entwicklungsprozesses auf Makroebene	Fokus auf eine hybride Produktentwicklung	Berücksichtigung der Branchenunabhängigkeit	Ermittlung prozessrelevanter Kontextfaktoren	Ableitung von hybriden Prozessmerkmalen	Darstellung Grundtypen hybrider Entwicklungsprozesse	Verknüpfung von Kontextfaktoren und Grundtypen	Projektspez. Adaption hybrider Entwicklungsprozesse	Steigerung der Prozesseffektivität und -effizienz	Typologisierung hybrider Prozesse und kontextbas. Adaption	Ø Erfüllungsgrad
I) Ansätze zur kontextbasierten Adaption von Vorgehensmodellen													
MEIẞNER & BLESSING (2006)	●	●	◑	○	●	◑	◔	○	◔	◔	◔	○	0,42
PONN (2007)	●	◑	◑	○	●	◑	◔	○	◔	◔	◑	○	0,40
SHENHAR & DVIR (2007)	●	◔	◕	○	●	◔	○	◔	○	◔	◔	○	0,33
ZIEGLER (2009)	○	●	◑	○	◔	◑	◑	◔	◑	◔	◔	○	0,33
KALUS (2013)	○	●	◑	◔	◔	◔	○	○	◑	◔	◑	○	0,29
HENNEN ET AL. (2015)	○	●	◕	◑	◑	◔	○	○	◔	◑	◔	◔	0,35
BENDER & GERICKE (2016)	●	●	◕	◔	●	◑	○	○	◔	◔	◑	◔	0,48
HOLLAUER (2019)	●	◕	◑	○	●	◔	○	○	◔	○	◔	○	0,33
HÜSSELMANN ET AL. (2019)	●	◔	○	○	●	◔	○	○	○	◔	◔	○	0,25
VDI 2221 (2019)	●	●	●	◔	●	◑	◔	○	◔	◔	◑	◔	0,52
WILMSEN ET AL. (2019)	●	◕	◑	○	●	◕	○	○	◑	○	◑	◔	0,44
II) Ansätze zur kontextbasierten Gestaltung agiler Prozesse in der physischen Produktentwicklung													
KLEIN (2016)	●	◑	◑	◔	○	◔	◑	○	◔	◔	◔	○	0,31
DIELS (2018)	●	◑	○	◑	●	◔	○	◔	○	◔	◑	○	0,35
BASCHIN ET AL. (2020)	●	●	◑	○	●	◑	○	○	○	◔	◔	○	0,38
III) Ansätze zur Integration agiler und plangetriebener Entwicklungsprozesse													
BOEHM & TURNER (2006)	○	◑	●	◕	◑	◔	◑	◔	◔	◔	◔	○	0,38
HABERMANN (2013)	○	◑	◕	●	●	○	○	◑	○	○	◕	○	0,38
AHMED-KRISTENSEN ET AL. (2015)	●	●	◑	●	●	○	○	◑	○	◔	◔	○	0,46
SOMMER ET AL. (2015)	●	●	◑	●	●	○	◔	◔	○	◔	◕	○	0,50
CONFORTO & AMARAL (2016)	●	●	●	●	●	○	◔	◔	○	○	◑	○	0,50
DIEBOLD ET AL. (2016)	○	●	●	●	◕	◑	◑	◔	◔	◑	●	◑	0,60
BREHM ET AL. (2017)	●	○	◑	●	●	◔	○	○	◔	○	○	○	0,33
COOPER (2017)	●	◕	◑	●	●	◔	◔	◔	○	◔	◑	○	0,48
PMI (2017)	●	◑	●	●	●	◔	◑	◑	◔	◑	◕	◔	0,63
SEEL & TIMINGER (2017)	○	◔	◑	●	◑	◔	◔	○	◔	◑	○	◔	0,31
TIMINGER (2017)	●	◔	◑	●	●	◔	○	◑	○	◔	○	○	0,40
GILL ET AL. (2018)	○	◔	◕	●	◑	○	◔	○	○	◔	○	○	0,25
ALBERS, HEIMICKE ET AL. (2019)	●	◑	●	●	◑	○	○	◔	◔	◔	◔	○	0,42
ALBERS, HIRSCHTER ET AL. (2019)	●	◑	●	●	◑	○	○	◔	◔	◔	○	○	0,40
LICHTENTHALER (2020)	●	◕	●	●	●	◔	○	◑	○	◔	○	◔	0,50
IV) Eigene Ansätze zur kontextbasierten Integration agiler und plangetriebener Entwicklungsprozesse													
SCHUH ET AL. (2018)	●	●	●	●	●	○	◔	○	○	○	◕	○	0,50
RIESENER ET AL. (2018)	●	●	●	●	●	◔	◔	◔	◔	◑	◕	◑	0,65
AYS ET AL. (2019)	●	●	●	●	●	○	◑	○	○	◔	◑	◔	0,54
KRUG ET AL. (2019)	●	●	●	●	●	◔	○	○	◔	◔	◑	◔	0,54
RIESENER ET AL. (2020)	●	●	●	●	●	○	◑	◑	○	◔	●	◕	0,67
AYS ET AL. (2021)	●	●	●	●	●	◔	◔	◑	◔	◔	●	◕	0,69
AYS ET AL. (2021)	●	●	●	●	●	◕	○	○	◔	◔	●	◕	0,67
SCHUH ET AL. (2021)	●	◑	◑	◑	●	◔	○	○	◔	◔	●	◕	0,50
Ø Deckungsgrad	0,78	0,72	0,71	0,66	0,84	0,26	0,17	0,17	0,17	0,24	0,45	0,17	

Abbildung 3-6: Bewertung der bestehenden Ansätze

Die Integrationsansätze sind mehrheitlich der hybriden Produktentwicklung technischer Produkte zuzuordnen, trotzdem werden Grundtypen hybrider Entwicklungsprozesse nur in unzureichendem Maße dargestellt. Nur wenige Ansätze beschäftigen sich darüber hinaus mit der Ableitung von hybriden Prozessmerkmalen und setzen sich dementsprechend auch kaum mit der Auswirkung des Projektkontexts auf die Prozessmerkmale der hybriden Grundtypen auseinander.

Zusammenfassend lässt sich damit festhalten, dass keiner der vorgestellten Ansätze die Anforderungen der vorliegenden Arbeit an den Objekt- und Zielbereich in ausreichendem Maße erfüllt. Auch die Bestandteile der Lösungshypothese werden nur unzureichend adressiert. Aus dem beschriebenen Theoriedefizit kann im nächsten Schritt der Forschungsbedarf dieser Arbeit abgeleitet werden.

3.3 Zwischenfazit: Forschungsbedarf zur kontextbasierten Integration agiler und plangetriebener Prozesse

Im dritten Kapitel wurden die bestehenden Ansätze zur kontextbasierten Integration agiler und plangetriebener Prozesse dargestellt mit dem Ziel, den Forschungsbedarf für die vorliegende Arbeit systematisch ableiten zu können. Als Grundlage für die Bewertung der vorgestellten Ansätze diente unter anderem das in Kapitel 3.1 identifizierte Praxisdefizit. Die Herausforderungen in der Praxis machen deutlich, dass die Notwendigkeit einer kontextbasierten Integration agiler und plangetriebener Entwicklungsprozesse zwar erkannt, aber bislang nicht oder nur kaum zielgerichtet umgesetzt wird. Ein maßgeblicher Grund dafür liegt in der fehlenden Beschreibung von Typen hybrider Vorgehensmodelle, welche die verschiedenen Kombinationsmuster agiler und plangetriebener Prozesse abbilden. Dies wiederum stellt jedoch eine wesentliche Voraussetzung für die am Projektkontext ausgerichtete Auswahl und Gestaltung eines hybriden Entwicklungsprozesses dar.

Die kriterienbasierte Analyse der bestehenden Ansätze erfolgte anschließend in Kapitel 3.2. Trotz einer Vielzahl an Modellen und Frameworks, die sich mit der Adaption von Vorgehensmodellen im Allgemeinen, der Gestaltung agiler Entwicklungsprozesse für physische Produkte oder der tatsächlichen Integrationsthematik auseinandersetzen, fällt es produzierenden Unternehmen heutzutage nach wie vor schwer, einen auf den individuellen Projektkontext ausgerichteten Entwicklungsprozess umzusetzen. Die Auswertung der wissenschaftlichen Ansätze hat in diesem Zusammenhang gezeigt, dass trotz intensiver Forschung in den letzten 15 Jahren nach wie vor ein Theoriedefizit in diesem Gebiet existiert. Trotz teilweiser hoher Erfüllungsgrade in Bezug auf den Objektbereich der vorliegenden Arbeit konnte keiner der vorgestellten Ansätze gleichzeitig auch die Bewertungskriterien im Zielbereich hinreichend genau adressieren. Ebenso wenig wurde die Lösungshypothese in ausreichendem Maße berücksichtigt. Anforderungen an die betrachteten Konzepte, wie die Ermittlung von Grundtypen hybrider Entwicklungsprozesse und deren inhaltliche Verknüpfung mit dem Kontext eines Entwicklungsprojekts, wurden teilweise gar nicht oder nur in geringen Teilen in den bestehenden Ansätzen betrachtet.

Aufbauend auf dem sich aus dem beschriebenen Praxis- und Theoriedefizit ergebenden Forschungsbedarf wird im folgenden Kapitel das Grobkonzept der angestrebten Methodik der vorliegenden Arbeit entwickelt. Dieses ermöglicht anhand von zu identifizierenden Kontextfaktoren eines Entwicklungsprojekts und hybriden Prozessmerkmalen die kontextbasierte Integration agiler und plangetriebener Entwicklungsprozesse.

4 Konzeption der Methodik zur kontextbasierten Integration agiler und plangetriebener Entwicklungsprozesse

Die vorangegangene Darstellung des Praxisdefizits und die Diskussion der bestehenden Ansätze zur Identifizierung des Theoriedefizits haben gezeigt, dass die an eine Methodik in Form von Bewertungskriterien gestellten Prämissen bislang nicht in ausreichendem Maße erfüllt werden. Aus diesem Grund wird im vorliegenden Kapitel eine Methodik für die kontextbasierte Integration agiler und plangetriebener Entwicklungsprozesse konzeptioniert und im folgenden Kapitel 5 detailliert. Unter *Methodik* wird in Anlehnung an EHRLENSPIEL ET AL. eine planmäßige Verfahrensweise verstanden, die zur Erreichung eines gesetzten Ziels einem bestimmten Vorgehensplan folgt. Dabei können verschiedene Modelle, Methoden, Werkzeuge und Hilfsmittel zum Einsatz kommen (siehe Abbildung 4-1).[537]

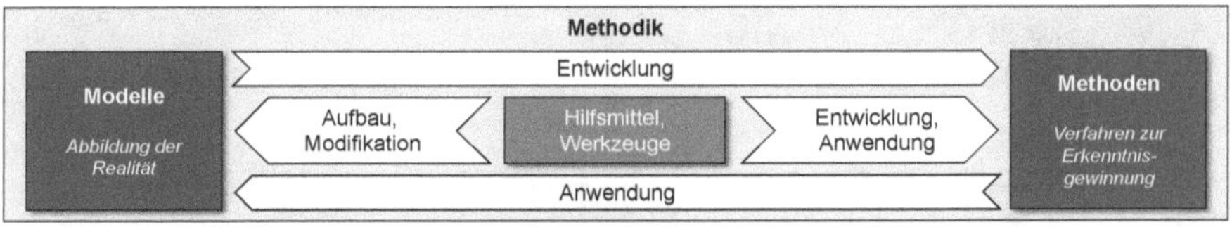

Abbildung 4-1: Elemente einer Methodik[538]

Dementsprechend beschäftigt sich dieses Kapitel zunächst mit der Erarbeitung eines Leitbilds für die Herleitung der Methodik. In diesem Kontext wird auch auf die aus der Methodik resultierenden Nutzenpotenziale eingegangen (Kapitel 4.1). Anschließend werden inhaltliche und formale Anforderungen an die Methodik formuliert, um sicherzustellen, dass bei der Methodikentwicklung der bereits vorgestellte Objekt- und Zielbereich sowie die bestehenden Praxisherausforderungen und das Theoriedefizit

[537] Vgl. Heyn (1999), Schnittstellenorientierte Gestaltung von Entwicklungskooperationen, S. 6; Ehrlenspiel & Meerkamm (2017), Integrierte Produktentwicklung, S. 173

[538] In Anlehnung an Heyn (1999), Schnittstellenorientierte Gestaltung von Entwicklungskooperationen, S. 6

adäquat adressiert werden (Kapitel 4.2). Darauf aufbauend erfolgt die Grobkonzeption der Methodik, d.h. die für die vorliegende Arbeit wesentlichen fünf Methodikschritte werden im Sinne eines Vorgehensplans vorgestellt (Kapitel 4.3). Dies ermöglicht unter anderem die Ableitung von Teilmodellen (Kapitel 4.4). Den Kapitelabschluss und die Überleitung zu Kapitel 5 bildet das Zwischenfazit (Kapitel 4.5).

4.1 Leitbild und angestrebte Nutzenpotenziale der Methodik

Bereits in der Einleitung der vorliegenden Arbeit (siehe Kapitel 1.1) wurde herausgestellt, dass ein maßgeblicher Erfolgsfaktor, um der strategischen Bedeutung von Produktentwicklungsprojekten gerecht zu werden, die Auseinandersetzung mit den zugrundeliegenden Prozessen ist.[539] In Kapitel 2.2.3 wurde dafür auf die Vorteile einer hybriden Produktentwicklung verwiesen, um den Herausforderungen, die sich aus den heutigen Rahmenbedingungen der dynamischen Unternehmensumwelt ergeben, begegnen zu können. Vor diesem Hintergrund streben produzierende Unternehmen in den letzten Jahren vermehrt nach einer Verbesserung bzw. Optimierung ihrer bislang zumeist plangetriebenen Entwicklungsprozesse, um angemessen auf die wachsende Marktvolatilität zu reagieren.[540] Eine Prozessoptimierung ist nach BECKER in vier verschiedenen Ebenen umsetzbar. Jede dieser Optimierungsebenen eröffnet unterschiedliche Handlungsoptionen (siehe Abbildung 4-2).[541]

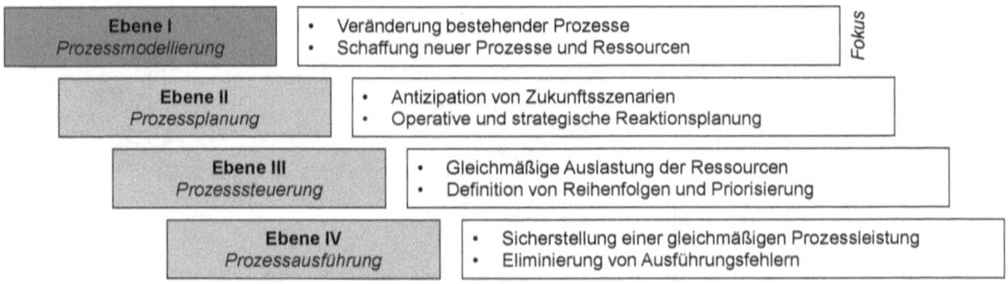

Abbildung 4-2: Vier Ebenen der Prozessoptimierung[542]

Die Prozessmodellierung, als oberste Ebene, bietet dabei den größten Handlungsspielraum für die Prozessoptimierung und steht daher im Fokus dieser Arbeit. Es können

[539] Vgl. Bender & Gericke (2016), Entwicklungsprozesse, S. 420
[540] Vgl. Schuh & Bender (2012), Grundlagen des Innovationsmanagements, S. 3
[541] Vgl. Becker (2018), Prozesse in Produktion und Supply Chain optimieren, S. 18
[542] In Anlehnung an Becker (2018), Prozesse in Produktion und Supply Chain optimieren, S. 18ff.

sowohl bestehende Prozesse verändert als auch neue Prozesse geschaffen werden. Optimierungsmaßnahmen auf dieser Ebene können alle drei untergeordneten Ebenen beeinflussen.[543] Ziel der Prozessoptimierung ist es, bestehende Prozesse effektiver und effizienter zu gestalten. Daher ist die Steigerung der Prozesseffektivität und -effizienz ein wesentlicher Bestandteil der Zielsetzung der zu entwickelnden Methodik (siehe Kapitel 1.2 und Kapitel 3.2.1).[544] Effektivität und Effizienz sind jedoch zunächst zwei voneinander unabhängige Parameter (siehe Kapitel 2.2). Nicht selten steht bei der Prozessoptimierung lediglich die Effizienz im Vordergrund, während die Effektivität vernachlässigt wird. Zur Erreichung eines optimalen Prozesses gilt es allerdings beide Kriterien gleichermaßen zu beachten (siehe Abbildung 4-3).[545]

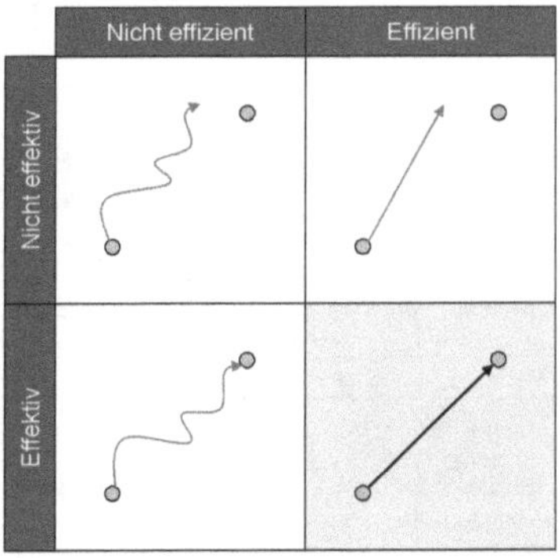

Abbildung 4-3: Zusammenspiel von Effektivität und Effizienz nach BECKER[546]

Die Effektivität eines Entwicklungsprozesses wirkt sich direkt auf die Kundenzufriedenheit aus, denn es bedeutet, den richtigen Output zur richtigen Zeit und zum richtigen Preis am richtigen Ort bereitzustellen. Die Anpassungsfähigkeit bzw. Flexibilität sind charakteristisch für effektive Prozesse. Ein Maß zur Bestimmung der Effektivität ist die Qualität.[547] Die Effektivität jedes Prozesses, unabhängig davon, wie gut er bereits gestaltet wurde, kann verbessert werden.[548] Das Ausmaß, in dem Ressourcen und Verschwendung im Streben nach Effektivität minimiert werden, bezeichnet man als Effizienz. Messen lässt sich Effizienz durch die Produktivität eines Prozesses.[549] Während

[543] Vgl. Becker (2018), Prozesse in Produktion und Supply Chain optimieren, S. 20
[544] Vgl. Becker (2018), Prozesse in Produktion und Supply Chain optimieren, S. 29
[545] Vgl. Becker (2018), Prozesse in Produktion und Supply Chain optimieren, S. 12f.
[546] In Anlehnung an Becker (2018), Prozesse in Produktion und Supply Chain optimieren, S. 12
[547] Vgl. Harrington (1991), Business Process Improvement, S. 74f.
[548] Vgl. Harrington (1991), Business Process Improvement, S. 122
[549] Vgl. Harrington (1991), Business Process Improvement, S. 74

ein Effektivitätsmangel jedoch schnell sichtbar wird, ist mangelnde Effizienz in einem Prozess nur schwer erkennbar. Anforderungen an eine effiziente Prozessgestaltung sind typischerweise auf den Einsatz von Ressourcen, bspw. Budget und Zeit, bezogen. Am aussagekräftigsten ist in diesem Zusammenhang die Prozessdauer.[550]

Um darauf aufbauend eine auf die Zielsetzung dieser Arbeit abgestimmte Methodik zu entwickeln, soll zunächst ein Leitbild für die Konzeption der Methodik erarbeitet werden. Das Leitbild unterstützt die Methodikentwicklung inhaltlich und ermöglicht gleichzeitig die kontinuierliche Überprüfung der Zielsetzung während des Methodikaufbaus.[551] Für die Methodikkonzeption selbst wird auf das TRIZ-Vorgehen als etablierte „Theorie des erfinderischen Problemlösens" zurückgegriffen (siehe Abbildung 4-4).[552]

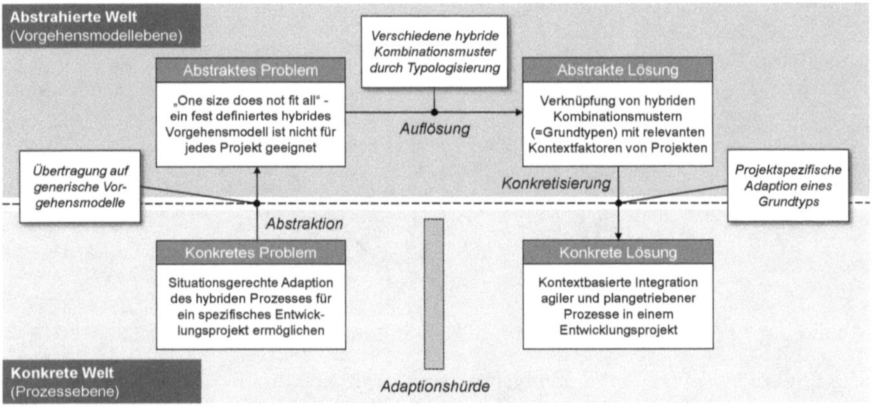

Abbildung 4-4: Leitbild zur Konzeption der Methodik

Das Vorgehen basiert auf einem Systemansatz, bei dem eine konkrete Problemsituation durch Abstraktion verallgemeinert wird, um in der abstrahierten Welt eine generische Lösung zu generieren. Die abstrakte Lösung wird dann in einem Konkretisierungsprozess so spezifiziert, dass sie einen individuellen Lösungsvorschlag für das konkrete Ausgangsproblem darstellt.[553] Die von ALTSCHULLER ursprünglich für technische Herausforderungen entwickelte Theorie findet in den letzten Jahrzehnten vermehrt

[550] Vgl. Harrington (1991), Business Process Improvement, S. 78
[551] Vgl. Dölle (2018), Projektsteuerung mittels Predictive Analytics, S. 93
[552] Vgl. Koltze & Souchkov (2017), Systematische Innovation, S. 21
[553] Vgl. VDI Verein Deutscher Ingenieure e.V. (2016), VDI 4521 - Blatt 1, S. 11

auch in anderen Bereichen, wie dem Innovationsmanagement, erfolgreich Anwendung.[554]

Die herzuleitende Methodik setzt bei den charakteristischen TRIZ-Merkmalen *Abstraktion* und *Konkretisierung* an, um einen konkreten Lösungsvorschlag für die situationsgerechte Adaption eines hybriden Prozesses für ein spezifisches Entwicklungsprojekt zu erarbeiten (siehe Abbildung 4-4). Die abstrahierte Problemstellung auf Vorgehensmodellebene kann im Sinne des Paradigmas von SHENHAR mit „One size does not fit all"[555] zusammengefasst werden. Der folgende Schritt der generischen Auflösung wurde bereits in Form der Lösungshypothese in Kapitel 3.2.1 vorgestellt. Die Auflösung beruht auf dem Verfahren der Typologisierung. Anhand von hybriden Prozessmerkmalen, die durch die Analyse und Integration plangetriebener und agiler Vorgehensmodelle abgeleitet werden können, sollen im Rahmen der Methodik unterschiedliche hybride Kombinationsmuster, d.h. signifikant verschiedene Vorgehensmodelle, durch Integration der agilen bzw. plangetriebenen Merkmale identifiziert werden. Diese hybriden Vorgehensmodelle werden in der vorliegenden Arbeit als *Grundtypen hybrider Entwicklungsprozesse* bezeichnet. Die Verknüpfung dieser Grundtypen mit dem Projektkontext ermöglicht anschließend die projektspezifische Auswahl und Gestaltung eines Grundtyps und damit die Überführung der bis dahin abstrakten Lösung zurück auf die Prozessebene. Das Ergebnis der Konkretisierung ist die Ermöglichung einer kontextbasierten Integration agiler und plangetriebener Prozesse in einem Projekt als Antwort auf die ursprüngliche Problemstellung.

Die auf diesem vorgestellten Weg zu entwerfende Methodik verfolgt demnach den Anspruch, Nutzenpotenziale im Bereich der Entwicklung technischer Produkte, genauer in Bezug auf Entwicklungsprozesse, erschließen zu können. Wie bereits zu Kapitelbeginn dargelegt, stellt das übergeordnete Nutzenpotenzial der Methodik die Verbesserung der Prozesseffektivität und -effizienz dar. Daneben ergeben sich bei detaillierter Betrachtung jedoch noch weitere Nutzenpotenziale, welche die in Kapitel 3.1 beschriebenen generellen Vorteile hybrider Entwicklungsprozesse auf die Methodik bezogen ergänzen. Diese untergeordneten Nutzenpotenziale können wie folgt zusammengefasst werden:

---

[554] Vgl. Chechurin & Borgianni (2016), Understanding TRIZ, S. 127ff.

[555] Shenhar (2001), One Size Does Not Fit All Projects, S. 411

- **Verbesserung der Vergleichbarkeit von Entwicklungsprojekten:** Durch eine generische Beschreibung des prozessrelevanten Projektkontexts können Entwicklungsprojekte in Bezug auf die Prozessgestaltung miteinander verglichen werden.
- **Verbesserung der Vergleichbarkeit von Entwicklungsprozessen:** Mit der generischen Beschreibung von Grundtypen hybrider Entwicklungsprozesse wird eine abstrakte Vergleichbarkeit zwischen Prozessen unterschiedlicher Projekte ermöglicht.
- **Förderung des Austauschs:** Der durch die generischen Projekt- und Prozessbeschreibungen ermöglichte Austausch zu einzelnen Entwicklungsprojekten bzw. -prozessen fördert sowohl den unternehmensweiten als auch den branchenübergreifenden Austausch zwischen Projektbeteiligten.
- **Reduzierung der Entwicklungskosten:** Die situationskonforme Einbindung von Iterationen ermöglicht eine Flexibilität des Entwicklungsprozesses durch die dynamische Anpassungsfähigkeit des Projekts an sich ändernde Produktanforderungen, welche die erforderlichen Entwicklungskosten reduziert.
- **Verkürzung der Entwicklungszeit:** Durch die Vorgabe von Grundtypen hybrider Entwicklungsprozesse wird die Abwicklung eines spezifischen Entwicklungsprojekts beschleunigt, indem bei Projektinitiierung systematisch das geeignetste Kombinationsmuster projektspezifisch ausgewählt und kontextbasiert gestaltet werden kann.
- **Optimierung der Projektorganisation:** Die projektspezifische Adaption des Entwicklungsprozesses unterstützt gleichzeitig eine zielgerichtete Gestaltung der Projektorganisation.
- **Steigerung der Erfolgsaussichten des Entwicklungsprojekts:** Unter Berücksichtigung einer kontextbasierten Integration agiler und plangetriebener Prozesse steigen die Erfolgsaussichten eines Entwicklungsprojekts, da eine projektoptimierte Balance zwischen erforderlicher Flexibilität und notwendiger Stabilität gewährleistet werden kann.

Die Erschließung und Realisierung dieser Nutzenpotenziale erlaubt es Unternehmen, die eigene Marktposition gegenüber Wettbewerbern nachhaltig zu stärken.[556] Die vor-

[556] Vgl. Pümpin & Amann (2005), Strategische Erfolgspositionen, S. 25ff.; Korthals (2014), Wertstromanalyse in der Produktentwicklung, S. 99; Dölle (2018), Projektsteuerung mittels Predictive Analytics, S. 98

gestellten Nutzenpotenziale gilt es daher im nachfolgend dargestellten Anforderungskatalog an die Methodik zu berücksichtigen. Die vorliegende Arbeit verfolgt dabei nicht den Anspruch, eine vollständige Realisierung aller Nutzenpotenziale durch die zu entwickelnde Methodik sicherzustellen. Stattdessen soll ein für die Praxis relevanter wissenschaftlicher Beitrag zur Umsetzung der Nutzenpotenziale geleistet werden.

4.2 Anforderungen an die Methodik

Die Konzeption der Methodik unterliegt sowohl inhaltlichen als auch formalen Anforderungen. Insbesondere die Berücksichtigung der inhaltlichen Anforderungen (Kapitel 4.2.1) stellt sicher, dass das in Kapitel 3 hergeleitete Praxis- und Theoriedefizit sowie der Objekt- und Zielbereich der vorliegenden Arbeit adressiert werden. Die Beschreibung der formalen Anforderungen (Kapitel 4.2.2) dient darüber hinaus der Gewährleistung der Anwendbarkeit und Richtigkeit der Methodik. Die inhaltlichen und formalen Anforderungen an die Methodik zur kontextbasierten Integration agiler und plangetriebener Entwicklungsprozesse werden nachfolgend vorgestellt.

4.2.1 Inhaltliche Anforderungen

Die inhaltlichen Anforderungen bilden die Basis für ein zielgerichtetes Vorgehen bei der Methodikentwicklung und gewährleisten, dass alle relevanten Aspekte aus den vorausgegangenen Kapiteln bei der Konzeption der Methodik berücksichtigt werden. Sie dienen außerdem als Bewertungsgrundlage für die in Kapitel 6 durchzuführende Validierung der Methodik. Neben der Zielsetzung (siehe Kapitel 1.2) und dem Ziel- und Objektbereich (siehe Kapitel 3.2.1) der Arbeit können die inhaltlichen Anforderungen auch aus dem identifizierten Praxisdefizit (siehe Kapitel 3.1) und Theoriedefizit (siehe Kapitel 3.2.3) abgeleitet werden. Eine Übersicht der inhaltlichen Anforderungen ist in Abbildung 4-5 dargestellt.

Der *Zielbereich der Arbeit* leitet sich aus der Zielsetzung der zu entwickelnden Methodik ab. Als übergeordnetes Ziel wird die Steigerung der Effektivität und Effizienz von Entwicklungsprozessen angestrebt. Diese Steigerung soll im Rahmen der Methodik durch die projektspezifische Adaption eines hybriden Entwicklungsprozesses adressiert werden. Voraussetzung dafür ist die Identifikation von Grundtypen hybrider Entwicklungsprozesse, deren Beschreibung durch hybride Prozessmerkmale und anschließende Verknüpfung mit dem Projektkontext.

Zielbereich der Arbeit	*Objektbereich der Arbeit*
• Ermittlung prozessrelevanter Kontextfaktoren • Ableitung von hybriden Prozessmerkmalen • Darstellung von Grundtypen hybrider Entwicklungsprozesse • Verknüpfung von Kontextfaktoren und Grundtypen • Projektspezifische Adaption eines hybriden Entwicklungsprozesses • Steigerung der Prozesseffektivität und -effizienz	• Fokus auf die Entwicklung technischer Produkte von der Projektinitiierung bis zur Serienproduktion • Fokus auf Entwicklungsprozesse • Betrachtung des Entwicklungsprozesses auf Makroebene • Fokus auf eine hybride Produktentwicklung • Berücksichtigung der Branchenunabhängigkeit
Inhaltliche Anforderungen an die Methodik	
• Fehlende Darstellung konkreter hybrider Vorgehensmodelle, d.h. mögliche generische Grundtypen einer Integration agiler und plangetriebener Prozesse • Fehlende Beurteilungsmöglichkeiten des Projektkontexts zur Identifikation der Auswirkungen auf den Entwicklungsprozess • Mangelnde Systematik zur kontextbasierten Auswahl und Gestaltung eines hybriden Entwicklungsprozesses	• Unsystematische, lückenhafte Beschreibung des prozessrelevanten Projektkontexts mittels Kontextfaktoren • Fehlende Definition und Operationalisierung von hybriden Prozessmerkmalen • Fehlende Beschreibung von Zusammenhängen zwischen Grundtypen hybrider Prozesse und dem Projektkontext • Mangelnder Projektbezug bei der Auswahl und Gestaltung von hybriden Entwicklungsprozessen
Defizite der Praxis	*Defizite der Theorie*

Abbildung 4-5: Inhaltliche Anforderungen an die Methodik

Aus dem *Objektbereich der Arbeit* folgt, dass der Fokus der Methodik auf der Entwicklung technischer Produkte, also von der Projektinitiierung bis zur Serienproduktion, liegt. Zentraler Bestandteil ist in diesem Kontext die Betrachtung von hybriden Entwicklungsprozessen auf der Makroebene. Die Berücksichtigung der Branchenunabhängigkeit ermöglicht ein breites Anwendungsgebiet der Methodik.

Mit dem *Praxisdefizit* werden die Aspekte dargestellt, die Unternehmen bei der praktischen Umsetzung der Integration agiler und plangetriebener Entwicklungsprozesse vor Herausforderungen stellen. Neben einer fehlenden Darstellung konkreter hybrider Vorgehensmodelle mangelt es produzierenden Unternehmen auch an einer systematischen Beurteilungsmöglichkeit des Projektkontexts, um die Auswirkungen der daraus resultierenden Eigenschaften bei der Adaption des Entwicklungsprozesses berücksichtigen zu können.

Das *Theoriedefizit* schließlich beschreibt all jene Herausforderungen, die anhand der Darstellung und Bewertung bestehender relevanter Ansätze identifiziert werden konnten. Inhaltliche Anforderungen an die Methodik ergeben sich dementsprechend insbesondere aus der fehlenden Definition und Operationalisierung von hybriden Prozessmerkmalen und der bislang nicht ausreichend vorhandenen Beschreibung der Wirkzusammenhänge zwischen diesen hybriden Prozessmerkmalen und dem Kontext des jeweiligen Entwicklungsprojekts. Der Projektbezug bei der Adaption hybrider Prozesse wird auch theorieseitig bislang vernachlässigt.

4.2.2 Formale Anforderungen

Im Gegensatz zu den spezifischen inhaltlichen Anforderungen besitzen die formalen Anforderungen an die Methodik einen allgemeingültigen Charakter und dienen der Sicherstellung grundsätzlicher Bedingungen, die es bei der Methodikentwicklung zu beachten gilt. Die Berücksichtigung der formalen Anforderungen stellt sicher, dass die Methodik sowohl das Kriterium der effizienten Anwendbarkeit als auch der Richtigkeit erfüllt. Die formalen Anforderungen ergeben sich für die vorliegende Arbeit aus den von PATZAK vorgeschlagenen fünf Charakteristiken eines guten Modells[557]:

- **Empirische Richtigkeit:** Wenn das Modellverhalten eine hohe Ähnlichkeit zu dem Verhalten des zugrundeliegenden realen Systems aufweist, ist die empirische Richtigkeit eines Modells erfüllt. Voraussetzung dafür ist ein hoher Übereinstimmungsgrad zwischen der Realität und der Systemstruktur bzw. der Systemelemente.
- **Formale Richtigkeit:** Das Modell soll in sich widerspruchsfrei und formal einwandfrei charakterisiert werden können. Liegen zu liefernde Ergebnisse vornehmlich in quantitativer Form vor und sind sie außerdem wiederholbar und nachprüfbar, ist die formale Richtigkeit eines Modells gegeben.
- **Zweckbezogenheit:** Gibt das Modell inhaltlich und formal brauchbare Antworten auf spezifisch formulierte Fragestellungen, kann es als zweckbezogen bezeichnet werden.
- **Handhabbarkeit:** Ist das Modell leicht anzuwenden und sind dessen Ergebnisse auch leicht interpretierbar, gilt das Modell als nutzerfreundlich.
- **Wirksamkeit:** Der erforderliche Aufwand für die Erstellung eines Modells und dessen Anwendung sollte möglichst niedrig sein, damit die Wirksamkeit des Modells gegeben ist.

Die aufgeführten formalen Anforderungen stehen teilweise untereinander in einem Zielkonflikt, sodass jedes Modell letztlich eine Kompromisslösung in Bezug auf den Erfüllungsgrad jeder einzelnen formalen Anforderung beschreibt.[558] Die Umsetzung der empirischen und formalen Richtigkeit führt in der Regel zu einer Aufwandssteigerung bei der Entwicklung und Anwendung des Modells. Ein erhöhter Anwendungsaufwand wiederum wirkt sich ggf. negativ auf die Handhabbarkeit und Wirksamkeit des Modells aus. Um dennoch parallel die Praxistauglichkeit und die empirische bzw.

---

[557] Vgl. Patzak (1982), Systemtechnik, S. 309f.; Riesener (2015), Ähnlichkeitsbasierte Produktkonfiguration im Maschinenbau, S. 101f.

[558] Vgl. Patzak (1982), Systemtechnik, S. 310

formale Richtigkeit gewährleisten zu können, muss das Verhältnis zwischen Vereinfachung, d.h. Reduktion des Entstehungsaufwands, und Genauigkeitsverlust, d.h. Verlust des Modellnutzens, ausgewogen gestaltet werden.[559] Mögliche Vereinfachungen nach PATZAK können sich sowohl auf Ziele, Randbedingungen und Beschränkungen, Gestaltungsparameter als auch auf die Abhängigkeiten zwischen diesen genannten Elementen beziehen.[560]

4.3 Grobkonzept zur kontextbasierten Integration agiler und plangetriebener Entwicklungsprozesse

Aufbauend auf dem in Kapitel 4.1 vorgestellten Leitbild zur Konzeption der Methodik und unter Berücksichtigung der in Kapitel 4.2 hergeleiteten inhaltlichen und formalen Anforderungen wird im Folgenden das Grobkonzept der Methodik als zentraler Bestandteil des vierten Kapitels entwickelt. Die Methodik beruht auf fünf Teilschritten, die in Abbildung 4-6 dargestellt sind und in den nächsten Abschnitten näher erläutert werden. Die fünf Schritte sind der im Leitbild (siehe Abbildung 4-4) vorgestellten Prozessebene bzw. Vorgehensmodellebene zugeordnet.[561]

Die Kenntnis und das Verständnis des Kontexts eines Entwicklungsprojekts bilden die Grundvoraussetzung für die kontextbasierte Integration agiler und plangetriebener Entwicklungsprozesse. Daher bedarf es zunächst einer generischen Beschreibung des Projektkontexts. Im Fokus der Betrachtung stehen dabei Faktoren, die eine nachweisbare Auswirkung auf den dem Projekt zugrundeliegenden Entwicklungsprozess besitzen, d.h. prozessrelevant sind (Kapitel 4.3.1). Neben der Feststellung der Kontextfaktoren spielt auch die Identifikation von Prozessmerkmalen eine wesentliche Rolle für die Methodik. Die Bestimmung und Zusammenführung konstituierender plangetriebener und agiler Prozessmerkmale unterstützt auf Vorgehensmodellebene die Ableitung hybrider Prozessmerkmale, die es durch ihre Ausprägungen ermöglichen, einen hybriden Entwicklungsprozess in all seinen erforderlichen Formen und Facetten zu beschreiben (Kapitel 4.3.2). Die hybriden Prozessmerkmale bilden als potenzielle Typologisierungskriterien die Voraussetzung für die Definition von Grundtypen hybrider Entwicklungsprozesse (Kapitel 4.3.3). Diese prozessualen Typen können als hybride Vorgehensmodelle verstanden werden.

---

559 Vgl. Lenders (2009), Beschleunigung der Produktentwicklung durch Lösungsraum-Management, S. 103

560 Vgl. Patzak (1982), Systemtechnik, S. 315

561 Das dargestellte Grobkonzept beruht in Grundzügen auf den von der Autorin in Riesener et al. (2018) veröffentlichten Vorarbeiten (siehe Kapitel 3.2.2.4).

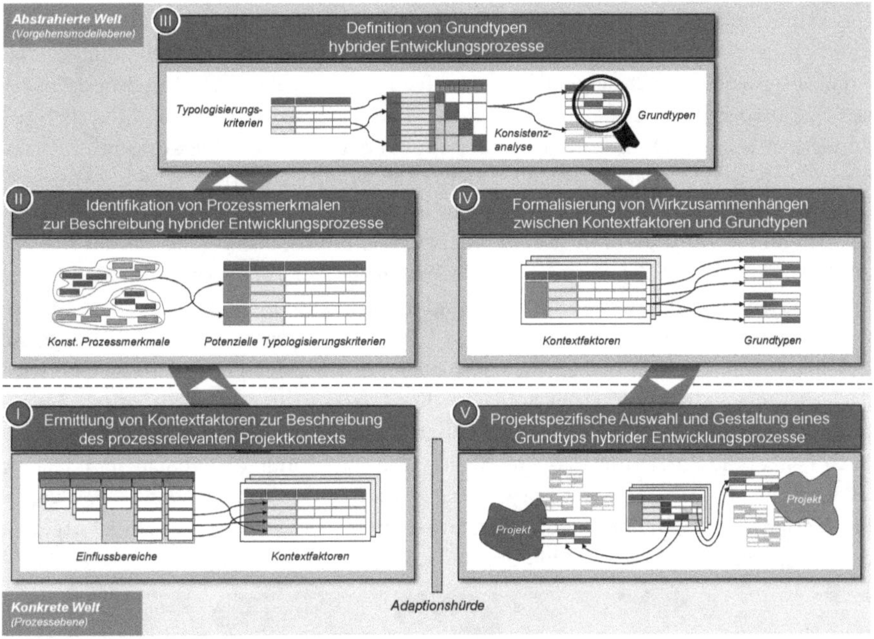

Abbildung 4-6: Grobkonzept der Methodik

Die Verknüpfung der Grundtypen bzw. deren Typologisierungskriterien mit den Kontextfaktoren des Projektkontexts (Kapitel 4.3.4) ermöglicht schließlich die Auswahl und Gestaltung eines Grundtyps für ein spezifisches Entwicklungsprojekt (Kapitel 4.3.5). Das Ergebnis dieser Konkretisierung auf Prozessebene ist die Ermöglichung einer kontextbasierten Integration agiler und plangetriebener Prozesse in einem Projekt.

4.3.1 Ermittlung von Kontextfaktoren zur Beschreibung des prozessrelevanten Projektkontexts

Ziel des ersten Teilschritts ist die generische Beschreibung des prozessrelevanten Projektkontexts anhand von Kontextfaktoren. Die Kenntnis dieser für den Entwicklungsprozess maßgeblichen Kontextfaktoren bildet die Grundlage der Gesamtmethodik, da die systematische Darstellung des Projektkontexts es ermöglicht, die Projektsituation bei Initiierung eines Entwicklungsprojekts prozessbezogen eindeutig charakterisieren zu können. Die Beurteilung der Projekteigenschaften ist Voraussetzung für die kontextbasierte Adaption eines hybriden Entwicklungsprozesses.

Die Ermittlung der Kontextfaktoren findet deskriptiv statt, d.h. es werden zunächst sämtliche ein Entwicklungsprojekt tangierende Faktoren mittels einer umfassenden Analyse der wissenschaftlichen Literatur aufgenommen. Dies erfolgt in zuvor definierten Einflussbereichen des Projektkontexts. Neben dem Ausschluss von inhaltlich redundanten Kontextfaktoren aus dem so entstehenden Faktorkatalog existieren darüber hinaus zu berücksichtigende Ausschlusskriterien, wie Anforderungen an die Messbarkeit und die Beobachtbarkeit, die zu einer weiteren Reduktion der im Faktorkatalog enthaltenen Kontextfaktoren führen. Gleichzeitig besitzen nicht alle auf das Projekt einflussnehmenden Faktoren auch eine Wirkung auf den Entwicklungsprozess. Daher gilt es anschließend, die als prozessrelevant einzustufenden Kontextfaktoren aus der Gesamtmenge der im Katalog enthaltenen Faktoren zu extrahieren. Für die Erfassung des prozessrelevanten Projektkontexts ist es darauf aufbauend erforderlich, eine wiederholsichere Bewertung der extrahierten Kontextfaktoren zu gewährleisten. Bedingung dafür ist die Quantifizierung eines jeden für den Entwicklungsprozess relevanten Faktors über die Zuweisung diskreter Skalen. Die Herleitung solcher Skalen und damit die Definition einzelner Faktorausprägungen wird in der vorliegenden Arbeit durch das Verfahren der Operationalisierung unterstützt. Dieses übergeordnete Vorgehen des ersten Teilschritts ist in Abbildung 4-7 zusammenfassend dargestellt.

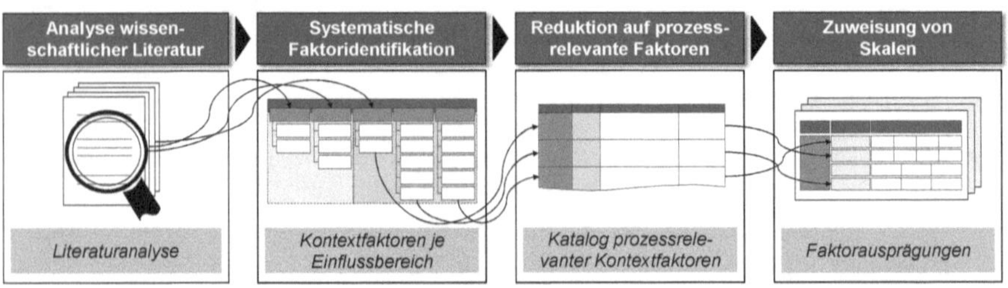

Abbildung 4-7: Konzept zur Ermittlung des prozessrelevanten Projektkontexts

In der wissenschaftlichen Literatur existiert zwar bereits eine Vielzahl von Ansätzen, die sich mit der Beschreibung des Projektkontexts in der Produktentwicklung auseinandersetzen. Es ergibt sich jedoch ein wesentlicher Neuheitsgrad des beschriebenen ersten Teilschritts durch den zu berücksichtigenden Prozessfokus der zu identifizierenden Kontextfaktoren. Die prozessrelevanten Kontextfaktoren bilden die Basis für die Teilschritte in Kapitel 4.3.4 und Kapitel 4.3.5.

4.3.2 Identifikation von Prozessmerkmalen zur Beschreibung hybrider Entwicklungsprozesse

Eines der zentralen Elemente der Lösungshypothese dieser Arbeit stellt die generische Beschreibung hybrider Entwicklungsprozesse anhand von Prozessmerkmalen und deren Ausprägungen dar. Die Identifikation hybrider Prozessmerkmale steht im Vordergrund des zweiten Teilschritts der Methodik zur kontextbasierten Integration agiler und plangetriebener Entwicklungsprozesse. Als potenzielle Typologisierungskriterien bilden die Prozessmerkmale gleichzeitig die Grundlage für die Definition von Grundtypen im nächsten Teilschritt (siehe Kapitel 4.3.3). Das Vorgehen zur Identifikation der Prozessmerkmale basiert auf dem in Abbildung 4-8 dargestellten Ansatz.

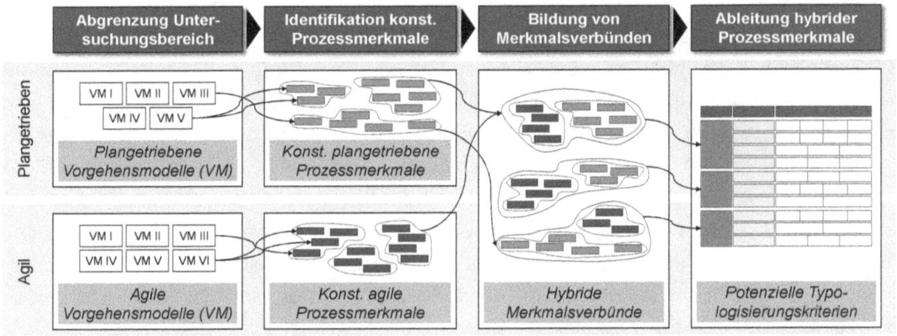

Abbildung 4-8: Konzept zur Identifikation von Prozessmerkmalen zur Beschreibung hybrider Entwicklungsprozesse

Für die Auswahl geeigneter hybrider Prozessmerkmale gilt es zunächst, den dafür erforderlichen Untersuchungsbereich eindeutig abzugrenzen. Darunter fällt neben der Definition formaler Anforderungen, die ein jedes Prozessmerkmal zu erfüllen hat, vor allem die Bestimmung der plangetriebenen und agilen Vorgehensmodelle. Vorgehensmodelle können als abstrahierte Darstellung realer Entwicklungsprozesse verstanden werden. Gemäß dem in Kapitel 4.1 entwickelten Leitbild stellen sie damit die wichtigste Informationsquelle für die Herleitung hybrider Prozessmerkmale dar. Nicht jedes Vorgehensmodell erfüllt jedoch die dafür erforderlichen Voraussetzungen. Auswahlkriterien sollen daher die inhaltliche Eingrenzung der Vorgehensmodelle auf ausschließlich solche unterstützen, die eine Relevanz für die Methodik der vorliegenden Arbeit aufweisen. Anschließend können aus der Auswahl der relevanten Vorgehensmodelle in einem nächsten Schritt konstituierende plangetriebene und agile Prozessmerkmale separat bestimmt werden. Konstituierende Prozessmerkmale beschreiben

Eigenschaften, die grundlegend charakteristisch für alle in die jeweilige Betrachtung eingeschlossenen Entwicklungsprozesse sind. Eine Verdichtung der konstituierenden plangetriebenen und agilen Prozessmerkmale zu Ähnlichkeitsclustern gewährleistet die Beibehaltung der Übersichtlichkeit und Handhabbarkeit der Methodik. Prozessmerkmale werden zu einem Ähnlichkeitscluster zusammengefasst, sofern sie ähnliche Aspekte eines Entwicklungsprozesses adressieren, also bspw. verwandte Prozessaktivitäten beschreiben.

Die so entstehenden bis dahin rein plangetriebenen bzw. rein agilen Ähnlichkeitscluster weisen wiederum untereinander inhaltliche Überschneidungen auf. Es kann davon ausgegangen werden, dass sowohl plangetriebene als auch agile Ähnlichkeitscluster auf generischer Ebene ähnliche prozessuale Handlungsfelder umschreiben. Aus der Verknüpfung der plangetriebenen und agilen Ähnlichkeitscluster können so hybride Merkmalsverbünde gebildet werden. Jeder Merkmalsverbund wird schließlich einzeln einer integrierten Analyse unterzogen. Ziel dieser Analyse ist es, differenzierbare und diskrete hybride Prozessmerkmale für die Beschreibung hybrider Entwicklungsprozesse abzuleiten und in diesem Zusammenhang auch die jeweiligen Ausprägungen der hybriden Prozessmerkmale zu bestimmen. Wie schon im vorherigen ersten Teilschritt wird dafür auch hier auf das Verfahren der Operationalisierung zurückgegriffen. Die Darstellung der aus der Analyse ableitbaren hybriden Prozessmerkmale je Merkmalsverbund erfolgt in einem morphologischen Kasten. Jedes der so abgebildeten hybriden Prozessmerkmale kann gleichzeitig als potenzieller Anwärter für die im nächsten Teilschritt (siehe Kapitel 4.3.3) erforderlichen Typologisierungskriterien verstanden werden.

4.3.3 Definition von Grundtypen hybrider Entwicklungsprozesse

Der dritte Teilschritt bildet den Kern der Methodik zur kontextbasierten Integration agiler und plangetriebener Entwicklungsprozesse. Aus der zuvor identifizierten Vielzahl hybrider Prozessmerkmale gilt es Typologisierungskriterien auszuwählen, die schließlich als Grundlage für die Bildung von Grundtypen hybrider Entwicklungsprozesse dienen. Im Kontext der vorliegenden Arbeit werden diese Grundtypen als hybride Kombinationsmuster verstanden. Sie stellen voneinander signifikant verschiedene Vorgehensmodelle auf der prozessualen Makroebene dar, die sich aus der integrativen Betrachtung der teils agilen, teils plangetriebenen Ausprägungen der Typologisierungskriterien ergeben. Die Verknüpfung der gebildeten Grundtypen mit dem Projektkontext ermöglicht schließlich die Auswahl und Gestaltung eines für ein konkretes

Entwicklungsprojekt geeigneten Grundtyps (siehe Kapitel 4.3.4 und Kapitel 4.3.5). Abbildung 4-9 zeigt das konzeptionelle Vorgehen zur Definition der Grundtypen.

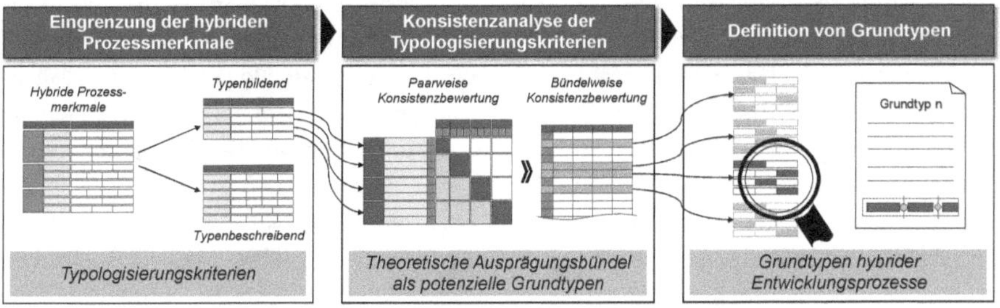

Abbildung 4-9: Konzept für die Definition von Grundtypen hybrider Entwicklungsprozesse

Der Aufwand für die Definition von Grundtypen wird maßgeblich durch die bei der Typenbildung zu berücksichtigenden Merkmale bestimmt. Je mehr Merkmale in die Typenbildung als Typologisierungskriterien einfließen, desto größer wird die Übereinstimmung zwischen den resultierenden Typen und der Realität. Mit steigender Merkmalszahl nimmt aber gleichzeitig auch die Komplexität innerhalb der Grundtypen zu, was deren generalisierenden und abstrahierenden Charakter wesentlich einschränkt. Im Rahmen der Typenbildung wird daher zur Eingrenzung der Merkmale zwischen solchen mit typenbildenden und solchen mit typenbeschreibenden Eigenschaften unterschieden. Nur typenbildende Merkmale werden als Typologisierungskriterien zur Herleitung der Grundtypen ausgewählt. Als Grundlage für die erforderliche Unterscheidung der hybriden Prozessmerkmale dient in der vorliegenden Arbeit eine Methode aus der Zukunfts- und Szenarioanalyse. Eine Einflussmatrix ermöglicht die systematische Identifizierung kombinationstheoretischer Zusammenhänge zwischen den einzelnen Prozessmerkmalen. Als typenbildend werden solche Merkmale eingestuft, die im Vergleich zu allen anderen Merkmalen im betrachteten Gesamtsystem eine Schlüsselrolle einnehmen, also einen hohen Vernetzungsgrad zu allen anderen Merkmalen aufweisen.

Die so identifizierbaren Typologisierungskriterien bilden anschließend die Ausgangslage für die eigentliche Typenbildung. Die Herleitung der Grundtypen hybrider Entwicklungsprozesse erfolgt dabei durch die konstruktive Verknüpfung der Ausprägungen der Kriterien. Da sich eine rein zufällige Kombination der Ausprägungen in der Praxis jedoch nicht als zielführend erweist, muss die innere Widerspruchsfreiheit aller potenziell möglichen Kombinationsvarianten der Ausprägungen sichergestellt werden. Dies geschieht durch eine zweifache Konsistenzanalyse der Typologisierungskriterien. Im Rahmen der paarweisen Konsistenzbewertung werden zunächst jeder Ausprägung eines Typologisierungskriteriums alle Ausprägungen der anderen Kriterien gegenübergestellt. Die je Ausprägungspaar durchzuführende Bewertung der Konsistenz gewährleistet, dass die potenzielle Kombination dieser zwei Ausprägungen bei der Typenbildung in sich stimmig ist. Die anschließende bündelweise Konsistenzbewertung erfolgt darauf aufbauend für jede theoretische Ausprägungskombination über alle Typologisierungskriterien unter Einbezug der paarweisen Konsistenzwerte. Als Ergebnis ergibt sich ein Katalog an potenziellen Grundtypen, die in der vorliegenden Arbeit als Ausprägungsbündel bezeichnet werden. Jedem dieser Bündel wird durch die zweite Konsistenzbewertung ein ganzheitliches Konsistenzmaß zugewiesen, das die Beurteilung der Glaubwürdigkeit des jeweiligen potenziellen Grundtyps zulässt. Über eine Plausibilitäts- und Ähnlichkeitsprüfung werden schließlich aus diesem Katalog die Grundtypen hybrider Entwicklungsprozesse abgeleitet. Jeder Grundtyp wird anhand seines Konfigurationsprofils in der Morphologie und einer prozessualen Abbildung im Detail beschrieben.

4.3.4 Formalisierung von Wirkzusammenhängen zwischen Kontextfaktoren und Grundtypen

Die Formalisierung von Wirkzusammenhängen zwischen Kontextfaktoren und Grundtypen als vierter Teilschritt der Methodik zur kontextbasierten Integration agiler und plangetriebener Entwicklungsprozesse verknüpft den bereits beschriebenen prozessrelevanten Projektkontext (siehe Kapitel 4.3.1) mit den identifizierten Typologisierungskriterien der Grundtypen hybrider Entwicklungsprozesse (siehe Kapitel 4.3.3). Die Zusammenführung des ersten und dritten Teilschritts ermöglicht die projektspezifische Auswahl und Gestaltung eines geeigneten Grundtyps (siehe Kapitel 4.3.5) und damit, im Sinne des Leitbilds (siehe Abbildung 4-4), die Überführung der bis dahin lediglich abstrakten Lösung auf Vorgehensmodellebene zurück auf die Prozessebene. Das Ergebnis der Konkretisierung ist die Ermöglichung einer kontextbasierten Integration agiler und plangetriebener Prozesse in einem spezifischen Entwicklungsprojekt. Das zweistufige Konzept zur Formalisierung der Wirkzusammenhänge ist in Abbildung 4-10 dargestellt.

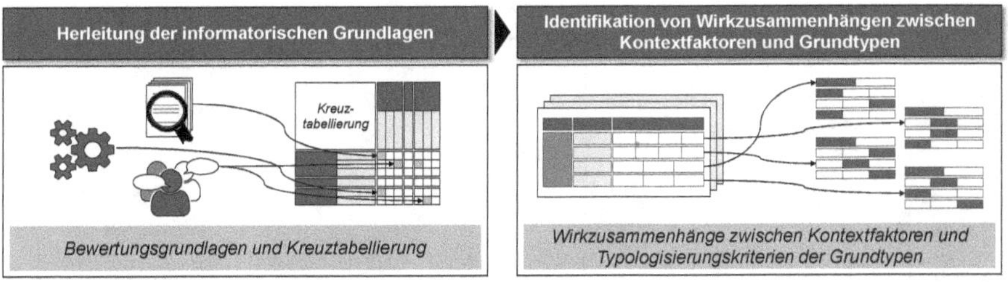

Abbildung 4-10: Konzept für die Formalisierung von Wirkzusammenhängen

Zunächst werden die für eine Analyse der Wirkzusammenhänge relevanten informatorischen Grundlagen hergeleitet. Ziel einer Auswirkungsanalyse ist es, mögliche Abhängigkeiten in einem betrachteten System zu erfassen und transparent kenntlich zu machen. Im vorliegenden Fall soll dementsprechend für jeden Kontextfaktor untersucht werden, ob die Ausprägungen des Faktors eine Auswirkung auf die Ausprägungen der Typologisierungskriterien der Grundtypen besitzen. Es wird bewertet, ob ein spezifischer Projektkontext für die Ausprägungen der Typologisierungskriterien förderlich ist oder nicht. Diese Wirkzusammenhänge werden einerseits aus der bestehenden wissenschaftlichen Literatur abgeleitet. Andererseits bauen sie auf den von der Autorin geführten Expertengesprächen auf bzw. ergeben sich aus der in der industriellen Praxis gewonnenen fachlichen Expertise der Autorin. Um die Wirkzusammenhänge systematisch darstellen zu können, bietet sich die Nutzung einer Kreuztabellierung an. Anschließend können die Wirkzusammenhänge zwischen den Kontextfaktoren und den Typologisierungskriterien der Grundtypen abgebildet werden.

4.3.5 Projektspezifische Auswahl und Gestaltung eines Grundtyps hybrider Entwicklungsprozesse

Der fünfte und letzte Teilschritt führt die Ergebnisse der vorangegangenen Teilschritte anwendungsbezogen zusammen. Es soll eine in der industriellen Praxis einsetzbare Methode entwickelt werden, die es ermöglicht, die kontextbasierte Integration durch die Auswahl und Gestaltung eines geeigneten Grundtyps hybrider Entwicklungsprozesse für ein konkretes Entwicklungsprojekt umzusetzen, um damit die Prozesseffektivität und -effizienz eines Projekts maßgeblich zu steigern. Abbildung 4-11 stellt die Konzeption der Methode in drei Stufen dar.

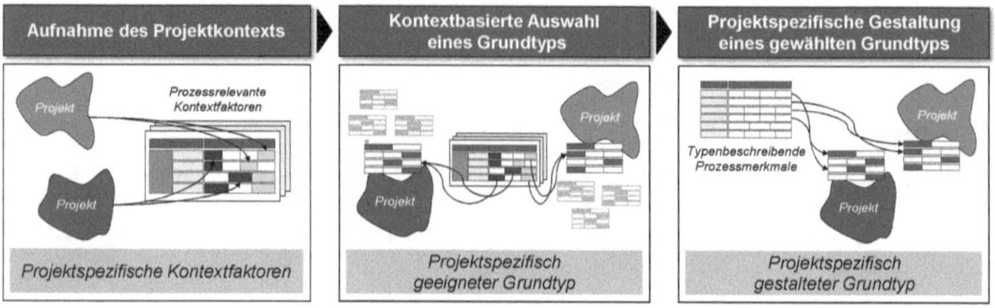

Abbildung 4-11: Konzept für die projektspezifische Auswahl und Gestaltung eines Grundtyps

Zunächst gilt es, den individuellen Projektkontext eines Entwicklungsprojekts zu beurteilen. Die Aufnahme der Projekteigenschaften unterteilt sich zum einen in die projektspezifische Gewichtung der prozessrelevanten Kontextfaktoren und zum anderen in die Bestimmung der individuellen Ausprägungen der Kontextfaktoren für ein konkretes Entwicklungsprojekt. Da die Bedeutung der verschiedenen Kontextfaktoren zur Beschreibung des Projektkontexts von Projekt zu Projekt variieren kann, wird zur Ermöglichung der projektspezifischen Gewichtung der Faktoren ein paarweiser Vergleich als Unterstützung herangezogen. Als wesentliche Grundlage für die Aufnahme des Projektkontexts dienen dabei die Ergebnisse des ersten Teilschritts der Gesamtmethodik (siehe Kapitel 4.3.1). Die anschließende kontextbasierte Auswahl eines Grundtyps baut auf den so festgelegten Projekteigenschaften auf. Im Sinne des in Kapitel 2.3.1 beschriebenen Fit-Gedankens setzt sich die Methode mit dem Übereinstimmungsgrad zwischen den aufgenommenen Projekteigenschaften und den durch die Grundtypen vorgegebenen Strukturen eines potenziellen Entwicklungsprozesses auseinander. Jedem der definierten Grundtypen (siehe Kapitel 4.3.3) soll ein Eignungswert zugewiesen werden, der sich aus den im vierten Teilschritt (siehe Kapitel 4.3.4) hergeleiteten Wirkzusammenhängen ergibt. Der Grundtyp mit dem höchsten Eignungswert entspricht folglich dem für den individuellen Kontext eines Entwicklungsprojekts geeignetsten prozessualen Vorgehen. Neben der kontextbasierten Auswahl eines Grundtyps spielt darüber hinaus auch dessen individuelle Gestaltung im Rahmen der projektspezifischen Adaption eine wesentliche Rolle. Zum Abschluss der zu entwickelnden Methode wird daher vorgegeben, wie der gewählte Grundtyp schließlich individuell für das jeweilige Projekt anzupassen ist. Dafür gilt es, die für eine Gestaltung wesentlichen Aspekte der Reduktion, der Fokussierung und der Ergänzung (siehe Kapitel 2.3.4) in die Betrachtung miteinzubeziehen.

4.4 Ableitung von Teilmodellen

Die Übertragung der zuvor im Rahmen der Konzeptentwicklung dargestellten fünf Teilschritte der Methodik in einzelne Teilmodelle dient der Realisierung der formulierten Ziele und folgt der allgemeinen Modelltheorie nach STACHOWIAK[562]. Modelle können in Abhängigkeit von ihrem Verwendungszweck in Beschreibungs-, Erklärungs-, Entscheidungs- und Gestaltungsmodelle eingeteilt werden.[563] Die Methodik zur kontextbasierten Integration agiler und plangetriebener Vorgehensmodelle kann, wie in Abbildung 4-12 zusammengefasst, in fünf Teilmodelle unterschieden werden.

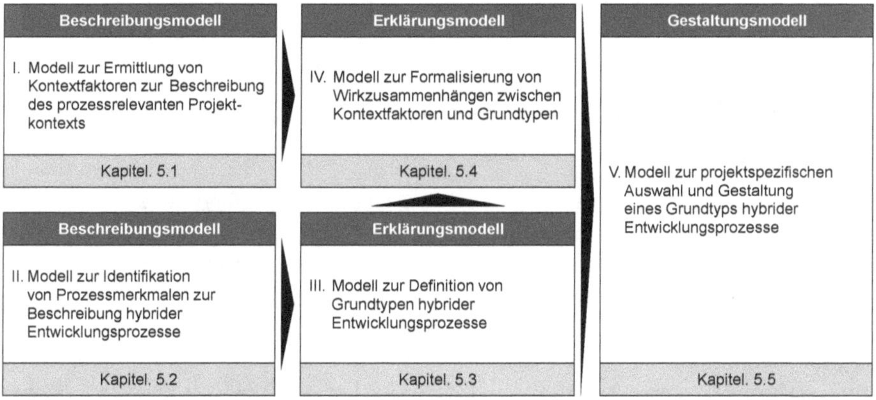

Abbildung 4-12: Ableitung von Teilmodellen

Das Modell zur Ermittlung von Kontextfaktoren lässt sich, ebenso wie das Modell zur Identifikation hybrider Prozessmerkmale, als Beschreibungsmodell charakterisieren. Die beiden Modelle erfassen konkrete Inhalte und bilden diese im Detail ab, d.h. sie sammeln Informationen und stellen diese deskriptiv dar. Dabei steht die Frage nach dem „Was?“ im Vordergrund. Das Modell zur Definition von Grundtypen hybrider Entwicklungsprozesse wiederum beantwortet die Frage nach dem „Warum?“ und kann damit als Erklärungsmodell eingestuft werden. Die vorab beschriebenen Prozessmerkmale werden genutzt, um mittels des Verfahrens der Typologisierung konsistente Kombinationsmuster der einzelnen Merkmalsausprägungen ableiten zu können. Die

[562] Vgl. Stachowiak (1973), Allgemeine Modelltheorie, S. 131ff.

[563] Vgl. Stachowiak (1973), Allgemeine Modelltheorie, S. 138f.; Dölle (2018), Projektsteuerung mittels Predictive Analytics, S. 111; Mattern (2018), Kollaborationsproduktivität in der interdisziplinären Produktentwicklung, S. 113

anschließend zu formalisierenden Wirkzusammenhänge zwischen den im ersten Teilmodell ermittelten prozessrelevanten Kontextfaktoren und den Grundtypen sind Teil eines zweiten Erklärungsmodells. Es wird die kausale Verknüpfung der Elemente untereinander betrachtet. Diese Informationen fließen letztlich in das fünfte und letzte Teilmodell ein, das als Gestaltungsmodell einzustufen ist. Es beschäftigt sich neben dem „was sein soll“ vor allem mit dem Ergebnis eines Entscheidungsprozesses und wird dabei durch beschreibende, erklärende und entscheidungsvorbereitende Elemente beeinflusst. Das Teilmodell ermöglicht so die Auswahl und Gestaltung eines Grundtyps unter Berücksichtigung eines konkreten Entwicklungsprojekts bzw. basierend auf dessen individuellen Kontext.

4.5 Zwischenfazit: Grobkonzept zur kontextbasierten Integration agiler und plangetriebener Entwicklungsprozesse

Kern des vierten Kapitels war die Entwicklung eines Grobkonzepts zur kontextbasierten Integration agiler und plangetriebener Entwicklungsprozesse. Als Vorbereitung für den Konzeptaufbau wurde dafür in Kapitel 4.1 zunächst ein Leitbild für die Konzeption der Methodik orientiert an der TRIZ-Vorgehensweise entworfen und die damit zu erzielenden Nutzenpotenziale aufgezeigt. Neben dem übergeordneten Nutzenpotenzial, das als Steigerung der Prozesseffektivität und -effizienz identifiziert wurde, konnten auch weitere Potenziale wie die Verkürzung der Entwicklungszeit und die Reduzierung der Entwicklungskosten herausgestellt werden. Die anschließend in Kapitel 4.2 hergeleiteten inhaltlichen und formalen Anforderungen bilden die Basis für ein zielgerichtetes Vorgehen bei der Methodikentwicklung und gewährleisten, dass alle relevanten Aspekte aus den vorherigen Kapiteln adressiert werden. Die inhaltlichen Anforderungen spiegeln dabei den Objekt- und Zielbereich der vorliegenden Arbeit sowie das in Kapitel 3 identifizierte Praxis- und Theoriedefizit wider. Die formalen Anforderungen gewährleisten, dass die zu entwickelnde Methodik die Kriterien Anwendbarkeit und Richtigkeit erfüllt. Aufbauend auf dem Leitbild und den Anforderungen wurde in Kapitel 4.3 das Grobkonzept für die Methodik in fünf Teilschritten vorgestellt. Im letzten Kapitel 4.4 wurden schließlich, unter Berücksichtigung der allgemeinen Modelltheorie, fünf Teilmodelle aus den Teilschritten des Grobkonzepts abgeleitet und als Beschreibungs-, Erklärungs- bzw. Gestaltungsmodell eingestuft. Die Detaillierung dieser Teilmodelle ist Ziel des folgenden fünften Kapitels.

5 Detaillierung der Methodik zur kontextbasierten Integration agiler und plangetriebener Entwicklungsprozesse

Im Rahmen des fünften Kapitels erfolgt die Detaillierung der Methodik zur kontextbasierten Integration agiler und plangetriebener Entwicklungsprozesse aufbauend auf dem in Kapitel 4.3 vorgestellten fünfschrittigen Grobkonzept (siehe Abbildung 5-1).

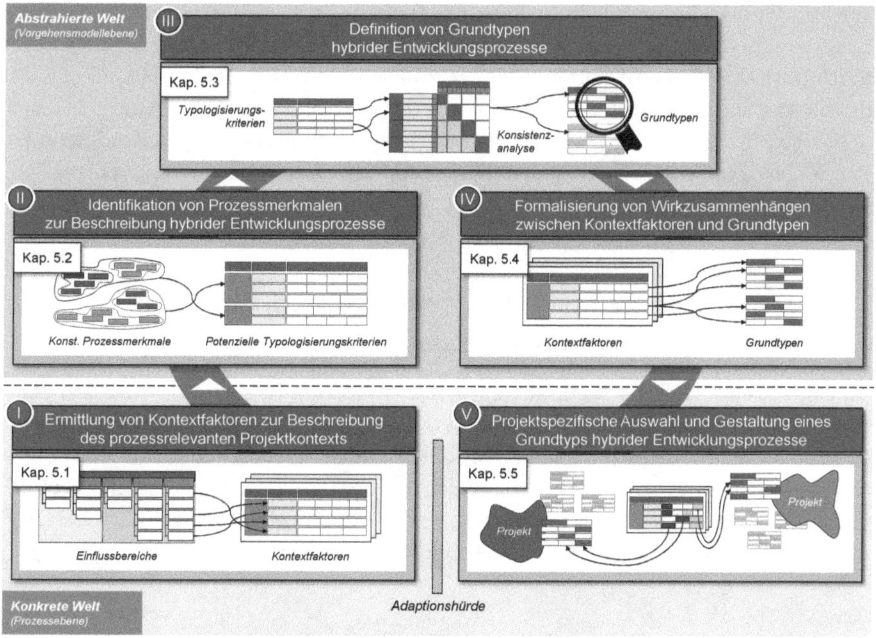

Abbildung 5-1: **Methodik zur kontextbasierten Integration agiler und plangetriebener Entwicklungsprozesse**

Die aus den fünf Schritten resultierenden Teilmodelle sind bezogen auf ihre Zugehörigkeit zur Prozess- und Vorgehensmodellebene zusammenfassend dargestellt. Das erste Teilmodell der Methodik beschäftigt sich mit der Ermittlung von Kontextfaktoren zur Beschreibung des prozessrelevanten Projektkontexts (Kapitel 5.1). Im zweiten Teilmodell der Methodik steht dagegen die Identifizierung von Prozessmerkmalen zur Beschreibung hybrider Entwicklungsprozesse im Vordergrund. Die Zusammenführung konstituierender plangetriebener und agiler Prozessmerkmale auf Vorgehensmodellebene ermöglicht die Ableitung von hybriden Prozessmerkmalen und deren Merkmalsausprägungen zur Beschreibung eines hybriden Entwicklungsprozesses (Kapitel 5.2). Als potenzielle Typologisierungskriterien bilden sie gleichzeitig die Grundlage für die im dritten Teilmodell der Methodik zu definierenden Grundtypen eben dieser hybriden Entwicklungsprozesse (Kapitel 5.3). Das vierte Teilmodell der Methodik verknüpft anschließend die definierten Grundtypen mit den im ersten Teilmodell ermittelten prozessrelevanten Kontextfaktoren (Kapitel 5.4). Diese Formalisierung von Wirkzusammenhängen bildet die Basis für die eigentliche Adaption eines Grundtyps hybrider Entwicklungsprozesse für ein spezifisches Entwicklungsprojekt und überführt damit die Methodik zurück auf die Prozessebene. Das fünfte Teilmodell der Methodik gibt zusammenfassend eine Antwort darauf, wie eine kontextbasierte Integration, unter Berücksichtigung der zuvor erarbeiteten Ergebnisse, in der industriellen Praxis konkret umzusetzen ist (Kapitel 5.5). Das fünfte Kapitel schließt mit einem Zwischenfazit zur Detaillierung der Methodik (Kapitel 5.6).

5.1 Ermittlung von Kontextfaktoren zur Beschreibung des prozessrelevanten Projektkontexts

Im ersten Teilmodell der Methodik zur kontextbasierten Integration agiler und plangetriebener Entwicklungsprozesse steht die Ermittlung von Kontextfaktoren im Vordergrund. Ziel des aufzubauenden Beschreibungsmodells ist die systematische Darstellung des prozessrelevanten Projektkontexts, d.h. der Fokus des Kapitels liegt auf der Identifikation von Kontextfaktoren, die einen direkten Einfluss auf den Entwicklungsprozess eines Projekts ausüben (siehe Abbildung 5-2).[564]

[564] Bei der Erarbeitung des ersten Teilmodells wurden die Vorarbeiten der Autorin aus Ays et al. (2021) in Grundzügen berücksichtigt (siehe Kapitel 3.2.2.4).

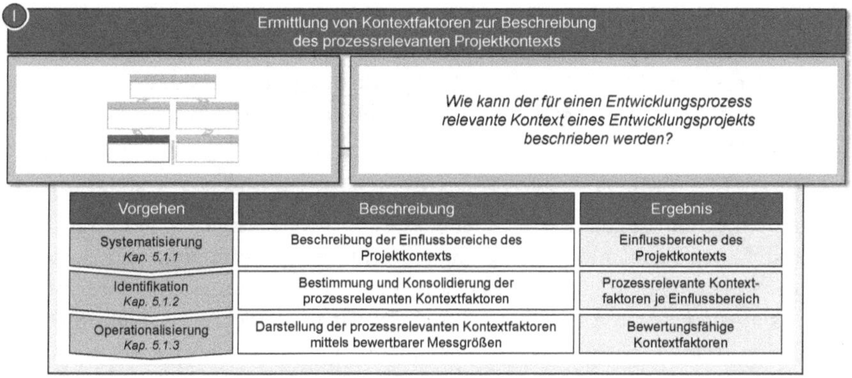

Abbildung 5-2: Vorgehen zur Ermittlung von prozessrelevanten Kontextfaktoren

Für eine systematische Aufnahme der Kontextfaktoren gilt es, im ersten Schritt zunächst den Projektkontext in seine unterschiedlichen Einflussbereiche zu gliedern (Kapitel 5.1.1). Über eine strukturierte Literaturanalyse erfolgt anschließend die Aufnahme und Konsolidierung der auf ein Entwicklungsprojekt einflussnehmenden Kontextfaktoren in diesen Bereichen sowie die Eingrenzung der identifizierten Faktoren auf solche, die eine tatsächliche Relevanz für den Entwicklungsprozess besitzen (Kapitel 5.1.2). Die prozessrelevanten Kontextfaktoren werden schließlich in einem dritten Schritt anhand bewertbarer Messgrößen operationalisiert (Kapitel 5.1.3).

Das Ergebnis des ersten Teilmodells gibt der Projektleitung eines Entwicklungsprojekts die Möglichkeit, die Projektsituation bei Projektinitiierung adäquat beurteilen zu können. Diese Form der Projektcharakterisierung bildet die Grundvoraussetzung für eine projektspezifische und damit kontextbasierte Adaption des Entwicklungsprozesses.[565]

5.1.1 Systematisierung der Einflussbereiche des Projektkontexts

Projekte in der Produktentwicklung werden von einer sich ständig verändernden Umwelt beeinflusst. Kunden ändern unerwartet ihre Meinung, Wettbewerber melden Patente an, wichtige Know-How-Träger verlassen das Unternehmen oder der Unternehmensumsatz geht zurück. Die Kontextfaktoren, die auf ein Entwicklungsprojekt einwirken, sind vielseitig und können sowohl negativen als auch positiven Einfluss auf das zukünftige Projektgeschehen haben. Die Projektleitung muss daher insbesondere zu Projektbeginn mit den wesentlichen Aspekten des Projektkontexts vertraut sein,

[565] Vgl. Wilmsen et al. (2019), Context-model for adapting design processes and methods, S. 429

um die strategische Projektplanung entsprechend ausrichten zu können. Neben ihrer projektübergreifenden Bedeutung besitzen Kontextfaktoren insbesondere eine Relevanz bei der Auswahl und Gestaltung des Entwicklungsprozesses und sind daher im Rahmen einer Integration agiler und plangetriebener Entwicklungsprozesse zu berücksichtigen.[566]

In Anlehnung an PONN & LINDEMANN[567] empfiehlt sich zur Sicherstellung eines eindeutigen Verständnisses des Projektkontexts dessen Systematisierung in Einflussbereiche. Diese Einflussbereiche unterstützen eine strukturierte Aufnahme und Dokumentation der zugehörigen Kontextfaktoren. Für eine bereichsorientierte Beschreibung des Projektkontexts existieren in der wissenschaftlichen Literatur eine Vielzahl unterschiedlicher Ansätze.[568] Aus Unternehmenssicht kann zwischen externen und internen Einflussbereichen unterschieden werden. Während zu den externen Einflussbereichen makro- und mikroökonomische Faktoren gezählt werden, beinhalten interne Einflussbereiche unter anderem organisatorische und projektbezogene Kontextfaktoren.[569] Eine der etabliertesten Herangehensweisen stellt die Bereichsunterteilung in Abhängigkeit der Granularität der Betrachtungsebenen nach HALES & GOOCH[570] dar.[571] Viele etablierte wissenschaftliche Ansätze greifen insbesondere dieses Modell für die Systematisierung des Projektkontexts auf. Die in dieser Arbeit gültigen Einflussbereiche lehnen sich daher ebenfalls vornehmlich an das Modell von HALES & GOOCH bzw. dessen Erweiterung durch GERICKE ET AL.[572] an. Die generische Darstellung des Projektkontexts in Abbildung 5-3 ermöglicht die Beschreibung von Kontextfaktoren in fünf übergeordneten externen bzw. internen Einflussbereichen. Jeder der Einflussbereiche kann für eine inhaltliche Detaillierung auf zweiter Ebene in verschiedene Subbereiche spezifiziert werden.

Makroökonomisch betrachtet müssen einflussnehmende Kontextfaktoren eines Entwicklungsprojekts in den Subbereichen *Gesellschaft* und *Umwelt* berücksichtigt werden. Makroökonomische Faktoren sind in der Regel über den Projektverlauf stabil und ändern sich nur selten.[573]

---

[566] Vgl. Lindemann (2009), Methodische Entwicklung technischer Produkte, S. 29; Project Management Institute (2017), A guide to the project management, S. 37

[567] Vgl. Ponn & Lindemann (2011), Konzeptentwicklung und Gestaltung technischer Produkte, S. 9

[568] Vgl. Hollauer (2019), Tailoring of Interdisciplinary Product Development Processes, S. 141

[569] Vgl. VDI Verein Deutscher Ingenieure e.V. (2019), VDI 2221 - Blatt 1, S. 24

[570] Vgl. Hales & Gooch (2004), Managing Engineering Design

[571] Vgl. Gericke et al. (2013), Understanding the Context of Product Development, S. 195

[572] Vgl. Gericke et al. (2013), Understanding the Context of Product Development

[573] Vgl. Hales & Gooch (2004), Managing Engineering Design, S. 31ff.

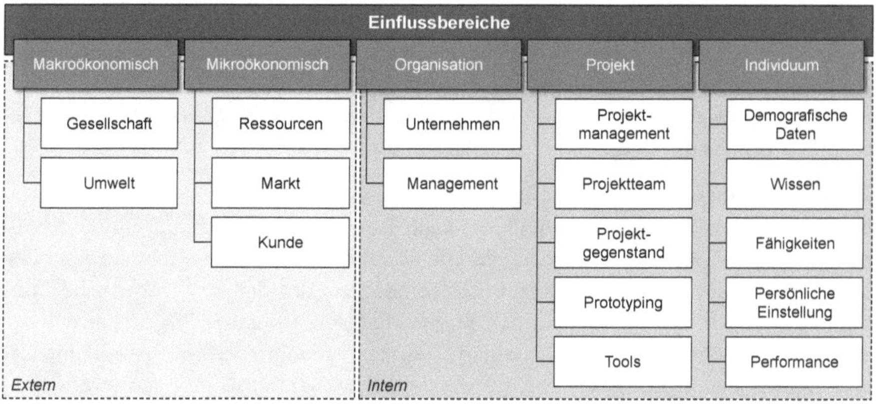

Abbildung 5-3: Einflussbereiche des Projektkontexts[574]

Mikroökonomische Kontextfaktoren können auf zweiter Ebene in *Ressourcen*, *Markt* und *Kunde* unterteilt werden. Kontextfaktoren in diesen Bereichen üben einen großen Einfluss auf das zu entwickelnde Produkt aus. Sinn und Zweck des Produkts ist es, ein beliebig geartetes Bedürfnis des Markts bzw. eines Kunden oder einer Kundengruppe zu befriedigen. Wenn jedoch nicht klar ist, wie genau dieses Bedürfnis aussieht bzw. wie wahrscheinlich es ist, dass es als Bedürfnis über die Dauer der Produktentwicklung fortbesteht, läuft ein Entwicklungsprojekt Gefahr, ein Produkt zu erzeugen, das am Ende nicht zum gewünschten Erfolg führt. Die Kenntnis der Ausprägungen der einzelnen Kontextfaktoren zu Projektbeginn ist daher entscheidend für eine zielgerichtete Produktentwicklung.[575]

Interne Kontextfaktoren beziehen sich auf Einflussbereiche, die aus den eigenen Strukturen einer *Organisation*, des *Projekts* selbst und durch die am Projekt beteiligten *Individuen* auf die Entwicklung eines Produkts wirken. Obwohl es trivial erscheint, dass diese Strukturen einen großen Einfluss auf die Produktentwicklung ausüben, sind die konkreten Kontextfaktoren dahinter keineswegs eindeutig bestimmt. Organisational betrachtet spielen das *Unternehmen* selbst und das *Management* eine ausschlaggebende Rolle. So ergeben sich relevante Unterschiede bei der Durchführung eines *Projekts* in einem großen Unternehmen, dessen Entwicklungsabteilungen sich weltweit

[574] Eigene Darstellung in Anlehnung an Hales & Gooch (2004), Managing Engineering Design, S. 44; Gericke et al. (2013), Understanding the Context of Product Development, S. 196

[575] Vgl. Hales & Gooch (2004), Managing Engineering Design, S. 31ff.; Gericke et al. (2013), Understanding the Context of Product Development, S. 196

über verschiedene Standorte verteilen, und einem kleinen, familiengeführten Unternehmen, dem ggf. nur eine sehr begrenzte Anzahl an Ressourcen zur Verfügung steht. Im Falle des großen Unternehmens ergibt sich möglicherweise keine intrinsische Motivation des Projektteams, stattdessen benötigen einzelne *Individuen* positive und ständige Ermutigung durch die Führungsebene.[576]

An dieser Stelle wird durch den Zusammenhang zwischen Unternehmensgröße, Management, Projektteam und Individuum auch gleichzeitig deutlich, dass die in Abbildung 5-3 aufgeführten Einflussbereiche inhaltlich miteinander in Verbindung stehen (siehe auch Kapitel 5.1.2.2). Gleichzeitig beinhaltet jeder der Einflussbereiche Kontextfaktoren, die sich speziell auf den Entwicklungsprozess eines Projekts auswirken und daher projektspezifisch und kontextbasiert, insbesondere bei der Auswahl und Gestaltung des jeweiligen Entwicklungsprozesses berücksichtigt werden müssen.

5.1.2 Identifikation prozessrelevanter Kontextfaktoren

Die Auswirkungen des Projektkontexts auf die Produktentwicklung sind vielfältig. Nicht alle Kontextfaktoren haben jedoch eine direkte Wirkung auf den Entwicklungsprozess eines Projekts. Eine Herausforderung nach BASCHIN ET AL. ist es daher, die prozessrelevanten Kontextfaktoren in der Menge der Faktoren des gesamten Projektkontexts zu identifizieren.[577] Dafür gilt es zunächst, mithilfe einer strukturierten Literaturanalyse (Kapitel 5.1.2.1) herauszustellen, welche Kontextfaktoren den Projektkontext als Ganzes beschreiben. Die anschließende Konsolidierung der Kontextfaktoren stellt sowohl die Redundanzfreiheit als auch deren Eingrenzung auf den wesentlichen Betrachtungsbereich der vorliegenden Arbeit sicher (Kapitel 5.1.2.2). Die Auswahl der für den Entwicklungsprozess maßgeblichen Kontextfaktoren erfolgt darauf aufbauend unter gleichzeitiger Berücksichtigung der dynamischen Eigenschaften dieser Faktoren (Kapitel 5.1.2.3).

5.1.2.1 Beschreibung des Vorgehens zur systematischen Literaturanalyse

Das Ziel der umfassenden Literaturanalyse ist die systematische und strukturierte Identifikation von Kontextfaktoren eines Entwicklungsprozesses. Dies soll durch eine analytisch-deduktive Prüfung der bestehenden Literatur umgesetzt werden. Um einen hinreichenden Überblick über einflussnehmende Faktoren der Produktentwicklung sicherstellen zu können, müssen all jene Ansätze berücksichtigt werden, die ihrerseits Kontextfaktoren beschreiben. Dafür kommen sowohl Quellen in Betracht, die auf Basis

[576] Vgl. Hales & Gooch (2004), Managing Engineering Design, S. 39ff.
[577] Vgl. Baschin et al. (2020), Context-specific Agile Process Design, S. 494

von Studien oder Expertenwissen Kontextfaktoren auflisten, als auch Quellen, die eine Konsolidierung von Kontextfaktoren anderer wissenschaftlicher Ansätze vornehmen. Gleichzeitig sollen die zu betrachtenden Ansätze nicht von der Branche, der Technologie oder einer bestimmten Organisation abhängig sein. Das bedeutet, die zu identifizierenden Kontextfaktoren müssen eine gewisse Allgemeingültigkeit aufweisen, um das breite Spektrum an Entwicklungsprojekten abdecken zu können. Diese Einschränkung des Lösungsraums stellt einen wesentlichen Punkt dar, den es nach ZIMMERMANN bei heuristischen Verfahren, wie der Literaturanalyse, zu berücksichtigen gilt.[578]

Die Literaturanalyse selbst wurde mithilfe der Datenbanken *Scopus* und *Google Scholar* durchgeführt. Beide Datenbanken greifen auf eine Vielzahl an wissenschaftlichen Zeitschriften, Fachbüchern sowie Tagungsberichten zu und schließen außerdem die Inhalte kleinerer Datenbanken wie *Science Direct*, *IEEE*, *Design Society* oder *Springer* mit ein. Um den Suchprozess in diesen beiden Datenbanken nicht willkürlich zu gestalten, ein weiterer wesentlicher Punkt im Kontext heuristischer Verfahren bei ZIMMERMANN[579], wurden Keyword-Matrizen aufgestellt (siehe Anhang A.1, Tabelle A-1 und Tabelle A-2). Diese gewährleisten, dass die Suche im Restlösungsraum nicht zufällig erfolgt, sondern auf Basis definierter Regeln umgesetzt wird. Die Matrizen stellen einen Kompromiss zwischen erforderlicher Prägnanz und notwendiger Verallgemeinerung dar. Trotz dieses systematischen Vorgehens bei der Literaturanalyse erhebt die vorliegende Arbeit keinen Anspruch auf Vollständigkeit der Quellen. Dies lässt sich mit dem dritten und letzten Punkt von ZIMMERMANN zu heuristischen Suchprozessen begründen.[580]

Nach dem Export der Suchergebnisse aus den beiden Datenbanken wurden diese zunächst zusammengeführt, strukturiert und anschließend unter Berücksichtigung von Ausschlusskriterien konsolidiert. Durch die eingeschränkten Sucheinstellungen bei Google Scholar lag dabei ein wesentliches Reduzierungsmerkmal in der Eliminierung von Dopplungen, d.h. Mehrfachnennungen gleicher Quellen zwischen verschiedenen Suchanweisungen (siehe Anhang A.1, Tabelle A-3). Ebenso wurden Quellen ausgeschlossen, die von bereits berücksichtigten Autoren in späteren Jahren erneut aufgegriffen und unverändert publiziert wurden. Die vollständige Liste der Ausschlusskriterien ist Tabelle A-4 in Anhang A.1 zu entnehmen. Insgesamt ergaben sich nach Einbezug der Ausschlusskriterien 30 für die vorliegende Arbeit relevante Ansätze zur Identifikation von einflussnehmenden Faktoren auf die Produktentwicklung (siehe

[578] Vgl. Zimmermann (2008), Operations Research, S. 273
[579] Vgl. Zimmermann (2008), Operations Research, S. 274
[580] Vgl. Zimmermann (2008), Operations Research, S. 274

Anhang A.1, Tabelle A-5). Die identifizierten Ansätze reichen von einfachen Klassifizierungsschemata, die nur vier Faktoren aufzählen, bis hin zu umfangreichen Sammlungen mit hierarchischer Dekomposition auf mehreren Ebenen. Einige der Quellen sind darüber hinaus revisionsbasiert. Der dargestellte Katalog von Kontextfaktoren ist also das Ergebnis einer Konsolidierung von Kontextfaktoren anderer Autoren. Damit erhöht sich die implizit berücksichtigte Anzahl der Quellen maßgeblich. Auch der Betrachtungszeitraum, der zunächst im Rahmen der Ausschlusskriterien auf die Jahre 2000 bis 2021 eingegrenzt wurde, wird dementsprechend indirekt erweitert und umfasst damit Ansätze bis zum Jahr 1961. Die Quellen berücksichtigen Erkenntnisse aus den Bereichen Produktentwicklung, Entwicklungsmanagement, Projektmanagement und Unternehmensführung,

5.1.2.2 Aufnahme und Konsolidierung der einflussnehmenden Kontextfaktoren eines Entwicklungsprojekts

Im Anschluss an die Identifizierung der relevanten Ansätze im Rahmen der Literaturanalyse müssen im nächsten Schritt die den Projektkontext beschreibenden Kontextfaktoren ermittelt werden. Dabei gilt es sicherzustellen, dass die aufgenommenen Kontextfaktoren eine repräsentative Grundgesamtheit der tatsächlich auf die Produktentwicklung einflussnehmenden Faktoren darstellen. Nach BARG und VOGELS kann dafür die Annahme getroffen werden, dass mit zunehmender Anzahl untersuchter Quellen immer weniger grundsätzlich neue Kontextfaktoren identifiziert werden. Es wird also von einer Konvergenz der ermittelbaren Kontextfaktoren in Abhängigkeit der untersuchten Anzahl relevanter Ansätze ausgegangen.[581] Zur Ableitung der Kontextfaktoren eines Entwicklungsprojekts wurden die Faktoren daher nacheinander aus den im Rahmen der Literaturanalyse hergeleiteten Ansätzen extrahiert und den in Kapitel 5.1.1 aufgeführten Einflussbereichen zugeordnet. Insgesamt konnte so aus den 30 zugrundeliegenden Quellen ein Katalog von insgesamt 1.077 Kontextfaktoren über alle Einflussbereiche aufgestellt werden.

Nach *Sammlung* sämtlicher Kontextfaktoren galt es, die Liste hinsichtlich möglicher Redundanzen zu überprüfen. Durch die Vielzahl der berücksichtigten Ansätze müssen Dopplungen bei den Faktoren ausgeschlossen werden. Basierend auf der Strukturierung, durch die Zuordnung der Kontextfaktoren zu den Einflussbereichen, können die Faktoren systematisch inhaltlich verglichen werden. Sowohl identische Begriffsbeschreibungen als auch synonym verwendete Kontextfaktoren werden für die weitere

[581] Vgl. Vogels (2015), Controlling von Produktbaukästen, S. 133f.; Barg (2018), Kontextbezogene Auslegung von Produktbaukästen, S. 123f.

Betrachtung zusammengefasst. Als Ergebnis dieser *Konsolidierung* ergab sich ein reduzierter Faktorkatalog mit 587 Kontextfaktoren.

Neben dem Ausschluss ähnlicher oder gleicher Kontextfaktoren ist es außerdem erforderlich, eine qualitative Harmonisierung hinsichtlich der Zugehörigkeit einzelner Faktoren zum Objekt- und Zielbereich der Arbeit vorzunehmen. Die analysierten Ansätze nehmen im Rahmen der Produktentwicklung verschiedene Perspektiven in Bezug auf den Projektkontext ein. Im Sinne des in Kapitel 3.2.1 formulierten Objektbereichs umfasst die Produktentwicklung jegliche Tätigkeiten von der Projektinitiierung bis hin zur Übergabe des Produkts an die Serienproduktion. Kontextfaktoren, die also lediglich einen Einfluss auf die Serienproduktion aufweisen, werden von der Betrachtung ausgeschlossen. Auch Faktoren mit einem zu spezifischen Schwerpunkt bspw. auf Produktbaukästen[582] oder auf den Entwickelnden als Individuum, wie es im Kontextfaktorkatalog bei ALBERS ET AL.[583] der Fall ist, werden in dieser fokussierten Form nicht weiter berücksichtigt. Nach Durchführung der *Harmonisierung* konnte der Faktorkatalog damit um 77 Kontextfaktoren auf 510 Faktoren reduziert werden.

Unter Berücksichtigung von drei Kriterien, die jeder Kontextfaktor im Rahmen der Methodik zur kontextbasierten Integration agiler und plangetriebener Entwicklungsprozesse zu erfüllen hat, wurden die verbliebenen Kontextfaktoren einer abschließenden *Bewertung* unterzogen. Diese sind an die von WILMSEN ET AL.[584], HOLLAUER[585] bzw. BARG[586] definierten Charakteristiken von Kontextfaktoren für die Produktentwicklung angelehnt und dienen der Sicherstellung der Anwendbarkeit der Methodik:

- **Exogene Determiniertheit:** Es werden nur Kontextfaktoren berücksichtigt, die gar nicht oder nur unter sehr hohem Aufwand in ihren Ausprägungen veränderbar sind und somit, aus Sicht der Projektleitung, als exogen determiniert angenommen werden können.
- **Beobachtbarkeit:** Alle Kontextfaktoren müssen durch die Projektleitung einfach beobachtbar sein. D.h. nur Faktoren, die bereits bei der Projektinitiierung erstmalig abgeschätzt werden können, fließen in den Faktorkatalog mit ein. Das bedeutet jedoch nicht, dass Kontextfaktoren in ihren Ausprägungen im späteren Projektverlauf unveränderlich sind.

---

582 Vgl. Barg (2018), Kontextbezogene Auslegung von Produktbaukästen

583 Vgl. Albers et al. (2019), The Product Developer

584 Vgl. Wilmsen et al. (2019), Context-model for adapting design processes and methods, S. 429

585 Vgl. Hollauer (2019), Tailoring of Interdisciplinary Development Processes, S. 142

586 Vgl. Barg (2018), Kontextbezogene Auslegung von Produktbaukästen, S. 123

- **Bewertbarkeit:** Jeder Kontextfaktor muss durch die Projektleitung objektiv bewertbar sein. Eine sachlich realistische Einschätzung der Projekteigenschaften ist entscheidend. Eine Einstufung der Mitarbeitendenmotivation ist bspw. stets subjektiv geprägt und damit nicht valide beurteilbar.

Unter Berücksichtigung dieser drei Kriterien konnte der Katalog der einflussnehmenden Faktoren, die den Projektkontext beschreiben, schließlich auf eine Anzahl von 92 für die vorliegende Arbeit relevante Kontextfaktoren reduziert werden. Der Reduzierungsschritt hat außerdem zur Folge, dass die Subbereiche der persönlichen Einstellung und der Performance des Einflussbereichs Individuum von der Betrachtung ausgeschlossen werden. Zwar besitzen Kontextfaktoren wie die Teammotivation oder die Aufgeschlossenheit der Mitarbeitenden einen nachweisbaren Einfluss auf das Entwicklungsprojekt[587], sie sind aber weder exogen determiniert, besonders gut beobachtbar noch durch die Projektleitung valide bewertbar. In Abbildung 5-4 sind alle vier Konsolidierungs- bzw. Reduzierungsschritte zusammengefasst.

Abbildung 5-4: Ergebnisübersicht der Konsolidierungs- und Reduzierungsschritte zur Definition der Kontextfaktoren

Zur Sicherstellung eines eindeutigen Begriffsverständnisses der identifizierten Kontextfaktoren wurde jedem dieser 92 Faktoren eine konkrete Definition sowie die Ursprungsquellen, aus denen der jeweilige Kontextfaktor entnommen wurde, zur Nachverfolgbarkeit zugeordnet. In Tabelle 5-1 ist ein Auszug der Kontextfaktoren in dieser Form dargestellt. Der vollständige Katalog ist Anhang A.2 zu entnehmen. Durch die Konsolidierungs- und Reduzierungsschritte wurde zwar darauf geachtet, dass die Kontextfaktoren weitestgehend unabhängig voneinander sind, nicht an jeder Stelle ist eine Überschneidung der Faktoren und Einflussbereiche jedoch zu vermeiden. Der Umfang der zu berücksichtigenden Kontextfaktoren steht außerdem in Abhängigkeit der Individualität konkreter Anwendungsfälle.

[587] Vgl. Frankenberger (1997), Arbeitsteilige Produktentwicklung, S. 220

Tabelle 5-1: Auszug der identifizierten Kontextfaktoren

Kontextfaktor	Einflussbereich	Definition	Quelle
Abhängigkeit von anderen Projekten	**Projekt |** Projektgegenstand	Entwicklungsprojekte sind in der Regel nicht vollständig autark, d.h. in sich geschlossen, sondern beeinflussen andere Projekte und werden selbst in unterschiedlichem Ausmaß beeinflusst.	Hollauer (2019)
Ähnlichkeit zu bekannten Aufgaben oder Altprojekten	**Projekt |** Projektgegenstand	Existieren Ähnlichkeiten des Entwicklungsprojekts zu anderen Aufgaben oder vorherigen Projekten, können diese, eine gute Dokumentation vorausgesetzt, bei der Produktentwicklung berücksichtigt werden.	Kalus (2013), Ponn (2007)
Anzahl der Hierarchieebenen	**Organisation |** Unternehmen	Die Anzahl der Hierarchieebenen wird durch die Leistungstiefe eines Unternehmens bestimmt. Hierarchieebenen ergeben sich durch die Über- und Unterordnung von Organisationseinheiten.	Schoeneberg (2014)

Jedes Unternehmen ist einmalig und besitzt daher auch ein einmaliges Projektportfolio.[588] Dennoch kann der hergeleitete Faktorkatalog als wesentliche Übersichtsgrundlage verstanden werden. Er bildet eine wertungsfreie, branchenübergreifende Zusammenstellung der in der wissenschaftlichen Literatur befindlichen einflussnehmenden Kontextfaktoren.

5.1.2.3 Bestimmung und Auswahl der prozessrelevanten Kontextfaktoren

Im Rahmen der Methodik soll mithilfe der Kontextfaktoren eine Verknüpfung zwischen der vorliegenden Entwicklungssituation eines Projekts und den Prozessmerkmalen (siehe Kapitel 5.2) geschaffen werden. Nach PONN ist eine wesentliche Maßgabe in diesem Zusammenhang, möglichst wenige, aber aussagekräftige Faktoren für die Verknüpfung heranzuziehen.[589] Zudem sind die bislang identifizierten 92 Kontextfaktoren nicht alle gleichermaßen gut geeignet, um von ihren Ausprägungen ausgehend Rückschlüsse auf den Entwicklungsprozess ziehen zu können. Prozessrelevante Kontextfaktoren erlauben der Projektleitung, eine auf den Projektkontext abgestimmte Adaption des Entwicklungsprozesses vorzunehmen.

HOLLAUER beurteilt die Prozessrelevanz eines Kontextfaktors durch die Einschätzung der Nachverfolgbarkeit („Traceability").[590] Im Sinne der in der vorliegenden Arbeit angestrebten Integration agiler und plangetriebener Prozesse wird diese Bedingung wei-

[588] Vgl. Kalus (2013), Projektspezifische Anpassung von Vorgehensmodellen, S. 213
[589] Vgl. Ponn (2007), Situative Unterstützung der Konzeptentwicklung technischer Produkte, S. 138
[590] Vgl. Hollauer (2019), Tailoring of Interdisciplinary Development Processes, S. 142

ter eingeschränkt. Nicht nur gilt es, eine Nachverfolgbarkeit der Wirkung des Kontextfaktors auf den Prozess sicherzustellen. Stattdessen muss der jeweilige Faktor auch eine Einschätzung in Bezug auf die Eignung einer agilen Prozessgestaltung erlauben. Bei der Reduzierung des Faktorkatalogs auf ausschließlich prozessrelevante Kontextfaktoren ist darauf zu achten, inwieweit der Faktor eine konkrete Empfehlung zugunsten einer agilen oder plangetriebenen Prozessgestaltung unterstützt. Diese Eigenschaft ist Voraussetzung für die in Kapitel 5.4 zu bestimmenden Wirkzusammenhänge.

Wird ein Kontextfaktor als relevant für den Entwicklungsprozess eingestuft, bedeutet das im Umkehrschluss, dass er für die Adaption des Entwicklungsprozesses zunächst grundsätzlich zu berücksichtigen ist. Die Höhe der Relevanz eines Kontextfaktors und dessen Auswirkung auf den Entwicklungsprozess können jedoch variieren. In der wissenschaftlichen Literatur werden prozessrelevante Kontextfaktoren daher nach ihrer zeitlichen Veränderungsdynamik unterschieden.[591] Als langfristig werden Faktoren bezeichnet, wenn sie sich über einen Zeitraum von einigen Jahren nicht ändern. Ihre Veränderungsdynamik ist niedrig. Mittelfristig veränderliche Kontextfaktoren ändern sich monats- bzw. wochenbezogen. Kontextfaktoren mit einer voraussichtlich hohen Veränderungsdynamik hingegen können sich kurzfristig innerhalb weniger Tage in ihren Ausprägungen verändern. Während die lang- und mittelfristig relevanten Kontextfaktoren bei Projektinitiierung durch die Projektleitung damit verlässlich einschätzbar sind, kann der dynamischste Anteil des Projektkontexts, die kurzfristig veränderlichen Kontextfaktoren, nur schwer bereits zu Projektbeginn in die Adaption des Entwicklungsprozesses mit einfließen. Diese Kontextfaktoren werden daher von der weiteren Betrachtung ausgeschlossen. Ein Beispiel für einen solchen auszuschließenden prozessrelevanten Kontextfaktor mit hoher Veränderungsdynamik ist die *Kommunikationsqualität* im Projektteam. Die Auswirkung des Faktors auf den Entwicklungsprozess ist nachverfolgbar. Je höher die Kommunikationsqualität im Projektteam ist, desto eher empfiehlt sich faktorbezogen eine agile Prozessrealisierung. Allerdings kann die Kommunikationsqualität als kurzfristig veränderlich bewertet werden, da sie hauptsächlich von den im Team befindlichen Individuen abhängig ist. Auf die hohe Veränderungsdynamik des Faktors kann die Projektleitung vor allem situationsbezogen und flexibel während des Projektverlaufs reagieren. Auf die strategische Planung

---

[591] Vgl. Meißner et al. (2005), Eine adaptive Produktentwicklungsmethodik, S. 73; Meißner & Blessing (2006), Defining an Adaptive Product Development Methodology, S. 73ff.; Gericke et al. (2013), Understanding the Context of Product Development, S. 195f.; Baschin et al. (2020), Context-specific Agile Process Design, S. 496

des Entwicklungsprozesses zu Projektbeginn hat die Kommunikationsqualität im Team hingegen nur eine zu vernachlässigende Auswirkung.

Auf Basis dieser inhaltlichen Einschränkungen wurden aus dem ursprünglich im Faktorkatalog gelisteten 92 Kontextfaktoren letztendlich 26 Faktoren als prozessrelevant eingestuft. Diese werden im folgenden Abschnitt dargestellt und operationalisiert.

5.1.3 Operationalisierung der prozessrelevanten Kontextfaktoren

Im Folgenden wird gemäß den vorherigen Abschnitten davon ausgegangen, dass sich der prozessrelevante Kontext eines Entwicklungsprojekts durch die 26 identifizierten Kontextfaktoren beschreiben lässt. Für diese Form der Projektcharakterisierung können die Faktoren als geschlossene Frage mit vorgegebenen Antworten, d.h. konkreten Ausprägungen, verstanden werden. Die Herleitung der Faktorausprägungen wird in der vorliegenden Arbeit durch das Verfahren der Operationalisierung unterstützt. Neben einem kurzen theoretischen Exkurs zu diesem Verfahren (Kapitel 5.1.3.1) werden die prozessrelevanten Kontextfaktoren je Einflussbereich dargestellt und exemplarisch im Hinblick auf ihre Ausprägungen erläutert (Kapitel 5.1.3.2).

5.1.3.1 Exkurs zum Verfahren der Operationalisierung

Ziel des Verfahrens der Operationalisierung ist die Schaffung von Voraussetzungen zur Erhebung komplexer Begrifflichkeiten. Es können Regeln gefunden werden, die festlegen, wie theoretische Begriffe zu messen sind.[592] Die Operationalisierung beinhaltet dafür stets die Zerlegung eines solchen Begriffs in Dimensionen.[593] Ein theoretischer Begriff setzt die Existenz mindestens einer Dimension voraus.[594] Dahinter steht die Annahme, dass ohne die Vorgabe von Dimensionen ein latenter, unscharfer Begriff kaum direkt zu messen ist. Werden jedoch begreifbare, klare Dimensionen vorgegeben, kann davon ausgegangen werden, dass grundsätzlich ein ähnliches Verständnis des Begriffs besteht.[595]

Um zusätzlich die Validierbarkeit sicherzustellen, bietet sich darüber hinaus der Einsatz von Vergleichsinstrumenten an, bspw. durch Skalierungsverfahren, die eine Messung der jeweiligen Dimension anhand von zwei oder mehr Ausprägungen zulassen.[596]

---

[592] Vgl. Schnell et al. (2008), Methoden der empirischen Sozialforschung, S. 127ff.

[593] Vgl. Häder (2010), Empirische Sozialforschung, S. 51ff.

[594] Vgl. Schnell et al. (2008), Methoden der empirischen Sozialforschung, S. 128ff.

[595] Vgl. Häder (2010), Empirische Sozialforschung, S. 53ff.; Diels (2018), Indikatoren agil zu entwickelnder Produktumfänge, S. 56f.

[596] Vgl. Diels (2018), Indikatoren agil zu entwickelnder Produktumfänge, S. 57

In der vorliegenden Arbeit werden ausschließlich diskrete Wertebereiche für die Operationalisierung eingesetzt. In Anlehnung an STEVENS kommen dafür die Nominal-, die Ordinal-, die Intervall- und die Ratioskala in Betracht.[597] Für eine tiefergehende Beschreibung dieser Skalen sei an dieser Stelle auf die einschlägige Literatur verwiesen.[598]

5.1.3.2 Darstellung der Ausprägungen je prozessrelevantem Kontextfaktor

Da die eindeutige Charakterisierung des prozessrelevanten Kontexts eines Entwicklungsprojekts die Grundvoraussetzung für eine kontextbasierte Integration agiler und plangetriebener Entwicklungsprozesse darstellt, werden im Folgenden die den prozessrelevanten Projektkontext definierenden Kontextfaktoren und ihre jeweiligen Ausprägungen aufgeführt. Die Beschreibung der einzelnen Kontextfaktoren findet exemplarisch innerhalb der übergeordneten fünf Einflussbereiche des Projektkontexts statt (siehe Abbildung 5-3). Die Zuordnung der Faktoren zu den untergeordneten Subbereichen kann Anhang A.2 entnommen werden. Eine ausführliche Definition aller 26 prozessrelevanten Kontextfaktoren ist Anhang A.3 zu entnehmen.

Gemäß dem zuvor dargestellten Verfahren der Operationalisierung wurde jedem Kontextfaktor jeweils eine Dimension zugeordnet und jeder Dimension eine entsprechende Skala zugrunde gelegt, um die Wiederholgenauigkeit der Bewertung bei verschiedenen Anwendern sicherstellen zu können. Eine zusammenfassende Übersicht aller prozessrelevanten Kontextfaktoren je Einflussbereich in alphabetischer Reihenfolge zeigt Abbildung 5-5.

Makroökonomischer Einflussbereich

Die für eine projektspezifische Adaption des Entwicklungsprozesses relevanten Rahmenbedingungen des makroökonomischen Einflussbereichs lassen sich durch die für ein Unternehmen bzw. das spezifische Entwicklungsprojekt zu berücksichtigenden *Gesetzesrestriktionen* zusammenfassen. Der Kontextfaktor bezieht das gesamtwirtschaftlich aggregierte Verhalten der Wirtschaftssektoren und deren Märkte, wie den Arbeits- oder Gütermarkt, in die Einflussbetrachtung mit ein.[599]

Jedes Produktentwicklungsprojekt findet innerhalb der Grenzen statt, die durch Gesetze, Normen, Regulierungen und Vorschriften der jeweiligen Branche sowie politische Einflüsse vorgegeben werden.

---

[597] Vgl. Stevens (1946), On the Theory of Scales of Measurement, S. 678

[598] Vgl. Stevens (1946), On the Theory of Scales of Measurement, S. 678; Schnell et al. (2008), Methoden der empirischen Sozialforschung, S. 143f.; Pfeiffer & Püttmann (2018), Methoden empirischer Forschung in der Erziehungswissenschaft, S. 56

[599] Vgl. Blanchard & Illing (2014), Makroökonomie, S. 22ff.

Einflussbereich	Kontextfaktor	Ausprägungen			
Makroökonomisch	Gesetzesrestriktionen	*Geringe Einschränkung*	*Mittlere Einschränkung*	*Hohe Einschränkung*	
Mikroökonomisch	Dynamik der Anforderungen	*Normale Änderungsrate (<5%)*	*Erhöhte Änderungsrate (5%-30%)*	*Hohe Änderungsrate (>30%)*	
Mikroökonomisch	Ressourcenverfügbarkeit	*Kritikalität sehr gering*	*Kritikalität gering*	*Kritikalität hoch*	*Kritikalität sehr hoch*
Mikroökonomisch	Status der Anforderungen	*Durchgehend vollständig*	*Überwiegend vollständig*	*Überwiegend unvollständig*	*Durchgehend unvollständig*
Mikroökonomisch	Verfügbarkeit des Kunden	*Direkter Kontakt*	*Indirekter Kontakt*	*Kein Kontakt*	
Organisation	Kontroll- und Steuerungsbedarf	*Kaum Bedarf*	*Verstärkter Bedarf*	*Begrenzter Bedarf*	*Intensiver Bedarf*
Organisation	Unternehmenskultur	*Clan*	*Hierarchisch*	*Demokratisch*	*Diszipliniert*
Organisation	Verfügbarkeit des Managements	*Reagiert direkt*	*Reagiert mit gelegentlicher Verzögerung*	*Reagiert stark verzögert*	
Organisation	Verfügbarkeit von Stakeholdern	*Reagiert direkt*	*Reagiert mit gelegentlicher Verzögerung*	*Reagiert stark verzögert*	
Projekt	Abhängigkeit von anderen Projekten	*Asynchronität (<20%)*	*Teilsynchronität (20%-40%)*	*Synchronität (>40%)*	
Projekt	Entwicklungsaufgabe	*Parallelisierte Entwicklung*	*Fokussierte Entwicklung*	*Alternativenorientierte Entwicklung*	*Stark konvergente Entwicklung*
Projekt	Fristigkeit der Zielerreichung	*Termineinhaltung problemlos*	*Termineinhaltung unkritisch*	*Termineinhaltung kritisch*	
Projekt	Geografische Verteilung des Projektteams	*Lokal*	*Regional*	*Überregional*	*International*
Projekt	Kapazitäten der Projektmitarbeitenden	*Fokus auf viele Projekte (Freistellung <20%)*	*Fokus auf wenige Projekte (Freistellung 20%-50%)*	*Fokus auf ein Projekt (Freistellung >50%)*	
Projekt	Modularität	*Integralbauweise*	*Differenzialbauweise*		
Projekt	Planbarkeit	*Geringer Strukturierungsanteil*	*Mittlerer Strukturierungsanteil*	*Hoher Strukturierungsanteil*	
Projekt	Priorität des Entwicklungsprojekts	*Strategisch nicht bedeutsam*	*Strategisch bedeutsam für einzelne Bereiche*	*Strategisch bedeutsam für ges. Unternehmen*	
Projekt	Produktverständnis	*Inkrement*	*Derivat*	*Plattform*	*Durchbruch*
Projekt	Schnittstellenanzahl	*Randsystem*	*Basissystem*	*Integrationssystem*	*Zentralsystem*
Projekt	Standardisierungsgrad	*Geringe Wiederverwendung*	*Hohe Wiederverwendung*		
Projekt	Teamgröße	*Klein (<10)*	*Mittel (10-50)*	*Groß (>50)*	
Projekt	Teamzusammensetzung	*Homogenes Team (ein Fachbereich)*	*Heterogenes Team (wenige Fachbereiche)*	*Stark heterogenes Team (viele Fachbereiche)*	
Projekt	Technologischer Neuheitsgrad	*Low-Tech*	*Medium-Tech*	*High-Tech*	*Super-High-Tech*
Projekt	Verfügbarkeit von Fertigungsanlagen	*Flexible Zugriffsmöglichkeit*	*Eingeschränkte Zugriffsmöglichkeit*	*Keine Zugriffsmöglichkeit*	
Projekt	Zwischenresultate	*Geringer Detaillierungsgrad*	*Mittlerer Detaillierungsgrad*	*Hoher Detaillierungsgrad*	
Individuum	Kompetenzen und Fertigkeiten	*Team aus Generalisten*	*Team aus T-Mitarbeitenden*	*Team aus Spezialisten*	

Abbildung 5-5: Übersicht der prozessrelevanten Kontextfaktoren

Die Höhe der Gesetzesrestriktionen hat Auswirkung auf die Freiheitsgrade der Produktentwicklung und nimmt damit direkt Einfluss auf die Prozessgestaltung. Dem Kontextfaktor wird daher die Dimension des durch die Restriktionen erzielten Einschränkungsgrads zugewiesen. Als Beispiel sei an dieser Stelle die Medizintechnikbranche aufgeführt. Ein Entwicklungsprojekt, das in diesem Industriezweig ein Produkt entwickelt, ohne die jeweiligen Gesetzesregulierungen und Normen zu befolgen, kann zwar ein einwandfreies Ergebnis erzielen. Ein solches Produkt darf jedoch nicht in Verkehr gebracht werden, solange nicht alle dafür erforderlichen Nachweise erbracht wurden.[600]

Mikroökonomischer Einflussbereich

Neben dem makroökonomischen Einflussbereich besitzen auch die Entscheidungen einzelner Wirtschaftssubjekte und Märkte[601] unmittelbaren Einfluss auf die Prozessgestaltung eines Entwicklungsprojekts. Die mikroökonomischen Kontextfaktoren mit Prozessrelevanz umfassen die *Dynamik der Anforderungen*, die *Ressourcenverfügbarkeit*, den *Status der Anforderungen* und die *Verfügbarkeit des Kunden*. Exemplarisch wird an dieser Stelle auf die Dynamik der Anforderungen detaillierter eingegangen.

Die inhaltliche Stabilität der Anforderungen an einen Projektgegenstand kann variieren. Je instabiler und damit dynamischer die Anforderungen sind, desto häufiger ändern sich die Voraussetzungen für den Entwicklungsprozess im Projektverlauf.[602] Die Änderungsrate misst die Anforderungsstabilität eines Projekts über den Anteil der Anforderungen, die sich in einem definierten Zeitraum geändert haben, unter gleichzeitiger Berücksichtigung des Gesamtumfangs des Projekts.[603] Nach EBERT[604] gilt eine Änderungsrate von 1% bis 5% der Anforderungen pro Monat als normal. Als hoch werden Änderungsraten ab etwa 30% über eine mehrjährige Projektlaufzeit hinweg eingestuft.[605]

Einflussbereich Organisation

Der durch den Einflussbereich der Organisation, d.h. konkret durch das Unternehmen selbst und das Management, beeinflussende Teil des Projektkontexts beinhaltet vier für die Integration agiler und plangetriebener Entwicklungsprozesse relevante Kontextfaktoren. Neben dem *Kontroll- und Steuerungsbedarf des Managements* und der

[600] Vgl. Harer & Baumgartner (2018), Anforderungen an Medizinprodukte, S. V
[601] Vgl. Blanchard & Illing (2014), Makroökonomie, S. 884
[602] Vgl. Kalus (2013), Projektspezifische Anpassung von Vorgehensmodellen, S. 225
[603] Vgl. Bühne & Herrmann (2015), Handbuch Requirements Management, S. 154
[604] Vgl. Ebert (2019), Systematisches Requirements Engineering
[605] Vgl. Bühne & Herrmann (2015), Handbuch Requirements Management, S. 181

unternehmenseigenen Kultur müssen auch die *Verfügbarkeit der Geschäftsleitung* und der *Stakeholder* in Zusammenhang mit ihrem Einfluss auf den Entwicklungsprozess betrachtet werden.

Der Kontroll- und Steuerungsbedarf bspw. kennzeichnet das Bedürfnis des Managements nach aktiver oder passiver Kontrolle und Steuerung des Projektgeschehens.[606] Nach DÜRRFELD lassen sich über die Relation von situationsbedingter Unsicherheit, hervorgerufen durch Informationsmangel, und Mehrdeutigkeit, ausgelöst durch Fragen, die unklar und wenig strukturiert sind oder widersprechende Interpretationen zulassen, vier Typen dieses Bedarfs unterscheiden. Bei geringer Unsicherheit und Mehrdeutigkeit ist kaum Kontroll- und Steuerungsbedarf seitens des Managements vorhanden. Bei wachsender Mehrdeutigkeit verstärkt sich dieser Bedarf nach und nach. Ist die Unsicherheit hoch, die Mehrdeutigkeit jedoch gering, spricht DÜRRFELD von einem begrenzten Kontroll- und Steuerungsbedürfnis. Ein intensiver Bedarf ergibt sich bei gleichzeitig hoher Unsicherheit und hoher Mehrdeutigkeit. Mit steigender Intensität des Kontroll- und Steuerungsbedarfs steigen auch die Notwendigkeit von Abstimmungen zwischen Projektteam und Management und der erforderliche Koordinationsaufwand zur Herbeiführung von Entscheidungen im Entwicklungsprozess.[607]

Einflussbereich Projekt

Neben der Organisation als einflussnehmende Instanz auf die Produktentwicklung ist auch das Projekt selbst als Einflussbereich zu berücksichtigen. Der Einflussbereich Projekt beschreibt die unternehmensseitig vorgegebenen Rahmenbedingungen des Projekts. Die für den Entwicklungsprozess als relevant identifizierten Kontextfaktoren ergeben sich aus der festgelegten Projektzielstellung, dem zu entwickelnden Projektgegenstand, dem zur Verfügung stehenden Projektteam, dem Projektmanagement und der im Rahmen des Entwicklungsprozesses zu berücksichtigenden Prototypenstrategie, repräsentiert durch den Subbereich Prototyping (siehe Zuordnung der Subbereiche in Anhang A.2). Die Vielzahl der in diesem Einflussbereich einzubeziehenden Kontextfaktoren ergibt sich aus dem inhaltlichen Bezug zwischen den genannten Subbereichen und dem Entwicklungsprozess. Exemplarisch sei an dieser Stelle auf den Kontextfaktor *Planbarkeit* eingegangen.

Die Planbarkeit eines Entwicklungsprojekts beschreibt die Möglichkeit, den zukünftigen Projektverlauf in konkret definierbare Teilschritte untergliedern zu können.[608] Die

[606] Vgl. Ponn (2007), Situative Unterstützung der Konzeptentwicklung technischer Produkte, S. 226
[607] Vgl. Dürrfeld (2003), Effiziente Steuerung von Konzerngesellschaften, S. 64ff.
[608] Vgl. Kuster (2011), Handbuch Projektmanagement, S. 32; Hüsselmann et al. (2019), Zielgerichtete Adaption des Projektmanagements, S. 15

gewählte Dimension des Kontextfaktors bezieht sich in Anlehnung an LEY ET AL. auf den strukturierbaren Anteil eines Entwicklungsprozesses. Die Strukturierbarkeit eines Prozesses ergibt sich aus der Klarheit der Prozessparameter und des Prozessablaufs. Strukturierte Prozesse setzen sich aus einer festgelegten Schrittabfolge zusammen und folgen klar definierten Regeln. Teilstrukturierte Prozesse dagegen sind weniger determiniert und daher auch schwerer planbar. Bei unstrukturierten Prozessen sind einzelne Teilschritte im Voraus nicht planbar und müssen situativ gesteuert werden.[609]

Einflussbereich Individuum

Alle Mitarbeitenden eines Entwicklungsprojekts agieren in einem unsicheren und komplexen Umfeld, das die Synthese- und Analysetätigkeiten jedes einzelnen beeinträchtigt. Dabei ist insbesondere im Produktentwicklungsprozess das Individuum maßgeblich für den Produkterfolg mitverantwortlich und damit ebenfalls als Einflussbereich des Projektkontexts zu verstehen.[610] Die Potenziale und Herausforderungen eines Projektteams ergeben sich aus den *Kompetenzen und Fertigkeiten* der beteiligten Mitarbeitenden.

Die Kompetenzen und Fertigkeiten von Mitarbeitenden beschreiben die Verfügbarkeit von Handlungsmöglichkeiten in Bezug auf einen bestimmten Realitätsbereich.[611] Kompetenzen sind bewusst wiederholbares und erfolgsförderliches Verhalten und können unterschieden werden in eine fachliche, methodische, soziale und persönliche Kompetenz. Während die fachlichen Kompetenzen durch den technologischen Wandel zeitlich begrenzt sind, unterliegen die anderen drei Kompetenzarten keiner eingeschränkten Nutzungsdauer.[612] Für die Beurteilung der Kompetenzen und Fertigkeiten im Projektteam wird auf das „T-Shape"-Modell als Dimension zurückgegriffen. Das Modell beruht auf der Annahme, dass alle Mitarbeitenden eines Projektteams in ihrem Aufgabengebiet Spezialisten sind. Unter Berücksichtigung der verschiedenen Kompetenzarten besitzt jedes Teammitglied darüber hinaus auch ein individuell hohes Verständnis für das Projekt, dessen Abläufe und die unternehmerischen sowie wirtschaftlichen Zusammenhänge. Die Höhe dieses zusätzlichen Basiswissens beruht auf den Ausprägungen der sozialen, methodischen und persönlichen Kompetenz. Sie qualifiziert den Mitarbeitenden, als Generalist, auch Tätigkeiten im Projekt übernehmen zu können, die nicht in direktem Zusammenhang mit seinem Aufgabenbereich stehen.

---

[609] Vgl. Ley et al. (2012), Kriterien zur Leistungsbeurteilung von Prozessen, S. 1045
[610] Vgl. Albers et al. (2019), The Product Developer, S. 1843
[611] Vgl. Ponn (2007), Situative Unterstützung der Konzeptentwicklung technischer Produkte, S. 226
[612] Vgl. Kolb et al. (2010), Personalmanagement, S. 471

Teammitglieder, die sowohl Spezialisten, als auch Generalisten sind, werden als T-Mitarbeitende bezeichnet und besitzen durch ihr Kompetenzprofil einen großen Mehrwert für ein Entwicklungsprojekt.[613]

Zusammenfassend ermöglicht das erste Teilmodell der Methodik zur kontextbasierten Integration agiler und plangetriebener Prozesse mit den dargestellten operationalisierten Kontextfaktoren die Erfassung des prozessrelevanten Kontexts eines Entwicklungsprojekts als Grundlage für die kontextbasierte Auswahl und Gestaltung eines hybriden Entwicklungsprozesses. Abschließend sei an dieser Stelle darauf hingewiesen, dass alle in Abbildung 5-5 aufgeführten Kontextfaktoren zwar als prozessrelevant eingestuft werden, die Gewichtung der Prozessrelevanz je Faktor im Einzelfall für ein individuelles Entwicklungsprojekt allerdings variieren kann. Diese Thematik wird im fünften Teilmodell der Methodik (siehe Kapitel 5.5) ausführlicher adressiert.

5.2 Identifikation von Prozessmerkmalen zur Beschreibung hybrider Entwicklungsprozesse

Nach der Herleitung des prozessrelevanten Projektkontexts durch die Definition von entsprechenden Kontextfaktoren liegt der Fokus des nun folgenden Kapitels auf der Beschreibung des hybriden Entwicklungsprozesses. Das zweite Teilmodell der Methodik zur kontextbasierten Integration agiler und plangetriebener Entwicklungsprozesse stellt damit die systematische Identifikation von hybriden Prozessmerkmalen in den Vordergrund, die es durch ihre Ausprägungen ermöglichen, einen hybriden Entwicklungsprozess in all seinen erforderlichen Formen und Facetten zu beschreiben (siehe Abbildung 5-6).[614]

Grundlage für die Identifikation hybrider Prozessmerkmale ist im ersten Schritt die Beschreibung und Abgrenzung des erforderlichen Untersuchungsbereichs. Neben der Definition von formalen Anforderungen an die zu identifizierenden Prozessmerkmale spielt vor allem die Auswahl der zu betrachtenden Vorgehensmodelle eine übergeordnete Rolle (Kapitel 5.2.1).

---

[613] Vgl. Kallenbach (2016), Führen in der gesunden Organisation, S. 280ff.

[614] Bei der Erarbeitung des zweiten Teilmodells wurden die Vorarbeiten der Autorin aus Ays et al. (2019) in Grundzügen berücksichtigt (siehe Kapitel 3.2.2.4).

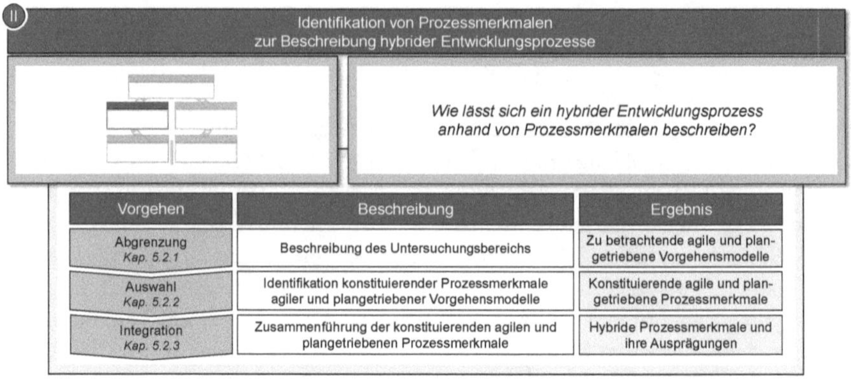

Abbildung 5-6: Vorgehen zur Identifikation hybrider Prozessmerkmale

Plangetriebene und agile Vorgehensmodelle können als abstrahierte und verallgemeinerte Darstellung realer Entwicklungsprozesse verstanden werden und dienen damit, in Anlehnung an das in Kapitel 4.1 vorgestellte Leitbild, als wesentlicher Ausgangspunkt bzw. wichtigste Informationsquelle für die Herleitung der hybriden Prozessmerkmale. Dafür gilt es zunächst, Prozessmerkmale mit konstituierendem Charakter sowohl agiler als auch plangetriebener Vorgehensmodelle separat voneinander zu identifizieren. Der Einsatz einer Design Structure Matrix unterstützt dabei die Bildung von Ähnlichkeitsclustern zwischen der Vielzahl agiler bzw. plangetriebener konstituierender Prozessmerkmale (Kapitel 5.2.2). Diese Ähnlichkeitscluster stellen schließlich die Ausgangslage dar, um mithilfe einer Domain Mapping Matrix die agilen und plangetriebenen konstituierenden Prozessmerkmale, die übergeordnet inhaltliche Analogien bzw. Überschneidungen aufweisen, miteinander zu verknüpfen. Die dadurch entstehenden Merkmalsverbünde werden im letzten Schritt schließlich mittels Operationalisierung zu diskreten hybriden Prozessmerkmalen konsolidiert (Kapitel 5.2.3). In Summe über alle hybriden Prozessmerkmale erlaubt dies die vollumfängliche Beschreibung hybrider Entwicklungsprozesse.

Die Abgrenzung des Untersuchungsbereichs und die Ableitung von hybriden Prozessmerkmalen und deren Ausprägungen entsprechen den in Kapitel 2.4.3 vorgestellten ersten drei von insgesamt fünf Schritten der Typologisierung, d.h. dem Verfahren der Typenbildung, nach KNOBLICH[615] und WELTER[616] (siehe Abbildung 5-7).

[615] Vgl. Knoblich (1969), Betriebswirtschaftliche Warentypologie

[616] Vgl. Welter (2006), Die Forschungsmethode der Typisierung

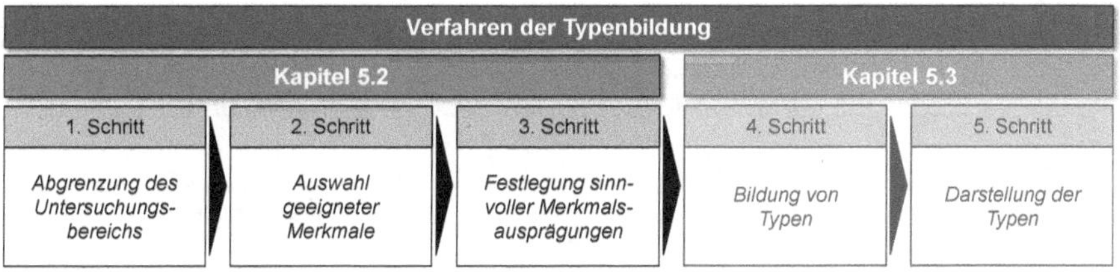

Abbildung 5-7: Schritte 1 bis 3 zur Herleitung von Grundtypen hybrider Entwicklungsprozesse

Die Merkmale, die als Grundlage für die Typologisierung dienen, werden von PAULUKUHN auch als Typologisierungskriterien bezeichnet.[617] Die hybriden Prozessmerkmale, als Ergebnis des zweiten Teilmodells, werden als potenzielle Anwärter für die späteren Typologisierungskriterien verstanden und bilden die Grundvoraussetzung für die im anschließenden Kapitel 5.3 zu erfolgende Ableitung von Grundtypen hybrider Entwicklungsprozesse, d.h. der Umsetzung des vierten und fünften Schritts der Typologisierung.

5.2.1 Abgrenzung des Untersuchungsbereichs

Die eindeutige Abgrenzung des Untersuchungsbereichs bildet den ersten Schritt des Verfahrens zur Typenbildung. Erst das genaue Verständnis und die Kenntnis über die zu berücksichtigende Vielfältigkeit der im Rahmen der Typologisierung zu betrachtenden Objekte gewährleistet die erfolgreiche Durchführung der nachfolgenden Typologisierungsschritte. Daher werden zunächst die formalen Anforderungen an die Identifikation der für die Beschreibung hybrider Entwicklungsprozesse erforderlichen Prozessmerkmale definiert (Kapitel 5.2.1.1). Anschließend gilt es die für die Herleitung der konstituierenden agilen und plangetriebenen Prozessmerkmale zu berücksichtigenden Vorgehensmodelle anhand von konkreten Kriterien strukturiert auszuwählen (Kapitel 5.2.1.2). Die ausgewählten Vorgehensmodelle bestimmen zu einem wesentlichen Teil die Qualität des in diesem Kapitel zu entwickelnden Beschreibungsmodells.

5.2.1.1 Formale Anforderungen an die Identifikation von Prozessmerkmalen

Die Erarbeitung der in diesem Teilmodell als Ergebnis angestrebten hybriden Prozessmerkmale erfolgt über die inhaltliche Konsolidierung der dafür vorab zu bestimmenden konstituierenden agilen und plangetriebenen Prozessmerkmale. Im Sinne eines

[617] Vgl. Paulukuhn (2005), Typologisierung von Entwicklungsprojekten, S. 92f.

eindeutigen Verständnisses des Untersuchungsbereichs gilt es daher zunächst, den Begriff des *konstituierenden Prozessmerkmals* zu definieren, um darauf aufbauend die formalen Anforderungen an die Identifikation der Prozessmerkmale formulieren zu können.

Unter einem *Merkmal* wird in Anlehnung an die VDI 2221 ein Charakteristikum eines Systems verstanden.[618] Es beschreibt demnach die einem System inhärenten Eigenschaften. Im Kontext der vorliegenden Arbeit fokussiert der Begriff *Prozessmerkmal* damit die konkreten Charakteristiken eines zu betrachtenden Entwicklungsprozesses.[619] Die charakteristischen Eigenschaften ergeben sich aus Prozessaktivitäten, Prozessergebnissen oder durch die den Prozess ausführenden Projektbeteiligten in der Produktentwicklung. Sie umfassen außerdem alle einem Prozess zugrundeliegenden Interaktionen, wie den Informations- oder Dokumentenfluss, die Prozesssteuerung, die im Prozess verankerte Kommunikation, die Art der Zeitplanung sowie prozessuale Abhängigkeiten und Nebenläufigkeiten.[620] Da Merkmale grundsätzlich verschiedenartig ausgeprägt sein können, sehen Entwicklungsprozesse auch dann immer unterschiedlich aus, wenn die rahmengebenden Entwicklungsprojekte ähnlich strukturiert sind. Daher sollen im Kontext der hier angestrebten Typologisierung sogenannte konstituierende Prozessmerkmale im Vordergrund stehen.

Der Begriff des konstituierenden Merkmals entstammt ursprünglich der Beschreibung von vereinheitlichten Produktarchitekturen und bezeichnet in diesem Zusammenhang Regeln und Standards, die über sämtliche Produktvarianten hinweg Gültigkeit besitzen.[621] Übertragen auf Entwicklungsprozesse definieren *konstituierende Prozessmerkmale* damit solche Eigenschaften, die grundlegend charakteristisch für alle in die jeweilige Betrachtung eingeschlossene Entwicklungsprozesse sind.[622] Für eine solche Untersuchung bietet sich daher insbesondere die Betrachtung von Vorgehensmodellen an. Diese weisen durch ihren generischen Abstraktionsgrad ohnehin bereits einen repräsentativen Charakter für eine Gruppe von Entwicklungsprozessen auf, da sie, ähnlich wie alle Modelle, informationsreduzierte Abbilder der Realität darstellen (siehe Kapitel 2.1.3.1). Für die Herleitung hybrider Prozessmerkmale werden in diesem Sinne konstituierende Prozessmerkmale plangetriebener und agiler Vorgehensmodelle identifiziert.

---

[618] Vgl. VDI Verein Deutscher Ingenieure e.V. (2019), VDI 2221 - Blatt 1, S. 7

[619] Schuh (2015), Leitfaden zur Baukastengestaltung, S. xxi

[620] Vgl. Schulze (2016), Systems Engineering, S. 179

[621] Schuh (2015), Leitfaden zur Baukastengestaltung, S. xxi

[622] Vgl. Ays et al. (2019), Constitutive Features in Hybrid Product Development, S. 480

Bei der Ableitung der konstituierenden Prozessmerkmale entsteht jedoch ein Zielkonflikt, den es bei der Merkmalsdefinition in den folgenden Abschnitten zu berücksichtigen gilt. In Anlehnung an BARG müssen Merkmale für die Typologisierung auf der einen Seite einen möglichst ausgeprägten Gültigkeitsbereich besitzen, also ausreichend abstrakt formuliert werden. Auf der anderen Seite sollen sie jedoch für die Anwendenden der Methodik vor allem handlungsleitend sein, d.h. konkrete „Leitplanken" vorgeben. Um diesen Konflikt zu adressieren, ergibt sich für die Identifikation von Prozessmerkmalen als wesentliche Anforderung, dass die Merkmale sowohl gleichermaßen anwendungsübergreifend gültig als auch handlungsleitend zu formulieren sind (siehe Abbildung 5-8).[623]

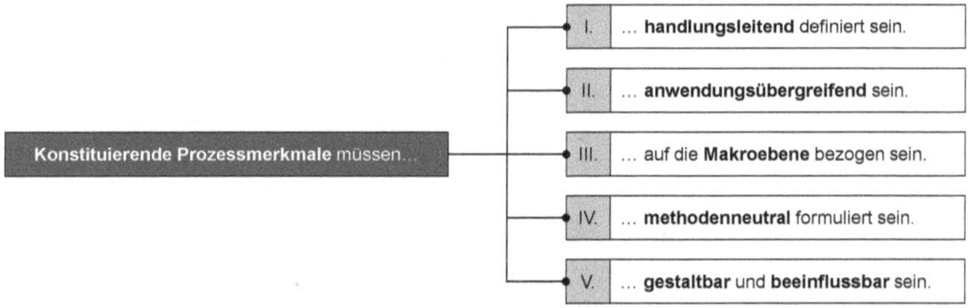

Abbildung 5-8: Formale Anforderungen an die Identifikation von konstituierenden Prozessmerkmalen

Darüber hinaus ergeben sich weitere Anforderungen maßgeblich aus dem Objekt- und Zielbereich der vorliegenden Arbeit (siehe Kapitel 3.2.1 und Kapitel 4.2.1). Die zu identifizierenden Prozessmerkmale sollten inhaltlich sowohl die Makroebene eines Prozesses widerspiegeln als auch methodenneutral formuliert werden. Im Gegensatz zu den im ersten Teilmodell hergeleiteten Kontextfaktoren (siehe Kapitel 5.1), die als exogen determiniert eingestuft wurden, müssen alle Prozessmerkmale dagegen einen konkret beeinflussbaren Charakter aufweisen, d.h. sie sind innerhalb ihrer Ausprägungen gestaltbar bzw. beeinflussbar und lassen sich proaktiv steuern. Nur dann können die im weiteren Verlauf dieser Arbeit aus den hybriden Prozessmerkmalen abzuleitenden Grundtypen hybrider Entwicklungsprozesse als Gestaltungsempfehlung für ein spezifisches Entwicklungsprojekt verstanden werden.

Sowohl bei der Identifikation der konstituierenden agilen und plangetriebenen Prozessmerkmale (siehe Kapitel 5.2.2) als auch bei der anschließenden Herleitung der

[623] Vgl. Barg (2018), Kontextbezogene Auslegung von Produktbaukästen, S. 146

hybriden Prozessmerkmale (siehe Kapitel 5.2.3) gilt es diese fünf übergeordneten Anforderungen zu berücksichtigen.

5.2.1.2 Auswahl zu berücksichtigender Vorgehensmodelle

Neben der Kenntnis der dargestellten formalen Anforderungen an die Identifikation der Prozessmerkmale spielt auch die systematische Auswahl der zu berücksichtigenden Vorgehensmodelle für die Abgrenzung des Untersuchungsbereichs eine wichtige Rolle. Die Auswahl der Vorgehensmodelle dient als Grundlage für die Herleitung der konstituierenden agilen und plangetriebenen Prozessmerkmale im folgenden nächsten Schritt des zweiten Teilmodells.

Die in Kapitel 2.2 vorgestellten plangetriebenen (siehe Tabelle 2-1) und agilen (siehe Tabelle 2-2) Vorgehensmodelle bilden den Ausgangspunkt für die zu berücksichtigende Modellauswahl. Um die Fundiertheit des Verfahrens der Typenbildung gewährleisten zu können, gilt es den richtigen Fokus bei der Einbeziehung dieser etablierten Vorgehensmodelle für die Bestimmung der konstituierenden Merkmale zu setzen. Da einige dieser Vorgehensmodelle ihren Ursprung in der Softwarebranche haben, muss zunächst die Übertragbarkeit der Modelle für die Anwendung in der Entwicklung physischer Produkte sichergestellt sein. Nach KANTELBERG kann trotz der disziplinspezifischen Unterschiede zwischen Software- und Hardwareprodukten, insbesondere im Hinblick auf die Immaterialität und die sich daraus ergebenden Implikationen für die Prozessgestaltung, die Nutzung gleicher Vorgehensmodelle auf einem holistischen Stand als grundsätzlich umsetzbar verstanden werden.[624] Darüber hinaus werden im Folgenden Auswahlkriterien definiert, die eine inhaltliche Eingrenzung der Vorgehensmodelle auf ausschließlich solche ermöglichen, die eine Relevanz für die Methodik der vorliegenden Arbeit aufweisen:

- **Empirische Erkenntnisse:** In die auszuwählenden Vorgehensmodelle müssen unabhängige empirische Erkenntnisse, d.h. umfangreiche und praktische Erfahrungen, eingeflossen sein.
- **Etablierung:** Es gelten nur solche Vorgehensmodelle für die Auswahl als relevant, die sich erfolgreich in der Anwendung für Entwicklungsprojekte produzierender Unternehmen etabliert haben. Der Etablierungsgrad eines Vorgehensmodells gibt Hinweise darauf, welches Maß an Allgemeingültigkeit ein Vorgehensmodell besitzt.

[624] Vgl. Kantelberg (2018), Gestaltung agiler Entwicklungsprozesse technischer Produkte, S. 66

- **Aktualität:** Die auszuwählenden Vorgehensmodelle müssen Aktualität besitzen, also hinsichtlich der aktuellen Anforderungen Gültigkeit haben und unter diesen Rahmenbedingungen umsetzbar sein.
- **Prozessbezug:** In die Modellauswahl dürfen nur solche Vorgehensmodelle mit einbezogen werden, die einen prozessualen Bezug aufweisen und sich damit mit der Ablauforganisation eines Entwicklungsprojekts auseinandersetzen. Dieses Kriterium ergibt sich aus dem Objektbereich der vorliegenden Arbeit (siehe Kapitel 3.2.1).
- **Adressierung der Makroebene:** Es werden nur Vorgehensmodelle berücksichtigt, die konkrete Gestaltungsaspekte der Makroebene eines Entwicklungsprojekts thematisieren. Auch dieses Kriterium ergibt sich aus dem Objektbereich der vorliegenden Arbeit (siehe Kapitel 3.2.1).

Bei der Reduzierung der Vorgehensmodelle auf die für die Merkmalsidentifikation wesentlichen Modelle muss darüber hinaus gewährleistet werden, dass die resultierende Modellauswahl das Spektrum der insgesamt verfügbaren Vorgehensmodelle homogen repräsentiert. Gemäß den aufgeführten Auswahlkriterien wurde eine Bewertung der Vorgehensmodelle aus Tabelle 2-1 und Tabelle 2-2 vorgenommen. Ein Auszug der Bewertung ist in Abbildung 5-9 dargestellt. Die vollumfängliche Bewertung der plangetriebenen und agilen Vorgehensmodelle aus Kapitel 2.2 ist Anhang A.4 zu entnehmen.

		Auswahlkriterien				
		Empirische Richtigkeit	Etablierung	Aktualität	Prozessbezug	Adressierung Makroebene
etriebene ensmodelle	Wasserfallmodell	Ja	Ja	Ja	Ja	Ja
	Stage-Gate Prozess	Ja	Ja	Ja	Ja	Ja
	Y-Diagramm	Nein	Nein	[illegible]	[illegible]	Nein

Abbildung 5-9: Auszug der Bewertung der Vorgehensmodelle

Nur die Vorgehensmodelle, die bei der Bewertung tatsächlich alle der fünf Auswahlkriterien erfüllen (in Abbildung 5-9 grau hinterlegt), werden in den Untersuchungsbereich zur Identifikation der Prozessmerkmale aufgenommen. Ergänzend zu der daraus resultierenden Auswahl von fünf plangetriebenen und vier agilen Vorgehensmodellen werden zusätzlich zwei agile Skalierungsframeworks, *Scaled Agile Framework* (SAFe) und *Large-Scale Scrum* (LeSS), in die Auswahl miteinbezogen. Die beiden Frameworks entsprechen zum einen den zwei am meisten in der Praxis eingesetzten agilen Ansätzen für die Skalierung[625] und erfüllen zum anderen zugleich auch alle erforderlichen Auswahlkriterien. Die Berücksichtigung der Frameworks soll gewährleisten, dass auch die der Skalierung zugrundeliegenden charakteristischen Eigenschaften mit in das zu entwickelnde Beschreibungsmodell für hybride Entwicklungsprozesse einfließen. Die in Tabelle 2-2 aufgeführten agilen Vorgehensmodelle beschränken sich auf Entwicklungsprojekte mit nur kleinen Entwicklungsteams.[626] Insbesondere in der physischen Produktentwicklung kann jedoch mehrheitlich von der Notwendigkeit der Umsetzung komplexer Entwicklungsprojekte mit großen Entwicklungsteams ausgegangen werden. Um diesem Fakt Rechnung zu tragen und die Anwendbarkeit der zu entwickelnden Methodik der vorliegenden Arbeit auch in größeren Projekten sicherstellen zu können, werden die Skalierungsframeworks bei der Herleitung der konstituierenden Prozessmerkmale ebenfalls herangezogen. Für eine genauere inhaltliche Darstellung der gewählten Skalierungsframeworks sei an dieser Stelle auf die weiterführende Literatur verwiesen.[627] Die Berücksichtigung etwaiger Skalierungsansätze im Bereich der plangetriebenen Vorgehensmodelle kann vernachlässigt werden, da die klassischen Modelle in der Regel bereits durch ihren Aufbau und ihre Strukturierung Möglichkeiten der Skalierung beinhalten. Abbildung 5-10 zeigt die finale Auswahl der für die Identifikation der Prozessmerkmale zu berücksichtigenden Vorgehensmodelle.

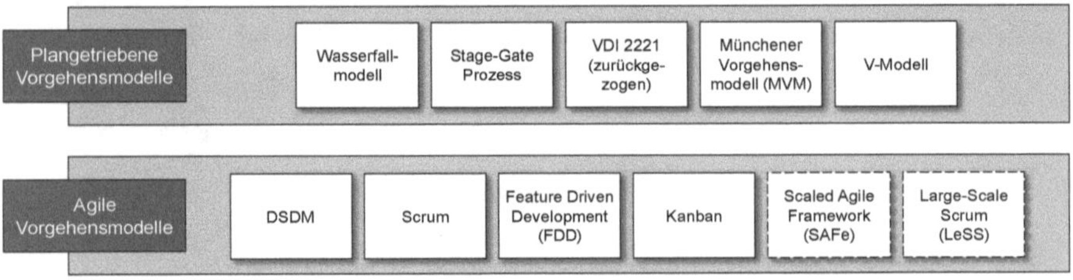

Abbildung 5-10: Auswahl der zu berücksichtigenden Vorgehensmodelle

Abschließend sei erwähnt, dass weder LeSS noch SAFe eine Einzelbetrachtung der jeweils zugrundeliegenden agilen Vorgehensmodelle ersetzen, weshalb sowohl Scrum als auch Kanban, als Ergebnis der Bewertung in Anhang A.4, in der Auswahl separat aufgeführt sind. Die dargestellte Auswahl der zu berücksichtigenden Vorgehensmodelle bildet die erforderliche Informationsquelle für die Ableitung konstituierender Prozessmerkmale.

[625] Vgl. Digital.ai (2020), 14th Annual State of Agile Report, S. 14; Komus & Kuberg (2020), Ergebnisbericht: Status Quo (Scaled) Agile, S. 100

[626] Vgl. Schwaber & Sutherland (2017), The Scrum Guide, S. 7

[627] Vgl. Larman & Vodde (2017), Large-Scale Scrum; Knaster & Leffingwell (2020), SAFe Distilled

5.2.2 Ableitung konstituierender Prozessmerkmale anhand von plangetriebenen und agilen Vorgehensmodellen

In Anlehnung an die für das Verfahren der Typenbildung vorgesehene Schrittfolge gilt es nach der Abgrenzung des Untersuchungsbereichs die für eine Typisierung erforderlichen Merkmale abzuleiten (siehe Schritt 2 in Abbildung 5-7). Die Identifikation der Merkmale bildet eine wesentliche Voraussetzung für die Typenbildung. Die im Fall der vorliegenden Arbeit angestrebte Bestimmung von Prozessmerkmalen, als Grundlage für die Beschreibung hybrider Entwicklungsprozesse, erfolgt dafür in zwei aufeinander aufbauenden Stufen. Die erste Stufe beinhaltet die Ableitung konstituierender agiler und plangetriebener Prozessmerkmale. Dafür wird auf die in Kapitel 5.2.1.2 dargestellte Auswahl an agilen bzw. plangetriebenen Vorgehensmodellen zurückgegriffen. Gemäß dem in Kapitel 4.1 vorgestellten Leitbild spiegelt dies die Abstraktion des konkreten Problems wider. Während die Betrachtung einmaliger Prozesse konkreter Entwicklungsprojekte die Ableitung konstituierender Prozessmerkmale aufgrund der Individualität nur schwer zulässt, ermöglichen Vorgehensmodelle, als vereinfachtes Abbild bewährter Vorgehensweisen, die Prozessbeschreibung auf generischer Ebene (siehe Kapitel 2.1.3.1). Die zweite Stufe behandelt darauf aufbauend die Konsolidierung der identifizierten Merkmale zu hybriden Prozessmerkmalen und ist Inhalt des nachfolgenden Kapitels 5.2.3.

Da die Ableitung konstituierender Prozessmerkmale agiler und plangetriebener Vorgehensmodelle zwar separat voneinander, aber analog in Bezug auf das erforderliche Vorgehen umzusetzen ist, wird dieses Vorgehen zunächst übergeordnet beschrieben (Kapitel 5.2.2.1), bevor im Einzelnen inhaltlich auf die konkreten konstituierenden agilen und plangetriebenen Prozessmerkmale eingegangen wird (Kapitel 5.2.2.2).

5.2.2.1 Beschreibung des generischen Vorgehens zur Ableitung konstituierender Prozessmerkmale

Die Identifikation der konstituierenden agilen und plangetriebenen Prozessmerkmale erfolgt gemäß den in Kapitel 5.2.1.1 beschriebenen Eigenschaften eines konstituierenden Prozessmerkmals und unter Berücksichtigung der dort aufgeführten Anforderungen an ein solches Merkmal. Als Grundlage dafür dienen die fünf plangetriebenen und sechs agilen Vorgehensmodelle (siehe Kapitel 5.2.1.2), die jeweils durch eine oder mehrere Quellen von für die jeweiligen Modelle relevanten Autoren repräsentiert werden. Nach der Sammlung plangetriebener und agiler konstituierender Prozessmerkmale werden die resultierenden zwei Listen jeweils hinsichtlich möglicher *Redundanzen* überprüft. Sowohl identisch benannte als auch synonym beschriebene Prozessmerkmale werden unter einem konstituierenden Prozessmerkmal für die weitere

Betrachtung zusammengefasst. Die so erarbeiteten Merkmalslisten weisen die empirisch belegbar am häufigsten auftretenden Prozessmerkmale agiler und plangetriebener Vorgehensmodelle auf.

Da der Aufwand der Typenbildung maßgeblich von der Anzahl der einzubeziehenden Merkmale abhängig ist[628], findet aufbauend auf den zwei generierten Listen jeweils eine *Verdichtung* der konstituierenden agilen und plangetriebenen Prozessmerkmale statt. Für die Verdichtung sollen Merkmale zu *Ähnlichkeitsclustern* zusammengefasst werden. Eine Ähnlichkeit wird durch die inhaltliche Überschneidung zweier oder mehrerer Prozessmerkmale begründet. Dies kann sowohl konkrete Prozessaktivitäten, Prozessergebnisse, die Prozessbeteiligten, als auch jede dem Prozess zugrundeliegende Interaktion betreffen. Die Verdichtung stellt gleichzeitig die an die zu entwickelnde Methodik gestellte Forderung nach Handhabbarkeit sicher (siehe Kapitel 4.2.2).

Für die Ermittlung der Ähnlichkeitscluster bietet sich die Anwendung der Design Structure Matrix (DSM) an. Die DSM stellt eine weitläufig bekannte Methode zur Darstellung von Abhängigkeiten zwischen verschiedenen Elementen dar. Die binär zu bewertenden Abhängigkeiten können im vorliegenden Fall als Abhängigkeiten durch vorhandene Ähnlichkeiten zwischen agilen bzw. plangetriebenen Merkmalen verstanden werden.[629] Die Richtung der Abhängigkeit, die bei der Nutzung einer DSM darüber hinaus berücksichtigt werden könnte, spielt für diesen Anwendungsfall keine Rolle. Als Ergebnis entstehen zwei symmetrische *Ähnlichkeitsmatrizen*, eine für die Darstellung der Ähnlichkeiten zwischen den plangetriebenen konstituierenden Prozessmerkmalen und eine für die Bewertung der Ähnlichkeiten zwischen den agilen konstituierenden Prozessmerkmalen.

Zur Ableitung der Ähnlichkeitscluster aus diesen Ähnlichkeitsmatrizen ist anschließend die Anwendung eines Clustering-Algorithmus erforderlich. Ziel eines solchen Algorithmus ist die Bildung von Clustern mit einer möglichst hohen Anzahl interner Abhängigkeiten und einer geringen Anzahl Cluster übergreifender Wechselwirkungen. In der vorliegenden Arbeit wird für die Bestimmung der Ähnlichkeitscluster der Idicula-Gutierrez-Thebeau-Algorithmus (IGTA) eingesetzt. Auf eine detaillierte Erläuterung des Algorithmus wird an dieser Stelle verzichtet und stattdessen auf Anhang A.5 verwiesen. Die sich durch die Anwendung des Algorithmus ergebenden Cluster je Matrix bündeln die untereinander ähnlichen konstituierenden Prozessmerkmale.

[628] Vgl. Paulukuhn (2005), Typologisierung von Entwicklungsprojekten, S. 56

[629] Vgl. Danilovic & Browning (2007), Managing complex product development projects, S. 302

5.2.2.2 Umsetzung des generischen Vorgehens zur Ableitung plangetriebener und agiler konstituierender Prozessmerkmale

Die durch das zuvor beschriebene Vorgehen ableitbaren plangetriebenen und agilen Ähnlichkeitscluster stellen die erforderliche Ausgangslage dar, um die bis dahin lediglich getrennt voneinander betrachteten Prozessmerkmale im Rahmen einer Konsolidierung zu hybriden Prozessmerkmalen zusammenzuführen. Zunächst werden jedoch in den folgenden zwei Abschnitten die Ergebnisse des hier bislang nur generisch beschriebenen Vorgehens ausführlicher betrachtet.

Konstituierende Prozessmerkmale plangetriebener Entwicklungsprozesse

Gemäß der Abgrenzung des Untersuchungsbereichs wurden für die Identifikation von konstituierenden Prozessmerkmalen plangetriebener Entwicklungsprozesse fünf Vorgehensmodelle bei der Analyse miteinbezogen (siehe Abbildung 5-10). Für die Betrachtung des Wasserfallmodells wurde auf die Autoren BOEHM[630] und HOFFMANN[631] zurückgegriffen. Für den Stage-Gate Prozess wurde die zu diesem Zeitpunkt aktuellste Publikation von COOPER[632] herangezogen. Die betrachtete Richtlinie VDI 2221[633] entspricht der 1993 erschienen, mittlerweile zurückgezogenen Ausführung. Trotz der 2019 vorgenommenen Aktualisierung dieser Richtlinie durch den VDI wird ein Großteil des alten Standardwerks für die Produktentwicklung in der Praxis nach wie vor umgesetzt. Das Münchener Vorgehensmodelle wurde durch die Darstellung nach LINDEMANN[634] repräsentiert, während Prozessmerkmale des V-Modells maßgeblich aus der Beschreibung der VDI 2206[635] entnommen wurden.

Die Analyse der Vorgehensmodelle ergab zunächst 193 potenzielle Prozessmerkmale, die im nächsten Schritt für die weitere Betrachtung auf 49 konstituierende plangetriebene Prozessmerkmale zusammengefasst werden konnten. Dies geschah aufgrund von identisch benannten bzw. synonym beschriebenen Merkmalen zwischen den verschiedenen Vorgehensmodellen. Ein Auszug der Liste der 49 Prozessmerkmale ist in Tabelle 5-2 dargestellt. Die vollständige Auflistung der konstituierenden plangetriebenen Prozessmerkmale ist Anhang A.6 zu entnehmen. Die aufgeführte Ordnungsnummer (#) dient insbesondere im Rahmen der noch folgenden Typologisierungsschritte als eindeutige Identifikation des jeweiligen Prozessmerkmals.

---

[630] Vgl. Boehm (1981), Software Engineering Economics
[631] Vgl. Hoffmann (2008), Software-Qualität
[632] Vgl. Cooper (2017), Winning at New Products
[633] Vgl. VDI Verein Deutscher Ingenieure e.V. (1993), VDI 2221 (zurückgezogen)
[634] Vgl. Lindemann (2009), Methodische Entwicklung technischer Produkte
[635] Vgl. VDI Verein Deutscher Ingenieure e.V. (2004), VDI 2206

Tabelle 5-2: Auszug der konstituierenden plangetriebenen Prozessmerkmale

#	Prozessmerkmal	Definition	Vorgehensmodell	Quelle
1	Abhängigkeit der Phasen untereinander	Plangetriebene Prozesse bestehen aus einem Set vordefinierter, diskreter Phasen. Jede Phase dient dazu bestimmte Ergebnisse zu erzeugen, die zur Durchführung der nachfolgenden Phase Voraussetzung sind.	Stage-Gate Prozess	Cooper (2017)
2	Absicherung und Überprüfung der Erreichung von vordefinierten Zwischen-ständen	Innerhalb plangetriebener Prozesse dienen Meilensteine als Kontrollpunkt zur Absicherung und Überprüfung der bis zu diesem Zeitpunkt zu erreichenden, erforderlichen Projektergebnisse	Wasserfallmodell	Boehm (1981), Hoffmann (2008)

Dem generisch beschriebenen Vorgehen in Kapitel 5.2.2.1 folgend wurden die 49 plangetriebenen Prozessmerkmale anschließend mit dem Ziel der inhaltlichen Verdichtung in eine DSM übertragen und auf Basis ihrer Ähnlichkeiten binär bewertet. Als Ergebnis der Bewertung ergaben sich 144 inhaltliche Abhängigkeiten, was die Notwendigkeit einer Verdichtung unterstreicht. Die ausgefüllte Ähnlichkeitsmatrix ist Anhang A.7 zu entnehmen. Unter Anwendung des IGTA wurde im Anschluss auf Basis dieser 144 Abhängigkeiten ein Clustering der konstituierenden plangetriebenen Prozessmerkmale zur Bildung der angestrebten Ähnlichkeitscluster vorgenommen. Ein Auszug der resultierenden DSM ist in Abbildung 5-11 dargestellt.

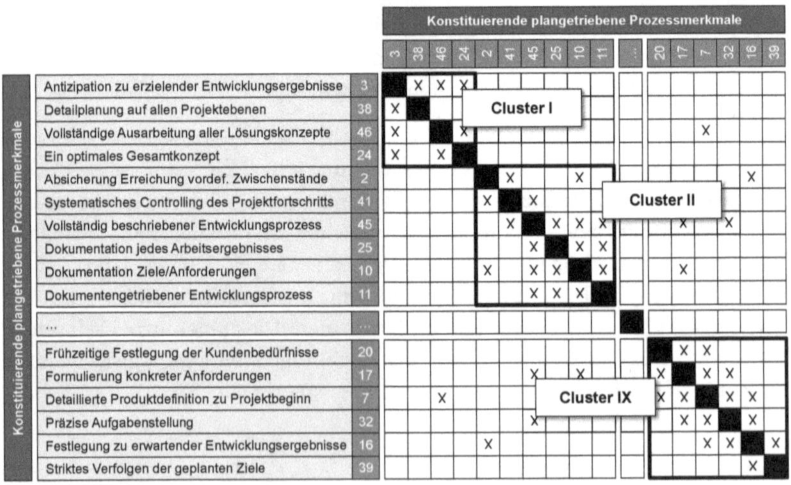

Abbildung 5-11: Auszug der Ähnlichkeitscluster konstituierender plangetriebener Prozessmerkmale

Das vollständige Clustering-Ergebnis ist ebenfalls in Anhang A.7 abgebildet. Unter Anwendung des Algorithmus konnten in Summe neun Ähnlichkeitscluster identifiziert werden, die im Folgenden kurz näher erläutert werden sollen:

- **Cluster I:** Der Fokus liegt auf der detaillierten Konzeptionierung des zu entwickelnden Produkts und dem damit einhergehenden antizipativen Umgang mit den zu erwartenden Entwicklungsergebnissen im Projekt.
- **Cluster II:** Fokussiert wird die Dokumentation des Entwicklungsprozesses und der resultierenden Arbeitsergebnisse. Daraus ergibt sich die Möglichkeit eines systematischen Controllings des Prozessfortschritts.
- **Cluster III:** Das Cluster setzt sich mit dem linearen Verlauf plangetriebener Prozesse auseinander. Ein verknüpfendes Element bildet dabei die Unterteilung des Entwicklungsprozesses in sequenziell aufeinanderfolgende Phasen.
- **Cluster IV:** Im Vordergrund steht das Entwicklungsteam. Insbesondere dessen Hierarchisierung und die daraus abzuleitende Entscheidungsfähigkeit des Teams werden durch die einzelnen Prozessmerkmale thematisiert.
- **Cluster V:** Die Gemeinsamkeit der Merkmale liegt in den mit diskreten Kriterien versehenen Meilensteinen. Diese dienen als wiederkehrende Entscheidungspunkte im Entwicklungsprozess, die sowohl der Absicherung des Prozesses dienen als auch eine Überprüfung des aktuellen Projektstatus ermöglichen. Die zu Projektbeginn zu definierenden Meilensteinkriterien setzen eine frühzeitige Festlegung der Entwicklungsschwerpunkte voraus.
- **Cluster VI:** Das Cluster beschreibt Aspekte der Verifikation und Validierung im Entwicklungsprozess. Neben detailliert festgelegten Testplänen, -umfängen und -abläufen stehen die fortlaufende Eigenschaftsabsicherung und die Einholung von Kundenfeedback durch Prototypen im Vordergrund.
- **Cluster VII:** Das Cluster beschäftigt sich mit der Unterteilung des Gesamtprojekts in Teilprojekte und der damit einhergehenden Parallelisierung von Entwicklungsaktivitäten. Auch deren Synchronisation und inhaltliche Integration werden charakterisiert.
- **Cluster VIII:** Das Cluster umfasst Prozessmerkmale, deren Schwerpunkt auf der Festlegung („Baselining") von erreichten Zwischenständen einzelner Entwicklungsergebnisse im Prozess liegt. Zwischenstände können sowohl funktionale Produktinkremente sein als auch jede andere Form von vorgegebenen Arbeitsergebnissen. Jeder determinierte Zwischenstand ermöglicht bei Bedarf den Rücksprung auf einen älteren Entwicklungsstand.

- **Cluster IX:** Das letzte Cluster enthält Prozessmerkmale, die die Art und Weise des Umgangs mit Kundenbedürfnissen in plangetriebenen Entwicklungsprozessen definieren und beschreiben, welche Rolle Anforderungen und die exakte Produktdefinition zu Projektbeginn und bei der Verfolgung der geplanten Ziele im Projektverlauf spielen.

Die neun beschriebenen Ähnlichkeitscluster bündeln die Vielzahl der identifizierten konstituierenden plangetriebenen Prozessmerkmale und dienen so als Ausgangspunkt für die in Kapitel 5.2.3 herzuleitenden hybriden Prozessmerkmale.

Konstituierende Prozessmerkmale agiler Entwicklungsprozesse

Das beschriebene generische Vorgehen (siehe Kapitel 5.2.2.1) wurde auch für die Identifikation konstituierender Prozessmerkmale agiler Entwicklungsprozesse herangezogen. Für die Herleitung der Prozessmerkmale dienten sechs agile Vorgehensmodelle, davon zwei Skalierungsframeworks, als Grundlage. Für ein Verständnis des Vorgehensmodells DSDM wurde auf eine Veröffentlichung von STAPLETON[636] zurückgegriffen. Für die Betrachtung von Scrum wurde der Scrum-Guide von SCHWABER & SUTHERLAND[637] herangezogen. Das Vorgehensmodell FDD wurde anhand der Publikation von PALMER & FELSING[638] analysiert, während die Identifikation potenzieller Prozessmerkmale bei Kanban auf Basis des Werks von ANDERSON[639] erfolgte. Für SAFe wurde auf die Ausführungen von KNASTER & LEFFINGWELL[640] zurückgegriffen, für LeSS wurde wiederum auf der Veröffentlichung von LARMAN & VODDE[641] aufgebaut.

Die Analyse der sechs Vorgehensmodelle ergab initial eine Liste von 230 agilen Prozessmerkmalen. Diese konnten im nächsten Schritt durch die Zusammenfassung von identisch benannten bzw. synonym beschriebenen Merkmalen zwischen den verschiedenen Vorgehensmodellen auf 63 konstituierende agile Prozessmerkmale konsolidiert werden. Einen Auszug dieser 63 Merkmale zeigt Tabelle 5-3. Die vollständige Auflistung der konstituierenden agilen Prozessmerkmale ist Anhang A.8 zu entnehmen. Die Gliederung der Liste wurde analog dem Aufbau der Auflistung der konstituierenden plangetriebenen Prozessmerkmale (siehe Anhang A.6) vorgenommen.

---

636 Vgl. Stapleton (2003), DSDM

637 Vgl. Schwaber & Sutherland (2017), The Scrum Guide

638 Vgl. Palmer & Felsing (2002), A Practical Guide to Feature-Driven Development

639 Vgl. Anderson (2010), Kanban

640 Vgl. Knaster & Leffingwell (2020), SAFe Distilled

641 Vgl. Larman & Vodde (2017), Large-Scale Scrum

Tabelle 5-3: Auszug der konstituierenden agilen Prozessmerkmale

#	Prozessmerkmal	Definition	Vorgehensmodell	Quelle
1	Anforderungen werden im Projektverlauf nach und nach verfeinert	Anforderungen werden zu Projektbeginn nur grob definiert und anschließend im weiteren Projektverlauf detailliert.	FDD, LeSS, SAFe	Knaster (2019), Larman et al. (2017), Palmer et al. (2002)
2	Anforderungen werden kundenorientiert definiert und gruppiert	Anforderungen werden nicht, wie im Rahmen plangetriebener Ansätze, hierarchisch oder funktionsweise gruppiert, sondern anwendungsnah an Anforderungsbereichen des Kunden orientiert	LeSS	Larman et al. (2017)

Mit dem Ziel der inhaltlichen Verdichtung wurden anschließend auch die 63 konstituierenden agilen Prozessmerkmale in eine DSM übertragen und auf Basis ihrer Ähnlichkeiten untereinander binär bewertet. Es ergaben sich 178 inhaltliche Abhängigkeiten. Die hohe Anzahl der Ähnlichkeiten unterstreicht auch hier die Notwendigkeit eines Clustering der Merkmale. Die Ähnlichkeitsmatrix ist in Anhang A.9 abgebildet. Auf Basis der 178 identifizierten Abhängigkeiten wurde anschließend unter Anwendung des Clustering-Algorithmus IGTA die Verdichtung der konstituierenden agilen Prozessmerkmale zu Ähnlichkeitsclustern verfolgt. Ein Auszug der resultierenden geclusterten DSM ist in Abbildung 5-12 dargestellt.

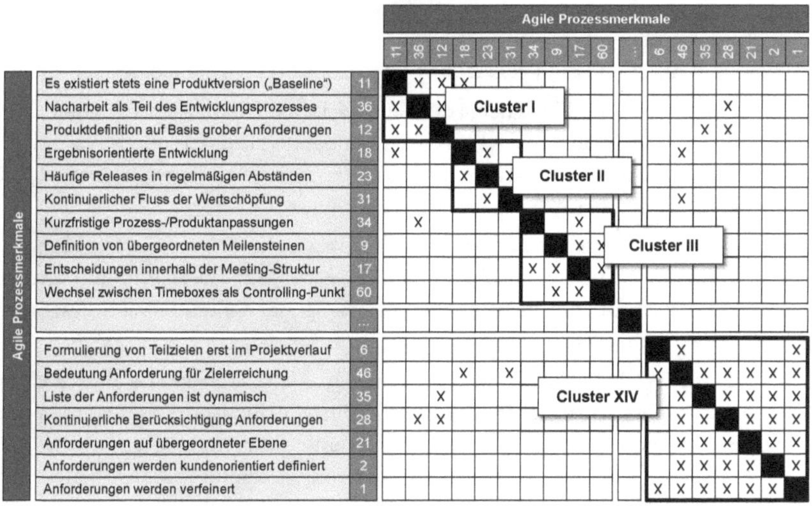

Abbildung 5-12: Auszug der Ähnlichkeitscluster konstituierender agiler Prozessmerkmale

Das vollständige Clusteringergebnis ist ebenfalls in Anhang A.9 abgebildet. Mit der Anwendung des Algorithmus konnten schließlich 14 Ähnlichkeitscluster gebildet werden, die im Folgenden kurz einzeln beschrieben werden:

- **Cluster I:** Im Fokus steht die Auseinandersetzung mit dem Detaillierungsgrad der Produktdefinition im Projektverlauf und den so potenziell entstehenden Nacharbeitserfordernissen als Teil des Entwicklungsprozesses.
- **Cluster II:** Den Mittelpunkt des Clusters bildet der für agile Entwicklungsprozesse charakteristische kontinuierliche Fluss der inkrementellen Wertschöpfung. Die Produktentwicklung verläuft ergebnisorientiert und iterativ.
- **Cluster III:** Das Hauptaugenmerk liegt auf dem Umgang mit Meilensteinen im Kontext agiler Prozesse bzw. auf den für einen Entwicklungsfortschritt erforderlichen Entscheidungspunkten.
- **Cluster IV:** Das Cluster beschreibt die Art der Dokumentation und der Überwachung des Projektfortschritts. Dabei spielen Transparenz, Kontinuität bzw. Permanenz und eine klare und präzise Kommunikation im Entwicklungsprozess eine wesentliche Rolle.
- **Cluster V:** Im Vordergrund stehen Skalierungsmaßnahmen im Projekt, die aufgrund einer hohen Produktkomplexität mit einem großen Entwicklungsteam einhergehen. Eingeschlossen werden die Kaskadierung der Meeting-Strukturen und die Unterteilung des Teams in mehrere kleinere Teams.
- **Cluster VI:** Zentrales Thema des Clusters ist die Parallelisierung unterschiedlicher Entwicklungsaktivitäten und die daraus resultierende Notwendigkeit einer regelmäßigen Synchronisation zwischen den ansonsten zeitlich parallel verlaufenden Arbeitssträngen.
- **Cluster VII:** Das Cluster befasst sich mit Aspekten der Prozessplanung. Die Planungsdetaillierung agiler Entwicklungsprojekte geht einher mit dem Prozessfortschritt und dem mit der Zeit steigenden Konkretisierungsgrad des Gesamtkonzepts.
- **Cluster VIII:** Im Fokus des Clusters steht die inkrementelle Entwicklungsweise agiler Prozesse. Im Rahmen des Entwicklungsprozesses werden in regelmäßigen Abständen Produktinkremente erarbeitet, die als Grundlage für relevante Entscheidungen hinsichtlich des weiteren Prozessverlaufs dienen. Von zentraler Bedeutung ist für alle Inkremente das gemeinsame Verständnis der „Definition of Done“ (DoD).

- **Cluster IX:** Das Cluster beschreibt die Zusammenarbeit des Teams in agilen Entwicklungsprozessen. Dabei geht es sowohl um die Teamstruktur als auch um die daraus resultierende Fähigkeit zur Selbstorganisation und die Entscheidungsbefugnis des Teams.
- **Cluster X:** Das Cluster setzt sich mit der kontinuierlichen (Neu-) Priorisierung der anstehenden Entwicklungsaktivitäten auseinander. Daraus ergibt sich ein für agile Entwicklungsprozesse wesentliches Verständnis für die optimale Reihenfolge der Entwicklungsaufgaben. Damit einher geht, dass ein agiler Entwicklungsprozess üblicherweise als Pull-System einzuordnen ist.
- **Cluster XI:** Das Cluster stellt den Kunden in den Vordergrund der Produktentwicklung. Die Kundeneinbindung erfolgt proaktiv und kontinuierlich während des gesamten Entwicklungsprozesses.
- **Cluster XII:** Die Prozessmerkmale des Clusters beschreiben den Entwicklungsprozess in Form von kurzen, sich wiederholenden, gleichmäßig fixierten Zeitabschnitten, sogenannten Timeboxes. Diese gleichzeitig auch iterative Unterteilung des Prozesses ermöglicht den Umgang mit inhärenter Variabilität im Projektverlauf.
- **Cluster XIII:** Das Cluster thematisiert das Prototyping und Testing im Kontext agiler Entwicklungsprozesse. Das Testing ist kontinuierlich auf verschiedenen Ebenen in den Entwicklungsprozess zu integrieren.
- **Cluster XIV:** Das letzte Cluster umfasst Prozessmerkmale, die sich mit der Bedeutung von Anforderungen im Rahmen agiler Entwicklungsprozesse befassen. Grundsätzlich werden Anforderungen als dynamisch verstanden und ausschließlich kundenorientiert definiert.

Die 14 dargestellten Ähnlichkeitscluster bündeln die Vielzahl der identifizierten konstituierenden agilen Prozessmerkmale und stellen gemeinsam mit den im vorherigen Kapitel hergeleiteten neun plangetriebenen Ähnlichkeitsclustern die Grundlage für die Identifikation von hybriden Prozessmerkmalen und deren Ausprägungen im nachfolgenden Kapitel dar.

5.2.3 Zusammenführung der konstituierenden agilen und plangetriebenen Prozessmerkmale zur Beschreibung hybrider Entwicklungsprozesse

Grundsätzlich verfolgen Produktentwicklungsprozesse, unabhängig von ihrer agilen oder plangetriebenen Gestaltungsform, das gleiche Ziel. Ausgehend vom Beschluss zur Umsetzung eines Produkts, über die Steigerung des Reifegrads bis hin zum regulären

Produktionsanlauf[642] strebt jeder Entwicklungsprozess die möglichst schnelle, hochwertige und kostengünstige Bedienung eines spezifischen Kundenbedarfs mithilfe einer technischen Lösung an.[643] Diese Gemeinsamkeit soll sich bei der Ableitung hybrider Prozessmerkmale zunutze gemacht werden. Die bereits auf Basis der konstituierenden plangetriebenen und agilen Prozessmerkmale identifizierten Ähnlichkeitscluster bieten dafür die Ausgangslage. Es wird davon ausgegangen, dass sowohl plangetriebene als auch agile Ähnlichkeitscluster grundlegend ähnliche Themen- bzw. prozessuale Handlungsfelder adressieren, die für einen Entwicklungsprozess übergreifend von Bedeutung sind. Um diese Felder zu identifizieren, sollen im Nachfolgenden mithilfe einer Domain Mapping Matrix (DMM) die Ähnlichkeitscluster, die inhaltliche Analogien bzw. Überschneidungen aufweisen, übergreifend zu *hybriden Merkmalsverbünden* konsolidiert werden. Abbildung 5-13 zeigt die Verknüpfung der in Kapitel 5.2.2 beschriebenen plangetriebenen und agilen Ähnlichkeitsmatrizen in einer DMM.

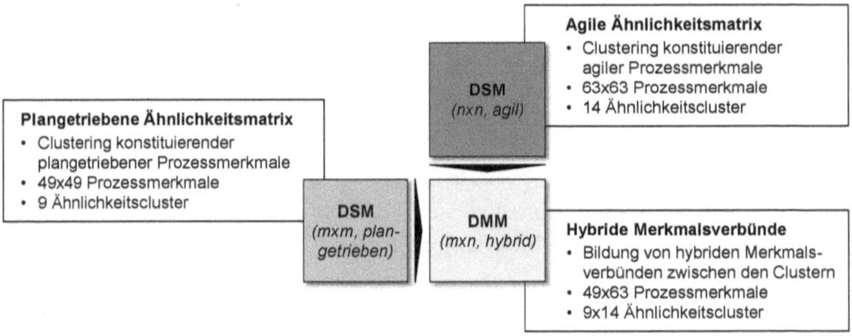

Abbildung 5-13: Herleitung hybrider Merkmalsverbünde

Domain Mapping Matrizen bestehen aus einer (mxn) Matrix, die sich aus einer per Definition quadratischen DSM mit der Größe m und einer quadratischen DSM mit der Größe n zusammensetzen. Eine DMM erlaubt damit die Visualisierung der inhaltlichen Verknüpfungen zweier bis dahin voneinander unabhängiger DSM.[644] Die Verknüpfung der plangetriebenen und agilen Ähnlichkeitsmatrizen erfolgt im vorliegenden Fall auf Basis der neun plangetriebenen bzw. vierzehn agilen Ähnlichkeitscluster. Es ergibt sich eine (9x14) DMM, die als Grundlage dient, die erforderlichen Merkmalsverbünde zu definieren. Jeder Merkmalsverbund besteht folglich sowohl aus plangetriebenen als auch agilen Prozessmerkmalen und soll damit im weiteren Verlauf als

[642] Vgl. Rauhut (2011), Synchronisation von Entwicklungsprozessen durch Taktung, S. 20

[643] Vgl. Schmidt & Paetzold (2016), Agilität als Alternative zu traditionellen Standards, S. 256

[644] Vgl. Danilovic & Browning (2007), Managing complex product development projects, S. 304f.

hybrid verstanden werden. In Abbildung 5-14 ist die resultierende (9x14) DMM dargestellt. Die Clusternummern entsprechen den in Kapitel 5.2.2.2 beschriebenen Ähnlichkeitsclustern.

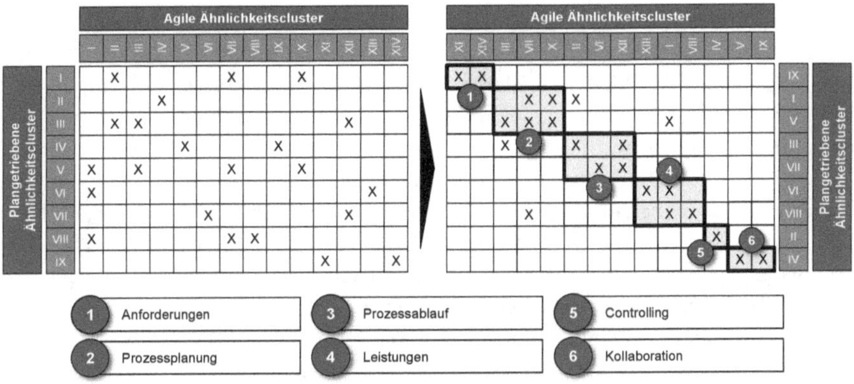

Abbildung 5-14: Bildung von hybriden Merkmalsverbünden

Die durch Kreuze visualisierten Verknüpfungen ergeben sich aus den in den Ähnlichkeitsclustern beinhalteten Prozessmerkmalen, deren Definitionen und den in den vorherigen Unterkapiteln aufgeführten zusammenfassenden Kurzbeschreibungen der Ähnlichkeitscluster. Durch Neuanordnung der Clusterreihenfolge wurden die auf der rechten Seite der Abbildung dargestellten übergreifenden sechs hybriden Merkmalsverbünde abgeleitet und mit einem den jeweiligen Merkmalsverbund ganzheitlich charakterisierenden Oberbegriff versehen. Der hybride Charakter der Merkmalsverbünde ergibt sich maßgeblich daraus, dass die im jeweiligen Verbund konsolidierten Ähnlichkeitscluster zwar ein gemeinsames „neutrales" Themenfeld beschreiben, aber dieses Feld betreffend sowohl agile als auch plangetriebene Erscheinungsformen aufweisen. Diese verschiedenen Erscheinungsformen, repräsentiert durch die dem Merkmalsverbund zugrundeliegenden plangetriebenen und agilen Prozessmerkmale, gilt es, im Nachfolgenden einzeln zu analysieren.

Ziel der integrierten Analyse ist es, differenzierbare und hybride Prozessmerkmale für die Beschreibung eines hybriden Entwicklungsprozesses aus den einzelnen Merkmalsverbünden abzuleiten und in diesem Zusammenhang auch die jeweiligen Ausprägungen der hybriden Prozessmerkmale zu bestimmen. Ausprägungen abzuleiten bedeutet gleichzeitig auch geeignete Messgrößen für diese Merkmale zu finden. Nur so können die verschiedenen hybriden Prozessmerkmale später miteinander in Beziehung gesetzt werden.[645] An dieser Stelle sei auf den bereits in Kapitel 5.1.3.1 dargelegten Exkurs zur Operationalisierung hingewiesen. Dieser Ansatz stellt auch hier die Grundlage für die Ableitung der Ausprägungen der hybriden Prozessmerkmale dar.

Ohne die Definition einer geeigneten Messvorschrift wären die zu bestimmenden hybriden Prozessmerkmale für die Anwendung innerhalb des Verfahrens der Typenbildung ungeeignet.[646] Jedes der abzuleitenden hybriden Prozessmerkmale hat gleichzeitig einen typologischen Charakter, d.h. muss als potenzielles Typologisierungskriterium für den vierten und fünften Schritt der Typologisierung (siehe Abbildung 5-7) verstanden werden. Nach PAULUKUHN ist eine wesentliche Voraussetzung für ein funktionierendes Typologiemodell, dass die Typologisierungskriterien systematisch aus dem zugrundeliegenden Beschreibungsmodell abgeleitet werden und sich auf einem maximalen Aggregationsniveau befinden. Damit soll sichergestellt werden, dass keine wesentlichen Aspekte aus den berücksichtigten Vorgehensmodellen vernachlässigt werden und gleichzeitig eine aufwandsminimale Anwendung der Methodik gewährleistet werden kann.[647] Durch die angestrebte integrierte Analyse der einzelnen Merkmalsverbünde und die in diese Verbünde einfließenden bereits verdichteten Ähnlichkeitscluster plangetriebener und agiler Prozessmerkmale wird diesen Anforderungen Folge geleistet.

Nachstehend werden die sechs identifizierten Merkmalsverbünde (siehe Abbildung 5-14) einer integrierten Analyse unterzogen. Dabei werden neben den plangetriebenen und agilen Prozessmerkmalen selbst, deren ursprüngliche Quellen, in denen sie Erwähnung finden (siehe Anhang A.6 und Anhang A.8), auch die Verknüpfungen der Prozessmerkmale innerhalb der jeweiligen Ähnlichkeitsmatrizen berücksichtigt (siehe Anhang A.7 und Anhang A.9). Eine zusammenfassende Übersicht der zur Ableitung eines konkreten hybriden Prozessmerkmals führenden konstituierenden agilen und plangetriebenen Merkmale und deren zugehörigen Ähnlichkeitscluster ist Anhang A.10 zu entnehmen. Einen Auszug dieser Zuordnungsübersicht zeigt Abbildung 5-15. Die vierte Spalte (#) der Tabelle führt sowohl die zugehörige Clusternummer (siehe Anhang A.7 bzw. A.9), als auch die Ordnungszahl des jeweiligen Prozessmerkmals (siehe Anhang A.6 bzw. A.8) auf.

[645] Vgl. Paulukuhn (2005), Typologisierung von Entwicklungsprojekten, S. 93
[646] Vgl. Paulukuhn (2005), Typologisierung von Entwicklungsprojekten, S. 55
[647] Vgl. Paulukuhn (2005), Typologisierung von Entwicklungsprojekten, S. 92f.

Merkmals-verbund	Hybrides Prozessmerkmal	Zuordnung	#	Konstituierendes Prozessmerkmal
Anforderungen	Umgang mit Zielen	plangetrieben	IX | 16	Festlegung der Ziele und der damit zu erwartenden Entwicklungsergebnisse
			IX | 39	Striktes Verfolgen der geplanten Ziele
		agil	XIV | 6	Ausformulierung von untergeordneten Teilzielen erst mit Verlauf des Entwicklungsfortschritts
			XIV | 46	Sicherstellung und Bewertung der Bedeutung einer Anforderung für die Zielerreichung
	Anforderungs-aufnahme	agil	XIV | 28	Kontinuierliche Berücksichtigung neu auftretender oder veränderter Anforderungen

Abbildung 5-15: Auszug der Zuordnungsübersicht der Prozessmerkmale

Die Darstellung der aus dieser Analyse ableitbaren hybriden Prozessmerkmale (siehe zweite Spalte in Abbildung 5-15) erfolgt in einem morphologischen Kasten, der im Folgenden mit der Erläuterung der sechs Merkmalsverbünde vervollständigt wird. Die besondere Eignung eines morphologischen Kastens als Grundlage für die Bildung eines Typologiemodells beweist SCHOMBURG am Beispiel der ablauforganisatorischen Kennzeichnung von Unternehmenstypen.[648]

Hybride Prozessmerkmale im Merkmalsverbund Anforderungen

Der erste Merkmalsverbund umfasst das plangetriebene Ähnlichkeitscluster IX mit insgesamt sechs konstituierenden Prozessmerkmalen und die agilen Ähnlichkeitscluster XI und XIV mit insgesamt neun zugrundeliegenden konstituierenden Prozessmerkmalen. Die in Summe 15 Merkmale innerhalb der Cluster adressieren geschlossen Themen, die sich um das Feld *Anforderungen* im Entwicklungsprozess drehen. Dabei geht es sowohl um den generellen Umgang mit Zielen für das Entwicklungsprojekt als Basis für die zu definierenden Anforderungen als auch um die Form der Anforderungsaufnahme zu Prozessbeginn und die zu berücksichtigende Art der Anforderungsdefinition. Innerhalb des plangetriebenen Ähnlichkeitsclusters IX und des agilen Ähnlichkeitsclusters XI wird außerdem die Wichtigkeit der Kundenzentrierung in Bezug auf die Anforderungsdefinition und -validierung während des Entwicklungsprozesses thematisiert. Abbildung 5-16 fasst die aus dem Merkmalsverbund abzuleitenden hybriden Prozessmerkmale und ihre Ausprägungen zusammen.

---

[648] Vgl. Schomburg (1980), Entwicklung eines betriebstypologischen Instrumentariums, S. 88; Paulukuhn (2005), Typologisierung von Entwicklungsprojekten, S. 94

Merkmalsverbund	Hybrides Prozessmerkmal	Ausprägungen		
Anforderungen	Umgang mit Zielen	*Strikte Zielvorgabe mit forderndem Charakter*		*Lose Zielvorgabe mit leitendem Charakter*
	Anforderungsaufnahme	*Einmalig statisch*	*Mehrmalig statisch*	*Beliebig dynamisch*
	Art der Anforderungsdefinition	*Detailliert*	*Partiell verfeinernd*	*Grob*
	Kundenzentrierung	*Keine aktive Kundeneinbindung*	*Aktive, diskrete Kundeneinbindung*	*Proaktive, kontinuierliche Kundeneinbindung*

Abbildung 5-16: Hybride Prozessmerkmale im Merkmalsverbund Anforderungen

Plangetriebene und agile Entwicklungsprozesse unterscheiden sich maßgeblich in ihrem Umgang mit den für ein Entwicklungsprojekt relevanten Zielen. Während im Verständnis plangetriebener Ansätze davon ausgegangen wird, dass ein Produkt nur dann erfolgreich sein kann, wenn alle Entwicklungsziele strikt und frühzeitig vorgegeben werden[649], verfolgen agile Ansätze einen eher ergebnisoffenen Ansatz, bei dem zwar lose Zielvorgaben zu Projektbeginn getroffen werden, konkrete Ziele aber erst im Prozessverlauf definiert werden.[650] Auf Basis der festgelegten Ziele erfolgt innerhalb plangetriebener Prozesse anschließend die detaillierte Anforderungsklärung, d.h. die zumeist einmalige Anforderungsaufnahme in Form einer statischen Anforderungsliste und die eindeutige und detaillierte Definition jeder aufgenommenen Anforderung.[651] Wesentlich für diese Definition sind insbesondere Faktoren wie Vollständigkeit und Genauigkeit.[652] Agile Prozesse hingegen sehen Anforderungen als dynamisch an. Das Pendant zur Anforderungsliste stellt das Product Backlog dar. Es gilt als lebendes, niemals vollständiges Artefakt, das sich mit dem Produkt weiterentwickelt. Zu Prozessbeginn beinhaltet ein Product Backlog lediglich die anfangs bekannten und am besten verstandenen Anforderungen.[653] Diese sollten so breit und nutzerzentriert wie möglich formuliert werden.[654] Für die Bestimmung, Detaillierung und Validierung der Anforderungen steht insbesondere bei agilen Prozessen der Kunde im Betrachtungsfokus. Diese Kundenzentrierung im Entwicklungsprozess wird als zwingend erforderlich betrachtet.[655] Kunden sollen proaktiv und vor allem kontinuierlich in die Produktent-

---

[649] Vgl. Lindemann (2009), Methodische Entwicklung technischer Produkte, S. 93
[650] Vgl. Schwaber & Sutherland (2017), The Scrum Guide, S. 11f.
[651] Vgl. Lindemann (2009), Methodische Entwicklung technischer Produkte, S. 93
[652] Vgl. VDI Verein Deutscher Ingenieure e.V. (1993), VDI 2221 (zurückgezogen), S. 13
[653] Vgl. Schwaber & Sutherland (2017), The Scrum Guide, S. 15
[654] Vgl. Larman & Vodde (2017), Large-Scale Scrum, S. 157
[655] Vgl. Stapleton (2003), DSDM, S. 20

wicklung mit eingebunden werden. Plangetriebene Prozesse sehen Kundenzentrierung zwar auch als relevant an, die Kundeneinbindung erfolgt in der Regel jedoch ausschließlich zu bestimmten, diskreten Zeitpunkten.[656]

Hybride Prozessmerkmale im Merkmalsverbund Prozessplanung

Der zweite Merkmalsverbund umfasst die zwei plangetriebenen Ähnlichkeitscluster I und V mit 13 zugrundeliegenden konstituierenden Prozessmerkmalen sowie die drei agilen Ähnlichkeitscluster III, VII und X mit ebenfalls in Summe 13 konstituierenden Prozessmerkmalen. Die damit insgesamt 26 im zweiten Merkmalsverbund zu berücksichtigenden Prozessmerkmale beschreiben verschiedene Aspekte der *Prozessplanung* innerhalb eines Entwicklungsprojekts. Neben unterschiedlichem Vorgehen bei der Suche nach zu verfolgenden Lösungskonzepten, dem je nach agiler oder plangetriebener Betrachtungsweise differenzierenden Detaillierungsgrad der Prozessplanung sowie den variierenden Herangehensweisen bei der Festlegung von Entscheidungspunkten spielen auch die Anpassungsfähigkeit des Prozesses und die Priorisierung von Entwicklungstätigkeiten bei der Prozessplanung eine wichtige Rolle (siehe Abbildung 5-17).

Merkmalsverbund	Hybrides Prozessmerkmal	Ausprägungen		
Prozessplanung	Suche nach Lösungskonzepten	*Von spezifischen Domänenkonzepten zum gemeinsamen Gesamtkonzept*	*Vom gemeinsamen Gesamtkonzept zu spezifischen Domänenkonzepten*	
	Detaillierungsgrad der Prozessplanung	*Vorausplanung operativer Arbeitsschritte*	*Entwurf eines groben Entwicklungsplans*	*Situative Planung in Timeboxes*
	Festlegung von Entscheidungspunkten	*Explizit getrieben durch Meilensteine*	*Teils explizit, teils implizit getrieben*	*Implizit getrieben durch Produktinkremente*
	Anpassungsfähigkeit des Prozesses	*Starrer Prozessverlauf*	*Adaptiver Prozessverlauf*	*Flexibler Prozessverlauf*
	Priorisierung	*Einmalig zu Projektbeginn*	*Stetig im Projektverlauf*	

Abbildung 5-17: Hybride Prozessmerkmale im Merkmalsverbund Prozessplanung

Die Prozessplanung lässt sich übergeordnet durch die Art und Weise der Suche nach Lösungskonzepten charakterisieren. Beschrieben wird ein alltäglicher Prozess, der im Umfeld produzierender Unternehmen häufig unter großem Zeitdruck abläuft.[657] Der Unterschied zwischen agilen und plangetriebenen Entwicklungsprozessen liegt dabei maßgeblich im Vorgehensprinzip. In der VDI 2221 wird unterschieden zwischen einem Vorgehen von „innen" nach „außen" bzw. von „außen" nach „innen".[658] Während plangetriebene Prozesse die Lösungssuche von spezifischen Domänenkonzepten aus-

[656] Vgl. Cooper (2017), Winning at New Products, S. 128f.

[657] Vgl. Lindemann (2009), Methodische Entwicklung technischer Produkte, S. 136

[658] Vgl. VDI Verein Deutscher Ingenieure e.V. (1993), VDI 2221 (zurückgezogen), S. 6

gehend vorantreiben, fokussieren agile Entwicklungsprozesse zunächst die Optimierung des Gesamtkonzepts, nicht einzelner Teile dessen.[659] Die sich aus der Konzeptsuche ergebenden erforderlichen Entwicklungsaktivitäten werden je nach Prozessart mit unterschiedlichem Detaillierungsgrad vorausgeplant. Die Spannbreite der möglichen Optionen reicht von der Definition eines bis ins kleinste Detail beschriebenen Entwicklungsplans mit integrierter Ressourcenplanung und Festlegung organisatorischer Verantwortungen über eine grobe zeitliche „Roadmap" bis hin zu einem situativen Planungsansatz auf Ebene der dem Prozess zugrundeliegenden Timeboxes.[660] In diesem Zusammenhang ist insbesondere die Festlegung von Entscheidungspunkten im Entwicklungsprozess von Bedeutung. Diese kann explizit getrieben durch Meilensteine oder implizit getrieben durch zu erzeugende Produktinkremente erfolgen. Jeder Meilenstein dient als Kontrollpunkt und besitzt sein eigenes Set an zu erfüllenden Kriterien, ohne deren Erfüllung ein Prozess nicht weiter voranschreiten darf. Meilensteine unterstützen somit die Einhaltung der Prozessplanung.[661] Bei der Verknüpfung der Entscheidungspunkte mit der Erzeugung von Produktinkrementen wird das weitere Prozessvorgehen durch Auswahl-, Optimierungs- und Entscheidungsschritte auf Basis dieser Inkremente getroffen.[662] Wird im Kontext dieser beiden Entscheidungspunktvarianten eine Abweichung von der eigentlichen Prozessplanung festgestellt, ist schließlich die Anpassungsfähigkeit des Prozesses entscheidend für den weiteren Projektverlauf. Agile Entwicklungsprozesse verfolgen das Ziel, die Anpassung so schnell wie möglich umzusetzen. Die iterativen Strukturen ermöglichen einen flexiblen Prozessverlauf.[663] Der den plangetriebenen Entwicklungsprozessen inhärente starre Prozessverlauf dagegen ist im Sinne der Anpassungsfähigkeit hinderlich. Stattdessen wird die These verfolgt, dass die vorausgeplanten Aktivitäten grundlegend für den Projekterfolg sind und aus diesem Grund auch in eben dieser Form als vollständiger Prozess und ohne permanente Anpassungen umzusetzen sind.[664] Um Prozessanpassungen zu vermeiden, wird auf eine frühe präventive Zielabsicherung gesetzt.[665] Dies spiegelt sich auch in der Häufigkeit der Priorisierung der Entwicklungsaktivitäten im Prozess wi-

---

[659] Vgl. Larman & Vodde (2017), Large-Scale Scrum, S. 11

[660] Vgl. Boehm (1981), Software Engineering Economics, S. 48; Stapleton (2003), DSDM, S. 56; Knaster & Leffingwell (2020), SAFe Distilled, S. 275

[661] Vgl. Cooper (2017), Winning at New Products, S. 121f.

[662] Vgl. VDI Verein Deutscher Ingenieure e.V. (1993), VDI 2221 (zurückgezogen), S. 11

[663] Vgl. Schwaber & Sutherland (2017), The Scrum Guide, S. 5

[664] Vgl. Cooper (2017), Winning at New Products, S. 103

[665] Vgl. Lindemann (2009), Methodische Entwicklung technischer Produkte, S. 197

der. In der Regel erfolgt die hauptsächliche Priorisierung der Aktivitäten in plangetriebenen Entwicklungsprozessen einmalig zu Projektbeginn. Agile Prozess fokussieren dagegen eine stetige Priorisierung während des gesamten Entwicklungsverlaufs.[666]

Hybride Prozessmerkmale im Merkmalsverbund Prozessablauf

Der dritte Merkmalsverbund umfasst die zwei plangetriebenen Ähnlichkeitscluster III und VII mit insgesamt zwölf konstituierenden Prozessmerkmalen sowie die drei agilen Ähnlichkeitscluster II, VI und XII mit insgesamt 14 konstituierenden Prozessmerkmalen. Die damit in Summe 26 bei der Analyse zu berücksichtigenden Merkmale beschreiben agil und plangetrieben ausgeprägte Elemente des *Prozessablaufs* einer Produktentwicklung. Neben der Art der Verlaufsform und dem Taktgeber des Prozesses werden die Parallelisierung von Aktivitäten, die darauf aufbauende Teilprojektbildung und erforderliche Synchronisation sowie die von Prozess zu Prozess variierende Kadenz der Produktreleases thematisiert (siehe Abbildung 5-18).

Merkmalsverbund	Hybrides Prozessmerkmal	Ausprägungen		
Prozessablauf	Verlaufsform	*Linear, sequenziell*	*Partiell iterativ*	*Hoch iterativ*
	Prozesstakt	*An Phasen orientierter Rhythmus*	*An Timeboxes orientierter Rhythmus*	
	Kadenz der Produktreleases	*Infrequent Delivery*	*Frequent Delivery*	*Continuous Delivery*
	Parallelisierung von Aktivitäten	*Keine Parallelisierung (Seriell)*	*Teilweise Parallelisierung (Mischform)*	*Volle Parallelisierung (Parallel)*
	Teilprojektbildung	*Keine Teilprojektbildung*	*Vereinzelte Teilprojektbildung*	*Überwiegende Teilprojektbildung*
	Synchronisation	*Wenige Synchronisations-punkte im Prozess*	*Regelmäßige Synchroni-sationspunkte im Prozess*	*Kontinuierliche Synchronisation*

Abbildung 5-18: Hybride Prozessmerkmale im Merkmalsverbund Prozessablauf

Prozesse in der Produktentwicklung verlaufen in der Regel entweder sequenziell oder iterativ. Auch partielle Iterationen in einem sonst vornehmlich sequenziell verlaufenden Entwicklungsprozess sind denkbar.[667] Während die Durchführung plangetriebener Prozesse im Sinne der Verlaufsform mehrheitlich linear umgesetzt werden, wird die hoch iterative Abwicklung agiler Prozesse von STAPLETON als „fact of life“ bezeichnet. Die Berücksichtigung von Iterationen im Prozess gewährleistet grundsätzlich, dass alle in der Produktentwicklung vorgenommenen Änderungen im Zweifel reversibel

[666] Vgl. Anderson (2010), Kanban, S. 111

[667] Vgl. Lindemann (2009), Methodische Entwicklung technischer Produkte, S. 46

sind.[668] Mit der Verlaufsform einher geht der Prozesstakt der Entwicklung. Das taktgebende Element im Prozess gibt den Rhythmus der Produktentwicklung vor.[669] Taktgeber sind entweder die zu Projektbeginn vorgegebenen Phasen und die in jeder Phase beinhalteten Aktivitäten der Produktentwicklung oder die als Timeboxes bezeichneten immer gleich bleibenden zu planenden Zeitabschnitte.[670] Im Kontext des Vorgehensmodells Scrum wird eine solche Timebox auch als Sprint bezeichnet.[671] Die Länge eines solchen Entwicklungszeitraums variiert je Entwicklungsprojekt zwischen zwei und sechs Wochen.[672] Die Entwicklungsaktivitäten jeder Timebox werden situativ vor Beginn des neuen Zeitabschnitts festgelegt.[673] In Abhängigkeit des Prozesstakts ergeben sich die Gestaltungsmöglichkeiten der Releasekadenz eines Produkts. Agile Prozesse streben grundsätzlich nach kontinuierlichen Releases, d.h. einer nahezu ständigen Neuauslieferung des Produkts.[674] Wesentlich häufiger in der Praxis, insbesondere im Kontext produzierender Unternehmen, ist jedoch der Ansatz, Releases in regelmäßigen Zeitabständen durchzuführen. Plangetriebene Prozesse sind dagegen häufig nicht kadenzgetrieben, sondern verfolgen lediglich die Einhaltung der zu Projektbeginn definierten Entwicklungszeit. Diese kann jedoch je nach Entwicklungsprojekt und beteiligtem Projektteam stark variieren.

Ergänzend zu der Verlaufsform, dem Prozesstakt und der Releasekadenz spielen auch die Parallelisierung von Aktivitäten, die Teilprojektbildung und die Synchronisation für den Prozessablauf eine wichtige Rolle. Eine Parallelisierung der Entwicklungsaktivitäten wird in der Produktentwicklung zumeist mit dem Ziel einer Verkürzung der Entwicklungszeit angestrebt.[675] Neben dem Ziel der Zeiteinsparung betrifft die Parallelisierung vor allem Produkte, deren Entwicklungsumfang oder deren an der Entwicklung beteiligte Fachbereiche eine simultane Durchführung einzelner Aktivitäten erforderlich machen. Je komplexer ein Entwicklungsprojekt wird, desto größer wird auch die Wahrscheinlichkeit, dass das Projekt in einzelne Teilprojekte unterteilt wird. Diese Teilprojekte verfolgen über die Entwicklungszeit ihren eigenen Teilentwicklungsprozess. Insbesondere bei der Bildung von zeitweise unabhängigen Teilprojekten ist die inhaltliche Abstimmung und Synchronisation zwischen den unterschiedlichen

---

[668] Vgl. Stapleton (2003), DSDM, S. 17f.
[669] Vgl. Knaster & Leffingwell (2020), SAFe Distilled, S. 52
[670] Vgl. Stapleton (2003), DSDM, S. xxiv
[671] Vgl. Schwaber & Sutherland (2017), The Scrum Guide, S. 9
[672] Vgl. Stapleton (2003), DSDM, S. 33
[673] Vgl. Schwaber & Sutherland (2017), The Scrum Guide, S. 10f.
[674] Vgl. Larman & Vodde (2017), Large-Scale Scrum, S. 11
[675] Vgl. Lindemann (2009), Methodische Entwicklung technischer Produkte, S. 53

Einheiten wesentlich für den Prozessablauf.[676] Während innerhalb plangetriebener Entwicklungsprojekte Teilprojekte in der Regel an der Produktstruktur entlang gebildet werden, also auf Ebene einzelner Komponenten oder Baugruppen, erfolgt die Teilprojektbildung in agilen Entwicklungsprojekten funktions- bzw. anforderungsorientiert.[677] Im Kontext plangetriebener Prozesse verläuft die Synchronisation der Teilprojekte vornehmlich anhand diskret definierter Synchronisationspunkte. Agile Prozesse streben stattdessen nach einer kontinuierlichen Synchronisation. Dies kann unter anderem durch die Gleichschaltung parallel verlaufender Sprints unterschiedlicher Entwicklungsteams sichergestellt werden.[678]

Hybride Prozessmerkmale im Merkmalsverbund Leistungen

Der vierte Merkmalsverbund umfasst die zwei plangetriebenen Ähnlichkeitscluster VI und VIII mit insgesamt neun konstituierenden Prozessmerkmalen sowie die drei agilen Ähnlichkeitscluster I, VIII und XIII mit ebenfalls neun konstituierenden Prozessmerkmalen. Aus den in Summe 18 für die integrierte Analyse relevanten Merkmalen lässt sich insbesondere eine Gemeinsamkeit hinsichtlich der zu erbringenden *Leistungen* im Entwicklungsprozess erkennen. Der Leistungsbegriff ergibt sich im Wesentlichen aus drei durch die Prozessmerkmale adressierten Feldern, die sich mit der Erzeugung von (Teil-) Ergebnissen im Entwicklungsprozess, dem Umgang mit Baselining und der Handhabung von Prototyping & Testing auseinandersetzen. Die hybriden Prozessmerkmale sind mit ihren Ausprägungen in Abbildung 5-19 dargestellt.

Merkmalsverbund	Hybrides Prozessmerkmal	Ausprägungen		
Leistungen	Erzeugung von (Teil-) Ergebnissen	*Meilensteinorientiert*	*Funktionsorientiert*	
	Baselining	*Vollumfängliche Determinierung*	*Ausgewählte Determinierung*	*Natürliche Determinierung*
	Prototyping & Testing	*Separierte Betrachtung*	*Integrierte Betrachtung*	

Abbildung 5-19: Hybride Prozessmerkmale im Merkmalsverbund Leistungen

(Teil-) Ergebnisse im Entwicklungsprozess können ganz unterschiedlicher Form sein. Plangetriebene Prozesse erfordern die Erzeugung vorgegebener Ergebnisse als Voraussetzung zur Bewältigung eines Meilensteins. Das Projektteam kann bspw. angewiesen

[676] Vgl. VDI Verein Deutscher Ingenieure e.V. (1993), VDI 2221 (zurückgezogen), S. 11
[677] Vgl. Larman & Vodde (2017), Large-Scale Scrum, S. 33f.
[678] Vgl. Knaster & Leffingwell (2020), SAFe Distilled, S. 53

werden, die Ergebnisse einer Reihe projektrelevanter Aufgaben als Entscheidungskriterium zum Zeitpunkt des Meilensteins vorzulegen.[679] Im Kontext agiler Entwicklungsprozesse erfolgt die Erzeugung von (Teil-) Ergebnissen eher funktions- bzw. ergebnisorientiert durch das Produzieren bzw. Inspizieren von Produktinkrementen. Wichtig dabei ist, dass die an der Inkremententwicklung beteiligten Personen alle ein gemeinsames Verständnis von der DoD besitzen, d.h. darin übereinstimmen, wann die Arbeit am Inkrement abgeschlossen ist.[680] Inkremente dienen der Erfüllung potenziell auslieferbarer Funktionalitäten, während meilensteinorientierte Ergebnisse häufig die Erzeugung einzelner technischer Komponenten ohne eine zwangsläufig eigenständige Funktionserfüllung beinhalten.[681] Jedem dieser (Teil-) Ergebnisse gemein ist jedoch, dass sie das Baselining im Entwicklungsprozess ermöglichen. Baselining bezeichnet die Determinierung bekannter Ergebnisse („Baseline“) und gewährleistet damit eine Art Rückfallposition für das Projektteam. Mit der Determinierung werden ab diesem Zeitpunkt keine Änderungen mehr an den bis dahin erreichten Ergebnissen ohne Zustimmung aller erforderlichen Projektbeteiligten vorgenommen. Ein Projekt kann damit jederzeit auf einem klar definierten Zwischenstand aufsetzen.[682] Plangetriebene Prozesse bedienen sich zu jedem erreichten Meilenstein der Möglichkeit des Baselining. Auch zu Projektbeginn definierte Anforderungen werden vollumfänglich determiniert. Agile Entwicklungsprozesse verfolgen eher den Ansatz einer natürlichen Determinierung von Zwischenständen. Anforderungen werden lediglich übergeordnet definiert und nach und nach spezifiziert. Alle Aktivitäten in der Entwicklung werden grundsätzlich als reversibel angenommen. Es wird akzeptiert, dass es zu Entscheidungen kommen kann, die sich im Nachhinein als falsch herausstellen.[683] Durch die für agile Prozesse charakteristische Transparenz ist jeder Entwicklungsfortschritt dennoch nachvollziehbar. Eine Option für die Verifikation („Wird das Produkt richtig entwickelt?“) und Validierung („Wird das richtige Produkt entwickelt?“) einer Entscheidung stellen das Prototyping und Testing dar.[684] Hier kann zwischen einer separierten und einer integrierten Betrachtungsweise unterschieden werden. Zwar werden bei der separierten Betrachtung auch „build-test-feedback-and-revise loops“ innerhalb der im Prozess integrierten Meilensteine durchgeführt, das eigentliche Testing findet jedoch erst als eigenständige Phase zum Ende des Entwicklungsprozesses hin statt. In dieser

[679] Vgl. Cooper (2017), Winning at New Products, S. 121f.

[680] Vgl. Schwaber & Sutherland (2017), The Scrum Guide, S. 5

[681] Vgl. Larman & Vodde (2017), Large-Scale Scrum, S. 11

[682] Vgl. Boehm (1981), Software Engineering Economics, S. 38; Hoffmann (2008), Software-Qualität, S. 495

[683] Vgl. Stapleton (2003), DSDM, S. 18

[684] Vgl. Boehm (1981), Software Engineering Economics, S. 36f.; VDI Verein Deutscher Ingenieure e.V. (1993), VDI 2221 (zurückgezogen), S. 38f.

Phase sollen Produktfehler aufgedeckt werden, die in den kurzen Testing-Einheiten während des Entwicklungsprozesses nicht identifiziert werden konnten.[685] Agile Prozesse verfolgen eine integrierte Prototyping und Testing Strategie. Das Testing ist fester Bestandteil jeder durchzuführenden Timebox und wird nicht als diskrete Aktivität interpretiert.[686] Die Basis bildet das Produktinkrement. Der Begriff Prototyp, eigentlich zu verstehen als eine erste, voll funktionsfähige Version des zu entwickelnden Produkts[687], wird im Kontext agiler Entwicklungsprozesse weiter gefasst. In der vorliegenden Arbeit wird dafür auf die Definition von SCHLÖßER verwiesen. Ein Prototyp ist zwar auf die „[...] relevanten Eigenschaften und Verhaltensaspekte des zu entwickelnden Produkts reduziert [...], aber [ist] hinreichend detailliert [...], um in Bezug auf das Entwicklungsergebnis ein qualitativ hochwertiges Meinungsbild von Projektbeteiligten sowie potenziellen Kunden, Nutzern und weiteren Anspruchsgruppen einholen zu können."[688]

Hybride Prozessmerkmale im Merkmalsverbund Controlling

Der fünfte Merkmalsverbund umfasst das plangetriebene Ähnlichkeitscluster II mit sechs konstituierenden Prozessmerkmalen sowie das agile Ähnlichkeitscluster IV mit ebenfalls sechs konstituierenden Prozessmerkmalen. Die insgesamt zwölf zu berücksichtigenden Merkmale beschäftigen sich übergeordnet mit dem *Controlling* von Entwicklungsprozessen. Dazu zählt neben der Form der Dokumentation auch die Prozessüberwachung (siehe Abbildung 5-20).

Merkmalsverbund	Hybrides Prozessmerkmal	Ausprägungen		
Controlling	Dokumentation	*Detailliert, mit Fokus auf Vollständigkeit*	*Wesentlich, mit Fokus auf Transparenz*	
	Prozessüberwachung	*Diskret, gebunden an Entscheidungspunkte*	*Regelmäßig, auf monatlicher/wöchentlicher Basis*	*Kontinuierlich, auf täglicher Basis*

Abbildung 5-20: Hybride Prozessmerkmale im Merkmalsverbund Controlling

Die Dokumentation der Entwicklungsaktivitäten und -ergebnisse des Entwicklungsprozesses besitzt sowohl bei plangetrieben als auch bei agil umgesetzten Projekten eine wichtige Bedeutung. In Abhängigkeit der Prozessart unterscheidet sich die Art der Umsetzung der Dokumentation allerdings wesentlich. Im Fokus plangetriebener Prozesse steht die detaillierte, strukturierte und vollständige Dokumentation. Dieser Anspruch beginnt bereits bei der schriftlichen Aufzeichnung der Entwicklungsziele im

[685] Vgl. Cooper (2017), Winning at New Products, S. 133
[686] Vgl. Stapleton (2003), DSDM, S. 1
[687] Vgl. Schlößer (2020), Prototypische Produktinkremente agiler Entwicklungsprojekte, S. 51
[688] Schlößer (2020), Prototypische Produktinkremente agiler Entwicklungsprojekte, S. 56

Allgemeinen und den Anforderungen im Speziellen.[689] Auch der Entwicklungsprozess selbst ist zu Projektbeginn bereits in Bezug auf seine Phasen und Meilensteine hin konkret auszuformulieren.[690] Diese Form des Detaillierungsgrads wird als notwendig erachtet, um im weiteren Verlauf des Entwicklungsprojekts gezielt darauf zurückgreifen zu können.[691] Im Fokus agiler Prozesse steht hingegen die Prozesstransparenz. Es gilt, ausschließlich die wesentlichen Aspekte des Prozesses durch Dokumentation für alle diejenigen sichtbar zu machen, die für das spätere Ergebnis verantwortlich sind.[692] Ziel ist es, ein genaues Bild über den aktuellen Projektstatus bzw. -fortschritt zu bekommen und zu wissen, wie schnell das Projektteam neue Funktionen entwickelt.[693] Daher erfolgt die Prozessüberwachung innerhalb agiler Entwicklungsprojekte zumeist kontinuierlich auf täglicher Basis.[694] Die noch ausstehende Arbeit zur Erreichung eines bestimmten Ziels kann jederzeit nachvollzogen werden.[695] Bekannte Planungspraktiken sind bspw. das Burndown-Chart oder das Kanban-Board („Card-Wall"). Bei plangetriebenen Entwicklungsprozessen hingegen trägt die Form der Dokumentation dazu bei, dass der Prozessfortschritt vor allem durch die Erreichung der eindeutig definierten und mit Kriterien belegten Meilensteine sichtbar und messbar wird.[696]

Hybride Prozessmerkmale im Merkmalsverbund Kollaboration

Der letzte Merkmalsverbund umfasst das plangetriebene Ähnlichkeitscluster IV mit drei konstituierenden Prozessmerkmalen und die zwei agilen Ähnlichkeitscluster V und IX mit insgesamt zwölf konstituierenden Prozessmerkmalen. Die damit bei der integrierten Analyse zu berücksichtigenden 15 Merkmale adressieren gemeinschaftlich Themenfelder, die die *Kollaboration* im Entwicklungsprozess fokussieren. Darunter fallen sowohl die möglicherweise notwendige Kaskadierung des Prozesses, die innerhalb des Entwicklungsprozesses erforderliche Kooperation des Projektteams, der Grad der Befähigung des Teams als auch das Format des Entscheidungsprozesses. Eine Übersicht über die abgeleiteten hybriden Prozessmerkmale gibt Abbildung 5-21.

---

[689] Vgl. Lindemann (2009), Methodische Entwicklung technischer Produkte, S. 108
[690] Vgl. Cooper (2017), Winning at New Products, S. 144
[691] Vgl. Lindemann (2009), Methodische Entwicklung technischer Produkte, S. 108
[692] Vgl. Schwaber & Sutherland (2017), The Scrum Guide, S. 5
[693] Vgl. Palmer & Felsing (2002), A Practical Guide to Feature-Driven Development, S. 53
[694] Vgl. Larman & Vodde (2017), Large-Scale Scrum, S. 12
[695] Vgl. Schwaber & Sutherland (2017), The Scrum Guide, S. 16
[696] Vgl. Hoffmann (2008), Software-Qualität, S. 495

Merkmalsverbund	Hybrides Prozessmerkmal	Ausprägungen			
Kollaboration	Kaskadierung	*Keine Skalierung der Meeting-Struktur*	*Skalierung der Meeting-Struktur*		
	Kooperation	*Ausschließlich vertikal*	*Horizontal und vertikal*	*Diagonal*	
	Befähigung des Teams	*Statisch gestaltete Teamstruktur*	*Dynamisch gestaltete Teamstruktur*		
	Format des Entscheidungsprozesses	*In hohem Maße zentral*	*Meist zentral, begrenzt dezentral*	*Meist dezentral, begrenzt zentral*	*In hohem Maße dezentral*

Abbildung 5-21: Hybride Prozessmerkmale im Merkmalsverbund Kollaboration

In agilen Entwicklungsprozessen gilt die Prämisse, dass die optimale Größe des Projektteams klein genug zu wählen ist, um schnell und anpassungsfähig zu sein, dabei aber gleichzeitig groß genug sein muss, um bedeutende Arbeit innerhalb einer Timebox generieren zu können. Zu große Projektteams erzeugen vermeidbare Komplexität im Entwicklungsprozess.[697] In diesem Fall wird, auch bei plangetrieben ausgeführten Projekten, eine Unterteilung des großen Teams in mehrere kleinere Teams angestrebt. Die Separierung der Teams geht einher mit einer erforderlichen Skalierung der Meeting-Struktur. Zusätzlich zu den individuellen Teammeetings müssen zentralisierte Abstimmungstermine zwischen den einzelnen Teams eingeplant werden.[698] Die Umsetzung dieser Form der Kaskadierung wird nicht zuletzt beeinflusst von der Art der Kooperation der einzelnen am Entwicklungsprozess beteiligten Personen. Nicht selten verläuft die Kooperation in plangetriebenen Prozessen ausschließlich vertikal, d.h. der Informations- und Wissensaustausch findet maßgeblich berichtend und entscheidend zwischen Projektmitarbeitenden und der Projektleitung, dem Management oder anderen Stakeholdern statt. Vermehrt wird versucht, auch horizontale Kooperationen zu fördern und zu fordern, also den Austausch zwischen verschiedenen Teams oder Fachbereichen. Insbesondere innerhalb agiler Entwicklungsprojekte ist jedoch eine diagonale Kooperation Voraussetzung für einen funktionierenden Prozessverlauf. Damit gemeint ist ein kontinuierlicher Informations- und Wissensaustausch zwischen allen Projektbeteiligten unabhängig ihres direkten oder indirekten Projektbezugs bzw. ihrer strategischen oder operativen Projektrolle. Ein Zusammenhang besteht auch zwischen der diagonalen Kooperation und dem Befähigungsgrad des Projektteams. Zu Projektbeginn kann oft nicht zuverlässig bestimmt werden, welche Technologien und Anwendungen für die Entwicklung ausschlaggebend sein werden. Als Resultat steigt die Unsicherheit bei der Auswahl geeigneter Teammitglieder.[699] Agile Ansätze begegnen dieser Unsicherheit mit einer dynamisch gestalteten Teamstruktur. Das Team agiert

[697] Vgl. Schwaber & Sutherland (2017), The Scrum Guide, S. 7

[698] Vgl. Stapleton (2003), DSDM, S. 46f.

[699] Vgl. VDI Verein Deutscher Ingenieure e.V. (2004), VDI 2206, S. 68

vornehmlich selbstorganisiert und ist interdisziplinär aufgestellt. Die einzelnen Teammitglieder besitzen jedoch keine eindeutige Bezeichnung oder Titel, d.h. dynamische Teams kennen keine Rollenunterteilungen innerhalb des Teams. Zwar können einzelne Teammitglieder spezialisierte Fähigkeiten innehaben, rechenschaftspflichtig sind aber alle Mitglieder des Projektteams gleichermaßen.[700] Die resultierende Entscheidungsbefugnis des Projektteams wird schließlich über das Maß der Zentralisierung bzw. der Dezentralisierung des Entscheidungsprozesses festgelegt. Grundsätzlich gilt, je zentralisierter der Entscheidungsprozess ist, desto mehr Zeit nimmt die Entscheidungsfindung über die verschiedenen Hierarchieebenen in Anspruch.[701] Plangetriebene Entwicklungsprozesse sind häufig eher zentral organisiert, agile Prozesse eher dezentral. Dennoch gilt für beide Prozessarten: Die Bedeutung und Auswirkung, die eine Entscheidung für das Entwicklungsprojekt oder sogar für das gesamte Unternehmen hat, bestimmt, auf welcher Ebene die Entscheidung zu treffen ist.[702] Entscheidungen, die vornehmlich zentral ablaufen sollten, sind daher vor allem strategischer Natur, haben weitreichende Auswirkungen und liegen außerhalb des Wissens- und Verantwortungsbereichs des Projektteams. Solche Entscheidungen treten in der Regel jedoch nicht besonders häufig auf und sind normalerweise nicht von besonderer Dringlichkeit. Die meisten im Projekt anfallenden Entscheidungen besitzen dagegen keinen strategischen Charakter. Stattdessen sind sie oft dringlich, eine Verzögerung ist häufig mit Mehrkosten verbunden und sie erfordern einen spezifischen lokalen Kontext und Wissensschatz für die Entscheidungsfindung. Für solche Entscheidungen empfiehlt sich ein dezentraler Entscheidungsprozess.[703]

Mit diesem letzten Merkmalsverbund zur Kollaboration im Entwicklungsprozess konnten im Rahmen der integrierten Analyse über die sechs zu Beginn von Kapitel 5.2.3 identifizierten Merkmalsverbünde innerhalb der DMM insgesamt 24 hybride Prozessmerkmale mit jeweils zwei bis vier Ausprägungen abgeleitet werden. Sie bilden gemeinsam die Antwort auf die Teilforschungsfrage des zweiten Teilmodells der Methodik zur kontextbasierten Integration agiler und plangetriebener Prozesse. Als potenzielle Typologisierungskriterien dienen sie gleichzeitig als wesentliche Grundlage für die nächsten Schritte der Typologisierung (siehe Abbildung 5-7). Die Eingrenzung der bis hierhin identifizierten 24 Prozessmerkmale auf die für das Verfahren der Typenbildung wesentlichen Kriterien ist Bestandteil des nachfolgenden Kapitels 5.3.

---

[700] Vgl. Schwaber & Sutherland (2017), The Scrum Guide, S. 6f.

[701] Vgl. Stapleton (2003), DSDM, S. 15

[702] Vgl. Lindemann (2009), Methodische Entwicklung technischer Produkte, S. 49

[703] Vgl. Knaster & Leffingwell (2020), SAFe Distilled, S. 57f.

5.3 Definition von Grundtypen hybrider Entwicklungsprozesse

Auf Basis der im vorausgegangenen Kapitel identifizierten und operationalisierten hybriden Prozessmerkmale beschäftigt sich das nun folgende dritte Teilmodell der Methodik mit der Herleitung und Beschreibung von Grundtypen hybrider Entwicklungsprozesse. Diese Grundtypen können als hybride Kombinationsmuster verstanden werden, d.h. sie stellen voneinander signifikant verschiedene Vorgehensmodelle auf der prozessualen Makroebene dar, die sich aus der integrativen Betrachtung der teils agilen, teils plangetriebenen Ausprägungen der hybriden Prozessmerkmale ergeben (siehe Abbildung 5-22).[704]

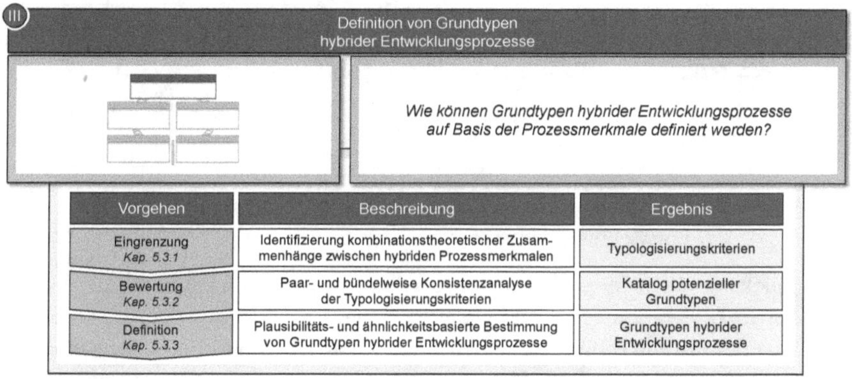

Abbildung 5-22: Vorgehen zur Definition von Grundtypen

Dafür gilt es im ersten Schritt, zunächst die Merkmale der insgesamt 24 identifizierten hybriden Prozessmerkmale zu bestimmen, die einen typenbildenden Charakter besitzen. Für eine Typologisierung sind ausschließlich solche Merkmale von Bedeutung, die entscheidend für das Vorliegen eines Grundtyps sind. Sie stellen damit die für die Typenbildung maßgeblichen Typologisierungskriterien dar (Kapitel 5.3.1). Im Sinne eines sachlogischen Ansatzes erfolgt die Typenbildung schließlich durch die konstruktive Verknüpfung der Ausprägungen der einzelnen Typologisierungskriterien. Zur Sicherstellung der inhaltlichen Konsistenz dieser so entstehenden, theoretisch denkbaren Typen wird die eigentliche Typenbildung unter Berücksichtigung einer zweifachen Konsistenzanalyse umgesetzt (Kapitel 5.3.2). Aus dem generierten Katalog potenzieller Grundtypen gilt es im Anschluss die Typen auszuwählen, die sich zum einen

[704] Das Vorgehen des dritten Teilmodells beruht in Grundzügen auf den von der Autorin in Riesener et al. (2020) und Ays et al. (2021) veröffentlichten Vorarbeiten (siehe Kapitel 3.2.2.4).

signifikant voneinander unterscheiden und zum anderen nicht ausschließlich das Ergebnis einer theoretischen Modellierung sind. Stattdessen sollten die zu definierenden Grundtypen eine praktische Plausibilität aufweisen und gleichzeitig die wirtschaftliche Realität abbilden. Die Grundtypen, die alle Voraussetzungen erfüllen, werden abschließend im Detail erläutert und in ihren Ausprägungen beschrieben (Kapitel 5.3.3).

Die Bildung und die Darstellung der Grundtypen hybrider Entwicklungsprozesse entspricht den in Kapitel 2.4.3 vorgestellten letzten beiden Schritten des Verfahrens zur Typenbildung nach KNOBLICH[705] und WELTER[706] (siehe Abbildung 5-23).

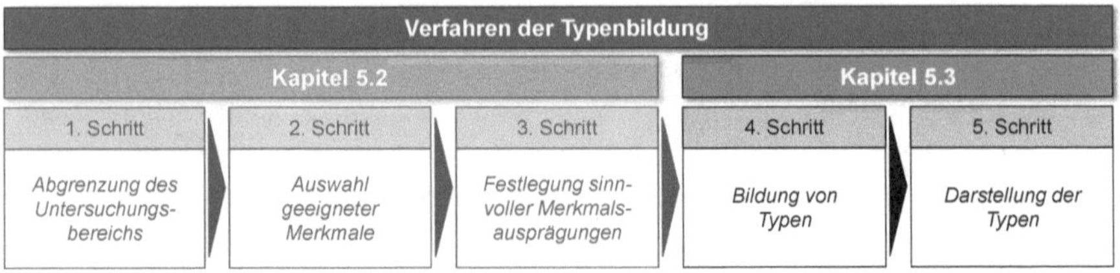

Abbildung 5-23: Schritte 4 und 5 zur Herleitung von Grundtypen hybrider Entwicklungsprozesse

Im Hinblick auf die in der vorliegenden Arbeit angestrebte Gesamtmethodik zur kontextbasierten Integration agiler und plangetriebener Entwicklungsprozesse leisten die Ergebnisse des dritten Teilmodells einen wesentlichen Beitrag. Die Bildung einer abgeschlossenen Anzahl von Grundtypen hybrider Entwicklungsprozesse gewährleistet die transparente Darstellung realisierbarer, vordefinierter Integrationsvarianten agiler und plangetriebener Prozesse. Die Verknüpfung der als Vorgehensmodelle zu verstehenden hybriden Grundtypen mit dem Projektkontext (siehe Kapitel 5.4) ermöglicht im nächsten Schritt die projektspezifische Auswahl und Gestaltung eines solchen Grundtyps (siehe Kapitel 5.5).

5.3.1 Systematische Identifizierung kombinationstheoretischer Zusammenhänge

Der Aufwand einer Typologisierung wird maßgeblich durch die Anzahl der bei der Typenbildung zu berücksichtigenden Merkmale bestimmt.[707] Je mehr Merkmale in die Typenbildung als Typologisierungskriterien einfließen, desto größer wird die Übereinstimmung zwischen den resultierenden Typen und der Realität. Gleichzeitig steigt

[705] Vgl. Knoblich (1969), Betriebswirtschaftliche Warentypologie
[706] Vgl. Welter (2006), Die Forschungsmethode der Typisierung
[707] Vgl. Paulukuhn (2005), Typologisierung von Entwicklungsprojekten, S. 56

mit wachsender Merkmalszahl die Gefahr, dass die Typen in ihrer Konfiguration innerhalb der Morphologie zu komplex werden und im Zuge dessen den mit einer Typologisierung verfolgten generalisierenden und abstrahierenden Charakter verlieren.[708] In der vorliegenden Arbeit wird es daher als nicht zielführend betrachtet, so viele Merkmale wie möglich in die Generierung der Typen einfließen zu lassen. Nach WELTER kann die Reduzierung der im Kapitel 5.2 identifizierten Prozessmerkmale auf die für die Typologisierung relevanten Merkmale durch die Unterscheidung in typenbildende und typenbeschreibende Merkmale vorgenommen werden. Während typenbildende Merkmale entscheidend für das Vorliegen eines Grundtyps sind, verfolgen typenbeschreibende Merkmale vielmehr die nähere Erläuterung und Detaillierung der entsprechenden Typen.[709] Als entscheidend für die Typenbildung werden Merkmale verstanden, die einen hohen Einfluss auf andere Merkmale ausüben oder besonders viele andere Merkmale beeinflussen. Ziel des ersten Schritts im dritten Teilmodell ist daher die Bewertung der 24 Prozessmerkmale hinsichtlich ihres typenbildenden oder typenbeschreibenden Charakters.

Für die systematische Unterscheidung der Prozessmerkmale hinsichtlich ihres typenbildenden oder typenbeschreibenden Charakters wird sich im Folgenden einer Methode aus der Zukunfts- und Szenarioanalyse bedient. Die Einflussmatrix, auch Cross-Impact-Matrix genannt, ermöglicht die Beurteilung des Zusammenspiels einzelner Faktoren in einem System. Im vorliegenden Fall lassen sich über eine solche Matrix die konkreten Einflüsse, d.h. die kombinationstheoretischen Zusammenhänge zwischen zwei Prozessmerkmalen beschreiben. Durch eine gerichtete Bewertung innerhalb der quadratischen Matrix können solche Merkmale herausgefiltert werden, die im Vergleich zu allen anderen Merkmalen im betrachteten Gesamtsystem eine Schlüsselrolle einnehmen.[710] Abbildung 5-24 stellt die Gegenüberstellung der 24 Prozessmerkmale in einer solchen Einflussmatrix dar. Zur Quantifizierung des Einflusses eines Merkmals auf ein anderes wird eine vierstufige Skala von „0: Kein Einfluss“ bis „3: Starker Einfluss“ zugrunde gelegt. Im Anschluss an die Bewertung jeder Merkmalskombination werden die Zeilen- bzw. Aktivsumme und die Spalten- bzw. Passivsumme je Prozessmerkmal gebildet. Aktiv- und Passivsumme stehen für den Grad der Vernetzung eines Merkmals im System.[711]

---

[708] Vgl. Vogl (2013), Strategie, Organisation und Performance im Innovationsmanagement, S. 69

[709] Vgl. Welter (2006), Die Forschungsmethode der Typisierung, S. 115

[710] Vgl. Kosow et al. (2008), Methoden der Zukunfts- und Szenarioanalyse, S. 38; Barg (2018), Kontextbezogene Auslegung von Produktbaukästen, S. 185

[711] Vgl. Kosow et al. (2008), Methoden der Zukunfts- und Szenarioanalyse, S. 38

	1 Umgang mit Zielen	2 Anforderungsaufnahme	3 Art der Anforderungsdefinition	4 Kundenzentrierung	5 Suche nach Lösungskonzepten	6 Detaillierungsgrad der Prozessplanung	7 Festlegung von Entscheidungspunkten	8 Anpassungsfähigkeit des Prozesses	9 Priorisierung	10 Verlaufsform	11 Prozesstakt	12 Kadenz der Produktreleases	13 Parallelisierung von Aktivitäten	14 Teilprojektbildung	15 Synchronisation	16 Erzeugung von (Teil-) Ergebnissen	17 Baselining	18 Prototyping & Testing	19 Dokumentation	20 Prozessüberwachung	21 Kaskadierung	22 Kooperation	23 Befähigung des Teams	24 Format des Entscheidungsprozesses	AS_i	PS_i	DI_i	IPI_i
1		0	0	0	0	0	2	0	0	0	0	0	0	0	0	0	0	0	0	1	0	1	0	3	7	5	35	1,4
2	0		1	3	0	0	0	2	3	0	0	0	0	0	0	0	0	0	0	0	0	0	0	0	9	11	99	0,82
3	0	1		1	0	0	0	1	1	0	0	0	0	0	0	0	0	0	0	0	0	0	0	0	4	6	24	0,67
4	0	3	1		0	0	0	2	2	0	0	0	0	0	0	3	0	2	0	0	0	0	0	0	13	10	130	1,3
5	0	0	0	0		0	0	0	0	0	0	0	3	2	2	0	0	0	0	0	0	0	0	0	7	3	21	2,33
6	0	0	0	0	0		1	2	2	2	2	1	2	0	0	0	0	1	0	0	0	0	0	0	13	11	143	1,18
7	0	0	0	2	0	3		1	0	2	3	0	1	0	1	0	0	3	0	1	0	0	0	2	19	16	304	1,19
8	0	1	0	0	0	2	1		0	1	2	0	0	0	0	0	0	0	0	0	0	0	0	1	8	18	144	0,44
9	0	0	0	0	0	0	0	1		0	0	0	1	0	0	0	0	0	0	0	0	0	0	0	2	9	18	0,22
10	0	2	3	0	0	2	3	3	1		3	2	1	0	3	2	1	2	0	1	0	1	1	3	34	12	408	2,83
11	0	1	0	0	0	3	1	2	0	3		1	1	0	2	3	0	2	1	0	0	0	1	2	23	19	437	1,21
12	0	2	0	2	0	0	2	0	0	1	2		0	0	1	1	0	1	0	0	0	0	0	0	12	6	72	2
13	0	0	0	0	0	0	1	1	0	1	1	0		3	3	0	0	0	1	0	1	1	0	0	13	16	208	0,81
14	0	0	0	0	2	0	0	0	0	0	0	0	3		1	0	0	0	1	1	3	0	0	0	11	6	66	1,83
15	0	0	0	0	1	0	1	1	0	2	1	0	3	0		0	1	0	0	1	0	0	1	0	12	15	180	0,8
16	0	0	0	0	0	1	2	0	0	0	1	1	0	0	1		1	1	0	0	0	0	0	0	8	9	72	0,89
17	1	0	0	0	0	0	0	0	0	0	0	0	1	0	0	0		0	0	0	0	0	0	0	2	4	8	0,5
18	0	1	1	1	0	0	0	0	0	0	3	1	0	0	1	0	1		0	0	0	0	0	0	9	12	108	0,75
19	0	0	0	0	0	0	0	0	0	0	0	0	0	0	0	0	0	0		3	0	0	0	0	3	5	15	0,6
20	0	0	0	0	0	0	0	0	0	0	1	0	0	0	0	0	0	0	1		0	0	0	0	2	11	22	0,18
21	0	0	0	0	0	0	0	0	0	0	0	0	0	1	0	0	0	0	0	0		0	0	1	2	4	8	0,5
22	1	0	0	1	0	0	0	0	0	0	0	0	0	0	0	0	0	0	0	0	0		1	2	5	5	25	1
23	0	0	0	0	0	0	0	1	0	0	0	0	0	0	0	0	0	0	0	0	0	0		0	1	4	4	0,25
24	3	0	0	0	0	0	2	1	0	0	0	0	0	0	0	0	0	0	1	3	0	2	0		12	14	168	0,86

0 Kein Einfluss
1 Schwacher Einfluss
2 Mittlerer Einfluss
3 Starker Einfluss

AS: Aktivsumme
PS: Passivsumme
DI: Dynamikindex
IPI: Impulsindex

Gerichtete Leserichtung → *„…beeinflusst…"*

Abbildung 5-24: Einflussmatrix zur Bestimmung der typenbildenden Prozessmerkmale

Während die *Aktivsumme (AS)* die Stärke zum Ausdruck bringt, mit der das jeweilige Merkmal andere Merkmale beeinflusst, gibt die *Passivsumme (PS)* an, in welchem Maß das betrachtete Merkmal von anderen Prozessmerkmalen im System beeinflusst wird.[712]

Die Betrachtung der Aktiv- und Passivsumme je Prozessmerkmal reicht jedoch nicht aus, um aus der Vielzahl der Merkmale all diejenigen mit typenbildendem Charakter

[712] Vgl. Herzhoff (2004), Szenario-Technik in der chemischen Industrie, S. 33f.

abzuleiten. Nach VESTER ermöglicht erst das in Bezug setzen von Aktiv- und Passivsumme die Beurteilung des Charakters eines Merkmals.[713] Der *Dynamikindex (DI)* als Produkt aus Aktiv- und Passivsumme gewährleistet die Beurteilung der Einbindung eines Merkmals in das Gesamtsystem (siehe Gleichung 5-1). Je größer der Dynamikindex ist, desto stärker ist die Vernetzung des Merkmals innerhalb des Systems. In diesem Fall kann das Merkmal auch als kritisch eingestuft werden. Bei einem kleinen Dynamikindex, d.h. einer geringen Beteiligung eines Merkmals am Systemverhalten, wird ein Merkmal auch als puffernd bezeichnet.[714]

$$\boldsymbol{DI_i = AS_i \cdot PS_i} \tag{Gl. 5-1}$$

DI_i:	Dynamikindex des Prozessmerkmals i
AS_i:	Aktivsumme des Prozessmerkmals i
PS_i:	Passivsumme des Prozessmerkmals i

Neben dem Dynamikindex kann ergänzend der *Impulsindex (IPI)* eines Prozessmerkmals betrachtet werden. Der Impulsindex gibt die Einflussstärke eines Prozessmerkmals wieder (siehe Gleichung 5-2). Bei einem Quotienten größer als 1 wird das Prozessmerkmal als aktiv eingestuft. Ergibt sich hingegen ein Quotient kleiner als 1, gilt das Prozessmerkmal als reaktiv.[715]

$$\boldsymbol{IPI_i = \frac{AS_i}{PS_i}} \tag{Gl. 5-2}$$

IPI_i:	Impulsindex des Prozessmerkmals i
AS_i:	Aktivsumme des Prozessmerkmals i
PS_i:	Passivsumme des Prozessmerkmals i

Ob ein Merkmal als kritisch oder puffernd charakterisiert wird ist völlig unabhängig davon, ob das betrachtete Merkmal gleichzeitig eher als aktiv oder reaktiv definiert werden sollte. Erst das Zusammenspiel aus Aktiv- und Passivsumme, also die Position eines Prozessmerkmals im Spannungsfeld zwischen den zwei Dichotomien, ermöglicht die Charakterisierung der Prozessmerkmale als typenbildend oder typenbeschreibend. Um eben diese Position eines Prozessmerkmals bewerten zu können, werden die Pro-

[713] Vgl. Vester (2015), Die Kunst vernetzt zu denken, S. 230

[714] Vgl. Herzhoff (2004), Szenario-Technik in der chemischen Industrie, S. 34; Vester (2015), Die Kunst vernetzt zu denken, S. 230

[715] Vgl. Herzhoff (2004), Szenario-Technik in der chemischen Industrie, S. 34

zessmerkmale anhand ihrer Aktiv- und Passivsumme in einem Systemdiagramm grafisch einander gegenübergestellt (siehe Abbildung 5-25). Jedes Merkmal bewegt sich dabei zwischen „aktiv-reaktiv“ und „puffernd-kritisch“.[716]

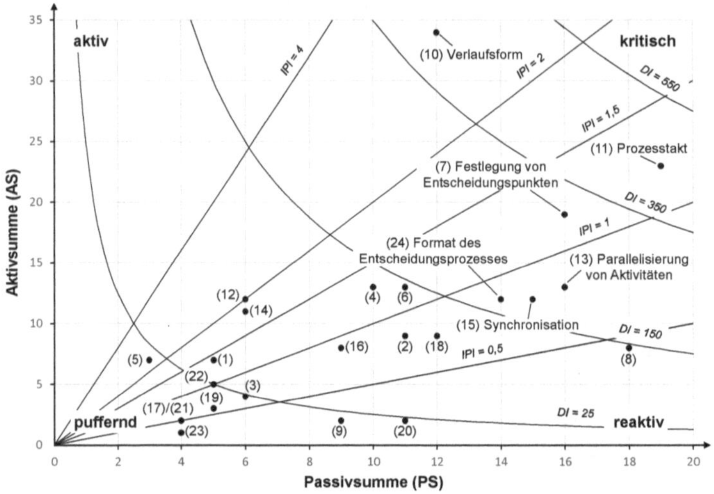

Abbildung 5-25: Systemdiagramm der Prozessmerkmale

Neben der Darstellung jedes Prozessmerkmals als Punkt im Systemdiagramm werden zusätzlich unterschiedliche Werte des Impuls- und Dynamikindex als Isolinien abgebildet. Sie dienen der Unterteilung und Strukturierung der Prozessmerkmale. Kritische Prozessmerkmale zeichnen sich durch eine hohe Aktiv- und Passivsumme aus. Als puffernd einzustufende Prozessmerkmale dagegen besitzen eher eine geringe Aktiv- und Passivsumme. Die Aktivität bzw. Reaktivität eines Prozessmerkmals bestimmt sich entweder durch eine hohe Aktiv- oder eine hohe Passivsumme. Die Werte der Isolinien sind je zu betrachtendem System individuell zu wählen[717] und orientieren sich an der relativen Verteilung der Prozessmerkmale zueinander. Damit erlaubt das Systemdiagramm einen umfassenden Überblick über die verschiedenen Rollenverteilungen der Merkmale im System.

Zur Gewährleistung des generalisierenden und abstrahierenden Charakters der angestrebten Grundtypen wird in Anlehnung an das pragmatische Vorgehen bei KOSOW

[716] Vgl. Vester (2015), Die Kunst vernetzt zu denken, S. 234
[717] Vgl. Mattern (2018), Kollaborationsproduktivität in der interdisziplinären Produktentwicklung, S. 170

ET AL.[718] eine Reduzierung der 24 Prozessmerkmale um etwa 75% angestrebt, d.h. fünf bis sieben für die Typenbildung zu berücksichtigende Merkmale. Für die Auswahl der typenbildenden Merkmale ist vorrangig ein hoher Dynamikindex von Bedeutung, d.h. alle Prozessmerkmale müssen im Sinne ihrer Vernetzung zu anderen Merkmalen in der Systemrelation einen kritischen Charakter aufweisen. Aus diesem Grund wird der entscheidende Grenzwert des Dynamikindex bei DI = 150 angesetzt. Damit ergeben sich sechs typenbildende Prozessmerkmale bzw. sechs für die Typenbildung zu berücksichtigende Typologisierungskriterien: Prozesstakt, Verlaufsform, Festlegung von Entscheidungspunkten, Parallelisierung von Aktivitäten, Synchronisation und Format des Entscheidungsprozesses (siehe Abbildung 5-25).

Unter zusätzlicher Einbeziehung des Impulsindex können die so bestimmten Typologisierungskriterien außerdem in zwei verschiedene Gruppen geteilt werden. Betrachtet man die Verteilung der Prozessmerkmale im Systemdiagramm, ordnen sich die drei erstgenannten Merkmale (Prozesstakt, Verlaufsform und Festlegung von Entscheidungspunkten) über und die drei letztgenannten Merkmale (Parallelisierung von Aktivitäten, Synchronisation und Format des Entscheidungsprozesses) unter dem ausschlaggebenden Wert des Impulsindex von IPI = 1 an. Abbildung 5-26 stellt die reduzierte Morphologie der typenbildenden Prozessmerkmale und damit der Typologisierungskriterien in der aufgezeigten Reihenfolge dar.

Typologisierungskriterium	Ausprägungen			
Prozesstakt	*An Phasen orientierter Rhythmus*	*An Timeboxes orientierter Rhythmus*		
Verlaufsform	*Linear, sequenziell*	*Partiell iterativ*	*Hoch iterativ*	
Festlegung von Entscheidungspunkten	*Explizit getrieben durch Meilensteine*	*Teils explizit, teils implizit getrieben*	*Implizit getrieben durch Produktinkremente*	
Parallelisierung von Aktivitäten	*Keine Parallelisierung (Seriell)*	*Teilweise Parallelisierung (Mischform)*	*Volle Parallelisierung (Parallel)*	
Synchronisation	*Wenige Synchronisationspunkte im Prozess*	*Regelmäßige Synchronisationspunkte im Prozess*	*Kontinuierliche Synchronisation*	
Format des Entscheidungsprozesses	*In hohem Maße zentral*	*Meist zentral, begrenzt dezentral*	*Meist dezentral, begrenzt zentral*	*In hohem Maße dezentral*

Abbildung 5-26: Reduzierte Morphologie der typenbildenden Prozessmerkmale

Obwohl mit der Unterscheidung der 24 Prozessmerkmale in typenbildende und typenbeschreibende Merkmale 18 Prozessmerkmale aus den folgenden Schritten der Typenbildung ausgeschlossen werden, spielen diese dennoch im Rahmen der Prozessgestaltung eine nicht zu vernachlässigende Rolle. Aufgrund ihres typenbeschreibenden Charakters ermöglichen sie die projektspezifische Detaillierung der Prozessgestaltung

[718] Vgl. Kosow et al. (2008), Methoden der Zukunfts- und Szenarioanalyse, S. 40

unter Berücksichtigung der jeweiligen Konfiguration eines Grundtyps. Sie können als eine Art Bibliothek von Bausteinen verstanden werden, die die Gestaltung eines hybriden Entwicklungsprozesses überhaupt erst vervollständigen. Gemäß der Definition der projektspezifischen Gestaltung (siehe Kapitel 2.3.4) entspricht dies der Fokussierung und Ergänzung des gewählten Vorgehensmodells. Im Rahmen der Beschreibung und Erläuterung der Grundtypen in Kapitel 5.3.3 sowie bei der anwendungsbezogenen Detaillierung der projektspezifischen Auswahl und Gestaltung eines Grundtyps in Kapitel 5.5 finden die typenbeschreibenden Merkmale Berücksichtigung.

5.3.2 Konsistenzanalyse der Typologisierungskriterien

Die nun als Typologisierungskriterien in den vorherigen Abschnitten definierten sechs Prozessmerkmale bilden die Ausgangslage für den eigentlichen Schritt der Typenbildung. Das in der vorliegenden Arbeit fokussierte Vorgehen konzentriert sich dabei auf das sachlogische Verfahren der Typenbildung, d.h. die Bildung der angestrebten Grundtypen hybrider Entwicklungsprozesse erfolgt maßgeblich durch die konstruktive Verknüpfung der Ausprägungen der Typologisierungskriterien (siehe Kapitel 2.4.3). Eine rein zufällige Kombination der Ausprägungen untereinander erweist sich in der Praxis nicht als zielführend. Es würden sich eine Reihe an widersinnigen und damit unbrauchbaren Ausprägungsverknüpfungen ergeben. Nach GAUSEMEIER muss die Widerspruchsfreiheit der einzelnen Kombinationsmöglichkeiten für die Typenbildung jedoch im Vordergrund stehen. Innere Widersprüche zwischen einzelnen Ausprägungen der Typologisierungskriterien können auch als Inkonsistenzen der resultierenden Typen verstanden werden und sind bei der Typenbildung auszuschließen.[719] Zur Sicherstellung der inhaltlichen Konsistenz der theoretisch denkbaren Kombinationsmöglichkeiten wird die Typenbildung daher unter Berücksichtigung einer zweifachen Konsistenzanalyse der Typologisierungskriterien durchgeführt. Diese gliedert sich in eine paarweise Konsistenzbewertung (Kapitel 5.3.2.1) und eine bündelweise Konsistenzbewertung (Kapitel 5.3.2.2). Die Analyse der Konsistenzen kann auch als eine Art Regulator interpretiert werden. Insbesondere bei den der Prozessbildung zugrundeliegenden Vorgehensmodellen muss ausgeschlossen werden können, dass einzelne Prozessbestandteile nicht zueinander passen.[720]

---

[719] Vgl. Gausemeier et al. (1996), Szenario-Management, S. 254

[720] Vgl. Seel & Timinger (2017), Ein adaptives Vorgehensmodell für hybrides Projektmanagement, S. 21

5.3.2.1 Paarweise Konsistenzbewertung

Die paarweise Konsistenzbewertung stellt jeder Ausprägung eines Typologisierungskriteriums alle Ausprägungen der anderen Kriterien gegenüber. Die je *Ausprägungspaar* durchzuführende Bewertung der Konsistenz gewährleistet, dass die potenzielle Kombination der Ausprägungen bei der Typenbildung in sich stimmig ist. Ein Widerspruch oder sogar ein gegenseitiger Ausschluss der Ausprägungen aus logisch plausiblen Gründen kann so sichtbar gemacht und entsprechend berücksichtigt werden.

Die paarweise Konsistenzbewertung wird in einer quadratischen Matrix vorgenommen. Für jede Ausprägungskombination zwischen zwei Merkmalen wird deren Konsistenz bewertet. Ausprägungen desselben Merkmals müssen einander nicht gegenübergestellt werden. Im Sinne der aus der reduzierten Morphologie abzuleitenden Konfigurationen ist ein gemeinsames Auftreten von Ausprägungen eines Merkmals ausgeschlossen. Die Richtung der Konsistenzbewertung spielt im Gegensatz zur Einflussmatrix bei der *Konsistenzmatrix* keine Rolle. Lediglich die Beziehung der Ausprägungen ist entscheidend. Die Konsistenzmatrix ist damit symmetrisch aufzubauen und eine Bewertung der Merkmalsausprägungen oberhalb der Matrixdiagonalen ist ausreichend (siehe Abbildung 5-27).

			I.		II.			III.			IV.			V.			VI.			
			1	2	3	4	5	6	7	8	9	10	11	12	13	14	15	16	17	18
I. Prozesstakt	An Phasen orientierter Rhythmus	1			5	4	2	5	3	2	3	3	4	4	3	2	4	4	3	3
	An Timeboxes orientierter Rhythmus	2			1	4	5	2	3	5	4	3	3	2	5	4	2	3	4	5
II. Verlaufsform	Linear, sequenziell	3						5	4	3	3	3	3	4	3	2	4	4	3	2
	Partiell iterativ	4						3	3	3	4	3	3	3	4	3	2	3	3	3
	Hoch iterativ	5						1	4	5	4	3	3	1	4	5	1	2	4	5
III. Festlegung von Entscheidungspunkten	Explizit getrieben durch Meilensteine	6									3	3	4	3	4	3	4	4	3	2
	Teils explizit, teils implizit getrieben	7									3	3	3	3	3	3	3	3	3	3
	Implizit getrieben durch Produktinkremente	8									3	3	2	3	3	3	2	3	3	3
IV. Parallelisierung von Aktivitäten	Keine Parallelisierung (Seriell)	9												5	3	1	3	3	3	3
	Teilweise Parallelisierung (Mischform)	10												3	4	3	3	3	3	3
	Volle Parallelisierung (Parallel)	11												2	4	5	3	3	3	3
V. Synchronisation	Wenige Synchronisationspunkte	12															5	4	3	3
	Regelmäßige Synchronisationspunkte	13															3	4	4	3
	Kontinuierliche Synchronisation	14															1	2	4	5
VI. Format des Entscheidungsprozesses	In hohem Maße zentral	15																		
	Meist zentral, begrenzt dezentral	16																		
	Meist dezentral, begrenzt zentral	17																		
	In hohem Maße dezentral	18																		

1 Totale Inkonsistenz; 2 Partielle Inkonsistenz; 3 Unabhängig voneinander; 4 Gegenseitiges Begünstigen; 5 Starke gegenseitige Unterstützung

Abbildung 5-27: Paarweise Konsistenzbewertung der Ausprägungspaare

Für jedes Ausprägungspaar wird ein *Konsistenzwert* ermittelt. Der Konsistenzwert ergibt sich aus einer fünfstufigen Skala[721]:

- 1: *Totale Inkonsistenz*, d.h. die zwei betrachteten Ausprägungen schließen sich gegenseitig vollständig aus und können in einem Typ nicht glaubwürdig gemeinsam miteinander auftreten.
- 2: *Partielle Inkonsistenz*, d.h. die zwei betrachteten Ausprägungen widersprechen einander zwar, können aber grundsätzlich in einem Typ kombiniert werden. Allerdings wird dessen Glaubwürdigkeit beeinträchtigt.
- 3: *Unabhängig voneinander oder neutral*, d.h. die zwei betrachteten Ausprägungen beeinflussen einander nicht. Ihr gemeinsames Auftreten in einem Typ hat keine Auswirkung auf dessen Glaubwürdigkeit.
- 4: *Gegenseitiges Begünstigen*, d.h. die zwei betrachteten Ausprägungen lassen sich gut miteinander in einem Typ kombinieren. Das gemeinsame Auftreten der Ausprägungen in einem Typ hat einen grundsätzlich positiven Einfluss auf dessen Glaubwürdigkeit.
- 5: *Starke gegenseitige Unterstützung*, d.h. die zwei betrachteten Ausprägungen stehen in direkter Beziehung zueinander. Eine Ausprägung lässt den intuitiven Schluss auf die jeweils andere Ausprägung zu. Eine solche Kombination in einem Typ steigert dessen Glaubwürdigkeit bedeutend.

Die in der Konsistenzmatrix ermittelten Konsistenzwerte der Ausprägungspaare bilden den erforderlichen Ausgangspunkt für die bündelweise Konsistenzbewertung.

5.3.2.2 Bündelweise Konsistenzbewertung

Die bündelweise Konsistenzbewertung[722] erfolgt anschließend für jede theoretische Ausprägungskombination über alle Typologisierungskriterien. Diese in der Theorie potenziellen Grundtypen werden im Folgenden als *Ausprägungsbündel* bezeichnet. Im vorliegenden Fall, d.h. bei sechs Typologisierungskriterien mit einmal zwei bzw. vier Ausprägungen und ansonsten jeweils drei Ausprägungen, ergeben sich insgesamt 648 zu bewertende Ausprägungsbündel[723]. Diese Anzahl entspricht allen theoretisch möglichen Konfigurationen innerhalb der reduzierten Morphologie. Jedem Ausprägungs-

[721] Vgl. Gausemeier et al. (1996), Szenario-Management, S. 255

[722] Vgl. Gausemeier et al. (1996), Szenario-Management, S. 257ff.; Kosow et al. (2008), Methoden der Zukunfts- und Szenarioanalyse, S. 42

[723] Die Zahl der theoretisch möglichen Ausprägungsbündel ergibt sich aus dem Produkt der Ausprägungsanzahlen je Typologisierungskriterium, im vorliegenden Fall: $2 \cdot 3^4 \cdot 4 = 648$.

bündel ist im Rahmen der bündelweisen Konsistenzbewertung ein *Konsistenzmaß* zuzuordnen. Das Konsistenzmaß berechnet sich aus der Summe der Konsistenzwerte der im Bündel zu berücksichtigenden Ausprägungspaare. Dabei handelt es sich um ein kombinationstheoretisches Problem, das in Gleichung 5-3 dargestellt ist.

$$\boldsymbol{AP} = \binom{\boldsymbol{r}}{\boldsymbol{2}} \cdot (\boldsymbol{r} - \boldsymbol{1}) \qquad \text{(Gl. 5-3)}$$

AP: Anzahl zu berücksichtigender Ausprägungspaare je Bündel
r: Anzahl der Typologisierungskriterien

Für sechs Typologisierungskriterien ergeben sich entsprechend der Gleichung 5-3 15 zu berücksichtigende Ausprägungspaare je Ausprägungsbündel. Das Konsistenzmaß eines Ausprägungsbündels wird entsprechend durch die Summe von 15 Konsistenzwerten aus der Konsistenzmatrix in Abbildung 5-27 gebildet. In Anhang A.11 ist eine vollständige Liste aller 648 Ausprägungsbündel sortiert nach der Höhe ihrer Konsistenzmaße aufgeführt. Abbildung 5-28 zeigt einen Auszug dieser Liste.

#	Prozesstakt	Verlaufsform	Festlegung von Entscheidungspunkten	Parallelisierung von Aktivitäten	Synchronisation	Format des Entscheidungsprozesses	KM	#TI	#PI
1	An Timeboxes orientierter Rhythmus	Hoch iterativ	Implizit getrieben durch Produktinkremente	Volle Parallelisierung (Parallel)	Kontinuierliche Synchronisation	In hohem Maße dezentral	61	0	1
2	An Phasen orientierter Rhythmus	Linear, sequenziell	Explizit getrieben durch Meilensteine	Keine Parallelisierung (Seriell)	Wenige Synchronisationspunkte im Prozess	In hohem Maße zentral	60	0	0
3	An Timeboxes orientierter Rhythmus	Hoch iterativ	Implizit getrieben durch Produktinkremente	Keine Parallelisierung (Seriell)	Regelm. Synchronisationspunkte im Prozess	In hohem Maße dezentral	60	0	0
4	An Timeboxes orientierter Rhythmus	Hoch iterativ	Implizit getrieben durch Produktinkremente	Keine Parallelisierung (Seriell)	Kontinuierliche Synchronisation	In hohem Maße dezentral	60	1	0
5	An Timeboxes orientierter Rhythmus	Hoch iterativ	Implizit getrieben durch Produktinkremente	Teilweise Parallelisierung (Mischform)	Kontinuierliche Synchronisation	In hohem Maße dezentral	60	0	0
	... Phasen	Linear, sequenziell	Explizit getrieben	K...					

KM:	Konsistenzmaß des Ausprägungsbündels
#TI:	Anzahl totaler Inkonsistenzen des Ausprägungsbündels
#PI:	Anzahl partieller Inkonsistenzen des Ausprägungsbündels

Abbildung 5-28: Auszug der bündelweisen Konsistenzbewertung

Das Ergebnis der bündelweisen Konsistenzbewertung ist als Katalog potenzieller Grundtypen hybrider Entwicklungsprozesse zu verstehen. Die abgebildeten Ausprägungsbündel können gemäß Kapitel 2.4.2 als Idealtypen bezeichnet werden. Sie sind kombinationstheoretisch abgeleitet worden, d.h. sie wurden bislang nicht hinsichtlich ihres Realitätsbezugs beurteilt. Einen ersten Hinweis auf ihren faktisch wahren Charakter geben die in der Liste aufgeführten Konsistenzmaße und die je Ausprägungsbündel angegebene Anzahl totaler bzw. partieller Inkonsistenzen.

Die Konsistenzmaße ermöglichen die Sortierung aller Ausprägungsbündel. Das theoretisch maximal zu erreichende Konsistenzmaß liegt bei einem Wert von 75[724]. Das Bündel mit dem höchsten Konsistenzmaß im Rahmen der in der vorliegenden Arbeit durchgeführten Konsistenzbewertung erreicht einen Wert von 61. Dieses Ausprägungsbündel enthält nahezu ausschließlich Ausprägungen, die charakteristisch einer eher agilen Produktentwicklung zugesprochen werden können. Dies entspricht ebenso dem methodisch zu erwartenden Ergebnis, wie dass das Ausprägungsbündel mit dem zweithöchsten Konsistenzmaß 60 nahezu ausschließlich Ausprägungen aufweist, die einer eher plangetriebenen Produktentwicklung zuzuordnen sind. Beide Bündel stellen die in sich schlüssigsten, also am meisten konsistenten Kombinationen dar. Ein hoher Konsistenzwert innerhalb eines zu wählenden Grundtyps ist zwar grundsätzlich erstrebenswert, sollte jedoch nicht das einzige Beurteilungskriterium darstellen. An dieser Stelle wird auf das folgende Kapitel 5.3.3 verwiesen. Das hingegen minimalste Konsistenzmaß liegt in der Theorie bei einem Wert von 15, was einer Bewertung jedes Ausprägungspaars mit „1“ entsprechen würde. Das Bündel mit der niedrigsten Konsistenz im Katalog weist einen Wert von 40 auf.

Neben dem Konsistenzmaß ist ein weiterer relevanter Kennwert durch die Anzahl totaler Inkonsistenzen in einem Ausprägungsbündel gegeben. In Abbildung 5-28 ist das Bündel, das eine totale Inkonsistenz aufweist, ausgegraut. Auch die Anzahl partieller Inkonsistenzen gilt bei der Definition von Grundtypen als zu berücksichtigender Kennwert. Weist ein Ausprägungsbündel zu viele Ausprägungspaare mit Inkonsistenzen auf, so ist die notwendige Glaubwürdigkeit des potenziellen Grundtyps nicht mehr zwangsläufig gegeben. Auf den Umgang mit totalen und partiellen Inkonsistenzen wird bei der Bestimmung der Grundtypen im nächsten Abschnitt näher eingegangen.

5.3.3 Bestimmung der Grundtypen

In den vorausgegangenen Ausführungen zur Konsistenzanalyse ist deutlich geworden, dass sich eine ausschließlich zufällige Kombination der Ausprägungen für die Typenbildung nicht als zielführend erweist. Die paarweise und bündelweise Konsistenzbewertung ermöglicht in diesem Zusammenhang die Identifikation von Widersprüchen

[724] Das Konsistenzmaß eines Ausprägungsbündels setzt sich aus 15 Konsistenzwerten der im Bündel berücksichtigten Ausprägungspaare mit einer jeweils maximal möglichen Bewertung von 5 zusammen ($15 \cdot 5 = 75$).

innerhalb der rein theoretischen Ausprägungsbündel. Die auf der zweifachen Konsistenzanalyse basierende Auswahl und anschließende Beschreibung der gesuchten Grundtypen aus dem in Anhang A.11 dargestellten Katalog aller 648 Kombinationsmöglichkeiten steht im Fokus der folgenden Abschnitte.

VOGL beschreibt die Bestimmung der maßgeblichen Grundtypen aus der Vielzahl der Ausprägungsbündel als „Gratwanderung“[725]. Während auf der einen Seite gewährleistet sein sollte, dass jede in der Realität vorkommende Erscheinungsform einem Grundtyp zugeordnet werden kann, sollte auf der anderen Seite die Anzahl der Grundtypen in der Typologie so übersichtlich sein, dass jeder Grundtyp für sich eine entsprechend hohe Signifikanz aufweist.[726] Die Bestimmung der Grundtypen gleicht damit einem Such- und Harmonisierungsprozess.[727] Zur methodischen Unterstützung dieses Prozesses wird eine Plausibilitäts- und Ähnlichkeitsanalyse durchgeführt (Kapitel 5.3.3.1). Die so definierbaren Grundtypen werden im Anschluss im Detail beschrieben (Kapitel 5.3.3.2). Jedem Grundtyp wird exemplarisch, zum Nachweis dessen realer Existenz, ein entsprechendes Praxisbeispiel zugeordnet. Auch dies unterstützt die Plausibilität der Grundtypen.

5.3.3.1 Plausibilitäts- und Ähnlichkeitsanalyse

Die Möglichkeit zur Reduzierung der 648 Ausprägungsbündel in Anhang A.11 beruht auf der Annahme, dass in einem vorgegebenen Untersuchungsbereich nur eine sehr begrenzte Anzahl brauchbarer Grundtypen existiert.[728] Die Identifikation dieser Grundtypen aus dem Katalog der Ausprägungsbündel erfolgt zweistufig. Eine Plausibilitätsanalyse gewährleistet zunächst, dass die zu bestimmenden Grundtypen in sich konsistent sind und ein erforderliches Maß an Glaubwürdigkeit aufweisen. Die der Plausibilitätsanalyse zugrundeliegenden Bewertungskriterien ermöglichen eine erste wesentliche Eingrenzung der Ausprägungsbündel. Eine Ähnlichkeitsanalyse stellt anschließend sicher, dass die auszuwählenden Grundtypen sich signifikant voneinander unterscheiden und verschiedene Vorgehensweisen in der Durchführung eines hybriden Entwicklungsprozesses anstreben. Als Ergebnis der Ähnlichkeitsanalyse ergeben sich die zu definierenden Grundtypen hybrider Entwicklungsprozesse.

[725] Vogl (2013), Strategie, Organisation und Performance im Innovationsmanagement, S. 61
[726] Vgl. Vogl (2013), Strategie, Organisation und Performance im Innovationsmanagement, S. 61
[727] Vgl. Vogl (2013), Strategie, Organisation und Performance im Innovationsmanagement, S. 34
[728] Vgl. Vogl (2013), Strategie, Organisation und Performance im Innovationsmanagement, S. 34

Durchführung der Plausibilitätsanalyse

Im Rahmen der Plausibilitätsanalyse werden im ersten Schritt alle Ausprägungsbündel von der Betrachtung ausgeschlossen, die mindestens eine totale Inkonsistenz aufweisen. Bereits mit der Existenz einer totalen Inkonsistenz ist das Ausprägungsbündel als unglaubwürdig einzustufen und muss als potenzieller Grundtyp generell verworfen werden. Dies gilt auch für Ausprägungsbündel mit hohem Konsistenzmaß. Als ähnlich relevant für die Bestimmung der Grundtypen ist die Anzahl der partiellen Inkonsistenzen zu verstehen. Ausprägungsbündel, die zwar nur schwache Widersprüche beinhalten, davon aber mehrere aufweisen, müssen ebenfalls als zu unglaubwürdig eingestuft werden. In der vorliegenden Arbeit wird von einer maximalen Anzahl von drei partiellen Inkonsistenzen ausgegangen, die innerhalb der potenziellen Grundtypen noch Berücksichtigung finden sollen. Das entspricht tolerierbaren 20% der insgesamt je Ausprägungsbündel zu berücksichtigenden 15 Ausprägungspaare.[729] Der Ausschluss totaler bzw. partieller Inkonsistenzen kann auch als Definition von „No-Go Kriterien" verstanden werden. Sie verhindern, dass Prozesstypen entstehen, die in ihrer Ausprägungskombination über die Projektlaufzeit nicht ausreichend stabil oder überhaupt funktionsfähig wären. Mit Anwendung beider Ausschlusskriterien reduziert sich der Katalog der 648 Ausprägungsbündel auf 302 potenzielle Grundtypen (siehe Anhang A.11).

Im anschließenden zweiten Schritt der Plausibilitätsanalyse werden die sechs Typologisierungskriterien und ihre in Kapitel 5.3.1 bestimmten Werte des Dynamik- und Impulsindex inhaltlich in die Auswahl der Grundtypen miteinbezogen. Die Prozessmerkmale wurden in diesem Zusammenhang bereits in zwei Kategorien unterteilt. Zwar weisen alle sechs Typologisierungskriterien grundsätzlich eine hohe Vernetzung zu anderen Merkmalen auf, insbesondere die Merkmale Verlaufsform, Prozesstakt und Festlegung von Entscheidungspunkten besitzen jedoch neben ihrem kritischen Charakter zusätzlich maßgeblich aktive Eigenschaften. Dagegen können die Merkmale Parallelisierung von Aktivitäten, Synchronisation und Format des Entscheidungsprozesses zwar als systemkritisch verstanden werden, agieren in Bezug auf andere Merkmale, aber vor allem reaktiv. Das bedeutet, die Wahl der Ausprägungen der drei aktiven Typologisierungskriterien hat eine direkte Auswirkung auf die Gestaltung der Ausprägungen der reaktiven Typologisierungskriterien. Aus diesem Grund werden die Merkmale Verlaufsform, Prozesstakt und Festlegung von Entscheidungspunkten im zweiten

[729] Der Ausschluss totaler und partieller Inkonsistenzen folgt an dieser Stelle dem von KOSOW ET AL. empfohlenen Vorgehen bei der Typenbildung.

Schritt der Plausibilitätsanalyse stärker bei der Auswahl der Grundtypen berücksichtigt. So wird gewährleistet, dass jede Ausprägungsform der drei Merkmale grundsätzlich in einem der späteren Grundtypen auftreten kann. Alle der 302 verbliebenen Ausprägungsbündel werden daher in Bezug auf die Ausprägungen dieser drei Merkmale hin betrachtet (siehe Abbildung 5-29).

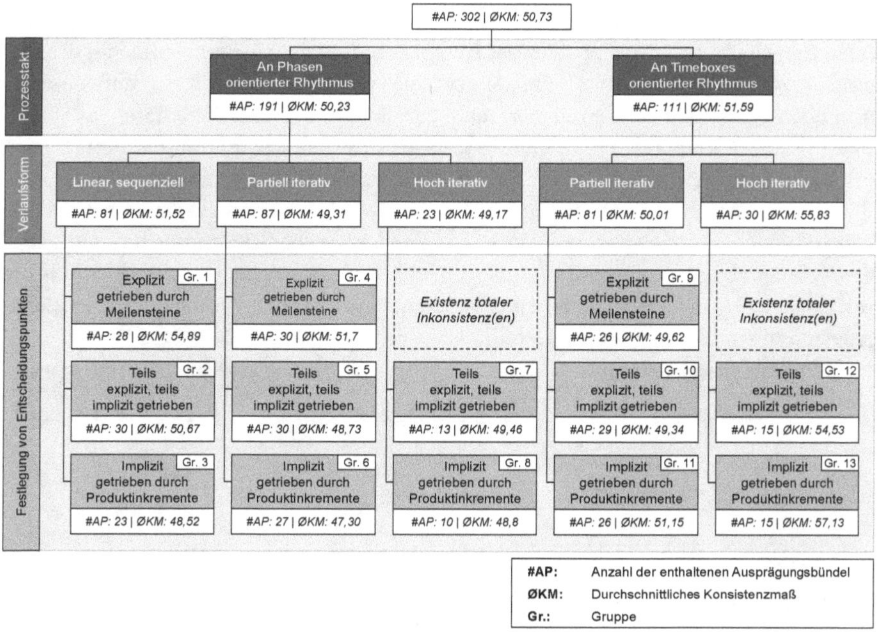

Abbildung 5-29: Plausibilitätsanalyse nach Reihenfolge der Typologisierungskriterien

Die drei aktiven Prozessmerkmale sind untereinander entsprechend ihrem absteigenden Dynamikindex dargestellt. Das Typologisierungskriterium Prozesstakt (DI = 437) weist den höchsten Wert auf, steht damit also an oberster Stelle. Ausgehend von dessen zwei Ausprägungsmöglichkeiten werden die 302 Ausprägungsbündel über alle sechs Typologisierungskriterien in zwei Gruppen unterteilt (#AP: 191 und #AP: 111). Als grundsätzliche Orientierung wird neben der Anzahl der in der Gruppe zu berücksichtigenden Ausprägungsbündel zusätzlich das durchschnittliche Konsistenzmaß der in der Gruppe enthaltenen Bündel angegeben (ØKM: 50,23 und ØKM: 51,59). Die beiden anderen Ebenen der Abbildung sind gleichermaßen zu interpretieren. Alle Ausprägungsbündel werden somit nach und nach in kleinere Gruppen gegliedert, bis sich auf dritter Ebene schließlich insgesamt 13 Gruppen mit jeweils 10 bis 30 dahinterliegenden Ausprägungsbündeln ergeben. Die fehlenden Ausprägungen in zweiter und dritter Ebene sind auf die Existenz totaler Inkonsistenzen zwischen den Ausprägungen der Typologisierungskriterien zurückzuführen.

Auf Basis dieser 13 Gruppen auf dritter Ebene wird der zweite maßgebliche Reduzierungsschritt der Ausprägungsbündel im Rahmen der Plausibilitätsanalyse vorgenommen. Innerhalb jeder Gruppe wird das Ausprägungsbündel bestimmt, welches das insgesamt höchste Konsistenzmaß über alle sechs Typologisierungskriterien aufweist. Die drei noch ausstehenden Prozessmerkmale Parallelisierung von Aktivitäten, Synchronisation und Format des Entscheidungsprozesses werden also nun in die Betrachtung miteinbezogen. Aufgrund ihres reaktiven Charakters muss allerdings nur das Bündel mit der höchsten Konsistenz berücksichtigt werden, d.h. es wird die Kombination ausgewählt, bei der die drei letzten Ausprägungen der Typologisierungskriterien die drei ersten Ausprägungen am besten ergänzen und den Typen im Gesamtbild somit die höchste Glaubwürdigkeit verleihen. Die daraus resultierenden potenziellen Grundtypen sind in Abbildung 5-30 dargestellt.

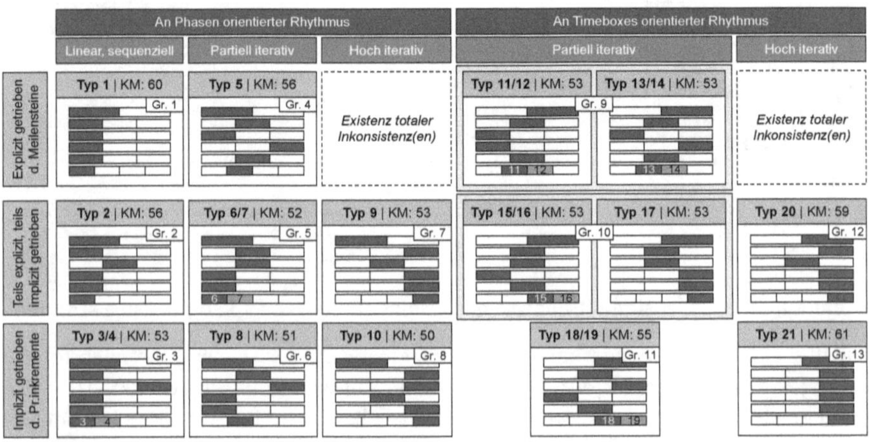

Abbildung 5-30: Potenzielle Grundtypen hybrider Entwicklungsprozesse

In Anlehnung an Abbildung 5-29 sind die potenziellen Grundtypen entsprechend den Ausprägungen der drei aktiven Typologisierungskriterien Prozesstakt (in der Vertikalen), Verlaufsform (in der Vertikalen) und Festlegung von Entscheidungspunkten (in der Horizontalen) angeordnet. Sie können anhand ihrer Konfiguration in der Morphologie (siehe Abbildung 5-26) dargestellt und voneinander unterschieden werden. Statt lediglich 13 ergeben sich insgesamt 21 potenzielle Grundtypen hybrider Entwicklungsprozesse. Dies ist dadurch begründet, dass in einigen der 13 zu betrachtenden Gruppen zwei oder mehr Ausprägungsbündel dasselbe für die jeweilige Gruppe maximale Konsistenzmaß aufweisen. So existieren bspw. in der dritten Gruppe zwei Ausprägungsbündel (siehe Typ 3/4), die beide das höchste Konsistenzmaß KM: 53 besitzen und sich in Bezug auf das Format des Entscheidungsprozesses in ihrer Ausprägung marginal unterscheiden. Bei beiden Typen ist der Entscheidungsprozess grundsätzlich zentral zu gestalten. Ähnlich verhält es sich mit den Gruppen 9 und 10. Während in Gruppe 9 vier Ausprägungsbündel (vgl. Typ 11/12 und Typ 13/14) jeweils das gleiche Konsistenzmaß aufweisen und sich dabei in zwei Merkmalsausprägungen maßgeblich unterscheiden, sind in Gruppe 10 drei Ausprägungsbündel (vgl. Typ 15/16 und Typ 17) mit demselben Konsistenzmaß zu berücksichtigen. Grundsätzlich bewegt sich die Höhe der Konsistenzmaße aller potenziellen Grundtypen in einem Bereich zwischen 50 bis 61. Die 21 identifizierten Ausprägungsbündel bilden die Grundlage für die nachfolgende Ähnlichkeitsanalyse.

Durchführung der Ähnlichkeitsanalyse

Die Ähnlichkeitsanalyse, als zweite und damit letzte Stufe für die Bestimmung der Grundtypen, stellt sicher, dass die auszuwählenden Typen sich signifikant voneinander unterscheiden. Eine Typologie für hybride Entwicklungsprozesse ergibt nur dann Sinn, wenn die Grundtypen verschiedene Vorgehensweisen in der Durchführung eines hybriden Entwicklungsprozesses repräsentieren. Zur Vermeidung von hohen Ähnlichkeiten wird im Rahmen der Ähnlichkeitsanalyse daher eine Harmonisierung der 21 potenziellen Grundtypen angestrebt. Dies entspricht der Maximierung der externen Heterogenität, d.h. der Verfolgung des Ziels, dass sich die Ausprägungen einzelner Typen einer Typologie maximal unterscheiden.[730]

Im Zuge der Harmonisierung und der finalen Bestimmung der Grundtypen hybrider Entwicklungsprozesse wird außerdem die Verknüpfung von den bislang lediglich heuristischen Idealtypen mit empirischen Realtypen angestrebt (siehe Kapitel 2.4.2). Nach WELTER müssen Grundtypen einer Typologie am Ende immer auch einen faktischen Charakter besitzen.[731] Statt einer klaren Trennung von Ideal- und Realtypen empfiehlt KLUGE stattdessen die bewusste Verbindung von theoretischen und empirischen Anteilen.[732] Jedem aus der Harmonisierung abzuleitenden Grundtyp muss dementsprechend ein in der wirtschaftlichen Realität existierendes faktisches Pendant zugewiesen

730 Vgl. Kluge (1999), Empirisch begründete Typenbildung, S. 264
731 Vgl. Welter (2006), Die Forschungsmethode der Typisierung, S. 114
732 Vgl. Kluge (1999), Empirisch begründete Typenbildung, S. 259

werden können. Dies wird sowohl im Rahmen der Ähnlichkeitsanalyse berücksichtigt als auch in die folgende Beschreibung der Grundtypen in Form der Darstellung eines entsprechenden Praxisbeispiels miteinbezogen (siehe Kapitel 5.3.3.2).

Bereits bei der bündelweisen Konsistenzbewertung (siehe Kapitel 5.3.2.2) wurde aufgezeigt, dass die beiden Ausprägungsbündel mit den höchsten Konsistenzmaßen nahezu ausschließlich Ausprägungen enthalten, die einer rein agilen bzw. rein plangetriebenen Produktentwicklung zugeordnet werden können. Diese beiden Ausprägungsbündel, im Folgenden als *Ursprungstypen* bezeichnet, werden in Abbildung 5-31 durch die Typen 1 und 21 repräsentiert.

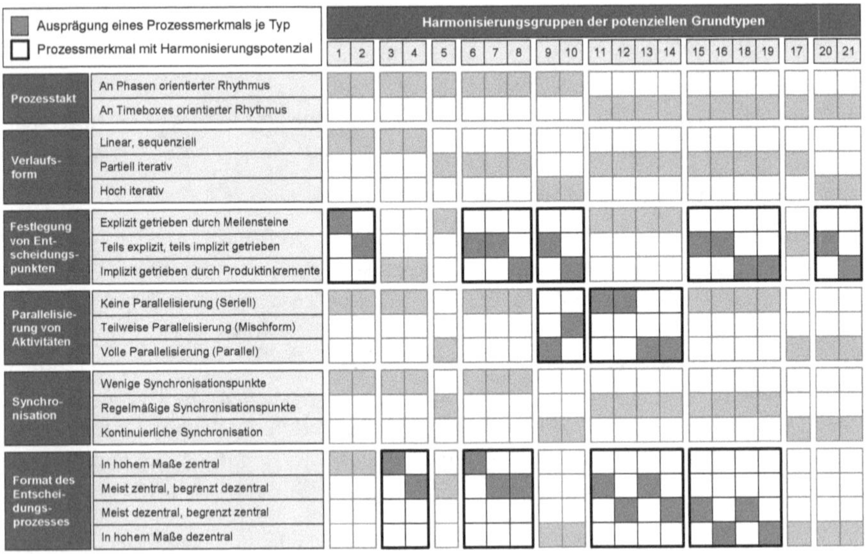

Abbildung 5-31: Ähnlichkeitsanalyse der potenziellen Grundtypen

Aufgrund der hohen inhaltlichen Konsistenz sind beide Ursprungstypen logischer Bestandteil des Ergebnisses der Plausibilitätsanalyse, sollen aber im Sinne der Ableitung von Grundtypen hybrider Entwicklungsprozesse keine weitere Rolle spielen. Sie werden daher von der Betrachtung ausgeschlossen. Ähnlich verhält es sich mit den Typen 2 und 20. Beide weisen im Vergleich zu den Ursprungstypen lediglich eine geringfügige Ausprägungsabweichung in Bezug auf das Merkmal Festlegung von Entscheidungspunkten auf. Dies alleine begründet jedoch nicht die Ableitung eines Grundtyps.

Eine Ähnlichkeit zwischen zwei oder mehreren Typen gilt unter Ausschluss der Ursprungstypen im Folgenden als gegeben, wenn diese sich in zwei oder weniger Merkmalen in Bezug auf ihre Ausprägungen unterscheiden.

Neben den Typen 3 und 4 können auch die drei Typen 6, 7 und 8 aufgrund ihrer Konfigurationen somit als ähnlich zueinander beurteilt werden. Die Ausprägungen aller Typen weichen in maximal zwei Merkmalen voneinander ab. Diese Abweichungen sind bei inhaltlich näherer Betrachtung als geringfügig zu verstehen. Es existieren nur marginale Unterschiede zwischen einem in hohem Maße zentralen und einem meist zentralen Entscheidungsprozess. In gleicher Weise verhält es sich zusätzlich für die Typen 6, 7 und 8 mit dem Merkmal Festlegung von Entscheidungspunkten. Prozessual betrachtet weisen die gewählten Ausprägungen in beiden Fällen Entscheidungspunkte auf, die durch Meilensteine getrieben werden. Analog sind die Ähnlichkeiten zwischen den Typen 9 und 10 einzustufen. Die Abweichungen in den Merkmalsausprägungen der Typologisierungskriterien sind gering. Beide Typen gehen von einer Parallelisierung der Aktivitäten im Entwicklungsprozess aus und berücksichtigen Produktinkremente als richtungsweisend bei der Entscheidungsfindung.

Ein Harmonisierungspotenzial weisen auch die vier Typen 11 bis 14 auf. Ihre Abweichungen beschränken sich auf die zwei Merkmale Parallelisierung von Aktivitäten und Format des Entscheidungsprozesses. Im Kontext des Entscheidungsformats wird in beiden Ausprägungen der Prozess sowohl von zentralen als auch dezentralen Aspekten beeinflusst. In Bezug auf die Parallelisierung weisen die Ausprägungen allerdings eine eher gegensätzliche Einstufung auf. In einem Fall wird eine volle Parallelisierung aller Aktivitäten angestrebt und damit der Fokus auf eine maximale Verkürzung der Entwicklungszeit gelegt. Im anderen Fall werden die Aktivitäten vornehmlich seriell umgesetzt, was bspw. durch einen verstärkt erforderlichen Sicherheitsaspekt im Prozess begründet sein könnte oder aber auf die Einfachheit des Produkts zurückzuführen ist.

Abschließend erfüllen ebenfalls die vier Typen 15, 16 und 18, 19 das im Zuge der Ähnlichkeitsanalyse entscheidende Kriterium. Die dezentrale Ausrichtung des Entscheidungsprozesses steht bei allen vier Typen im Vordergrund und die Festlegung von Entscheidungspunkten erfolgt stets unter Berücksichtigung von Produktinkrementen.

Für jede der aufgezählten Typengruppen mit Harmonisierungspotenzial muss im Anschluss geprüft werden, ob einer oder mehrere dieser in einer Gruppe enthaltener Typen als Grundtyp in Frage kommen und wenn ja, welcher der zugrundeliegenden Typen für jede Harmonisierungsgruppe als repräsentativer Grundtyp auszuwählen ist. Diese Entscheidungen werden maßgeblich aufgrund von zwei Aspekten getroffen. An erster Stelle wird die Existenz eines in der wirtschaftlichen Realität vorkommenden faktischen Prozesspendants für jeden Typ innerhalb einer Harmonisierungsgruppe überprüft. Der Nachweis eines solchen existierenden Realtyps zu jedem abgebildeten theoretischen Idealtyp ist darüber hinaus auch für die Auswahl jedes anderen Typs außerhalb der Harmonisierungsgruppen als Grundtyp hybrider Entwicklungsprozesse entscheidend (Typ 5 und Typ 17). Diese Überprüfung erfolgt in Anlehnung an BARG[733] auf Basis einer Kurzstudie, die mit 10 produzierenden Unternehmen durchgeführt wurde. Eine ausführliche Darstellung der Konfigurationsprofile der 10 Unternehmen ist Anhang A.12 zu entnehmen. An zweiter Stelle ist außerdem ein hohes Konsistenzmaß einem niedrigeren Konsistenzmaß vorzuziehen. Voraussetzung dafür ist jedoch, dass alle zur Auswahl stehenden Typen in einer Harmonisierungsgruppe einem Realtyp zugeordnet werden können. Unter diesen Aspekten wurden die verbliebenen potenziellen Grundtypen einer sachlogischen Bewertung unterzogen. Das abschließende Ergebnis der Ähnlichkeitsanalyse ist in Abbildung 5-32 dargestellt.[734]

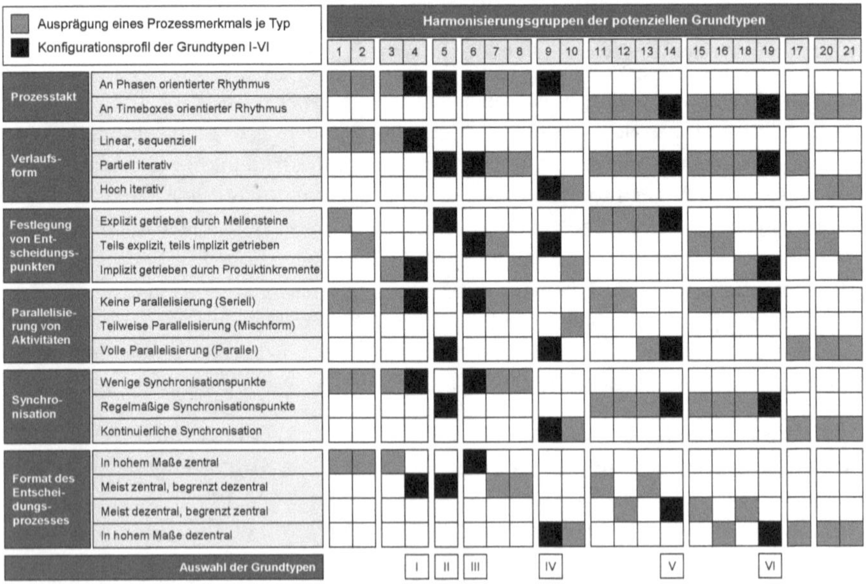

Abbildung 5-32: Sechs Grundtypen hybrider Entwicklungsprozesse

[733] Vgl. Barg (2018), Kontextbezogene Auslegung von Produktbaukästen, S. 190

[734] Die Abbildung ist an die Darstellungsweise von Barg (2018), Kontextbezogene Auslegung von Produktbaukästen, S. 190 angelehnt.

Auf Basis der Bewertung lassen sich sechs wissenschaftlich relevante, differenzierbare und in der produzierenden Industrie nachweisbare Grundtypen definieren. Diese sind in Abbildung 5-32 mit ihrem Konfigurationsprofil hervorgehoben.

5.3.3.2 Erläuterung der Grundtypen

Die sechs identifizierten Grundtypen werden in den folgenden Abschnitten näher erläutert. Sie können als Entwurf von hybriden Vorgehensmodellen auf der Makroebene verstanden werden, die sich aus der integrativen Betrachtung der hybriden Prozessmerkmale ergeben. Neben der Beschreibung der Grundtypen anhand ihres Konfigurationsprofils in der Morphologie wird auch eine prozessuale Abbildung jedes Grundtyps aufgebaut. Die grafische Darstellung ermöglicht die Vermittlung von Zusammenhängen, die bei einer reinen Typbeschreibung unter Umständen nur schwer wiedergegeben werden könnten. Insbesondere bei der Erläuterung von Vorgehensmodellen wird die grafische Darstellung unterstützend empfohlen. Dadurch kann nach FILß ein zu hoher Detaillierungsgrad von eventuell irrelevanten Aspekten des Modells vermieden werden.[735] Für die grafische Umsetzung des Konfigurationsprofils eines Grundtyps kommt in der vorliegenden Arbeit eine Form des Prozessdiagramms zum Einsatz (siehe Abbildung 5-33).

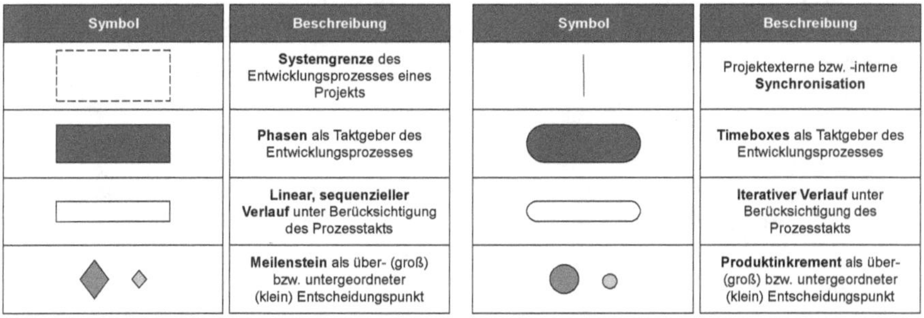

Abbildung 5-33: Notation zur Darstellung der Grundtypen als Prozessdiagramm

Die dargestellten Symbole spiegeln die Ausprägungen der typenbildenden Prozessmerkmale wider. Je nach Ausprägung des Prozesstakts, der Verlaufsform oder der Festlegung von Entscheidungspunkten kommen unterschiedliche Symbole im Prozessdiagramm zum Einsatz. Auch die Ausprägungen der Synchronisation im Entwicklungsprozess können über den Einsatz des Synchronisationssymbols dargestellt werden. Un-

[735] Vgl. Filß (2005), Vergleichsmethoden für Vorgehensmodelle, S. 75; Welter (2006), Die Forschungsmethode der Typisierung, S. 116

terschieden wird außerdem zwischen einer Synchronisation von Inhalten oder Aktivitäten innerhalb des Entwicklungsprojekts und über die Grenzen des Projekts hinaus bspw. zu anderen parallel verlaufenden Projekten. Die im vorliegenden Fall gewählten Prozessdiagramme entsprechen der Prozessrealisierung im jeweils ebenfalls pro Grundtyp aufgeführten Praxisbeispiel. Mit der Aufführung eines Anwendungsfalls aus der produzierenden Industrie wird gleichzeitig der bereits erwähnten Forderung von WELTER nach dem faktischen Charakter eines Grundtyps entsprochen und die Plausibilität des jeweiligen Grundtyps belegt.

Jeder der folgenden sechs Grundtypen lässt sich darüber hinaus grundsätzlich einem der vom PMI beschriebenen Kombinationsmuster zuordnen (siehe Kapitel 2.2.3.2, Abbildung 2-6). Im Gegensatz zu der Darstellungsweise des PMI wird in der vorliegenden Arbeit jedoch davon ausgegangen, dass jeder Grundtyp vordergründig entweder eine eher plangetriebene oder eine eher agile Rahmenstruktur in der prozessualen Gestaltung aufweist. Dies entspricht den Kombinationsmustern der beiden eingebundenen Formen „Agil in Plangetrieben" oder „Plangetrieben in Agil". Die serielle und parallele Form stellen dagegen untergeordnete Kombinationsmuster dar und können als jeweils detaillierende Beschreibung der eingebundenen Formen verstanden werden. Grundtypen mit einem federführend plangetriebenen Anteil werden im Folgenden als *Phasenmodell* bezeichnet, Grundtypen mit einem dominierenden agilen Anteil tragen die Bezeichnung *Iterationsmodell*.

Grundtyp I: „Inkrement-getriebenes Phasenmodell"

Der erste Grundtyp hybrider Entwicklungsprozesse zeichnet sich durch seine hohe Ähnlichkeit zu rein plangetriebenen Vorgehensmodellen aus (siehe Abbildung 5-34). Den Rhythmus der Produktentwicklung geben die klassischen Entwicklungsphasen vor. Jeder Phase wird bei Projektinitiierung ein konkret definierter Start- und Endzeitpunkt zugewiesen. Die Phasen verlaufen sequenziell hintereinander, d.h. nach der Konzeptentwicklung und dem Produktentwurf folgt die Ausarbeitung bis hin zur Übergabe des Produkts an die Serienproduktion. Die den einzelnen Phasen zugrundeliegenden Aktivitäten sind festgelegt, sie richten sich an den strikten Zielvorgaben des Projekts aus. Die Anpassungsfähigkeit des Prozesses ist dementsprechend gering, der Prozessverlauf in der Regel starr. Der wesentliche Unterschied zum traditionellen Entwicklungsvorgehen lässt sich durch die Art der Entscheidungsfindung begründen. Entgegen den in einem plangetriebenen Entwicklungsprozess charakteristischen Meilensteinen am Ende einer jeden Phase werden die Entwicklungsinhalte im ersten Grundtyp implizit durch die Bewertung von Produktinkrementen vorangetrieben.

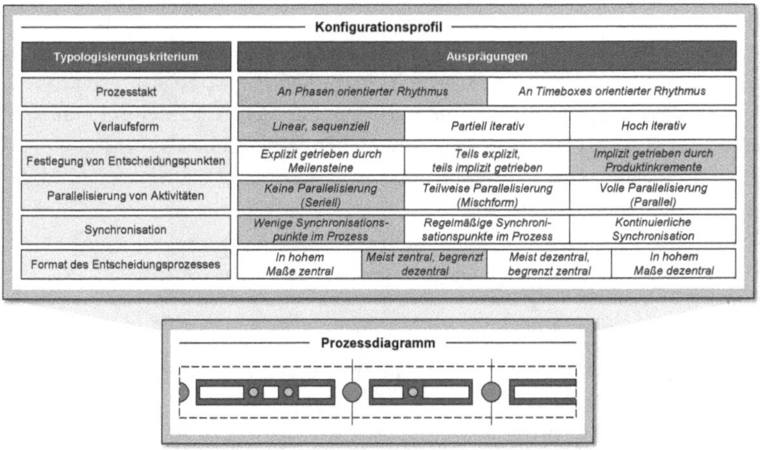

Abbildung 5-34: Konfigurationsprofil und exemplarisches Prozessdiagramm des „Inkrement-getriebenen Phasenmodells"

Die einzelnen Reifegrade der jeweiligen Produktinkremente sind als Grundlage für erforderlich zu treffende Entwicklungsentscheidungen zu verstehen. Produktinkremente können dabei sowohl innerhalb einer Phase als auch zum Abschluss einer Phase zum Einsatz kommen. Die Erstellung eines Produktinkrements kann im Rahmen der vorgeplanten Aktivitäten als gewünschtes Ergebnis festgelegt werden, muss es aber nicht. Die zum Ende einer Phase zu erstellenden Inkremente werden nach SCHLÖßER als prototypische Produktinkremente verstanden. Ein prototypisches Produktinkrement ist die physische Manifestation des aktuellen Produktstatus. Es ist so hinreichend detailliert, dass ein verlässliches Meinungsbild von direkten Projektbeteiligten bzw. Stakeholdern des Projekts oder auch Kunden bzw. Nutzern eingeholt werden kann.[736] Entscheidungen innerhalb einer Phase werden in der Regel vom Projektteam selbst getroffen. Die Teamstruktur ist dementsprechend dynamisch zu gestalten. Die Einbindung von Stakeholdern oder dem Management ist damit gleichzeitig, in Anlehnung an das klassische Meilensteinverständnis, nur am Ende einer Phase erforderlich. Innerhalb einer Phase ist die physische Realisierung der Produktinkremente nicht obligatorisch. Als Inkrement kann hier auch bspw. die Erstellung eines Simulationsmodells verstanden werden. Ziel ist es, den durch die Realisierung von physischen Produktinkrementen bedingten Zeit-, Koordinations- und Ressourcenaufwand so gering wie möglich zu halten (siehe Kapitel 2.2.2.3). Trotz eines potenziellen Mehraufwands wird

[736] Vgl. Schlößer (2020), Prototypische Produktinkremente agiler Entwicklungsprojekte, S. 56

durch die Inkrement-gebundene Entscheidungsfindung, auch innerhalb einer Phase, die Erfolgswahrscheinlichkeit des Projektergebnisses maßgeblich erhöht. Die prototypische Absicherung nach jeder Phase wirkt einer zu Projektbeginn verstärkten Unsicherheit in Bezug auf die Anforderungserfüllung entgegen. Fehlentscheidungen können so verhindert werden. Von einer möglichen, aber nicht zwangsweise erforderlichen Parallelisierung von Aktivitäten wird abgesehen. Ziel des ersten Grundtyps ist es damit nicht vordergründig, potenzielle Zeitersparnisse zu realisieren und die Entwicklungszeit, bspw. aufgrund einer zeitkritischen Projektterminierung, zu beschleunigen.

Praxisbeispiel für Grundtyp I:
Hersteller von Reinigungsgeräten und -systemen

Der Hersteller von Reinigungsgeräten und -systemen bietet seine Produkte sowohl für den gewerblichen als auch für den privaten Gebrauch an. Für das Unternehmen steht die stetige Produktinnovation als Differenzierungsmerkmal zum Wettbewerb im Vordergrund. Etwa 90% aller Produkte im Portfolio sind nicht älter als fünf Jahre. Um den wachsenden Produktanforderungen gezielter gerecht werden zu können, verfolgt das Unternehmen nun seit einigen Jahren projektbezogen eine Inkrement-getriebene Entwicklungsstrategie. Zur regelmäßigen Realisierung der dafür erforderlichen prototypischen Produktinkremente setzt der Hersteller maßgeblich auf die 3D-Druck-Technologie. Das zeit- und kostenintensive Fräsen bzw. Bestellen von Standardbauteilen im Rahmen eines klassischen Prototyping-Ansatzes kann so vermieden werden. Durch die Möglichkeit des 3D-Drucks können Produktinkremente zum Abschluss einer Phase insbesondere im Hinblick auf Optik und Haptik bei Bedarf nahezu realitätsgetreu nachgeahmt werden. Da das Produktdesign des Herstellers einen nicht zu vernachlässigenden Anteil der Kundenanforderungen einnimmt und in vergangenen Jahren häufig zu Verzögerungen in der Produktentwicklung geführt hat, konnte das Unternehmen mit der Einführung eines Inkrement-getriebenen Phasenmodells nicht nur den Erfüllungsgrad der Anforderungen steigern, sondern auch die Time-to-Market ihrer Produkte erfolgreich verkürzen.

Grundtyp II: „Flexibel adaptives Phasenmodell“

Der zweite Grundtyp beschreibt mit seinem Konfigurationsprofil ein flexibel adaptives Phasenmodell. Taktgeber der Entwicklung sind auch hier die Phasen des plangetriebenen Entwicklungsprozesses. Im Gegensatz zum Inkrement-getriebenen ersten Grundtyp orientiert sich das flexibel adaptive Phasenmodell an im Entwicklungsprozess fest verankerten Meilensteinen. Abbildung 5-35 zeigt das Konfigurationsprofil und das am zugeordneten Praxisbeispiel exemplarisch orientierte Prozessdiagramm des Grundtyps.

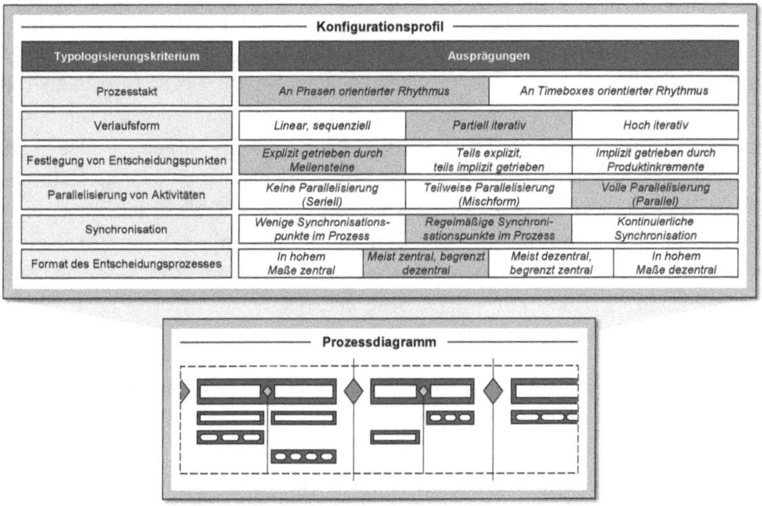

Abbildung 5-35: Konfigurationsprofil und exemplarisches Prozessdiagramm des „Flexibel adaptiven Phasenmodells"

Die verankerten Meilensteine dienen als Kontrollpunkte im Entwicklungsprozess und besitzen ein Set an Kriterien, deren Erfüllung Voraussetzung für den Eintritt in die nächste Entwicklungsphase ist. Sie unterstützen die Sicherheit in der Prozessplanung, die detaillierte Verfolgung des aktuellen Projektfortschritts und auch die Einhaltung bzw. Erreichung der vorgegebenen Projektziele. Gleichzeitig geben sie feste Synchronisationspunkte vor. Insbesondere, wenn wie im vorliegenden Fall des zweiten Grundtyps eine möglichst hohe Parallelisierung von Entwicklungsaktivitäten vorgesehen ist, bieten Meilensteine die Grundlage für eine gezielte Konsolidierung der bis zu diesem Zeitpunkt erzielten Entwicklungsergebnisse. In Abbildung 5-35 wird die Parallelisierung durch die zum übergeordneten Gesamtprozess (oberste Ebene) parallel verlaufenden, untergeordneten Aktivitäten bzw. Teilprozesse (untere Ebenen) dargestellt. Bei zu berücksichtigenden Abhängigkeiten oder Schnittstellen des Entwicklungsprojekts zu anderen Projekten, Projektergebnissen, Abteilungen oder unternehmensexternen Entitäten können bei Projektinitiierung terminierte Meilensteine außerdem die Planung des zu diesem Zeitpunkt erforderlichen Austauschs von Informationen, Ergebnissen, physischen Komponenten etc. erleichtern und die ansonsten potenziell entstehenden Wartezeiten auf beiden Seiten verkürzen. Die Parallelisierung von Entwicklungsaktivitäten erhöht zwar das Risiko in Bezug auf die produktübergreifende Konsistenz der Entwicklungsergebnisse, ist aber gleichzeitig ein wesentlicher Faktor zur Verkürzung der Entwicklungszeit im Projekt. Vor allem bei zeitkritischen Projekten spielt dieser Stellhebel eine große Rolle. Mit der Beibehaltung regelmäßiger Synchronisationspunkte im Prozess wird dem Risiko fehlender Konsistenzen entgegengewirkt. Dies trifft auch dann zu, wenn als Auslöser der Parallelisierung von Aktivitäten eigene zum Hauptprojekt parallel verlaufende Teilprojekte gebildet werden. Zur Unterstützung können neben den prozesssteuernden Meilensteinen auch kleinere Teilmeilensteine innerhalb der Phasen eingeplant werden. Diese Kontrollpunkte besitzen zwar kein vorgegebenes Kriterien-Set, markieren aber bspw. die erforderliche Erreichung eines bestimmten Entwicklungsergebnisses zu einem vorgegebenen Zeitpunkt.

Der flexibel adaptive Charakter des Grundtyps ergibt sich schließlich durch die partiell iterative Verlaufsform des Entwicklungsprozesses. Durch die bedarfsorientierte Integration von Iterationen erhält der Grundtyp seine hybride Eigenschaft. Grundsätzlich ist eine solche Integration ebenso auf Gesamtprozessebene denkbar, wird aber in Anlehnung an das dem Prozessdiagramm zugrundeliegende Praxisbeispiel hier nur als potenzielle Option für einzelne Entwicklungsaktivitäten dargestellt. Dahinter liegt der Gedanke, dass das Projektteam im Falle von im Projektgeschehen auftretenden Unsicherheiten in der Lage ist, entsprechend zu reagieren. Dem Team wird die Möglichkeit gegeben, in einem klar abgegrenzten Zeitrahmen diese Unsicherheit durch „Ausprobieren“ zu adressieren und aufzulösen. Dieses Vorgehen wird als kleine, alleinstehende und variabel einsetzbare Timebox verstanden, in der ein Teil des Projektteams sich der Lösung einer konkreten Fragestellung iterativ annähert. Die Erstellung von Produktinkrementen als erforderliche Validierungsgrundlage und eine damit ggf. verknüpfte Einbindung von Kunden steht dabei jedoch nicht im Vordergrund.

Praxisbeispiel für Grundtyp II:
Hersteller von Industrie-, Kraftfahrzeugtechnik und Gebrauchsgütern

Der Hersteller von Industrie-, Kraftfahrzeugtechnik und Gebrauchsgütern adressiert mit seiner breiten Produktpalette sowohl den B2B als auch den B2C Bereich. Entsprechend vielfältig sind die in der F&E vertretenen Entwicklungsprojekte des Unternehmens. Aus diesem Grund wurde in den letzten Jahren ein „Four Flavors of Agility“ Modell für die Produktentwicklung eingeführt. Je nach Bewertung eines neuen Entwicklungsprojekts in der Stacey Matrix[737] werden unterschiedliche Prozessmodelle für

[737] Die Stacey Matrix ermöglicht die Charakterisierung eines Entwicklungsprojekts im Hinblick auf den Bekanntheitsgrad der im Projekt zu entwickelnden Technologien und den Unsicherheitsgrad der für das Projekt relevanten Produktanforderungen.

die Durchführung des Projekts empfohlen, die sich durch ihren Agilitätsgrad voneinander unterscheiden. Das „Plattformprojekt“ als Teil dieses Ansatzes zeichnet sich durch eine grundsätzlich klassisch organisierte Produktentwicklung aus, die für bestimmte, parallelisierbare Entwicklungsaktivitäten eine Abweichung vom plangetriebenen Vorgehen vorsieht. Dies kann vom Projektteam bspw. für die Klärung von bislang unsicheren Anforderungen in Anspruch genommen werden. Die betroffenen Entwicklungsaktivitäten werden parallel zum eigentlichen Entwicklungsprozess iterativ umgesetzt. Das Unternehmen bezeichnet solche separaten agilen Entwicklungsaktivitäten als Use Cases. Die Ergebnisse der Use Cases werden zu definierten Zeitpunkten in die Hauptentwicklung zurückgespielt. Neben den Use Cases existieren weiterhin auch plangetriebene Aktivitäten, die mit dem Ziel der Verkürzung der Time-to-Market parallelisiert zu anderen Entwicklungstätigkeiten umgesetzt werden können.

Grundtyp III: „Seriell wechselndes Phasenmodell“

Der dritte Grundtyp hybrider Entwicklungsprozesse kann als seriell wechselndes Phasenmodell beschrieben werden. Entsprechend liegt nach wie vor ein dominierend plangetriebenes Kombinationsmuster vor, bei dem die Integration agiler Aspekte seriell erfolgt und nicht, wie im Rahmen des zweiten Grundtyps vorgesehen, parallel. Abbildung 5-36 zeigt das Konfigurationsprofil und das am Praxisbeispiel angelehnte Prozessdiagramm des dritten Grundtyps.

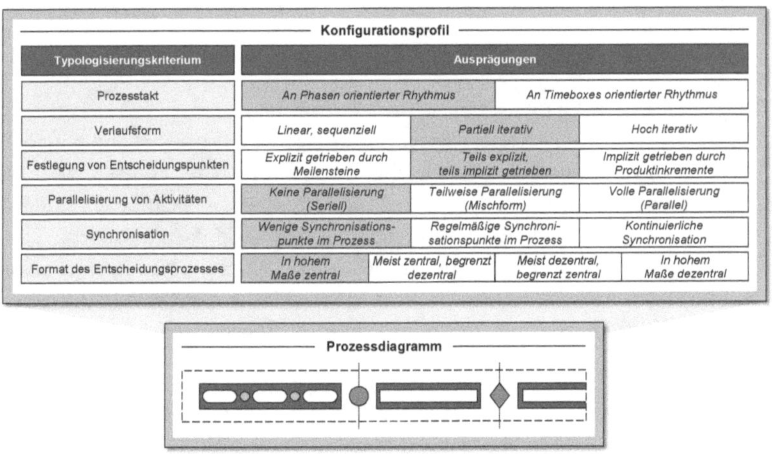

Abbildung 5-36: Konfigurationsprofil und exemplarisches Prozessdiagramm des „Seriell wechselnden Phasenmodells“

Der Fokus der Betrachtung liegt zwar weiterhin vornehmlich auf der Umsetzung des Entwicklungsprozesses in plangetriebenen Phasen. Die Verlaufsform einer jeden Phase von ihrem geplanten Beginn bis hin zu ihrem Endzeitpunkt kann jedoch entweder sequenziell oder hoch iterativ realisiert werden. Die Entscheidung für die vorzugebende Verlaufsform jeder Phase ist in Abhängigkeit des Projektcharakters bei Projektinitiierung festzulegen. Der dritte Grundtyp ermöglicht damit einen geplanten Wechsel zwischen agilen und plangetriebenen Phasen innerhalb eines Entwicklungsprojekts.

Wird eine Phase hoch iterativ umgesetzt, endet diese auch mit einem prototypischen Produktinkrement als Entscheidungsgrundlage. Das Ende einer linear verlaufenden Phase ist ein Meilenstein. In Anlehnung an die grundsätzlich agile oder plangetriebene Ausrichtung einer Phase werden zu Beginn des Projekts die den Phasen innewohnenden Aktivitäten festgelegt oder nicht. Wird eine Phase iterativ durchlaufen bedeutet das, innerhalb dieses durch die übergeordnete Phase festgelegten fixen Zeitraums wird vom Projektteam ein rein agiler Prozess gelebt. Dies betrifft sowohl die verstärkte Kollaboration, Reflexion und inhaltliche Transparenz als auch die kleinschrittige Realisierung von Teilergebnissen. Aufgrund einer permanent zu akzeptierenden potenziellen Anpassung der ursprünglichen Anforderungen kann für solche Phasen von einer hohen Adaptionsfähigkeit ausgegangen werden. Das Team wird zu „trial and error“ ermutigt. Ein vollständiger Ablaufplan ist damit im Gegensatz zu sequenziell verlaufenden Phasen nicht erforderlich. Stattdessen wird die stetige Unsicherheitspräsenz akzeptiert.

Innerhalb einer agilen Phase agiert das Projektteam im Rahmen der Iterationen zwar grundsätzlich selbstorganisiert, der Entscheidungsprozess ist aber dennoch als in hohem Maße zentral einzustufen. Alle Entscheidungen mit Auswirkung auf das Entwicklungsergebnis sind im Rahmen der vorgesehenen Entscheidungspunkte, ob im Kontext eines Meilensteins oder anhand eines prototypischen Produktinkrements, zu treffen. Sollte insbesondere im Kontext von Phasen mit einer iterativen Verlaufsform eine strategische Entscheidung erforderlich werden, so ist die schnelle Verfügbarkeit der relevanten Stakeholder zur Vermeidung von Prozessverzögerungen und den damit verbundenen Mehrkosten entscheidend.

Eine Fokussierung auf die Parallelisierung von Entwicklungstätigkeiten steht beim dritten Grundtyp, ähnlich dem Inkrement-getriebenen Phasenmodell, nicht im Vordergrund. Die variablen Gestaltungsmöglichkeiten der einzelnen Phasen adressieren vielmehr den sicheren Umgang mit vorhersehbaren Unsicherheiten in der Produktentwicklung.

Praxisbeispiel für Grundtyp III:
Hersteller von Industrie-, Kraftfahrzeugtechnik und Gebrauchsgütern

Das Praxisbeispiel des dritten Grundtyps referenziert auf den gleichen Hersteller, der bereits im Rahmen des zweiten Praxisbeispiels vorgestellt wurde. Aufgrund des „Four Flavors of Agility" Modells für die Produktentwicklung existiert neben dem bereits beschriebenen „Plattformprojekt" noch ein weiteres Anwendungsbeispiel, das bei besagtem Unternehmen als hybrider Entwicklungsprozess gelebt wird. Dieser zweite Ansatz zeichnet sich insbesondere durch seine Zweigliedrigkeit aus. Der Hersteller nutzt die Möglichkeit des beschriebenen Wechsels zwischen agilen und plangetriebenen Phasen maßgeblich einmalig zu Projektbeginn. Bei Entwicklungsprojekten mit anfänglich hoher Unsicherheit und einer Vielzahl unbekannter Anforderungen wird dem grundsätzlich plangetriebenen Entwicklungsvorgehen eine agile Konzeptphase vorgeschaltet. Diese findet in einem abgeschlossenen Zeitraum statt und dient der Anforderungsklärung sowie der Definition der daraus resultierenden weiteren Projektschritte. In seltenen Fällen kann es nach dieser Konzeptphase, ausgelöst durch die neugewonnenen Erkenntnisse, zu einem Abbruch des Entwicklungsprojekts kommen.

Grundtyp IV: „Parallel integriertes Phasenmodell"

Als parallel integriertes Phasenmodell ist der vierte Grundtyp hybrider Entwicklungsprozesse zu verstehen (siehe Abbildung 5-37). Auch hier erfolgt die Integration agiler Aspekte in das Grundgerüst eines plangetriebenen Entwicklungsprozesses. Allerdings existieren beide Ansätze permanent parallel zueinander. Weder wird phasenweise gewechselt, noch wird situativ zwischen einer iterativen oder einer sequenziellen Verlaufsform innerhalb bestimmter Entwicklungsaktivitäten entschieden.

Mit der Berücksichtigung einer klassischerweise phasen- und meilensteinbasierten Prozessplanung bei Projektinitiierung wird die Vorhersagbarkeit des Prozessverlaufs und die Festlegung der zu erfüllenden Entwicklungsergebnisse je Phase grundsätzlich ermöglicht. Konkrete operative Arbeitsschritte je Phase werden bei diesem Grundtyp allerdings nicht weiter ausformuliert. Auch die Definition von Anforderungen und deren Priorisierung bleibt bei auftretenden Unsicherheiten unvollständig. Diese Form der Vorstrukturierung des Entwicklungsprozesses gewährleistet zwar die grobe Umsetzung der vom Management und von den relevanten Stakeholdern definierten Zielvorgaben, lässt dem Projektteam jedoch gleichzeitig ausreichend Spielraum, eigene Entscheidungen im Prozessverlauf zu treffen.

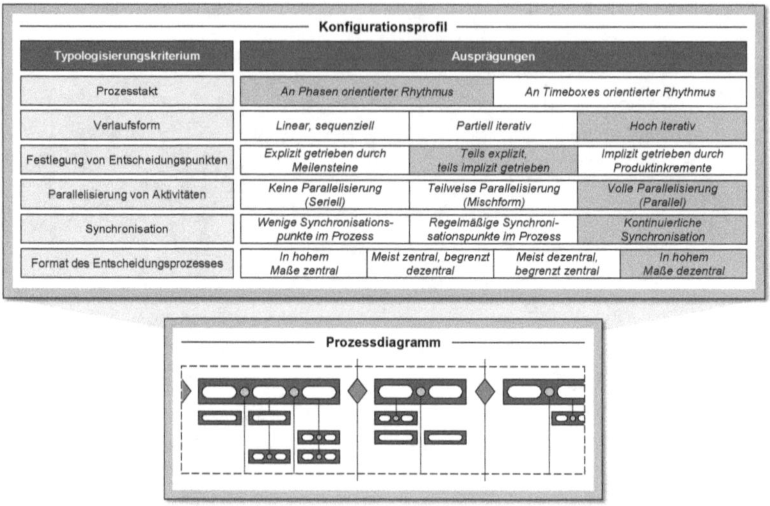

Abbildung 5-37: Konfigurationsprofil und exemplarisches Prozessdiagramm des „Parallel integrierten Phasenmodells“

Die Entscheidungsbefugnis des Projektteams ist wesentliche Voraussetzung für die erfolgreiche Implementierung dieses Grundtyps. Durch die ausschließlich iterative Ausgestaltung der einzelnen Entwicklungsphasen wird das Team immer wieder vor projektrelevante Entscheidungen gestellt, die unter Umständen auch eine Neuausrichtung der Entwicklungsinhalte und des weiteren Entwicklungsvorgehens erfordern. Realisierbar ist dieses Phasenmodell demnach nur dann, wenn die Zielvorgaben des Projekts lediglich leitenden Charakter besitzen und keine strikte Umsetzung erfordern. Dennoch bieten die zu Projektbeginn terminierten Meilensteine die Möglichkeit der Abstimmung mit weiteren Entscheidungsträgern außerhalb des Projektteams. Dringliche Entscheidungen sind davon jedoch ausgenommen. Die daraus resultierenden Wartezeiten widersprächen der wesentlichen Eigenschaft des vierten Grundtyps. Die hoch iterative Struktur des Grundtyps ist auf die Realisierung einer möglichst kurzen Entwicklungszeit angelegt. Dies wird durch die Ausprägung des Prozessmerkmals Parallelisierung unterstrichen. Wo möglich und umsetzbar, sind Entwicklungsaktivitäten zu parallelisieren. Unterstützt wird dieses Vorgehen durch eine ausgeprägte Synchronisationsstrategie, die im Konfigurationsprofil des vierten Grundtyps als kontinuierlich eingestuft wird. Innerhalb der einzelnen taktgebenden Phasen geben Iterationen den untergeordneten Entwicklungsrhythmus vor. Jede zum Hauptprozess parallel verlaufende Entwicklungsaktivität ist an diesem Takt auszurichten. Erzeugte Zwischenergebnisse der Aktivitäten fließen kontinuierlich in das nach jeder Iteration übergeordnet zu realisierende Produktinkrement mit ein.

Das parallel integrierte Phasenmodell gewährleistet, sich schnell verändernde Rahmenbedingungen im unternehmerischen Umfeld zu antizipieren und entsprechend initiativ zu werden. Auswirkungen und die damit erforderlich werdenden Veränderungen im Projektgeschehen können durch die hoch iterative Verlaufsform innerhalb der Phasen ad hoc berücksichtigt werden. Die damit einhergehende Flexibilität und Adaptionsfähigkeit des Prozesses ist für Entwicklungsprojekte, die unter Berücksichtigung einer hohen Dynamik des Umfelds umzusetzen sind, von großer Bedeutung.

Praxisbeispiel für Grundtyp IV:
Hersteller von Lösungen für die Signalübertragung

Der Hersteller von Datenübertragungslösungen, wie Kabel, Steckverbinder und Netzwerkkomponenten, adressiert mit seinen Produkten vor allem Marktsegmente, die spezielle, aber gleichzeitig hochverfügbare Produkte fordern. Anwendungsbereiche der Lösungen liegen sowohl in der Industrieautomatisierung, bei Rechenzentren und Rundfunkstudios als auch in der Luft- und Raumfahrtindustrie. Aufgrund des spezialisierten Produktportfolios stellen die sich dynamisch ändernden Kundenanforderungen hinsichtlich Leistung, Effizienz und Sicherheit eine besondere Herausforderung für das Unternehmen dar. Aus diesem Grund wird seit einigen Jahren die Agilisierung der Produktentwicklung angestrebt. Der Hersteller möchte allerdings gleichzeitig den etablierten Prozessrahmen mit seiner klassischen Meilensteinstruktur beibehalten. Daher erfolgt die Integration agiler Elemente innerhalb dieses plangetriebenen Grundgerüsts. Die Phasen des Entwicklungsprozesses orientieren sich dabei, wie vor Beginn der agilen Transformation, am V-Modell der VDI 2206. Innerhalb der Phasen Systementwurf, domänenspezifischer Entwurf und Systemintegration folgt die Entwicklung einer am agilen Vorgehensmodell Scrum ausgerichteten Vorgehensweise. Diese beinhaltet sowohl die Umsetzung aller relevanten Scrum-Ereignisse, wie Sprints oder Daily Scrums, als auch die Verwendung der typischen Scrum-Artefakte, wie das Product Backlog oder die Produktinkremente.

Grundtyp V: „Flexibel adaptives Iterationsmodell“

Der fünfte Grundtyp weist mit seiner Benennung als flexibel adaptives Iterationsmodell auf eine grundsätzlich strukturelle Ähnlichkeit zu Grundtyp II hin. Beide Grundtypen verfolgen das Ziel eines flexibel und adaptiv gestaltbaren Entwicklungsprozesses (siehe Abbildung 5-38). Im Gegensatz zum zweiten Grundtyp, der übergeordnet als Phasenmodell einzustufen ist, kann der fünfte Grundtyp allerdings als Iterationsmodell charakterisiert werden. In das agile Grundgerüst eines Prozesses werden plangetriebene Aspekte integriert.

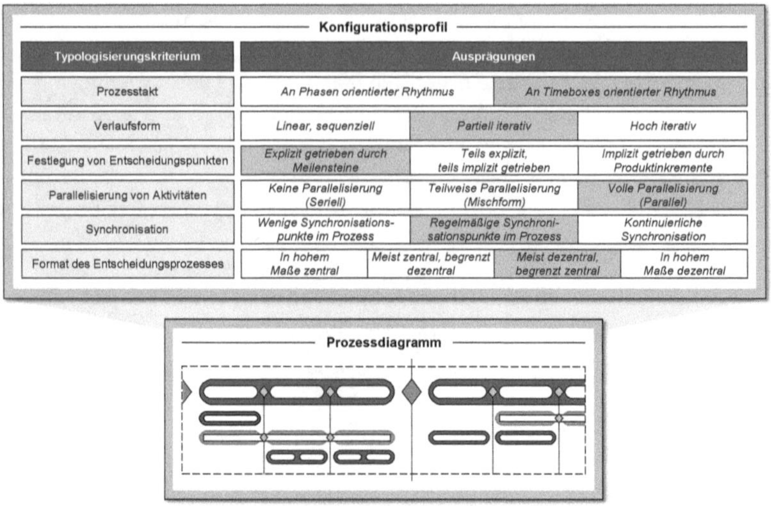

Abbildung 5-38: Konfigurationsprofil und exemplarisches Prozessdiagramm des „Flexibel adaptiven Iterationsmodells“

Als Taktgeber der Entwicklung dienen übergeordnete Timeboxes. Diese wiederholen sich in gleichmäßig fixierten Zeitabschnitten. Die Entwicklungsaktivitäten jeder Timebox werden situativ vor Beginn jedes neuen Zeitabschnitts festgelegt. Jede in Abbildung 5-38 aufgeführte Timebox des Hauptprozesses wird wiederum in kurzen Iterationen umgesetzt. Diese Sichtweise entspricht dem Gedanken von SCHUH & DÖLLE, die eine agile Entwicklung in Entwicklungszyklen und jeden Zyklus in Entwicklungssprints unterteilen. Jeder Sprint ist auf die gleiche vorgegebene Sprintlänge begrenzt, sodass bei jedem Sprintabschluss eine Synchronisation mit parallel verlaufenden Sprints, bspw. in Form von unabhängigen Teilaktivitäten, erfolgen kann. Die Dauer eines Entwicklungszyklus ergibt sich stets aus dem Vielfachen einer Sprintlänge.[738] Im Vergleich zu Phasen werden Aktivitäten innerhalb einer Timebox mit deren Ablauf zunächst ebenfalls beendet. Sollten nicht alle angestrebten Ziele erfüllt worden sein,

[738] Vgl. Schuh & Dölle (2021), Sustainable Innovation, S. 132f.

werden die Aktivitäten in der nächsten Timebox erneut aufgegriffen. Der fünfte Grundtyp ermöglicht damit ein grundsätzlich agiles Vorgehen, das den Umgang mit inhärenter Variabilität im Projektverlauf unterstützt und die Reaktionsfähigkeit im Prozess auf dynamische Anforderungen gewährleistet. Die entwicklungsbegleitende Erstellung von prototypischen Produktinkrementen ist im Kontext des fünften Grundtyps nicht vorgesehen. Damit rückt auch eine aktive Kundeneinbindung zum Ende einer Timebox in den Hintergrund.

Zur Effizienzsteigerung des Prozesses muss allerdings nicht jede Aktivität im Entwicklungsprozess ausschließlich einer iterativen Umsetzung folgen. Im Rahmen einer Timebox-Länge können Aktivitäten parallel zum Hauptprozess auch linear realisiert werden. Konkret entspricht das einer bedarfsorientierten Integration von Prozessabschnitten mit plangetriebenem Charakter. Für die Teammitglieder entspricht dieser Prozessabschnitt einer reinen Arbeitsphase. Die permanente Kommunikation, Diskussion und Synchronisation der aktuellen Projektergebnisse stehen für diesen Zeitabschnitt nicht im Fokus. Vielmehr wird sich maßgeblich auf das Abarbeiten konkreter Anforderungen für das angestrebte Teilergebnis konzentriert. Das trifft bspw. auf die Entwicklung von Komponenten zu, deren Anforderungen klar definiert und routinemäßig umgesetzt werden können. Von besonderem Vorteil ist diese Vorgehensweise bei der Entwicklung von Produkten mit einem hohen technologischen Neuheitsgrad, die damit zwar prinzipiell eine kontinuierliche Unsicherheit im Entwicklungsprozess hervorrufen, aber auch Entwicklungsaktivitäten beinhalten, die dem Unternehmensstandard entsprechen und kein flexibles und damit iteratives Vorgehen erfordern.

Produkte mit hohem Neuheitsgrad besitzen außerdem in der Regel einen hohen strategischen Wert für das jeweilige Unternehmen. Dementsprechend bedeutsam sind auch die (Teil-) Entwicklungsergebnisse und die regelmäßige Integration aller relevanten Stakeholder des Projekts und des Managements in den Prozess. Meilensteine dienen daher an festgelegten Zeitpunkten neben fixen Synchronisationspunkten auch zur Kontrolle der Projektergebnisse, dem systematischen Verfolgen des Prozessverlaufs und der Einholung von erforderlichen Entwicklungsentscheidungen. Um Prozessverzögerungen zu vermeiden, liegt die Entscheidungsbefugnis innerhalb einer Timebox zwar in der Regel beim Projektteam. Strategisch richtungsweisende Entscheidungen obliegen jedoch dem Management bzw. den Stakeholdern. Zur Gewährleistung einer schnellen Reaktionsfähigkeit im Entwicklungsprozess ist dabei die Verfügbarkeit von Management und Stakeholdern ausschlaggebend für eine kurze Entwicklungszeit. Verzögerte Reaktionen hemmen den agilen Charakter des Grundtyps.

Praxisbeispiel für Grundtyp V:
Hersteller von Antriebstechnik

Der Hersteller von Diesel-, Gas- und elektrifizierten Motoren fokussiert neben der klassischen Weiterentwicklung des bestehenden Produktportfolios insbesondere die Verfolgung disruptiver Innovationen außerhalb des normalen Tagesgeschäfts. Dafür stellt das Unternehmen seinen Mitarbeitenden einen „Innovation Hub" mit separaten Räumlichkeiten zur Verfügung. Alle Produktneuentwicklungen werden dort über einen bestimmten Zeitraum mit Scrum als Vorgehensmodell umgesetzt. Die regelmäßige Einbindung der Entscheidungsträger besitzt aufgrund der strategischen Relevanz solcher Projekte eine wichtige Bedeutung. Aus diesem Grund werden Management und Stakeholder zu festgelegten Meilensteinen über den Entwicklungsverlauf informiert und bei richtungsweisenden Entscheidungen miteinbezogen. In Abhängigkeit des Projektstatus und der kommunizierten Erfolgswahrscheinlichkeit wird über den Projektabbruch oder die Weiterverfolgung der Entwicklungsidee entschieden. Fragestellungen, die innerhalb eines Scrum Sprints aufkommen und einen strategischen Charakter besitzen, erfordern die kurzfristige Verfügbarkeit aller relevanten Entscheidungsträger. Für diese Fälle hat das Unternehmen eine Eskalationskaskade eingerichtet, die sicherstellt, dass das Projektteam innerhalb eines Tages Antworten auf kritische Fragestellungen bekommt. Teile der erforderlichen Entwicklungstätigkeiten, deren Anforderungen von Projektbeginn an eindeutig definiert und frei von Unsicherheiten sind, werden parallel zu den taktgebenden Entwicklungszyklen rein plangetrieben vorangetrieben. Auch die Prototypenentwicklung wird losgelöst vom agilen Vorgehen betrachtet und nicht selten von externen Dienstleistern separat umgesetzt.

Grundtyp VI: „Seriell wechselndes Iterationsmodell"

Der sechste und letzte Grundtyp lässt sich schließlich aufgrund seines Konfigurationsprofils und des daraus ableitbaren Prozessdiagramms als seriell wechselndes Iterationsmodell charakterisieren. Der Takt des Entwicklungsprozesses wird maßgeblich vom Rhythmus der Timeboxes bestimmt. In Abgrenzung zum fünften Grundtyp wird hier allerdings eine serielle anstatt eine parallele Integration angestrebt. Hervorzuheben sind außerdem die beim sechsten Grundtyp im Vordergrund stehenden (prototypischen) Produktinkremente sowohl innerhalb als auch am Ende einer jeden Timebox (siehe Abbildung 5-39). Sie dienen als Entscheidungsgrundlage für die weiteren Entwicklungsschritte und fördern den kundenorientierten Entwicklungsfortschritt. Im Gegensatz zu Grundtyp V setzt das seriell wechselnde Iterationsmodell auf eine proaktive und kontinuierliche Kundeneinbindung. Eine hohe Kundenzentrierung im Entwicklungsprozess trägt zur Erfolgssicherheit des Entwicklungsprojekts bei.

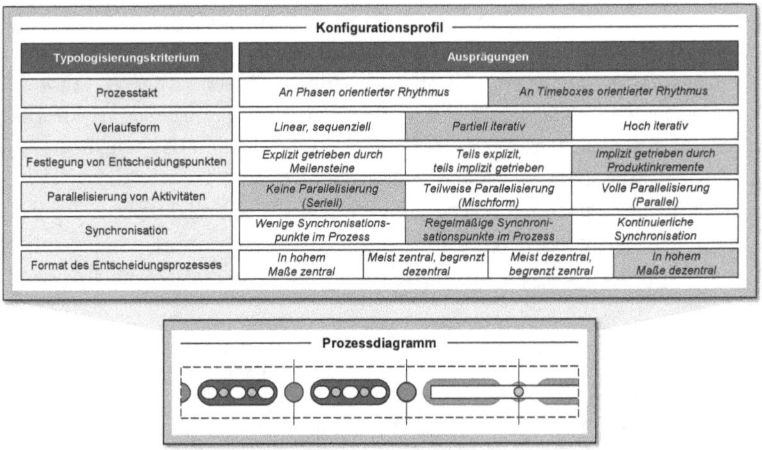

Abbildung 5-39: Konfigurationsprofil und exemplarisches Prozessdiagramm des „Seriell wechselnden Iterationsmodells"

Eine Unterscheidung des Prozessvorgehens zum dritten Grundtyp, der gleichermaßen als seriell wechselnd beschrieben wurde, ergibt sich unter anderem aus der nicht phasenorientierten Denkweise. Während bei Grundtyp III jeder Phase bereits bei Projektinitiierung eine vorgegebene inhaltliche Ausrichtung zugeordnet wird, bleibt eine Strukturierung des Entwicklungsprozesses beim sechsten Grundtyp zu Beginn des Projekts aus. Erst vor jeder Timebox werden deren zugrundeliegenden Ziele und Aktivitäten definiert. Dies gewährleistet eine hohe Flexibilität in der Entwicklung und ermöglicht, situationsspezifisch auf die gegebenen Rahmenbedingungen zu reagieren und gezielt zu adressieren. Ebenso situationsspezifisch kann nach Abschluss einer Timebox entschieden werden, ob die Entwicklung weiterhin in einer nächsten Timebox iterativ erfolgen soll oder ob sich die Entwicklung an einem Punkt befindet, an dem zumindest vorerst keine Unklarheiten oder offenen Fragestellungen in Bezug auf das anzustrebende Entwicklungsergebnis existieren. Im Falle auszuschließender Unsicherheit besteht beim sechsten Grundtyp dann die Möglichkeit, unter Berücksichtigung der festgelegten Timebox-Länge .den Entwicklungsprozess vorerst linear voranzutreiben. In der praktischen Umsetzung werden in diesem Sinne bspw. die charakteristischen Daily Scrums ausgesetzt. Das Projektteam arbeitet für diese Zeit ohne ein iteratives Vorgehen konzentriert an der Erfüllung der Entwicklungsaufgabe. Ähnlich wie beim dritten Grundtyp ist von so einem Wechsel allerdings weniger zu einem frühen Projektzeitpunkt auszugehen. Die Wahrscheinlichkeit eines Wechsels steigt stattdessen mit dem voranschreitenden Produktreifegrad. Darüber hinaus sind solche Wechsel nicht zwangsläufig einmalig. Sollte es innerhalb eines linearen Entwicklungsabschnitts zu neuen Unklarheiten, z.B. in Bezug auf die zu erfüllenden Anforderungen kommen, können diese Unsicherheiten in der nächsten Timebox wieder iterativ aufgelöst werden. Eine grundlegende Voraussetzung für die Umsetzbarkeit dieses Entwicklungsvorgehens ist die Entscheidungsbefugnis des Projektteams. Jegliche Entscheidungsprozesse sind aus diesem Grund vornehmlich dezentral auszurichten.

Praxisbeispiel für Grundtyp VI:
Hersteller von Verpackungsmaschinen und -lösungen

Für den Hersteller von Verpackungsmaschinen und -lösungen stehen Zuverlässigkeit und Langlebigkeit bei der Entwicklung der Unternehmensprodukte im Vordergrund. In der Vergangenheit wurde ein Großteil des Produktportfolios nach dem klassischen Wasserfallmodell entwickelt. Seit ca. vier Jahren stellt das Unternehmen nun seine Produktentwicklungsprozesse auch in den Hardwarebereichen auf eine hybride Vorgehensweise um. Dahinter steht das Ziel, die Teamproduktivität und Effizienz wesentlich zu steigern und gleichzeitig das Projektrisiko zu senken. Die Projektteams geben in relevanten Fragestellungen die Richtung vor und entscheiden selbstständig situativ über einen iterativen oder linearen Entwicklungsverlauf. Zur informatorischen Einbindung der relevanten Stakeholder und des Managements kommt das Software-Tool „Jira" zum Einsatz. Die dadurch erreichbare ortsunabhängige Transparenz über den aktuellen Entwicklungsstatus und die nächsten Entwicklungsschritte gewährleistet das erforderliche Vertrauen für die maßgeblich dezentralen Entscheidungsprozesse. Darüber hinaus wird jeder Projektfortschritt durch die stetige Realisierung von Produktinkrementen sichtbar gemacht. Diese sind das Ergebnis einer jeden Timebox, auch bei diesem Hersteller als Sprints nach Scrum bekannt. Innerhalb einer Timebox ist die Inkrementdefinition bewusst weich gehalten. Als Produktinkrement dient damit alles, was grundsätzlich eine Diskussionsgrundlage bietet. Am Ende einer Timebox ist die Umsetzung eines prototypischen Produktinkrements dagegen Voraussetzung.

Zusammenfassend lässt sich festhalten, dass sich die sechs Grundtypen untereinander in ihrem Hybridisierungsgrad, d.h. in der Integrationsdichte von plangetriebenen und agilen Prozessmerkmalen, unterscheiden. Es ist deutlich geworden, dass jeder Grundtyp auf dieser Basis gleichzeitig unterschiedliche Vorteile in der praktischen Anwendung eines solchen Prozessansatzes adressiert. Die Realisierbarkeit dieser Vorteile ist dabei abhängig vom Projektkontext, in dem ein Grundtyp als Vorgehensmodell zum

Einsatz kommt. Die Formalisierung der in diesem Zusammenhang zu berücksichtigenden Wirkzusammenhänge ist Inhalt des folgenden vierten Teilmodells der Methodik zur kontextbasierten Integration agiler und plangetriebener Entwicklungsprozesse.

5.4 Formalisierung von Wirkzusammenhängen zwischen Kontextfaktoren und Grundtypen

Mit der Beschreibung des prozessrelevanten Projektkontexts (siehe Kapitel 5.1) auf der einen und den definierten Grundtypen hybrider Entwicklungsprozesse (siehe Kapitel 5.3) auf der anderen Seite können nun deren Wirkzusammenhänge analysiert und formalisiert werden. Ziel des vierten Teilmodells der Methodik zur kontextbasierten Integration agiler und plangetriebener Entwicklungsprozesse ist demnach die Verknüpfung der ermittelten Kontextfaktoren mit den Merkmalsausprägungen der Grundtypen, um auf Basis dessen zunächst die kontextbasierte Auswahl zu ermöglichen und anschließend auch die individuelle Gestaltung eines geeigneten Grundtyps für ein spezifisches Entwicklungsprojekt abzuleiten (siehe Abbildung 5-40).

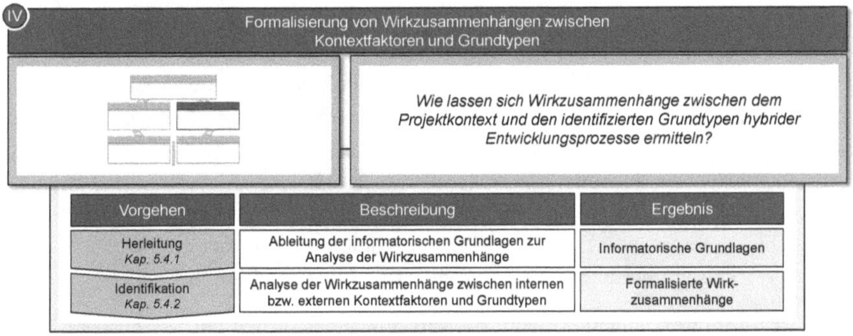

Abbildung 5-40: Vorgehen zur Formalisierung von Wirkzusammenhängen zwischen Kontextfaktoren und Grundtypen

Im Sinne des in Kapitel 4.1 vorgestellten Leitbilds bzw. des in Abbildung 5-1 präsentierten Gesamtkonzepts der Methodik gewährleistet dieser vierte Schritt die Überführung der bis dahin lediglich abstrakten Lösung auf Vorgehensmodellebene zurück auf die konkrete Prozessebene. Dafür werden zunächst die für eine Analyse der Wirkzusammenhänge relevanten informatorischen Grundlagen hergeleitet (Kapitel 5.4.1) und anschließend, auf Basis dessen, die Wirkzusammenhänge zwischen den Kontextfaktoren und den Typologisierungskriterien der Grundtypen analysiert (Kapitel 5.4.2).

5.4.1 Informatorische Grundlagen für die Analyse der Wirkzusammenhänge

Die sechs definierten Grundtypen hybrider Entwicklungsprozesse bilden zwar eine gute Basis, die vielfältigen Herausforderungen heutiger Entwicklungsprojekte zu adressieren, nicht jeder Grundtyp ist jedoch gleichermaßen für jeden Projektkontext geeignet. Insbesondere bei Projektinitiierung müssen demnach die aus dem Projektkontext resultierenden Einflüsse auf den Entwicklungsprozess bei der Wahl eines Grundtyps berücksichtigt werden. Neben der Identifikation der Kontextfaktoren für Produktentwicklungsprojekte (siehe Kapitel 5.1) spielt im Rahmen der Situationstheorie (siehe Kapitel 2.3.1) auch die Frage eine Rolle, wie diese Kontextfaktoren mit den Grundtypen zusammenhängen. Dieser Frage soll im Folgenden durch die Formalisierung von Wirkzusammenhängen zwischen den Kontextfaktoren und den Ausprägungen der Typologisierungskriterien der Grundtypen begegnet werden. Ziel einer solchen Auswirkungsanalyse ist es, mögliche Abhängigkeiten in einem betrachteten System zu erfassen und transparent kenntlich zu machen. Dafür werden sämtliche potenzielle Auswirkungen berücksichtigt und keine Unterscheidung in Bezug auf die Art oder Stärke einer solchen Auswirkung getroffen. Auch wird keine Beurteilung darüber vorgenommen, ob Abhängigkeiten in der individuellen Anwendung tatsächlich vorhanden sind oder nicht.[739] Im vorliegenden Fall wird für jeden Kontextfaktor untersucht, ob dessen Ausprägungen eine Auswirkung auf die Ausprägungen der Typologisierungskriterien der Grundtypen besitzen. Da der Aufwand bei solchen systematischen Auswirkungsanalysen sehr hoch ist, werden in der Regel nur die positiv bewerteten Abhängigkeiten weiterverfolgt.[740] Diese spielen insbesondere bei der Interpretation der Wirkzusammenhänge eine wesentliche Rolle (siehe Kapitel 5.5).

Die Wirkzusammenhänge werden einerseits aus der bestehenden wissenschaftlichen Literatur[741] abgeleitet. Andererseits bauen sie auf den von der Autorin geführten Expertengesprächen auf bzw. ergeben sich aus der in der industriellen Praxis gewonnenen fachlichen Expertise der Autorin. In Anlehnung an das Vorgehen bei BARG wer-

[739] Vgl. Hellenbrand (2013), Planung und Synchronisation von Produktentwicklungsprozessen, S. 149

[740] Vgl. Hellenbrand (2013), Planung und Synchronisation von Produktentwicklungsprozessen, S. 150

[741] An dieser Stelle sei u.a. auf Kalus (2013), Projektspezifische Anpassung von Vorgehensmodellen; Klein (2016), Agiles Engineering im Maschinen- und Anlagenbau; Rigby et al. (2016), Embracing agile; Project Management Institute (2017), Agile Practice Guide und Hüsselmann et al. (2019), Zielgerichtete Adaption des Projektmanagements verwiesen.

den, aufgrund der fehlenden statistisch signifikanten Datenbasis in Bezug auf den Zusammenhang zwischen Projektkontext und Prozessadaption, die Wirkzusammenhänge sachlogisch hergeleitet.[742] Um die Wirkzusammenhänge darstellen zu können, bietet sich die Nutzung von Kreuztabellen an.[743] Abbildung 5-41 zeigt eine abstrahierte Darstellung der im folgenden Kapitel 5.4.2 zum Einsatz kommenden Kreuztabellen.

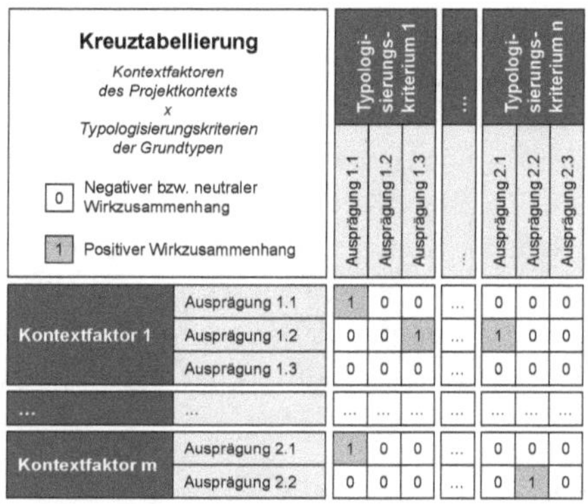

Abbildung 5-41: Kreuztabellierung zur Darstellung der Wirkzusammenhänge

Aufgrund der mangelnden Datenbasis werden die Kreuztabellen in der vorliegenden Arbeit zweckbezogen angepasst. Anstelle der typischerweise verwendeten absoluten oder relativen Anzahl der Beobachtungen je Zusammenhang werden die Wirkzusammenhänge binär beschrieben. Je Ausprägungskombination wird überprüft, ob ein Wirkzusammenhang besteht. Von einer positiven Auswirkung zwischen Kontextfaktor und Typologisierungskriterium kann dann gesprochen werden, wenn der durch den Kontextfaktor entstehende Einfluss auf den Entwicklungsprozess das durch die Ausprägung des Typologisierungskriteriums beschriebene Prozessmerkmal bestärkt. Ein solcher Wirkzusammenhang kann auch als Fit zwischen Kontextfaktor und Typologisierungskriterium interpretiert werden. Das Typologisierungskriterium ist in dieser Ausprägung idealtypisch geeignet, um prozessseitig auf die Rahmenbedingungen der jeweiligen Kontextfaktorausprägung zu reagieren. Im besten Fall sorgt das Zusammenspiel aus Kontextfaktor und Typologisierungskriterium für eine höhere Prozesseffektivität bzw. -effizienz als eine andere Ausprägung des gleichen Typologisierungs-

[742] Vgl. Barg (2018), Kontextbezogene Auslegung von Produktbaukästen, S. 203
[743] Vgl. Backhaus et al. (2018), Multivariate Analysemethoden, S. 18

kriteriums. Aufbauend auf diesen Grundlagen werden die Wirkzusammenhänge zwischen den Kontextfaktoren und den Typologisierungskriterien der Grundtypen analysiert und mithilfe der Kreuztabellierung formalisiert.

5.4.2 Wirkzusammenhänge zwischen Kontextfaktoren und Grundtypen

Die Wirkzusammenhänge zwischen den prozessrelevanten Kontextfaktoren und den Typologisierungskriterien der Grundtypen werden im Folgenden in den externen (Kapitel 5.4.2.1) und internen (Kapitel 5.4.2.2) Einflussbereichen des Projektkontexts auf Ausprägungsebene beschrieben. Insgesamt wurden über alle fünf Einflussbereiche 216 positive Wirkzusammenhänge identifiziert. Aufgrund der Vielzahl der existierenden Wirkzusammenhänge werden je Kontextfaktor die Zusammenhänge nur exemplarisch erläutert. Der resultierende Katalog positiver Wirkzusammenhänge über alle Einflussbereiche ist als wertungsfreie Zusammenstellung der in der Literatur aufgeführten und aus den Expertengesprächen bzw. der Erfahrung der Autorin abgeleiteten Auswirkungen zu verstehen.

5.4.2.1 Externe Kontextfaktoren und Grundtypen

Aus den Kontextfaktoren der externen Einflussbereiche ergeben sich in Summe 50 Wirkzusammenhänge, die eine positive Implikation auf die Auswahl eines Grundtyps hybrider Entwicklungsprozesse besitzen (siehe Abbildung 5-42).

Der erste externe Kontextfaktor in Form der *Gesetzesrestriktionen* wurde in Kapitel 5.1 hinsichtlich der Dimension des Einschränkungsgrads charakterisiert. Während eine geringe und eine mittlere Einschränkung keine positiven Auswirkungen auf die Ausprägungen der Typologisierungskriterien besitzen, empfiehlt sich für eine hohe Einschränkung in der Regel der Einsatz von Phasen und Meilensteinen. In Branchen, die grundsätzlich von einem hohen Sicherheitsstandard geprägt sind, müssen sich Entwicklungsprojekte an diversen Normen und Richtlinien orientieren. Diese beinhalten nicht selten auch Vorgaben in Bezug auf die phasen- und meilensteinbasierte Umsetzung des Entwicklungsprozesses.

Die *Dynamik der Anforderungen* setzt die Typologisierungskriterien in Bezug zur Anforderungsstabilität eines Projekts. Mit steigender Änderungsrate der Anforderungen empfiehlt sich die Auswahl eines Grundtyps, dessen Rhythmus sich am Takt von Timeboxes ausrichtet und eine iterative Verlaufsform aufweist, um der hohen Anforderungsdynamik mit der erforderlichen Prozessflexibilität begegnen zu können. Eine kontinuierliche Synchronisation stellt sicher, dass das Projektteam stets über den aktuellen Anforderungsstatus informiert ist.

Kreuztabellierung
Kontextfaktoren der externen Einflussbereiche x Typologisierungskriterien der Grundtypen

0 = Negativer bzw. neutraler Wirkzusammenhang
1 = Positiver Wirkzusammenhang

			Prozesstakt		Verlaufsform			Festlegung von Entscheidungspunkten			Parallelisierung von Aktivitäten			Synchronisation			Format des Entscheidungsprozesses			
			An Phasen orientierter Rhythmus	An Timeboxes orientierter Rhythmus	Linear, sequenziell	Partiell iterativ	Hoch iterativ	Explizit getr. durch Meilensteine	Teils explizit, teils implizit getrieben	Implizit getr. durch Produktinkremente	Keine Parallelisierung (Seriell)	Teilweise Parallelisierung (Mischform)	Volle Parallelisierung (Parallel)	Wenige Synchronisationspunkte	Regelm. Synchronisationspunkte	Kontinuierliche Synchronisation	In hohem Maße zentral	Meist zentral, begrenzt dezentral	Meist dezentral, begrenzt zentral	In hohem Maße dezentral
Makroökonomisch	Gesetzesrestriktionen	Geringe Einschränkung	0	0	0	0	0	0	0	0	0	0	0	0	0	0	0	0	0	0
		Mittlere Einschränkung	0	0	0	0	0	0	0	0	0	0	0	0	0	0	0	0	0	0
		Hohe Einschränkung	1	0	1	0	0	1	1	0	0	0	0	0	0	0	0	0	0	0
Mikroökonomisch	Dynamik der Anforderungen	Normale Änderungsrate	1	0	1	1	0	1	0	0	0	0	0	1	0	0	0	0	0	0
		Erhöhte Änderungsrate	0	0	0	1	0	0	1	0	0	0	0	0	1	0	0	0	1	0
		Hohe Änderungsrate	0	1	0	0	1	0	0	1	0	0	0	0	0	1	0	0	0	1
	Ressourcenverfügbarkeit	Kritikalität sehr gering	0	0	0	0	0	0	0	0	0	0	1	0	0	0	0	0	0	0
		Kritikalität gering	0	0	0	0	0	0	0	0	0	1	1	0	0	0	0	0	0	0
		Kritikalität hoch	0	0	0	0	0	1	0	0	1	0	0	0	1	0	1	0	0	0
		Kritikalität sehr hoch	0	0	0	0	0	1	0	0	1	0	0	0	1	0	1	0	0	0
	Status der Anforderungen	Durchgehend vollständig	1	0	1	0	0	1	0	0	0	0	0	0	0	0	0	0	0	0
		Überwiegend vollständig	0	0	0	1	0	0	1	0	0	0	0	0	0	0	0	0	0	0
		Überwiegend unvollständig	0	0	0	1	0	0	1	0	0	0	0	0	0	0	0	1	1	0
		Durchgehend unvollständig	0	1	0	0	1	0	0	1	0	0	0	0	0	0	0	0	1	1
	Verfügbarkeit des Kunden	Direkter Kontakt	0	0	0	0	0	0	0	1	0	0	0	0	1	1	0	0	0	0
		Indirekter Kontakt	0	0	0	0	0	0	1	0	0	0	0	0	1	0	0	0	0	0
		Kein Kontakt	0	0	0	0	0	1	0	0	0	0	0	1	0	0	0	0	0	0

Abbildung 5-42: Wirkzusammenhänge zwischen externen Kontextfaktoren und Typologisierungskriterien der Grundtypen

Dem Kontextfaktor *Ressourcenverfügbarkeit*, gemessen an der Kritikalität materieller und immaterieller Ressourcen, sollte je nach Ausprägungshöhe im Entwicklungsprozess unter anderem mit dem Einsatz von Meilensteinen begegnet werden. Bei geringer Verfügbarkeit einer materiellen Ressource, d.h. bei einer hohen bis sehr hohen Kritikalität, ermöglichen Meilensteine die langfristige Planbarkeit und Sicherstellung des Vorhandenseins der Ressource zu einem bestimmten Zeitpunkt im Entwicklungsprozess. Bezieht sich darüber hinaus die fehlende Verfügbarkeit bspw. auf die Kapazität eines für das Entwicklungsprojekt wesentlichen Mitarbeitenden, spricht dies gleichzeitig für die Vermeidung einer Parallelisierung von Entwicklungsaktivitäten.

Der *Status der Anforderungen* verhält sich als Kontextfaktor ähnlich wie die Anforderungsdynamik. Mit sinkender Vollständigkeit der Anforderungen besteht ein positiver Wirkzusammenhang mit der hoch iterativen Gestaltung des Prozessverlaufs und dem

Einsatz von Produktinkrementen zur Entscheidungsfindung. Die resultierende Entscheidungsbefugnis des Projektteams sollte dementsprechend hoch sein, was zur Eignung eines maßgeblich dezentralen Entscheidungsprozesses führt.

Der letzte externe Kontextfaktor, die *Verfügbarkeit des Kunden*, trägt je nach Ausprägung dazu bei, dass der zu entwickelnde Projektgegenstand den konkreten Erwartungen des Kunden entspricht. Daher sind bei direktem Kundenkontakt insbesondere die Grundtypen hybrider Entwicklungsprozesse geeignet, die im Rahmen der Produktentwicklung einen Schwerpunkt auf die Erstellung von Produktinkrementen legen.

5.4.2.2 Interne Kontextfaktoren und Grundtypen

Neben den externen Kontextfaktoren spielen auch die Kontextfaktoren aus den internen Einflussbereichen eine wesentliche Rolle. Im Folgenden werden daher die Wirkzusammenhänge betrachtet, die sich aus den Kontextfaktoren der Organisation, dem Projekt selbst und durch die am Projekt beteiligten Individuen ergeben (siehe Abbildung 5-43 und Abbildung 5-44). Insgesamt konnten 166 Wirkzusammenhänge über alle drei Einflussbereiche identifiziert werden, die eine positive Auswirkung auf die Auswahl eines Grundtyps hybrider Entwicklungsprozesse besitzen.

Der *Kontroll- und Steuerungsbedarf* als interner Kontextfaktor des Einflussbereichs Organisation weist positive Wirkzusammenhänge zu den Typologisierungskriterien Prozesstakt, Festlegung von Entscheidungspunkten und Format des Entscheidungsprozesses auf. Mit steigendem Bedarf des Managements nach aktiver oder passiver Kontrolle bzw. Steuerung des Projektgeschehens empfehlen sich entsprechend ein an Phasen orientierter Entwicklungsprozess und die systematische Prozessstrukturierung durch vorab terminierte Meilensteine. Beide Ausprägungen ermöglichen regelmäßige Berichterstattungen des Projektteams und gewährleisten die Entscheidungshoheit des Managements. Damit einher geht auch ein im hohen Maße zentralisierter Entscheidungsprozess.

Die *Unternehmenskultur* beeinflusst sowohl das Team eines Entwicklungsprojekts als auch das Management in seinen Handlungen und Entscheidungen. Aufgrund ausgeprägter Machtdistanzen und des Einsatzes formaler Regeln und Strukturen bei drei der vier Kulturausprägungen favorisiert lediglich der demokratische Kulturtyp durch die Fokussierung auf Prozessflexibilität und Spontaneität einen an Timeboxes orientierten Prozesstakt und eine hoch iterative Verlaufsform des Entwicklungsprozesses. Durch die in der Regel angestrebten flachen Hierarchien bietet sich gleichzeitig eine dezentrale Entscheidungsfindung an.

Kreuztabellierung

Kontextfaktoren der internen Einflussbereiche x Typologisierungskriterien der Grundtypen

0 = Negativer bzw. neutraler Wirkzusammenhang

1 = Positiver Wirkzusammenhang

			Prozesstakt		Verlaufsform			Festlegung von Entscheidungspunkten			Parallelisierung von Aktivitäten			Synchronisation			Format des Entscheidungsprozesses			
			An Phasen orientierter Rhythmus	An Timeboxes orientierter Rhythmus	Linear, sequenziell	Partiell iterativ	Hoch iterativ	Explizit getr. durch Meilensteine	Teils explizit, teils implizit getrieben	Implizit getr. durch Produktinkremente	Keine Parallelisierung (Seriell)	Teilweise Parallelisierung (Mischform)	Volle Parallelisierung (Parallel)	Wenige Synchronisationspunkte	Regelm. Synchronisationspunkte	Kontinuierliche Synchronisation	In hohem Maße zentral	Meist zentral, begrenzt dezentral	Meist dezentral, begrenzt zentral	In hohem Maße dezentral
Organisation	Kontroll- und Steuerungsbedarf	Kaum Bedarf	0	0	0	0	0	0	0	0	0	0	0	0	0	0	0	0	0	1
		Verstärkter Bedarf	0	0	0	0	0	0	0	0	0	0	0	0	0	0	0	0	1	0
		Begrenzter Bedarf	1	0	0	0	0	0	1	0	0	0	0	0	0	0	0	1	0	0
		Intensiver Bedarf	1	0	0	0	0	1	0	0	0	0	0	0	0	0	1	0	0	0
	Unternehmenskultur	Clan	1	0	0	1	0	0	0	0	0	0	0	0	0	0	0	1	0	0
		Hierarchisch	1	0	1	0	0	0	0	0	0	0	0	0	0	0	1	0	0	0
		Demokratisch	0	1	0	0	1	0	0	0	0	0	0	0	0	0	0	0	0	1
		Diszipliniert	1	0	0	1	0	0	0	0	0	0	0	0	0	0	0	1	0	0
	Verfügbarkeit des Managements	Reagiert direkt	0	0	0	0	1	0	0	1	0	0	0	0	0	0	1	1	0	0
		Reagiert mit gelegentlicher Verzögerung	0	0	0	1	0	0	1	0	0	0	0	0	0	0	0	1	1	0
		Reagiert stark verzögert	0	0	1	0	0	1	0	0	0	0	0	0	0	0	0	0	1	1
	Verfügbarkeit von Stakeholdern	Reagiert direkt	0	0	0	0	1	0	0	1	0	0	0	0	0	0	1	1	0	0
		Reagiert mit gelegentlicher Verzögerung	0	0	0	1	0	0	1	0	0	0	0	0	0	0	0	1	1	0
		Reagiert stark verzögert	0	0	1	0	0	1	0	0	0	0	0	0	0	0	0	0	1	1
Projekt	Abhängigkeit von anderen Projekten	Asynchronität (<20%)	0	0	0	0	0	0	0	0	0	0	0	1	0	0	0	0	0	0
		Teilsynchronität (20%-40%)	0	0	0	0	0	0	0	0	0	0	0	0	1	0	0	0	0	0
		Synchronität (>40%)	0	0	0	0	0	0	0	0	0	0	0	0	0	1	0	0	0	0
	Entwicklungsaufgabe	Parallelisierte Entwicklung	0	0	0	1	0	0	0	0	0	1	0	0	0	0	0	0	0	0
		Fokussierte Entwicklung	0	0	0	1	0	0	0	0	0	1	0	0	0	0	0	0	0	0
		Alternativenorientierte Entwicklung	0	0	0	0	1	0	0	0	0	0	1	0	0	0	0	0	0	0
		Stark konvergente Entwicklung	0	0	1	0	0	0	0	0	1	0	0	0	0	0	0	0	0	0
	Fristigkeit der Zielerreichung	Termineinhaltung problemlos	0	0	1	0	0	0	0	0	1	0	0	0	0	0	0	0	0	0
		Termineinhaltung unkritisch	0	0	0	1	0	0	0	0	0	1	0	0	0	0	0	0	0	0
		Termineinhaltung zeitkritisch	0	0	0	0	1	0	0	0	0	0	1	0	0	0	0	0	0	0
	Geografische Verteilung des Projektteams	Lokal	0	0	0	0	1	0	0	1	0	0	0	0	0	0	0	0	0	0
		Regional	0	0	0	1	0	0	1	0	0	0	0	0	0	0	0	0	0	0
		Überregional	1	0	0	1	0	0	1	0	0	0	0	0	1	0	0	1	0	0
		International	1	0	1	0	0	1	0	0	0	0	0	0	1	0	1	0	0	0
	Kapazitäten der Projektmitarbeitenden	Fokus auf viele Projekte	1	0	1	0	0	0	0	0	0	0	1	0	1	0	0	0	0	0
		Fokus auf wenige Projekte	0	0	0	1	0	0	0	0	0	0	0	0	0	0	0	0	0	0
		Fokus auf ein Projekt	0	0	0	0	1	0	0	0	0	0	0	0	0	0	0	0	0	0
	Modularität	Integralbauweise	0	0	0	0	0	0	0	0	1	1	0	1	1	0	0	0	0	0
		Differenzialbauweise	0	0	0	0	0	0	0	0	0	1	1	0	1	1	0	0	0	0
	Planbarkeit	Geringer Strukturierungsanteil	0	1	0	0	1	0	0	0	0	0	0	0	0	0	0	0	0	0
		Mittlerer Strukturierungsanteil	0	0	0	1	0	0	0	0	0	0	0	0	0	0	0	0	0	0
		Hoher Strukturierungsanteil	1	0	1	0	0	0	0	0	0	0	0	0	0	0	0	0	0	0
	Priorität des Entwicklungsprojekts	Strateg. nicht bedeutsam	0	0	0	0	0	0	0	0	0	0	0	0	0	0	0	0	1	1
		Strateg. für einzelne Bereiche bedeutsam	0	0	0	0	0	0	0	0	0	0	0	0	0	0	0	1	1	0
		Strateg. bedeutsam für ges. Unternehmen	0	0	0	0	0	1	1	0	0	0	0	0	0	0	1	1	0	0

Abbildung 5-43: Wirkzusammenhänge zwischen internen Kontextfaktoren und Typologisierungskriterien der Grundtypen

Kreuztabellierung
Kontextfaktoren der internen Einflussbereiche x Typologisierungskriterien der Grundtypen

0 = Negativer bzw. neutraler Wirkzusammenhang
1 = Positiver Wirkzusammenhang

			Prozesstakt		Verlaufsform			Festlegung von Entscheidungspunkten			Parallelisierung von Aktivitäten			Synchronisation			Format des Entscheidungsprozesses			
			An Phasen orientierter Rhythmus	An Timeboxes orientierter Rhythmus	Linear, sequenziell	Partiell iterativ	Hoch iterativ	Explizit getr. durch Meilensteine	Teils explizit, teils implizit getrieben	Implizit getr. durch Produktinkremente	Keine Parallelisierung (Seriell)	Teilweise Parallelisierung (Mischform)	Volle Parallelisierung (Parallel)	Wenige Synchronisationspunkte	Regelm. Synchronisationspunkte	Kontinuierliche Synchronisation	In hohem Maße zentral	Meist zentral, begrenzt dezentral	Meist dezentral, begrenzt zentral	In hohem Maße dezentral
Projekt	Produktverständnis	Inkrement	1	0	1	0	0	1	0	0	0	0	0	0	0	0	0	0	0	0
		Derivat	1	0	0	1	0	0	1	0	0	0	0	0	0	0	0	0	0	0
		Plattform	0	1	0	1	0	0	1	0	0	0	0	0	0	0	0	0	0	0
		Durchbruch	0	1	0	0	1	0	0	1	0	0	0	0	0	0	0	0	0	0
	Schnittstellenanzahl	Randsystem	0	0	0	0	0	0	0	0	0	0	0	1	0	0	0	0	0	0
		Basissystem	0	0	0	0	0	0	0	0	0	0	0	0	1	0	0	0	0	0
		Integrationssystem	1	0	0	0	0	1	0	0	0	0	0	0	1	0	0	0	0	0
		Zentralsystem	1	0	0	0	0	1	0	0	0	0	0	0	0	1	0	0	0	0
	Standardisierungsgrad	Geringe Wiederverwendung	0	1	0	1	1	0	1	1	0	0	0	0	0	0	0	0	0	0
		Hohe Wiederverwendung	1	0	1	1	0	1	1	0	0	0	0	0	0	0	0	0	0	0
	Teamgröße	Klein	0	0	0	0	0	0	0	0	1	0	0	1	0	0	0	0	0	0
		Mittel	0	0	0	0	0	0	0	0	0	1	0	0	1	0	0	0	0	0
		Groß	0	0	0	0	0	0	0	0	0	0	1	0	0	1	0	0	0	0
	Teamzusammensetzung	Homogenes Team	0	0	0	0	0	0	0	0	0	0	0	0	0	0	1	1	0	0
		Heterogenes Team	0	0	0	0	0	0	0	0	0	0	0	0	0	0	0	1	1	0
		Stark heterogenes Team	0	0	0	0	0	0	0	0	0	0	0	0	0	0	0	0	1	1
	Technologischer Neuheitsgrad	Low-Tech	1	0	1	0	0	0	0	0	0	0	0	0	0	0	0	0	0	0
		Medium-Tech	1	0	0	1	0	0	0	0	0	0	0	0	0	0	0	0	0	0
		High-Tech	0	1	0	1	0	0	0	0	0	0	0	0	0	0	0	0	0	0
		Super-High-Tech	0	1	0	0	1	0	0	0	0	0	0	0	0	0	0	0	0	0
	Verfügbarkeit von Fertigungsanlagen	Flexible Zugriffsmöglichkeit	0	0	0	0	0	0	0	1	0	0	0	0	0	0	0	0	0	0
		Eingeschränkte Zugriffsmöglichkeit	0	0	0	0	0	0	1	0	0	0	0	0	0	0	0	0	0	0
		Keine Zugriffsmöglichkeit	0	0	0	0	0	1	0	0	0	0	0	0	0	0	0	0	0	0
	Zwischenresultate	Geringer Detaillierungsgrad	0	0	0	0	0	0	0	1	0	0	0	0	0	0	0	0	0	0
		Mittlerer Detaillierungsgrad	0	0	0	0	0	0	1	0	0	0	0	0	0	0	0	0	0	0
		Hoher Detaillierungsgrad	1	0	1	0	0	1	0	0	0	0	0	0	0	0	0	0	0	0
Individuum	Kompetenzen und Fertigkeiten	Team aus Generalisten	0	0	0	0	0	0	0	0	0	0	0	0	0	0	0	1	1	0
		Team aus T-Mitarbeitern	0	0	0	0	0	0	0	0	0	0	0	0	0	0	0	0	1	1
		Team aus Spezialisten	0	0	0	0	0	0	0	0	0	0	0	0	0	0	1	1	0	0

Abbildung 5-44: Weiterführung der Wirkzusammenhänge zwischen internen Kontextfaktoren und Typologisierungskriterien der Grundtypen

Sowohl die *Verfügbarkeit des Managements* als auch die *Verfügbarkeit von Stakeholdern* unterstützen, sofern in ausreichendem Maße vorhanden bzw. im Prozessverlauf erforderlich, einen kontinuierlichen Projektfortschritt. Eine direkte Verfügbarkeit ist insbesondere für das Herbeiführen von spontan notwendigen Projektentscheidungen von Bedeutung. Dementsprechend ist mit abnehmender Verfügbarkeit bzw. einer stark verzögerten Reaktion von Management oder Stakeholdern ein mit konkreten

Meilensteinen als Entscheidungspunkte definierter, sequenzieller Prozessverlauf anzustreben.

Einer *Abhängigkeit* eines Entwicklungsprojekts *von anderen Projekten* im Einflussbereich des Projekts sollte über die entsprechenden Ausprägungen des Typologisierungskriteriums Synchronisation begegnet werden. Je mehr Abhängigkeiten ergebnis- und ressourcenseitig im Projektverlauf zu berücksichtigen sind, desto relevanter sind die im Entwicklungsprozess vorzusehenden Synchronisationspunkte, um einen gesicherten und termingerechten Austausch zu gewährleisten.

Die *Entwicklungsaufgabe* als Kontextfaktor beschreibt den Lösungsraum eines Entwicklungsprojekts. In diesem Sinne ergeben sich je nach Ausprägung des Kontextfaktors insbesondere positive Wirkzusammenhänge zum Typologisierungskriterium Parallelisierung von Aktivitäten. Bei einer bspw. alternativenorientierten Entwicklung, d.h. einer Entwicklung mit großem Lösungsraum und einer gleichzeitig niedrigen Lösungsraumkonvergenz, bietet sich vor allem eine möglichst vollumfängliche Parallelisierung der Entwicklungsaktivitäten zur Optimierung der Projektlaufzeit an.

Die *Fristigkeit der Zielerreichung* im Hinblick auf die problemlose, unkritische oder zeitkritische Einhaltung der im Projekt angestrebten Termine ist ein typischer Kontextfaktor von Projekten, der in Literatur und Praxis als wesentlicher Grund für die Einführung agiler Vorgehensmodelle angegeben wird.[744] Dementsprechend sollte bei einer zeitkritischen Termineinhaltung insbesondere eine hoch iterative Verlaufsform des Prozesses angestrebt und Entwicklungsaktivitäten möglichst parallelisiert werden.

Dem Kontextfaktor *Geografische Verteilung des Projektteams* ist dagegen mit steigendem Abstimmungsaufwand, d.h. bei einer vermehrten Verteilung des Projektteams über verschiedene Unternehmensstandorte, Zeitzonen oder Sprachräume, mit einem linearen Prozessverlauf zu begegnen. Ebenso empfehlen sich regelmäßige Synchronisationspunkte und ein eher zentral verlaufender Entscheidungsprozess zur Sicherstellung einer effektiven und effizienten Durchführung des Entwicklungsprojekts.

Die Höhe der freien *Kapazitäten der Projektmitarbeitenden* als Kontextfaktor bezieht sich auf die Anzahl der Projekte die in die Tätigkeitsbereiche der einzelnen Mitarbeitenden des Projektteams fallen. In Abhängigkeit des durchschnittlichen Freistellungsgrads eines Mitarbeitenden für ein spezifisches Projekt lässt sich ein positiver Wirkzusammenhang bspw. in Bezug auf den Rhythmus des Entwicklungsprozesses ableiten. Mit steigender Projektzahl je Mitarbeitenden ergibt sich verstärkt die Notwendigkeit

[744] Vgl. Komus & Kuberg (2017), Abschlussbericht: Status Quo Agile, S. 26f.

nach einem durch Phasen vorgegebenen Entwicklungstakt. Grund dafür sind die klar vordefinierten und planbaren Inhalte und Aktivitäten der einzelnen Phasen, die ein systematisches Arbeiten an mehreren Projekten gleichzeitig händelbar machen.

Der Kontextfaktor *Modularität* beschreibt den Anteil, zu dem ein Produkt aus unabhängigen Modulen besteht und hat damit Auswirkung auf die Möglichkeit der Unterteilung der Entwicklungsaufgabe in einzelne Entwicklungsumfänge. Sind einzelne Entwicklungsumfänge parallelisierbar, bedeutet das, die zugehörigen Entwicklungsaktivitäten können potenziell zeitgleich bearbeitet werden und sind nicht sequenziell voneinander abhängig. Der Grad der Modularität besitzt damit eine wesentliche Implikation auf die mögliche Parallelisierung der Aktivitäten im Entwicklungsprozess.

Die *Planbarkeit* setzt die Typologisierungskriterien in Bezug zum möglichen strukturierbaren Anteil eines Entwicklungsprozesses. Je höher der für ein Projekt mögliche Strukturierungsanteil ist, desto konkreter und präziser lässt sich ein Entwicklungsprozess in konkrete Aufgaben und Phasen unterteilen. Planbare Prozessschritte stärken die Vorhersagbarkeit, Stabilität und Projektsicherheit. In diesem Sinne lassen sich positive Wirkzusammenhänge insbesondere zwischen dem Prozesstakt und der Verlaufsform identifizieren.

Die *Priorität des Entwicklungsprojekts* wiederum gibt Auskunft über die allgemeine Wichtigkeit des Projekts hinsichtlich einzelner Unternehmensbereiche und für das Unternehmen als Ganzes. Damit zusammen hängt auch die Aufmerksamkeit, die seitens des Managements auf dem Entwicklungsprojekt liegt. Mit steigender Bedeutsamkeit des Projekts empfehlen sich daher die Zentralisierung der Entscheidungsprozesse und der Einsatz von Meilensteinen als wiederkehrende Entscheidungspunkte im Entwicklungsprozess, die eine regelmäßige Überprüfung des aktuellen Projektstatus sowie die (Neu-) Festlegung von Entwicklungsschwerpunkten ermöglichen.

Der Kontextfaktor *Produktverständnis* betrachtet die Auswirkungen des internen Veränderungsgrads auf die Typologisierungskriterien. Während die Ausprägung Inkrement, beschreibbar durch einen geringen Veränderungsgrad und folglich ein hohes Produktverständnis, eine linear, sequenzielle Verlaufsform des Entwicklungsprozesses favorisiert, erfordert die Ausprägung Durchbruch mit einem starken internen Veränderungsgrad einen hoch iterativen Prozessverlauf. Eine iterative Gestaltung des Entwicklungsprozesses gewährleistet ein schnelles, veränderungsorientiertes sowie wert- und risikofokussiertes Vorgehen.

Die *Schnittstellenanzahl* berücksichtigt alle Schnittstellen zwischen Objekten, Personen, Werkzeugen und dem Entwicklungsprozess sowohl innerhalb eines Unternehmens als auch über die Unternehmensgrenzen hinaus. Der Kontextfaktor besitzt damit unter anderem positive Wirkzusammenhänge mit den Ausprägungen des Typologisierungskriteriums Synchronisation. Ein Projekt, das als Randsystem charakterisiert werden kann, besitzt nur wenige aus- und eingehende Schnittstellen. Dementsprechend wenige Synchronisationspunkte sind im Rahmen des Entwicklungsprozesses vorzusehen. Ein Zentralsystem dagegen weist eine Vielzahl von Schnittstellen auf. Es empfiehlt sich daher eine möglichst kontinuierliche Synchronisation im Prozess.

Der Kontextfaktor *Standardisierungsgrad* prüft die Wirkzusammenhänge zwischen Routinetätigkeiten, d.h. möglichen sich wiederholenden Abläufen, Strukturen, Produktkomponenten oder Fertigungsverfahren im Entwicklungsprojekt, und den Typologisierungskriterien. Je geringer die Wiederverwendung von Elementen aus Altprojekten ist, desto eher eignet sich ein hoch iterativer Prozessverlauf bzw. ein an Timeboxes orientierter Prozesstakt, um den so vorherrschenden. stetigen Unsicherheiten im Entwicklungsprozess leichter begegnen zu können.

Die *Teamgröße* gilt in Bezug auf den Entwicklungsprozess vor allem als Indikator für den administrativen bzw. koordinativen Aufwand bspw. in Form von formalisierten Meetings. Damit lassen sich positive Wirkzusammenhänge vor allem zur Parallelisierung von Aktivitäten und der Synchronisation identifizieren. Mit einer wachsenden Anzahl von Mitarbeitenden im Projektteam steigt zwar die Möglichkeit zur Parallelisierung von einzelnen Entwicklungstätigkeiten, gleichzeitig erfordert ein größeres Team aber auch erhöhte Synchronisationsanstrengungen, um dem erforderlichen Informationsaustausch im Entwicklungsprozess gerecht werden zu können.

Die Ausprägungen der *Teamzusammensetzung* geben darüber hinaus Auskunft über die Heterogenität der am Entwicklungsprojekt beteiligten Fachbereiche. Mit der Zusammensetzung des Teams einher geht die dem Team potenziell übertragbare Entscheidungsbefugnis. Je interdisziplinärer ein Projektteam aufgestellt ist, desto eher ist es in der Lage, dezentral auch wichtige Projektentscheidungen eigenständig abwägen und treffen zu können.

Der Kontextfaktor *Technologischer Neuheitsgrad* erfasst die Unsicherheiten und Schwierigkeiten, die im Zusammenhang mit den im Rahmen der Produktentwicklung zu berücksichtigenden Technologien erwartet werden. Sind die Technologien für das Projektteam bereits bekannt und etabliert, bietet sich ein an Phasen orientierter Prozessrhythmus an. Etwaige Unsicherheiten oder Fragestellungen sind mit hoher Wahrscheinlichkeit auch im Rahmen eines sequenziellen Prozessverlaufs problemlos zu adressieren. Ein iteratives Vorgehen bzw. ein an Timeboxes orientierter Prozesstakt wird erst mit steigendem Neuheitsgrad der einzusetzenden Technologien erforderlich.

Die *Verfügbarkeit von Fertigungsanlagen* besitzt positive Wirkzusammenhänge zum Typologisierungskriterium Festlegung von Entscheidungspunkten. Existieren flexible Zugriffsmöglichkeiten auf die für ein Projekt relevanten Fertigungsanlagen, wird die Herstellung von Produktinkrementen bspw. im Rahmen von Iterationen maßgeblich unterstützt. Mit abnehmender Zugriffsmöglichkeit gestaltet sich ein regelmäßig durch Produktinkremente getriebener Entscheidungsprozess als schwierig.

Auch der Kontextfaktor *Zwischenresultate* weist insbesondere Wirkzusammenhänge zum Typologisierungskriterium Festlegung von Entscheidungspunkten auf. Die Erzeugung von Zwischenresultaten, d.h. von Teilergebnissen bzw. Produktinkrementen des zu entwickelnden Projektgegenstands während des Entwicklungsprozesses ermöglicht die gezielte Umsetzung einzelner Produktmerkmale oder -funktionen. Eine regelmäßige Realisierung von Zwischenresultaten setzt allerdings einen eher geringen Detaillierungsgrad des anzustrebenden Inkrements voraus. Je höher der erforderliche Detaillierungsgrad des jeweiligen Zwischenresultats ist, desto aufwandsintensiver gestaltet sich dessen Herstellung.

Als letzter und gleichzeitig einziger Kontextfaktor aus dem Einflussbereich des Individuums werden schließlich die *Kompetenzen und Fertigkeiten* des Projektteams den Typologisierungskriterien gegenübergestellt. Die Ausprägungen orientieren sich am „T-Shape"-Modell und besitzen positive Wirkzusammenhänge mit den Ausprägungen des Typologisierungskriteriums Format des Entscheidungsprozesses. Besteht ein Projektteam aus T-Mitarbeitenden, d.h. aus Teammitgliedern, die sowohl Spezialisten als auch Generalisten sind, eignet sich so bspw. insbesondere die Dezentralisierung von Entscheidungen. Das hohe Kompetenzprofil der Mitarbeitenden befähigt das Projektteam, eigenständig fundierte Entscheidungen zu treffen.

Durch die Formalisierung der in Abbildung 5-42 bis Abbildung 5-44 dargestellten Wirkzusammenhänge und die in den vorherigen Abschnitten exemplarisch erläuterten inhaltlichen Hintergründe dieser Zusammenhänge wird die Frage beantwortet, wie die prozessrelevanten Kontextfaktoren des Projektkontexts mit den im vorherigen Kapitel definierten Grundtypen verknüpft sind. Die identifizierten Wirkzusammenhänge bilden die Basis für die im fünften und letzten Teilmodell zu adressierende projektspezifische Auswahl und Gestaltung eines Grundtyps hybrider Entwicklungsprozesse.

5.5 Projektspezifische Auswahl und Gestaltung eines Grundtyps hybrider Entwicklungsprozesse

Das letzte Teilmodell der Methodik soll schließlich eine Antwort darauf geben, wie eine kontextbasierte Integration agiler und plangetriebener Entwicklungsprozesse auf Basis der erarbeiteten Ergebnisse der vorausgegangenen Teilmodelle projektspezifisch umzusetzen ist. Ziel ist es, eine in der industriellen Praxis einsetzbare Methode zu entwickeln, die es ermöglicht, die kontextbasierte Integration durch die Adaption eines geeigneten Grundtyps hybrider Entwicklungsprozesse für ein konkretes Entwicklungsprojekt anzuwenden, um damit die Prozesseffektivität und -effizienz zu steigern. Abbildung 5-45 gibt einen Überblick über das dreistufige Vorgehen der Methode.

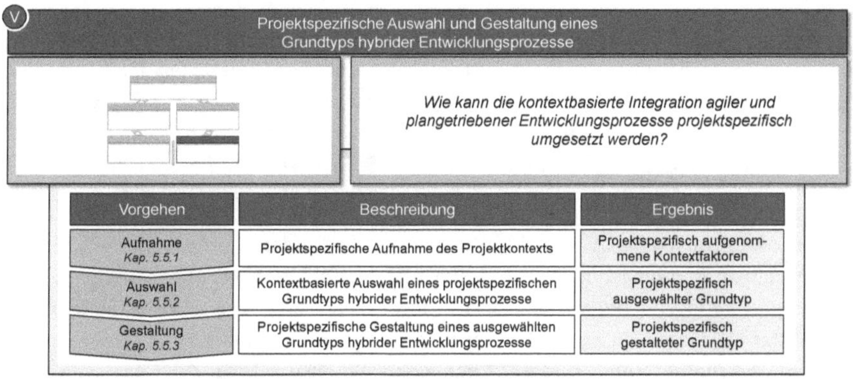

Abbildung 5-45: Methodisches Vorgehen zur projektspezifischen Auswahl und Gestaltung eines Grundtyps hybrider Entwicklungsprozesse

Der erste Schritt der Methode setzt sich mit der Aufnahme des Projektkontexts eines spezifischen Entwicklungsprojekts auseinander. Nach der je nach Anwendungssituation differierenden Gewichtung der einzelnen Kontextfaktoren gilt es, die individuellen Ausprägungen des Projektkontexts zu bestimmen (Kapitel 5.5.1). Auf Grundlage dieser Charakterisierung wird die kontextbasierte Auswahl eines der sechs Grundtypen hybrider Entwicklungsprozesse für das konkrete Entwicklungsprojekt angestrebt.

Die Auswahl erfolgt anhand der im vorherigen Teilmodell hergeleiteten Wirkzusammenhänge unter Berücksichtigung der bestmöglichen Eignung eines Grundtyps für den individuell bestimmten Projektkontext (Kapitel 5.5.2). Der dritte Schritt der Methode dient der Gestaltung des projektspezifisch ausgewählten Grundtyps (Kapitel 5.5.3). Dabei spielt insbesondere die Berücksichtigung der im dritten Teilmodell identifizierten typenbeschreibenden Prozessmerkmale eine wesentliche Rolle.

Die zu entwickelnde Methode soll den Anwendenden bei der Auswahl und Gestaltung des kontextbasiert am besten geeignetsten prozessualen Vorgehens für ein individuelles Entwicklungsprojekt unterstützen. Optimalerweise wird die Methode bei Projekten angewendet, die sich in der Initiierungsphase befinden. Solch ein bereits grundsätzlich definiertes Projekt kann mithilfe der Methode charakterisiert werden, um zu bestimmen, welcher Grundtyp hybrider Entwicklungsprozesse die Projektdurchführung am besten unterstützt. Als Zielgruppe der Methode sind daher maßgeblich Prozessverantwortliche und die Leitung eines Entwicklungsprojekts zu adressieren.

5.5.1 Aufnahme der Kontextfaktoren eines Entwicklungsprojekts

Im ersten Schritt der Methode gilt es den Projektkontext eines Entwicklungsprojekts aufzunehmen. Dies umfasst sowohl die projektspezifische Gewichtung der Kontextfaktoren zueinander als auch die Bestimmung der individuellen Ausprägungen der Kontextfaktoren im Hinblick auf das Entwicklungsprojekt. Als Grundlage für die Aufnahme der Kontextfaktoren dient das in Kapitel 5.1 entwickelte Beschreibungsmodell.

Alle prozessrelevanten Kontextfaktoren können zwar als grundsätzlich relevant für den Projektkontext eines Entwicklungsprojekts verstanden werden, die Gewichtung ihrer Bedeutung kann jedoch im Einzelfall für verschiedene Projekte variieren. Um der Individualität von Entwicklungsprojekten gerecht zu werden, muss demnach gewährleistet sein, dass die Kontextfaktoren anhand einer normierten Skala zueinander gewichtet werden können. In der vorliegenden Arbeit wird dafür der paarweise Vergleich als Unterstützung empfohlen. Der paarweise Vergleich ermöglicht die Priorisierung von beliebigen Objekten entsprechend ihrer Bedeutung zueinander. Die zu vergleichenden Objekte, im vorliegenden Fall die Kontextfaktoren, werden in einer *Präferenzmatrix* einander gegenübergestellt, sodass jedes Objekt mit jedem anderen Objekt verglichen werden kann.[745] Der Vergleich selbst erfolgt zeilenweise mittels einer dreistufigen Skala (siehe Abbildung 5-46).[746]

[745] Vgl. Lindemann (2009), Methodische Entwicklung technischer Produkte, S. 289

[746] Vgl. Schmitt (2015), Basiswissen Qualitätsmanagement, S. 84f.

			1	2	3	4	...	24	25	26	S_i	G_i	g_i
Makroökonomisch	Gesetzesrestriktionen	1		0	0	1	...	0	0	1	8	1	0,27%
Mikroökonomisch	Dynamik der Anforderungen	2	2		2	1	...	0	0	2	28	17	4,53%
	Ressourcenverfügbarkeit	3	2	0		1	...	0	1	2	16	7	1,87%
	Status der Anforderungen	4	1	1	1		...	2	0	2	26	15	4,00%
...	...	...	...	...	...	...		...	...	...	...	...	...
Projekt	Verfügbarkeit von Fertigungsanlagen	24	2	2	2	0	...		0	0	27	16	4,27%
	Zwischenresultate	25	2	2	1	2	...	2		1	31	19	5,07%
Individuum	Kompetenzen und Fertigkeiten	26	1	0	0	0	...	2	1		24	14	3,73%
												375	100%

2 Zeile wichtiger als Spalte	S_i: Zeilensumme des Kontextfaktors i
1 Zeile und Spalte gleich wichtig	G_i: Absolute Gewichtung des Kontextfaktors i
0 Spalte wichtiger als Zeile	g_i: Relative Gewichtung des Kontextfaktors i

Abbildung 5-46: Exemplarische Gewichtung der Kontextfaktoren

Für jeden Kontextfaktor kann so über alle Bewertungen eine Zeilensumme (S_i) gebildet werden. Die daraus ableitbare absolute Gewichtung (G_i) des Kontextfaktors wird in Anlehnung an SCHMITT mithilfe der Gleichung 5-4 berechnet.[747] Das Ergebnis des paarweisen Vergleichs ist die aus dem Quotienten der absoluten Gewichtung (G_i) und der Summe aller absoluten Gewichtungen resultierende, auf 100% normierte relative Gewichtung (g_i) eines Kontextfaktors.

$$\boldsymbol{G_i = Rd\left[(k-1)\cdot\frac{S_i - S_{min}}{S_{max} - S_{min}} + 1\right]} \qquad \text{(Gl. 5-4)}$$

G_i:	Absolute Gewichtung des Kontextfaktors i
k:	Anzahl aller Kontextfaktoren
S_i:	Zeilensumme des Kontextfaktors i
S_{min}:	Minimale Zeilensumme
S_{max}:	Maximale Zeilensumme

Neben der Bestimmung der Gewichtungen ist außerdem der Projektkontext je Entwicklungsprojekt im Hinblick auf die Ausprägungen der einzelnen Kontextfaktoren zu konkretisieren. Dies geschieht über die Einordnung des zu betrachtenden Projekts in das in Kapitel 5.1 entwickelte Beschreibungsmodell. Eine exemplarische Bestimmung des spezifischen Projektkontexts eines Entwicklungsprojekts ist in Abbildung 5-47 dargestellt.

[747] Vgl. Schmitt (2015), Basiswissen Qualitätsmanagement, S. 85; Barg (2018), Kontextbezogene Auslegung von Produktbaukästen, S. 222

		Kontextfaktor i	g_i	Ausprägungen			
Makroökonomisch	1	Gesetzesrestriktionen	0,27%	1	0	0	
Mikroökonomisch	2	Dynamik der Anforderungen	4,53%	0	1	0	
	3	Ressourcenverfügbarkeit	1,87%	1	0	0	0
	4	Status der Anforderungen	4,00%	0	0	1	0
...	...	...	...	...	...	...	
Projekt	24	Verfügbarkeit von Fertigungsanlagen	4,27%	0	0	1	
	25	Zwischenresultate	5,07%	1	0	0	
Individuum	26	Kompetenzen und Fertigkeiten	3,73%	0	1	0	

Abbildung 5-47: Exemplarische Bestimmung des spezifischen Projektkontexts

Je Kontextfaktor wird neben der Gewichtung die jeweilig zutreffendste Ausprägung mit einer „1“ versehen. Nur eine Ausprägung ist wählbar. Alle anderen Ausprägungen bekommen den Wert „0“ zugewiesen. Die aus der Gewichtung ableitbaren, individuellen Präferenzbeziehungen sowie die projektspezifische Bestimmung der einzelnen Ausprägungen der Kontextfaktoren bilden die Grundlage für die kontextbasierte Auswahl eines Grundtyps für ein Entwicklungsprojekt.

5.5.2 Kontextbasierte Auswahl eines Grundtyps für ein Entwicklungsprojekt

Der zweite Schritt der Methode beschäftigt sich mit der kontextbasierten Auswahl eines Grundtyps hybrider Entwicklungsprozesse für ein spezifisches Entwicklungsprojekt. Aufbauend auf der zuvor definierten individuellen Gewichtung der Kontextfaktoren und deren festgelegten Ausprägungen gilt es nun im Folgenden, den für die aufgenommenen Projekteigenschaften geeignetsten Grundtyp zu bestimmen. Die Identifikation des passenden Typs unterstützt die Steigerung der Prozesseffektivität und -effizienz über die gesamte Laufzeit eines Entwicklungsprojekts hinweg. Die Auswahl eines Grundtyps bildet den ersten von zwei erforderlichen Teilen der Adaption zur Umsetzung einer kontextbasierten Integration agiler und plangetriebener Entwicklungsprozesse.

Die kontextbasierte Auswahl eines Grundtyps erfolgt aufbauend auf dem in Kapitel 2.3.1 beschriebenen Fit-Gedanken. Der als Fit bezeichnete Übereinstimmungsgrad bezieht sich in der vorliegenden Arbeit auf den Grad der Übereinstimmung zwischen den aufgenommenen Projektcharakteristiken und den durch die Grundtypen vorgegebenen Strukturen eines potenziellen Entwicklungsprozesses. Jedem der sechs definierten Grundtypen kann damit ein Eignungswert (EG_t) für das zu betrachtende Entwicklungsprojekt zugeordnet werden. Die Bestimmung dieses Eignungswerts je Grundtyp wird durch Gleichung 5-5 beschrieben.

$$EG_t = \sum_{i=1}^{k} \sum_{j=1}^{l} \sum_{p=1}^{r} g_i \cdot a_{i;j} \cdot w_{i;j;t;p} \tag{Gl. 5-5}$$

EG_t:	Eignungswert des Grundtyps t, $t \in [1..n]$
n:	Anzahl aller Grundtypen (hier $n = 6$)
g_i:	Relative Gewichtung des Kontextfaktors i, $0 \leq g_i \leq 1$, $i \in [1..k]$
k:	Anzahl aller Kontextfaktoren (hier $k = 26$)
$a_{i;j}$:	Auswahlwert von $AP_{i;j}$, $a_{i;j} \in [0,1]$
$AP_{i;j}$:	Ausprägung j des Kontextfaktors i, $j \in [0..l]$
l:	Anzahl maximaler Ausprägungen eines Kontextfaktors (hier $l = 4$)
$w_{i;j;t;p}$:	Wirkzusammenhang zwischen $AP_{i;j}$ und $TK_{t;p}$, $w_{i;j;t;p} \in [0,1]$
$TK_{t;p}$:	Ausprägung des Typologisierungskriteriums p bei Grundtyp t, $p \in [1..r]$
r:	Anzahl aller Typologisierungskriterien je Grundtyp (hier $r = 6$)

Zur Veranschaulichung der in Gleichung 5-5 zum Einsatz kommenden Variablen setzt Abbildung 5-48 diese zusätzlich in einen exemplarisch kontextuellen Zusammenhang.

				Grundtyp GT_1					…	Grundtyp GT_n				
	Ausprägung $AP_{i;j}$	$a_{i;j}$	$TK_{t;p}$ / g_i	$TK_{1;1}$	$TK_{1;2}$	$TK_{1;3}$	…	$TK_{1;r}$	…	$TK_{n;1}$	$TK_{n;2}$	$TK_{n;3}$	…	$TK_{n;r}$
Kontextfaktor KF_1	$AP_{1;1}$	$a_{1;1}$	g_1	$w_{1;1;1;1}$	$w_{1;1;1;2}$	$w_{1;1;1;3}$	…	$w_{1;1;1;r}$	…	$w_{1;1;n;1}$	$w_{1;1;n;2}$	$w_{1;1;n;3}$	…	$w_{1;1;n;r}$
	$AP_{1;2}$	$a_{1;2}$	g_1	$w_{1;2;1;1}$	$w_{1;2;1;2}$	$w_{1;2;1;3}$	…	$w_{1;2;1;r}$	…	$w_{1;2;n;1}$	$w_{1;2;n;2}$	$w_{1;2;n;3}$	…	$w_{1;2;n;r}$
	$AP_{1;3}$	$a_{1;3}$	g_1	$w_{1;3;1;1}$	$w_{1;3;1;2}$	$w_{1;3;1;3}$	…	$w_{1;3;1;r}$	…	$w_{1;3;n;1}$	$w_{1;3;n;2}$	$w_{1;3;n;3}$	…	$w_{1;3;n;r}$
Kontextfaktor KF_2	$AP_{2;1}$	$a_{2;1}$	g_2	$w_{2;1;1;1}$	$w_{2;1;1;2}$	$w_{2;1;1;3}$	…	$w_{2;1;1;r}$	…	$w_{2;1;n;1}$	$w_{2;1;n;2}$	$w_{2;1;n;3}$	…	$w_{2;1;n;r}$
	…	…	…	…	…	…	…	…	…	…	…	…	…	…
	$AP_{2;l-1}$	$a_{2;l-1}$	g_2	$w_{2;l-1;1;1}$	$w_{2;l-1;1;2}$	$w_{2;l-1;1;3}$	…	$w_{2;l-1;1;r}$	…	$w_{2;l-1;n;1}$	$w_{2;l-1;n;2}$	$w_{2;l-1;n;3}$	…	$w_{2;l-1;n;r}$
	$AP_{2;l}$	$a_{2;l}$	g_2	$w_{2;l;1;1}$	$w_{2;l;1;2}$	$w_{2;l;1;3}$	…	$w_{2;l;1;r}$	…	$w_{2;l;n;1}$	$w_{2;l;n;2}$	$w_{2;l;n;3}$	…	$w_{2;l;n;r}$
…	…	…	…	…	…	…	…	…	…	…	…	…	…	…
Kontextfaktor KF_k	$AP_{k;1}$	$a_{k;1}$	g_k	$w_{k;1;1;1}$	$w_{k;1;1;2}$	$w_{k;1;1;3}$	…	$w_{k;1;1;r}$	…	$w_{k;1;n;1}$	$w_{k;1;n;2}$	$w_{k;1;n;3}$	…	$w_{k;1;n;r}$
	$AP_{k;2}$	$a_{k;2}$	g_k	$w_{k;2;1;1}$	$w_{k;2;1;2}$	$w_{k;2;1;3}$	…	$w_{k;2;1;r}$	…	$w_{k;2;n;1}$	$w_{k;2;n;2}$	$w_{k;2;n;3}$	…	$w_{k;2;n;r}$

Abbildung 5-48: Exemplarisch kontextueller Zusammenhang der Variablen zur Bestimmung des Eignungswerts (EG_t) eines Grundtyps

Die Berechnung des Eignungswerts erfolgt zum einen auf Basis der im vierten Teilmodell (siehe Kapitel 5.4) hergeleiteten Wirkzusammenhänge ($w_{i;j;t;p}$) zwischen den Kontextfaktoren und den Typologisierungskriterien der Grundtypen und ergibt sich zum anderen aus der projektspezifisch relativen Gewichtung der Kontextfaktoren (g_i) bzw.

der individuellen Bestimmung der Kontextfaktorausprägungen ($AP_{i;j}$). Alle Ausprägungen eines Kontextfaktors besitzen dieselbe relative Gewichtung. Die für ein spezifisches Entwicklungsprojekt festgelegte Ausprägung eines Kontextfaktors bekommt gemäß Kapitel 5.5.1 (siehe Abbildung 5-47) den Auswahlwert $a_{i;j} = 1$ zugewiesen, alle anderen Ausprägungen desselben Kontextfaktors erhalten den Auswahlwert $a_{i;j} = 0$.

Der Eignungswert eines Grundtyps setzt sich in der vorliegenden Arbeit aus insgesamt 624 Summanden[748] zusammen. Einem Großteil dieser Summanden wird jedoch im Rahmen der Eignungswertbestimmung eines Grundtyps der Wert „0" zugeordnet. Ein Summand ist immer nur dann ungleich „0" und somit für den Eignungswert entscheidend, wenn sowohl der Auswahlwert einer betrachteten Ausprägung eine „1" aufweist als auch der entsprechende Wirkzusammenhang dieser Ausprägung mit einer Ausprägung der sechs Typologisierungskriterien eines Grundtyps ($TK_{t;p}$) eine „1" verzeichnet. Der Eignungswert kann damit je Grundtyp einen maximalen Wert von $\max\{EG_t\} = r$ annehmen, was in der vorliegenden Arbeit einem Wert von $\max\{EG_t\} = 6$ entspricht, also der Anzahl aller Typologisierungskriterien je Grundtyp.

Die Auswahl eines geeigneten Grundtyps für ein spezifisches Entwicklungsprojekt erfolgt auf Basis der so ableitbaren Eignungswerte für alle sechs Grundtypen. Der Grundtyp mit dem höchsten Eignungswert entspricht folglich dem für den individuellen Kontext eines Entwicklungsprojekts geeignetsten prozessualen Vorgehen. Unter Berücksichtigung des in Kapitel 2.3.1 beschriebenen Äquifinalitätsprinzips kann angenommen werden, dass für einen spezifischen Kontext nicht immer ein ausschließlich geeigneter Grundtyp, sondern auch mehrere gleichermaßen erfolgreiche Grundtypen existieren. Dies ist insbesondere bei identischen Eignungswerten zweier Grundtypen für ein Entwicklungsprojekt der Fall. In der vorliegenden Arbeit wird zusätzlich auch dann von einer Äquifinalität in Bezug auf den Projekterfolg ausgegangen, wenn die Eignungswerte zweier oder mehr Grundtypen zwar nicht als identisch, aber als nahezu identisch zu interpretieren sind. Diese Annahme gewährleistet die Berücksichtigung der in den erhobenen Daten zwangsläufig enthaltenen Unschärfen. Die gleichermaßen bewerteten Grundtypen können dann als Substitute verstanden werden.

---

[748] Die Gesamtanzahl der zu berücksichtigenden Summanden ergibt sich aus dem Produkt der Anzahl aller Kontextfaktoren ($k = 26$), der Anzahl maximaler Ausprägungen eines Kontextfaktors ($l = 4$) und der Anzahl aller Typologisierungskriterien ($r = 6$). Da nicht jeder Kontextfaktor die maximale Anzahl an Ausprägungen aufweist, erhalten diese rein theoretischen Ausprägungen per Definition einen Auswahlwert von „0".

5.5.3 Projektspezifische Gestaltung eines gewählten Grundtyps

Neben der kontextbasierten Auswahl eines Grundtyps für ein Entwicklungsprojekt spielt im Rahmen der projektspezifischen Adaption auch die anschließende Gestaltung eben dieses Grundtyps eine wesentliche Rolle. Jeder standardisierte Prozess erfordert ein gewisses Maß an individueller Anpassung, bevor er für die Planung und Steuerung in einem Projekt eingesetzt werden kann (siehe Kapitel 2.3.4). Im letzten Schritt der Methode findet daher die eigentliche Prozessgestaltung statt. Vor dem Hintergrund des aus dem Projektkontext abgeleiteten prozessualen Vorgehens wird der gewählte Grundtyp projektspezifisch angepasst. Dabei kann im Rahmen der erzielten Ergebnisse der vorliegenden Arbeit von einer Breiten- und einer Tiefendimension der Gestaltung ausgegangen werden (siehe Abbildung 5-49).

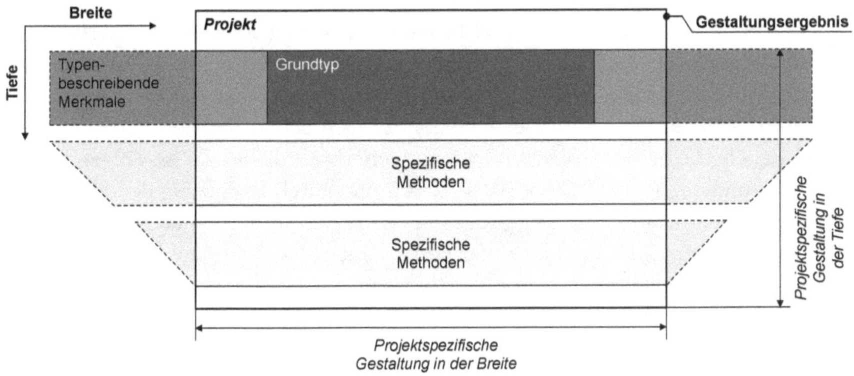

Abbildung 5-49: Breiten- und Tiefendimension projektspezifischer Gestaltung[749]

Die horizontale Dimension beschreibt die Anpassung des generischen Grundtyps in der Breite. Der Grundtyp wird individuell um solche Inhalte ergänzt, die für die prozessuale Durchführung des betrachteten Entwicklungsprojekts von Bedeutung sind. Hier gilt es, insbesondere die zunächst ausgeschlossenen typenbeschreibenden Prozessmerkmale (siehe Kapitel 5.3.1) wieder in die Methodik miteinzubeziehen. Die vertikale Dimension betrachtet die Anpassung des ausgewählten Grundtyps außerdem in der Tiefe. Durch die Zuweisung projektspezifisch geeigneter Methoden, darunter ist auch die Bereitstellung von Richtlinien oder Hinweisen zu verstehen, kann der Grund-

[749] Eigene angepasste Darstellung in Anlehnung an Kalus (2013), Projektspezifische Anpassung von Vorgehensmodellen, S. 27

typ anwendungsbezogen fokussiert werden. Zusätzlich zu der *Ergänzung*, d.h. der Berücksichtigung von Projektbesonderheiten, und der *Fokussierung* in Form der methodischen Schwerpunktsetzung und Wertorientierung umfasst die projektspezifische Gestaltung gemäß Kapitel 2.3 auch die *Reduktion*, also das Auslassen nicht notwendiger Modellelemente. Allerdings muss dieser Aspekt in der vorliegenden Arbeit nicht weiter betrachtet werden, da sich die Definition der Grundtypen bereits auf die Beschreibung der Makroebene bezieht. Durch die Grundtypen werden lediglich die für einen Prozess maßgeblichen strategischen Strukturen festgelegt. Eine Detaillierung bspw. im Hinblick auf Rollen oder konkrete Aktivitäten, wie manche Vorgehensmodelle sie bereits enthalten und die ggf. im Rahmen einer Reduktion ausschließbar wären, findet nicht statt. Die hier thematisierte projektspezifische Gestaltung umfasst demnach ausschließlich die Ergänzung und Fokussierung.

Mit der Gestaltung in der Breiten- und Tiefendimension entsteht eine für das jeweilige Entwicklungsprojekt individuelle Variante des gewählten Grundtyps. Durch die spezifische Anpassung wird demnach ein in sich konsistenter Subtyp des generischen Grundtyps gebildet.[750] Trotz möglicher Ergänzungen oder Fokussierungen bleibt die grundsätzliche Logik des Grundtyps jedoch weiterhin erhalten.[751] Im Folgenden soll nun insbesondere die projektspezifische Gestaltung durch Ergänzung detaillierter betrachtet werden. Die Zuordnung geeigneter Methoden in der Tiefendimension wird zum einen aufgrund des methodenneutral gewählten Betrachtungsraums der vorliegenden Arbeit nicht näher beschrieben. Zum anderen existieren bereits diverse wissenschaftliche Ansätze, die sich mit der methodischen Ausgestaltung von Entwicklungsprozessen in umfangreicher Weise auseinandersetzen. In diesem Kontext sei bspw. auf das Modell des Methodeneinsatzes nach LINDEMANN verwiesen, das entsprechend der Ausgangssituation eines Projekts untersucht, welche Methoden zur Bewältigung einer konkreten Aufgabe oder Problemstellung beitragen.[752] Für einen methodischen Überblick kann außerdem die Publikation von KLEIN herangezogen werden, die eine breite Sammlung von Steckbriefen agiler und plangetriebener Methoden enthält. Diese sind im Hinblick auf ihre Eignung für eine hybride Produktentwicklung in Agilitätsklassen unterteilt und auch in ihren Einflüssen und Auswirkungen zueinander ausführlich dargestellt.[753]

[750] Vgl. Hammerschall (2008), Flexible Methodenintegration in anpassbare Vorgehensmodelle, S. 6
[751] Vgl. Bender & Gericke (2016), Entwicklungsprozesse, S. 415
[752] Vgl. Lindemann (2009), Methodische Entwicklung technischer Produkte, S. 59ff.
[753] Vgl. Klein (2016), Agiles Engineering im Maschinen- und Anlagenbau, S. 206ff.

Die projektspezifische Gestaltung eines Grundtyps in Form der Ergänzung kann ausgehend von der in Kapitel 5.3.1 beschriebenen Einflussmatrix systematisch abgeleitet werden. Als prozessuale Ergänzung werden, wie bereits einleitend dargestellt, die typenbeschreibenden Prozessmerkmale herangezogen. Die ergänzende Ausgestaltung eines gewählten Grundtyps ergibt sich aus den jeweiligen grundtypspezifischen Ausprägungen der Typologisierungskriterien und deren Einfluss auf die typenbeschreibenden Prozessmerkmale. Die Typologisierungskriterien weisen per Definition eine starke Vernetzung zu den typenbeschreibenden Prozessmerkmalen auf. Als Resultat wird jedes typenbeschreibende Prozessmerkmal von mindestens einem typenbildenden Prozessmerkmal beeinflusst. Diese Zusammenhänge bildet die Einflussmatrix im dritten Teilmodell (siehe Abbildung 5-24) jedoch lediglich übergeordnet ab. Für eine grundtypspezifisch ergänzende Gestaltung ist eine Detaillierung der Einflussmatrix auf Ausprägungsebene erforderlich. Abbildung 5-50 zeigt einen Auszug der erweiterten Einflussanalyse. Die vollständige Matrix ist in Anhang A.13 dargestellt.

-1 Negativer Einfluss
0 Neutraler Einfluss
1 Positiver Einfluss

Gerichtete Leserichtung → „...beeinflusst..."

		Typenbeschreibende Prozessmerkmale													
		Anforderungen						...	Kollaboration						
		Umgang mit Zielen		Anforderungsaufnahme			...	...	Kaskadierung		Kooperation			Befähigung des Teams	
		Strikte Zielvorgabe mit forderndem Charakter	Lose Zielvorgabe mit leitendem Charakter	Einmalig statisch	Mehrmalig statisch	Beliebig dynamisch	...	...	Keine Skalierung der Meeting-Struktur	Skalierung der Meeting-Struktur	Ausschließlich vertikal	Horizontal und vertikal	Diagonal	Statisch gestaltete Teamstruktur	Dynamisch gestaltete Teamstruktur
Typenbildende Prozessmerkmale: Prozesstakt	An Phasen orientierter Rhythmus			1	0	-1	...	...						1	0
	An Timeboxes orientierter Rhythmus			-1	0	1	...	...						-1	1
Verlaufsform	Linear, sequenziell			1	0	-1	...	...			1	1	0	1	0
	Partiell iterativ			0	1	0	...	...			0	1	1	1	1
	Hoch iterativ			-1	-1	1	...	...			-1	0	1	0	1
...	...	...	...	...	...	...	...	...	...	...	...	...	...	...	...
Format des Entscheidungsprozesses	In hohem Maße zentral	1	-1				...	...			1	0	-1		
	Meist zentral, begrenzt dezentral	1	0				...	...			1	0	0		
	Meist dezentral, begrenzt zentral	0	1				...	...			0	0	1		
	In hohem Maße dezentral	-1	1				...	...			-1	0	1		

Abbildung 5-50: Auszug der Einflussanalyse auf Ausprägungsebene

Für jeden in der übergeordneten Einflussmatrix (siehe Abbildung 5-24) aufgezeigten aktiven Einfluss, den ein Typologisierungskriterium, d.h. ein typenbildendes Prozessmerkmal, auf ein typenbeschreibendes Prozessmerkmal ausübt, wird die Einflussanalyse auf Ausprägungsebene detailliert. Prozessmerkmale, die keinen Einfluss aufeinander besitzen, sind in Abbildung 5-50 bzw. in Anhang A.13 ausgegraut. Die Analyse selbst erfolgt anhand einer dreistufigen Skala. Mit „-1" werden negative Einflüsse zwischen zwei Ausprägungen beschrieben, mit dem Wert „1" können dagegen positive Einflüsse zwischen zwei Ausprägungen festgehalten werden. Die Zuteilung einer „0" steht für einen neutral bewerteten Einfluss. Die Einflussstärke spielt bei dieser Beurteilung, im Vergleich zur übergeordneten Einflussmatrix, keine Rolle und wird daher nicht weiter betrachtet. Von besonderer Relevanz für die ergänzende Gestaltung eines Grundtyps sind vor allem die positiven Einflüsse, die eine Ausprägung eines typenbildenden Prozessmerkmals auf die Ausprägung eines typenbeschreibenden Merkmals ausübt. Bei einem Grundtyp, dessen Prozesstakt sich bspw. maßgeblich an einem phasenorientierten Rhythmus ausrichtet, bietet sich eine einmalig statische Anforderungsaufnahme besonders an. Eine beliebig dynamische Aufnahme der Anforderungen steht dagegen im Widerspruch zu einer konsistenten Prozessumsetzung und weist daher einen negativen Einfluss auf. Die Ausprägung der Anforderungsaufnahme „Mehrmalig statisch" mit zugewiesener Einflussbewertung von „0" ist im Sinne der neutralen Beurteilung zwar denkbar, da grundsätzlich nicht hinderlich, gilt dafür aber auch nicht als besonders förderlich.

Da sich ein Grundtyp aus sechs Typologisierungskriterien mit verschiedenen Ausprägungen zusammensetzt, kann es bei der ergänzenden Gestaltung durchaus zu Widersprüchen bei der Ausprägungswahl der typenbeschreibenden Prozessmerkmale kommen. Diese Möglichkeit besteht immer dann, wenn mehr als ein Typologisierungskriterium auf ein typenbeschreibendes Prozessmerkmal Einfluss nimmt. Im Fall des Konfigurationsprofils des zweiten Grundtyps „Flexibel adaptives Phasenmodell" empfiehlt sich bspw. für einen an Phasen orientierten Prozesstakt eine einmalig statische Anforderungsaufnahme. Die gleichzeitig partiell iterative Verlaufsform des Grundtyps würde dagegen eher für eine mehrmalig statische Anforderungsaufnahme sprechen. Der Widerspruch ist in diesem konkreten Beispiel allerdings von eher unbedeutender Natur, da die jeweils „konkurrierenden" Ausprägungsalternativen einen neutralen Einfluss aufweisen. Bei einem negativ geprägten Widerspruch ist von den Anwendenden der Methode situationsspezifisch abzuwägen. Die Einflussanalyse auf Ausprägungsebene ist vor allem als unterstützende Grundlage zur Optimierung der Prozessgestaltung zu verstehen. Sie gibt zwar eine richtungsweisende Indikation vor, beschreibt aber keine grundsätzlich verbindlichen Gebote oder Verbote. Gemäß Abbildung 5-49 muss auch nicht jedes typenbeschreibende Prozessmerkmal bei der ergänzenden Gestaltung berücksichtigt werden. Es geht vielmehr um die projektspezifische Möglichkeit, etwaigen Besonderheiten des jeweiligen Entwicklungsprozesses zu begegnen. Dafür sind jedoch nicht alle Prozessmerkmale obligatorisch in die Betrachtung miteinzubeziehen. Für eine konkrete Umsetzung der projektspezifischen Gestaltung eines gewählten Grundtyps sei an dieser Stelle auf das Validierungsbeispiel in Kapitel 6.2 verwiesen.

Ziel der insgesamt dreistufigen Methode (siehe Abbildung 5-51) war die Unterstützung des Anwendenden bei der Auswahl und Gestaltung des kontextbasiert am besten geeigneten prozessualen Vorgehens für ein individuelles Entwicklungsprojekt.

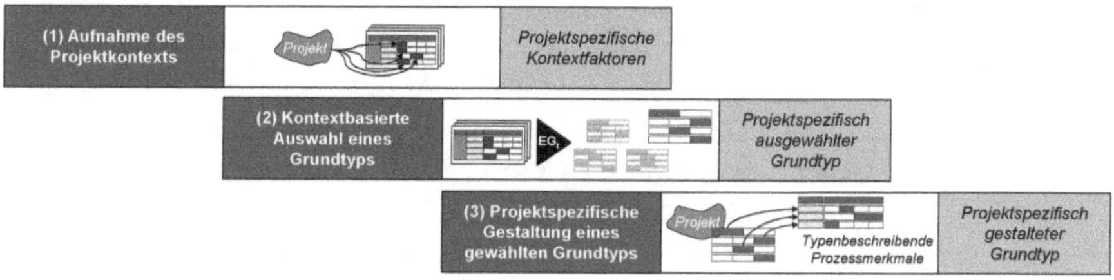

Abbildung 5-51: Zusammenfassender Überblick der dreistufigen Methode

Mit der Darstellung der detaillierenden Einflussmatrix wurde dafür der letzte wesentliche Schritt durch die grundtypenspezifische Ausgestaltung adressiert. Die Methode gewährleistet damit eine in der industriellen Praxis ganzheitlich umsetzbare Vorgehensweise für die kontextbasierte Integration agiler und plangetriebener Entwicklungsprozesse.

5.6 Zwischenfazit: Methodik zur kontextbasierten Integration agiler und plangetriebener Entwicklungsprozesse

Ziel des fünften Kapitels war die Detaillierung des in Kapitel 4 vorgestellten fünfschrittigen Grobkonzepts der Methodik zur kontextbasierten Integration agiler und plangetriebener Entwicklungsprozesse. In Kapitel 5.1 wurde dafür zunächst ein Beschreibungsmodell für die Ermittlung von Kontextfaktoren entwickelt. Die Kenntnis und das Verständnis des Kontexts eines Entwicklungsprojekts bildete die Grundvoraussetzung für die angestrebte Methodik. Im Fokus der Betrachtung standen dabei Faktoren, die eine nachweisbare Auswirkung auf den dem Projekt zugrundeliegenden Entwicklungsprozess besitzen und damit prozessrelevant sind.

In Kapitel 5.2 wurde anschließend ein weiteres Beschreibungsmodell aufgebaut, dessen Fokus auf der systematischen Identifikation von Prozessmerkmalen lag. Die Bestimmung und Zusammenführung konstituierender plangetriebener und agiler Prozessmerkmale auf der Vorgehensmodellebene gewährleistete die Ableitung hybrider Prozessmerkmale, die es durch ihre Ausprägungen ermöglichen, einen hybriden Entwicklungsprozess in all seinen erforderlichen Formen und Facetten zu beschreiben.

Die hybriden Prozessmerkmale bildeten die Ausgangsbasis für die Definition von Grundtypen hybrider Entwicklungsprozesse in Kapitel 5.3. Im Rahmen eines Erklärungsmodells wurden durch die Berücksichtigung von kombinationstheoretischen Zusammenhängen zwischen den hybriden Prozessmerkmalen solche mit typenbildendem Charakter bestimmt und als Typologisierungskriterien für das weitere Vorgehen ausgewählt. Die Herleitung eines Katalogs potenzieller Grundtypen erfolgte darauf aufbauend durch die konstruktive Verknüpfung der Ausprägungen dieser Typologisierungskriterien. Zur Sicherstellung der Widerspruchsfreiheit der resultierenden potenziellen Grundtypen diente eine zweifache Konsistenzanalyse. Eine Plausibilitäts- und Ähnlichkeitsprüfung ermöglichte anschließend die Ableitung von sechs Grundtypen aus dem zuvor aufgestellten Katalog, die sich untereinander sowohl signifikant unterscheiden, eine praktische Plausibilität aufweisen und gleichzeitig die wirtschaftliche Realität abbilden. Jeder der so definierten Grundtypen, d.h. das Inkrement-getriebene, das flexibel adaptive, das seriell wechselnde und parallel integrierte Phasenmodell sowie das flexibel adaptive und das seriell wechselnde Iterationsmodell wurden abschließend im Detail erläutert.

Die Formalisierung von Wirkzusammenhängen zwischen den im ersten Beschreibungsmodell identifizierten Kontextfaktoren und den zuvor definierten Typologisierungskriterien gewährleistete in Kapitel 5.4 die Verknüpfung des Kontexts eines Entwicklungsprojekts mit den Grundtypen hybrider Entwicklungsprozesse. Das Erklärungsmodell überführte, im Sinne des Leitbilds (siehe Abbildung 4-4), die bis dahin lediglich abstrakte Lösung auf Vorgehensmodellebene zurück auf die Prozessebene.

Die Detaillierung der Gesamtmethodik wurde in Kapitel 5.5 mit der Entwicklung einer in der industriellen Praxis einsetzbaren Methode abgeschlossen. Die Methode ermöglicht es, die kontextbasierte Integration durch die Adaption, d.h. die Auswahl und Gestaltung eines geeigneten Grundtyps hybrider Entwicklungsprozesse für ein konkretes Entwicklungsprojekt umzusetzen. Das Gestaltungsmodell führt damit die Ergebnisse der vorausgegangenen vier Teilmodelle zusammen.

6 Validierung und kritische Reflexion

Nach der unternehmensunabhängigen Erarbeitung der Methodik zur kontextbasierten Integration agiler und plangetriebener Entwicklungsprozesse soll nun deren Anwendbarkeit in der industriellen Praxis aufgezeigt werden. Im Vordergrund des folgenden Kapitels steht daher die Erprobung der im Grob- und Detailkonzept entwickelten Ergebnisse. Die in diesem Zusammenhang angestrebte empirisch-induktive Validierung entspricht dem sechsten Schritt des in Kapitel 1.3 dargestellten Forschungsprozesses nach ULRICH & HILL.[754] Zur Validierung der Methodik wird ein anonymisiertes Praxisbeispiel herangezogen. Dafür wird zunächst die Ausgangssituation dieses, nachfolgend als Forstwirtschaft AG bezeichneten, weltweit tätigen deutschen Industrieunternehmens beschrieben (Kapitel 6.1). Anschließend erfolgt die Darstellung der konkreten Anwendung der Methodik (Kapitel 6.2). Das sechste Kapitel schließt mit einer kritischen Reflexion der praktischen Anwendungserfahrungen (Kapitel 6.3).

6.1 Ausgangssituation der Forstwirtschaft AG

Die Forstwirtschaft AG ist ein weltweit führender Hersteller von motorbetriebenen Geräten für die Forst-, Land- und Bauwirtschaft. Seit einigen Jahren befindet sich das Unternehmen in einer Umbruchphase. Durch die zunehmende Bedeutung von Akku-Produkten für die Branche verändert sich nicht nur die Antriebsart, d.h. die maßgebliche Technologie der Produkte, auch die Marktregeln und die damit verbundenen Strukturen wandeln sich zunehmend. Die Forstwirtschaft AG muss sich vermehrt mit neuen Kundengruppen, Kundenbedürfnissen, Informationskanälen und mit deutlich mehr Wettbewerbern auseinandersetzen. Zu einigen wenigen Wettbewerbern in der Benzinmotorentechnik sind mehr als 50 Wettbewerber im Bereich der elektrischen Antriebe dazugekommen. Teils bringt die Konkurrenz jahrzehntelange Erfahrung im Akku-Segment mit. Die für die Forstwirtschaft AG zukunftssichernden Renditeniveaus geraten damit vermehrt unter Druck. Für das Unternehmen bedeutet das, sich

[754] Vgl. Ulrich & Hill (1976), Wissenschaftstheoretische Grundlagen der BWL (I), S. 348

möglichst schnell in den kommenden Jahren auf die neuen Kundenanforderungen einzustellen und gleichzeitig die bestehenden und teils historisch gewachsenen Prozesse und Strukturen effektiver und effizienter zu gestalten, um ein nachhaltig profitables Wachstum sicherstellen zu können. Ein wesentlicher Ansatzpunkt dafür ist es, Produkte schneller auf den Markt zu bringen. Mit dem Neudenken der Prozesse verspricht sich die Forstwirtschaft AG neben Schnelligkeit auch Transparenz und eine wesentliche Reduktion der Kosten. Dabei steht der Anspruch auf Technologieführerschaft des Unternehmens stets im Vordergrund.

Insbesondere die Produktentwicklung der Forstwirtschaft AG und ihre Entwicklungsprojekte stehen damit im Fokus des zu vollziehenden Wandels. Neben der zentralen Entwicklung in Deutschland werden weltweit Experten über gemeinsame Entwicklungssysteme miteinander vernetzt, um das Wissen und die Kompetenzen aus der Vielzahl der verschiedenen Fachbereiche des gesamten Unternehmens bei der Neuentwicklung von Produkten nutzen zu können. Das Risiko von Entwicklungsprojekten der Forstwirtschaft AG ist in der Vergangenheit vermehrt angestiegen. Dies hängt einerseits mit der wachsenden Unsicherheit in Bezug auf die neu zu erschließenden technologischen Ziele zusammen und bedingt sich andererseits durch den bereits beschriebenen erhöhten Kosten- und Zeitdruck. Um den aktuell bestehenden Herausforderungen adäquat begegnen zu können, verfolgt die Forstwirtschaft AG daher das Ziel der Agilisierung ihrer Produktentwicklung. Die in der vorliegenden Arbeit entwickelte Methodik zur kontextbasierten Integration agiler und plangetriebener Entwicklungsprozesse bietet dafür ein erhebliches Potenzial zur Unterstützung der Prozessoptimierung. Die Forstwirtschaft AG eignet sich damit als Praxis- und Anwendungsbeispiel für die angestrebte empirisch-induktive Validierung der Methodik.

6.2 Anwendung der Methodik zur kontextbasierten Integration agiler und plangetriebener Entwicklungsprozesse

Die Anwendung der in der vorliegenden Arbeit entwickelten Methodik zur kontextbasierten Integration agiler und plangetriebener Entwicklungsprozesse umfasst alle drei Schritte der in Kapitel 5.5 vorgestellten Methode zur Übertragung der bis dahin erzielten Ergebnisse in die industrielle Praxis. Als Grundlage der Validierung dient ein konkretes, sich in der Initiierungsphase befindendes Entwicklungsprojekt der Forstwirtschaft AG. Das innerhalb des Projekts zu entwickelnde Produkt war und ist wesentlicher Bestandteil des Akku-Produktportfolios des Unternehmens. Das im Rahmen der Validierung betrachtete Projekt wird daher im Folgenden auch als Akku-Projekt bezeichnet. Ziel des ersten Schritts der Methode (siehe Abbildung 5-51) ist es, den Projektkontext des Akku-Projekts aufzunehmen (Kapitel 6.2.1). Der zweite Schritt der Methode beschäftigt sich darauf aufbauend mit der Auswahl des kontextbasiert geeignetsten Grundtyps hybrider Entwicklungsprozesse für das betrachtete Projekt (Kapitel 6.2.2). Der letzte Schritt umfasst abschließend die zusätzlich erforderliche Gestaltung des ausgewählten Grundtyps gemäß den zuvor bestimmten Projektcharakteristiken (Kapitel 6.2.3).

6.2.1 Aufnahme der Kontextfaktoren des Akku-Projekts der Forstwirtschaft AG

Zur Charakterisierung des Projektkontexts gilt es zunächst die prozessrelevanten Kontextfaktoren für das Akku-Projekt individuell zu gewichten (siehe Abbildung 6-1).

		1	2	3	4	5	6	7	8	9	10	11	12	13	14	15	16	17	18	19	20	21	22	23	24	25	26	S_i	G_i	g_i
Gesetzesrestriktionen	1		0	0	0	0	0	1	0	0	0	0	0	0	0	0	0	0	0	0	0	0	0	0	0	0	0	1	1	0,25%
Dynamik der Anforderungen	2	2		0	0	1	0	2	0	1	0	1	0	2	0	1	0	1	2	1	1	1	1	0	0	1	1	19	12	2,94%
Ressourcenverfügbarkeit	3	2	2		2	2	1	2	1	2	1	2	1	2	1	2	1	2	2	2	2	2	2	1	1	2	2	42	26	6,37%
Status der Anforderungen	4	2	2	0		2	0	2	0	2	0	1	0	2	0	1	0	1	1	2	1	2	2	0	0	2	2	27	17	4,17%
Verfügbarkeit des Kunden	5	2	1	0	0		0	0	0	0	0	0	0	2	0	0	0	0	0	0	0	1	1	0	0	1	1	9	6	1,47%
Kontroll- und Steuerungsbedarf	6	2	2	1	2	2		2	1	2	1	2	1	2	1	2	1	2	2	2	2	2	2	1	1	2	2	42	26	6,37%
Unternehmenskultur	7	1	0	0	0	2	0		0	0	0	0	0	2	0	0	0	0	0	0	0	2	2	0	0	0	0	9	6	1,47%
Verfügbarkeit des Managements	8	2	2	1	2	2	1	2		2	1	2	1	2	1	2	1	2	2	2	2	2	2	1	1	2	2	42	26	6,37%
Verfügbarkeit von Stakeholdern	9	2	1	0	0	2	0	2	0		0	1	0	2	0	1	0	1	1	1	1	2	2	0	0	1	1	21	13	3,19%
Abhängigkeit von anderen Projekten	10	2	2	1	2	2	1	2	1	2		2	1	2	1	2	1	2	2	2	2	2	2	1	1	2	2	42	26	6,37%
Entwicklungsaufgabe	11	2	1	0	1	2	0	2	0	1	0		0	2	0	1	0	1	1	1	1	2	2	0	0	1	1	22	14	3,43%
Fristigkeit der Zielerreichung	12	2	2	1	2	2	1	2	1	2	1	2		2	1	2	1	2	2	2	2	2	2	1	1	2	2	42	26	6,37%
Geograf. Verteilung des Projektteams	13	2	0	0	0	0	0	0	0	0	0	0	0		0	0	0	0	0	0	0	1	1	0	0	0	0	4	3	0,74%
Kapazitäten d. Projektmitarbeitenden	14	2	2	1	2	2	1	2	1	2	1	2	1	2		2	1	2	2	2	2	2	2	1	1	2	2	42	26	6,37%
Modularität	15	2	1	0	1	2	0	2	0	1	0	1	0	2	0		0	1	1	1	1	2	2	0	0	1	1	22	14	3,43%
Planbarkeit	16	2	2	1	2	2	1	2	1	2	1	2	1	2	1	2		2	2	2	2	2	2	1	1	2	2	42	26	6,37%
Priorität des Entwicklungsprojekts	17	2	1	0	1	2	0	2	0	1	0	1	0	2	0	1	0		1	1	1	2	2	0	0	1	1	22	14	3,43%
Produktverständnis	18	2	0	0	1	2	0	2	0	1	0	1	0	2	0	1	0	1		1	1	2	2	0	0	1	1	21	13	3,19%
Schnittstellenanzahl	19	2	1	0	0	2	0	2	0	1	0	1	0	2	0	1	0	1	1		1	2	2	0	0	1	1	21	13	3,19%
Standardisierungsgrad	20	2	1	0	1	2	0	2	0	1	0	1	0	2	0	1	0	1	1	1		2	2	0	0	1	1	22	14	3,43%
Teamgröße	21	2	1	0	0	1	0	0	0	0	0	0	0	1	0	0	0	0	0	0	0		1	0	0	0	0	6	4	0,98%
Teamzusammensetzung	22	2	1	0	0	1	0	0	0	0	0	0	0	1	0	0	0	0	0	0	0	1		0	0	0	1	7	5	1,23%
Technologischer Neuheitsgrad	23	2	2	1	2	2	1	2	1	2	1	2	1	2	1	2	1	2	2	2	2	2	2		1	2	2	42	26	6,37%
Verfügbarkeit von Fertigungsanlagen	24	2	2	1	2	2	1	2	1	2	1	2	1	2	1	2	1	2	2	2	2	2	2	1		2	2	42	26	6,37%
Zwischenresultate	25	2	1	0	0	1	0	2	0	1	0	1	0	2	0	1	0	1	1	1	1	2	2	0	0		0	19	12	2,94%
Kompetenzen und Fertigkeiten	26	2	1	0	0	1	0	2	0	1	0	1	0	2	0	1	0	1	1	1	1	2	1	0	0	2		20	13	3,19%
																													408	100%

2 Zeile wichtiger als Spalte
1 Zeile und Spalte gleich wichtig
0 Spalte wichtiger als Zeile

S_i: Zeilensumme des Kontextfaktors i
G_i: Absolute Gewichtung des Kontextfaktors i
g_i: Relative Gewichtung des Kontextfaktors i

Abbildung 6-1: Gewichtung der Kontextfaktoren in Bezug auf das Akku-Projekt

Die über den paarweisen Vergleich in der dargestellten Präferenzmatrix ableitbaren relativen Gewichtungen (g_i) der Kontextfaktoren geben einen ersten Hinweis auf die

Faktoren, die einen besonders großen Einfluss auf das Akku-Projekt besitzen und damit bei der Bestimmung der späteren Eignungswerte der Grundtypen hybrider Entwicklungsprozesse (siehe Kapitel 6.2.2) für das Projekt einen übergeordneten Stellenwert einnehmen. Für das Akku-Projekt konnten durch den paarweisen Vergleich vor allem neun der insgesamt 26 Kontextfaktoren als für das Projekt besonders relevant eingestuft werden. Darunter fallen unter anderem der technologische Neuheitsgrad des zu entwickelnden Produkts, die Fristigkeit der Zielerreichung des Projekts, die abrufbaren Kapazitäten der Projektmitarbeitenden und auch der Kontroll- und Steuerungsbedarf sowie die antizipierte Verfügbarkeit des Managements. Die Einflüsse durch Gesetzesrestriktionen wurden im Anwendungsfall der Forstwirtschaft AG als der am geringsten zu gewichtende Kontextfaktor bestimmt. Das lässt sich maßgeblich darauf zurückführen, dass die zu berücksichtigenden anforderungsstellenden Normen und Richtlinien im Projekt zwar relevant für das zu entwickelnde Akku-Produkt sind, aber keine Auswirkung auf die Freiheitsgrade des Entwicklungsprozesses besitzen.

Neben der übergeordneten projektindividuellen Bestimmung der Gewichtung der einzelnen Kontextfaktoren müssen vor allem auch die Ausprägungen der einzelnen Faktoren konkretisiert werden. Dies geschieht über die Einordnung des Akku-Projekts in das in Kapitel 5.1 entwickelte Beschreibungsmodell. Das resultierende Ausprägungsprofil charakterisiert den für das Akku-Projekt bei der Auswahl eines Grundtyps spezifisch zu berücksichtigenden Projektkontext (siehe Abbildung 6-2). Trotz der geringen Einschränkungen, die sich für das Entwicklungsprojekt aus den Gesetzesrestriktionen ergeben, unterliegt das Akku-Projekt aufgrund des technologischen Neuheitsgrads dabei einer erhöhten Anforderungsdynamik. Ein Großteil der Anforderungen ist außerdem zu Projektbeginn als unvollständig zu bewerten. Das als High-Tech Entwicklung einzustufende Projekt setzt sich mit Technologien auseinander, die für die Forstwirtschaft AG grundlegend neu sind. Das hat auch Auswirkung auf den zu erwartenden Status und die Änderungsrate der Anforderungen. Gleichzeitig ist bereits aus Vorprojekten bekannt, dass die materielle Ressourcenverfügbarkeit im Projektverlauf als grundsätzlich kritisch einzustufen ist. Da die Forstwirtschaft AG im Vergleich zu anderen Wettbewerbern im Markt nur geringe Stückzahlen von Zulieferteilen im Bereich der Akku-Produkte bezieht, ist der dem Unternehmen zur Verfügung stehende Stellhebel, bspw. im Falle kurzfristig erforderlicher Prototypenteile, gering.

Einflussbereich	Kontextfaktor	Ausprägungen			
Makroökonomisch	Gesetzesrestriktionen	**Geringe Einschränkung**	Mittlere Einschränkung	Hohe Einschränkung	
Mikroökonomisch	Dynamik der Anforderungen	Normale Änderungsrate (<5%)	**Erhöhte Änderungsrate (5%-30%)**	Hohe Änderungsrate (>30%)	
	Ressourcenverfügbarkeit	Kritikalität sehr gering	Kritikalität gering	**Kritikalität hoch**	Kritikalität sehr hoch
	Status der Anforderungen	Durchgehend vollständig	Überwiegend vollständig	**Überwiegend unvollständig**	Durchgehend unvollständig
	Verfügbarkeit des Kunden	Direkter Kontakt	**Indirekter Kontakt**	Kein Kontakt	
Organisation	Kontroll- und Steuerungsbedarf	Kaum Bedarf	Verstärkter Bedarf	Begrenzter Bedarf	**Intensiver Bedarf**
	Unternehmenskultur	Clan	**Hierarchisch**	Demokratisch	Diszipliniert
	Verfügbarkeit des Managements	Reagiert direkt	**Reagiert mit gelegentlicher Verzögerung**	Reagiert stark verzögert	
	Verfügbarkeit von Stakeholdern	Reagiert direkt	**Reagiert mit gelegentlicher Verzögerung**	Reagiert stark verzögert	
Projekt	Abhängigkeit von anderen Projekten	Asynchronität (<20%)	Teilsynchronität (20%-40%)	**Synchronität (>40%)**	
	Entwicklungsaufgabe	Parallelisierte Entwicklung	Fokussierte Entwicklung	Alternativenorientierte Entwicklung	**Stark konvergente Entwicklung**
	Fristigkeit der Zielerreichung	Termineinhaltung problemlos	Termineinhaltung unkritisch	**Termineinhaltung kritisch**	
	Geografische Verteilung des Projektteams	Lokal	**Regional**	Überregional	International
	Kapazitäten der Projektmitarbeitenden	**Fokus auf viele Projekte (Freistellung <20%)**	Fokus auf wenige Projekte (Freistellung 20%-50%)	Fokus auf ein Projekt (Freistellung >50%)	
	Modularität	Integralbauweise	**Differenzialbauweise**		
	Planbarkeit	Geringer Strukturierungsanteil	**Mittlerer Strukturierungsanteil**	Hoher Strukturierungsanteil	
	Priorität des Entwicklungsprojekts	Strategisch nicht bedeutsam	**Strategisch bedeutsam für einzelne Bereiche**	Strategisch bedeutsam für ges. Unternehmen	
	Produktverständnis	Inkrement	Derivat	**Plattform**	Durchbruch
	Schnittstellenanzahl	Randsystem	**Basissystem**	Integrationssystem	Zentralsystem
	Standardisierungsgrad	**Geringe Wiederverwendung**	Hohe Wiederverwendung		
	Teamgröße	Klein (<10)	**Mittel (10-50)**	Groß (>50)	
	Teamzusammensetzung	Homogenes Team (ein Fachbereich)	**Heterogenes Team (wenige Fachbereiche)**	Stark heterogenes Team (viele Fachbereiche)	
	Technologischer Neuheitsgrad	Low-Tech	Medium-Tech	**High-Tech**	Super-High-Tech
	Verfügbarkeit von Fertigungsanlagen	Flexible Zugriffsmöglichkeit	**Eingeschränkte Zugriffsmöglichkeit**	Keine Zugriffsmöglichkeit	
	Zwischenresultate	**Geringer Detaillierungsgrad**	Mittlerer Detaillierungsgrad	Hoher Detaillierungsgrad	
Individuum	Kompetenzen und Fertigkeiten	Team aus Generalisten	Team aus T-Mitarbeitenden	**Team aus Spezialisten**	

Abbildung 6-2: Ausprägungsprofil des Projektkontexts des Akku-Projekts

In Bezug auf die Organisation lässt sich das Akku-Projekt, geprägt durch die unternehmensweite Kultur der Forstwirtschaft AG, im Wesentlichen als hierarchisch beschreiben. Das Bedürfnis nach Unsicherheitsvermeidung und Formalismus im Projekt zeigt sich auch durch den intensiven Kontroll- und Steuerungsbedarf des Managements, hervorgerufen zum einen durch die im Projekt vermutete hohe Unsicherheit und Mehrdeutigkeit, zum anderen aber auch begründet durch die strategische Bedeutsamkeit des Projekts für einige Unternehmensbereiche. Die mit einer hohen Intensität des Kontroll- und Steuerungsbedarfs einhergehende Notwendigkeit von Abstimmungen zwischen Projektteam und Management steht der nur als verzögert eingestuften Verfügbarkeit des Managements des Projekts entgegen.

Im Einflussbereich des Projekts selbst ist unter anderem die hohe Abhängigkeit des Akku-Projekts von anderen Projekten hervorzuheben. Konkret verläuft das Akku-Projekt zeitlich parallel zu insbesondere einem anderen Entwicklungsprojekt der Forstwirtschaft AG. Leistungen beider Projekte sind zwingende Voraussetzung für die jeweiligen Projektergebnisse des anderen Projekts. Darüber hinaus ist das Akku-Projekt aufgrund seiner erhöhten Anzahl ausgehender Schnittstellen als Basissystem einzustufen. Die Termineinhaltung im Akku-Projekt ist gleichzeitig zeitkritisch, die Kapazitäten der Projektmitarbeitenden werden als gering eingestuft. Nur eine kleine Anzahl der Teammitglieder wird für das Entwicklungsprojekt vollständig freigestellt. Die Teamgröße selbst setzt sich aus ca. 20 permanent am Projekt beteiligten Mitarbeitenden, zumeist Spezialisten in ihrem Fachbereich, zusammen. Das Team ist dabei zwar grundsätzlich heterogen aufgestellt, die Anzahl der beteiligten Fachbereiche ist allerdings überschaubar. Hinzu kommt eine ausschließlich regionale Verteilung des Projektteams über verschiedene Standorte der Forstwirtschaft AG, was den zu antizipierenden Abstimmungsaufwand für das Projekt in beherrschbaren Grenzen hält.

Das damit in Grundzügen erläuterte Ausprägungsprofil des zu initiierenden Akku-Projekts der Forstwirtschaft AG (siehe Abbildung 6-2) und die den Kontextfaktoren zugeordneten relativen Gewichtungen bilden die Grundlage für die kontextbasierte Auswahl eines hybriden Grundtyps für das Entwicklungsprojekt.

6.2.2 Kontextbasierte Auswahl eines Grundtyps für das Akku-Projekt der Forstwirtschaft AG

Im zweiten Schritt der Methode steht die kontextbasierte Auswahl eines Grundtyps hybrider Entwicklungsprozesse für das Akku-Projekt der Forstwirtschaft AG im Fokus. Aufbauend auf der zuvor definierten individuellen Gewichtung der Kontextfaktoren und deren festgelegten Ausprägungen gilt es nun, den für die aufgenommenen

Eigenschaften des Akku-Projekts geeignetsten Grundtyp zu bestimmen. Zur Beurteilung des individuellen Fits zwischen dem Akku-Projekt und den sechs zur Auswahl stehenden Grundtypen wird der in Kapitel 5.5.2 eingeführte Eignungswert (EG_t) herangezogen. Der Zusammenhang zwischen dem Projektkontext des Akku-Projekts, der relativen Gewichtung der Kontextfaktoren und den je Grundtyp sich unterscheidenden Ausprägungen der Typologisierungskriterien ist als Auszug in Abbildung 6-3 aufgeführt. Eine vollständige Darstellung der Zusammenhänge aller Kontextfaktoren und Grundtypen ist Anhang A.14 zu entnehmen.

1 Gewählte Ausprägung eines Kontextfaktors
1 Bestehender Wirkzusammenhang

Kontextfaktor KF		Ausprägung $AP_{i,j}$	$a_{i,j}$	$TK_{t,p}$ / g_i	Grundtyp I						...	Grundtyp VI					
					An Phasen orientierter Rhythmus	Linear, sequenziell	Implizit getrieben durch Produktinkremente	Keine Parallelisierung (Seriell)	Wenige Synchronisationspunkte im Prozess	Meist zentral, begrenzt dezentral	...	An Timeboxes orientierter Rhythmus	Partiell iterativ	Implizit getrieben durch Produktinkremente	Keine Parallelisierung (Seriell)	Regelmäßige Synchronisationspunkte im Prozess	In hohem Maße dezentral
Makroökonomisch	Gesetzesrestriktionen	Geringe Einschränkung	1	0,25%	0	0	0	0	0	0	...	0	0	0	0	0	0
		Mittlere Einschränkung	0	0,25%	0	0	0	0	0	0	...	0	0	0	0	0	0
		Hohe Einschränkung	0	0,25%	1	1	0	0	0	0	...	0	0	0	0	0	0
Mikroökonomisch	Dynamik der Anforderungen	Normale Änderungsrate	0	2,94%	1	1	0	0	1	0	...	0	1	0	0	0	0
		Erhöhte Änderungsrate	1	2,94%	0	0	0	0	0	0	...	0	1	0	0	1	0
		Hohe Änderungsrate	0	2,94%	0	0	1	0	0	0	...	1	0	1	0	0	1
	Ressourcenverfügbarkeit	Kritikalität sehr gering	0	6,37%	0	0	0	0	0	0	...	0	0	0	0	0	0
		Kritikalität gering	0	6,37%	0	0	0	0	0	0	...	0	0	0	0	0	0
		Kritikalität hoch	1	6,37%	0	0	0	1	0	0	...	0	0	0	1	1	0
		Kritikalität sehr hoch	0	6,37%	0	0	0	1	0	0	...	0	0	0	1	1	0
...	...	...	...	...	...	...	...	...	...	...	...	...	...	...	...	...	...
Individuum	Kompetenzen und Fertigkeiten	Team aus Generalisten	0	3,19%	0	0	0	0	0	1	...	0	0	0	0	0	0
		Team aus T-Mitarbeitenden	0	3,19%	0	0	0	0	0	0	...	0	0	0	0	0	1
		Team aus Spezialisten	1	3,19%	0	0	0	0	0	1	...	0	0	0	0	0	0
		Eignungswert des Grundtyps			$EG_1 = 0,63$						...	$EG_6 = 0,91$					

Abbildung 6-3: Bestimmung des Eignungswerts je Grundtyp für das Akku-Projekt

Der Eignungswert je Grundtyp lässt sich gemäß Gleichung 5-5 (siehe Kapitel 5.5.2) entsprechend aus den abgebildeten Informationen ableiten. Die Summanden, aus denen sich die Eignungswerte der einzelnen Grundtypen zusammensetzen, sind dann ungleich „0“, wenn sowohl die Ausprägung eines Kontextfaktors projektbezogen eine „1“ zugewiesen bekommen hat als auch gleichzeitig die Ausprägung eines Typologisierungskriteriums des betrachteten Grundtyps einen Wirkzusammenhang mit der Ausprägung des Kontextfaktors aufweist. Dies ist im Fall des Akku-Projekts bspw. beim Kontextfaktor „Dynamik der Anforderungen“ gegeben. Die gewählte Ausprägung „Erhöhte Änderungsrate“ weist zwar keinen neutralen oder negativen Wirkzusammenhang mit Grundtyp I auf, dafür besitzt sie aber im dargestellten Auszug zwei positive Wirkzusammenhänge mit Grundtyp VI. Bei einer erhöhten Änderungsrate der Anforderungen eignen sich prozessual betrachtet sowohl ein partiell iteratives Vorgehen als auch die Integration regelmäßiger Synchronisationspunkte im Verlauf des Entwicklungsprozesses. Ausschließlich auf die Dynamik der Anforderungen bezogen wäre in diesem Beispiel Grundtyp VI besser für das Akku-Projekt geeignet als Grundtyp I. Die tatsächliche Eignung eines Grundtyps für ein Entwicklungsprojekt ergibt sich jedoch erst aus der ganzheitlichen Betrachtung aller Kontextfaktoren und Grundtypen. Eine vollständige Gegenüberstellung der sechs Grundtypen und ihrer Eignungswerte (siehe Anhang A.14) ist daher Abbildung 6-4 zu entnehmen.

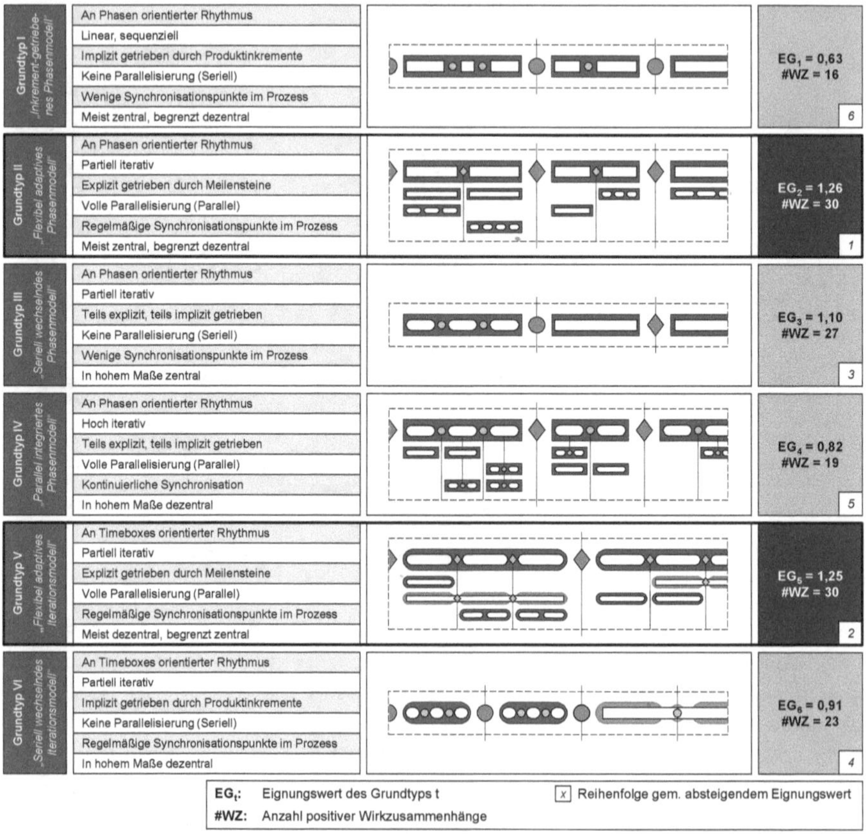

Abbildung 6-4: Gegenüberstellung der Grundtypen und ihrer Eignungswerte für das Akku-Projekt

Der Grundtyp mit der geringsten Eignung für das Akku-Projekt der Forstwirtschaft AG ist das Inkrement-getriebene Phasenmodell (Grundtyp I) mit einem Eignungswert von $EG_1 = 0{,}63$. Die höchste und damit grundsätzlich bestmögliche Eignung weist dagegen das flexibel adaptive Phasenmodell (Grundtyp II) mit einem Eignungswert von $EG_2 = 1{,}26$ auf. Doch auch der fünfte Grundtyp, das flexibel adaptive Iterationsmodell, erreicht einen ähnlich hohen Eignungswert von $EG_5 = 1{,}25$. Zwar sind die beiden Eignungswerte der Grundtypen in Bezug auf das Akku-Projekt nicht identisch, wie jedoch bereits in Kapitel 5.5.2 beschrieben, kann auch dann von einer Äquifinalität (siehe Kapitel 2.3.1) in Bezug auf den Projekterfolg ausgegangen werden, wenn zwei Eignungswerte als nahezu identisch zu interpretieren sind, um der in den erhobenen Daten zwangsläufig enthaltenen Unschärfe gerecht zu werden.

Eine Möglichkeit für eine sachlogisch begründete Entscheidung für einen der beiden in Frage kommenden Grundtypen ergibt sich aus der zusätzlichen Betrachtung der Anzahl der Wirkzusammenhänge (#WZ). Nicht zwangsläufig weist ein Grundtyp mit dem höchsten Eignungswert auch parallel die meisten positiven Wirkzusammenhänge zwischen dem Projektkontext eines betrachteten Projekts und den prozessualen Eigenschaften der Grundtypen auf. Auch durch einige wenige, dafür aber hohe relative Gewichtungen einzelner Kontextfaktoren und deren positiven Wirkzusammenhänge mit den Ausprägungen eines Typologisierungskriteriums eines Grundtyps kann sich in Summe ein hoher Eignungswert ergeben. Bei nahezu identischen Grundtypen, wie im Praxisbeispiel der Forstwirtschaft AG, bietet es sich also an, den Grundtyp mit der gleichzeitig höheren Anzahl an Wirkzusammenhängen zu wählen. Dies würde neben der grundsätzlichen Eignung zusätzlich auch den höheren Überdeckungsgrad zwischen Projektkontext und Grundtyp sicherstellen.

Im Fall des Akku-Projekts besitzen jedoch beide Grundtypen dieselbe Anzahl an Wirkzusammenhängen (#WZ = 30), weshalb die Entscheidung zwischen dem flexibel adaptiven Phasenmodell und dem flexibel adaptiven Iterationsmodell letztlich Workshop-basiert mit der Projektleitung und dem Kernteam des Akku-Projekts getroffen wurde. Aufgrund der vom Management bevorzugten Planbarkeit des Entwicklungsprojekts wurde sich innerhalb des Workshops für das flexibel adaptive Phasenmodell (Grundtyp II) entschieden. Insbesondere die Möglichkeit der Beibehaltung der in der Forstwirtschaft AG fest verankerten Phasen war dabei ausschlaggebendes Kriterium für die Entscheidung. Der an Timeboxes orientierte Rhythmus des fünften Grundtyps und die damit einhergehende situative Gestaltung der Entwicklungsaktivitäten je Zeitabschnitt widersprach dem bevorzugten Vorgehen des Managements.

6.2.3 Projektspezifische Gestaltung des gewählten Grundtyps für das Akku-Projekt der Forstwirtschaft AG

Zusätzlich zu der im vorherigen Abschnitt beschriebenen kontextbasierten Auswahl eines Grundtyps für das Akku-Projekt der Forstwirtschaft AG ist im Rahmen der projektspezifischen Adaption auch die anschließende Gestaltung in der Breiten- und Tiefendimension eben dieses Grundtyps zu betrachten. Die Gestaltung ermöglicht die individuelle Anpassung des standardisierten Grundtyps in Form der Ergänzung, der Fokussierung und bzw. oder der Reduktion. Da der Fokus der vorliegenden Arbeit insbesondere auf der Ergänzung liegt, wird dieser Aspekt im Folgenden detaillierter für das Akku-Projekt betrachtet.

Die mögliche ergänzende Ausgestaltung des für das Akku-Projekt ausgewählten Grundtyps, das flexibel adaptive Phasenmodell, ergibt sich aus dessen spezifischen Ausprägungen der Typologisierungskriterien und deren Einfluss auf die typenbeschreibenden Merkmale aus Kapitel 5.3.1. Die in Anhang A.13 ausführlich dargestellte Einflussanalyse der Prozessmerkmale auf Ausprägungsebene ist in Abbildung 6-5 und Abbildung 6-6 auf den zweiten Grundtyp reduziert dargestellt. Es werden also nur die Ausprägungen der Typologisierungskriterien des flexibel adaptiven Phasenmodells und deren Einflüsse auf die 18 typenbeschreibenden Prozessmerkmale aufgeführt.

-1 Negativer Einfluss
0 Neutraler Einfluss
1 Positiver Einfluss

Gerichtete Leserichtung → „…beeinflusst…"

Typologisierungskriterien	Typenbeschreibende Prozessmerkmale (1/2)																				
	Anforderungen											Prozessplanung									
	Umgang mit Zielen		Anforderungsaufnahme			Art der Anforderungsdefinition			Kundenzentrierung			Suche Lösungskonzepte		Detaillierungsgrad der Prozessplanung			Anpassungsfähigkeit des Prozesses			Priorisierung	
	Strikte Zielvorgabe mit forderndem Charakter	Lose Zielvorgabe mit leitendem Charakter	Einmalig statisch	Mehrmalig statisch	Beliebig dynamisch	Detailliert	Partiell verfeinernd	Grob	Keine aktive Kundeneinbindung	Aktive, diskrete Kundeneinbindung	Proaktive, kontinuierliche Kundeneinbindung	Von spezifischen Domänenkonz. zum gemeinsamen Gesamtkonzept	Vom gem. Gesamtkonzept zu spezifischen Domänenkonzepten	Vorausplanung operativer Arbeitsschritte	Entwurf eines groben Entwicklungsplans	Situative Planung in Timeboxes	Starrer Prozessverlauf	Adaptiver Prozessverlauf	Flexibler Prozessverlauf	Einmalig zu Projektbeginn	Stetig im Projektverlauf
An Phasen orientierter Rhythmus			1	0	-1									1	1	-1	1	0	-1		
Partiell iterativ			0	1	0	0	1	0						0	1	0	0	1	0	0	1
Explizit getrieben durch Meilensteine									1	1	-1			1	1	-1	1	0	-1		
Volle Parallelisierung (Parallel)																	0	0	1		
Regelmäßige Synchronisationspunkte im Prozess												1	1				0	1	0		
Meist zentral, begrenzt dezentral	1	0															1	1	0		

Abbildung 6-5: Einflussanalyse des flexibel adaptiven Phasenmodells auf die Ausprägungen der typenbeschreibenden Prozessmerkmale (1/2)

Für jedes typenbeschreibende Prozessmerkmal kann so die jeweils für den gewählten Grundtyp geeignetste Ausprägung bestimmt werden. Die in den Abbildungen durch eine graue Markierung in der Vertikalen hervorgehobenen Ausprägungen je typenbeschreibendem Prozessmerkmal sind das Ergebnis eines Workshops der Projektleitung des Akku-Projekts.

-1 Negativer Einfluss
0 Neutraler Einfluss
1 Positiver Einfluss

Gerichtete Leserichtung → „...beeinflusst...“

Typenbeschreibende Prozessmerkmale (2/2)

Typologisierungskriterien	Prozessablauf: Kadenz der Produktreleases: Infrequent Delivery	Frequent Delivery	Continuous Delivery	Prozessablauf: Teilprojektbildung: Keine Teilprojektbildung	Vereinzelte Teilprojektbildung	Überwiegende Teilprojektbildung	Leistungen: Erzeugung Ergebnisse: Meilensteinorientiert	Funktionsorientiert	Leistungen: Baselining: Vollumfängliche Determinierung	Ausgewählte Determinierung	Natürliche Determinierung	Leistungen: Prototyping & Testing: Separierte Betrachtung	Integrierte Betrachtung
An Phasen orientierter Rhythmus	1	1	-1				1	0				1	0
Partiell iterativ	0	1	0				1	1	-1	1	0	1	1
Explizit getrieben durch Meilensteine												1	0
Volle Parallelisierung (Parallel)				0	0	1							
Regelmäßige Synchronisationspunkte im Prozess									0	1	0		
Meist zentral, begrenzt dezentral													

Typologisierungskriterien	Controlling: Dokumentation: Detailliert, mit Fokus auf Vollständigkeit	Wesentlich, mit Fokus auf Transparenz	Controlling: Prozessüberwachung: Diskret, gebunden an Entscheidungspunkte	Regelmäßig, auf monatlicher/wöchentlicher Basis	Kontinuierlich, auf täglicher Basis	Kollaboration: Kaskadierung: Keine Skalierung der Meeting-Struktur	Skalierung der Meeting-Struktur	Kollaboration: Kooperation: Ausschließlich vertikal	Horizontal und vertikal	Diagonal	Kollaboration: Befähigung des Teams: Statisch gestaltete Teamstruktur	Dynamisch gestaltete Teamstruktur
An Phasen orientierter Rhythmus	1	0									1	0
Partiell iterativ			0	1	0			0	1	1	1	1
Explizit getrieben durch Meilensteine			1	0	0							
Volle Parallelisierung (Parallel)	-1	1				-1	1	-1	0	1		
Regelmäßige Synchronisationspunkte im Prozess			0	1	0						1	1
Meist zentral, begrenzt dezentral	1	0	1	1	0			1	0	0		

Abbildung 6-6: Einflussanalyse des flexibel adaptiven Phasenmodells auf die Ausprägungen der typenbeschreibenden Prozessmerkmale (2/2)

Besitzt nur eine Ausprägung eines Typologisierungskriteriums einen Einfluss auf eine Ausprägung eines typenbeschreibenden Prozessmerkmals, ist die Prozessgestaltung im Hinblick auf dieses Merkmal in der Regel trivial. Die Einbindung von Prozessmerkmalen mit negativem Einfluss sollte vermieden werden. Exemplarisch weist in Abbildung 6-5 nur die Ausprägung „Explizit getrieben durch Meilensteine“ des zweiten Grundtyps einen Einfluss auf die „Kundenzentrierung“ als typenbeschreibendes Prozessmerkmal auf. Aufgrund des negativen Zusammenhangs wurde die Ausprägung „Proaktive, kontinuierliche Kundeneinbindung“ ausgeschlossen. Die Ausprägungen „Keine aktive Kundeneinbindung“ und „Aktive, diskrete Kundeneinbindung“ sind dagegen gleichermaßen mit einer „1“ bewertet. Die Projektleitung konnte an dieser Stelle frei entscheiden und die für das zu initiierende Projekt aus ihrer Sicht geeignetere Merkmalsausprägung als erweiternde Gestaltung des Grundtyps auswählen. Im vorliegenden Anwendungsfall entschied sich die Projektleitung für „Keine aktive Kundeneinbindung“ mit der Begründung, dass die hohe zeitlich bedingte Kritikalität des Akku-Projekts einen zusätzlichen Mehraufwand durch eine im Prozess verankerte Validierung mit dem Endkunden nicht ermögliche.

Üben mehrere Typologisierungskriterien einen Einfluss auf die Ausprägung eines typenbeschreibenden Prozessmerkmals aus, bedarf die Entscheidung einer abwägenden Diskussion der potenziellen Alternativen. Dies ist insbesondere dann erforderlich, wenn die Einflüsse der Typologisierungskriterien einander in der Wahl der Merkmalsausprägung widersprechen. Am Beispiel des typenbeschreibenden Merkmals „Dokumentation" wird dies deutlich (siehe Abbildung 6-6). Zwar besitzen die Ausprägungen „An Phasen orientierter Rhythmus" und „Meist zentral, begrenzt dezentral" der Typologisierungskriterien des zweiten Grundtyps einen positiv bewerteten Einfluss auf die Ausprägung „Detailliert, mit Fokus auf Vollständigkeit", eine „Volle Parallelisierung", wie sie beim flexibel adaptiven Phasenmodell ebenfalls vorgesehen ist, widerspricht allerdings dieser Bewertung. Die Projektleitung des Akku-Projekts entschied sich in der Situation für die Ausprägung „Wesentlich, mit Fokus auf Transparenz". Durch die explizit geplanten und im Entwicklungsprozess eingebundenen Meilensteine sah die Projektleitung ausreichend Möglichkeit zur Dokumentation, die in der Forstwirtschaft AG im Wesentlichen für eine akkurate Berichterstattung an das Management genutzt wird.

Darüber hinaus wurde sich seitens der Projektleitung des Akku-Projekts dafür ausgesprochen, alle 18 typenbeschreibenden Merkmale mit in die erweiternde Prozessgestaltung miteinzubeziehen. Alle Merkmale wiesen einen relevanten Bezug zum Akku-Projekt auf oder besaßen einen nicht zu vernachlässigenden Stellenwert für die Forstwirtschaft AG als solche. Gemäß Abbildung 5-49 in Kapitel 5.5.3 ist dieser Detaillierungsgrad zwar nicht für jedes Projekt erforderlich, bot für das betrachtete Praxisbeispiel aber die für die Agilisierung des Entwicklungsprozesses als notwendig empfundenen Leitplanken. Mit dieser projektspezifischen Festlegung schließt der dritte Schritt der Methode und damit auch die Validierung der Methodik zur kontextbasierten Integration agiler und plangetriebener Entwicklungsprozesse.

6.3 Kritische Reflexion der Anwendungserfahrung

Die Anwendungserfahrung der dreistufigen Methode am Praxisbeispiel des Akkuprojekts der Forstwirtschaft AG zeigt, dass die in der vorliegenden Arbeit entwickelte Methodik zur kontextbasierten Integration agiler und plangetriebener Entwicklungsprozesse ein geeignetes Instrument zur projektspezifischen Ausrichtung der Produktentwicklung darstellt. Die Unterstützung der Anwendenden bei der Auswahl und Gestaltung hybrider Entwicklungsprozesse liefert handlungsweisende Grundlagen für die nachfolgenden Entwicklungsaktivitäten und bietet die erforderlichen Leitplanken für deren Umsetzung. Die Kenntnis über den Projektkontext eines zu initiierenden Entwicklungsprojekts und das Verständnis über dessen Auswirkungen auf den Entwicklungsprozess sind wesentliche Voraussetzungen zur Steigerung der Prozesseffektivität und -effizienz. Nachfolgend sollen insbesondere die in Kapitel 4.2 formulierten inhaltlichen und formalen Anforderungen an die Methodik in Bezug auf die Anwendungserfahrung mit der Forstwirtschaft AG reflektiert werden.

Die beschriebenen inhaltlichen Anforderungen (siehe Kapitel 4.2.1) konnten im Rahmen der Validierung als vollumfänglich erfüllt bewertet werden. Sie wurden durch die Anwendungserfahrung bestätigt. Die entwickelte Methodik bezieht sich auf die Entwicklung technischer Produkte und berücksichtigt dabei den gesamten Entwicklungsprozess von der Projektinitiierung bis hin zur Serienproduktion im Hinblick auf eine hybride Gestaltung auf der prozessualen Makroebene. Auch der Forderung nach Branchenunabhängigkeit wurde ausreichend entsprochen. Die projektspezifische Adaption des hybriden Entwicklungsprozesses erfolgte zielkonform unter Berücksichtigung des Projektkontexts und durch die Herleitung von Grundtypen.

Auch die vorgestellten formalen Anforderungen (siehe Kapitel 4.2.2) wurden durch die entwickelte Methodik entsprechend adressiert und können damit ebenfalls als erfüllt beurteilt werden. Sowohl die empirische als auch die formale Richtigkeit wurden durch die Sicherstellung des Übereinstimmungsgrads von Realität und Systemstruktur sowie durch die Gewährleistung der Wiederhol- und Nachprüfbarkeit berücksichtigt. Gleichzeitig liefert die Methodik konkrete Antworten auf spezifisch formulierte Fragestellungen und kann damit als zweckbezogen charakterisiert werden. Durch die im fünften Teilmodell vorgestellte dreistufige Methode wurde außerdem der Anforderung nach Handhabbarkeit und Nutzerfreundlichkeit entsprochen. Gleichzeitig stellt die besagte Methode auch die Wirksamkeit der entwickelten Vorgehensweise sicher, indem der erforderliche Aufwand für die Anwendenden der Methodik möglichst niedrig gehalten wurde. Die grundsätzliche Brauchbarkeit und ein positives Aufwand-Nutzen-Verhältnis belegt auch das Praxisbeispiel der Forstwirtschaft AG.

Zwar bestätigte die praktische Anwendung der Methodik grundsätzlich die Erfüllung der vorab gestellten Anforderungen, es ergaben sich jedoch auch Hinweise zur Verbesserung in Bezug auf konkrete Aspekte der Methodik. Ein Optimierungspotenzial besteht bspw. in der empirischen Fundierung der Wirkzusammenhänge zwischen dem Projektkontext und den identifizierten Grundtypen. Dies ist insbesondere deswegen von entscheidender Bedeutung, da diese Wirkzusammenhänge die Basis für die Sicherstellung der kontextbasierten Integration agiler und plangetriebener Entwicklungsprozesse bilden. Mit einer empirischen Grundlage könnten die Wirkzusammenhänge außerdem feingranularer beurteilt werden. Eine abstufbare Bewertung der positiven Wirkzusammenhänge würde eine stärkere Differenzierung zwischen den resultierenden Grundtypen ermöglichen und damit den projektspezifischen Fit erhöhen. Ähnliches lässt sich für die Einflussanalyse der typenbildenden auf die typenbeschreibenden Prozessmerkmale festhalten. Auch hier würde eine Erhöhung der Granularität der Bewertung, bspw. durch eine Berücksichtigung der Einflussstärken innerhalb der negativen und positiven Einflüsse, zu einer zusätzlichen Unterstützung bei der Bestimmung der Gestaltungsmerkmale des ausgewählten Grundtyps führen. Sowohl restriktive als auch förderliche Auswirkungen, die ein typenbeschreibendes Merkmal mit sich bringt, ließen sich so im beschriebenen Abwägungsprozess fundierter beurteilen und würden gleichzeitig die leichtere Auflösung von Ausprägungskonflikten gewährleisten.

Darüber hinaus wurde zwar insbesondere der Eignungswert als quantitativer Bewertungsmaßstab für den Fit zwischen Projektkontext und Grundtypen von den Anwendenden als nützlich wahrgenommen. Angeregt wurde in diesem Zusammenhang jedoch auch die Tool-gestützte Umsetzung der Methodik, um eine fehlerfreie und aufwandsarme Durchführung in der industriellen Praxis sicherstellen zu können. Die Automatisierung der Methodik wurde im Kontext der vorliegenden Arbeit jedoch nicht mehr explizit verfolgt.

Zusammenfassend wurde die Methodik von den Anwendenden der Forstwirtschaft AG als sehr nutzenstiftend wahrgenommen. Die transparente Charakterisierung des Kontexts eines Entwicklungsprojekts anhand einer übersichtlichen Anzahl valide bewertbarer Faktoren und die damit erzeugte Vergleichbarkeit zwischen unterschiedlichen Projekten in der Produktentwicklung eines Unternehmens wurde als besonders wertvoll betitelt. Darüber hinaus liefert die Methodik einen deutlichen Mehrwert durch die sachlich begründbare Entscheidung für einen projektbezogen erforderlichen Agilisierungsgrad und unterbindet damit gleichzeitig eine lediglich subjektive und auf den Erfahrungen einzelner Individuen beruhende Prozessgestaltung.

7 Zusammenfassung und Ausblick

Für produzierende Unternehmen bedeuten kundenbegeisternde, innovative Produkte einen erheblichen Differenzierungsvorteil gegenüber dem Wettbewerb. In Zeiten zunehmender Dynamik der Märkte ergeben sich dabei Herausforderungen insbesondere im Hinblick auf die Möglichkeit, frühzeitig und antizipativ zu agieren. Als Folge gilt es das Reaktions- und Anpassungsvermögen der unternehmenseigenen Produktentwicklungsprozesse sicherzustellen. Vor allem plangetrieben gestaltete Prozesse werden dem neuen Flexibilitätsanspruch dabei in den meisten Fällen nicht mehr gerecht. Produzierende Unternehmen beschäftigen sich daher vermehrt mit dem Einsatz agiler Prozesse in der Produktentwicklung. Doch die Praxis zeigt, dass auch eine rein agile Vorgehensweise nicht für alle Entwicklungsprojekte gleichermaßen geeignet ist. Stattdessen entstehen hybride Mischansätze, die sich aus der Kombination plangetriebener und agiler Prozess- und Methodenelemente ergeben. Da Entwicklungsprojekte jedoch sehr verschiedenartig sein können, lässt sich in diesem Zusammenhang keine „one-size-fits all"-Integrationslösung finden. Stattdessen sollte ein hybrider Entwicklungsprozess auf das Projekt und dessen individuellen Projektkontext angepasst werden. Die Frage wie und in welcher Form agile und plangetriebene Ansätze kontextbasiert integriert werden müssen, bleibt in Forschung und Praxis bislang jedoch ungelöst.

Bezugnehmend auf die beschriebene Ausgangssituation bestand das Ziel der vorliegenden Arbeit darin, eine Methodik zur kontextbasierten Integration agiler und plangetriebener Entwicklungsprozesse zu erarbeiten, um so die Produktentwicklung projektspezifisch auszurichten und damit langfristig die Prozesseffektivität und -effizienz zu steigern. Das Kernelement der Arbeit stellte dabei die Definition von Grundtypen hybrider Entwicklungsprozesse dar, die sich mithilfe des Verfahrens der Typenbildung, der Typologisierung, durch die Identifikation von hybriden Prozessmerkmalen ableiten lassen. Die Berücksichtigung des prozessrelevanten Kontexts eines Entwicklungsprojekts sollte anschließend die projektspezifische Auswahl und Gestaltung eines hybriden Grundtyps ermöglichen. Nach der einleitenden Motivation und der Beschreibung der Zielsetzung der Arbeit im ersten Kapitel wurde außerdem näher auf die der Arbeit zugrundeliegende Wissenschaftssystematik und Forschungskonzeption nach

ULRICH & HILL eingegangen. Das erste Kapitel schloss mit einer Überleitung zu den für die Arbeit wesentlichen theoretischen Grundlagen und Definitionen in Kapitel 2.

Ziel des zweiten Kapitels war es, durch die Beschreibung theoretischer Begrifflichkeiten ein einheitliches Verständnis für die im Rahmen der vorliegenden Arbeit wesentlichen Themengebiete zu schaffen. Dazu gehörte ausgehend von der Entwicklung eines technischen Produkts in der F&E sowie der Bedeutung des Prozess- und Projektbegriffs insbesondere auch die Betrachtung verschiedener Prozessarten. Im Vordergrund stand hierbei die Vorstellung und Erläuterung plangetriebener, agiler und integriert hybrider Vorgehensmodelle. Aufgrund ihres abstrahierten Charakters müssen Vorgehensmodelle für die praktische Anwendung projektspezifisch adaptiert, also ausgewählt und gestaltet werden. Zusätzlich zur Bedeutung des Projektkontexts in diesem Zusammenhang wurde daher auch näher auf die Situationstheorie und den Gestaltansatz eingegangen. Letzterer bildet die wissenschaftstheoretische Grundlage für das in dieser Arbeit zu berücksichtigende Äquifinalitätsprinzip. Um darüber hinaus die Identifikation von Grundtypen hybrider Entwicklungsprozesse zu gewährleisten, wurde außerdem die Methodologie der Typologisierung näher erläutert.

Im Fokus des dritten Kapitels stand die Herleitung und Begründung des aktuellen Forschungsbedarfs zur kontextbasierten Integration agiler und plangetriebener Entwicklungsprozesse. Zur Sicherstellung der Anwendungsorientierung der vorliegenden Arbeit wurden dafür jedoch zunächst die Herausforderungen in der Praxis auf Basis von Studienergebnissen und den persönlichen Anwendungserfahrungen der Autorin aufgezeigt. Herausgestellt werden konnten vor allem die unsichere Prozessbeherrschbarkeit und ein fehlender Flexibilitätsanspruch in heutigen Entwicklungsprojekten, die vermehrt von produzierenden Unternehmen durch hybride Ansätze adressiert werden. Unklar bleibt, welcher hybride Ansatz am besten dazu geeignet ist, einen Entwicklungsprozess zu steuern, und wie das adäquate Maß der im Prozess zu wählenden Agilität im Einzelfall zu bestimmen ist. Zusätzlich zum aufgeführten Praxisdefizit wurden zur Bestimmung des theoretisch-wissenschaftlichen Forschungsbedarfs Bewertungskriterien innerhalb des Objekt-, des Zielbereichs und der Lösungshypothese der vorliegenden Arbeit formuliert, die dazu dienen sollten, bereits bestehende wissenschaftliche Ansätze beurteilen zu können. Die Bewertung bestehender Ansätze der Literatur erfolgte in drei Kategorien. Zum einen wurden Theorien zur kontextbasierten Adaption von Vorgehensmodellen betrachtet. Zum anderen wurde Literatur in Bezug auf die kontextbasierte Gestaltung agiler Prozesse in der physischen Produktentwicklung analysiert. Die dritte Kategorie berücksichtigte schließlich Ansätze, die sich mit der Integration agiler und plangetriebener Entwicklungsprozesse auseinandersetzten.

Die Bewertung der wissenschaftlichen Ansätze in den drei Kategorien hat gezeigt, dass trotz der Vielzahl vorhandener Forschungsergebnisse ein Theoriedefizit im Hinblick auf die Beschreibung von Typen hybrider Vorgehensmodelle existiert, welche die verschiedenen Kombinationsmuster agiler und plangetriebener Prozesse abbilden. Dies wiederum stellt eine wesentliche Voraussetzung für die am Projektkontext ausgerichtete Auswahl und Gestaltung eines hybriden Entwicklungsprozesses dar.

Im Rahmen des vierten Kapitels stand die Konzeptionierung der eigentlichen Methodik im Vordergrund. Um ein auf die Zielsetzung der Arbeit abgestimmtes Vorgehen zu entwickeln, wurde zunächst ein Leitbild vorgestellt. Das Leitbild sollte die Ausarbeitung der Methodik inhaltlich unterstützen und gleichzeitig die kontinuierliche Überprüfung der Zielsetzung während des Methodikaufbaus ermöglichen. In Bezug auf das Leitbild konnten darüber hinaus die aus der Methodik resultierenden Nutzenpotenziale abgeleitet werden. Die Formulierung von inhaltlichen und formalen Anforderungen gewährleistete zudem, dass die Methodik Objekt- und Zielbereich sowie die bestehenden Praxisherausforderungen und das Theoriedefizit berücksichtigt. Die Erläuterung der angestrebten fünf Teilschritte der Methodik stellte schließlich das Methodikkonzept dar. Unter Berücksichtigung der allgemeinen Modelltheorie nach STACHOWIAK dienten sie als Grundlage zur Ableitung von Teilmodellen.

Mit dem fünften Kapitel wurde schließlich das Ziel verfolgt, die fünfschrittige Methodik zur kontextbasierten Integration agiler und plangetriebener Entwicklungsprozesse zu detaillieren. Ein Beschreibungsmodell für die Ermittlung von Kontextfaktoren bildete die Voraussetzung für das Verständnis des Kontexts eines Entwicklungsprojekts. Im Fokus der Betrachtung standen dabei Faktoren, die eine nachweisbare Auswirkung auf den dem Projekt zugrundeliegenden Entwicklungsprozess besitzen. Ein zweites Beschreibungsmodell beschäftigte sich anschließend mit der Identifikation von hybriden Prozessmerkmalen, die mit ihren Ausprägungen einen hybriden Entwicklungsprozess vollumfänglich auf Makroebene beschreiben können. Das Ergebnis des zweiten Teilmodells diente außerdem als wesentliche Grundlage für die Definition von Grundtypen hybrider Entwicklungsprozesse. In einem Erklärungsmodell wurden durch die Berücksichtigung von kombinationstheoretischen Zusammenhängen zwischen den hybriden Prozessmerkmalen solche mit typenbildendem Charakter bestimmt und als Typologisierungskriterien für das weitere Vorgehen ausgewählt. Die Herleitung eines Katalogs potenzieller Grundtypen erfolgte darauf aufbauend durch die konstruktive Verknüpfung der Ausprägungen dieser Typologisierungskriterien. Eine Konsistenzanalyse und die Umsetzung einer Plausibilitäts- und Ähnlichkeitsprüfung ermöglichten schließlich die Ableitung und Beschreibung von sechs Grundtypen.

Die Formalisierung von Wirkzusammenhängen diente in einem zweiten Erklärungsmodell zur Verknüpfung des Projektkontexts mit den Grundtypen. Die Gesamtmethodik wurde mit der Entwicklung einer in der industriellen Praxis einsetzbaren dreistufigen Methode abgeschlossen. Die Methode ermöglicht es, die kontextbasierte Integration durch die Adaption, d.h. die Auswahl und Gestaltung eines geeigneten Grundtyps hybrider Entwicklungsprozesse für ein konkretes Entwicklungsprojekt umzusetzen.

Im sechsten Kapitel galt es abschließend, die zuvor entwickelte Methodik in einen Anwendungszusammenhang zu stellen und anhand eines konkreten Praxisbeispiels zu validieren. Die Anwendung erfolgte bei einem produzierenden, weltweit tätigen deutschen Unternehmen der Forstwirtschaftsbranche. Die praktische Anwendung der Methodik wurde außerdem kritisch reflektiert, was die Ableitung von Optimierungspotenzialen zur Weiterentwicklung der Methodik ermöglichte.

Zusammenfassend leistet die vorliegende Arbeit damit einen wesentlichen Beitrag zu einer gezielten und gesteuerten prozessualen Hybridisierung von Produktentwicklungsprojekten produzierender Unternehmen. Mit der Definition von Grundtypen hybrider Entwicklungsprozesse und der Möglichkeit zur Berücksichtigung des prozessrelevanten Kontexts eines Entwicklungsprojekts wird die projektspezifische Auswahl und Gestaltung eines hybriden Grundtyps zur Umsetzung einer kontextbasierten Integration agiler und plangetriebener Entwicklungsprozesse ermöglicht.

Den Abschluss der vorliegenden Arbeit soll schließlich der Ausblick auf weiteren Forschungsbedarf bilden. Eine Erweiterung der Methodik könnte sowohl ablauf- als auch aufbauorganisatorisch erfolgen. Ablauforganisatorisch ließen sich insbesondere die in einigen der Grundtypen erwähnten Synchronisationspunkte inhaltlich vertiefen. Die aus den Grundtypen ableitbaren Entwicklungsprozesse werden umso komplexer, je mehr plangetriebene und agile Prozesse parallel oder sequenziell miteinander verknüpft werden. Grundsätzlich sehen die betroffenen Grundtypen die Möglichkeit eines permanenten Wechsels zwischen agilem und plangetriebenem Vorgehen vor. Dies dürfte jedoch in den wenigsten Fällen sinnvoll bzw. effizient sein, da mit steigender Schnittstellenanzahl die Projektdurchführung insgesamt fehleranfälliger würde. Zu untersuchen wäre an dieser Stelle daher die optimale Anzahl an Vorgehenswechseln und die dafür relevanten Zeitpunkte im Entwicklungsprozess. Die entwickelte Methodik konzentriert sich darüber hinaus bislang ausschließlich auf die Ablauforganisation. Die detaillierende Darstellung der zu den jeweiligen Grundtypen passenden aufbauorganisatorischen Projektgestaltung, bspw. in Bezug auf erforderliche Aufgaben, Kompetenzen und Verantwortlichkeiten, würde organisationstheoretisch die Methodik vervollständigen und das hierarchische Gerüst eines hybriden Projekts explizieren.

Literaturverzeichnis

Adickes, H.; Arnoscht, J.; Bong, A.; Deger, R.; Hieber, S.; Krappinger, R.; Lenders, M.; Post, P.; Rauhut, M.; Rother, M., Lean Innovation - Auf dem Weg zur Systematik, In: Brecher, C.; Klocke, F. (Hrsg.): Wettbewerbsfaktor Produktionstechnik - Aachener Perspektiven, Tagungsband zum Aachener Werkzeugmaschinen Kolloquium AWK, 1. Aufl., Apprimus Verlag, Aachen, 2008, S. 473-512.

Ahmed-Kristensen, S.; Daalhuizen, J., Pioneering the combined use of agile and stage-gate models in new product development - Cases from the manufacturing industry, In: Proceedings of 22nd Innovation and Product Development Management Conference (IPDMC), Kopenhagen, Dänemark, 2015.

Ahmed-Kristensen, S.; Faria, L. G. D., Hybrid Agile-Planned product development processes - Preparing the manufacturing sector for industry 4.0, Industriens Fond, Dänemark, 2018.

Ahrend, K.-M., Eine Typologie der strategischen Kontrolle im deutschen Konzern am Beispiel eines Energieversorgers, Verlag Books on Demand (BoD), Norderstedt, 2001.

Albers, A.; Heimicke, J.; Spadinger, M.; Degner, N.; Dühr, K., The Product Developer in the Centre of Product Development - A Systematic Literature Review on Describing Factors, In: Proceedings of the Design Society - International Conference on Engineering Design (ICED19), Delft, Niederlande, 2019, S. 1843-1852.

Albers, A.; Heimicke, J.; Spadinger, M.; Reiss, N.; Breitschuh, J.; Richter, T.; Bursac, N.; Marthaler, F., A systematic approach to situation-adequate mechatronic system development by ASD - Agile Systems Design, In: 29th CIRP Design Conference, Póvoa de Varzim, Portugal, 84. Jg., 2019, S. 1015-1022.

Albers, A.; Hirschter, T.; Fahl, J.; Reinemann, J.; Spadinger, M.; Hünemeyer, S.; Heimicke, J., Identification of Indicators for the Selection of Agile, Sequential and Hybrid Approaches in Product Development, In: 29th CIRP Design Conference, Póvoa de Varzim, Portugal, 84. Jg., 2019, S. 838-847.

Albers, C., Der Auswahlprozess von Vorgehensmodellen im Projektmanagement - Subjektive vs. objektive Kriterien, In: Engstler, M.; Fazal-Baqaie, M.; Hanser, E.; Linssen, O.; Mikusz, M.; Volland, A. (Hrsg.): Projektmanagement und Vorgehensmodelle 2016 - Arbeiten in hybriden Projekten: Das Sowohl-als-auch von Stabilität und Dynamik, Gesellschaft für Informatik e.V. (GI), Bonn, 2016, S. 171-176.

Albers, C., Der Auswahlprozess von Vorgehensmodellen - Eine Übersicht und Diskussion von Vergleichsansätzen, In: Volland, A.; Engstler, M.; Fazal-Baqaie, M.; Hanser, E.; Linssen, O.; Mikusz, M. (Hrsg.): Projektmanagement und Vorgehensmodelle 2017 - Die Spannung zwischen dem Prozess und den Menschen im Projekt, Gesellschaft für Informatik e.V. (GI), Bonn, 2017, S. 207-211.

Aldushyna, A.; Engstler, M., Erfolgsfaktoren bei der Umsetzung hybrider Projekte - Ergebnisse einer Befragung und praktische Empfehlungen zur Umsetzung, In: Engstler, M.; Fazal-Baqaie, M.; Baqaie, M. F.; Hanser, E. (Hrsg.): Projektmanagement und Vorgehensmodelle 2015 - Hybride Projektstrukturen erfolgreich umsetzen, Gesellschaft für Informatik e.V. (GI), Bonn, 2015, S. 39-54.

Aleksic, S., Nachhaltige Weiterentwicklung von modularen Produktarchitekturen durch Release-Management, 1. Aufl., Apprimus Verlag, Aachen, 2016.

Ambler, S., Agile Modeling - Effective Practices for eXtreme Programming and the Unified Process, J. Wiley & Sons, New York, N.Y., USA, 2002.

Anderson, D. J., Kanban - Successful evolutionary change for your technology business, Blue Hole Press, Sequim, Washington, USA, 2010.

Atzberger, A.; Nicklas, S. J.; Schrof, J.; Weiss, S.; Paetzold, K., Agile Entwicklung physischer Produkte - Eine Studie zum aktuellen Stand in der industriellen Praxis, Universität der Bundeswehr München, Neubiberg, 2020.

Atzberger, A.; Paetzold, K., Current Challenges of Agile Hardware Development - What are Still the Pain Points Nowadays?, In: Proceedings of the Design Society - International Conference on Engineering Design (ICED19), Delft, Niederlande, 2019, S. 2209-2218.

Ays, J.; Dölle, C.; Riesener, M.; Schuh, G., Determining Basic Types of Hybrid Product Development Processes by Means of Typification, In: Behrens, B.-A.; Brosius, A.; Drossel, W.-G.; Hintze, W.; Ihlenfeldt, S.; Nyhuis, P. (Hrsg.): Production at the Leading Edge of Technology - Proceedings of the 11th Congress of the German Academic Association for Production Technology (WGP), Dresden, September 2021, 1. Aufl., Springer, Cham, Schweiz, 2021, S. 648-655.

Ays, J.; Dölle, C.; Riesener, M.; Schuh, G., Identification of Project-Related Context Factors for the Tailored Design of Hybrid Development Processes, In: Behrens, B.-A.; Brosius, A.; Hintze, W.; Ihlenfeldt, S.; Wulfsberg, J. P. (Hrsg.): Production at the Leading Edge of Technology - Proceedings of the 10th Congress of the German Academic Association for Production Technology (WGP), Dresden, 1. Aufl., Springer, Berlin, 2021, S. 640-649.

Ays, J.; Dölle, C.; Schuh, G., Constitutive Features of Agile and Plan-Driven Processes in Hybrid Product Development, In: Schmitt, R.; Schuh, G. (Hrsg.): Advances in Production Research - Proceedings of the 8th Congress of the German Academic Association for Production Technology (WGP), Aachen, Springer, Cham, Schweiz, 2019, S. 477-486.

Backhaus, K.; Erichson, B.; Plinke, W.; Weiber, R., Multivariate Analysemethoden - Eine anwendungsorientierte Einführung, 15. Aufl., Springer, Berlin, Heidelberg, 2018.

Bailey, K. D., Typologies and Taxonomies - An Introduction to Classification Techniques, Sage Publications, Thousand Oaks, California, USA, 1994.

Baltes, G.; Freyth, A., Die radikal neuen Anforderungen unserer Zeit und die Konsequenz für Veränderungsarbeit - Warum die tiefgreifenden Veränderungen unserer Zeit von Unternehmen eine neue Qualität und Wandlungsfähigkeit fordern - Veränderungsintelligenz, In: Baltes, G.; Freyth, A. (Hrsg.): Veränderungsintelligenz - Agiler, innovativer, unternehmerischer den Wandel unserer Zeit meistern, Springer, Wiesbaden, 2017, S. 1-79.

Bandte, H., Komplexität in Organisationen - Organisationstheoretische Betrachtungen und agentenbasierte Simulation, 1. Aufl., Deutscher Universitäts-Verlag, Wiesbaden, 2007.

Barg, S. J., Kontextbezogene Auslegung von Produktbaukästen, 1. Aufl., Apprimus Verlag, Aachen, 2018.

Baschin, J.; Huth, T.; Vietor, T., Context-specific Agile Process Design to Support the Planning of Product Development Projects, In: Proceedings of the Design Society - International Design Conference (DESIGN2020), 2020, S. 491-500.

Beck, K., Embracing change with extreme programming, In: Computer, Nr. 10, 32. Jg., 1999, S. 70-77.

Beck, K.; Beedle, M.; van Bennekum, A.; Cockburn, A.; Cunningham, W.; Fowler, M.; Grenning, J.; Highsmith, J.; Hunt, A.; Jeffries, R.; Kern, J.; Marick, B.; Martin, R. C.; Schwaber, K.; Sutherland, J.; Thomas, D., Manifesto for Agile Software Development, 2001, URL: http://agilemanifesto.org [Zuletzt geprüft am 30.04.2022].

Becker, T., Prozesse in Produktion und Supply Chain optimieren, 3. Aufl., Springer, Berlin, 2018.

Becker, U., Wertschöpfung durch Lieferantenintegration - Eine praxisbasierte Fallstudie für das Controlling der Produktentwicklung, Springer, Wiesbaden, 2014.

Belling, S., Suceeding with Agile Hybrids - Project Delivery Using Hybrid Methodologies, Apress Media, Fitchburg, WI, USA, 2020.

Bender, B.; Gericke, K., Entwicklungsprozesse, In: Lindemann, U. (Hrsg.): Handbuch Produktentwicklung, Carl Hanser Verlag, München, 2016, S. 401-424.

Bender, K., Embedded Systems - Qualitätsorientierte Entwicklung, 1. Aufl., Springer, Berlin, 2005.

Binder, V. A.; Kantowsky, J., Technologiepotentiale - Neuausrichtung der Gestaltungsfelder des Strategischen Technologiemanagements, Deutscher Universitäts-Verlag, Wiesbaden, 1996.

Blanchard, O.; Illing, G., Makroökonomie, 6. Aufl., Pearson, Hallbergmoos, 2014.

Boehm, B. W., Software Engineering Economics, 12. Aufl., Prentice Hall PTR, Englewood Cliffs, New Jersey, USA, 1981.

Boehm, B. W., A Spiral Model of Software Development and Enhancement, In: ACM SIGSOFT Software Engineering Notes, Nr. 4, 11. Jg., 1986, S. 22-42.

Boehm, B. W.; Turner, R., Using Risk to Balance Agile and Plan-Driven Methods, In: Computer, Nr. 6, 36. Jg., 2003, S. 57-66.

Boehm, B. W.; Turner, R., Balancing Agility and Discipline - A guide for the perplexed, Addison-Wesley, Boston, Massachusetts, USA, 2006.

Borjesson, F.; Hölttä-Otto, K., Improved Clustering Algorithm for Design Structure Matrix, In: American Society Of Mechanical Engineers (Hrsg.): 38th Design Automation Conference, American Society of Mechanical Engineers, 2012, S. 921-930.

Borjesson, F.; Hölttä-Otto, K., A module generation algorithm for product architecture based on component interactions and strategic drivers, In: Research in Engineering Design, Nr. 1, 25. Jg., 2014, S. 31-51.

Brandenburg, F., Methodik zur Planung technologischer Produktinnovationen, Shaker Verlag, Aachen, 2002.

Brehm, L.; Feldmüller, D.; Riebke, T., Konfiguration des hybriden Projektmanagements für die Entwicklung technischer, physischer Produkte, In: Barton, T.; Herrmann, F.; Meister, V.; Müller, C.; Seel, C. (Hrsg.): Prozesse, Technologie, Anwendungen, Systeme und Management 2017 - Angewandte Forschung in der Wirtschaftsinformatik, mana-Buch, Heide, 2017, S. 30-39.

Brockhoff, K., Forschung und Entwicklung - Planung und Kontrolle, Oldenbourg Verlag, München, 1999.

Browning, T. R.; Fricke, E.; Negele, H., Key concepts in modeling product development processes, In: Systems Engineering, Nr. 2, 9. Jg., 2006, S. 104-128.

Bühne, S.; Herrmann, A., Handbuch Requirements Management nach IREB Standard - Aus- und Weiterbildung zum IREB Certified Professional for Requirements Engineering Advanced Level "Requirements Management", IREB International Requirements Engineering Board e.V., Karlsruhe, 2015.

Burchardi, K.; Hildebrandt, P.; Lenhard, E.; Moreau, J.; Rehberg, B., Five Secrets to Scaling Up Agile, In: BCG Technology Advantage, 2016.

Burghardt, M., Einführung in Projektmanagement - Definition, Planung, Kontrolle, Abschluss, Publicis Publishing, Erlangen, 2013.

Canty, D., Agile for Project Managers, CRC Press, Boca Raton, Florida, USA, 2015.

Chechurin, L.; Borgianni, Y., Understanding TRIZ through the review of top cited publications, In: Computers in Industry, 82. Jg., 2016, S. 119-134.

Coad, P.; Lefebvre, E.; de Luca, J., Java modeling in color with UML - Enterprise components and process, Prentice Hall PTR, Upper Saddle River, New Jersey, USA, 1999.

Cockburn, A., Surviving Object-Oriented Projects - A Manager's Guide, Addison-Wesley, Upper Saddle River, New Jersey, USA, 1998.

Conforto, E. C.; Amaral, D. C., Evaluating an agile method for planning and controlling innovative projects, In: Project Management Journal, Nr. 2, 41. Jg., 2010, S. 73-80.

Conforto, E. C.; Amaral, D. C., Agile project management and stage-gate model - A hybrid framework for technology-based companies, In: Journal of Engineering and Technology Management, 40. Jg., 2016, S. 1-14.

Conforto, E. C.; Amaral, D. C.; da Silva, S. L.; Di Felippo, A.; Kamikawachi, D. S., The agility construct on project management theory, In: International Journal of Project Management, Nr. 4, 34. Jg., 2016, S. 660-674.

Conforto, E. C.; Salum, F.; Amaral, D. C.; da Silva, S. L.; de Almeida, Luís Fernando Magnanini, Can Agile Project Management Be Adopted by Industries Other than Software Development?, In: Project Management Journal, Nr. 3, 45. Jg., 2014, S. 21-34.

Cooper, R. G., The Dimensions of Industrial New Product Success and Failure, In: Journal of Marketing, Nr. 3, 43. Jg., 1979, S. 93.

Cooper, R. G., Stage-Gate Systems - A New Tool for Managing New Products, In: Business Horizons, Nr. 3, 33. Jg., 1990, S. 44-54.

Cooper, R. G., Next in New Product Development - Agile-Stage-Gate Hybrids, In: CIMS Innovation Management Report, 2016, S. 10-14.

Cooper, R. G., Idea-to-Launch Gating Systems - Better, Faster, and More Agile, In: Research-Technology Management, Nr. 1, 60. Jg., 2017, S. 48-52.

Cooper, R. G., Winning at New Products - Creating Value through Innovation, 5. Aufl., Basic Books, New York, N.Y., USA, 2017.

Cooper, R. G.; Sommer, A. F., The Agile-Stage-Gate Hybrid Model - A Promising New Approach and a New Research Opportunity, In: Journal of Product Innovation Management, Nr. 5, 33. Jg., 2016, S. 513-526.

Cooper, R. G.; Sommer, A. F., Agile-Stage-Gate for Manufacturers, In: Research-Technology Management, Nr. 2, 61. Jg., 2018, S. 17-26.

Czichos, H., Mechatronik - Grundlagen und Anwendungen technischer Systeme, 4. Aufl., Springer, Wiesbaden, 2019.

Danilovic, M.; Browning, T. R., Managing complex product development projects with design structure matrices and domain mapping matrices, In: International Journal of Project Management, Nr. 3, 25. Jg., 2007, S. 300-314.

David, R.; Rosenberg, D.; Boehm, B. W.; Wang, B.; Qi, K., The parallel agile process - Applying parallel processing techniques to software engineering, In: Journal of Software: Evolution and Process, Nr. 1, 31. Jg., 2018, S. 1-22.

de Cesare, S.; Patel, C.; Iacovelli, N.; Merico, A.; Lycett, M., Tailoring Software Development Methodologies in Practice - A Case Study, In: Journal of Computing and Information Technology, Nr. 3, 16. Jg., 2008, S. 157-168.

Debois, P., Devops - A Software Revolution in the Making?, In: Journal of Information Technology Management, Cutter IT Journal, Nr. 8, 24. Jg., 2011, S. 3-5.

Deubel, T., Profitabel - Der Effekt von Agilität auf das Unternehmensergebnis, In: Ramsauer, C.; Kayser, D.; Schmitz, C. (Hrsg.): Erfolgsfaktor Agilität - Chancen für Unternehmen in einem volatilen Marktumfeld, 1. Aufl., Wiley-VCH Verlag, Weinheim, 2017, S. 101-125.

Diebold, P.; Zehler, T.; Schmitt, A.; Simon, F.; Kruse, B., Prozessverbesserung durch fragmentierte Anwendung von Scrum & Co., In: Engstler, M.; Fazal-Baqaie, M.; Hanser, E.; Linssen, O.; Mikusz, M.; Volland, A. (Hrsg.): Projektmanagement und Vorgehensmodelle 2016 - Arbeiten in hybriden Projekten: Das Sowohl-als-auch von Stabilität und Dynamik, Gesellschaft für Informatik e.V. (GI), Bonn, 2016, S. 135-146.

Diels, F., Indikatoren für die Ermittlung agil zu entwickelnder Produktumfänge, 1. Aufl., Apprimus Verlag, Aachen, 2018.

Digital.ai, 14th Annual State of Agile Report, Digital.ai Software, 2020.

DIN Deutsches Institut für Normung e. V., DIN 69901-5 - Projektmanagement - Projektmanagementsysteme - Teil 5: Begriffe, Beuth Verlag, Berlin, 2009.

DIN Deutsches Institut für Normung e. V., DIN EN ISO 9000 - Qualitätsmanagementsysteme - Grundlagen und Begriffe (ISO 9000:2015); Deutsche und Englische Fassung EN ISO 9000:2015, November 2015, Beuth Verlag, Berlin, 2015.

Dölle, C., Projektsteuerung in der Produktentwicklung mittels Predictive Analytics, 1. Aufl., Apprimus Verlag, Aachen, 2018.

Donaldson, L., The Contingency Theory of Organizations - Foundations for Organizational Science, Sage Publications, Thousand Oaks, California, USA, 2001.

Dürrfeld, H. J., Effiziente Steuerung von Konzerngesellschaften - Eine entscheidungsprozessorientierte Analyse, 1. Aufl., Deutscher Universitäts-Verlag, 2003.

Ebert, C., Systematisches Requirements Engineering, 6. Aufl., dpunkt.verlag, Heidelberg, 2019.

Ehrlenspiel, K., Integrierte Produktentwicklung - Denkabläufe, Methodeneinsatz, Zusammenarbeit, 4. Aufl., Carl Hanser Verlag, München, Wien, 2009.

Ehrlenspiel, K.; Kiewert, A.; Lindemann, U., Kostengünstig Entwickeln und Konstruieren - Kostenmanagement bei der integrierten Produktentwicklung, 4. Aufl., Springer, Berlin, Heidelberg, 2003.

Ehrlenspiel, K.; Meerkamm, H., Integrierte Produktentwicklung - Denkabläufe, Methodeneinsatz, Zusammenarbeit, 6. Aufl., Carl Hanser Verlag, München, 2017.

Eigner, M.; Stelzer, R., Product Lifecycle Management - Ein Leitfaden für Product Development und Life Cycle Management, 2. Aufl., Springer, Berlin, 2009.

Eljayar, A.; Busch, J. S., Agile-Stage-Gate Approach - Exploratory Research on the Structure, Roles, and Responsibilities, In: Athens Journal of Technology & Engineering, Nr. 1, 8. Jg., 2021, S. 39-90.

Engeln, W., Methoden der Produktentwicklung, Oldenbourg Verlag, München, 2006.

Farnbach, J. S., Why Companies Aren't Jumping on the 'Agile' Bandwagon, In: Visions - Product Development & Management Association, Nr. 3, 35. Jg., 2011, S. 36-39.

Feldhusen, J.; Grote, K.-H., Der Produktentstehungsprozess (PEP), In: Feldhusen, J.; Grote, K.-H. (Hrsg.): Pahl/Beitz Konstruktionslehre - Methoden und Anwendung erfolgreicher Produktentwicklung, 8. Aufl., Springer, Berlin, 2013, S. 11-24.

Feldhusen, J.; Grote, K.-H., Qualitätssicherung in der Produktentwicklung und Konstruktion, In: Feldhusen, J.; Grote, K.-H. (Hrsg.): Pahl/Beitz Konstruktionslehre - Methoden und Anwendung erfolgreicher Produktentwicklung, 8. Aufl., Springer, Berlin, 2013, S. 753-766.

Feldhusen, J.; Löwer, M.; Bungert, F., Agile Methods for Design to Customer, In: Proceedings of the 17th International Conference on Engineering Design (ICED), Palo Alto, USA, Nr. 6, 2009, S. 451-460.

Feldmüller, D., Usage of agile practices in Mechatronics System Design - Potentials, Challenges and Actual Surveys, In: 19th International Conference on Research and Education in Mechatronics (REM), Delft, Niederlande, 2018, S. 30-35.

Fiedler, R., Controlling von Projekten - Mit konkreten Beispielen aus der Unternehmenspraxis - Alle Aspekte der Projektplanung, Projektsteuerung und Projektkontrolle, 7. Aufl., Springer, Würzburg, 2016.

Filß, C., Vergleichsmethoden für Vorgehensmodelle, Technische Universität Dresden, Dresden, 2005.

Fischer, M., Typologien von Unternehmensverbindungen und Theorie der strategischen Führung, Kirsch, Herrsching, 1995.

Fischer, R.; Ahrens, J.; Zapp, W., Entwicklung einer Konzeption für das Prozesscontrolling - Prozesscontrolling als Ausweitung der Prozesskostenrechnung dargestellt am Beispiel eines Modellkrankenhauses, In: Zapp, W.; Ahrens, J. (Hrsg.): Von der Prozess-Analyse zum Prozess-Controlling - Analyse, Verfahren, Praxisbeispiele, Springer, Wiesbaden, 2017, S. 129-186.

Frankenberger, E., Arbeitsteilige Produktentwicklung - Empirische Untersuchung und Empfehlungen zur Gruppenarbeit in der Konstruktion, VDI Verlag, Düsseldorf, 1997.

Fuchs, S.; Sauer, J., Anforderungsmanagement in heterogenen IT-Projekten, In: Engstler, M.; Fazal-Baqaie, M.; Hanser, E.; Linssen, O.; Mikusz, M.; Volland, A. (Hrsg.): Projektmanagement und Vorgehensmodelle 2016 - Arbeiten in hybriden Projekten: Das Sowohl-als-auch von Stabilität und Dynamik, Gesellschaft für Informatik e.V. (GI), Bonn, 2016, S. 177-186.

Gareis, R., Re-Thinking Project Initiation and Project Management by Considering Principles of Sustainable Development, In: Silvius, G.; Tharp, J. (Hrsg.): Sustainability Integration for Effective Project Management, IGI Publishing, Hershey, 2013, S. 129-143.

Garrido, J. A. G., Agile vs. Waterfall - What is the Best for your Development Project?, In: Maurer, M.; Schulze, S.-O. (Hrsg.): Tag des Systems Engineering - Komplexe Herausforderungen meistern, Carl Hanser Verlag, München, 2012, S. 151-158.

Gausemeier, J.; Fink, A.; Schlake, O., Szenario-Management - Planen und Führen mit Szenarien, 2. Aufl., Carl Hanser Verlag, München, 1996.

Gebhardt, A., Additive Manufacturing - 3D-Drucken für Prototyping - Tooling - Produktion, 5. Aufl., Carl Hanser Verlag, München, 2016.

Geisberger, E.; Schmidt, R., Abschlussbericht des Projekts "ProMiS" - Projektmanagement für interdisziplinäre Systementwicklungen, VDMA Verlag, Frankfurt am Main, 2004.

Gericke, K.; Meißner, M.; Paetzold, K., Understanding the Context of Product Development, In: International Conference on Engineering Design (ICED13), Nr. 3, 2013, S. 191-200.

Gessler, M., Projektarten, In: Gessler, M. (Hrsg.): Kompetenzbasiertes Projektmanagement (PM 3) - Handbuch für die Projektarbeit, Qualifizierung und Zertifizierung, 5. Aufl., GPM Deutsche Gesellschaft für Projektmanagement, Nürnberg, 2012, S. 43-52.

Giapoulis, A., Modelle für effektive Konstruktionsprozesse, Shaker Verlag, Aachen, 1998.

Gill, A. Q.; Henderson-Sellers, B.; Niazi, M., Scaling for agility - A reference model for hybrid traditional-agile software development methodologies, In: Information Systems Frontiers, Nr. 2, 20. Jg., 2018, S. 315-341.

Ginsberg, M. P.; Quinn, L. H., Process Tailoring and the Software Capability Maturity Model, Software Engineering Institute, Carnegie Mellon University, Pittsburgh, Pennsylvania, USA, 1995.

Guaragni, F.; Schmidt, T. S.; Paetzold, K., Traditional and agile product development in a hyperconnected world - Turning Weaknesses into strengths, In: Procedia CIRP, 52. Jg., 2016, S. 62-67.

Gürtler, M. R.; Lindemann, U., Innovationsmanagement, In: Lindemann, U. (Hrsg.): Handbuch Produktentwicklung, Carl Hanser Verlag, München, 2016, S. 483-511.

Gutenberg, E., Grundlagen der Betriebswirtschaftslehre - Erster Band "Die Produktion", Springer, Berlin, Heidelberg, 1951.

Habermann, F., Hybrides Projektmanagement - Agile und klassische Vorgehensmodelle im Zusammenspiel, In: HMD Praxis der Wirtschaftsinformatik, Nr. 5, 50. Jg., 2013, S. 93-102.

Häder, M., Empirische Sozialforschung, VS Verlag für Sozialwissenschaften, 2010.

Hales, C.; Gooch, S., Managing Engineering Design, 2. Aufl., Springer, New York, N.Y., USA, 2004.

Hammerschall, U., Flexible Methodenintegration in anpassbare Vorgehensmodelle, Technische Universität Münster, Münster, 2008.

Harer, J.; Baumgartner, C., Anforderungen an Medizinprodukte - Praxisleitfaden für Hersteller und Zulieferer, 3. Aufl., Carl Hanser Verlag, München, 2018.

Harrington, H. J., Business Process Improvement - The Breakthrough Strategy for Total Quality, Productivity, and Competitiveness, McGraw-Hill, Boston, Massachusetts, USA, 1991.

Hassani-Alaoui, S.; Cameron, A.-F.; Giannelia, T., "We Use Scrum, but…" - Agile Modifications and Project Success, In: Proceedings of the 53rd Hawaii International Conference on System Sciences (HICSS), 2020, S. 6257-6266.

Heimicke, J.; Chen, R.; Albers, A., Agile meets Plan-Driven - Hybrid Approaches in Product Development: A Systematic Literature Review, In: Proceedings of the Design Society - International Design Conference (DESIGN), 2020, S. 577-586.

Heinen, E., Einführung in die Betriebswirtschaftslehre, 8. Aufl., Gabler Verlag, Wiesbaden, 1968.

Hellenbrand, D., Transdisziplinäre Planung und Synchronisation mechatronischer Produktentwicklungsprozesse, Verlag Dr. Hut, München, 2013.

Helmold, M.; Dathe, T.; Hummel, F., Erfolgreiche Verhandlungen - Best-in-Class Empfehlungen für den Verhandlungsdurchbruch, Springer, Wiesbaden, 2019.

Henderson-Sellers, B.; Ralyté, J.; Ågerfalk, P. J.; Rossi, M., Situational Method Engineering, Springer, Berlin, 2014.

Hennen, C.; Kalenborn, A.; Stadlbauer, S.; Timm, I. J., Systematisierung der Auswahl von Vorgehensmodellen durch Kennzahlen, In: Engstler, M.; Fazal-Baqaie, M.; Baqaie, M. F.; Hanser, E. (Hrsg.): Projektmanagement und Vorgehensmodelle 2015 - Hybride Projektstrukturen erfolgreich umsetzen, Gesellschaft für Informatik e.V. (GI), Bonn, 2015, S. 55-65.

Herzhoff, M., Szenario-Technik in der chemischen Industrie, Technische Universität Berlin, Berlin, 2004.

Heyn, M., Methodik zur schnittstellenorientierten Gestaltung von Entwicklungskooperationen, Shaker Verlag, Aachen, 1999.

Highsmith, J., Agile Project Management - Creating Innovative Products, 2. Aufl., Addison-Wesley, Upper Saddle River, New Jersey, USA, 2009.

Highsmith, J. A., Adaptive Software Development - A Collaborative Approach to Managing Complex Systems, Dorset House, New York, N.Y., USA, 2000.

Hilmer, S.; Krieg, A., Standardisierung vs. Kultur - Klassisches und agiles Projektmanagement im Vergleich, In: Engstler, M.; Hanser, E.; Mikusz, M.; Herzwurm, G. (Hrsg.): Projektmanagement und Vorgehensmodelle 2014 - Soziale Aspekte und Standardisierung, Gesellschaft für Informatik e.V. (GI), Bonn, 2014, S. 47-57.

Hirt, K., PPS beim Einsatz flexibler Fertigungssysteme - Voraussetzungen und Gestaltungshinweise für eine effiziente Auftragsabwicklung, Springer, Berlin, Heidelberg, 1990.

Hoffmann, D. W., Software-Qualität, Springer, Berlin, Heidelberg, 2008.

Hollauer, C., Workshop-based Tailoring of Interdisciplinary Product Development Processes by Means of Structural Analysis, 1. Aufl., Technische Universität München, München, 2019.

Hruschka, P., Business Analysis und Requirements Engineering - Produkte und Prozesse nachhaltig verbessern, 2. Aufl., Carl Hanser Verlag, München, 2019.

Hüsselmann, C.; Dönges, S.; Karpf, S., Zielgerichtete Adaption des Projektmanagements - Verschwendung vermeiden und Wertschöpfung erhöhen durch Projekttypisierung, WI-[Reports] Nr. 007, Friedberg, 2019.

Isenmann, R., Natur als Vorbild - Plädoyer für ein differenziertes und erweitertes Verständnis der Natur in der Ökonomie, Metropolis-Verlag, Marburg, 2003.

Isermann, R., Mechatronische Systeme - Grundlagen, 2. Aufl., Springer, Berlin, 2008.

Jäger, J., Usability Driven Development (UDD), URL: https://jensjaeger.com/tag/usability-driven-development/ [Zuletzt geprüft am 30.04.2022].

Jakoby, W., Projektmanagement für Ingenieure - Ein praxisnahes Lehrbuch für den systematischen Projekterfolg, 3. Aufl., Springer, Wiesbaden, 2015.

Jenny, B., Projektmanagement - Das Wissen für eine erfolgreiche Karriere, 2. Aufl., vdf Hochschulverlag, Zürich, 2005.

Kallenbach, I., Führen in der gesunden Organisation - Außergewöhnliche Leistung durch Potenzialentfaltung, 1. Aufl., Schäffer-Poeschel Verlag, Stuttgart, 2016.

Kalus, G., Projektspezifische Anpassung von Vorgehensmodellen - Feature-basiertes Tailoring, Technische Universität München, München, 2013.

Kantelberg, J., Gestaltung agiler Entwicklungsprozesse technischer Produkte, 1. Aufl., Apprimus Verlag, Aachen, 2018.

Karlström, D.; Runeson, P., Combining Agile Methods with Stage-Gate Project Management, In: IEEE Software, Nr. 3, 22. Jg., 2005, S. 43-49.

Kelle, U.; Kluge, S., Vom Einzelfall zum Typus - Fallvergleich und Fallkontrastierung in der qualitativen Sozialforschung, 2. Aufl., VS Verlag für Sozialwissenschaften, Wiesbaden, 2010.

Kelley, T., The Art of Innovation - Lessons in creativity from IDEO, America's leading design firm, Random House, New York, N.Y., USA, 2001.

Kieser, A., Der Situative Ansatz, In: Kieser, A.; Ebers, M. (Hrsg.): Organisationstheorien, 8. Aufl., Kohlhammer Verlag, Stuttgart, 2019, S. 168-195.

Kim, W. C.; Mauborgne, R., Blue Ocean Strategy, In: Harvard Business Review, Nr. 10, 82. Jg., 2004, S. 76-84.

Kirchhof, M.; Kraft, B., Hybrides Vorgehensmodell - Agile und klassische Methoden im Projekt passend kombinieren, In: ProjektMagazin - Das Fachportal für Projektmanagement, Nr. 11, 2012.

Klein, T., Agiles Engineering im Maschinen- und Anlagenbau, Technische Universität München, München, 2016.

Kluge, S., Empirisch begründete Typenbildung, VS Verlag für Sozialwissenschaften, Wiesbaden, 1999.

Knaster, R.; Leffingwell, D., SAFe Distilled - Achieving Business Agility with the Scaled Agile Framework, Addison-Wesley, Boston, Columbus, New York, München, 2020.

Knoblich, H., Betriebswirtschaftliche Warentypologie - Grundlagen und Anwendungen, Westdeutscher Verlag, Köln, Opladen, 1969.

Kolb, M.; Burkart, B.; Zundel, F., Personalmanagement - Grundlagen und Praxis des Human Resources Managements, 2. Aufl., Gabler Verlag, Wiesbaden, 2010.

Koltze, K.; Souchkov, V., Systematische Innovation - TRIZ-Anwendung in der Produkt- und Prozessentwicklung, 2. Aufl., Carl Hanser Verlag, München, 2017.

Komus, A.; Kuberg, M., Abschlussbericht: Status Quo Agile 2016/2017 - 3. Studie über Erfolg und Anwendungsformen von agilen Methoden, Hochschule Koblenz BPM-Labor, Koblenz, 2017.

Komus, A.; Kuberg, M., Ergebnisbericht: Status Quo (Scaled) Agile 2019/20 - 4. Internationale Studie zu Nutzen und Erfolgsfaktoren (skalierter) agiler Ansätze, Hochschule Koblenz BPM-Labor, Koblenz, 2020.

Korthals, K., Wertstromanalyse in der Produktentwicklung, 1. Aufl., Apprimus Verlag, Aachen, 2014.

Kosow, H.; Gaßner, R.; Erdmann, L.; Luber, B.-J., Methoden der Zukunfts- und Szenarioanalyse - Überblick, Bewertung und Auswahlkriterien, IZT, Berlin, 2008.

Kreutzer, R., Methodik zur Bestimmung der Nutzenpotenziale von Felddaten cyber-physischer Systeme, 1. Aufl., Apprimus Verlag, Aachen, 2019.

Kruchten, P., The Rational Unified Process, Addison-Wesley, Boston, Massachusetts, USA, 1998.

Krug, M.; Ays, J.; Sauermann, F.; Prote, J.-P.; Schuh, G., Synchonization of Scrum and Stage-Gate in Hybrid Product Development Projects of Manufacturing Companies, In: Wulfsberg, J. P.; Hintze, W.; Behrens, B.-A. (Hrsg.): Production at the Leading Edge of Technology, Springer, Berlin, Heidelberg, 2019.

Kubicek, H., Heuristische Bezugsrahmen und heuristisch angelegte Forschungsdesigns als Elemente einer Konstruktionsstrategie empirischer Forschung, In: Köhler, R. (Hrsg.): Empirische und handlungstheoretische Forschungskonzeptionen in der Betriebswirtschaftslehre, Poeschel, Stuttgart, 1977, S. 3-36.

Kuhn, T. S., The Structure of Scientific Revolutions, 3. Aufl., The University of Chicago Press, Chicago, Illinois, USA, 2009.

Kuster, J., Handbuch Projektmanagement, 3. Aufl., Springer, Heidelberg, Dordrecht, 2011.

Ladas, C., Scrumban - Essays on Kanban System for Lean Software Develoment, Modus Cooperandi Press, Seattle, Washington, USA, 2009.

Larman, C.; Vodde, B., Large-Scale Scrum - More with LeSS, Addison-Wesley, Boston, Massachusetts, USA, 2017.

Lauenroth, K.; Schreiber, F.; Schreiber, F., Maschinen- und Anlagenbau im digitalen Zeitalter - Requirements Engineering als systematische Gestaltungskompetenz für die Fertigungsindustrie Industrie 4.0, 1. Aufl., Beuth Verlag, Berlin, 2016.

Lenders, M., Beschleunigung der Produktentwicklung durch Lösungsraum-Management, 1. Aufl., Apprimus Verlag, Aachen, 2009.

Ley, T.; Jurisch, M.; Wolf, P.; Krcmar, H., Kriterien zur Leistungsbeurteilung von Prozessen - Ein State-of-the-Art, In: Mattfeld, D. C.; Robra-Bissantz, S. (Hrsg.): Multikonferenz Wirtschaftsinformatik 2012 - Tagungsband der MKWI 2012, GITO Verlag, Braunschweig, Berlin, 2012, S. 1037-1048.

Lichtenthaler, U., A Conceptual Framework for Combining Agile and Structured Innovation Processes, In: Research-Technology Management, Nr. 5, 63. Jg., 2020, S. 42-48.

Lincke, W., Simultaneous Engineering - Neue Wege zu überlegenen Produkten, Carl Hanser Verlag, München, Wien, 1995.

Lindemann, U., Methodische Entwicklung technischer Produkte - Methoden flexibel und situationsgerecht anwenden, 1. Aufl., Springer, Berlin, Heidelberg, 2004.

Lindemann, U., Methodische Entwicklung technischer Produkte - Methoden flexibel und situationsgerecht anwenden, 2. Aufl., Springer, Berlin, Heidelberg, 2007.

Lindemann, U., Methodische Entwicklung technischer Produkte - Methoden flexibel und situationsgerecht anwenden, 3. Aufl., Springer, Berlin, Heidelberg, 2009.

Lindemann, U., Handbuch Produktentwicklung, Carl Hanser Verlag, München, 2016.

Link, P., Agile Methoden im Produkt-Lifecycle-Prozess handhaben - Mit agilen Methoden die Komplexität im Innovationsprozess, In: Schoeneberg, K.-P. (Hrsg.): Komplexitätsmanagement in Unternehmen - Herausforderungen im Umgang mit Dynamik, Unsicherheit und Komplexität meistern, Springer, Wiesbaden, 2014, S. 65-92.

Luczak, D., Agil - Erfolgsfaktor agiles Unternehmenssystem, In: Ramsauer, C.; Kayser, D.; Schmitz, C. (Hrsg.): Erfolgsfaktor Agilität - Chancen für Unternehmen in einem volatilen Marktumfeld, 1. Aufl., Wiley-VCH Verlag, Weinheim, 2017, S. 17-32.

Marle, F.; Vidal, L.-A., Managing Complex, High Risk Projects - A Guide to Basic and Advanced Project Management, Springer, London, 2016.

Mattern, C., Steigerung der Kollaborationsproduktivität in der interdisziplinären Produktentwicklung, 1. Aufl., Apprimus Verlag, Aachen, 2018.

Meißner, M.; Blessing, L., Defining an Adaptive Product Development Methodology, In: Proceedings of the 9th International Design Conference (DESIGN), Dubrovnik, Kroatien, 2006, S. 69-78.

Meißner, M.; Gericke, K.; Gries, B.; Blessing, L., Eine adaptive Produktentwicklungsmethodik als Beitrag zur Prozessgestaltung in der Produktentwicklung, In: Proceedings of 16th Symposium Design for X, Neukirchen, Deutschland, 2005, S. 67-76.

Meyer, A. D.; Tsui, A. S.; Hinings, C. R., Configurational Approaches to Organizational Analysis, In: Academy of Management Journal, Nr. 6, 36. Jg., 1993, S. 1175-1195.

Miller, D., Toward a New Contingency Approach - The Search of Organizational Gestalts, In: Journal of Management Studies, Nr. 1, 18. Jg., 1981, S. 1-26.

Miller, D., Configurations of Strategy and Structure - Towards a Synthesis, In: Strategic Management Journal, Nr. 3, 7. Jg., 1986, S. 233-249.

Neumeister, K., Technik und Transzendenz - Zum Verhältnis von Technik, Religion und Gesellschaft, Kohlhammer Verlag, Stuttgart, 2012.

o.V., Dudenverlag - Integration, URL: https://www.duden.de/node/71596/revision/71632 [Zuletzt geprüft am 30.04.2022].

o.V., Dudenverlag - Kontext, URL: https://www.duden.de/node/82367/revision/82403 [Zuletzt geprüft am 30.04.2022].

o.V., Dudenverlag - Stakeholder, URL: https://www.duden.de/node/172414/revision/172450 [Zuletzt geprüft am 30.04.2022].

o.V., Dudenverlag - Produkt, URL: https://www.duden.de/node/115072/revision/115108 [Zuletzt geprüft am 30.04.2022].

o.V., Dudenverlag - Typ, URL: https://www.duden.de/node/187038/revision/187074 [Zuletzt geprüft am 30.04.2022].

o.V., Gabler Wirtschaftslexikon - Produkt, URL: https://wirtschaftslexikon.gabler.de/definition/produkt-42902 [Zuletzt geprüft am 30.04.2022].

OECD, Frascati-Handbuch 2015 - Leitlinien für die Erhebung und Meldung von Daten über Forschung und experimentelle Entwicklung, OECD Publishing, Paris, Frankreich, 2018.

Ovesen, N.; Chris, D., The Challenges of Becoming Agile - Experiences from New Product Development in Industry and Design Education, In: Buck, Lyndon, Frateur, Geert; Ion, W.; McMahon, C.; Baelus, C.; de Grande, G.; Verwulgen, S. (Hrsg.): Design Education for Future Wellbeing - Proceedings of the 14th International Conference on Engineering and Product Design Education, Antwerp, Belgien, The Design Society, Wiltshire, England, 2012, S. 9-14.

Özcan, G.; Drescher, A., Hybride Vorgehensmodelle und Lean Methoden in global verteilten Produktentwicklungsprojekten, In: Engstler, M.; Fazal-Baqaie, M.; Hanser, E.; Linssen, O.; Mikusz, M.; Volland, A. (Hrsg.): Projektmanagement und Vorgehensmodelle 2016 - Arbeiten in hybriden Projekten: Das Sowohl-als-auch von Stabilität und Dynamik, Gesellschaft für Informatik e.V. (GI), Bonn, 2016, S. 153-161.

Pahl, G.; Beitz, W., Konstruktionslehre - Methoden und Anwendung, 4. Aufl., Springer, Berlin, Heidelberg, 1997.

Pahl, G.; Beitz, W.; Feldhusen, J.; Grote, K.-H.; Heusel, J.; Bronnhuber, T.; Hufenbach, W.; Helms, O.; Schlick, C.; Klocke, F.; Dilger, K.; Müller, R., Gestaltungsrichtlinien, In: Feldhusen, J.; Grote, K.-H. (Hrsg.): Pahl/Beitz Konstruktionslehre - Methoden und Anwendung erfolgreicher Produktentwicklung, 8. Aufl., Springer, Berlin, 2013, S. 583-753.

Palmer, S. R.; Felsing, J. M., A Practical Guide to Feature-Driven Development, Prentice Hall PTR, Upper Saddle River, New Jersey, USA, 2002.

Patzak, G., Systemtechnik - Planung komplexer innovativer Systeme, Springer, Berlin, Heidelberg, New York, 1982.

Patzak, G.; Rattay, G., Projektmanagement - Projekte, Projektportfolios, Programme und projektorientierte Unternehmen, 7. Aufl., Linde Verlag, Wien, Österreich, 2017.

Paulukuhn, L., Typologisierung von Entwicklungsprojekten im Maschinenbau, 1. Aufl., Shaker Verlag, Aachen, 2005.

Pfeffer, J.; Salancik, G. R., The External Control of Organizations - A Resource Dependence Perspective, Harper & Row, New York, N.Y., USA, 1978.

Pfeifer, W., Etymologisches Wörterbuch des Deutschen - agil - Digitalisierte und von Wolfgang Pfeifer überarbeitete Version im Digitalen Wörterbuch der deutschen Sprache, 1993, URL: https://www.dwds.de/wb/agil [Zuletzt geprüft am 30.04.2022].

Pfeiffer, D. K.; Püttmann, C., Methoden empirischer Forschung in der Erziehungswissenschaft - Eine Einführung, 6. Aufl., Waxmann, Münster, 2018.

Ponn, J., Situative Unterstützung der methodischen Konzeptentwicklung technischer Produkte, 1. Aufl., Verlag Dr. Hut, München, 2007.

Ponn, J.; Lindemann, U., Konzeptentwicklung und Gestaltung technischer Produkte - Systematisch von Anforderungen zu Konzepten und Gestaltlösungen, 2. Aufl., Springer, Berlin, Heidelberg, 2011.

Poppendieck, M. B.; Poppendieck, T. D., Lean Software Development - An Agile Toolkit, Addison-Wesley, Boston, Massachusetts, USA, 2003.

Project Management Institute, A guide to the project management body of knowledge (PMBOK guide), 6. Aufl., Project Management Institute, Newtown Square, Pensylvania, USA, 2017.

Project Management Institute, Agile Practice Guide - Project Management Institute, Agile Alliance, Project Management Institute, Newtown Square, Pensylvania, USA, 2017.

Pümpin, C.; Amann, W., Strategische Erfolgspositionen - Kernkompetenzen aufbauen und umsetzen, Haupt Verlag, Bern, Stuttgart, Wien, 2005.

Rabitsch, C., Strategisch - Das richtige Maß an Agilität, In: Ramsauer, C.; Kayser, D.; Schmitz, C. (Hrsg.): Erfolgsfaktor Agilität - Chancen für Unternehmen in einem volatilen Marktumfeld, 1. Aufl., Wiley-VCH Verlag, Weinheim, 2017, S. 127-159.

Rauhut, M., Synchronisation von Entwicklungsprozessen durch Taktung, 1. Aufl., Apprimus Verlag, Aachen, 2011.

Rebentisch, E.; Conforto, E. C.; Schuh, G.; Riesener, M.; Kantelberg, J.; Amaral, D. C.; Januszek, S., Agility Factors and their Impact on Product Development Performance, In: Marjanović, D.; Štorga, M.; Škec, S.; Bojčetić, N.; Pavković, N. (Hrsg.): Proceedings of the 15th International Design Conference (DESIGN18), The Design Society, 2018, S. 893-904.

Ries, E., The Lean Startup - How Constant Innovation Creates Radically Successful Businesses, Portfolio Penguin, London, England, 2011.

Riesener, M., Ähnlichkeitsbasierte Produktkonfiguration im Maschinenbau, 1. Aufl., Apprimus Verlag, Aachen, 2015.

Riesener, M.; Dölle, C.; Ays, J.; Ays, J. L., Hybridization of Development Projects Through Process-related Combination of Agile and Plan-driven Approaches, In: Institute of Electrical and Electronics Engineers (IEEE) (Hrsg.): International Conference on Industrial Engineering and Engineering Management (IEEM), Bangkok, Thailand, IEEE Press, 2018, S. 602-606.

Riesener, M.; Dölle, C.; Ays, J.; Schuh, G., Prozessuale Grundtypen für eine hybride Produktentwicklung - Projektspezifische Integration plangetriebener und agiler Prozessmodelle, In: ZWF Zeitschrift für wirtschaftlichen Fabrikbetrieb, Nr. 6, 115. Jg., 2020, S. 409-412.

Rigby, D. K.; Sutherland, J.; Takeuchi, H., Embracing Agile, In: Harvard Business Review, Nr. 5, 94. Jg., 2016, S. 40-50.

Rosenberger, P.; Ortner, C., Kostenschätzungsmethoden bei hybriden Projekten, In: Volland, A.; Engstler, M.; Fazal-Baqaie, M.; Hanser, E.; Linssen, O.; Mikusz, M. (Hrsg.): Projektmanagement und Vorgehensmodelle 2017 - Die Spannung zwischen dem Prozess und den Menschen im Projekt, Gesellschaft für Informatik e.V. (GI), Bonn, 2017, S. 49-59.

Royce, W. W., Managing the Development of Large Software Systems, In: Proceedings of IEEE WESCON, 26. Jg., 1970, S. 328-388.

Rudolf, S., Produktionsgerechte Baukastengestaltung, 1. Aufl., Apprimus Verlag, Aachen, 2013.

Rühmann, N., Empirische Entwicklung einer Typologie für Gestaltungsvarianten der Serviceproduktion im Maschinenbau, 1. Aufl., Shaker Verlag, Aachen, 2008.

Sackmann, S., Erfolgsfaktor Unternehmenskultur - Mit kulturbewusstem Management Unternehmensziele erreichen und Identifikation schaffen, 1. Aufl., Gabler Verlag, Wiesbaden, 2004.

Sandhaus, G.; Berg, B.; Knott, P., Hybride Softwareentwicklung - Das Beste aus klassischen und agilen Methoden in einem Modell vereint, Springer, Berlin, Heidelberg, 2014.

Sandmeier, P., Extreme Innovation - Lektionen für die industrielle Kundenintegration aus der Software-Industrie, In: Herstatt, C.; Verworn, B. (Hrsg.): Management der frühen Innovationsphasen, Springer, Wiesbaden, 2007.

Sarasvathy, S. D., Causation and Effectuation - Toward a Theoretical Shift from Economic Inevitability to Entrepreneurial Contingency, In: The Academy of Management Review, Nr. 2, 26. Jg., 2001, S. 243.

Schallmo, D. R. A.; Brecht, L.; Ramosaj, B., Process Innovation - Enabling Change by Technology, Springer, Berlin, Heidelberg, 2018.

Schanz, G., Wissenschaftsprogramme der Betriebswirtschaftslehre, In: Bea, F. X.; Schweitzer, M. (Hrsg.): Allgemeine Betriebswirtschaftslehre - Band 1: Grundfragen, 10. Aufl., Lucius & Lucius, Stuttgart, 2009, S. 83-164.

Scharmer, C. O., Theory U - Leading from the Future as it Emerges, 1. Aufl., Berrett-Koehler Publishers, San Francisco, California, USA, 2009.

Schlößer, S., Auslegung prototypischer Produktinkremente im Kontext agiler Entwicklungsprojekte, 1. Aufl., Apprimus Verlag, Aachen, 2020.

Schmelzer, H. J., Geschäftsprozessmanagement in der Praxis - Kunden zufriedenstellen, Produktivität steigern, Wert erhöhen, 8. Aufl., Carl Hanser Verlag, München, 2013.

Schmidt, T. S.; Kößler, J.; Chahin, A., Agile Development and the Constraints of Physicality - A Network Theory-based Cause-and-Effect Analysis, In: Maier, A.; Škec, S.; Kim, H.; Kokkolaras, M.; Oehmen, J.; Fadel, Georges, Salustri, Filippo; van der Loos, M. (Hrsg.): Proceedings of the 21st International Conference on Engineering Design - Design Methods and Tools, The Design Society, Glasgow, Schottland, 2017, S. 199-208.

Schmidt, T. S.; Paetzold, K., Agilität als Alternative zu traditionellen Standards in der Entwicklung physischer Produkte - Chancen und Herausforderungen, In: Krause, D.; Paetzold, K.; Wartzack, S. (Hrsg.): Design for X (DfX) Symposium, TuTech Verlag, Hamburg, 2016, S. 255-267.

Schmidt, T. S.; Paetzold, K., Maturity Assessment of Teams Developing Physical Products in an Agile Manner, In: Institute of Electrical and Electronics Engineers (IEEE) (Hrsg.): 2017 International Conference on Engineering, Technology and Innovation (ICE/ITMC), IEEE Press, 2017, 365–374.

Schmidt, T. S.; Wallisch, A.; Böhmer, A.; Paetzold, K.; Lindemann, U., Media Richness Theory in Agile Development - Choosing Appropriate Kinds of Prototypes to Obtain Reliable Feedback, In: Institute of Electrical and Electronics Engineers (IEEE) (Hrsg.): 2017 International Conference on Engineering, Technology and Innovation (ICE/ITMC), IEEE Press, 2017, S. 537-546.

Schmidt, T. S.; Weiss, S.; Paetzold, K., Agile Development of Physical Products - An Empirical Study about Motivations, Potentials and Applicability, Universität der Bundeswehr München, Neubiberg, 2018.

Schmitt, R., Basiswissen Qualitätsmanagement, 1. Aufl., Symposion Publishing, Düsseldorf, 2015.

Schnell, R.; Hill, P. B.; Esser, E., Methoden der empirischen Sozialforschung, 8. Aufl., Oldenbourg Verlag, München, 2008.

Schomburg, E., Entwicklung eines betriebstypologischen Instrumentariums zur systematischen Ermittlung der Anforderungen an EDV-gestützte Produktionsplanungs- und -steuerungssysteme im Maschinenbau, Fakultät für Maschinenwesen, Technische Hochschule Aachen, Aachen, 1980.

Schuh, G., Leitfaden zur Baukastengestaltung - Ergebnisse des Forschungsprojekts Gestaltung innovativer Baukasten- und Wertschöpfungsstrukturen (GiBWert), VDMA Verlag, Frankfurt am Main, 2015.

Schuh, G.; Bender, D., Grundlagen des Innovationsmanagements, In: Schuh, G. (Hrsg.): Innovationsmanagement - Handbuch Produktion und Management 3, 2. Aufl., Springer, Berlin, Heidelberg, 2012, S. 1-16.

Schuh, G.; Diels, F.; Ortlieb, C.; Riesener, M.; Schröder, S., Agile Produktentwicklung, In: Brecher, C.; Klocke, F.; Schmitt, R.; Schuh, G. (Hrsg.): Internet of Production für agile Unternehmen - Aachener Werkzeugmaschinen Kolloquium AWK, 1. Aufl., Apprimus Verlag, Aachen, 2017, S. 29-51.

Schuh, G.; Dölle, C., Sustainable Innovation - Nachhaltig Werte schaffen, 2. Aufl., Springer, Berlin, Heidelberg, 2021.

Schuh, G.; Dölle, C.; Koch, J., Balanceakt im Spannungsfeld - Synchronisation in hybriden Produktentwicklungsprozessen, In: Industrieanzeiger, Nr. 3, 140. Jg., 2018, S. 20-21.

Schuh, G.; Dölle, C.; Kreutzer, R.; Ebi, M.; Ays, J.; Tittel, J., Agile Innovation - Gestaltungsfelder der agilen Produktentwicklung, Werkzeugmaschinenlabor WZL der RWTH Aachen University, Aachen, 2021.

Schuh, G.; Riesener, M., Produktkomplexität managen - Strategien, Methoden, Tools, 3. Aufl., Carl Hanser Verlag, München, 2018.

Schuh, G.; Riesener, M.; Diels, F., Determining the Application Suitability of Agile Methods for Highly Interdependent Products, In: Institute of Electrical and Electronics Engineers (IEEE) (Hrsg.): Portland International Conference on Management of Engineering and Technology (PICMET), IEEE Press, 2017, S. 1-10.

Schulze, S.-O., Systems Engineering, In: Lindemann, U. (Hrsg.): Handbuch Produktentwicklung, Carl Hanser Verlag, München, 2016, S. 153-184.

Schwaber, K., SCRUM Development Process, In: Sutherland, J.; Casanave, C.; Miller, J.; Patel, P.; Hollowell, G. (Hrsg.): Business Object Design and Implementation, Springer, London, England, 1997, S. 117-134.

Schwaber, K., Agiles Projektmanagement mit Scrum, Microsoft Press, Unterschleißheim, 2007.

Schwaber, K.; Sutherland, J., The Scrum Guide - The Definitive Guide to Scrum: The Rules of the Game, 2017, URL: https://www.scrum.org/resources/scrum-guide [Zuletzt geprüft am 30.04.2022].

Seel, C.; Timinger, H., Ein adaptives Vorgehensmodell für hybrides Projektmanagement, In: Barton, T.; Herrmann, F.; Meister, V.; Müller, C.; Seel, C. (Hrsg.): Prozesse, Technologie, Anwendungen, Systeme und Management 2017 - Angewandte Forschung in der Wirtschaftsinformatik, mana-Buch, Heide, 2017, S. 20-29.

Seidl, J., Multiprojektmanagement, Springer, Berlin, Heidelberg, Dordrecht, London, New York, 2011.

Shenhar, A. J., One Size Does Not Fit All Projects - Exploring Classical Contingency Domains, In: Management Science, Nr. 3, 47. Jg., 2001, S. 394-414.

Shenhar, A. J.; Dvir, D., Reinventing Project Management - The Diamond Approach To Successful Growth And Innovation, Harvard Business Review Press, Boston, Massachusetts, USA, 2007.

Shenhar, A. J.; Dvir, D.; Lechler, T.; Poli, M., One Size Does Not Fit All - True For Projects, True For Frameworks, In: Proceedings of PMI Research Conference, 2002, S. 99-106.

Siakas, K. V.; Siakas, E., The Agile Professional Culture - A Source of Agile Quality, In: Software Process: Improvement and Practice, Nr. 6, 12. Jg., 2007, S. 597-610.

Sobek, D. K.; Ward, A. C.; Liker, J. K., Toyota's Principle of Set-Based Concurrent Engineering - How Toyota's product design and development process helps find the best solutions and develop successful products, In: Sloan Management Review, Nr. 2, 40. Jg., 1999, S. 67-83.

Sodeur, W., Empirische Verfahren zur Klassifikation, Vieweg+Teubner, Stuttgart, 1974.

Sommer, A. F.; Hedegaard, C.; Dukovska-Popovska, I.; Steger-Jensen, K., Improved Product Development Performance through Agile/Stage-Gate Hybrids - The Next-Generation Stage-Gate Process?, In: Research-Technology Management, Nr. 1, 58. Jg., 2015, S. 34-44.

Spath, D.; Dangelmaier, M., Produktentwicklung Quo Vadis, In: Lindemann, U. (Hrsg.): Handbuch Produktentwicklung, Carl Hanser Verlag, München, 2016, S. 3-7.

Specht, G.; Beckmann, C.; Amelingmeyer, J., F&E-Management - Kompetenz im Innovationsmanagement, 2. Aufl., Schäffer-Poeschel Verlag, Stuttgart, 2002.

Špundak, M., Mixed Agile/Traditional Project Management Methodology - Reality or Illusion?, In: Procedia - Social and Behavioral Sciences, 119. Jg., 2014, S. 939-948.

Stachowiak, H., Allgemeine Modelltheorie, Springer, Wien, New York, 1973.

Stapleton, J., DSDM - Dynamic Systems Development Method, 1. Aufl., Addison-Wesley, Harlow, England, 1997.

Stapleton, J., DSDM - Business Focused Development, 2. Aufl., Addison-Wesley, London, England, 2003.

Stare, A., Agile Project Management in Product Development Projects, In: Procedia - Social and Behavioral Sciences, 119. Jg., 2014, S. 295-304.

Stevens, S. S., On the Theory of Scales of Measurement, In: Science, Nr. 2684, 103. Jg., 1946, S. 677-680.

Stöckert, H., Fehlervermeidung an Schnittstellen-Prozessen der verteilten Produktentwicklung, Technische Universität Berlin, Berlin, 2011.

Sturm, T.; Märkl, S., Best of both Worlds - Klassische vs. agile Produktentwicklung, In: Markt&Technik, Nr. 36, 2018, S. 42-43.

Takeuchi, H.; Nonaka, I., The new new product development game, In: Harvard Business Review, 1986, S. 137-146.

Timinger, H., Modernes Projektmanagement - Mit traditionellem, agilem und hybridem Vorgehen zum Erfolg, 1. Aufl., John Wiley & Sons, Weinheim, 2017.

Timinger, H.; Seel, C., Ein Ordnungsrahmen für adaptives hybrides Projektmanagement, In: projektManagement aktuell, Nr. 4, 2016, S. 55-61.

Ulrich, H., Die Unternehmung als produktives soziales System - Grundlagen der allgemeinen Unternehmungslehre, Haupt Verlag, Bern, Stuttgart, 1968.

Ulrich, H.; Dyllick, T.; Probst, G. J. B., Management, Haupt Verlag, Bern, Stuttgart, 1984.

Ulrich, K. T., The role of product architecture in the manufacturing firm, In: Research Policy, Nr. 3, 24. Jg., 1995, S. 419-440.

Ulrich, P.; Hill, W., Wissenschaftstheoretische Grundlagen der Betriebswirtschaftslehre (Teil I), In: WiSt - Wirtschaftswissenschaftliches Studium, Nr. 7, 5. Jg., 1976, S. 304-309.

VDI Verein Deutscher Ingenieure e. V., VDI 2221 (zurückgezogen) - Methodik zum Entwickeln und Konstruieren technischer Systeme und Produkte, Beuth Verlag, Berlin, 1993.

VDI Verein Deutscher Ingenieure e. V., VDI 3780 - Technikbewertung - Begriffe und Grundlagen, Beuth Verlag, Düsseldorf, 2000.

VDI Verein Deutscher Ingenieure e. V., VDI 2206 - Entwicklungsmethodik für mechatronische Systeme, Beuth Verlag, Düsseldorf, 2004.

VDI Verein Deutscher Ingenieure e. V., VDI 4521 - Blatt 1 - Erfinderisches Problemlösen mit TRIZ, Beuth Verlag, Berlin, 2016.

VDI Verein Deutscher Ingenieure e. V., VDI 2221 - Blatt 1 - Entwicklung technischer Produkte und Systeme, Beuth Verlag, Düsseldorf, 2019.

VDI Verein Deutscher Ingenieure e. V., VDI 2221 - Blatt 2 - Entwicklung technischer Produkte und Systeme, Beuth Verlag, Düsseldorf, 2019.

Vester, F., Die Kunst vernetzt zu denken - Ideen und Werkzeuge für einen neuen Umgang mit Komplexität, 10. Aufl., Deutscher Taschenbuch Verlag, München, 2015.

Vogels, T., Controlling von Produktbaukästen, 1. Aufl., Apprimus Verlag, Aachen, 2015.

Vogl, S., Strategie, Organisation und Performance im Innovationsmanagement - Eine gestaltorientierte empirische Untersuchung im Maschinen- und Anlagenbau, Springer, Wiesbaden, 2013.

Vohl, H.-J., Agilität zur Steigerung der Veränderungsintelligenz einer Organisation, In: Baltes, G.; Freyth, A. (Hrsg.): Veränderungsintelligenz - Agiler, innovativer, unternehmerischer den Wandel unserer Zeit meistern, Springer, Wiesbaden, 2017, S. 169-192.

Voigtsberger, J., Adaptive Modellierung und Simulation von Produktentwicklungsprozessen, Fraunhofer-IRB-Verlag, Stuttgart, 2005.

Walker, R. A.; Thomas, D. E., A Model of Design Representation and Synthesis, In: Ofek, H.; O'Neill, L. A. (Hrsg.): Proceedings of the 22nd ACM/IEEE Design Automation Conference, IEEE Press, Las Vegas, Nevada, USA, 1985, S. 453-459.

Welter, M., Die Forschungsmethode der Typisierung, In: WiSt - Wirtschaftswissenschaftliches Studium, Nr. 2, 35. Jg., 2006, S. 113-116.

Werner, B. M., Messung und Bewertung der Leistung von Forschung und Entwicklung im Innovationsprozeß - Methodenüberblick, Entwicklung und Anwendung eines neuen Konzepts, Technische Universität Darmstadt, Darmstadt, 2002.

Wilmsen, M.; Dühr, K.; Albers, A., A context-model for adapting design processes and methods, In: Procedia CIRP, 84. Jg., 2019, S. 428-433.

Wolf, J., Organisation, Management, Unternehmensführung - Theorien, Praxisbeispiele und Kritik, 5. Aufl., Springer, Wiesbaden, 2013.

Wysocki, R. K., Effective Project Management - Traditional, Agile, Extreme, 7. Aufl., John Wiley & Sons, New York, 2014.

Zanker, W., Situative Anpassung und Neukombination von Entwicklungsmethoden, 1. Aufl., Shaker Verlag, Aachen, 1999.

Zasa, F. P.; Patrucco, A.; Pellizzoni, E., Managing the Hybrid Organization - How Can Agile and Traditional Project Management Coexist?, In: Research-Technology Management, Nr. 1, 64. Jg., 2021, S. 54-63.

Ziegler, A., Eignungseinstufung von Vorgehensmodellen, Universität Bremen, Bremen, 2009.

Zimmermann, H.-J., Operations Research - Methoden und Modelle, 2. Aufl., Vieweg und Sohn Verlag, Wiesbaden, 2008.

A Anhang

A.1 Detaillierung der Literaturanalyse zur Identifikation von Kontextfaktoren

Die für die Quellensuche verwendeten Keyword-Matrizen sind das Ergebnis mehrerer Suchiterationen (siehe Tabelle A-1 und Tabelle A-2).

Tabelle A-1: Keyword-Matrix für Scopus

	Themeneingrenzende Begriffe (AND-Verknüpfung)			
Synonyme (OR-Verknüpfung)	Product Development	Project	Context	Factor
	Produktentwicklung	Projekt	Contextual	Faktor
		Process	Kontext	Influence
		Prozess	Einfluss	Größe
				Kriterien

∑ Suchergebnisse: 703

Bei Google Scholar ist die Definition von Begriffskombinationen erforderlich.

Tabelle A-2: Keyword-Matrix für Google Scholar

		Projektkontext: Context Factor	Kontext-faktor	Contextual Influence	Contextual Factor	Einfluss-faktor	Einfluss-größe	∑ Suchergebnisse
Produktent-wicklung*	Project	●		●	●			2.417
	Projekt		●			●	●	2.636
	Process	●		●	●			2.827
	Prozess		●			●	●	2.899

Legende: ● Kombination der Suchbegriffe *bzw. in Englisch: „Product Development“

Die in Tabelle A-1 dargestellte Keyword-Matrix wurde zur Generierung einer Suchanweisung (engl.: Search String) für die Datenbank *Scopus* unter Nutzung von booleschen Operatoren (engl.: Boolean Operators) eingesetzt. Das Ergebnis der Analyse unter Ausschluss von Patentschriften sind 703 Suchergebnisse. Für die Aufstellung der Keyword-Matrix der Literaturanalyse in der Datenbank *Google Scholar* wurden Suchanweisungen aus der Kombination der in Tabelle A-2 dargestellten Suchbegriffe abgeleitet. Auch hier wurden Patente vom Suchauftrag ausgeschlossen. Die Analyseergebnisse sind detailliert in Tabelle A-3 aufgeführt.

Tabelle A-3: Suchanweisungen zur Eingabe bei Google Scholar

Suchanweisung	∑ Suchergebnisse
„Product Development“ Project „Context Factor“	394
„Product Development“ Project „Contextual Influence“	503
„Product Development“ Project „Contextual Factor“	1.520
Produktentwicklung Projekt Kontextfaktor	94
Produktentwicklung Projekt Einflussfaktor	1.560
Produktentwicklung Projekt Einflussgröße	982
„Product Development“ Process „Context Factor“	450
„Product Development“ Process „Contextual Influence“	587
„Product Development“ Process „Contextual Factor“	1.790
Produktentwicklung Prozess Kontextfaktor	134
Produktentwicklung Prozess Einflussfaktor	2.060
Produktentwicklung Prozess Einflussgröße	705

Nach dem Export der Ergebnisse aus den Datenbanken wurden diese zunächst zusammengeführt, strukturiert und anschließend über die Berücksichtigung von Ausschlusskriterien zu einer finalen Anzahl für die vorliegende Arbeit relevanter Ergebnisse konsolidiert. Die Ausschlusskriterien zur Auswahl der relevanten Ergebnisse sind in Tabelle A-4 aufgeführt.

Tabelle A-4: Ausschlusskriterien für die Auswahl relevanter Ergebnisse

Ausschluss-kriterien	Ausschluss von Mehrfachnennungen einer Veröffentlichung, d.h. Reduktion der **Duplikate**
	Ausschluss von **Anschlussveröffentlichungen**, die einer Veröffentlichung desselben Autors zeitlich nachfolgen und auf dieselben Kontextfaktoren referenzieren
	Ausschluss von Veröffentlichungen, die weder in deutscher noch in englischer **Sprache** verfasst sind
	Ausschluss von Veröffentlichungen, die vor dem **Jahr** 2000 publiziert wurden
	Ausschluss von Veröffentlichungen, deren **Titel** keinen direkten Themenbezug zur Produktentwicklung erkennen lässt
	Ausschluss von Veröffentlichungen, deren **Abstract** keinen Hinweis auf eine Sammlung von einflussnehmenden Faktoren auf die Produktentwicklung enthält
	Ausschluss von Veröffentlichungen, die im **Volltext** keine Aufzählung von einflussnehmenden Faktoren auf die Produktentwicklung beinhalten

Die finalen und für die vorliegende Arbeit relevanten Ergebnisse der Literaturanalyse zur Identifikation von einflussnehmenden Faktoren auf die Produktentwicklung sind in Tabelle A-5 dargestellt.

Tabelle A-5: Ergebnis der Literaturanalyse zur Identifikation einflussnehmender Faktoren auf die Produktentwicklung

Nr.	Relevante Veröffentlichungen
1	ALBERS ET AL. (2019)[755]
2	ATZBERGER ET AL. (2020)
3	BARG (2018)
4	BASCHIN ET AL. (2020)
5	BENDER & GERICKE (2016)
6	BOEHM & TURNER (2006)
7	BREHM ET AL. (2017)
8	DIELS (2018)
9	EHRLENSPIEL & MEERKAMM (2017)
10	FRANKENBERGER (1997)(*)

[755] Vgl. Albers et al. (2019), The Product Developer

11	GERICKE ET AL. (2013)
12	HALES & GOOCH (2004)
13	HENDERSON-SELLERS ET AL. (2014)
14	HOLLAUER (2019)
15	HÜSSELMANN ET AL. (2019)
16	JENNY (2005)
17	KALUS (2013)
18	KLEIN (2016)
19	KUSTER (2011)
20	MEIßNER ET AL. (2005)
21	PAULUKUHN (2005)
22	PONN (2007)
23	PROJECT MANAGEMENT INSTITUTE (2017)
24	RIGBY ET AL. (2016)
25	SCHOENEBERG (2014)
26	SHENHAR & DVIR (2007)
27	ŠPUNDAK (2014)
28	VDI 2221 (2019)
29	VDI 2223 (2004)
30	WYSOCKI (2014)

Auffallend häufig wird in den gelisteten Quellen auf die Dissertation von FRANKENBERGER[756] verwiesen. Trotz der Veröffentlichung des Ansatzes im Jahr 1997 wird diese Quelle daher zusätzlich zu den 29 im Rahmen der Literaturanalyse identifizierten Ergebnissen betrachtet. Die Veröffentlichung ist in Tabelle A-5 entsprechend mit einem (*) gekennzeichnet.

[756] Vgl. Frankenberger (1997), Arbeitsteilige Produktentwicklung

A.2 Kontextfaktoren eines Entwicklungsprojekts

Der im Folgenden dargestellte Katalog umfasst die entsprechend den in Kapitel 5.1.2 aufgeführten Kriterien identifizierten Kontextfaktoren eines Projekts. Zu jedem Faktor sind eine Definition und die Quellen, in denen der Kontextfaktor Erwähnung findet, aufgeführt. Der Katalog basiert auf den Ergebnissen der in Kapitel 5.1.2.1 und Anhang A.1 beschriebenen Literaturanalyse.

Tabelle A-6: Katalog der identifizierten Kontextfaktoren

Kontextfaktor	Einflussbereich	Definition	Quelle
Abhängigkeit von anderen Projekten	**Projekt |** Projektgegenstand	Entwicklungsprojekte sind in der Regel nicht vollständig autark, d.h. in sich geschlossen, sondern beeinflussen andere Projekte und werden selbst in unterschiedlichem Ausmaß beeinflusst.	Hollauer (2019)
Ähnlichkeit zu bekannten Aufgaben oder Altprojekten	**Projekt |** Projektgegenstand	Existieren Ähnlichkeiten des Entwicklungsprojekts zu anderen Aufgaben oder vorherigen Projekten, können diese, eine gute Dokumentation vorausgesetzt, bei der Produktentwicklung berücksichtigt werden.	Kalus (2013), Ponn (2007)
Anzahl der Hierarchieebenen	**Organisation |** Unternehmen	Die Anzahl der Hierarchieebenen wird durch die Leistungstiefe eines Unternehmens bestimmt. Hierarchieebenen ergeben sich durch die Über- und Unterordnung von Organisationseinheiten.	Schoeneberg (2014)
Anzahl der Organisationseinheiten	**Organisation |** Unternehmen	Die Anzahl der Organisationseinheiten, d.h. die Zusammenfassung von ähnlichen Tätigkeiten zu einer formalen Einheit, bestimmt die Komplexität der Unternehmensstruktur.	Schoeneberg (2014)
Anzahl der Stakeholder	**Organisation |** Unternehmen	Die Anzahl der Interessensgruppen an einem Unternehmen bestimmt den erforderlichen Abstimmungsbedarf und -aufwand. Eine hohe Anzahl der Stakeholder kann sich verzögernd auf den Projektfortschritt auswirken.	Barg (2018), Bender et al. (2016), Diels (2018), Gericke et al. (2013), Henderson-Sellers et al. (2014), Kalus (2013), Špundak (2014), VDI 2221 (2019)
Anzahl und Verteilung der Entwicklungsstandorte	**Organisation |** Unternehmen	Die Anzahl und Verteilung der Entwicklungsstandorte beschreibt, an wie vielen Standorten die Entwicklung des Projektgegenstands ggf. parallel erfolgt.	Barg (2018), Klein (2016)
Art der Aufgabenstellung	**Projekt |** Zielstellung	Die Aufgabenstellung eines Projekts kann geschlossen oder offen formuliert sein, d.h. sie ist entweder klar definiert oder nicht eindeutig festgelegt, die Lösungsmöglichkeiten sind gleichzeitig begrenzt oder vielfältig.	Hollauer (2019), Kuster (2011)
Aufgabensteller	**Projekt |** Zielstellung	Mit Aufgabensteller wird die Art des Auftraggebers beschrieben. Dieser kann je nach Entwicklungsprojekt zwischen einem unternehmensexternen oder -internen Auftraggeber variieren.	Ponn (2007)

Kontextfaktor	Einflussbereich	Definition	Quelle
Aufgaben-umfang	**Projekt |** Zielstellung	Je nach Aufgabenumfang betrifft das Entwicklungsprojekt ein einziges Produkt oder ein ganzes Produktprogramm.	Ponn (2007)
Auftragsart	**Projekt |** Zielstellung	Die Auftragsart beschreibt mit welcher Häufigkeit und in welcher Stückzahl ein Produkt vom Kunden angefordert wird.	Klein (2016), Paulukuhn (2005)
Beschaffungs-strategie und konzept	**Projekt |** Prototyping	Die Beschaffungsstrategie und das dazugehörige Konzept legen fest, von wie vielen Lieferanten die erforderlichen materiellen Ressourcen für ein Projekt bezogen werden.	Schoeneberg (2014)
Betroffene Organisations-einheiten	**Projekt |** Zielstellung	Je nach Art des Projektgegenstands und Umfang der Entwicklungsaufgabe sind unterschiedliche Organisationseinheiten des Unternehmens am Entwicklungsprojekt beteiligt.	Ehrlenspiel et al. (2017), Wysocki (2014)
Branche	**Organisation |** Unternehmen	Der Industriezweig, indem ein Unternehmen tätig ist (bspw. Maschinenbau oder Konsumgüterindustrie), bestimmt die spezifischen Rahmenbedingungen der Produktgestaltung.	Bender et al. (2016), Kalus (2013), Meißner et al. (2013), Ponn (2007), VDI 2221 (2019), VDI 2223 (2004)
Determiniert-heit des Projektergeb-nisses	**Projekt |** Zielstellung	Die Determiniertheit des Projektergebnisses bezieht sich auf die vor Projektbeginn festgelegten Grenzen des mit dem zu entwickelnden Projektgegenstand zu erreichenden Zielbereichs.	Ponn (2007)
Dokumentation	**Organisation |** Management	Die Dokumentation bestimmt den Umfang der Nachweis- und Dokumentationspflicht, die es im Rahmen der Produktentwicklung zu berücksichtigen gilt.	Diels (2018), Špundak (2014)
Dynamik der Anforderungen	**Mikro-ökonomisch |** Kunde	Die inhaltliche Stabilität der Anforderungen an den Projektgegenstand kann variieren. Je instabiler, d.h. dynamischer, die Anforderungen sind, desto häufiger ändern sich Anforderungen im Projektverlauf.	Atzberger et al. (2020), Boehm et al. (2006), Brehm et al. (2017), Frankenberger (1997), Gericke et al. (2013), Henderson-Sellers et al. (2014), Hollauer (2019), Jenny (2005), Kalus (2013), Ponn (2007), Schoeneberg (2014), Špundak (2014), VDI 2221 (2019)
Dynamik der Zielanpassung	**Projekt |** Zielstellung	Mit der Dynamik der Zielanpassung wird das Maß der zu erwartende Veränderlichkeit des bei Projektinitiierung formulierten Ziels während des Entwicklungsprojekts beschrieben.	Schoeneberg (2014)

Kontextfaktor	Einflussbereich	Definition	Quelle
Einbeziehung des Kunden	**Mikro-ökonomisch |** Kunde	Die Einbeziehung des Kunden in den Entwicklungsprozess bestimmt den Grad der Kundenorientierung. Je stärker der Kunde einbezogen wird, desto mehr fließen die Bedürfnisse und Anforderungen des Kunden mit in die Entwicklung des Projektgegenstands mit ein.	Albers, Heimicke et al. (2019), Ehrlenspiel et al. (2017), Diels (2018), Gericke et al. (2013), Henderson-Sellers et al. (2014), Rigby et al. (2016), Špundak (2014)
Entscheidungsgremien	**Organisation |** Management	Gremien mit Entscheidungsbefugnis bewerten die während der Produktentwicklung auftretenden Änderungen bzw. Fragen und definieren ggf. erforderliche Maßnahmen.	Diels (2018)
Entwicklungsaufgabe	**Projekt |** Zielstellung	Die Entwicklungsaufgabe beschreibt den initialen Lösungsraum zu Beginn des Entwicklungsprojekts und die zu erwartende Konvergenz dieses Lösungsraums.	Bender et al. (2016), Diels (2018), Hollauer (2019), Klein (2016)
Entwicklungsdauer	**Projekt |** Projektmanagement	Die Entwicklungsdauer beschreibt die Laufzeit eines Entwicklungsprojekts zum einen als absolutes Maß und zum anderen im Verhältnis zum Umfang des Projektgegenstands.	Diels (2018), Ehrlenspiel et al. (2017), Hollauer (2019), Jenny (2005), Kalus (2013), Meißner et al. (2005), Ponn (2007), Shenhar et al. (2014), Špundak (2014), VDI 2221 (2019), Wysocki (2014)
Fachliche Erfahrung	**Individuum |** Wissen	Die fachliche Erfahrung umfasst die Kenntnisse der Mitarbeitenden des Projektteams aus theoretischer und praktischer Sicht vor allem in Bezug auf die Entwicklungsaufgabe.	Bender et al. (2016), Gericke et al. (2013), Meißner et al. (2005), Ponn (2007), VDI 2221 (2019)
Flexibilitätsgrad	**Projekt |** Zielstellung	Unter Flexibilitätsgrad wird die Anpassungsfähigkeit eines Unternehmens als Reaktion auf interne und externe Veränderungen verstanden.	Diels (2018)
Fluktuation der Projektmitarbeitenden	**Projekt |** Projektteam	Verlassen Projektmitarbeitende das Entwicklungsprojekt führt dies unweigerlich zu einem Wissensverlust im Projekt, der durch andere Teammitglieder kompensiert werden muss.	Diels (2018), Ehrlenspiel et al. (2017), Kalus (2013)
Freiheitsgrad der Entwicklung	**Projekt |** Zielstellung	Der Freiheitsgrad der Entwicklung bezieht sich auf die konkret in Frage kommende Anzahl an Lösungswegen und Lösungsalternativen für den zu entwickelnden Projektgegenstand.	Ponn (2007)
Freiheitsgrad der Mitarbeitenden	**Organisation |** Management	Der Freiheitsgrad der Mitarbeitenden definiert das Ausmaß der selbstständigen Entscheidungsbefugnis bzw. der Fremdbestimmung durch Vorgesetzte bei der Gestaltung der individuellen Entwicklungstätigkeiten.	Gericke et al. (2013), Hales et al. (2004)

Kontextfaktor	Einflussbereich	Definition	Quelle
Fristigkeit der Zielerreichung	**Projekt |** Projektmanagement	Die Fristigkeit der Zielerreichung definiert die zeitliche Dringlichkeit eines Entwicklungsprojekts. Sie ergibt sich aus der Relation der zur Verfügung stehenden Zeitspanne für das Projekt und dem Aufgabenumfang.	Barg (2018), Ehrlenspiel et al. (2017), Frankenberger (1997), Gericke et al. (2013), Hüsselmann et al. (2019), Ponn (2007), Schoeneberg (2014), VDI 2221 (2019)
Geografische Verteilung des Projektteams	**Projekt |** Projektteam	Die Verteilung der Arbeitsplätze des Projektteams über verschiedene Unternehmensstandorte wird unter dem Begriff der geografischen Verteilung zusammengefasst.	Atzberger et al. (2020), Frankenberger (1997), Hüsselmann et al. (2019), Kalus (2013), Ponn (2007)
Gesetzesrestriktionen	**Makroökonomisch |** Gesellschaft	Die Produktentwicklung findet innerhalb der Grenzen statt, die durch Gesetze, Normen, Regulierungen und Vorschriften sowie politische Einflüsse vorgegeben werden.	Barg (2018), Baschin et al. (2020), Diels (2018), Ehrlenspiel et al. (2017), Henderson-Sellers (2014), Gericke et al. (2013), Meißner et al. (2005), VDI 2221 (2019)
Grad der Arbeitsteilung	**Projekt |** Projektgegenstand	Der Projektgegenstand bestimmt die Möglichkeit der Einteilung der Entwicklungstätigkeiten in einzelne Arbeitsumfänge zur Bearbeitung durch verschiedene Mitarbeitende des Projektteams.	Frankenberger (1997), Gericke et al. (2013), Meißner et al. (2005), Ponn (2007), Rigby et al. (2016)
Häufigkeit der Releases eines Produkts	**Mikroökonomisch |** Markt	Die Häufigkeit der Produktreleases hängt maßgeblich von den durch den Markt definierten relevanten Änderungswünschen charakteristischer Produktanforderungen zusammen.	Henderson-Sellers (2014)
Häufigkeit des Kontroll- und Steuerungsbedarfs	**Organisation |** Management	Die Häufigkeit des Steuerungs- und Kontrollbedarfs drückt das Bedürfnis oder die Notwendigkeit des Managements aus, die Aktivitäten des Entwicklungsprojekts in eine bestimmte Richtung zu lenken.	Schoeneberg (2014)
Heterogenität der Kundenanforderungen	**Mikroökonomisch |** Kunde	Die Heterogenität oder auch Vielfalt der Kundenanforderungen geht einher mit dem Individualisierungsgrad der Kundennachfrage, also wie stark Kunden individualisierte Produkte fordern.	Barg (2018), Diels (2018), Henderson-Sellers (2014), Schoeneberg (2014), Špundak (2014)
Informationsgrundlage	**Projekt |** Zielstellung	Die Informationsgrundlage beschreibt die zur Verfügung stehenden Informationen zu Projektbeginn. Diese können vollständig, lückenhaft oder unzureichend vorliegen.	Gericke et al. (2013)
Informationsverfügbarkeit	**Projekt |** Zielstellung	Die Verfügbarkeit von Informationen gibt an, ob erforderliche Informationen im Verlauf des Entwicklungsprojekts eingeholt werden können.	Gericke et al. (2013), Frankenberger (1997), Ponn (2007)
Integrierte Fremdprodukte	**Projekt |** Projektgegenstand	Wenn für einzelne Umfänge des zu entwickelnden Projektgegenstands bereits Lösungen auf dem Markt existieren, kann sich eine Integration geeigneter Komponenten für das Entwicklungsprojekt als sinnvoll erweisen.	Hollauer (2019), Kalus (2013)

Kontextfaktor	Einflussbereich	Definition	Quelle
Kapazitäten der Projekt-mitarbeitenden	**Projekt |** Projektteam	Die Höhe der freien Kapazitäten des Projekt-teams ist abhängig von der Anzahl der Pro-jekte, die in den Tätigkeitsbereich der einzel-nen Projektmitarbeitenden fallen.	Atzberger et al. (2020), Brehm et al. (2017)
Kommunikati-onsqualität	**Projekt |** Projektteam	Jede Form des Gesprächs im Projektteam ist abhängig von der Kommunikationsqualität zwischen der Gesprächspartner.	Ehrlenspiel et al. (2017), Fran-kenberger (1997), Gericke et al. (2013), Meißner et al. (2005), Ponn (2007),
Kommunikati-onssysteme	**Organisation |** Unternehmen	Kommunikationssysteme fördern die interne Unternehmenskommunikation und unterstüt-zen die Informationsweitergabe und -verar-beitung zwischen und innerhalb der Organi-sationseinheiten.	Baschin et al. (2020), Schoeneberg (2014)
Kompetenzen und Fertig-keiten	**Individuum |** Fähigkeiten	Die Kompetenzen und Fertigkeiten von Pro-jektmitarbeitenden beschreiben die Verfüg-barkeit von Handlungsmöglichkeiten in Bezug auf einen bestimmten Realitätsbereich.	Bender et al. (2016), Franken-berger (1997), Ponn (2007), VDI 2221 (2019)
Kontroll- und Steuerungs-bedarf	**Organisation |** Management	Das Management besitzt situationsbezogen das Bedürfnis nach aktiver und passiver Kon-trolle des Geschehens. Das Bedürfnis kann durch erweiterte Eingriffsmöglichkeiten oder Handlungsoptionen befriedigt werden.	Ponn (2007)
Marktdynamik	**Mikro-ökonomisch |** Markt	Beständigkeitsgrad und Konsistenz typischer Charakteristiken des Zielmarkts, wie die Größe, das Wachstum oder der Wettbewerb, bestimmen die Marktdynamik.	Barg (2018), Diels (2018), Rigby et al. (2016), Schoeneberg (2014)
Marktgröße	**Mikro-ökonomisch |** Markt	Das Marktvolumen definiert die Marktgröße durch die Gesamtheit der realisierten Absatz-menge im betrachteten Marktsegment.	Barg (2018), Diels (2018), Ge-ricke et al. (2013), Henderson-Sellers (2014), VDI 2221 (2019)
Mitarbeiten-deneinbindung	**Projekt |** Projektteam	Die Mitarbeitendeneinbindung im Entwick-lungsprojekt lässt sich durch den Grad der Mitbestimmung beschreiben. Dies wirkt sich auf die Leistungsbereitschaft der Mitarbeiten-den aus.	Diels (2018), Schoeneberg (2014)
Modularität	**Projekt |** Projektgegenstand	Die Modularität ergibt sich aus der Dekompo-sitionsmöglichkeit des Projektgegenstands in einzelne Subsysteme, basierend auf dessen funktionalen und physischen Abhängigkeiten.	Barg (2018), Baschin et al. (2020), Brehm et al. (2017), Gericke et al. (2013), Klein (2016)
Nachfrage-volatilität	**Mikro-ökonomisch |** Markt	Die Nachfragevolatilität bezeichnet die Schwankung der Nachfrage gemessen an-hand der abgerufenen Stückzahlvolumina über die Zeit.	Barg (2018), Schoeneberg (2014)

Kontextfaktor	Einflussbereich	Definition	Quelle
Neuheitsgrad der Aufgabe	**Projekt |** Projektgegenstand	Der Neuheitsgrad einer Aufgabe umfasst die im Projekt zu erwartenden und auftretenden Umstände und Tätigkeiten, die von ihrer Art neuartig und ggf. ungewohnt sind. Der Neuheitsgrad ergibt sich maßgeblich aus dem Innovationsgrad des Projektgegenstands.	Atzberger et al. (2020), Barg (2018), Diels (2018), Ehrlenspiel et al. (2017), Frankenberger (1997), Gericke et al. (2013), Hüsselmann et al. (2019), Kalus (2013), Meißner et al. (2005), Paulukuhn (2005), Ponn (2007), Project Management Institute (2017), VDI 2221 (2019),
Organisationsstruktur	**Organisation |** Unternehmen	Die Organisationsstruktur ergibt sich aus der Aufbauorganisation eines Unternehmens. Unterschieden werden können in diesem Zusammenhang zentral gesteuerte Fachabteilungen, selbstorganisierte Projektteams und dazwischenliegende Mischformen.	Ehrlenspiel et al. (2017), Hollauer (2019), Klein (2016), VDI 2221 (2019)
Physikalische Umweltaspekte	**Makroökonomisch |** Umwelt	Physikalische Umweltaspekte umfassen alle auf ein Unternehmen und dessen Mitarbeitenden wirkenden, durch die Natur ohne die menschliche Einwirkung, hervorgerufenen Vorgänge, wie das Wetter oder Naturkatastrophen.	Albers, Heimicke et al. (2019), Project Management Institute (2017)
Planbarkeit	**Projekt |** Projektmanagement	Die Planbarkeit eines Projekts beschreibt die Möglichkeit den zukünftigen Projektverlauf in konkret definierte Teilschritte untergliedern zu können.	Baschin et al. (2020), Ehrlenspiel et al. (2017), Hüsselmann et al. (2019), Špundak (2014)
Priorität des Entwicklungsprojekts	**Projekt |** Projektgegenstand	Die Projektpriorität definiert die allgemeine Wichtigkeit des Projekts hinsichtlich einzelner Unternehmensbereiche und für das Unternehmen als Ganzes. Eine hohe Priorität bedeutet, dass das Projektergebnis eine strategische Auswirkung auf die Unternehmensentwicklung besitzt.	Gericke et al. (2013), Hüsselmann et al. (2019)
Produktarchitektur	**Projekt |** Projektgegenstand	Die Beziehung zwischen Produktstruktur, d.h. der physischen Baustruktur, und der Funktionsstruktur wird als Produktarchitektur bezeichnet. Die Produktarchitektur definiert implizite Grenzen für die Realisierung der Entwicklungsaufgabe.	Atzberger et al. (2020), Diels (2018), Schoeneberg (2014)
Produktionssystemflexibilität	**Projekt |** Prototyping	Ein Produktionssystem gilt als flexibel, wenn es mit überschaubarem Aufwand schnell an veränderte Rahmenbedingungen angepasst werden kann.	Diels (2018), Ehrlenspiel et al. (2017), Gericke et al. (2013)
Produktkomplexität	**Projekt |** Projektgegenstand	Die Komplexität des Projektgegenstands ist struktureller Natur und ergibt sich aus der Anzahl der einzelnen Komponenten sowie deren Beziehungen zueinander.	Barg (2018), Baschin et al. (2020), Ehrlenspiel et al. (2017), Gericke et al. (2013), Jenny (2005), Kalus (2013), Klein (2016), Meißner et al. (2005), Ponn (2007), Shenhar et al. (2007), VDI 2221 (2019), Wysocki (2014)

Kontextfaktor	Einflussbereich	Definition	Quelle
Produktverständnis	**Projekt** | Projektgegenstand	Ein adäquates Produktverständnis ist vorhanden sofern eine umfassende und abgesicherte Kenntnis der Produktspezifikationen existiert und die erforderlichen Technologien bekannt sind.	Diels (2018)
Produzierbarkeit	**Projekt** | Prototyping	Der Projektgegenstand wird als produzierbar eingestuft, wenn alle an das Produkt gestellten Anforderungen realisiert werden können.	Diels (2018)
Projektbudget	**Projekt** | Projektmanagement	Das Projektbudget steht für die finanzielle Ausstattung des Entwicklungsprojekts.	Kalus (2013)
Projektkritikalität	**Projekt** | Projektgegenstand	Die Projektkritikalität ergibt sich aus der Höhe des Schadensausmaßes für das Unternehmen, wenn die geforderten Projektziele nicht im vorgegebenen Zeitraum oder gar nicht erreicht werden.	Atzberger et al. (2020), Boehm et al. (2006), Brehm et al. (2017), Diels (2018), Špundak (2014)
Projektrisiko	**Projekt** | Projektmanagement	Das Projektrisiko beschreibt die Wahrscheinlichkeit des Scheiterns des Entwicklungsprojekts ausgelöst durch die das Projekt umgebenden unsicheren Rahmenbedingungen.	Diels (2018), Gericke et al. (2013), Jenny (2005), Meißner et al. (2005), Špundak (2014), VDI 2221 (2019), Wysocki (2014)
Prototypenentwicklung	**Projekt** | Prototyping	Mit der Prototypenentwicklung wird festgelegt, ob die Entwicklung des Projektgegenstands eine prototypische Entwicklungsstrategie verfolgen soll.	Hollauer (2019), Kalus (2013)
Prototypenzyklen	**Projekt** | Prototyping	Erfolgt die Realisierung von Prototypen des Projektgegenstands in regelmäßigen Zeitabständen werden diese als Prototypenzyklen bezeichnet.	Diels (2018)
Realisierbarkeit des Zeitplans	**Projekt** | Projektmanagement	Die Realisierbarkeit des Zeitplans ist eine Bewertung der Wahrscheinlichkeit der fristgerechten Erreichung der im Entwicklungsprojekt formulierten Zielstellung.	Gericke et al. (2013)
Ressourcenverfügbarkeit	**Mikroökonomisch** | Ressourcen	Die Ressourcenverfügbarkeit beschreibt die für ein Projekt zur Verfügung stehenden materiellen und immateriellen Ressourcen.	Barg (2018), Bender et al. (2016), Hollauer (2019), Project Management Institute (2017)
Risikobereitschaft	**Organisation** | Unternehmen	Die Risikobereitschaft beschreibt die Bereitschaft des Managements bei einer anstehenden Entscheidung im Entwicklungsprojekt ein Risiko zu akzeptieren bzw. einzugehen.	Ehrlenspiel et al. (2017)

Kontextfaktor	Einflussbereich	Definition	Quelle
Schnittstellen-anzahl	**Projekt |** Zielstellung	Eine Schnittstelle beschreibt eine Systemgrenze. Für die Schnittstellenanzahl sind Schnittstellen zwischen Objekten, Personen, Werkzeugen und dem Entwicklungsprozess zu betrachten.	Kalus (2013), Schoeneberg (2014)
Standardisierungsgrad	**Projekt |** Projektgegenstand	Der Standardisierungsgrad eines Entwicklungsprojekts leitet sich aus der Anzahl bekannter, weil sich wiederholender, Abläufe, Strukturen, Produktkomponenten oder Fertigungsverfahren im Projekt ab.	Schoeneberg (2014)
Status der Anforderungen	**Mikroökonomisch |** Kunde	Lassen Anforderungen keine konkrete Formulierung der resultierenden Entwicklungsaufgabe zu, werden sie als unvollständig bezeichnet. Sind Anforderungen inhaltlich konsistent beschrieben gelten sie als vollständig.	Diels (2018)
Stringenz der Entwicklungs-aufgabe	**Projekt |** Zielstellung	Die Stringenz der Entwicklungsaufgabe ergibt sich aus der Anzahl unbekannter oder unvollständiger Anforderungen an den Projektgegenstand.	Ehrlenspiel et al. (2017), Kalus (2013), Meißner et al. (2005), Ponn (2007)
Teamgröße	**Projekt |** Projektteam	Die Teamgröße beschreibt den Umfang des am Entwicklungsprojekt direkt beteiligten Teams. Sie ist ein Indikator für den Kommunikationsaufwand im Projekt. Je größer die Anzahl der Projektbeteiligten, desto höher der Bedarf nach Dokumentation und Meetings.	Atzberger et al. (2020), Albers, Heimicke et al. (2019), Baschin et al. (2020), Brehm et al. (2017), Diels (2018), Ehrlenspiel et al. (2017), Hales et al. (2004), Henderson-Sellers (2014), Hollauer (2019), Hüsselmann et al. (2019), Kalus (2013), Klein (2016), Ponn (2007), Špundak (2014)
Teamzusammensetzung	**Projekt |** Projektteam	Die Gestaltung der Teamzusammensetzung ist ausschlaggebend für eine interdisziplinäre Zusammenarbeit. Eine steigende Anzahl der am Projekt beteiligten Fachdisziplinen verfolgt das Ziel fachübergreifende Fragen zielgerichtet beantworten zu können.	Albers, Heimicke et al. (2019), Baschin et al. (2020), Boehm et al. (2006), Brehm et al. (2017), Diels (2018), Gericke et al. (2013), Hollauer (2019), Hüsselmann et al. (2019), Ponn (2007),
Technologie-kontrollierbarkeit	**Mikroökonomisch |** Markt	Eine Technologie wird als kontrollierbar bewertet, wenn sie ohne besonderen Aufwand vom Unternehmen bzw. im Projekt eingesetzt werden kann.	Diels (2018)
Technologischer Neuheitsgrad	**Projekt |** Projektgegenstand	Unter dem technologischen Neuheitsgrad werden die Unsicherheiten und Schwierigkeiten erfasst, die im Zusammenhang mit den im Entwicklungsprojekt einzusetzenden Technologien erwartet werden.	Gericke et al. (2013), Hüsselmann et al. (2019), Paulukuhn (2005), Shenhar et al. (2007), Wysocki (2014)
Technologischer Wandel	**Mikroökonomisch |** Markt	Unter technologischem Wandel wird die Dynamik der Technologie, d.h. deren Änderungsrate, verstanden, die zentral für die Entwicklung des Projektgegenstands ist.	Barg (2018), Schoeneberg (2014)

Kontextfaktor	Einflussbereich	Definition	Quelle
Unbekannte Anforderungen	**Mikro-ökonomisch |** Kunde	Als unbekannte gelten alle Anforderungen, die bei Initiierung des Entwicklungsprojekts nicht direkt ersichtlich sind und daher zunächst bei der Produktentwicklung keine Rolle spielen.	Diels (2018)
Unterneh-mensgröße	**Organisation |** Unternehmen	Die Größe eines Unternehmens ergibt sich aus der Anzahl der Beschäftigten und dem Jahresumsatz.	Ehrlenspiel et al. (2017), Gericke et al. (2013), Hales et al. (2004), Meißner et al. (2005), Ponn (2007)
Unterneh-menskultur	**Organisation |** Unternehmen	Die Unternehmenskultur umfasst sämtliche Werte und Normen, welche die Mitarbeitenden und das Management eines Unternehmens in ihren Handlungen und Entscheidungen maßgeblich beeinflussen.	Bender et al. (2016), Brehm et al. (2017), Diels (2018), Gericke et al. (2013), Jenny (2005), Project Management Institute (2017), VDI 2221 (2019)
Unterstützung der Geschäfts-leitung	**Organisation |** Management	Die Unterstützung der Geschäftsleitung ist entscheidend bei der Projektdurchführung. Sie definiert das Maß, in dem die Geschäftsleitung das Projekt unterstützt.	Kalus (2013)
Unvorherseh-bare Verände-rungen	**Mikro-ökonomisch |** Markt	Externe oder interne Veränderungen gelten als unvorhersehbar, wenn sie von der Projektleitung nicht prognostiziert werden können.	Diels (2018)
Validierungs-tests	**Projekt |** Prototyping	Validierungstest können in jeder Phase des Entwicklungsprojekts durchgeführt werden. Sie dienen der Überprüfung der Anforderungserfüllung und gewährleisten die Konformität des Projektgegenstands mit den definierten Spezifikationen.	Diels (2018)
Validierung über Simula-tion	**Projekt |** Prototyping	Die simulationsbasierte Validierung ermöglicht die Überprüfung von einzelnen Produktfunktionen oder Komponenten hinsichtlich ihrer Anforderungserfüllung ohne die Notwendigkeit eines physischen Prototyps.	Hollauer (2019)
Verfügbarkeit des Kunden	**Mikro-ökonomisch |** Kunde	Die Verfügbarkeit des Kunden im Entwicklungsprojekt trägt dazu bei, dass der zu entwickelnde Projektgegenstand den konkreten Erwartungen des Kunden entspricht.	Kalus (2013), Špundak (2014)
Verfügbarkeit des Manage-ments	**Organisation |** Management	Die Verfügbarkeit des Managements im Entwicklungsprojekt unterstützt einen kontinuierlichen Projektfortschritt und gewährleistet, dass sich die Projektergebnisse mit den übergeordneten Unternehmenszielen decken.	Kalus (2013)
Verfügbarkeit von Ferti-gungsanlagen	**Projekt |** Prototyping	Die Verfügbarkeit von Fertigungsanlagen in einem Unternehmen hat eine grundsätzliche Auswirkung auf die Herstellungsmöglichkeiten von Prototypen.	Diels (2018), Gericke et al. (2013)

Kontextfaktor	Einflussbereich	Definition	Quelle
Verfügbarkeit von Stakeholdern	**Organisation** | Unternehmen	Die Verfügbarkeit von Stakeholdern im Entwicklungsprozess ist ausschlaggebend für den Abstimmungsaufwand, der während des Projektverlaufs zu berücksichtigen ist.	Kalus (2013)
Verständnis der Kundenbedürfnisse	**Mikroökonomisch** | Kunde	Ein adäquates Verständnis der Kundenbedürfnisse liegt vor, wenn von einer detaillierten und umfassenden Kenntnis der Kundenanforderungen ausgegangen werden kann.	Bender et al. (2016), Diels (2018), Gericke et al. (2013), Hales et al. (2004), Meißner et al. (2005), Špundak (2014)
Wettbewerb	**Mikroökonomisch** | Markt	Der Begriff Wettbewerb umfasst sowohl die Anzahl als auch die Stärke der am Markt befindliche Wettbewerber eines Unternehmens.	Diels (2018), Ehrlenspiel et al. (2017), Gericke et al. (2013), Hales et al. (2004), Meißner et al. (2005), Project Management Institute (2017), Schoeneberg (2014), VDI 2221 (2019)
Wettbewerbsdynamik	**Mikroökonomisch** | Markt	Der Wettbewerb ist nicht statisch, besitzt also immer einen variablen Charakter. Die Wettbewerbsdynamik bestimmt die Höhe dieser Variabilität über die Zeit.	Schoeneberg (2014)
Zentralisierungsgrad	**Organisation** | Unternehmen	Der Grad der Zentralisierung beschreibt den Umfang der Zusammenfassung von gleichartigen Aufgabenbereichen im Unternehmen mit dem Ziel Skaleneffekte zu erzielen und Geschäftsprozesse zu standardisieren.	Albers, Heimicke et al. (2019), Schoeneberg (2014)
Zulieferereinbindung	**Organisation** | Unternehmen	Die Form der Zulieferereinbindung ist entscheidend für die Realisierung des Projektgegenstands. Insbesondere die Verfügbarkeit, die Organisation der Zusammenarbeit und der Standort der Zulieferer haben eine Auswirkung auf das Entwicklungsprojekt.	Bender et al. (2016), Diels (2018), VDI 2221 (2019)
Zusammenarbeit des Teams	**Projekt** | Projektteam	Je enger das Team zusammenarbeitet, desto geregelter kann das Entwicklungsprojekt abgewickelt werden.	Albers, Heimicke et al. (2019), Ehrlenspiel et al. (2017), Kalus (2013)
Zusammenarbeit zwischen Abteilungen	**Organisation** | Unternehmen	Je besser die einzelnen Abteilungen zusammenarbeiten, desto kleiner werden die mit der Vielzahl an Schnittstellen wachsenden Hürden im Entwicklungsprojekt.	Gericke et al. (2013)
Zwischenresultate	**Projekt** | Prototyping	Die Erzeugung von Zwischenresultaten des zu entwickelnden Projektgegenstands dient der gezielten Umsetzung einzelner Produktmerkmale und -funktionen zur Veranschaulichung, Bewertung und Validierung.	Baschin et al. (2020), Diels (2018)

A.3 Detaillierte Definition der prozessrelevanten Kontextfaktoren

Im Folgenden werden die in Kapitel 5.1.3.2 dargestellten 26 prozessrelevanten Kontextfaktoren in den fünf Einflussbereichen Makroökonomie, Mikroökonomie, Organisation, Projekt und Individuum einzeln im Detail erläutert. Die Zuordnung der Faktoren zu den untergeordneten Subbereichen kann Anhang A.2 entnommen werden.

Makroökonomischer Einflussbereich

Einflussbereich	Kontextfaktor	Ausprägungen		
Makroökonomisch	Gesetzesrestriktionen	*Geringe Einschränkung*	*Mittlere Einschränkung*	*Hohe Einschränkung*

Abbildung A-1: Prozessrelevante Kontextfaktoren des makroökonomischen Einflussbereichs

Gesetzesrestriktionen

Jedes Produktentwicklungsprojekt findet innerhalb der Grenzen statt, die durch Gesetze, Normen, Regulierungen und Vorschriften der jeweiligen Branche sowie politische Einflüsse vorgegeben werden. Die Höhe der Gesetzesrestriktionen hat Auswirkung auf die Freiheitsgrade der Produktentwicklung und nimmt damit direkt Einfluss auf die Prozessgestaltung. Dem Kontextfaktor wird daher die Dimension des durch die Restriktionen erzielten Einschränkungsgrads zugewiesen. Als Beispiel sei an dieser Stelle die Medizintechnikbranche aufgeführt. Ein Entwicklungsprojekt, das in diesem Industriezweig ein Produkt entwickelt, ohne die jeweiligen Gesetzesregulierungen und Normen zu befolgen, kann zwar ein einwandfreies Ergebnis erzielen. Ein solches Produkt darf jedoch nicht in Verkehr gebracht werden, solange nicht alle dafür erforderlichen Nachweise erbracht wurden.[757]

Mikroökonomischer Einflussbereich

Einflussbereich	Kontextfaktor	Ausprägungen			
Mikroökonomisch	Dynamik der Anforderungen	*Normale Änderungsrate (<5%)*	*Erhöhte Änderungsrate (5%-30%)*	*Hohe Änderungsrate (>30%)*	
	Ressourcenverfügbarkeit	*Kritikalität sehr gering*	*Kritikalität gering*	*Kritikalität hoch*	*Kritikalität sehr hoch*
	Status der Anforderungen	*Durchgehend vollständig*	*Überwiegend vollständig*	*Überwiegend unvollständig*	*Durchgehend unvollständig*
	Verfügbarkeit des Kunden	*Direkter Kontakt*	*Indirekter Kontakt*	*Kein Kontakt*	

Abbildung A-2: Prozessrelevante Kontextfaktoren des mikroökonomischen Einflussbereichs

[757] Vgl. Harer & Baumgartner (2018), Anforderungen an Medizinprodukte, S. V

Dynamik der Anforderungen

Die inhaltliche Stabilität der Anforderungen an einen Projektgegenstand kann variieren. Je instabiler und damit dynamischer die Anforderungen sind, desto häufiger ändern sich die Voraussetzungen für den Entwicklungsprozess im Projektverlauf.[758] Die Änderungsrate misst die Anforderungsstabilität eines Projekts über den Anteil der Anforderungen, die sich in einem definierten Zeitraum geändert haben, unter gleichzeitiger Berücksichtigung des Gesamtumfangs des Projekts.[759] Nach EBERT[760] gilt eine Änderungsrate von 1% bis 5% der Anforderungen pro Monat als normal. Als hoch werden Änderungsraten ab etwa 30% über eine mehrjährige Projektlaufzeit hinweg eingestuft.[761]

Ressourcenverfügbarkeit

Die Ressourcenverfügbarkeit beschreibt die für ein Projekt zur Verfügung stehenden materiellen und immateriellen Ressourcen.[762] Ressourcen beeinflussen maßgeblich die Kontinuität des Entwicklungsprozesses und die Einhaltung des zugrundeliegenden Zeitplans. In Anlehnung an PFEFFER & SALANCIK wird als Dimension der Ressourcenverfügbarkeit daher die Ressourcenkritikalität herangezogen. Diese ergibt sich aus der Wichtigkeit der Ressourcen für ein Projekt, der Fähigkeit des Unternehmens über die Verteilung der Ressourcen selbst bestimmen zu können und der Zahl möglicher Alternativen, die erforderlichen Ressourcen zu ersetzen.[763] In Abhängigkeit des Zusammenspiels dieser drei Faktoren ergibt sich eine sehr geringe bis sehr hohe Kritikalität der Ressourcen.

Status der Anforderungen

Die Dimension der Vollständigkeit bewertet den Status einer Anforderung. Lassen Anforderungen keine konkrete Formulierung der resultierenden Entwicklungsaufgabe zu, werden sie als unvollständig bezeichnet. Stellen Anforderungen dagegen alle notwendigen Informationen, die es für ihre Umsetzung braucht, zur Verfügung, gelten sie als vollständig.[764] Vollständigkeit setzt jedoch nicht voraus, dass alle Anforderungen in Bezug auf das finale Projektergebnis bereits zu Projektbeginn vollständig sein müssen. Die Dimension und ihre Ausprägungen sind vielmehr so zu interpretieren, dass die

---

[758] Vgl. Kalus (2013), Projektspezifische Anpassung von Vorgehensmodellen, S. 225

[759] Vgl. Bühne & Herrmann (2015), Handbuch Requirements Management, S. 154

[760] Vgl. Ebert (2019), Systematisches Requirements Engineering

[761] Vgl. Bühne & Herrmann (2015), Handbuch Requirements Management, S. 181

[762] Vgl. Paulukuhn (2005), Typologisierung von Entwicklungsprojekten, S. 104; Barg (2018), Kontextbezogene Auslegung von Produktbaukästen, S. 127f.

[763] Vgl. Pfeffer & Salancik (1978), The External Control of Organizations, S. 45f.; Diels (2018), Indikatoren agil zu entwickelnder Produktumfänge, S. 155

[764] Vgl. Lauenroth et al. (2016), Maschinen- und Anlagenbau im digitalen Zeitalter, S. 64

erforderlichen Spezifikationen für den nächsten Meilenstein oder die nächste Iteration des Entwicklungsprozesses vorliegen sollten.[765]

Verfügbarkeit des Kunden
Die Verfügbarkeit des Kunden während des Entwicklungsprojekts trägt dazu bei, dass der zu entwickelnde Projektgegenstand den konkreten Erwartungen des Kunden entspricht. Wird der Kunde zu bestimmten Zeitpunkten des Projekts in den Entwicklungsprozess miteinbezogen, können Missverständnisse aus dem Weg geräumt und veränderte Wünsche einzelner Interessensgruppen berücksichtigt werden.[766] Folglich spielt die Form des Kundenkontakts eine wesentliche Rolle und wird daher als Dimension des Kontextfaktors herangezogen.

Einflussbereich Organisation

<table>
<tr><th>Einflussbereich</th><th>Kontextfaktor</th><th colspan="12">Ausprägungen</th></tr>
<tr><td rowspan="4">Organisation</td><td>Kontroll- und Steuerungsbedarf</td><td colspan="3">Kaum Bedarf</td><td colspan="3">Verstärkter Bedarf</td><td colspan="3">Begrenzter Bedarf</td><td colspan="3">Intensiver Bedarf</td></tr>
<tr><td>Unternehmenskultur</td><td colspan="3">Clan</td><td colspan="3">Hierarchisch</td><td colspan="3">Demokratisch</td><td colspan="3">Diszipliniert</td></tr>
<tr><td>Verfügbarkeit des Managements</td><td colspan="4">Reagiert direkt</td><td colspan="4">Reagiert mit gelegentlicher Verzögerung</td><td colspan="4">Reagiert stark verzögert</td></tr>
<tr><td>Verfügbarkeit von Stakeholdern</td><td colspan="4">Reagiert direkt</td><td colspan="4">Reagiert mit gelegentlicher Verzögerung</td><td colspan="4">Reagiert stark verzögert</td></tr>
</table>

Abbildung A-3: Prozessrelevante Kontextfaktoren des Einflussbereichs Organisation

Kontroll- und Steuerungsbedarf
Der Kontroll- und Steuerungsbedarf kennzeichnet das Bedürfnis des Managements nach aktiver oder passiver Kontrolle und Steuerung des Projektgeschehens.[767] Nach DÜRRFELD lassen sich über die Relation von situationsbedingter Unsicherheit, hervorgerufen durch Informationsmangel, und Mehrdeutigkeit, ausgelöst durch Fragen, die unklar und wenig strukturiert sind oder widersprechende Interpretationen zulassen, vier Typen dieses Bedarfs unterscheiden. Bei geringer Unsicherheit und Mehrdeutigkeit ist kaum Kontroll- und Steuerungsbedarf seitens des Managements vorhanden. Bei wachsender Mehrdeutigkeit verstärkt sich dieser Bedarf. Ist die Unsicherheit hoch, die Mehrdeutigkeit jedoch gering, spricht DÜRRFELD von einem begrenzten Kontroll- und Steuerungsbedürfnis. Ein intensiver Bedarf ergibt sich bei gleichzeitig hoher Unsicherheit und hoher Mehrdeutigkeit. Mit steigender Intensität des Kontroll- und Steue-

[765] Vgl. Hruschka (2019), Business Analysis und Requirements Engineering, S. 249
[766] Vgl. Kalus (2013), Projektspezifische Anpassung von Vorgehensmodellen, S. 226
[767] Vgl. Ponn (2007), Situative Unterstützung der Konzeptentwicklung technischer Produkte, S. 226

rungsbedarfs steigen auch die Notwendigkeit von Abstimmungen zwischen Projektteam und Management und der erforderliche Koordinationsaufwand zur Herbeiführung von Entscheidungen im Entwicklungsprozess.[768]

Unternehmenskultur
Die Kultur eines Unternehmens umfasst sämtliche Werte und Normen, die sowohl die Mitarbeitenden als auch das Management in ihren Handlungen und Entscheidungen maßgeblich beeinflussen. Der Kern einer Unternehmenskultur besteht aus grundlegenden, kollektiven Überzeugungen, die insgesamt typisch für das Unternehmen sind.[769] Nach SIAKAS & SIAKAS lässt sich die Unternehmenskultur über die vier Formen Clan, Hierarchisch, Demokratisch und Diszipliniert beschreiben. Der Kulturtyp Clan existiert in der Regel vornehmlich in traditionellen Unternehmen mit ausgeprägter Machtdistanz. Zur Unterstützung der Kooperation und Beteiligung der Mitarbeitenden treten Führungskräfte vor allem als Mentoren oder Moderatoren auf. Im Rahmen des hierarchischen Kulturtyps wird dagegen vermehrt auf Kontrolle und Unsicherheitsvermeidung gesetzt. Dies macht sich durch klare Autoritäten und Verantwortlichkeiten sowie durch ein hohes Maß an Formalismus bemerkbar. Eine demokratische Unternehmenskultur bevorzugt geringe Machtdistanzen, die häufig durch eine flache und horizontale Hierarchie umgesetzt werden. Sowohl die Flexibilität und Spontaneität als auch die Eigeninitiative und Verantwortung der Mitarbeitenden werden gefordert und gefördert. Der durch Disziplin charakterisierte Kulturtyp weist schließlich eine schwache Machtdistanz bei gleichzeitig hohem Bedarf nach Vermeidung jeglicher Unsicherheiten auf. Unternehmen mit einer solchen Kultur neigen zum Einsatz formaler Regeln und Strukturen. Das Management ist die treibende Kraft, während von den Mitarbeitenden ein hohes Maß an Selbstdisziplin verlangt wird. Im Mittelpunkt stehen Werte wie Produktivität und Effizienz.[770]

Verfügbarkeit des Managements
Die Verfügbarkeit des Managements im Entwicklungsprozess unterstützt den kontinuierlichen Projektfortschritt und gewährleistet, dass sich die Projektergebnisse mit den übergeordneten Zielen des Unternehmens decken. Die Verfügbarkeit des Managements ist insbesondere für das Herbeiführen von Projektentscheidungen von Bedeutung.[771] Die Reaktionsgeschwindigkeit des Managements ermöglicht die Messung des

[768] Vgl. Dürrfeld (2003), Effiziente Steuerung von Konzerngesellschaften, S. 64ff.
[769] Vgl. Sackmann (2004), Erfolgsfaktor Unternehmenskultur, S. 24
[770] Vgl. Siakas & Siakas (2007), The Agile Professional Culture, S. 606f.; Diels (2018), Indikatoren agil zu entwickelnder Produktumfänge, S. 161
[771] Vgl. Kalus (2013), Projektspezifische Anpassung von Vorgehensmodellen, S. 218

Kontextfaktors in drei Ausprägungen von einer direkten Reaktion bis hin zu einer nicht mehr fristgerechten, da stark verzögerten Reaktion.

Verfügbarkeit von Stakeholdern

Die Verfügbarkeit von Stakeholdern im Entwicklungsprozess ist ausschlaggebend für den Abstimmungsaufwand, der während des Projekts zu berücksichtigen ist. Unter dem Begriff Stakeholder werden die Personen zusammengefasst, für die der Projektverlauf und das -ergebnis aufgrund ihrer Interessenlage von Bedeutung ist.[772] Da das Management bereits separat aufgeführt wurde, wird dies von der Betrachtung ausgeschlossen. Als Dimension wird auch hier die Reaktionsgeschwindigkeit herangezogen.

Einflussbereich Projekt

Einflussbereich	Kontextfaktor	Ausprägungen			
Projekt	Abhängigkeit von anderen Projekten	*Asynchronität (<20%)*	*Teilsynchronität (20%-40%)*	*Synchronität (>40%)*	
	Entwicklungsaufgabe	*Parallelisierte Entwicklung*	*Fokussierte Entwicklung*	*Alternativenorientierte Entwicklung*	*Stark konvergente Entwicklung*
	Fristigkeit der Zielerreichung	*Termineinhaltung problemlos*	*Termineinhaltung unkritisch*	*Termineinhaltung kritisch*	
	Geografische Verteilung des Projektteams	*Lokal*	*Regional*	*Überregional*	*International*
	Kapazitäten der Projektmitarbeitenden	*Fokus auf viele Projekte (Freistellung <20%)*	*Fokus auf wenige Projekte (Freistellung 20%-50%)*	*Fokus auf ein Projekt (Freistellung >50%)*	
	Modularität	*Integralbauweise*	*Differenzialbauweise*		
	Planbarkeit	*Geringer Strukturierungsanteil*	*Mittlerer Strukturierungsanteil*	*Hoher Strukturierungsanteil*	
	Priorität des Entwicklungsprojekts	*Strategisch nicht bedeutsam*	*Strategisch bedeutsam für einzelne Bereiche*	*Strategisch bedeutsam für ges. Unternehmen*	
	Produktverständnis	*Inkrement*	*Derivat*	*Plattform*	*Durchbruch*
	Schnittstellenanzahl	*Randsystem*	*Basissystem*	*Integrationssystem*	*Zentralsystem*
	Standardisierungsgrad	*Geringe Wiederverwendung*	*Hohe Wiederverwendung*		
	Teamgröße	*Klein (<10)*	*Mittel (10-50)*	*Groß (>50)*	
	Teamzusammensetzung	*Homogenes Team (ein Fachbereich)*	*Heterogenes Team (wenige Fachbereiche)*	*Stark heterogenes Team (viele Fachbereiche)*	
	Technologischer Neuheitsgrad	*Low-Tech*	*Medium-Tech*	*High-Tech*	*Super-High-Tech*
	Verfügbarkeit von Fertigungsanlagen	*Flexible Zugriffsmöglichkeit*	*Eingeschränkte Zugriffsmöglichkeit*	*Keine Zugriffsmöglichkeit*	
	Zwischenresultate	*Geringer Detaillierungsgrad*	*Mittlerer Detaillierungsgrad*	*Hoher Detaillierungsgrad*	

Abbildung A-4: Prozessrelevante Kontextfaktoren des Einflussbereichs Projekt

[772] Vgl. o.V. (2022), Dudenverlag - Stakeholder

Abhängigkeit von anderen Projekten
Entwicklungsprojekte sind während ihrer Laufzeit in der Regel nicht vollständig autark, d.h. in sich geschlossen, sondern beeinflussen ergebnis- und ressourcenseitig sowohl andere Projekte, als auch sind sie selbst in unterschiedlichem Ausmaß von den (Teil-) Ergebnissen und Ressourcen anderer parallel verlaufender Projekte abhängig. Dies hat direkte Auswirkungen auf die Gestaltung des Entwicklungsprozesses, bspw. auf die Verfügbarkeit von Fachpersonal oder die Berücksichtigung erforderlicher Synchronisationspunkte im Prozess. Zur Beschreibung des Kontextfaktors soll daher das Synchronisationserfordernis als Dimension herangezogen werden. Ist der Anteil gemeinsam genutzter Ressourcen zwischen zwei Projekten kleiner als 20% und sind inhaltliche Vorleistungen unwesentlich für das Projektergebnis, sind die Projekte in ihrem Verlauf als asynchron zu interpretieren. Liegt der Anteil zwischen 20% und 40% oder sind Vorleistungen für bzw. von anderen Projekten wesentlich für den zu entwickelnden Projektgegenstand, sind einige Synchronisationspunkte im Entwicklungsprozess einzuplanen. Bei einer starken Abhängigkeit zwischen Projekten liegt der Anteil gemeinsam genutzter Ressourcen über 40% oder das Vorliegen einer bestimmten Leistung eines Projekts ist zwingende Voraussetzung für das Projektergebnis eines anderen Projekts. Um einen gesicherten und termingerechten Austausch zu gewährleisten, sind in diesem Szenario eine Vielzahl von Synchronisationspunkten vorzusehen.[773]

Entwicklungsaufgabe
Die Entwicklungsaufgabe als Kontextfaktor beschreibt den initialen Lösungsraum zu Beginn eines Entwicklungsprojekts. Der Lösungsraum ergibt sich nach PONN & LINDEMANN aus sämtlichen Lösungsalternativen zur Umsetzung eines Problems.[774] Die mit fortschreitendem Entwicklungsprozess zu erwartende Konvergenz dieses Lösungsraums in Abhängigkeit der Lösungsraumgröße ermöglicht die Operationalisierung der Entwicklungsaufgabe anhand von vier Ausprägungen.[775] Aus dem Zusammenspiel einer kleinen Lösungsraumgröße und einer geringen Lösungsraumkonvergenz, mit einer geplanten langen Entwicklungsdauer, ergibt sich die parallelisierte Entwicklung. Eine verhältnismäßig späte Eingrenzung des Lösungsraums wirkt einer frühen Reduzierung der initialen Lösungsmöglichkeiten entgegen. Die als fokussiert bezeichnete Entwicklung ist zwar durch einen kleinen initialen Lösungsraum charakterisiert, durch das Streben nach einer möglichst schnellen Reduzierung der Lösungsalternativen ist die

[773] Vgl. Seidl (2011), Multiprojektmanagement, S. 94
[774] Vgl. Ponn & Lindemann (2011), Konzeptentwicklung und Gestaltung technischer Produkte, S. 26
[775] Vgl. Diels (2018), Indikatoren agil zu entwickelnder Produktumfänge, S. 149

Lösungsraumkonvergenz in diesem Fall jedoch hoch. Die alternativenorientierte Entwicklung beschreibt einen initial großen Lösungsraum bei niedriger Lösungsraumkonvergenz. Statt einer Reduzierung der Lösungsmöglichkeiten steht die langfristig parallele Entwicklung mehrerer Lösungsvarianten im Vordergrund. Ebenfalls durch einen großen Lösungsraum, aber eine hohe Lösungsraumkonvergenz, zeichnet sich die stark konvergente Entwicklung als letzte Ausprägungsform aus. Trotz einer hohen Anzahl an initialen Lösungsvarianten steht eine schnelle Reduzierung der Lösungen im Fokus.[776]

Fristigkeit der Zielerreichung
Die Fristigkeit der Zielerreichung definiert die zeitliche Dringlichkeit eines Entwicklungsprojekts. Sie ergibt sich aus der Relation der für das Projekt zur Verfügung stehenden Zeitspanne bis zur Erreichung des angestrebten Projektergebnisses und dem zu bewältigenden Aufgabenumfang. Ist der zeitliche Druck nahezu nicht vorhanden, wird die Termineinhaltung als problemlos eingestuft. Ist die Zeitspanne zeitlich begrenzt, aber genügend Zeit für den Entwicklungsprozess vorgesehen, gilt die Termineinhaltung als unkritisch. Liegt jedoch eine hohe Dringlichkeit vor, ist die Termineinhaltung also zeitkritisch, müssen im Entwicklungsprozess Maßnahmen ergriffen werden, die die Zielerreichung beschleunigen.[777]

Geografische Verteilung des Projektteams
Die Verteilung der Arbeitsplätze der einzelnen Mitarbeitenden des Projektteams über verschiedene Unternehmensstandorte wird unter dem Begriff der geografischen Verteilung zusammengefasst. Die Ausprägungen lokal, regional, überregional und international geben darüber Aufschluss, inwieweit das Team tatsächlich im Sinne der räumlichen Nähe voneinander entfernt arbeitet.[778] Mit steigender Ausprägung wächst auch der Abstimmungsaufwand, es kommt ggf. zu zeitlichen Verschiebungen durch unterschiedliche Zeitzonen oder zu mehreren Sprachräumen. Die formelle und informelle Kommunikation wird deutlich erschwert.[779]

[776] Vgl. Lenders (2009), Beschleunigung der Produktentwicklung durch Lösungsraum-Management, S. 168; Diels (2018), Indikatoren agil zu entwickelnder Produktumfänge, S. 150

[777] Vgl. Kuster (2011), Handbuch Projektmanagement, S. 32; Hüsselmann et al. (2019), Zielgerichtete Adaption des Projektmanagements, S. 14

[778] Vgl. Gessler (2012), Projektarten, S. 43; Hüsselmann et al. (2019), Zielgerichtete Adaption des Projektmanagements, S. 12

[779] Vgl. Kalus (2013), Projektspezifische Anpassung von Vorgehensmodellen, S. 214

Kapazitäten der Projektmitarbeitenden
Die Höhe der freien Kapazitäten des Projektteams, die für das Entwicklungsprojekt abrufbar sind, ist abhängig von der Anzahl der Projekte bzw. der verbleibenden Aufgaben im Tagesgeschäft, die in den Tätigkeitsbereich der einzelnen Projektmitarbeitenden fallen. In Abhängigkeit des durchschnittlichen Freistellungsgrads der Mitarbeitenden eines Teams kann die zur Verfügung stehende Kapazität beurteilt werden. Die Verfügbarkeit und zeitliche Flexibilität des Projektteams ist ausschlaggebend für die Adaption des Entwicklungsprozesses.[780]

Modularität
Die Modularität eines Produkts ergibt sich aus der Dekomposition dieses Produkts in einzelne Subsysteme, basierend auf dessen funktionalen und physischen Abhängigkeiten. Die Art der Produktarchitektur dient als Dimension des Kontextfaktors. Nach ULRICH[781] lassen sich zwei grundlegende Formen der Produktarchitektur unterscheiden. Die Differenzialbauweise eines Produkts ist durch eine Eins-zu-Eins-Zuordnung von Funktionen und physischen Produktelementen, den Modulen, gekennzeichnet. Sie folgt demnach dem Gestaltungsprinzip der Funktionstrennung. Charakteristisch für die Integralbauweise hingegen ist eine komplexe Einheit von Modulen und Funktionen, bei der eine klare Eins-zu-Eins-Zuordnung nicht umsetzbar ist. Die Integralbauweise folgt dem Prinzip der Funktionsvereinigung.[782] Die Modularität hat damit direkte Auswirkung auf die Unterteilung der Entwicklungsaufgabe in einzelne Entwicklungsumfänge im Rahmen der Abwicklung des Entwicklungsprozesses.

Planbarkeit
Die Planbarkeit eines Entwicklungsprojekts beschreibt die Möglichkeit, den zukünftigen Projektverlauf in konkret definierbare Teilschritte untergliedern zu können.[783] Die gewählte Dimension des Kontextfaktors bezieht sich in Anlehnung an LEY ET AL. auf den strukturierbaren Anteil eines Entwicklungsprozesses. Die Strukturierbarkeit eines Prozesses ergibt sich aus der Klarheit der Prozessparameter und des Prozessablaufs. Strukturierte Prozesse setzen sich aus einer festgelegten Schrittabfolge zusammen und

---

[780] Vgl. Brehm et al. (2017), Konfiguration des hybriden Projektmanagements für die, S. 33; Atzberger et al. (2020), Agile Entwicklung physischer Produkte, S. 16

[781] Vgl. Ulrich (1995), The role of product architecture

[782] Vgl. Aleksic (2016), Weiterentwicklung von Produktarchitekturen durch Release-Management, S. 28

[783] Vgl. Kuster (2011), Handbuch Projektmanagement, S. 32; Hüsselmann et al. (2019), Zielgerichtete Adaption des Projektmanagements, S. 15

folgen klar definierten Regeln. Teilstrukturierte Prozesse dagegen sind weniger determiniert und daher auch schwerer planbar. Bei unstrukturierten Prozessen sind einzelne Teilschritte im Voraus nicht planbar und müssen situativ gesteuert werden.[784]

Priorität des Entwicklungsprojekts
Die Projektpriorität gibt Auskunft über die allgemeine Wichtigkeit des Projekts hinsichtlich einzelner Unternehmensbereiche und für das Unternehmen als Ganzes. Der Einfluss des zu erzielenden Projektergebnisses auf die Unternehmensentwicklung nimmt mit wachsender strategischer Bedeutung zu.[785] Nach KUSTER lässt sich die Dimension der strategischen Wichtigkeit in drei abgestuften Ausprägungen bewerten.[786] Je nach Bedeutsamkeit des Entwicklungsprojekts und damit je nach Höhe der Projektpriorität erhöht sich auch die Erfolgserfordernis und die Aufmerksamkeit, die seitens des Managements auf dem Entwicklungsprozess liegt.

Produktverständnis
Ein adäquates Produktverständnis ist vorhanden, sofern eine umfassende und abgesicherte Kenntnis der Produktspezifikationen existiert und die erforderlichen Technologien bekannt sind.[787] In Anlehnung an DIELS kann für diesen Kontextfaktor die Dimension des internen Veränderungsgrads herangezogen werden. Dieser lässt die Beurteilung zu, ob es sich bei dem zu entwickelnden Projektgegenstand, aus Sicht des Unternehmens, um eine inkrementelle bzw. derivative Veränderung handelt oder ob eine Plattform- bzw. Durchbruchveränderung angestrebt wird. Bei einer inkrementellen Veränderung ist der Veränderungsgrad sehr gering, das Produktverständnis folglich sehr hoch. Mit steigendem Veränderungsgrad und damit sinkendem Produktverständnis entstehen derivative Veränderungen in Form von Weiterentwicklungen, Erweiterungen oder Verbesserungen eines Produkts. Bei der Ableitung einer neuen Produktgeneration aus einer existierenden Produktlinie spricht man von einer Plattformveränderung. Den größten internen Veränderungsgrad weist jedoch die Durchbruchveränderung auf. Mit der Einführung neuer Technologien zielt das Unternehmen auf Produktinnovationen ab.[788]

---

[784] Vgl. Ley et al. (2012), Kriterien zur Leistungsbeurteilung von Prozessen, S. 1045
[785] Vgl. Hüsselmann et al. (2019), Zielgerichtete Adaption des Projektmanagements, S. 14
[786] Vgl. Kuster (2011), Handbuch Projektmanagement, S. 32
[787] Vgl. Diels (2018), Indikatoren agil zu entwickelnder Produktumfänge, S. 255
[788] Vgl. Shenhar et al. (2002), One Size Does Not Fit All, S. 102; Diels (2018), Indikatoren agil zu entwickelnder Produktumfänge, S. 167

Schnittstellenanzahl

Eine Schnittstelle beschreibt eine Systemgrenze.[789] Für die Berücksichtigung der Schnittstellenanzahl sind Schnittstellen zwischen Objekten, Personen, Werkzeugen und dem Entwicklungsprozess zu betrachten. Relevant sind sowohl Schnittstellen innerhalb des Entwicklungsprojekts und des Unternehmens, aber auch über die Unternehmensgrenzen hinweg, bspw. zu Zulieferern, Subunternehmern, Behörden oder Kunden. Als Dimension zur Beurteilung der Schnittstellenanzahl kann das Verhältnis aus Anzahl eingehender Schnittstellen zur Anzahl ausgehender Schnittstellen genutzt werden. Entsprechend dieser Relation können in Anlehnung an STÖCKERT vier Projektformen identifiziert werden.[790] Wird ein Entwicklungsprojekt als Randsystem eingestuft, ist es durch eine niedrige Anzahl sowohl eingehender als auch ausgehender Schnittstellen gekennzeichnet. Der Einfluss eines Randsystems ist gering. Basissysteme dagegen weisen neben einer niedrigen Anzahl eingehender eine hohe Anzahl ausgehender Schnittstellen auf. Integrationssysteme wiederum verfügen umgekehrt über eine niedrige Anzahl ausgehender und eine hohe Anzahl eingehender Schnittstellen. Bei einer hohen Anzahl aus- und eingehender Schnittstellen wird von einem Zentralsystem gesprochen.

Standardisierungsgrad

Der Standardisierungsgrad eines Entwicklungsprojekts leitet sich aus der Anzahl bekannter, weil sich wiederholender Abläufe, Strukturen, Produktkomponenten oder Fertigungsverfahren im Projekt ab. Trotz des Einmaligkeitscharakters von Projekten kann sich bei ähnlichen Entwicklungsprojekten im Unternehmen eine Form von Routine einstellen.[791] Dies kann über eine geringe oder hohe Wiederverwendung der Elemente beurteilt werden.

Teamgröße

Die Teamgröße beschreibt den Umfang des am Entwicklungsprojekt direkt beteiligten Teams. Sie ist gleichzeitig ein Indikator für den Kommunikationsaufwand im Projekt, aber auch für die zu erzielenden Synergien des Austauschs. Je größer die Anzahl der Projektbeteiligten, desto höher der Bedarf nach Dokumentation und formalisierten Meetings. Gleichzeitig steigt der administrative bzw. koordinative Aufwand. Die Teamgröße wird in der Literatur als eines der zentralen Kriterien bei der Adaption des Entwicklungsprozesses gesehen. Als Dimension des Kontextfaktors dient die Anzahl

789 Vgl. Stöckert (2011), Fehlervermeidung an Schnittstellen-Prozessen, S. 13
790 Vgl. Stöckert (2011), Fehlervermeidung an Schnittstellen-Prozessen, S. 102ff.
791 Vgl. Gessler (2012), Projektarten, S. 46f.

der Teammitglieder auf einer Skala mit den drei Ausprägungsmöglichkeiten klein, mittel und groß, wobei klein sich auf eine Teamgröße mit weniger als 10 Mitarbeitenden bezieht und groß eine Team bestehend aus mehr als 50 Mitarbeitenden beschreibt.[792]

Teamzusammensetzung
Die Gestaltung der Teamzusammensetzung ist ausschlaggebend für eine interdisziplinäre Zusammenarbeit. Eine steigende Anzahl der am Projekt beteiligten Fachdisziplinen verfolgt das Ziel, fachübergreifende Fragen zielgerichtet beantworten zu können. Die Bewertung der Teamzusammensetzung in einem Entwicklungsprojekt erfolgt über die Beurteilung der Heterogenität der im Projekt integrierten Fachbereiche.[793]

Technologischer Neuheitsgrad
Unter dem technologischen Neuheitsgrad werden die Unsicherheiten und Schwierigkeiten erfasst, die im Zusammenhang mit den im Entwicklungsprojekt einzusetzenden Technologien erwartet werden. SHENHAR ET AL. sehen den Einfluss des Kontextfaktors auf den Entwicklungsprozess vor allem in Bezug auf das Testen und Validieren des Projektgegenstands, die zeitliche Abschätzung des Design Freeze und die zu planende Anzahl erforderlicher Entwicklungszyklen.[794] Während sich Low-Tech Projekte auf bestehende und bereits etablierte Technologien stützen, kommen bei Medium-Tech Projekten zwar Basistechnologien zum Einsatz, diese werden jedoch um eine neue Technologie oder ein neues Merkmal ergänzt. High-Tech Entwicklungsprojekte setzen sich mit Technologien auseinander, die zwar für das Unternehmen selbst grundlegend neu sind, aber auf dem Markt bereits existieren und verfügbar sind. Kommen allerdings Technologien zur Anwendung, die zum Zeitpunkt der Projektinitiierung noch nicht vorhanden sind und erst im Verlauf des Projekts entwickelt werden müssen, wird das Projekt als Super-High-Tech Projekt bezeichnet.[795]

Verfügbarkeit von Fertigungsanlagen
Die Verfügbarkeit von Fertigungsanlagen und damit auch die Beherrschbarkeit von Produktionsverfahren in einem Unternehmen haben grundsätzliche Auswirkungen

---

[792] Vgl. Gessler (2012), Projektarten, S. 50f.; Kalus (2013), Projektspezifische Anpassung von Vorgehensmodellen, S. 213f.; Vohl (2017), Agilität zur Steigerung der Veränderungsintelligenz, S. 181; Hüsselmann et al. (2019), Zielgerichtete Adaption des Projektmanagements, S. 12

[793] Vgl. Kuster (2011), Handbuch Projektmanagement, S. 32; Hüsselmann et al. (2019), Zielgerichtete Adaption des Projektmanagements, S. 12

[794] Vgl. Shenhar & Dvir (2007), Reinventing Project Management, S. 47f.

[795] Vgl. Shenhar & Dvir (2007), Reinventing Project Management, S. 47f.

auf den Entwicklungsprozess bspw. durch Ermöglichung einer flexiblen Prototypenentwicklung. Je nach gewählter Prototypenstrategie spielt die Verfügbarkeit der Fertigungsanlagen eine wesentliche Rolle.[796]

Zwischenresultate

Die Erzeugung von Zwischenresultaten, d.h. Teilergebnissen bzw. Produktinkrementen des zu entwickelnden Projektgegenstands während des Entwicklungsprozesses, dient der gezielten Umsetzung einzelner Produktmerkmale und Produktfunktionen zur Veranschaulichung, Bewertung und Validierung vor der eigentlichen Fertigstellung des Produkts. SANDMEIER versteht diese Form der Prozessdiskretisierung als eine Art vorzeitige Realisierung von Prototypen.[797] Bei der Erzeugung wird ein klarer Fokus auf einen bestimmten Aspekt des zu entwickelnden Projektgegenstands gelegt.[798] In Anlehnung an die Modelldefinitionen des Verbands der Deutschen Industrie Designer (VDID) und des Vereins Deutscher Ingenieure (VDI) können Prototypen mit steigendem Detaillierungsgrad entweder als Konzeptmodelle, Geometriemodelle, Funktionsmodelle oder technische Modelle realisiert werden. Technische Modelle unterscheiden sich kaum mehr von dem tatsächlich angestrebten Projektergebnis und erfordern nur ein sehr geringes Abstraktionsvermögen.[799] Als Dimension des Kontextfaktors wird daher der durchschnittliche Detaillierungsgrad der in einem Entwicklungsprojekt angestrebten Zwischenresultate gewählt.

Einflussbereich Individuum

Einflussbereich	Kontextfaktor	Ausprägungen		
Individuum	Kompetenzen und Fertigkeiten	*Team aus Generalisten*	*Team aus T-Mitarbeitenden*	*Team aus Spezialisten*

Abbildung A-5: Prozessrelevante Kontextfaktoren des Einflussbereichs Individuum

Kompetenzen und Fertigkeiten

Die Kompetenzen und Fertigkeiten von Mitarbeitenden beschreiben die Verfügbarkeit von Handlungsmöglichkeiten in Bezug auf einen bestimmten Realitätsbereich.[800] Kompetenzen sind bewusst wiederholbares und erfolgsförderliches Verhalten und können unterschieden werden in eine fachliche, methodische, soziale und persönliche

---

[796] Vgl. Diels (2018), Indikatoren agil zu entwickelnder Produktumfänge, S. 255

[797] Vgl. Sandmeier (2007), Extreme Innovation, S. 191f.; Diels (2018), Indikatoren agil zu entwickelnder Produktumfänge, S. 258

[798] Vgl. Jakoby (2015), Projektmanagement für Ingenieure, S. 131

[799] Vgl. Gebhardt (2016), Additive Manufacturing, S. 358ff.; Diels (2018), Indikatoren agil zu entwickelnder Produktumfänge, S. 152f.

[800] Vgl. Ponn (2007), Situative Unterstützung der Konzeptentwicklung technischer Produkte, S. 226

Kompetenz. Während die fachlichen Kompetenzen durch den technologischen Wandel zeitlich begrenzt sind, unterliegen die anderen drei Kompetenzarten keiner eingeschränkten Nutzungsdauer.[801] Für die Beurteilung der Kompetenzen und Fertigkeiten im Projektteam wird auf das sogenannte „T-Shape"-Modell als Dimension zurückgegriffen. Das Modell beruht auf der Annahme, dass alle Mitarbeitenden eines Projektteams in ihrem Aufgabengebiet Spezialisten sind. Unter Berücksichtigung der verschiedenen Kompetenzarten besitzt jedes Teammitglied darüber hinaus auch ein individuell hohes Verständnis für das Projekt, dessen Abläufe und die unternehmerischen sowie wirtschaftlichen Zusammenhänge. Die Höhe dieses zusätzlichen Basiswissens beruht auf den Ausprägungen der sozialen, methodischen und persönlichen Kompetenz. Sie qualifiziert den Mitarbeitenden, als Generalist, auch Tätigkeiten im Projekt übernehmen zu können, die nicht in direktem Zusammenhang mit seinem Aufgabenbereich stehen. Teammitglieder, die sowohl Spezialisten als auch Generalisten sind, werden als T-Mitarbeitende bezeichnet und besitzen durch ihr Kompetenzprofil einen großen Mehrwert für ein Entwicklungsprojekt.[802]

[801] Vgl. Kolb et al. (2010), Personalmanagement, S. 471

[802] Vgl. Kallenbach (2016), Führen in der gesunden Organisation, S. 280ff.

A.4 Bewertung von Vorgehensmodellen zur Eingrenzung des Untersuchungsbereichs der Typologisierung

Die im Folgenden dargestellten zwei Tabellen umfassen die Bewertung der zur Auswahl stehenden plangetriebenen und agilen Vorgehensmodelle als Grundlage für die Identifikation der Prozessmerkmale zur Beschreibung hybrider Entwicklungsprozesse. Die Tabellen orientieren sich an den in den Kapiteln 2.2.1.2 und Kapitel 2.2.2.2 vorgestellten Vorgehensmodellen. Die Bewertung erfolgt anhand der in Kapitel 5.2.1.2 definierten Auswahlkriterien. Erfüllt ein Vorgehensmodell alle fünf Auswahlkriterien, ist die entsprechende Zeile in der Tabelle grau hinterlegt.

Tabelle A-7: Bewertung der plangetriebenen Vorgehensmodelle

		Auswahlkriterien				
		Empirische Richtigkeit	Etablierung	Aktualität	Prozessbezug	Adressierung Makroebene
Plangetriebene Vorgehensmodelle	Wasserfallmodell	Ja	Ja	Ja	Ja	Ja
	Stage-Gate Prozess	Ja	Ja	Ja	Ja	Ja
	Y-Diagramm	Nein	Nein	Nein	Nein	Nein
	Spiralmodell	Ja	Ja	Nein	Ja	Ja
	VDI 2221 (zurückgezogen)	Ja	Ja	Ja	Ja	Ja
	Vorgehen nach PAHL/BEITZ	Nein	Nein	Nein	Ja	Ja
	Rational Unified Process (RUP)	Ja	Nein	Ja	Nein	Nein
	W-Modell	Ja	Nein	Nein	Ja	Ja
	Vorgehenszyklus nach EHRLENSPIEL	Nein	Nein	Nein	Nein	Ja
	Münchener Vorgehensmodell (MVM)	Ja	Ja	Ja	Ja	Ja
	Quality-Gate-Modell	Nein	Nein	Nein	Ja	Ja
	V-Modell	Ja	Ja	Ja	Ja	Ja
	3-Ebenen-Vorgehensmodell	Nein	Nein	Nein	Ja	Ja
	V-Modell XT	Ja	Ja	Nein	Ja	Ja
	Entwurfsmethodik nach ISERMANN	Nein	Nein	Nein	Ja	Ja

Tabelle A-8: Bewertung der agilen Vorgehensmodelle

		Auswahlkriterien				
		Empirische Richtigkeit	Etablierung	Aktualität	Prozessbezug	Adressierung Makroebene
Agile Vorgehensmodelle	Dynamic System Development Method (DSDM)	Ja	Ja	Ja	Ja	Ja
	Scrum	Ja	Ja	Ja	Ja	Ja
	Feature Driven Development (FDD)	Ja	Ja	Ja	Ja	Ja
	Crystal	Nein	Nein	Ja	Nein	Nein
	Extreme Programming (XP)	Ja	Nein	Ja	Ja	Ja
	Lean (Product) Development	Nein	Ja	Nein	Ja	Ja
	Adaptive Software Development (ASD)	Nein	Nein	Nein	Ja	Ja
	Design Thinking	Ja	Ja	Ja	Nein	Nein
	Effectuation	Nein	Nein	Ja	Nein	Nein
	Agile Modeling (AM)	Nein	Nein	Nein	Ja	Ja
	Lean Software Development	Nein	Nein	Nein	Nein	Nein
	Blue Ocean	Nein	Nein	Nein	Nein	Nein
	Theory U	Nein	Nein	Ja	Nein	Nein
	DevOps	Ja	Nein	Ja	Nein	Nein
	Usability Driven Development (UDD)	Nein	Nein	Nein	Ja	Ja
	Scrumban	Ja	Ja	Ja	Ja	Ja
	Kanban	Ja	Ja	Ja	Ja	Ja
	Lean Startup	Ja	Ja	Ja	Nein	Nein
	Agile Prozesse für techn. Produkte	Nein	Nein	Ja	Ja	Ja

Neben den vier hier grau hinterlegten agilen Vorgehensmodellen DSDM, Scrum, FDD und Kanban erfüllt auch Scrumban alle fünf Auswahlkriterien. Da sich dieser Ansatz jedoch aus einer Integration von Scrum und Kanban ergibt und diese beiden Vorgehensmodelle ebenfalls alle Auswahlkriterien erfüllen, wird Scrumban als redundanter Ansatz nicht in die finale Auswahl der Vorgehensmodelle miteinbezogen.

A.5 IGTA Clustering-Algorithmus

Die Idee des IGTA orientiert sich an einem kostenbasierten und iterativen Vorgehen, bei dem die Interdependenzen von Elementen eines Systems quantitativ bewertet werden. Jede Abhängigkeit zwischen zwei Elementen verursacht Kosten. Dabei wird angenommen, dass Abhängigkeiten zwischen Elementen, die unterschiedlichen Clustern angehören, höhere Kosten verursachen als Abhängigkeiten zwischen Elementen innerhalb eines Clusters. Ziel des IGTA ist es, die Gesamtkosten des Systems durch eine schrittweise Neuanordnung der Elemente in der DSM zu verringern.[803] Abbildung A-6 stellt das Vorgehen des IGTA in Form der wesentlichsten Abläufe dar. Diese sollen nachfolgend kurz anhand der dazugehörigen Gleichungen erläutert werden.

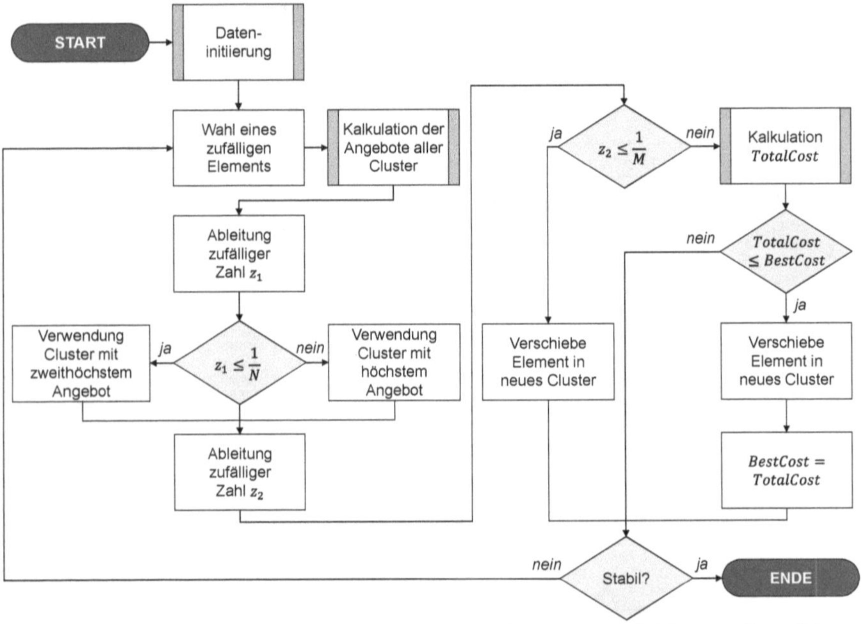

Abbildung A-6: IGTA Clustering-Algorithmus nach BORJESSON & HÖLTTÄ-OTTO[804]

---

[803] Vgl. Borjesson & Hölttä-Otto (2012), Clustering Algorithm for Design Structure Matrix, S. 921ff.

[804] In Anlehnung an Borjesson & Hölttä-Otto (2014), A Module generation algorithm, S. 37

Zu Beginn des Algorithmus können die Elemente der DSM in beliebiger Reihenfolge angeordnet sein. Die inhaltlichen Verknüpfungen zwischen den Elementen sind in binärer Logik zu beschreiben. Jedem Element der DSM wird initial ein eigenes Cluster zugeordnet. Auf dieser Grundlage können die Gesamtkosten, *TotalCost TC*, der Start-DSM berechnet werden (siehe Gleichung A-1).[805]

$$\boldsymbol{TC = ICC + ECC} \qquad \text{(Gl. A-1)}$$

TC:	Gesamtkosten TotalCost
ICC:	Kosten innerhalb bestehender Cluster (IntraClusterCost)
ECC:	Kosten zwischen versch. Clustern (ExtraClusterCost)

Die Gesamtkosten ergeben sich aus der Summe der Kosten innerhalb bestehender Cluster, den *IntraClusterCost ICC*, und der Kosten zwischen Elementen verschiedener Cluster, den *ExtraClusterCost ECC*. Im Ausgangszustand entstehen keine internen Clusterkosten ICC (siehe Gleichung A-2), die externen Clusterkosten ECC (siehe Gleichung A-3) nehmen dagegen ihren Maximalwert an.[806]

$$\boldsymbol{ICC = \sum_{j=1}^{m}\left(CS_j^{powcc}\cdot\sum_{i,k\in Cluster_j}\left(DSM_{i;k}+DSM_{k;i}\right)\right)} \qquad \text{(Gl. A-2)}$$

ICC:	Kosten innerhalb bestehender Cluster (IntraClusterCost)
j:	Ausgewähltes Cluster mit j ϵ [1..m]
m:	Anzahl der bestehenden Cluster
CS_j:	Anzahl der Elemente in Cluster j (ClusterSize)
$powcc$:	Gewichtung zur Betonung der Clustergröße
i:	DSM-Element i
k:	DSM-Element k
$DSM_{i;k}$:	DSM-Verknüpfung zwischen den Elementen i und k
$DSM_{k;i}$:	DSM-Verknüpfung zwischen den Elementen k und i

[805] Vgl. Borjesson & Hölttä-Otto (2014), A Module generation algorithm, S. 37

[806] Vgl. Borjesson & Hölttä-Otto (2014), A Module generation algorithm, S. 36f.

$$ECC = \sum_{i,k \notin Cluster_j} \left(DSM_{i;k} + DSM_{k;i}\right) \cdot DSMSize^{powcc} \quad \text{(Gl. A-3)}$$

ECC: Kosten zwischen versch. Clustern (ExtraClusterCost)
i: DSM-Element i
k: DSM-Element k
j: Ausgewähltes Cluster mit j ∊ [1..m]
m: Anzahl der bestehenden Cluster
$DSM_{i;k}$: DSM-Verknüpfung zwischen den Elementen i und k
$DSM_{k;i}$: DSM-Verknüpfung zwischen den Elementen k und i
$DSMSize$: Anzahl der Elemente (Reihen) in der DSM
$powcc$: Gewichtung zur Betonung der Clustergröße

Der Exponent *powcc*, der sowohl bei der Bestimmung der internen als auch der externen Clusterkosten eine Rolle spielt, dient als beliebig wählbarer Gewichtungsfaktor und betont fallspezifisch die Clustergröße innerhalb der Kosten. Mit Werten von powcc > 1 wird der Effekt der Clustergröße verstärkt, mit powcc < 1 wird er entsprechend verringert.[807] Im Rahmen der vorliegenden Arbeit wird von einem Exponent powcc = 1 ausgegangen. Bei einer einfachen Clusterbildung bietet die gesonderte Betonung der Clustergröße keinen spezifischen Mehrwert.

Nach der initialen Bestimmung der Gesamtkosten TC gilt es mithilfe der Optimierungsschritte des IGTA diese Kosten zu minimieren. Dafür wird ein zufälliges Element *elmt* der DSM aus einem Cluster ausgewählt und die Angebote, *ClusterBid CB*, aller anderen Cluster an dieses Element berechnet (siehe Gleichung A-4). Die Angebote beschreiben eine Art von „Fit“, über den geprüft wird, ob das ausgewählte Element nicht besser zu dem Angebot stellenden Cluster zugeteilt werden sollte. Das Angebot mit dem größten Wert „gewinnt“ und das Element wird vorläufig dem neuen Cluster zugeordnet. Bei identischen Angeboten zweier Cluster an das betrachtete Element erfolgt die Auswahl sachlogisch. Anschließend werden die Gesamtkosten der DSM erneut berechnet. Erst wenn durch die Neuzuordnung eine Reduzierung der Gesamtkosten der DSM möglich ist, erfolgt die dauerhafte Zuteilung des Elements zu dem identifizierten Cluster.[808]

[807] Vgl. Borjesson & Hölttä-Otto (2014), A Module generation algorithm, S. 36
[808] Vgl. Borjesson & Hölttä-Otto (2014), A Module generation algorithm, S. 37

$$CB_{j;elmt} = \frac{\sum_{i \in Cluster_j}(DSM_{i;elmt} + DSM_{elmt;i})}{CS_j} \qquad \text{(Gl. A-4)}$$

$CB_{j;elmt}$: Angebot (ClusterBid) von Cluster j an Element elmt
j: Ausgewähltes Cluster mit j ∊ [1..m]
i: DSM-Element i
$DSM_{i;elmt}$: DSM-Verknüpfung zwischen den Elementen i und elmt
$DSM_{elmt;i}$: DSM-Verknüpfung zwischen den Elementen elmt und i
CS_j: Anzahl der Elemente in Cluster j (ClusterSize)

Dieser beschriebene iterative Ablauf des Algorithmus wird so lange durchgeführt, bis auch nach mehrfachen Wiederholungen der einzelnen Schritte keine weitere Reduzierung der Gesamtkosten erreicht werden kann.[809]

[809] Vgl. Borjesson & Hölttä-Otto (2014), A Module generation algorithm, S. 37

A.6 Konstituierende plangetriebene Prozessmerkmale

Die im Folgenden dargestellte Auflistung umfasst die im Rahmen von Kapitel 5.2.2.2 zu identifizierenden konstituierenden Prozessmerkmale plangetriebener Vorgehensmodelle in alphabetischer Reihenfolge. Zu jedem Prozessmerkmal sind eine Ordnungsnummer, eine Definition sowie die entsprechenden Vorgehensmodelle und Quellen, in denen das Prozessmerkmal Erwähnung findet, aufgeführt. Die Auflistung basiert auf der in Kapitel 5.2.1.2 vorgenommenen Abgrenzung des Untersuchungsbereichs.

Tabelle A-9: Auflistung konstituierender plangetriebener Prozessmerkmale

#	Prozessmerkmal	Definition	Vorgehensmodell	Quelle
1	Abhängigkeit der Phasen untereinander	Plangetriebene Prozesse bestehen aus einem Set vordefinierter, diskreter Phasen. Jede Phase dient dazu bestimmte Ergebnisse zu erzeugen, die zur Durchführung der nachfolgenden Phase Voraussetzung sind.	Stage-Gate Prozess	Cooper (2017)
2	Absicherung und Überprüfung der Erreichung von vordefinierten Zwischenständen	Innerhalb plangetriebener Prozesse dienen Meilensteine als Kontrollpunkt zur Absicherung und Überprüfung der bis zu diesem Zeitpunkt zu erreichenden, erforderlichen Projektergebnisse.	Wasserfallmodell	Boehm (1981), Hoffmann (2008)
3	Antizipation und Vorwegnahme der zu erzielenden Entwicklungsergebnisse	Teil der Prozessplanung zu Projektbeginn ist eine realistische, aber fordernde Vorwegnahmen der zu erzielenden Entwicklungsergebnisse im Rahmen der Zieldefinition.	MVM	Lindemann (2009)
4	Bildung von Teilprojekten mit eigenständigem Prozessablauf	Große Entwicklungsprojekte werden in eigenständige Teilprojekte gegliedert, die jeweils ihrem eigenen Prozessablauf folgen.	MVM	Lindemann (2009)
5	Der Entwicklungsprozess wird wie geplant umgesetzt	Bei der Umsetzung des Entwicklungsprozesses ist ein Auslassen und Überspringen von vordefinierten, zentralen Aktivitäten nicht vorgesehen.	Stage-Gate Prozess	Cooper (2017)
6	Detailliert festgelegte Testpläne, -umfänge und -abläufe	Im Rahmen der Prozessplanung werden jegliche Aktivitäten für die Produktvalidierung festgelegt und in Form von Testplänen, -umfängen und -abläufen definiert.	Stage-Gate Prozess, Wasserfallmodell	Boehm (1981), Cooper (2017)
7	Detaillierte Produktdefinition zu Projektbeginn	Die Produktdefinition bezieht sich auf die Ausarbeitung des Produktkonzepts, der Festlegung konkreter Produktmerkmale, -ausprägungen sowie -anforderungen, als auch auf Themen, wie der Abgrenzung des Zielmarkts oder des Nutzenversprechens.	Stage-Gate Prozess	Cooper (2017)

#	Prozessmerkmal	Definition	Vorgehensmodell	Quelle
8	Determinierung erreichter Zwischenstände	Die auch als Baselining bezeichnete Determinierung ermöglicht eine Art Rückfallposition. Mit der Determinierung werden keine Änderungen an den bis dahin erreichten Ergebnissen ohne Zustimmung aller erforderlichen Projektbeteiligten vorgenommen. Ein Projekt kann damit jederzeit auf einem klar definierten Zwischenstand aufsetzen.	Wasserfallmodell	Boehm (1981), Hoffmann (2008)
9	Diskrete Entscheidungskriterien	Meilensteine dienen als Entscheidungspunkte. Jedem Meilenstein liegen spezifische Entscheidungskriterien zu Grunde, die in regelmäßigen Abständen im Prozess über die Weiterführung oder den Abbruch eines Entwicklungsprojekts bestimmen.	Stage-Gate Prozess	Cooper (2017)
10	Dokumentation aller Ziele und Anforderungen zur Prüfung und Kontrolle im weiteren Projektverlauf	Entwicklungsziele im Allgemeinen und Anforderungen im Speziellen müssen dokumentiert werden, um deren Prüfungen und Kontrollen im weiteren Projektverlauf zu ermöglichen.	MVM, Wasserfallmodell	Boehm (1981), Lindemann (2009)
11	Dokumentengetriebener Entwicklungsprozess	Plangetriebene Entwicklungsprozesse können als dokumentengetrieben charakterisiert werden, d.h. in jeder Phase des Prozesses entstehen Dokumente, die abgenommen werden müssen.	Wasserfallmodell	Hoffmann (2008)
12	Ein Kernteam des Projekts	Ein Entwicklungsteam besteht aus einem festen Kern an Projektmitarbeitenden, der alle relevanten Entscheidungen treffen kann. Das erweiterte Team besteht aus Mitarbeitenden mit beratender Funktion, meist Experten in einem bestimmten Fachgebiet.	V-Modell	VDI 2206 (2004)
13	Eindeutig definierte Meilensteine	Jeder Meilenstein umfasst definierte „Must Meet" und „Should Meet" Kriterien sowie eindeutig spezifizierte Anforderungen an die in der vorausgegangenen Phase zu erreichenden (Teil-) Ergebnisse.	Stage-Gate Prozess	Cooper (2017)
14	Entscheidungen werden je nach Projektrelevanz von verschiedenen Entscheidungsträgern getroffen	In Abhängigkeit der Projektrelevanz, die eine zu treffende Entscheidung besitzt, sind Entscheidungsträger auf unterschiedlichen Ebenen erforderlich.	MVM, Stage-Gate Prozess	Cooper (2017), Lindemann (2009)
15	Entwicklung von funktionalen Produktinkrementen	Bei der Entwicklung eines Produkts werden sukzessive funktionale Produktinkremente entwickelt. Eine inkrementelle Entwicklung funktionaler Produktinkremente weist Vorteile hinsichtlich der Testeffizienz und der Einbindung von Kundenbedürfnissen auf.	Wasserfallmodell	Boehm (1981)

#	Prozessmerkmal	Definition	Vorgehensmodell	Quelle
16	Festlegung der Ziele und der damit zu erwartenden Entwicklungsergebnisse	Im Rahmen der Zieldefinition werden konkrete und detaillierte Produktanforderungen ausformuliert. Aufgrund zunehmend komplexer Produktstrukturen gilt es dabei ebenfalls, die Beziehungen unterschiedlicher Anforderungen zu beschreiben.	MVM	Lindemann (2009)
17	Formulierung möglichst vollumfänglicher, konkreter Anforderungen an das Produkt	Als Basis für die eigentliche Entwicklungsarbeit bedarf es vollumfänglicher Anforderungen an das Produkt. Diese bilden gleichzeitig den Maßstab zur Bewertung der späteren Produkte.	MVM, V-Modell, Wasserfallmodell	Boehm (1981), Lindemann (2009), VDI 2206
18	Fortlaufende Eigenschaftsabsicherung in Bezug auf das spezifizierte Lösungskonzept	Eine ständige Validierung während des Entwicklungsprozesses dient der Überprüfung, ob eine entwickelte (Teil-) Produktrealisierung mit einer zuvor formulierten Spezifikation übereinstimmt.	V-Modell, Wasserfallmodell	Boehm (1981), VDI 2206 (2004)
19	Frühzeitige Festlegung der Entwicklungsschwerpunkte	Die Festlegung der Entwicklungsschwerpunkte basiert auf einer Eigenschaftsanalyse des zu entwickelnden Produkts.	MVM	Lindemann (2009)
20	Frühzeitige Festlegung der Kundenbedürfnisse	Nach eingehender Studie müssen die Kundenwünsche zu Beginn des Entwicklungsprozesses in Form von zu realisierenden Bedürfnissen und Präferenzen beschrieben und festgelegt werden.	Stage-Gate Prozess	Cooper (2017)
21	Integration des Gesamtsystems zu Prozessende	Die Teilergebnisse der verschiedenen Entwicklungsdomänen müssen zum Ende des Entwicklungsprozesses in einem Gesamtsystem zusammengeführt werden.	V-Modell	VDI 2206 (2004)
22	Jeder Meilenstein muss für eine Produktfinalisierung erfolgreich abgeschlossen werden	In einer plangetriebenen Entwicklung spielt die Reihenfolge der umzusetzenden Aktivitäten eine übergeordnete Rolle, um nachfolgende Prozessschritte zu ermöglichen.	Wasserfallmodell	Boehm (1981)
23	Klar definierter und geführter Entwicklungsprozess	Klar definierte Ablauf- und Zeitpläne dienen den verschiedenen Domänen innerhalb der Entwicklung als Orientierung. Darin werden die Phasen, Aktivitäten, Meilensteine und Abnahmekriterien festgeschrieben.	Stage-Gate Prozess, VDI 2221, Wasserfallmodell	Boehm (1981), Cooper (2017), VDI 2221 (1993)
24	Kombination der domänenspezifischen Lösungskonzepte zu einem optimalen Gesamtkonzept	Zur Absicherung der bestmöglichen Funktionsweise des späteren Produkts werden unter Zuhilfenahme verschiedener Methoden die domänenübergreifend erarbeiteten Teillösungen in ein Gesamtsystem überführt.	MVM, VDI 2221, V-Modell	Lindemann (2009), VDI 2206 (2004), VDI 2221 (1993)
25	Kontinuierliche Dokumentation jedes Arbeitsergebnisses	Eine durchgängige Dokumentation gewährleistet die vollumfängliche Nachvollziehbarkeit des aktuellen Produktreifegrads zu jedem erforderlichen Zeitpunkt im Projektverlauf.	MVM, VDI 2221, Wasserfallmodell	Boehm (1981), Lindemann (2009), VDI 2221 (1993)

#	Prozessmerkmal	Definition	Vorgehensmodell	Quelle
26	Linearer, sequenzieller Prozessverlauf in Phasen	Ein sequenzieller Prozessverlauf ermöglicht eine einfache Planbarkeit von inhaltlichen, organisatorischen und terminlich fixierten Aktivitäten, auch mit externen Schnittstellen des Entwicklungsprojekts.	MVM, VDI 2221, Wasserfallmodell	Boehm (1981), Lindemann (2009), VDI 2221 (1993)
27	Mehrmaliges iteratives Durchlaufen einzelner Phasen/Abschnitte	Trotz der Festlegung sequenzieller Prozessschritte erfolgt in der Praxis zumeist ein mehrmaliges, iteratives Durchlaufen verschiedenen Phasen oder einzelner Abschnitte.	VDI 2221, V-Modell	VDI 2206 (2004), VDI 2221 (1993)
28	Meilensteine als Controlling-Punkt vorab definierter, zu erreichender Kriterien	Meilensteine ermöglichen die objektive Messbarkeit des Projektfortschritts anhand der zu Projektbeginn festgelegten Ziele. Gleichzeitig dienen sie als Rückfallposition, auf denen ein Projekt im Bedarfsfall jederzeit wieder neu aufsetzen kann.	Wasserfallmodell	Boehm (1981), Hoffmann (2008)
29	Parallelisierung voneinander unabhängiger Arbeitsschritte	Verschiedene Teammitglieder arbeiten zeitgleich an verschiedenen Teilaufgaben des Entwicklungsvorhabens.	Stage-Gate Prozess, VDI 2221	Cooper (2017), VDI 2221 (1993)
30	Phasen zunehmender Konkretisierung	Bei einem plangetriebenen Vorgehen ist es implizit zweckmäßig, aufeinander folgende und aufbauende Phasen mit zunehmenden Konkretisierungsgrad zu durchlaufen. Die zunehmende Konkretisierung führt das Entwicklungsvorhaben schrittweise vom Abstrakten zum Konkreten.	VDI 2221	VDI 2221 (1993)
31	Präventive Absicherung nachfolgender Handlungen	Werden in einer Entwicklungsphase Risiken für nachfolgende Prozessschritte aufgedeckt, so bedarf es präventiver Maßnahmen zur Minimierung dieser Risiken. Dabei gilt die Berücksichtigung der Verhältnismäßigkeit aus Aufwand und Nutzen, weshalb alle Risiken hinsichtlich ihrer Auftretens- und Schadenswahrscheinlichkeit zu bewerten sind.	MVM, Stage-Gate Prozess	Cooper (2017), Lindemann (2009)
32	Präzise Aufgabenstellung	Eine präzise Beschreibung der Aufgabenstellung des Entwicklungsvorhabens gilt als Maßstab für die Realisierung des Projekts.	VDI 2221, V-Modell	VDI 2206 (2004), VDI 2221 (1993)
33	Projektleitung mit formaler Autorität	Eine Projektleitung mit formaler Autorität trägt die aufbauorganisatorisch verankerte Verantwortung für das Gesamtprojekt und dem dazugehörigen Projektteam.	Stage-Gate Prozess	Cooper (2017)
34	Prototypen zur Ermöglichung von (Kunden-) Feedback	Mittels verschiedener Arten von Prototypen kann zum Ende eines jeden Abschnitts des Entwicklungsprozesses unmittelbar Feedback zu dem aktuellen Produktstatus eingeholt werden.	Stage-Gate Prozess, VDI 2221, V-Modell	Cooper (2017), VDI 2206 (2004), VDI 2221 (1993)

#	Prozessmerkmal	Definition	Vorgehensmodell	Quelle
35	Regelmäßige Durchführung von Validierungsschleifen	Durch die regelmäßige Validierung der bereits entwickelten Teilergebnisse können erhebliche Zeit- und Kosteneinsparungen erzielt werden. Insbesondere bei der Parallelisierung verschiedener Aktivitäten ist die Validierung der definierten Anforderungen geboten.	Stage-Gate Prozess, Wasserfallmodell	Boehm (1981), Cooper (2017)
36	Rücksprung auf bereits durchlaufenes Vorgängerelement möglich	Eine durchgängige Dokumentation aller Aktivitäten im Entwicklungsprozess ermöglicht bei Bedarf den Rücksprung auf einen früheren Produktstand. Dies ist bspw. dann erforderlich, wenn die Abweichung zwischen Entwicklungsergebnis und Anforderungen zu groß geworden ist.	MVM, Stage-Gate Prozess, Wasserfallmodell	Cooper (2017), Hoffmann (2008), Lindemann (2009)
37	Separierung der Funktionsentwicklung in Teilprojekten	Existieren voneinander unabhängige Funktionsumfänge des Produkts können diese mit dem Ziel der Zeiteinsparung in parallel verlaufenden Teilprojekten entwickelt werden.	VDI 2221, V-Modell	VDI 2206 (2004), VDI 2221 (1993)
38	Strategische und operative Detailplanung auf allen Projektebenen	Die strategische und operative Detailplanung umfasst neben der Zieldefinition auch die Beschreibung der erforderlichen Arbeitspakete für die Zielerreichung.	Stage-Gate Prozess, VDI 2221, Wasserfallmodell	Boehm (1981), Cooper (2017), VDI 2221 (1993)
39	Striktes Verfolgen der geplanten Ziele	Eine strikte Verfolgung der geplanten Ziele wird durch die präzise und verbindliche Definition der dahinterliegenden Anforderungen sichergestellt.	MVM, Wasserfallmodell	Boehm (1981), Lindemann (2009)
40	Synchronisation einzelner Arbeitsergebnisse	Die Synchronisation einzelner Arbeitsergebnisse, die in Form von unabhängig umsetzbaren Aktivitäten im Projektverlauf parallelisiert wurden, erfolgt zu festgelegten Zeitpunkten im Entwicklungsprozess.	VDI 2221, V-Modell	VDI 2206 (2004), VDI 2221 (1993)
41	Systematisches Controlling des Projektfortschritts	Das systematische Controlling umfasst neben der Entwicklung und Überwachung von Projektstandards auch technische Audits in Bezug auf den Produkt- und Prozessstatus.	Wasserfallmodell	Boehm (1981), Hoffmann (2008)
42	Tiefgehende, umfangreiche Feldtests	Umfangreiche Feldtests können Schwachstellen des aktuellen Produktstatus aufdecken, die bei den routinemäßigen Validierungen nicht entdeckt wurden.	Stage-Gate Prozess	Cooper (2017)
43	Untergliederung der Meilensteine in zu erreichende Teilmeilensteine	Sämtliche Phasen der Entwicklung erfordern Auswahl-, Optimierungs- und Entscheidungsschritte. Damit dabei die Komplexität des Entwicklungsprojekts beherrschbar bleibt, müssen Meilensteine jeweils in kleinschrittigere Teilmeilensteine untergliedert werden.	Stage-Gate Prozess, VDI 2221	Cooper (2017), VDI 2221 (1993)

#	Prozessmerkmal	Definition	Vorgehensmodell	Quelle
44	Untergliederung des Produkts in Teilumfänge für eine Systematisierung der erforderlichen Arbeitsschritte	Ist der zu entwickelnde Projektgegenstand zu komplex, um unmittelbar die technische Realisierbarkeit daraus abzuleiten, wird das Produkt in Teilumfänge gegliedert, deren Realisierung schrittweise in Arbeitspaketen erfolgt.	MVM, V-Modell	Lindemann (2009), VDI 2206 (2004)
45	Vollständig beschriebener Entwicklungsprozess	Es werden alle für die Produktrealisierung erforderlichen Phasen, Aktivitäten, Meilensteine, Erfüllungskriterien und beteiligten Instanzen über die gesamte Projektdauer hinweg definiert.	Stage-Gate Prozess	Cooper (2017)
46	Vollständige Ausarbeitung domänenspezifischer Lösungskonzepte	Die Ausarbeitung des Gesamtkonzepts zu Projektbeginn erfolgt zunächst spezifisch auf Ebene der einzelnen Entwicklungsdomänen.	MVM, VDI 2221, V-Modell	Lindemann (2009), VDI 2206 (2004), VDI 2221 (1993)
47	Vorgabe bei der zeitlichen Reihung der Elemente	Ein plangetriebener Entwicklungsprozess weist typischerweise eine standardisierte Reihenfolge der verschiedenen Prozessschritte auf.	MVM, Stage-Gate Prozess	Cooper (2017), Lindemann (2009)
48	Vorgegebene Arbeitsergebnisse	Die zu einem festgelegten Zeitpunkt im Entwicklungsprozess zu erreichenden Arbeitsergebnisse werden verbindlich in einer frühen Phase des Projekts festgelegt.	Stage-Gate Prozess, Wasserfallmodell	Boehm (1981), Cooper (2017)
49	Vorgegebener Release-Zyklus	Basierend auf der zeitlichen Reihung der Prozessschritte und der klar definierten Zielvorgaben in einem plangetriebenen Entwicklungsprozess ist der Release-Zyklus eines Produkts langfristig vorgegeben.	Stage-Gate Prozess	Cooper (2017)

A.7 Verdichtung der konstituierenden plangetriebenen Prozessmerkmale

Die im Folgenden abgebildete DSM (der Übersichtlichkeit halber aufgeteilt in vier Teile, siehe Tabelle A-10 bis Tabelle A-13) stellt die in Kapitel 5.2.2.2 beschriebene Ähnlichkeitsmatrix der konstituierenden plangetriebenen Prozessmerkmale dar. Die Reihenfolge der aufgeführten Prozessmerkmale entspricht der gleichen alphabetischen Abfolge, wie sie in der Auflistung und Definition der konstituierenden plangetriebenen Prozessmerkmale bereits in Anhang A.6 beschrieben wurde. Dementsprechend stimmen die hier aufgeführten Ordnungsnummern mit den Ordnungsnummern in Anhang A.6 überein. Zur besseren inhaltlichen Orientierung innerhalb der Matrix ist ergänzend zu den aufgeführten Ordnungsnummern außerdem eine verkürzte, aber eindeutige Bezeichnung jedes Prozessmerkmals in den Spalten der Ähnlichkeitsmatrix aufgeführt.

Als quadratische Matrix ermöglicht die DSM die Auflistung der plangetriebenen konstituierenden Prozessmerkmale und die Ähnlichkeitsbewertung zwischen den einzelnen Merkmalen mittels einer binären Beurteilung. Die Zuteilung einer 0 erfolgt, sofern keine Ähnlichkeit zwischen zwei Prozessmerkmalen vorliegt. Eine 1 wird dann eingetragen, wenn eine Ähnlichkeit besteht. In diesem Fall ist die entsprechende Zelle der abgebildeten Teilmatrizen grau hervorgehoben. Eine Ähnlichkeit lässt sich durch die inhaltliche Überschneidung zweier oder mehrerer Prozessmerkmale begründen, d.h. wenn Prozessmerkmale ähnliche Aspekte der Prozessgestaltung beschreiben. Dies kann sowohl konkrete Prozessaktivitäten, Prozessergebnisse, die Prozessbeteiligten als auch jede dem Prozess zugrundeliegende Interaktion betreffen.

Im vorliegenden Fall ist die erstellte Ähnlichkeitsmatrix symmetrisch, weil die vorhandenen inhaltlichen Ähnlichkeiten in ungerichteter Form vorliegen, d.h. beidseitig Gültigkeit besitzt. Für die Bildung der angestrebten Ähnlichkeitscluster ist lediglich relevant, ob eine Ähnlichkeit zwischen zwei Prozessmerkmalen vorliegt, die Richtung der Abhängigkeit spielt für diesen Anwendungsfall keine Rolle. Konkret bedeutet das: Sowohl unter- als auch oberhalb der Matrixdiagonalen sind die identischen Ähnlichkeiten abgebildet.

Die Verdichtung der konstituierenden plangetriebenen Prozessmerkmale zu Ähnlichkeitsclustern erfolgt, wie in Kapitel 5.2.2.1 beschrieben, durch die Anwendung des Clustering-Algorithmus IGTA. Das Ergebnis der Clusterbildung ist ebenfalls in vier Teilen in Tabelle A-14 bis Tabelle A-17 dargestellt.

Tabelle A-10: Ähnlichkeitsmatrix konst. plangetriebener Prozessmerkmale (1/4)

	1	2	3	4	5	6	7	8	9	10	11	12	13	14	15	16	17	18	19	20	21	22	23	24	
	Abhängigkeit der Phasen untereinander	Absicherung Erreichung Zwischenstände	Antizipation Entwicklungsergebnisse	Bildung von Teilprojekten	Prozess wie geplant umzusetzen	Detailliert festgelegte Testpläne	Produktdefinition zu Projektbeginn	Determinierung Zwischenstände	Diskrete Entscheidungskriterien	Dokumentation Ziele/Anforderungen	Dokumentengetriebener Prozess	Ein Kernteam des Projekts	Eindeutig definierte Meilensteine	Art der Entscheidungen nach Relevanz	Entwicklung von Produktinkrementen	Festlegung der Entwicklungsergebnisse	Formulierung konkreter Anforderungen	Fortlaufende Eigenschaftsabsicherung	Frühe Festlegung Entwicklungsschwerpunkte	Frühe Festlegung Kundenbedürfnisse	Systemintegration zu Prozessende	Meilenstein muss abgeschlossen werden	Klar geführter Entwicklungsprozess	Ein optimales Gesamtkonzept	
1		0	0	0	0	0	0	0	0	0	0	0	0	0	0	0	0	0	0	0	0	0	0	0	1
2	0		0	0	0	0	0	1	0	1	0	0	0	0	0	1	0	0	0	0	0	0	0	0	2
3	0	0		0	0	0	0	0	0	0	0	0	1	0	0	0	0	0	0	0	0	0	1	1	3
4	0	0	0		0	0	0	0	0	0	0	0	0	0	0	0	0	0	0	0	0	0	0	0	4
5	0	0	0	0		0	0	0	1	0	0	0	1	0	0	0	0	0	0	0	0	1	1	0	5
6	0	0	0	0	0		0	0	0	0	0	0	1	0	0	0	0	1	0	0	0	0	1	0	6
7	0	0	0	0	0	0		0	0	0	0	0	0	0	0	1	1	0	0	1	0	0	0	0	7
8	0	1	0	0	0	0	0		0	0	0	0	0	0	1	0	0	0	0	0	0	0	0	0	8
9	0	0	0	0	1	0	0	0		0	0	0	1	0	0	0	0	0	0	0	0	1	1	0	9
10	0	1	0	0	0	0	0	0	0		1	0	0	0	0	0	1	1	0	0	0	0	0	0	10
11	0	0	0	0	0	0	0	0	0	1		0	0	0	0	0	0	0	0	0	0	0	1	0	11
12	0	0	0	0	0	0	0	0	0	0	0		0	1	0	0	0	0	0	0	0	0	0	0	12
13	0	0	1	0	1	1	0	0	1	0	0	0		0	0	1	0	0	0	0	0	1	1	0	13
14	0	0	0	0	0	0	0	0	0	0	0	1	0		0	0	0	0	0	0	0	0	0	0	14
15	0	0	0	0	0	0	0	1	0	0	0	0	0	0		0	0	0	0	0	0	0	0	0	15
16	0	1	0	0	0	0	1	0	0	0	0	0	1	0	0		0	0	0	0	0	0	0	0	16
17	0	0	0	0	0	0	1	0	0	1	0	0	0	0	0	0		0	1	1	0	0	0	0	17
18	0	0	0	0	0	1	0	0	0	1	0	0	0	0	0	0	0		0	0	0	0	1	0	18
19	0	0	0	0	0	0	0	0	0	0	0	0	0	0	0	0	1	0		0	0	0	0	0	19
20	0	0	0	0	0	0	1	0	0	0	0	0	0	0	0	0	1	0	0		0	0	0	0	20
21	0	0	0	0	0	0	0	0	0	0	0	0	0	0	0	0	0	0	0	0		1	0	0	21
22	0	0	0	0	1	0	0	0	1	0	0	0	1	0	0	0	0	0	0	0	1		1	0	22
23	0	0	1	0	1	1	0	0	1	0	1	0	1	0	0	0	0	1	0	0	0	1		0	23
24	0	0	1	0	0	0	0	0	0	0	0	0	0	0	0	0	0	0	0	0	0	0	0		24
	1	2	3	4	5	6	7	8	9	10	11	12	13	14	15	16	17	18	19	20	21	22	23	24	

Tabelle A-11: Ähnlichkeitsmatrix konst. plangetriebener Prozessmerkmale (2/4)

	25 Kontinuierliche Dokumentation	26 Sequenzieller Prozessverlauf in Phasen	27 Iteratives Durchlaufen einzelner Phasen	28 Meilensteine als Controlling-Punkt	29 Parallelisierung Arbeitsschritte	30 Phasen zunehmender Konkretisierung	31 Präventive Absicherung von Handlungen	32 Präzise Aufgabenstellung	33 Projektleitung mit formaler Autorität	34 Prototypen zur Ermöglichung von Feedback	35 Regelmäßige Durchführung Validierungsschleifen	36 Rücksprung zu Vorgängerelement möglich	37 Funktionsentwicklung in Teilprojekten	38 Detailplanung auf allen Projektebenen	39 Striktes Verfolgen der geplanten Ziele	40 Synchronisation Arbeitsergebnisse	41 Controlling des Projektfortschritts	42 Tiefgehende, umfangreiche Feldtests	43 Untergliederung Meilensteine in Teilmeilensteine	44 Untergliederung Produkt in Teilumfänge	45 Vollständig beschriebener Prozess	46 Vollständige Ausarbeitung Konzepte	47 Vorgabe zeitliche Reihung der Elemente	48 Vorgegebene Arbeitsergebnisse	49 Vorgegebener Release-Zyklus	
1	0	0	0	0	0	1	0	0	0	0	0	0	0	0	0	0	0	0	0	0	1	0	1	0	0	1
2	0	0	1	0	0	0	0	0	0	0	0	0	0	0	0	0	1	0	0	0	0	0	0	1	0	2
3	0	0	0	0	0	0	1	0	0	0	0	0	0	1	0	0	0	0	0	0	0	1	0	1	0	3
4	0	0	0	0	0	0	0	0	0	0	0	0	1	1	0	0	0	0	1	1	0	0	0	0	0	4
5	0	0	0	1	0	0	1	0	0	0	0	0	0	1	1	0	0	0	1	0	0	0	1	0	0	5
6	0	0	0	0	0	0	0	0	0	1	1	0	0	1	0	0	0	1	0	0	0	1	1	0	0	6
7	0	0	0	0	0	0	0	1	0	0	0	0	0	0	0	0	0	0	0	0	0	1	0	0	0	7
8	0	0	0	0	0	0	1	0	0	0	0	1	0	0	0	0	0	0	0	0	0	0	0	0	0	8
9	0	0	0	1	0	0	0	0	0	0	1	1	0	0	0	0	0	0	1	0	0	0	0	0	0	9
10	1	0	0	0	0	0	0	0	0	0	0	0	0	0	0	0	0	0	0	0	1	0	0	0	0	10
11	1	0	0	0	0	0	0	0	0	0	0	0	0	0	0	0	0	0	0	0	1	0	0	0	0	11
12	0	0	0	0	0	0	0	0	1	0	0	0	0	0	0	0	0	0	0	0	0	0	0	0	0	12
13	0	0	0	1	0	0	0	1	0	0	0	0	0	0	0	0	0	0	1	0	1	0	0	0	0	13
14	0	0	0	0	0	0	0	0	1	1	0	0	0	1	0	0	0	0	0	0	0	0	0	0	0	14
15	0	0	0	0	0	0	0	0	0	0	1	1	0	0	0	0	0	0	0	0	0	0	0	1	0	15
16	0	0	0	0	0	0	0	1	0	0	0	0	0	0	1	0	0	0	0	0	0	0	0	1	0	16
17	0	0	0	0	0	0	0	1	0	0	0	0	0	0	0	0	0	0	0	0	1	0	0	0	0	17
18	0	0	0	0	0	0	0	0	0	1	1	0	0	0	0	0	0	1	1	0	0	0	0	0	0	18
19	0	0	0	0	0	0	1	0	0	0	0	0	0	1	0	0	0	0	0	0	0	0	0	0	0	19
20	0	0	0	0	0	0	0	0	0	1	1	0	0	0	0	0	0	0	0	0	0	0	0	0	0	20
21	0	0	0	0	0	1	0	0	0	0	0	0	0	0	0	1	0	0	0	0	0	0	0	0	0	21
22	0	1	0	1	0	0	1	0	0	0	1	0	0	0	1	0	1	0	1	0	0	0	0	0	0	22
23	0	0	0	1	0	0	0	1	1	0	0	0	0	1	1	0	0	0	1	0	1	0	1	0	0	23
24	0	0	0	0	0	0	0	0	0	0	0	0	0	0	0	0	0	0	0	0	0	1	0	0	0	24
	25	26	27	28	29	30	31	32	33	34	35	36	37	38	39	40	41	42	43	44	45	46	47	48	49	

Tabelle A-12: Ähnlichkeitsmatrix konst. plangetriebener Prozessmerkmale (3/4)

	1 Abhängigkeit der Phasen untereinander	2 Absicherung Erreichung Zwischenstände	3 Antizipation Entwicklungsergebnisse	4 Bildung von Teilprojekten	5 Prozess wie geplant umzusetzen	6 Detailliert festgelegte Testpläne	7 Produktdefinition zu Projektbeginn	8 Determinierung Zwischenstände	9 Diskrete Entscheidungskriterien	10 Dokumentation Ziele/Anforderungen	11 Dokumentengetriebener Prozess	12 Ein Kernteam des Projekts	13 Eindeutig definierte Meilensteine	14 Art der Entscheidungen nach Relevanz	15 Entwicklung von Produktinkrementen	16 Festlegung der Entwicklungsergebnisse	17 Formulierung konkreter Anforderungen	18 Fortlaufende Eigenschaftsabsicherung	19 Frühe Festlegung Entwicklungsschwerpunkte	20 Frühe Festlegung Kundenbedürfnisse	21 Systemintegration zu Prozessende	22 Meilenstein muss abgeschlossen werden	23 Klar geführter Entwicklungsprozess	24 Ein optimales Gesamtkonzept	
25	0	0	0	0	0	0	0	0	0	1	1	0	0	0	0	0	0	0	0	0	0	0	0	0	25
26	0	0	0	0	0	0	0	0	0	0	0	0	0	0	0	0	0	0	0	0	0	1	0	0	26
27	0	1	0	0	0	0	0	0	0	0	0	0	0	0	0	0	0	0	0	0	0	0	0	0	27
28	0	0	0	0	1	0	0	0	1	0	0	0	1	0	0	0	0	0	0	0	0	1	1	0	28
29	0	0	0	0	0	0	0	0	0	0	0	0	0	0	0	0	0	0	0	0	0	0	0	0	29
30	1	0	0	0	0	0	0	0	0	0	0	0	0	0	0	0	0	0	0	0	1	0	0	0	30
31	0	0	1	0	1	0	0	1	0	0	0	0	0	0	0	0	0	0	1	0	0	1	0	0	31
32	0	0	0	0	0	0	1	0	0	0	0	0	1	0	0	1	1	0	0	0	0	0	1	0	32
33	0	0	0	0	0	0	0	0	0	0	0	1	0	1	0	0	0	0	0	0	0	0	1	0	33
34	0	0	0	0	0	1	0	0	0	0	0	0	0	1	0	0	0	1	0	1	0	0	0	0	34
35	0	0	0	0	0	1	0	0	1	0	0	0	0	0	1	0	0	1	0	1	0	1	0	0	35
36	0	0	0	0	0	0	0	1	1	0	0	0	0	0	1	0	0	0	0	0	0	0	0	0	36
37	0	0	0	1	0	0	0	0	0	0	0	0	0	0	0	0	0	0	0	0	0	0	0	0	37
38	0	0	1	1	1	1	0	0	0	0	0	0	0	1	0	0	0	0	1	0	0	0	1	0	38
39	0	0	0	0	1	0	0	0	0	0	0	0	0	0	0	1	0	0	0	0	0	1	1	0	39
40	0	0	0	0	0	0	0	0	0	0	0	0	0	0	0	0	0	0	0	0	1	0	0	0	40
41	0	1	0	0	0	0	0	0	0	0	0	0	0	0	0	0	0	0	0	0	0	1	0	0	41
42	0	0	0	0	0	1	0	0	0	0	0	0	0	0	0	0	0	1	0	0	0	0	0	0	42
43	0	0	0	1	1	0	0	0	1	0	0	0	1	0	0	0	0	1	0	0	0	1	1	0	43
44	0	0	0	1	0	0	0	0	0	0	0	0	0	0	0	0	0	0	0	0	0	0	0	0	44
45	1	0	0	0	0	0	0	0	0	1	1	0	1	0	0	0	1	0	0	0	0	0	1	0	45
46	0	0	1	0	0	0	0	0	0	0	0	0	0	0	0	0	1	0	0	0	0	0	0	1	46
47	1	0	0	0	1	1	0	0	0	0	0	0	0	0	0	0	0	0	0	0	0	0	1	0	47
48	0	1	1	0	0	0	0	0	0	0	0	0	0	0	1	1	0	0	0	0	0	0	0	0	48
49	0	0	0	0	0	0	0	0	0	0	0	0	0	0	0	0	0	0	0	0	0	0	0	0	49
	1	2	3	4	5	6	7	8	9	10	11	12	13	14	15	16	17	18	19	20	21	22	23	24	

Tabelle A-13: Ähnlichkeitsmatrix konst. plangetriebener Prozessmerkmale (4/4)

	25 Kontinuierliche Dokumentation	26 Sequenzieller Prozessverlauf in Phasen	27 Iteratives Durchlaufen einzelner Phasen	28 Meilensteine als Controlling-Punkt	29 Parallelisierung Arbeitsschritte	30 Phasen zunehmender Konkretisierung	31 Präventive Absicherung von Handlungen	32 Präzise Aufgabenstellung	33 Projektleitung mit formaler Autorität	34 Prototypen zur Ermöglichung von Feedback	35 Regelmäßige Durchführung Validierungsschleifen	36 Rücksprung zu Vorgängerelement möglich	37 Funktionsentwicklung in Teilprojekten	38 Detailplanung auf allen Projektebenen	39 Striktes Verfolgen der geplanten Ziele	40 Synchronisation Arbeitsergebnisse	41 Controlling des Projektfortschritts	42 Tiefgehende, umfangreiche Feldtests	43 Untergliederung Meilensteine in Teilmeilensteine	44 Untergliederung Produkt in Teilumfänge	45 Vollständig beschriebener Prozess	46 Vollständige Ausarbeitung Konzepte	47 Vorgabe zeitliche Reihung der Elemente	48 Vorgegebene Arbeitsergebnisse	49 Vorgegebener Release-Zyklus	
25		0	0	0	0	0	0	0	0	0	0	0	0	0	0	1	0	0	0	0	1	0	0	0	0	25
26	0		1	0	0	1	0	0	0	0	0	0	0	0	0	0	0	0	0	0	1	0	1	0	0	26
27	0	1		0	0	1	0	0	0	0	1	1	0	0	0	0	0	0	0	0	0	0	0	0	0	27
28	0	0	0		0	0	1	0	0	0	1	0	0	1	0	0	0	0	1	0	0	0	0	1	0	28
29	0	0	0	0		0	0	0	0	0	0	0	1	0	0	1	0	0	0	1	0	0	0	0	0	29
30	0	1	1	0	0		0	0	0	0	0	0	0	0	0	0	0	0	0	0	0	0	1	0	1	30
31	0	0	0	1	0	0		0	0	0	1	0	0	0	0	0	0	0	0	0	0	0	0	0	0	31
32	0	0	0	0	0	0	0		0	0	0	0	0	0	0	0	0	0	0	0	1	0	0	0	0	32
33	0	0	0	0	0	0	0	0		0	0	0	0	0	0	0	0	0	0	0	0	0	0	0	0	33
34	0	0	0	0	0	0	0	0	0		1	0	0	0	0	0	0	1	0	0	0	0	0	0	0	34
35	0	0	1	1	0	0	1	0	0	1		0	0	0	0	0	0	1	0	0	0	0	0	0	0	35
36	0	0	1	0	0	0	0	0	0	0	0		0	0	0	0	0	0	0	0	0	0	0	0	0	36
37	0	0	0	0	1	0	0	0	0	0	0	0		0	0	1	0	0	0	1	0	0	0	0	0	37
38	0	0	0	1	0	0	0	0	0	0	0	0	0		0	0	0	0	1	0	0	0	0	0	0	38
39	0	0	0	0	0	0	0	0	0	0	0	0	0	0		0	0	0	0	0	0	0	0	0	0	39
40	1	0	0	0	1	0	0	0	0	0	0	0	1	0	0		0	0	0	0	0	0	0	0	0	40
41	0	0	0	0	0	0	0	0	0	0	0	0	0	0	0	0		0	0	0	1	0	0	0	0	41
42	0	0	0	0	0	0	0	0	0	1	1	0	0	0	0	0	0		0	0	0	0	0	0	0	42
43	0	0	0	1	0	0	0	0	0	0	0	0	0	1	0	0	0	0		0	0	0	0	0	0	43
44	0	0	0	0	1	0	0	0	0	0	0	0	1	0	0	0	0	0	0		0	0	0	0	0	44
45	1	1	0	0	0	0	0	1	0	0	0	0	0	0	0	0	1	0	0	0		0	0	1	1	45
46	0	0	0	0	0	0	0	0	0	1	0	0	0	0	0	0	0	0	0	0	0		0	0	0	46
47	0	1	0	0	0	1	0	0	0	0	0	0	0	0	0	0	0	0	0	0	0	0		0	1	47
48	0	0	0	1	0	0	0	0	0	0	0	0	0	0	0	0	0	0	0	0	1	0	0		0	48
49	0	0	0	0	0	1	0	0	0	0	0	0	0	0	0	0	0	0	0	0	1	0	1	0		49
	25	26	27	28	29	30	31	32	33	34	35	36	37	38	39	40	41	42	43	44	45	46	47	48	49	

Tabelle A-14: Ähnlichkeitscluster konst. plangetriebener Prozessmerkmale (1/4)

	3 Antizipation Entwicklungsergebnisse	38 Detailplanung auf allen Projektebenen	46 Vollständige Ausarbeitung Konzepte	24 Ein optimales Gesamtkonzept	2 Absicherung Erreichung Zwischenstände	41 Controlling des Projektfortschritts	45 Vollständig beschriebener Prozess	25 Kontinuierliche Dokumentation	10 Dokumentation Ziele/Anforderungen	11 Dokumentengetriebener Prozess	1 Abhängigkeit der Phasen untereinander	47 Vorgabe zeitliche Reihung der Elemente	30 Phasen zunehmender Konkretisierung	49 Vorgegebener Release-Zyklus	26 Sequenzieller Prozessverlauf in Phasen	27 Iteratives Durchlaufen einzelner Phasen	33 Projektleitung mit formaler Autorität	12 Ein Kernteam des Projekts	14 Art der Entscheidung nach Projektrelevanz	23 Klar geführter Entwicklungsprozess	13 Eindeutig definierte Meilensteine	43 Untergliederung Meilensteine in Teilmeilensteine	9 Diskrete Entscheidungskriterien	22 Meilenstein muss abgeschlossen werden	28 Meilensteine als Controlling-Punkt	5 Prozess wie geplant umzusetzen	31 Präventive Absicherung von Handlungen	19 Frühe Festlegung Entwicklungsschwerpunkte
3		1	1	1	0	0	0	0	0	0	0	0	0	0	0	0	0	0	0	1	1	0	0	0	0	0	1	0
38	1		0	0	Cluster I				0	0	0	0	0	0	0	0	0	0	1	1	0	1	0	0	1	1	0	1
46	1	0		1					0	0	0	0	0	0	0	0	0	0	0	0	0	0	0	0	0	0	0	0
24	1	0	1		0	0	0	0	0	0	0	0	0	0	0	0	0	0	0	0	0	0	0	0	0	0	0	0
2	0	0	0	0		1	0	0	1	0	0	0	0	0	0	1	0	0	0	0	0	0	0	0	0	0	0	0
41	0	0	0	0	1		1	0	0	0	0	0	0	0	0	0	0	0	0	0	0	0	0	1	0	0	0	0
45	0	0	0	0	0	1		1	1	1	Cluster II				1	0	0	0	0	1	1	0	0	0	0	0	0	0
25	0	0	0	0	0	0	1		1	1					0	0	0	0	0	0	0	0	0	0	0	0	0	0
10	0	0	0	0	1	0	1	1		1	0	0	0	0	0	0	0	0	0	0	0	0	0	0	0	0	0	0
11	0	0	0	0	0	0	1	1	1		0	0	0	0	0	0	0	0	0	1	0	0	0	0	0	0	0	0
1	0	0	0	0	0	0	1	0	0	0		1	1	0	0	0	0	0	0	0	0	0	0	0	0	0	0	0
47	0	0	0	0	0	0	0	0	0	0	1		1	1	1	0	0	0	0	1	0	0	0	0	0	1	0	0
30	0	0	0	0	0	0	0	0	0	0	1	1		1	1	1	Cluster III				0	0	0	0	0	0	0	0
49	0	0	0	0	0	0	1	0	0	0	0	1	1		0	0					0	0	0	0	0	0	0	0
26	0	0	0	0	0	0	1	0	0	0	0	1	1	0		1	0	0	0	0	0	0	0	1	0	0	0	0
27	0	0	0	0	1	0	0	0	0	0	0	0	1	0	1		0	0	0	0	0	0	0	0	0	0	0	0
33	0	0	0	0	0	0	0	0	0	0	0	0	0	0	0	0		1	1	1	0	0	0	0	0	0	0	0
12	0	0	0	0	0	0	0	0	0	0	0	0	0	0	0	0	1		1	Cluster IV				0	0	0	0	0
14	0	1	0	0	0	0	0	0	0	0	0	0	0	0	0	0	1	1		0	0	0	0	0	0	0	0	0
23	1	1	0	0	0	0	1	0	0	1	0	1	0	0	0	0	1	0	0		1	1	1	1	1	1	0	0
13	1	0	0	0	0	0	1	0	0	0	0	0	0	0	0	0	0	0	0	1		1	1	1	1	1	0	0
43	0	1	0	0	0	0	0	0	0	0	0	0	0	0	0	0	0	0	0	1	1		1	1	1	1	0	0
9	0	0	0	0	0	0	0	0	0	0	0	0	0	0	0	0	0	0	0	1	1	1		1	1	1	0	0
22	0	0	0	0	0	1	0	0	0	0	0	0	0	0	1	Cluster V				1	1	1	1		1	1	1	0
28	0	1	0	0	0	0	0	0	0	0	0	0	0	0	0	0	0	0	0	1	1	1	1	1		1	1	0
5	0	1	0	0	0	0	0	0	0	0	0	1	0	0	0	0	0	0	0	1	1	1	1	1	1		1	0
31	1	0	0	0	0	0	0	0	0	0	0	0	0	0	0	0	0	0	0	0	0	0	0	1	1	1		1
19	0	1	0	0	0	0	0	0	0	0	0	0	0	0	0	0	0	0	0	0	0	0	0	0	0	0	1	

Tabelle A-15: Ähnlichkeitscluster konst. plangetriebener Prozessmerkmale (2/4)

	42	35	34	6	18	40	21	4	37	29	44	8	36	15	48	20	17	7	32	16	39	
	Tiefgehende, umfangreiche Feldtests	Regelmäßige Durchführung Validierungsschleifen	Prototypen zur Ermöglichung von Feedback	Detailliert festgelegte Testpläne	Fortlaufende Eigenschaftsabsicherung	Synchronisation Arbeitsergebnisse	Systemintegration zu Prozessende	Bildung von Teilprojekten	Funktionsentwicklung in Teilprojekten	Parallelisierung Arbeitsschritte	Untergliederung Produkt in Teilumfänge	Determinierung Zwischenstände	Rücksprung zu Vorgängerelement möglich	Entwicklung von Produktinkrementen	Vorgegebene Arbeitsergebnisse	Frühe Festlegung Kundenbedürfnisse	Formulierung konkreter Anforderungen	Produktdefinition zu Projektbeginn	Präzise Aufgabenstellung	Festlegung der Entwicklungsergebnisse	Striktes Verfolgen der geplanten Ziele	
3	0	0	0	0	0	0	0	0	0	0	0	0	0	0	1	0	0	0	0	0	0	3
38	0	0	0	1	0	0	0	1	0	0	0	0	0	0	0	0	0	0	0	0	0	38
46	0	0	1	0	0	0	0	0	0	0	0	0	0	0	0	0	1	0	0	0	0	46
24	0	0	0	0	0	0	0	0	0	0	0	0	0	0	0	0	0	0	0	0	0	24
2	0	0	0	0	0	0	0	0	0	0	0	1	0	0	1	0	0	0	0	1	0	2
41	0	0	0	0	0	0	0	0	0	0	0	0	0	0	0	0	0	0	0	0	0	41
45	0	0	0	0	0	0	0	0	0	0	0	0	0	0	1	0	1	0	1	0	0	45
25	0	0	0	0	0	1	0	0	0	0	0	0	0	0	0	0	0	0	0	0	0	25
10	0	0	0	0	1	0	0	0	0	0	0	0	0	0	0	0	1	0	0	0	0	10
11	0	0	0	0	0	0	0	0	0	0	0	0	0	0	0	0	0	0	0	0	0	11
1	0	0	0	0	0	0	0	0	0	0	0	0	0	0	0	0	0	0	0	0	0	1
47	0	0	0	1	0	0	0	0	0	0	0	0	0	0	0	0	0	0	0	0	0	47
30	0	0	0	0	0	0	1	0	0	0	0	0	0	0	0	0	0	0	0	0	0	30
49	0	0	0	0	0	0	0	0	0	0	0	0	0	0	0	0	0	0	0	0	0	49
26	0	0	0	0	0	0	0	0	0	0	0	0	0	0	0	0	0	0	0	0	0	26
27	0	1	0	0	0	0	0	0	0	0	0	0	1	0	0	0	0	0	0	0	0	27
33	0	0	0	0	0	0	0	0	0	0	0	0	0	0	0	0	0	0	0	0	0	33
12	0	0	0	0	0	0	0	0	0	0	0	0	0	0	0	0	0	0	0	0	0	12
14	0	0	1	0	0	0	0	0	0	0	0	0	0	0	0	0	0	0	0	0	0	14
23	0	0	0	1	1	0	0	0	0	0	0	0	0	0	0	0	0	0	1	0	1	23
13	0	0	0	1	0	0	0	0	0	0	0	0	0	0	0	0	0	0	1	1	0	13
43	0	0	0	0	1	0	0	1	0	0	0	0	0	0	0	0	0	0	0	0	0	43
9	0	1	0	0	0	0	0	0	0	0	0	0	1	0	0	0	0	0	0	0	0	9
22	0	1	0	0	0	0	1	0	0	0	0	0	0	0	0	0	0	0	0	0	1	22
28	0	1	0	0	0	0	0	0	0	0	0	0	0	0	1	0	0	0	0	0	0	28
5	0	0	0	0	0	0	0	0	0	0	0	0	0	0	0	0	0	0	0	0	1	5
31	0	1	0	0	0	0	0	0	0	0	0	1	0	0	0	0	0	0	0	0	0	31
19	0	0	0	0	0	0	0	0	0	0	0	0	0	0	0	0	1	0	0	0	0	19
	42	35	34	6	18	40	21	4	37	29	44	8	36	15	48	20	17	7	32	16	39	

Tabelle A-16: Ähnlichkeitscluster konst. plangetriebener Prozessmerkmale (3/4)

	3 Antizipation Entwicklungsergebnisse	38 Detailplanung auf allen Projektebenen	46 Vollständige Ausarbeitung Konzepte	24 Ein optimales Gesamtkonzept	2 Absicherung Erreichung Zwischenstände	41 Controlling des Projektfortschritts	45 Vollständig beschriebener Prozess	25 Kontinuierliche Dokumentation	10 Dokumentation Ziele/Anforderungen	11 Dokumentengetriebener Prozess	1 Abhängigkeit der Phasen untereinander	47 Vorgabe zeitliche Reihung der Elemente	30 Phasen zunehmender Konkretisierung	49 Vorgegebener Release-Zyklus	26 Sequenzieller Prozessverlauf in Phasen	27 Iteratives Durchlaufen einzelner Phasen	33 Projektleitung mit formaler Autorität	12 Ein Kernteam des Projekts	14 Art der Entscheidung nach Projektrelevanz	23 Klar geführter Entwicklungsprozess	13 Eindeutig definierte Meilensteine	43 Untergliederung Meilensteine in Teilmeilensteine	9 Diskrete Entscheidungskriterien	22 Meilenstein muss abgeschlossen werden	28 Meilensteine als Controlling-Punkt	5 Prozess wie geplant umzusetzen	31 Präventive Absicherung von Handlungen	19 Frühe Festlegung Entwicklungsschwerpunkte	
42	0	0	0	0	0	0	0	0	0	0	0	0	0	0	0	0	0	0	0	0	0	0	0	0	0	0	0	0	42
35	0	0	0	0	0	0	0	0	0	0	0	0	0	0	0	1	0	0	0	0	0	0	1	1	1	0	1	0	35
34	0	0	0	0	0	0	0	0	0	0	0	0	0	0	0	0	0	0	1	0	0	0	0	0	0	0	0	0	34
6	0	1	1	0	0	0	0	0	0	0	0	1	0	0	0	0	0	0	0	1	1	0	0	0	0	0	0	0	6
18	0	0	0	0	0	0	0	0	1	0	0	0	0	0	0	0	0	0	0	1	0	1	0	0	0	0	0	0	18
40	0	0	0	0	0	0	0	1	0	0	0	0	0	0	0	0	0	0	0	0	0	0	0	0	0	0	0	0	40
21	0	0	0	0	0	0	0	0	0	0	0	0	1	0	0	0	0	0	0	0	0	0	0	1	0	0	0	0	21
4	0	1	0	0	0	0	0	0	0	0	0	0	0	0	0	0	0	0	0	0	0	1	0	0	0	0	0	0	4
37	0	0	0	0	0	0	0	0	0	0	0	0	0	0	0	0	0	0	0	0	0	0	0	0	0	0	0	0	37
29	0	0	0	0	0	0	0	0	0	0	0	0	0	0	0	0	0	0	0	0	0	0	0	0	0	0	0	0	29
44	0	0	0	0	0	0	0	0	0	0	0	0	0	0	0	0	0	0	0	0	0	0	0	0	0	0	0	0	44
8	0	0	0	0	1	0	0	0	0	0	0	0	0	0	0	0	0	0	0	0	0	0	0	0	0	0	1	0	8
36	0	0	0	0	0	0	0	0	0	0	0	0	0	0	0	1	0	0	0	0	0	0	1	0	0	0	0	0	36
15	0	0	0	0	0	0	0	0	0	0	0	0	0	0	0	0	0	0	0	0	0	0	0	0	0	0	0	0	15
48	1	0	0	0	1	0	1	0	0	0	0	0	0	0	0	0	0	0	0	0	0	0	0	0	1	0	0	0	48
20	0	0	0	0	0	0	0	0	0	0	0	0	0	0	0	0	0	0	0	0	0	0	0	0	0	0	0	0	20
17	0	0	0	0	0	0	1	0	1	0	0	0	0	0	0	0	0	0	0	0	0	0	0	0	0	0	0	1	17
7	0	0	1	0	0	0	0	0	0	0	0	0	0	0	0	0	0	0	0	0	0	0	0	0	0	0	0	0	7
32	0	0	0	0	0	0	1	0	0	0	0	0	0	0	0	0	0	0	0	1	1	0	0	0	0	0	0	0	32
16	0	0	0	0	1	0	0	0	0	0	0	0	0	0	0	0	0	0	0	0	1	0	0	0	0	0	0	0	16
39	0	0	0	0	0	0	0	0	0	0	0	0	0	0	0	0	0	0	0	1	0	0	0	1	0	1	0	0	39
	3	38	46	24	2	41	45	25	10	11	1	47	30	49	26	27	33	12	14	23	13	43	9	22	28	5	31	19	

Tabelle A-17: Ähnlichkeitscluster konst. plangetriebener Prozessmerkmale (4/4)

	42 Tiefgehende, umfangreiche Feldtests	35 Regelmäßige Durchführung Validierungsschleifen	34 Prototypen zur Ermöglichung von Feedback	6 Detailliert festgelegte Testpläne	18 Fortlaufende Eigenschaftsabsicherung	40 Synchronisation Arbeitsergebnisse	21 Systemintegration zu Prozessende	4 Bildung von Teilprojekten	37 Funktionsentwicklung in Teilprojekten	29 Parallelisierung Arbeitsschritte	44 Untergliederung Produkt in Teilumfänge	8 Determinierung Zwischenstände	36 Rücksprung zu Vorgängerelement möglich	15 Entwicklung von Produktinkrementen	48 Vorgegebene Arbeitsergebnisse	20 Frühe Festlegung Kundenbedürfnisse	17 Formulierung konkreter Anforderungen	7 Produktdefinition zu Projektbeginn	32 Präzise Aufgabenstellung	16 Festlegung der Entwicklungsergebnisse	39 Striktes Verfolgen der geplanten Ziele	
42		1	1	1	1	0	0	0	0	0	0	0	0	0	0	0	0	0	0	0	0	42
35	1		1	1	1	0	0	0	0	0	0	0	0	1	0	1	0	0	0	0	0	35
34	1	1		1	1	Cluster VI				0	0	0	0	0	0	1	0	0	0	0	0	34
6	1	1	1		1	0	0	0	0	0	0	0	0	0	0	0	0	0	0	0	0	6
18	1	1	1	1		0	0	0	0	0	0	0	0	0	0	0	0	0	0	0	0	18
40	0	0	0	0	0		1	0	1	1	0	0	0	0	0	0	0	0	0	0	0	40
21	0	0	0	0	0	1		0	0	0	0	0	0	0	0	0	0	0	0	0	0	21
4	0	0	0	0	0	0	0		1	0	1	Cluster VII				0	0	0	0	0	0	4
37	0	0	0	0	0	1	0	1		1	1					0	0	0	0	0	0	37
29	0	0	0	0	0	1	0	0	1		1	0	0	0	0	0	0	0	0	0	0	29
44	0	0	0	0	0	0	0	1	1	1		0	0	0	0	0	0	0	0	0	0	44
8	0	0	0	0	0	0	0	0	0	0	0		1	1	0	0	0	0	0	0	0	8
36	0	0	0	0	0	0	0	0	0	0	0	1		1	0	Cluster VIII				0	0	36
15	0	1	0	0	0	0	0	0	0	0	0	1	1		1					0	0	15
48	0	0	0	0	0	0	0	0	0	0	0	0	0	1		0	0	0	0	1	0	48
20	0	1	1	0	0	0	0	0	0	0	0	0	0	0	0		1	1	0	0	0	20
17	0	0	0	0	0	0	0	0	0	0	0	0	0	0	0	1		1	1	0	0	17
7	0	0	0	0	0	0	0	0	0	0	0	Cluster IX				1	1		1	1	0	7
32	0	0	0	0	0	0	0	0	0	0	0					0	1	1		1	0	32
16	0	0	0	0	0	0	0	0	0	0	0	0	0	0	1	0	0	1	1		1	16
39	0	0	0	0	0	0	0	0	0	0	0	0	0	0	0	0	0	0	0	1		39
	42	35	34	6	18	40	21	4	37	29	44	8	36	15	48	20	17	7	32	16	39	

A.8 Konstituierende agile Prozessmerkmale

Die im Folgenden dargestellte Auflistung umfasst die im Rahmen von Kapitel 5.2.2.2 zu identifizierenden konstituierenden Prozessmerkmale agiler Vorgehensmodelle in alphabetischer Reihenfolge. Zu jedem Prozessmerkmal sind eine Ordnungsnummer, eine Definition sowie die entsprechenden Vorgehensmodelle und Quellen, in denen das Prozessmerkmal Erwähnung findet, aufgeführt. Die Auflistung basiert auf der in Kapitel 5.2.1.2 vorgenommenen Abgrenzung des Untersuchungsbereichs.

Tabelle A-18: Auflistung konstituierender agiler Prozessmerkmale

#	Prozessmerkmal	Definition	Vorgehensmodell	Quelle
1	Anforderungen werden im Projektverlauf nach und nach verfeinert	Anforderungen werden zu Projektbeginn nur grob definiert und anschließend im weiteren Projektverlauf detailliert.	FDD, LeSS, SAFe	Knaster (2019), Larman et al. (2017), Palmer et al. (2002)
2	Anforderungen werden kundenorientiert definiert und gruppiert	Anforderungen werden nicht, wie im Rahmen plangetriebener Ansätze, hierarchisch oder funktionsweise gruppiert, sondern anwendungsnah an Anforderungsbereichen des Kunden orientiert.	LeSS	Larman et al. (2017)
3	Anwendung des Warteschlangen-Prinzips	Das Warteschlangen-Prinzip beschreibt die Art und Weise der Priorisierung zukünftiger Aufgaben. Das Prinzip regelt nicht nur die kontinuierlichen Neupriorisierung von Aufgaben sondern beschränkt gleichzeitig auch den sogenannten Work-In-Progress (WIP).	FDD, Kanban, LeSS, SAFe, Scrum	Anderson et al. (2010), Knaster (2019), Larman et al. (2017), Palmer et al. (2002), Schwaber et al. (2017)
4	Auflösung von Silo-Denken zwischen Generalisten und Fachexperten	Die Interdisziplinarität bei der Zusammensetzung von Teams sowie der kurzzyklische iterative Austausch aller Teammitglieder fördert die Auflösung des Silo-Denkens in agilen Teams.	FDD, LeSS	Larman et al. (2017), Palmer et al. (2002)
5	Ausarbeitung eines gemeinsamen Gesamtkonzepts	Die durchgängige Systemmodellierung ermöglicht ein Verständnis der Zusammenhänge des Gesamtsystems. Anstelle der lokalen Optimierung von Sub-Konzepten wird die Optimierung des Gesamtkonzepts angestrebt.	FDD, LeSS	Larman et al. (2017), Palmer et al. (2002)
6	Ausformulierung von untergeordneten Teilzielen erst mit Verlauf des Entwicklungsfortschritts	Neben den übergeordnet definierten Zielen eines Entwicklungsprojekts werden für jede Iterationsschleife untergeordnete Teilziele formuliert.	Scrum	Schwaber et al. (2017)
7	Bei Bedarf vorgeschaltete sequenziell verlaufende Zeitabschnitte	In jedem Projekt gibt es zu Beginn Aktivtäten in denen keine eigentliche Entwicklungstätigkeit erfolgt. Diese vorgeschalteten Zeitabschnitte können bei Bedarf sequenziell gestaltet.	DSDM	Stapleton (2003)

#	Prozessmerkmal	Definition	Vorgehensmodell	Quelle
8	Beschränkung bzw. Eingrenzung des Work-In-Progress	Eine Beschränkung der jeweils sich aktuell in Bearbeitung befindenden Aufgaben erhöht die Qualität der Ergebnisse. Die Eingrenzung des WIP sollte dabei mit den relevanten Stakeholdern abgestimmt werden.	Kanban, SAFe	Anderson et al. (2010), Knaster (2019)
9	Definition von wenigen und ausschließlich übergeordneten Meilensteine	Zur Wahrung der Prozessagilität werden Meilensteine nur übergeordnet definiert. Die Ausgestaltung der Arbeitspakete und Realisierung der Anforderungen obliegt den einzelnen Teams im Rahmen der Iterationen.	FDD, SAFe	Knaster (2019), Palmer et al. (2002)
10	Dokumentation der wesentlichsten Prozessaspekte zur Erzeugung von Transparenz	Zur Sicherung der erforderlichen Transparenz im Entwicklungsprojekt werden die wesentlichsten Prozessaspekte kontinuierlich dokumentiert.	Kanban, LeSS, SAFe, Scrum	Anderson et al. (2010), Knaster (2019), Larman et al. (2017), Schwaber et al. (2017)
11	Durch die inkrementelle Entwicklung wird sichergestellt, dass stets eine bekannte (Teil-) Produktversion ("Baseline") existiert	Die Entwicklung eines Produktinkrements als Ziel jeder Iteration ermöglicht bei Bedarf den schnellen Rückgriff auf frühere Entwicklungsstände als Ausgangspunkt für neue Iterationen.	DSDM, FDD	Palmer et al. (2002), Stapleton (2003)
12	Eine Festlegung der Produktdefinition zu Projektbeginn erfolgt nur auf Basis übergeordneter Anforderungen	Durch die Determinierung von ausschließlich übergeordneten Anforderungen zu Projektbeginn wird eine erst spätere Spezifizierung der Anforderungen entsprechend des Wissenszuwachs im weiteren Prozessverlauf ermöglicht.	DSDM	Stapleton (2003)
13	Einhaltung der Prozessregeln und -werte von Bedeutung für einen optimalen Prozessverlauf	Zentraler Aspekt agiler Ansätze ist die Einhaltung von Prozessregeln und -werten als Voraussetzung für einen optimalen Verlauf des Entwicklungsprojekts. Die Einhaltung dieser Regeln bzw. Werte obliegt der Verantwortung des gesamten Teams.	LeSS, Scrum, SAFe	Knaster (2019), Larman et al. (2017), Schwaber et al. (2017)
14	Enge Zusammenarbeit zwischen Team und Stakeholdern des Projekts	Eine enge Zusammenarbeit muss von allen Projektbeteiligten gleichermaßen forciert werden. Sowohl innerhalb des Unternehmens, als auch externe Stakeholder sollten zu jedem Zeitpunkt transparent in relevante Entscheidungen involviert werden.	DSDM, Kanban	Anderson et al. (2010), Stapleton (2003)
15	Entwicklung als Pull-System	Projektmitglieder mit freien Kapazitäten suchen sich selbstständig neue Aufgaben. Dadurch wird eine Überlastung einzelner Teammitglieder verhindert. Voraussetzung für ein funktionierendes Pull-System ist ein gemeinsames Verständnis der erforderlichen Entwicklungsaktivitäten.	Kanban	Anderson et al. (2010)
16	Entwicklung erfolgt in kurzen, sich wiederholenden, gleichmäßig fixierten Zeiträumen	Jede Iteration ist auf einen festgelegten Zeitraum beschränkt. Eine Iteration wird daher auch als Timebox bezeichnet. Der Umfang der umsetzbaren Aktivitäten wird durch die Länge der Timebox implizit vorgegeben.	DSDM, SAFe, Scrum	Knaster (2019), Schwaber et al. (2017), Stapleton (2003)

#	Prozessmerkmal	Definition	Vorgehensmodell	Quelle
17	Entwicklungsentscheidungen werden zum Großteil im Rahmen der repetierenden Meeting-Struktur getroffen	Das zyklische Entwicklungsvorgehen agiler Ansätze stellt sicher, dass kurzfristig auftretende Fragestellungen oder Herausforderungen im Projekt im Team abgestimmt und Entscheidungen flexibel getroffen werden können.	SAFe, Scrum	Knaster (2019), Schwaber et al. (2017)
18	Ergebnisorientierte Entwicklung	Die ergebnisorientierte Entwicklung tritt anstelle eines aufgabenorientierten Prozesses, bei dem Teammitglieder lediglich formal ihre Aufgaben erfüllen. Inkrementelle Produktversionen, die den Fortschritt der Funktionalität dokumentieren sind wichtiger als ein vollständiges Produkt mit mangelnder Bedürfniserfüllung.	DSDM, FDD	Palmer et al. (2002), Stapleton (2003)
19	Fehlerakzeptanz und Reversibilität als Teil des Prozessverständnisses	Agile Ansätze weisen eine hohe Fehlerakzeptanz auf. Sofern aus den Fehlern neue Erkenntnisse für die Erfüllung der Kundenbedürfnisse gezogen werden können, werden Fehler für eine insgesamt höhere Entwicklungsgeschwindigkeit als förderlich betrachtet.	DSDM	Stapleton (2003)
20	Flexible Überlappung von Phasen	Auch agile Ansätze, ähnlich wie plangetriebene Vorgehensmodelle, lassen die parallele Bearbeitung verschiedener Aktivitäten im Entwicklungsprozess zu.	DSDM	Stapleton (2003)
21	Formulierung von Anforderungen auf inhaltlich übergeordneter Ebene	Durch eine Formulierung der Anforderungen auf übergeordneter Ebene wird die Flexibilität der Lösungsfindung gewahrt. Detaillierte Anforderungen werden nach und nach im Entwicklungsprozess iterativ verfeinert.	DSDM	Stapleton (2003)
22	Gemeinsames Verständnis der „Definition of Done" eines Inkrements	Sowohl das Entwicklungsteam, als auch alle relevanten Stakeholder des Projekts müssen ein gemeinsam abgestimmtes Verständnis davon besitzen, wann ein Produktinkrement gemäß vorab definierter Kriterien als fertig („Done") gilt.	LeSS, Scrum	Larman et al. (2017), Schwaber et al. (2017)
23	Häufige Releases in regelmäßigen Abständen	Mit dem Ziel einen regelmäßigen und an die Marktbedürfnisse angepassten Kundennutzen zu stiften wird angestrebt, inkrementelle Produktversionen häufiger zu releasen. Dieses Vorgehen folgt dem Gedanken einer kontinuierlichen Produktoptimierung.	Kanban, SAFe	Anderson et al. (2010), Knaster (2019)
24	Inkrement als Grundlage für die Entscheidungsfindung hinsichtlich des weiteren Prozessverlaufs	Zum Ende einer Iteration wird jedes Produktinkrement hinsichtlich der vorab formulierten Anforderungen bewertet. Basierend auf potenziellen Anforderungsabweichungen wird entschieden, ob und welche Verfeinerungen und Nacharbeiten am Lösungskonzept erforderlich sind.	DSDM	Stapleton (2003)

#	Prozessmerkmal	Definition	Vorgehensmodell	Quelle
25	Kadenz der Timeboxes als Methode zum Umgang mit inhärenter Variabilität in einem flussbasierten System	Die Kadenz rhythmisch wiederkehrender Planungs- und Abstimmungsmeetings führt zu Planungssicherheit trotz im Prozess vorherrschenden Unklarheiten. Unvorhersehbare Ereignisse im Projektverlauf werden durch die Regelmäßigkeit der Aktivitäten zur Routine.	Kanban, LeSS, SAFe	Anderson et al. (2010), Knaster (2019), Larman et al. (2017)
26	Klare und präzise Kommunikation des Projektstatus jederzeit möglich	Die Begrenzung auf wenige, aber dafür präzise Formen der Berichterstattung und Dokumentation ermöglicht die jederzeit transparente Erfassung des Entwicklungsfortschritts. Das Reporting erfolgt auf allen Ebenen des Projekts und zu jeder Zeit.	FDD, Kanban, Scrum	Anderson et al. (2010), Palmer et al. (2002), Schwaber et al. (2017)
27	Konkretisierung der Inhalte erfolgt individuell für jede Timebox	Vor jeder Timebox werden die Inhalte und Anforderungen an das in dieser Iteration zu entwickelnde Produktinkrement individuell festgelegt.	Kanban, SAFe, Scrum	Anderson et al. (2010), Knaster (2019), Schwaber et al. (2017)
28	Kontinuierliche Berücksichtigung neu auftretender oder veränderter Anforderungen	Änderungen der Systemanforderungen werden als neue Anforderungen aufgenommen und in der nächsten Iterationsschleife als neu zu berücksichtigendes Ziel für das Team formuliert.	DSDM	Stapleton (2003)
29	Kontinuierliche Kundeneinbindung während des gesamten Entwicklungsprozesses	Es ist die Aufgabe des gesamten Entwicklungsteams ständig zu hinterfragen, ob die derzeitigen Aktivitäten wertschöpfend für den Kunden sind und den Kunden zu jeder Zeit in den Prozess einzubinden.	DSDM, FDD, SAFe	Knaster (2019), Palmer et al. (2002), Stapleton (2003)
30	Kontinuierliche Neupriorisierung der Entwicklungsaufgaben	Eine kontinuierliche Neupriorisierung der Entwicklungsaufgaben erfolgt in Abhängigkeit der zu diesem Zeitpunkt bekannten wirtschaftlichen und technischen Fakten.	DSDM, FDD, SAFe Scrum	Knaster (2019), Palmer et al. (2002), Schwaber et al. (2017), Stapleton (2003)
31	Kontinuierlicher Fluss der inkrementellen Wertschöpfung	Ein kontinuierlicher Fluss inkrementeller Wertschöpfung wird bei der Umsetzung agiler Ansätze durch permanentes, schnelles Kundenfeedback sowie den daraus resultierenden flexiblen prozess- und produktseitigen Anpassungen erreicht.	DSDM, LeSS, SAFe	Knaster (2019), Larman et al. (2017), Stapleton (2003)
32	Kontinuierliches Streben nach Optimierung der Zusammenarbeit im Projekt	Das Prinzip der kontinuierlichen Verbesserung innerhalb agiler Ansätze bezieht sich nicht ausschließlich auf die Produktoptimierung, sondern gilt auch für die Zusammenarbeit des Teams im Entwicklungsprozess.	FDD, Kanban, SAFe, Scrum	Anderson et al. (2010), Knaster (2019), Palmer et al. (2002), Schwaber et al. (2017)
33	Kurzfristige Eskalation relevanter Fragestellungen zur Entscheidungsfindung an Stakeholder	Durch die festgelegten, regelmäßigen Iterationen können aufkommende Fragestellungen kurzfristig mit den relevanten Stakeholdern diskutiert werden, um so eine schnelle Entscheidungsfindung herbeizuführen.	DSDM, FDD	Palmer et al. (2002), Stapleton (2003)

#	Prozessmerkmal	Definition	Vorgehensmodell	Quelle
34	Kurzfristige Prozess- und Produktanpassungen möglich	Prozess- und/oder Produktänderungen können nach Rücksprache im Entwicklungsteam kurzfristig realisiert werden. Voraussetzung dafür sind neue Erkenntnisse, die eine Abweichung vom ursprünglich angestrebten Entwicklungsergebnis implizieren und ein schnelles Handeln erfordern.	Scrum	Schwaber et al. (2017)
35	Liste der Anforderungen ist dynamisch	Um dem Flexibilitätsgedanken agiler Ansätze gerecht zu werden, ist die Liste der Anforderungen als dynamisch zu verstehen, d.h. sie ist niemals vollständig und entwickelt sich mit dem Produkt weiter.	Kanban, Scrum	Anderson et al. (2010), Schwaber et al. (2017)
36	Nacharbeit wird als Teil des Entwicklungsprozesses akzeptiert	Kurzzyklische Iterationsschleifen ermöglichen kundenorientierte und damit produktoptimierende Nacharbeit als natürlichen Bestandteil des Entwicklungsprozesses.	DSDM	Stapleton (2003)
37	(Nahezu) vollständig iterative Prozessgestaltung	Iterationen bilden die Grundlage der agilen Produktentwicklung. Abgesehen von wenigen Ausnahmen ist die Prozessgestaltung überwiegend iterativ vorzunehmen.	DSDM, FDD, SAFe	Knaster (2019), Palmer et al. (2002), Stapleton (2003)
38	Parallele Detaillierung unterschiedlicher Entwicklungsaufgaben	Die Iterationen einzelner Entwicklungsteams sind miteinander synchronisiert. Dadurch können parallel verschiedene Entwicklungsaufgaben detailliert werden.	Kanban, SAFe	Anderson et al. (2010), Knaster (2019)
39	Permanente Sichtbarkeit relevanter Aktivitäten und Ergebnisse	Durch präzise Reporting-Standards ist der aktuelle Projektfortschritt für jedes Teammitglied zu jeder Zeit transparent zugänglich. Dies umfasst auch die Aktivitäten und Teilergebnisse der anderen Projektmitglieder.	FDD, Kanban, SAFe	Anderson et al. (2010), Knaster (2019), Palmer et al. (2002)
40	Planungsdetaillierung einhergehend mit Prozessfortschritt	Mit jeder Iterationsschleife gewinnt das Projektteam neue Erkenntnisse. Jede Iteration erzeugt neue Ergebnisse, die wiederum als Input für die Planung der folgenden Iterationsschleifen dienen.	DSDM, Kanban, SAFe	Anderson et al. (2010), Knaster (2019) Stapleton (2003)
41	Priorisierung der Entwicklungsreihenfolge	Die Prozessplanung erfolgt iterativ durch die kontinuierliche Priorisierung der Entwicklungsreihenfolge.	DSDM, FDD, Kanban, LeSS Scrum	Anderson et al. (2010), Larman et al. (2017), Palmer et al. (2002), Schwaber et al. (2017), Stapleton (2003)
42	Regelmäßige Erarbeitung von Teilprodukten (Inkrementen)	Ziel einer jeden Iteration innerhalb der agilen Produktentwicklung ist die Erarbeitung eines Produktinkrements. Dies stellt die Wertschöpfung entlang des gesamten Entwicklungsprozesses sicher.	DSDM, FDD, SAFe, Scrum	Knaster (2019), Palmer et al. (2002), Schwaber et al. (2017), Stapleton (2003)

#	Prozessmerkmal	Definition	Vorgehensmodell	Quelle
43	Regelmäßige Synchronisation paralleler Arbeitsstränge	Um die Transparenz über relevante Entwicklungsergebnisse zwischen mehreren Entwicklungsteams zu gewährleisten ist eine regelmäßige Synchronisation parallel verlaufender Arbeitsstränge erforderlich.	LeSS	Larman et al. (2017)
44	Regelmäßige Überprüfung des Projektfortschritts im Hinblick auf die Zielerreichung	Eine wesentliche Eigenschaft agiler Ansätze ist die Flexibilität, mit der auf Abweichungen von der ursprünglichen Zielsetzung reagiert werden kann. Voraussetzung dafür ist die regelmäßige Überprüfung der Teilergebnisse hinsichtlich der Zielerreichung. Sie ist fester Bestandteil jeder Iteration.	SAFe, Scrum	Knaster (2019), Schwaber et al. (2017)
45	Selbstorganisation des Teams	Die mit den Stakeholdern vereinbarten Produktfunktionalitäten sind der Ausgangspunkt des Entwicklungsteams. Darauf aufbauend handelt das Team selbstbestimmt. Es existieren keine weiteren Vorgaben, wie die Zielsetzung im Detail umzusetzen ist.	DSDM, Scrum	Stapleton (2003), Schwaber et al. (2017)
46	Sicherstellung und Bewertung der Bedeutung einer Anforderung für die Zielerreichung	Anforderungen können entsprechend ihrer direkten Wertschöpfung für das Produkt in funktionale und nicht-funktionale Anforderungen untergliedert werden. Der Fokus des Entwicklungsprozesses liegt auf der Realisierung der funktionalen Anforderungen, die zentral für die Zielerreichung sind.	DSDM	Stapleton (2003)
47	Skalierung der Meeting-Struktur für den Einsatz mehrerer Teams	Bei großen Entwicklungsprojekten reicht die Kapazität eines einzelnen agilen Teams oftmals nicht aus, um die gewünschte Entwicklungsgeschwindigkeit zu erreichen. Deshalb werden mehrere parallel arbeitende Teams eingesetzt. Für eine reibungslose Kommunikation zwischen den Teams werden zusätzliche Multi-Team-Meetings in regelmäßigen Abständen durchgeführt.	DSDM, LeSS	Larman et al. (2017), Stapleton (2003)
48	Tagesgenaue Überwachung des Projektfortschritts möglich	Die kleinschrittige Planung der Entwicklungsaktivitäten sowie eine kurzzyklische Meeting-Struktur ermöglichen eine tagesgenaue Überwachung des Projektfortschrittes.	DSDM, Kanban, Scrum	Anderson et al. (2010), Schwaber et al. (2017), Stapleton (2003)
49	Team ist in hohem Maß eigenständig entscheidungsfähig	Das Entwicklungsteam ist befähigt Entscheidungen eigenständig zu treffen. Die zu Projektbeginn definierte Zielsetzung spannt den Rahmen auf, innerhalb dessen das Team frei handlungsfähig ist.	DSDM, SAFe, Scrum	Knaster (2019), Schwaber et al. (2017), Stapleton (2003)
50	Testing ist kontinuierlich auf verschiedenen Ebenen in den Entwicklungsprozess integriert	Ein zentrales Prinzip agiler Ansätze ist das regelmäßige Verproben der einzelnen Produktinkremente entlang des gesamten Entwicklungsprozesses. Dies dient der Sicherstellung der angestrebten Funktionalitäten.	DSDM, FDD	Palmer et al. (2002), Stapleton (2003)

#	Prozessmerkmal	Definition	Vorgehensmodell	Quelle
51	Timeboxes als Umsetzung der Erfüllung funktionaler und nichtfunktionaler Anforderungen	Ein Produktinkrement, das innerhalb einer Timebox entwickelt wird, muss sowohl die definierten funktionalen, als auch nicht-funktionalen Anforderungen erfüllen. Die Timebox gibt den zeitlichen Rahmen dafür vor.	DSDM, Scrum	Schwaber et al. (2017), Stapleton (2003)
52	Unterteilung des Gesamtprojekts in einzelne kleine Entwicklungsteams	Die sinnvolle Anzahl der Personen innerhalb eines agilen Teams ist begrenzt. Wenn durch den personellen Umfang eines Teams kurzzyklische Meetings und Absprachen ineffizient werden, sollte das Team in mehrere kleinere Teams unterteilt werden.	SAFe	Knaster (2019)
53	Unterteilung eines großen Teams in mehrere parallel arbeitende kleine Teams mit eigenen Iterationen	Die Unterteilung eines großen Entwicklungsteams in mehrere kleinere Teams kann dazu führen, dass die einzelnen Teams nicht mehr in einer gemeinsamen Iteration arbeiten, sondern ihre Iteration selbstorganisiert gestalten, d.h. spezifische individuelle Ziele je Iteration formulieren.	DSDM, LeSS, SAFe	Knaster (2019), Larman et al. (2017), Stapleton (2003)
54	Verändertes Verständnis eines Prototyps	Die Umsetzung einer agilen Produktentwicklung erfordert ein neues verändertes Verständnis von Prototypen. Dies betrifft insbesondere die Vollständigkeit, die nicht mehr dem ursprünglichen Industriestandard eines Prototyps entspricht.	DSDM, SAFe	Knaster (2019), Stapleton (2003)
55	Vermeidung statisch festgelegter Teamstrukturen	Je nach durchzuführender Entwicklungsaktivität kann die Aufgabenverteilung und damit die Rollen im Team angepasst werden. Statt statisch festgelegter Strukturen wird ein dynamisches Modell verfolgt.	DSDM, FDD, Kanban, SAFe	Anderson et al. (2010), Knaster (2019), Palmer et al. (2002), Stapleton (2003)
56	Vermeidung von verteilten Teams	Im Rahmen agiler Ansätze wird eine Zusammenarbeit des Teams an einem Standort, bestenfalls im gleichen Raum, angestrebt (Co-Location). Die Verteilung eines Teams über mehrere Standorte ist zu vermeiden.	Kanban, LeSS	Anderson et al. (2010), Larman et al. (2017)
57	Verständnis für die optimale Reihenfolge der Entwicklungsaufgaben	Entscheidend für die Erreichung des optimalen Entwicklungsergebnisses ist die ständige Neupriorisierung der Entwicklungsaufgaben. Das Verständnis für die richtige Reihenfolge bestimmt den Projekterfolg.	Kanban, SAFe	Anderson et al. (2010), Knaster (2019)
58	Vorausplanung des Entwicklungsprozesses nur auf übergeordneter Ebene	Die Vorausplanung eines agilen Produktentwicklungsprozesses erfolgt lediglich auf übergeordneter Ebene, bspw. als Prognose des potenziellen Prozessverlaufs in Form einer Roadmap.	DSDM, FDD, SAFe	Knaster (2019), Palmer et al. (2002), Stapleton (2003)
59	Vornehmlich dezentrale und nur geringe zentrale Entscheidungsfindung	Die Dezentralisierung des Entscheidungsprozesses reduziert Prozessverzögerungen, ermöglicht schnelleres Feedback und innovativere Lösungen. Entscheidungen, die außerhalb des Teamwissens liegen sollten jedoch weiterhin zentral getroffen werden.	DSDM, Kanban, SAFe	Anderson et al. (2010), Knaster (2019), Stapleton (2003)

#	Prozessmerkmal	Definition	Vorgehensmodell	Quelle
60	Wechsel zwischen zwei Timeboxes als meilensteinähnlicher Controlling-Punkt	Durch die Ziele, die für jede Timebox zu Beginn definiert werden, existieren meilensteinähnliche Controlling-Punkte beim Übergang von einer Timebox in die nächste.	DSDM, FDD	Palmer et al. (2002), Stapleton (2003)
61	Zeitliche Gleichschaltung paralleler Iterationen	Die eigenständigen Iterationen verschiedener Entwicklungsteams innerhalb eines Projekts sind in der Regel gleichgeschaltet, d.h. sie besitzen das gleiche Start- und Enddatum. Eine solche Synchronisation ermöglicht es, mehrere Perspektiven auf das Produkt gleichzeitig zu verstehen und zu lösen.	SAFe	Knaster (2019)
62	Ziel einer Iteration ist die Erfüllung definierter Deliverables	Jede Iteration im Entwicklungsprozess verfolgt die Erfüllung vorab festgelegter, zu erreichender Deliverables.	DSDM	Stapleton (2003)
63	Zwingend proaktive Kundeneinbindung	Die proaktive Einbeziehung der Kunden in den Entwicklungsprozess ist unerlässlich. Das regelmäßige Kundenfeedback ist wesentlich für den Projekterfolg.	DSDM, LeSS, SAFe	Knaster (2019), Larman et al. (2017), Stapleton (2003)

A.9 Verdichtung der konstituierenden agilen Prozessmerkmale

Die DSM (der Übersichtlichkeit halber aufgeteilt in vier Teile, siehe Tabelle A-19 bis Tabelle A-22) stellt die in Kapitel 5.2.2.2 beschriebene Ähnlichkeitsmatrix der agilen Prozessmerkmale dar. Die Reihenfolge der aufgeführten Prozessmerkmale entspricht der gleichen alphabetischen Abfolge, wie sie in der Auflistung und Definition der konstituierenden agilen Prozessmerkmale bereits in Anhang A.8 beschrieben wurde. Dementsprechend stimmen die hier aufgeführten Ordnungsnummern mit den Ordnungsnummern in Anhang A.8 überein. Zur besseren inhaltlichen Orientierung innerhalb der Matrix ist ergänzend zu den aufgeführten Ordnungsnummern außerdem eine verkürzte, aber eindeutige Bezeichnung jedes Prozessmerkmals in den Spalten der Ähnlichkeitsmatrix aufgeführt.

Als quadratische Matrix ermöglicht die DSM die Auflistung der plangetriebenen konstituierenden Prozessmerkmale und die Ähnlichkeitsbewertung zwischen den einzelnen Merkmalen mittels einer binären Beurteilung. Die Zuteilung einer 0 erfolgt, sofern keine Ähnlichkeit zwischen zwei Prozessmerkmalen vorliegt. Eine 1 wird dann eingetragen, wenn eine Ähnlichkeit besteht. In diesem Fall ist die entsprechende Zelle der abgebildeten Teilmatrizen grau hervorgehoben. Eine Ähnlichkeit lässt sich durch die inhaltliche Überschneidung zweier oder mehrerer Prozessmerkmale begründen, d.h. wenn Prozessmerkmale ähnliche Aspekte der Prozessgestaltung beschreiben. Dies kann sowohl konkrete Prozessaktivitäten, Prozessergebnisse, die Prozessbeteiligten als auch jede dem Prozess zugrundeliegende Interaktion betreffen.

Im vorliegenden Fall ist die erstellte Ähnlichkeitsmatrix symmetrisch, weil die vorhandenen inhaltlichen Ähnlichkeiten in ungerichteter Form vorliegen, d.h. beidseitig Gültigkeit besitzt. Für die Bildung der angestrebten Ähnlichkeitscluster ist lediglich relevant, ob eine Ähnlichkeit zwischen zwei Prozessmerkmalen vorliegt, die Richtung der Abhängigkeit spielt für diesen Anwendungsfall keine Rolle. Konkret bedeutet das: Sowohl unter- als auch oberhalb der Matrixdiagonalen sind die identischen Ähnlichkeiten abgebildet.

Die Verdichtung der konstituierenden agilen Prozessmerkmale zu Ähnlichkeitsclustern erfolgt, wie in Kapitel 5.2.2.1 beschrieben, durch die Anwendung des Clustering-Algorithmus IGTA. Eine Erläuterung des Algorithmus ist Anhang A.5 zu entnehmen. Das Ergebnis der Clusterbildung ist ebenfalls in vier Teilen in Tabelle A-23 bis Tabelle A-26 dargestellt.

Tabelle A-19: Ähnlichkeitsmatrix konst. agiler Prozessmerkmale (1/4)

	1	2	3	4	5	6	7	8	9	10	11	12	13	14	15	16	17	18	19	20	21	22	23	24	25	26	27	28	29	30	31	
	Anforderungen werden verfeinert	Anforderungen werden kundenorientiert definiert	Anwendung des Warteschlangen-Prinzips	Auflösung von Silo-Denken	Ausarbeitung eines gemeinsamen Konzepts	Formulierung von Teilzielen erst im Projektverlauf	Bei Bedarf vorgeschaltete sequenzielle Abschnitte	Beschränkung/Eingrenzung des Work-in-Progress	Definition von übergeordneten Meilensteine	Dokumentation wesentlichster Prozessaspekte	Es existiert stets eine Produktversion ("Baseline")	Produktdefinition mit übergeordneten Anforderungen	Einhaltung der Prozessregeln und -werte	Zusammenarbeit zw. Team und Stakeholdern	Entwicklung als Pull-System	Entwicklung erfolgt in kurzen, fixierten Zeiträumen	Entscheidungen innerhalb der Meeting-Struktur	Ergebnisorientierte Entwicklung	Fehlerakzeptanz und Reversibilität	Flexible Überlappung von Phasen	Anforderungen auf übergeordneter Ebene	Verständnis der "Definition of Done"	Häufige Releases in regelmäßigen Abständen	Inkrement relevant für die Entscheidungsfindung	Kadenz der Timeboxes	Jederzeit klare Kommunikation des Projektstatus	Konkretisierung der Inhalte für jede Timebox	Kontinuierliche Berücksichtigung Anforderungen	Kontinuierliche Kundeneinbindung	Kontinuierliche Neupriorisierung der Aufgaben	Kontinuierlicher Fluss der Wertschöpfung	
1	■	1	0	0	0	1	0	0	0	0	0	0	0	0	0	0	0	0	0	0	1	0	0	0	0	0	1	1	0	0	0	1
2	1	■	0	1	0	0	0	0	0	0	0	0	0	0	0	0	0	0	0	0	1	0	0	0	0	0	0	1	1	0	0	2
3	0	0	■	0	0	0	0	1	0	0	0	0	0	1	1	0	0	0	0	0	0	0	0	0	0	0	0	0	0	1	0	3
4	0	1	0	■	1	0	0	0	0	0	0	0	1	0	0	0	0	0	0	0	0	1	0	0	0	0	0	0	0	0	0	4
5	0	0	0	1	■	0	0	0	0	0	0	0	0	0	0	0	0	0	0	0	0	1	0	0	0	0	0	0	0	0	0	5
6	1	0	0	0	0	■	0	0	0	0	0	0	0	0	0	0	0	0	0	0	0	0	0	0	0	0	0	0	0	0	0	6
7	0	0	0	0	0	0	■	0	0	0	0	0	0	0	0	1	0	0	0	0	0	0	0	0	1	0	0	0	0	0	0	7
8	0	0	1	0	0	0	0	■	0	0	0	0	0	0	1	0	0	1	0	0	0	0	0	0	0	0	0	0	0	0	0	8
9	0	0	0	0	0	0	0	0	■	0	0	0	0	0	0	0	1	0	0	0	0	0	0	0	0	0	0	0	0	0	0	9
10	0	0	0	0	0	0	0	0	0	■	0	0	0	0	0	0	0	0	0	0	0	0	0	0	0	1	0	0	0	0	0	10
11	0	0	0	0	0	0	0	0	0	0	■	1	0	0	0	0	0	1	0	0	0	1	0	1	0	0	0	0	0	0	0	11
12	0	0	0	0	0	0	0	0	0	0	1	■	0	0	0	0	0	0	0	0	0	0	0	0	0	0	0	1	0	0	0	12
13	0	0	0	1	0	0	0	0	0	0	0	0	■	0	0	0	0	0	0	0	0	0	0	0	0	1	0	0	0	0	0	13
14	0	0	1	0	0	0	0	0	0	0	0	0	0	■	0	0	1	0	0	0	0	0	0	0	0	0	0	0	0	0	0	14
15	0	0	1	0	0	0	0	1	0	0	0	0	0	0	■	0	0	1	0	0	0	0	0	0	0	0	0	0	0	1	0	15
16	0	0	0	0	0	0	1	0	0	0	0	0	0	0	0	■	0	0	1	0	0	0	0	1	1	0	1	0	0	0	1	16
17	0	0	0	0	0	0	0	0	1	0	0	0	0	1	0	0	■	0	0	0	0	0	0	1	0	0	1	0	0	0	0	17
18	0	0	0	0	0	0	0	1	0	0	1	0	0	0	1	0	0	■	0	0	0	0	1	0	0	0	0	0	0	0	0	18
19	0	0	0	0	0	0	0	0	0	0	0	0	0	0	0	1	0	0	■	0	0	0	0	0	1	0	0	0	0	1	0	19
20	0	0	0	0	0	0	0	0	0	0	0	0	0	0	0	0	0	0	0	■	0	0	0	0	0	0	0	0	0	0	0	20
21	1	1	0	0	0	0	0	0	0	0	0	0	0	0	0	0	0	0	0	0	■	0	0	0	0	0	1	1	0	0	0	21
22	0	0	0	1	1	0	0	0	0	0	1	0	0	0	0	0	0	0	0	0	0	■	0	1	0	0	0	0	0	0	0	22
23	0	0	0	0	0	0	0	0	0	0	0	0	0	0	0	0	0	1	0	0	0	0	■	0	0	0	0	0	0	0	1	23
24	0	0	0	0	0	0	0	0	0	0	1	0	0	0	0	1	1	0	0	0	0	1	0	■	0	0	0	0	0	1	0	24
25	0	0	0	0	0	0	1	0	0	0	0	0	0	0	0	1	0	0	1	0	0	0	0	0	■	0	1	1	0	0	1	25
26	0	0	0	0	0	0	0	0	0	1	0	0	1	0	0	0	0	0	0	0	0	0	0	0	0	■	0	0	0	1	0	26
27	1	0	0	0	0	0	0	0	0	0	0	0	0	0	0	1	1	0	0	0	1	0	0	0	1	0	■	0	0	0	0	27
28	1	1	0	0	0	0	0	0	0	0	0	1	0	0	0	0	0	0	0	0	1	0	0	0	1	0	0	■	0	0	0	28
29	0	1	0	0	0	0	0	0	0	0	0	0	0	0	0	0	0	0	0	0	0	0	0	0	0	0	0	0	■	1	0	29
30	0	0	1	0	0	0	0	0	0	0	0	0	0	0	1	0	0	0	1	0	0	0	0	1	0	1	0	0	1	■	0	30
31	0	0	0	0	0	0	0	0	0	0	0	0	0	0	0	1	0	0	0	0	0	0	1	0	1	0	0	0	0	0	■	31
	1	2	3	4	5	6	7	8	9	10	11	12	13	14	15	16	17	18	19	20	21	22	23	24	25	26	27	28	29	30	31	

Tabelle A-20: Ähnlichkeitsmatrix konst. agiler Prozessmerkmale (2/4)

	32 Streben nach Optimierung der Zusammenarbeit	33 Kurzfristige Eskalation relevanter Fragestellungen	34 Kurzfristige Prozess-/Produktanpassungen	35 Liste der Anforderungen ist dynamisch	36 Nacharbeit als Teil des Entwicklungsprozesses	37 (Nahezu) vollständig iterative Prozessgestaltung	38 Parallele Detaillierung von Entwicklungsaufgaben	39 Permanente Sichtbarkeit relevanter Aktivitäten	40 Planungsdetaillierung mit Prozessfortschritt	41 Priorisierung der Entwicklungsreihenfolge	42 Regelmäßige Erarbeitung von Inkrementen	43 Regelmäßige Synchronisation der Arbeitsstränge	44 Regelmäßige Überprüfung des Projektfortschritts	45 Selbstorganisation des Teams	46 Bedeutung Anforderung für Zielerreichung	47 Skalierung der Meeting-Struktur	48 Genaue Überwachung des Projektfortschritts	49 Team ist eigenständig entscheidungsfähig	50 Testing ist in den Entwicklungsprozess integriert	51 Timeboxes zur Erfüllung der Anforderungen	52 Unterteilung Projekt in einzelne Teams	53 Unterteilung eines großen Teams	54 Verändertes Verständnis eines Prototyps	55 Vermeidung statisch festgelegter Teams	56 Vermeidung von verteilten Teams	57 Verständnis für Reihenfolge der Aufgaben	58 Vorausplanung des Entwicklungsprozesses	59 Vornehmlich dezentrale Entscheidungsfindung	60 Wechsel zw. Timeboxes als Controlling-Punkt	61 Zeitliche Gleichschaltung paralleler Iterationen	62 Ziel einer Iteration ist Erfüllung von Deliverables	63 Zwingend proaktive Kundeneinbindung	
1	0	0	0	1	0	1	0	0	1	0	0	0	0	0	1	0	0	0	0	0	0	0	0	0	0	0	0	0	0	0	0	0	1
2	0	0	0	1	0	0	0	0	0	1	0	0	0	0	1	0	0	0	0	0	0	0	1	0	0	0	0	0	0	0	0	1	2
3	0	0	0	0	0	0	0	0	0	1	0	0	0	0	0	0	0	1	0	0	0	0	0	0	0	1	0	1	0	0	0	0	3
4	1	0	0	0	0	0	0	0	0	0	0	0	0	0	0	0	0	0	0	0	0	0	0	1	1	1	0	0	0	0	0	0	4
5	0	0	0	0	0	0	0	0	1	0	0	0	0	0	0	0	0	0	0	0	0	0	0	1	0	0	1	0	0	0	0	0	5
6	0	0	0	0	0	0	0	0	1	0	0	0	1	0	1	0	0	0	0	0	0	0	0	0	0	0	0	0	0	0	0	0	6
7	0	0	0	0	0	0	0	0	0	0	0	0	0	0	0	0	0	0	0	1	0	0	0	0	0	0	1	0	0	0	0	0	7
8	0	0	0	0	0	0	0	0	0	0	0	0	0	0	0	0	0	0	0	0	0	0	0	0	0	0	0	0	0	0	0	0	8
9	0	0	0	0	0	0	0	0	0	0	0	0	0	0	0	1	0	0	0	0	0	0	0	0	0	0	1	0	1	0	0	0	9
10	0	0	0	0	0	0	0	1	0	0	0	0	0	0	0	0	1	0	0	0	0	0	0	0	0	0	0	0	0	0	0	0	10
11	0	0	0	0	1	0	0	0	0	0	1	0	0	0	0	0	0	0	0	0	0	0	0	0	0	0	0	0	0	0	0	0	11
12	0	0	0	1	1	0	0	0	0	0	0	0	0	0	0	0	0	0	0	0	0	0	0	0	0	0	1	0	0	0	0	0	12
13	1	0	0	0	0	0	0	0	0	0	0	0	1	0	0	0	1	0	0	0	0	0	0	0	0	0	0	0	0	0	0	0	13
14	1	1	0	0	0	0	0	0	0	0	0	0	0	1	0	0	0	1	0	0	0	0	0	0	0	1	0	1	0	0	0	0	14
15	0	0	0	0	0	0	0	0	1	1	0	0	0	0	0	0	0	0	0	0	0	0	0	0	0	1	0	0	0	0	0	0	15
16	0	0	0	0	0	1	0	0	1	0	0	0	0	0	0	0	0	0	0	1	0	0	0	0	0	0	0	0	0	0	0	0	16
17	0	0	1	0	0	0	0	0	1	1	0	0	0	1	0	0	0	1	0	0	0	0	0	0	0	0	0	1	1	0	0	0	17
18	0	0	0	0	0	0	0	0	0	0	0	0	0	0	1	0	0	0	0	1	0	0	0	0	0	0	0	0	0	0	0	0	18
19	0	0	1	0	1	1	0	0	0	0	0	0	0	0	0	0	0	0	0	0	0	0	0	0	0	0	0	0	0	0	0	0	19
20	0	0	0	0	0	0	1	0	0	0	0	0	0	0	0	0	0	0	0	0	0	0	0	0	0	0	0	0	0	1	0	0	20
21	0	0	0	1	0	0	0	0	0	0	0	0	0	0	1	0	0	0	0	0	0	0	0	0	0	0	1	0	0	0	0	0	21
22	0	0	0	0	0	0	0	0	0	0	1	0	0	0	0	0	0	0	0	0	0	0	0	0	0	0	0	0	0	0	1	0	22
23	0	0	0	0	0	0	0	0	0	1	0	0	0	0	0	0	0	0	0	0	0	0	0	0	0	0	0	0	0	1	0	0	23
24	0	0	1	0	0	0	0	0	1	0	1	0	1	0	0	0	0	0	0	0	0	0	0	0	0	0	0	0	0	0	0	0	24
25	0	0	1	1	0	1	0	0	1	0	0	0	0	0	0	0	0	0	0	1	0	0	0	0	0	0	0	0	0	0	0	0	25
26	0	0	0	0	0	0	0	1	0	0	0	1	1	0	0	0	1	0	0	0	0	0	0	0	0	1	0	0	0	0	0	0	26
27	0	0	0	0	0	0	0	0	1	0	0	0	0	0	0	0	0	0	0	1	0	0	0	0	0	0	1	0	0	0	1	0	27
28	0	0	0	1	1	0	0	0	0	0	0	0	0	0	1	0	0	0	0	0	0	0	0	0	0	0	0	0	0	0	0	0	28
29	0	0	0	0	0	0	0	0	0	0	0	0	0	0	0	0	0	0	0	0	0	0	0	0	0	0	0	0	0	0	0	1	29
30	0	0	1	0	0	0	0	0	0	1	0	0	0	0	0	0	0	0	0	0	0	0	0	0	0	1	0	0	0	0	0	0	30
31	0	0	0	0	0	0	0	0	1	0	0	0	0	0	1	0	0	0	0	0	0	0	0	0	0	0	0	0	0	0	1	0	31
	32	33	34	35	36	37	38	39	40	41	42	43	44	45	46	47	48	49	50	51	52	53	54	55	56	57	58	59	60	61	62	63	

Tabelle A-21: Ähnlichkeitsmatrix konst. agiler Prozessmerkmale (3/4)

	1 Anforderungen werden verfeinert	2 Anforderungen werden kundenorientiert definiert	3 Anwendung des Warteschlangen-Prinzips	4 Auflösung von Silo-Denken	5 Ausarbeitung eines gemeinsamen Konzepts	6 Formulierung von Teilzielen erst im Projektverlauf	7 Bei Bedarf vorgeschaltete sequenzielle Abschnitte	8 Beschränkung/Eingrenzung des Work-in-Progress	9 Definition von übergeordneten Meilensteine	10 Dokumentation wesentlichster Prozessaspekte	11 Es existiert stets eine Produktversion ("Baseline")	12 Produktdefinition mit übergeordneten Anforderungen	13 Einhaltung der Prozessregeln und -werte	14 Zusammenarbeit zw. Team und Stakeholdern	15 Entwicklung als Pull-System	16 Entwicklung erfolgt in kurzen, fixierten Zeiträumen	17 Entscheidungen innerhalb der Meeting-Struktur	18 Ergebnisorientierte Entwicklung	19 Fehlerakzeptanz und Reversibilität	20 Flexible Überlappung von Phasen	21 Anforderungen auf übergeordneter Ebene	22 Verständnis der "Definition of Done"	23 Häufige Releases in regelmäßigen Abständen	24 Inkrement relevant für die Entscheidungsfindung	25 Kadenz der Timeboxes	26 Jederzeit klare Kommunikation des Projektstatus	27 Konkretisierung der Inhalte für jede Timebox	28 Kontinuierliche Berücksichtigung Anforderungen	29 Kontinuierliche Kundeneinbindung	30 Kontinuierliche Neupriorisierung der Aufgaben	31 Kontinuierlicher Fluss der Wertschöpfung	
32	0	0	0	1	0	0	0	0	0	0	0	0	1	1	0	0	0	0	0	0	0	0	0	0	0	0	0	0	0	0	0	32
33	0	0	0	0	0	0	0	0	0	0	0	0	0	1	0	0	0	0	0	0	0	0	0	0	0	0	0	0	0	0	0	33
34	0	0	0	0	0	0	0	0	0	0	0	0	0	0	0	0	1	0	1	0	0	0	0	1	1	0	0	0	0	1	0	34
35	1	1	0	0	0	0	0	0	0	0	0	1	0	0	0	0	0	0	0	0	1	0	0	0	1	0	0	1	0	0	0	35
36	0	0	0	0	0	0	0	0	0	0	1	1	0	0	0	0	0	0	1	0	0	0	0	0	0	0	0	1	0	0	0	36
37	1	0	0	0	0	0	0	0	0	0	0	0	0	0	0	1	0	0	1	0	0	0	0	0	1	0	0	0	0	0	0	37
38	0	0	0	0	0	0	0	0	0	0	0	0	0	0	0	0	0	0	0	1	0	0	0	0	0	0	0	0	0	0	0	38
39	0	0	0	0	0	0	0	0	0	1	0	0	0	0	0	0	0	0	0	0	0	0	0	0	0	1	0	0	0	0	0	39
40	1	0	0	0	1	1	0	0	0	0	0	0	0	0	1	1	1	0	0	0	0	0	0	1	1	0	1	0	0	0	1	40
41	0	1	1	0	0	0	0	0	0	0	0	0	0	0	1	0	1	0	0	0	0	0	1	0	0	0	0	0	0	1	0	41
42	0	0	0	0	0	0	0	0	0	0	1	0	0	0	0	0	0	0	0	0	0	1	0	1	0	0	0	0	0	0	0	42
43	0	0	0	0	0	0	0	0	0	0	0	0	0	0	0	0	0	0	0	0	0	0	0	0	0	1	0	0	0	0	0	43
44	0	0	0	0	0	1	0	0	0	0	0	0	1	0	0	0	0	0	0	0	0	0	0	1	0	1	0	0	0	0	0	44
45	0	0	0	0	0	0	0	0	0	0	0	0	0	1	0	0	1	0	0	0	0	0	0	0	0	0	0	0	0	0	0	45
46	1	1	0	0	0	1	0	0	0	0	0	0	0	0	0	0	0	1	0	0	1	0	0	0	0	0	0	1	0	0	1	46
47	0	0	0	0	0	0	0	0	1	0	0	0	0	0	0	0	0	0	0	0	0	0	0	0	0	0	0	0	0	0	0	47
48	0	0	0	0	0	0	0	0	0	1	0	0	1	0	0	0	0	0	0	0	0	0	0	0	0	1	0	0	0	0	0	48
49	0	0	1	0	0	0	0	0	0	0	0	0	0	1	0	0	1	0	0	0	0	0	0	0	0	0	0	0	0	0	0	49
50	0	0	0	0	0	0	0	0	0	0	0	0	0	0	0	0	0	0	0	0	0	0	0	0	0	0	0	0	0	0	0	50
51	0	0	0	0	0	0	1	0	0	0	0	0	0	0	0	1	0	1	0	0	0	0	0	0	1	0	1	0	0	0	0	51
52	0	0	0	0	0	0	0	0	0	0	0	0	0	0	0	0	0	0	0	0	0	0	0	0	0	0	0	0	0	0	0	52
53	0	0	0	0	0	0	0	0	0	0	0	0	0	0	0	0	0	0	0	0	0	0	0	0	0	0	0	0	0	0	0	53
54	0	1	0	0	0	0	0	0	0	0	0	0	0	0	0	0	0	0	0	0	0	0	0	0	0	0	0	0	0	0	0	54
55	0	0	0	1	1	0	0	0	0	0	0	0	0	0	0	0	0	0	0	0	0	0	0	0	0	0	0	0	0	0	0	55
56	0	0	0	1	0	0	0	0	0	0	0	0	0	0	0	0	0	0	0	0	0	0	0	0	0	0	0	0	0	0	0	56
57	0	0	1	1	0	0	0	0	0	0	0	0	0	1	1	0	0	0	0	0	0	0	0	0	0	1	0	0	0	1	0	57
58	0	0	0	0	1	0	1	0	1	0	0	1	0	0	0	0	0	0	0	0	1	0	0	0	0	0	1	0	0	0	0	58
59	0	0	1	0	0	0	0	0	0	0	0	0	0	1	0	0	1	0	0	0	0	0	0	0	0	0	0	0	0	0	0	59
60	0	0	0	0	0	0	0	0	1	0	0	0	0	0	0	0	1	0	0	0	0	0	0	0	0	0	0	0	0	0	0	60
61	0	0	0	0	0	0	0	0	0	0	0	0	0	0	0	0	0	0	0	1	0	0	1	0	0	0	0	0	0	0	0	61
62	0	0	0	0	0	0	0	0	0	0	0	0	0	0	0	0	0	0	0	0	0	1	0	0	0	0	1	0	0	0	1	62
63	0	1	0	0	0	0	0	0	0	0	0	0	0	0	0	0	0	0	0	0	0	0	0	0	0	0	0	0	1	0	0	63
	1	2	3	4	5	6	7	8	9	10	11	12	13	14	15	16	17	18	19	20	21	22	23	24	25	26	27	28	29	30	31	

Tabelle A-22: Ähnlichkeitsmatrix konst. agiler Prozessmerkmale (4/4)

	32 Streben nach Optimierung der Zusammenarbeit	33 Kurzfristige Eskalation relevanter Fragestellungen	34 Kurzfristige Prozess-/Produktanpassungen	35 Liste der Anforderungen ist dynamisch	36 Nacharbeit als Teil des Entwicklungsprozesses	37 (Nahezu) vollständig iterative Prozessgestaltung	38 Parallele Detaillierung von Entwicklungsaufgaben	39 Permanente Sichtbarkeit relevanter Aktivitäten	40 Planungsdetaillierung mit Prozessfortschritt	41 Priorisierung der Entwicklungsreihenfolge	42 Regelmäßige Erarbeitung von Inkrementen	43 Regelmäßige Synchronisation der Arbeitsstränge	44 Regelmäßige Überprüfung des Projektfortschritts	45 Selbstorganisation des Teams	46 Bedeutung Anforderung für Zielerreichung	47 Skalierung der Meeting-Struktur	48 Genaue Überwachung des Projektfortschritts	49 Team ist eigenständig entscheidungsfähig	50 Testing ist in den Entwicklungsprozess integriert	51 Timeboxes zur Erfüllung der Anforderungen	52 Unterteilung Projekt in einzelne Teams	53 Unterteilung eines großen Teams	54 Verändertes Verständnis eines Prototyps	55 Vermeidung statisch festgelegter Teams	56 Vermeidung von verteilten Teams	57 Verständnis für Reihenfolge der Aufgaben	58 Vorausplanung des Entwicklungsprozesses	59 Vornehmlich dezentrale Entscheidungsfindung	60 Wechsel zw. Timeboxes als Controlling-Punkt	61 Zeitliche Gleichschaltung paralleler Iterationen	62 Ziel einer Iteration ist Erfüllung von Deliverables	63 Zwingend proaktive Kundeneinbindung	
32		0	0	0	0	0	0	0	0	0	0	0	0	0	0	1	0	0	0	0	0	0	0	0	1	0	0	0	0	0	0	0	32
33	0		0	0	0	0	0	0	0	0	0	0	0	0	0	0	0	0	0	0	0	0	0	0	0	0	0	1	0	0	0	0	33
34	0	0		0	1	0	0	0	0	0	0	0	0	0	0	0	0	0	0	0	0	0	0	0	0	0	0	0	0	0	0	0	34
35	0	0	0		0	0	0	0	0	0	0	0	0	0	1	0	0	0	0	0	0	0	0	0	0	0	0	0	0	0	0	0	35
36	0	0	1	0		0	0	0	0	0	0	0	0	0	0	0	0	0	0	0	0	0	0	0	0	0	0	0	0	0	0	0	36
37	0	0	0	0	0		0	0	1	0	0	0	0	0	0	0	0	0	0	0	0	0	0	0	0	0	0	0	0	1	0	0	37
38	0	0	0	0	0	0		0	0	0	0	0	0	0	0	0	0	0	0	0	1	0	0	0	0	0	0	0	0	0	0	0	38
39	0	0	0	0	0	0	0		0	0	0	0	0	0	0	0	1	0	0	0	0	0	0	0	0	0	0	0	0	0	0	0	39
40	0	0	0	0	0	1	0	0		0	0	0	1	0	0	0	0	0	0	0	0	0	0	0	0	0	1	0	0	0	0	0	40
41	0	0	0	0	0	0	0	0	0		0	0	0	0	0	0	0	0	0	0	0	0	0	0	0	1	0	0	0	0	0	0	41
42	0	0	0	0	0	0	0	0	0	0		0	0	0	0	0	0	0	0	0	0	0	0	0	0	0	0	0	0	0	0	0	42
43	0	0	0	0	0	0	0	0	0	0	0		0	0	0	0	0	0	0	0	1	0	0	0	0	0	0	0	0	1	0	0	43
44	0	0	0	0	0	0	0	0	1	0	0	0		0	0	0	1	0	0	0	0	0	0	0	0	0	0	0	1	0	0	0	44
45	0	0	0	0	0	0	0	0	0	0	0	0	0		0	1	0	1	0	0	0	0	0	1	1	0	0	1	0	0	0	0	45
46	0	0	0	1	0	0	0	0	0	0	0	0	0	0		0	0	0	0	0	0	0	0	0	0	0	0	0	0	0	0	0	46
47	1	0	0	0	0	0	0	0	0	0	0	0	0	1	0		0	0	0	0	0	1	0	0	0	0	0	0	0	0	0	0	47
48	0	0	0	0	0	0	0	1	0	0	0	0	1	0	0	0		0	0	0	0	0	0	0	0	0	0	0	0	0	0	0	48
49	0	0	0	0	0	0	0	0	0	0	0	0	0	1	0	0	0		0	0	0	0	0	1	0	0	0	1	0	0	0	0	49
50	0	0	0	0	0	0	0	0	0	0	0	0	0	0	0	0	0	0		0	0	0	1	0	0	0	0	0	0	0	0	0	50
51	0	0	0	0	0	0	0	0	0	0	0	0	0	0	0	0	0	0	0		0	0	0	0	0	0	0	0	0	0	1	0	51
52	0	0	0	0	0	0	1	0	0	0	0	1	0	0	0	0	0	0	0	0		1	0	0	0	0	0	0	0	0	0	0	52
53	0	0	0	0	0	0	0	0	0	0	0	0	0	0	0	1	0	0	0	0	1		0	0	0	0	0	0	0	0	0	0	53
54	0	0	0	0	0	0	0	0	0	0	0	0	0	0	0	0	0	0	1	0	0	0		0	0	0	0	0	0	0	0	0	54
55	0	0	0	0	0	0	0	0	0	0	0	0	0	1	0	0	0	1	0	0	0	0	0		0	0	0	0	0	0	0	0	55
56	1	0	0	0	0	0	0	0	0	0	0	0	0	1	0	0	0	0	0	0	0	0	0	0		0	0	0	0	0	0	0	56
57	0	0	0	0	0	0	0	0	0	1	0	0	0	0	0	0	0	0	0	0	0	0	0	0	0		0	0	0	0	0	0	57
58	0	0	0	0	0	0	0	0	1	0	0	0	0	0	0	0	0	0	0	0	0	0	0	0	0	0		0	0	0	0	0	58
59	0	1	0	0	0	0	0	0	0	0	0	0	0	1	0	0	0	1	0	0	0	0	0	0	0	0	0		0	0	0	0	59
60	0	0	0	0	0	0	0	0	0	0	0	0	1	0	0	0	0	0	0	0	0	0	0	0	0	0	0	0		0	0	0	60
61	0	0	0	0	0	1	0	0	0	0	0	1	0	0	0	0	0	0	0	0	0	0	0	0	0	0	0	0	0		0	0	61
62	0	0	0	0	0	0	0	0	0	0	0	0	0	0	0	0	0	0	0	1	0	0	0	0	0	0	0	0	0	0		0	62
63	0	0	0	0	0	0	0	0	0	0	0	0	0	0	0	0	0	0	0	0	0	0	0	0	0	0	0	0	0	0	0		63
	32	33	34	35	36	37	38	39	40	41	42	43	44	45	46	47	48	49	50	51	52	53	54	55	56	57	58	59	60	61	62	63	

Tabelle A-23: Ähnlichkeitscluster konst. agiler Prozessmerkmale (1/4)

	11 Es existiert stets eine Produktversion ("Baseline")	36 Nacharbeit als Teil des Entwicklungsprozesses	12 Produktdefinition mit übergeordneten Anforderungen	18 Ergebnisorientierte Entwicklung	23 Häufige Releases in regelmäßigen Abständen	31 Kontinuierlicher Fluss der Wertschöpfung	34 Kurzfristige Prozess-/Produktanpassungen	9 Definition von übergeordneten Meilensteine	17 Entscheidungen innerhalb der Meeting-Struktur	60 Wechsel zw. Timeboxes als Controlling-Punkt	13 Einhaltung der Prozessregeln und -werte	44 Regelmäßige Überprüfung des Projektfortschritts	48 Genaue Überwachung des Projektfortschritts	26 Jederzeit klare Kommunikation des Projektstatus	10 Dokumentation wesentlichster Prozessaspekte	39 Permanente Sichtbarkeit relevanter Aktivitäten	47 Skalierung der Meeting-Struktur	52 Unterteilung Projekt in einzelne Teams	53 Unterteilung eines großen Teams	61 Zeitliche Gleichschaltung paralleler Iterationen	43 Regelmäßige Synchronisation der Arbeitsstränge	20 Flexible Überlappung von Phasen	38 Parallele Detaillierung von Entwicklungsaufgaben	40 Planungsdetaillierung mit Prozessfortschritt	58 Vorausplanung des Entwicklungsprozesses	5 Ausarbeitung eines gemeinsamen Konzepts	22 Verständnis der "Definition of Done"	42 Regelmäßige Erarbeitung von Inkrementen	62 Ziel einer Iteration ist Erfüllung von Deliverables	24 Inkrement relevant für die Entscheidungsfindung	
11		1	1	1	0	0	0	0	0	0	0	0	0	0	0	0	0	0	0	0	0	0	0	0	0	0	1	1	0	1	11
36	1		1	Cluster I					0	0	0	0	0	0	0	0	0	0	0	0	0	0	0	0	0	0	0	0	0	0	36
12	1	1		0	0	0	0	0	0	0	0	0	0	0	0	0	0	0	0	0	0	0	0	0	1	0	0	0	0	0	12
18	1	0	0		1	0	0	0	0	0	0	0	0	0	0	0	0	0	0	0	0	0	0	0	0	0	0	0	0	0	18
23	0	0	0	1		1	Cluster II					0	0	0	0	0	0	0	0	1	0	0	0	0	0	0	0	0	0	0	23
31	0	0	0	0	1		0	0	0	0	0	0	0	0	0	0	0	0	0	0	0	0	0	1	0	0	0	0	1	0	31
34	0	1	0	0	0	0		0	1	0	0	0	0	0	0	0	0	0	0	0	0	0	0	0	0	0	0	0	0	1	34
9	0	0	0	0	0	0	0		1	1	Cluster III					0	1	0	0	0	0	0	0	0	1	0	0	0	0	0	9
17	0	0	0	0	0	0	1	1		1						0	0	0	0	0	0	0	0	1	0	0	0	0	0	1	17
60	0	0	0	0	0	0	0	1	1		0	1	0	0	0	0	0	0	0	0	0	0	0	0	0	0	0	0	0	0	60
13	0	0	0	0	0	0	0	0	0	0		1	1	1	0	0	0	0	0	0	0	0	0	0	0	0	0	0	0	0	13
44	0	0	0	0	0	0	0	0	0	1	1		1	1	0	0	0	0	0	0	0	0	0	1	0	0	0	0	0	1	44
48	0	0	0	0	0	0	0	0	0	0	1	1		1	1	1	Cluster IV					0	0	0	0	0	0	0	0	0	48
26	0	0	0	0	0	0	0	0	0	0	1	1	1		1	1					1	0	0	0	0	0	0	0	0	0	26
10	0	0	0	0	0	0	0	0	0	0	0	0	1	1		1	0	0	0	0	0	0	0	0	0	0	0	0	0	0	10
39	0	0	0	0	0	0	0	0	0	0	0	0	1	1	1		0	0	0	0	0	0	0	0	0	0	0	0	0	0	39
47	0	0	0	0	0	0	0	1	0	0	0	0	0	0	0	0		0	1	0	0	0	0	0	0	0	0	0	0	0	47
52	0	0	0	0	0	0	0	0	0	0	0	0	0	0	0	0	0		1	Cluster V					0	0	0	0	0	0	52
53	0	0	0	0	0	0	0	0	0	0	0	0	0	0	0	0	1	1		0	0	0	0	0	0	0	0	0	0	0	53
61	0	0	0	0	1	0	0	0	0	0	0	0	0	0	0	0	0	0	0		1	1	0	0	0	0	0	0	0	0	61
43	0	0	0	0	0	0	0	0	0	0	0	0	0	1	0	0	0	1	0	1		0	0	Cluster VI					0	0	43
20	0	0	0	0	0	0	0	0	0	0	0	0	0	0	0	0	0	0	0	1	0		1						0	0	20
38	0	0	0	0	0	0	0	0	0	0	0	0	0	0	0	0	0	1	0	0	0	1		0	0	0	0	0	0	0	38
40	0	0	0	0	0	1	0	0	1	0	0	1	0	0	0	0	0	0	0	0	0	0	0		1	1	0	0	0	1	40
58	0	0	1	0	0	0	0	1	0	0	0	0	0	0	0	0	0	0	Cluster VII					1		1	0	0	0	0	58
5	0	0	0	0	0	0	0	0	0	0	0	0	0	0	0	0	0	0	0	0	0	0	0	1	1		1	0	0	0	5
22	1	0	0	0	0	0	0	0	0	0	0	0	0	0	0	0	0	0	0	0	0	0	0	0	0	1		1	1	1	22
42	1	0	0	0	0	0	0	0	0	0	0	0	0	0	0	0	0	0	0	0	0	Cluster VIII					1		0	1	42
62	0	0	0	0	0	1	0	0	0	0	0	0	0	0	0	0	0	0	0	0	0						1	0		0	62
24	1	0	0	0	0	0	1	0	1	0	0	1	0	0	0	0	0	0	0	0	0	0	0	1	0	0	1	1	0		24
	11	36	12	18	23	31	34	9	17	60	13	44	48	26	10	39	47	52	53	61	43	20	38	40	58	5	22	42	62	24	

Tabelle A-24: Ähnlichkeitscluster konst. agiler Prozessmerkmale (2/4)

	4	32	55	56	45	14	49	33	59	57	30	41	3	15	8	63	29	27	51	25	7	16	37	19	50	54	6	46	35	28	21	2	1	
	Auflösung von Silo-Denken	Streben nach Optimierung der Zusammenarbeit	Vermeidung statisch festgelegter Teams	Vermeidung von verteilten Teams	Selbstorganisation des Teams	Zusammenarbeit zw. Team und Stakeholdern	Team ist eigenständig entscheidungsfähig	Kurzfristige Eskalation relevanter Fragestellungen	Vornehmlich dezentrale Entscheidungsfindung	Verständnis für Reihenfolge der Aufgaben	Kontinuierliche Neupriorisierung der Aufgaben	Priorisierung der Entwicklungsreihenfolge	Anwendung des Warteschlangen-Prinzips	Entwicklung als Pull-System	Beschränkung/Eingrenzung des Work-in-Progress	Zwingend proaktive Kundeneinbindung	Kontinuierliche Kundeneinbindung	Konkretisierung der Inhalte für jede Timebox	Timeboxes zur Erfüllung der Anforderungen	Kadenz der Timeboxes	Bei Bedarf vorgeschaltete sequenzielle Abschnitte	Entwicklung erfolgt in kurzen, fixierten Zeiträumen	(Nahezu) vollständig iterative Prozessgestaltung	Fehlerakzeptanz und Reversibilität	Testing ist in den Entwicklungsprozess integriert	Verändertes Verständnis eines Prototyps	Formulierung von Teilzielen erst im Projektverlauf	Bedeutung Anforderung für Zielerreichung	Liste der Anforderungen ist dynamisch	Kontinuierliche Berücksichtigung Anforderungen	Anforderungen auf übergeordneter Ebene	Anforderungen werden kundenorientiert definiert	Anforderungen werden verfeinert	
11	0	0	0	0	0	0	0	0	0	0	0	0	0	0	0	0	0	0	0	0	0	0	0	0	0	0	0	0	0	0	0	0	0	11
36	0	0	0	0	0	0	0	0	0	0	0	0	0	0	0	0	0	0	0	0	0	0	0	1	0	0	0	0	0	1	0	0	0	36
12	0	0	0	0	0	0	0	0	0	0	0	0	0	0	0	0	0	0	0	0	0	0	0	0	0	0	0	0	1	1	0	0	0	12
18	0	0	0	0	0	0	0	0	0	0	0	0	0	1	1	0	0	0	1	0	0	0	0	0	0	0	0	1	0	0	0	0	0	18
23	0	0	0	0	0	0	0	0	0	0	0	1	0	0	0	0	0	0	0	0	0	0	0	0	0	0	0	0	0	0	0	0	0	23
31	0	0	0	0	0	0	0	0	0	0	0	0	0	0	0	0	0	0	0	1	0	1	0	0	0	0	0	1	0	0	0	0	0	31
34	0	0	0	0	0	0	0	0	0	0	1	0	0	0	0	0	0	0	0	1	0	0	0	1	0	0	0	0	0	0	0	0	0	34
9	0	0	0	0	0	0	0	0	0	0	0	0	0	0	0	0	0	0	0	0	0	0	0	0	0	0	0	0	0	0	0	0	0	9
17	0	0	0	0	1	1	1	0	1	0	0	1	0	0	0	0	0	1	0	0	0	0	0	0	0	0	0	0	0	0	0	0	0	17
60	0	0	0	0	0	0	0	0	0	0	0	0	0	0	0	0	0	0	0	0	0	0	0	0	0	0	0	0	0	0	0	0	0	60
13	1	1	0	0	0	0	0	0	0	0	0	0	0	0	0	0	0	0	0	0	0	0	0	0	0	0	0	0	0	0	0	0	0	13
44	0	0	0	0	0	0	0	0	0	0	0	0	0	0	0	0	0	0	0	0	0	0	0	0	0	0	1	0	0	0	0	0	0	44
48	0	0	0	0	0	0	0	0	0	0	0	0	0	0	0	0	0	0	0	0	0	0	0	0	0	0	0	0	0	0	0	0	0	48
26	0	0	0	0	0	0	0	0	0	1	1	0	0	0	0	0	0	0	0	0	0	0	0	0	0	0	0	0	0	0	0	0	0	26
10	0	0	0	0	0	0	0	0	0	0	0	0	0	0	0	0	0	0	0	0	0	0	0	0	0	0	0	0	0	0	0	0	0	10
39	0	0	0	0	0	0	0	0	0	0	0	0	0	0	0	0	0	0	0	0	0	0	0	0	0	0	0	0	0	0	0	0	0	39
47	0	1	0	0	1	0	0	0	0	0	0	0	0	0	0	0	0	0	0	0	0	0	0	0	0	0	0	0	0	0	0	0	0	47
52	0	0	0	0	0	0	0	0	0	0	0	0	0	0	0	0	0	0	0	0	0	0	0	0	0	0	0	0	0	0	0	0	0	52
53	0	0	0	0	0	0	0	0	0	0	0	0	0	0	0	0	0	0	0	0	0	0	0	0	0	0	0	0	0	0	0	0	0	53
61	0	0	0	0	0	0	0	0	0	0	0	0	0	0	0	0	0	0	0	0	0	0	1	0	0	0	0	0	0	0	0	0	0	61
43	0	0	0	0	0	0	0	0	0	0	0	0	0	0	0	0	0	0	0	0	0	0	0	0	0	0	0	0	0	0	0	0	0	43
20	0	0	0	0	0	0	0	0	0	0	0	0	0	0	0	0	0	0	0	0	0	0	0	0	0	0	0	0	0	0	0	0	0	20
38	0	0	0	0	0	0	0	0	0	0	0	0	0	0	0	0	0	0	0	0	0	0	0	0	0	0	0	0	0	0	0	0	0	38
40	0	0	0	0	0	0	0	0	0	0	0	0	0	1	0	0	0	1	0	1	0	1	1	0	0	0	1	0	0	0	0	0	1	40
58	0	0	0	0	0	0	0	0	0	0	0	0	0	0	0	0	0	1	0	0	1	0	0	0	0	0	0	0	0	0	1	0	0	58
5	1	0	1	0	0	0	0	0	0	0	0	0	0	0	0	0	0	0	0	0	0	0	0	0	0	0	0	0	0	0	0	0	0	5
22	1	0	0	0	0	0	0	0	0	0	0	0	0	0	0	0	0	0	0	0	0	0	0	0	0	0	0	0	0	0	0	0	0	22
42	0	0	0	0	0	0	0	0	0	0	0	0	0	0	0	0	0	0	0	0	0	0	0	0	0	0	0	0	0	0	0	0	0	42
62	0	0	0	0	0	0	0	0	0	0	0	0	0	0	0	0	0	1	1	0	0	0	0	0	0	0	0	0	0	0	0	0	0	62
24	0	0	0	0	0	0	0	0	0	0	1	0	0	0	0	0	0	0	0	0	0	1	0	0	0	0	0	0	0	0	0	0	0	24
	4	32	55	56	45	14	49	33	59	57	30	41	3	15	8	63	29	27	51	25	7	16	37	19	50	54	6	46	35	28	21	2	1	

Tabelle A-25: Ähnlichkeitscluster konst. agiler Prozessmerkmale (3/4)

	11	36	12	18	23	31	34	9	17	60	13	44	48	26	10	39	47	52	53	61	43	20	38	40	58	5	22	42	62	24	
	Es existiert stets eine Produktversion ("Baseline")	Nacharbeit als Teil des Entwicklungsprozesses	Produktdefinition mit übergeordneten Anforderungen	Ergebnisorientierte Entwicklung	Häufige Releases in regelmäßigen Abständen	Kontinuierlicher Fluss der Wertschöpfung	Kurzfristige Prozess-/Produktanpassungen	Definition von übergeordneten Meilensteine	Entscheidungen innerhalb der Meeting-Struktur	Wechsel zw. Timeboxes als Controlling-Punkt	Einhaltung der Prozessregeln und -werte	Regelmäßige Überprüfung des Projektfortschritts	Genaue Überwachung des Projektfortschritts	Jederzeit klare Kommunikation des Projektstatus	Dokumentation wesentlichster Prozessaspekte	Permanente Sichtbarkeit relevanter Aktivitäten	Skalierung der Meeting-Struktur	Unterteilung Projekt in einzelne Teams	Unterteilung eines großen Teams	Zeitliche Gleichschaltung paralleler Iterationen	Regelmäßige Synchronisation der Arbeitsstränge	Flexible Überlappung von Phasen	Parallele Detaillierung von Entwicklungsaufgaben	Planungsdetaillierung mit Prozessfortschritt	Vorausplanung des Entwicklungsprozesses	Ausarbeitung eines gemeinsamen Konzepts	Verständnis der "Definition of Done"	Regelmäßige Erarbeitung von Inkrementen	Ziel einer Iteration ist Erfüllung von Deliverables	Inkrement relevant für die Entscheidungsfindung	
4	0	0	0	0	0	0	0	0	0	0	1	0	0	0	0	0	0	0	0	0	0	0	0	0	0	1	1	0	0	0	4
32	0	0	0	0	0	0	0	0	0	0	1	0	0	0	0	0	1	0	0	0	0	0	0	0	0	0	0	0	0	0	32
55	0	0	0	0	0	0	0	0	0	0	0	0	0	0	0	0	0	0	0	0	0	0	0	0	0	1	0	0	0	0	55
56	0	0	0	0	0	0	0	0	0	0	0	0	0	0	0	0	0	0	0	0	0	0	0	0	0	0	0	0	0	0	56
45	0	0	0	0	0	0	0	0	1	0	0	0	0	0	0	0	1	0	0	0	0	0	0	0	0	0	0	0	0	0	45
14	0	0	0	0	0	0	0	0	1	0	0	0	0	0	0	0	0	0	0	0	0	0	0	0	0	0	0	0	0	0	14
49	0	0	0	0	0	0	0	0	1	0	0	0	0	0	0	0	0	0	0	0	0	0	0	0	0	0	0	0	0	0	49
33	0	0	0	0	0	0	0	0	0	0	0	0	0	0	0	0	0	0	0	0	0	0	0	0	0	0	0	0	0	0	33
59	0	0	0	0	0	0	0	0	1	0	0	0	0	0	0	0	0	0	0	0	0	0	0	0	0	0	0	0	0	0	59
57	0	0	0	0	0	0	0	0	0	0	0	0	0	1	0	0	0	0	0	0	0	0	0	0	0	0	0	0	0	0	57
30	0	0	0	0	0	0	1	0	0	0	0	0	0	1	0	0	0	0	0	0	0	0	0	0	0	0	0	0	0	1	30
41	0	0	0	0	1	0	0	0	1	0	0	0	0	0	0	0	0	0	0	0	0	0	0	0	0	0	0	0	0	0	41
3	0	0	0	0	0	0	0	0	0	0	0	0	0	0	0	0	0	0	0	0	0	0	0	0	0	0	0	0	0	0	3
15	0	0	0	1	0	0	0	0	0	0	0	0	0	0	0	0	0	0	0	0	0	0	0	1	0	0	0	0	0	0	15
8	0	0	0	1	0	0	0	0	0	0	0	0	0	0	0	0	0	0	0	0	0	0	0	0	0	0	0	0	0	0	8
63	0	0	0	0	0	0	0	0	0	0	0	0	0	0	0	0	0	0	0	0	0	0	0	0	0	0	0	0	0	0	63
29	0	0	0	0	0	0	0	0	0	0	0	0	0	0	0	0	0	0	0	0	0	0	0	0	0	0	0	0	0	0	29
27	0	0	0	0	0	0	0	0	1	0	0	0	0	0	0	0	0	0	0	0	0	0	0	1	1	0	0	0	1	0	27
51	0	0	0	1	0	0	0	0	0	0	0	0	0	0	0	0	0	0	0	0	0	0	0	0	0	0	0	0	1	0	51
25	0	0	0	0	0	1	1	0	0	0	0	0	0	0	0	0	0	0	0	0	0	0	0	1	0	0	0	0	0	0	25
7	0	0	0	0	0	0	0	0	0	0	0	0	0	0	0	0	0	0	0	0	0	0	0	0	1	0	0	0	0	0	7
16	0	0	0	0	0	1	0	0	0	0	0	0	0	0	0	0	0	0	0	0	0	0	0	1	0	0	0	0	0	1	16
37	0	0	0	0	0	0	0	0	0	0	0	0	0	0	0	0	0	0	0	1	0	0	0	1	0	0	0	0	0	0	37
19	0	1	0	0	0	0	1	0	0	0	0	0	0	0	0	0	0	0	0	0	0	0	0	0	0	0	0	0	0	0	19
50	0	0	0	0	0	0	0	0	0	0	0	0	0	0	0	0	0	0	0	0	0	0	0	0	0	0	0	0	0	0	50
54	0	0	0	0	0	0	0	0	0	0	0	0	0	0	0	0	0	0	0	0	0	0	0	0	0	0	0	0	0	0	54
6	0	0	0	0	0	0	0	0	0	0	0	1	0	0	0	0	0	0	0	0	0	0	0	1	0	0	0	0	0	0	6
46	0	0	0	1	0	1	0	0	0	0	0	0	0	0	0	0	0	0	0	0	0	0	0	0	0	0	0	0	0	0	46
35	0	0	1	0	0	0	0	0	0	0	0	0	0	0	0	0	0	0	0	0	0	0	0	0	0	0	0	0	0	0	35
28	0	1	1	0	0	0	0	0	0	0	0	0	0	0	0	0	0	0	0	0	0	0	0	0	0	0	0	0	0	0	28
21	0	0	0	0	0	0	0	0	0	0	0	0	0	0	0	0	0	0	0	0	0	0	0	0	1	0	0	0	0	0	21
2	0	0	0	0	0	0	0	0	0	0	0	0	0	0	0	0	0	0	0	0	0	0	0	0	0	0	0	0	0	0	2
1	0	0	0	0	0	0	0	0	0	0	0	0	0	0	0	0	0	0	0	0	0	0	0	1	0	0	0	0	0	0	1
	11	36	12	18	23	31	34	9	17	60	13	44	48	26	10	39	47	52	53	61	43	20	38	40	58	5	22	42	62	24	

Tabelle A-26: Ähnlichkeitscluster konst. agiler Prozessmerkmale (4/4)

	4 Auflösung von Silo-Denken	32 Streben nach Optimierung der Zusammenarbeit	55 Vermeidung statisch festgelegter Teams	56 Vermeidung von verteilten Teams	45 Selbstorganisation des Teams	14 Zusammenarbeit zw. Team und Stakeholdern	49 Team ist eigenständig entscheidungsfähig	33 Kurzfristige Eskalation relevanter Fragestellungen	59 Vornehmlich dezentrale Entscheidungsfindung	57 Verständnis für Reihenfolge der Aufgaben	30 Kontinuierliche Neupriorisierung der Aufgaben	41 Priorisierung der Entwicklungsreihenfolge	3 Anwendung des Warteschlangen-Prinzips	15 Entwicklung als Pull-System	8 Beschränkung/Eingrenzung des Work-in-Progress	63 Zwingend proaktive Kundeneinbindung	29 Kontinuierliche Kundeneinbindung	27 Konkretisierung der Inhalte für jede Timebox	51 Timeboxes zur Erfüllung der Anforderungen	25 Kadenz der Timeboxes	7 Bei Bedarf vorgeschaltete sequenzielle Abschnitte	16 Entwicklung erfolgt in kurzen, fixierten Zeiträumen	37 (Nahezu) vollständig iterative Prozessgestaltung	19 Fehlerakzeptanz und Reversibilität	50 Testing ist in den Entwicklungsprozess integriert	54 Verändertes Verständnis eines Prototyps	6 Formulierung von Teilzielen erst im Projektverlauf	46 Bedeutung Anforderung für Zielerreichung	35 Liste der Anforderungen ist dynamisch	28 Kontinuierliche Berücksichtigung Anforderungen	21 Anforderungen auf übergeordneter Ebene	2 Anforderungen werden kundenorientiert definiert	1 Anforderungen werden verfeinert	
4	■	1	1	1	0	0	0	0	0	1	0	0	0	0	0	0	0	0	0	0	0	0	0	0	0	0	0	0	0	0	0	1	0	4
32	1	■	0	1	0	1	0	0	0	0	0	0	0	0	0	0	0	0	0	0	0	0	0	0	0	0	0	0	0	0	0	0	0	32
55	1	0	■	0	1	0	1	0	0	0	0	0	0	0	0	0	0	0	0	0	0	0	0	0	0	0	0	0	0	0	0	0	0	55
56	1	1	0	■	1	0	0	0	0	0	0	0	0	0	0	0	0	0	0	0	0	0	0	0	0	0	0	0	0	0	0	0	0	56
45	0	0	1	1	■	1	1	0	1	Cluster IX					0	0	0	0	0	0	0	0	0	0	0	0	0	0	0	0	0	0	0	45
14	0	1	0	0	1	■	1	1	1	1	0	0	1	0	0	0	0	0	0	0	0	0	0	0	0	0	0	0	0	0	0	0	0	14
49	0	0	1	0	1	1	■	0	1	0	0	0	1	0	0	0	0	0	0	0	0	0	0	0	0	0	0	0	0	0	0	0	0	49
33	0	0	0	0	0	1	0	■	1	0	0	0	0	0	0	0	0	0	0	0	0	0	0	0	0	0	0	0	0	0	0	0	0	33
59	0	0	0	0	1	1	1	1	■	0	0	0	1	0	0	0	0	0	0	0	0	0	0	0	0	0	0	0	0	0	0	0	0	59
57	1	0	0	0	0	1	0	0	0	■	1	1	1	1	0	0	0	0	0	0	0	0	0	0	0	0	0	0	0	0	0	0	0	57
30	0	0	0	0	0	0	0	0	0	1	■	1	1	1	0	0	1	0	0	0	0	0	0	1	0	0	0	0	0	0	0	0	0	30
41	0	0	0	0	0	0	0	0	0	1	1	■	1	1	0	Cluster X					0	0	0	0	0	0	0	0	0	0	0	1	0	41
3	0	0	0	0	0	1	1	0	1	1	1	1	■	1	1						0	0	0	0	0	0	0	0	0	0	0	0	0	3
15	0	0	0	0	0	0	0	0	0	1	1	1	1	■	1	0	0	0	0	0	0	0	0	0	0	0	0	0	0	0	0	0	0	15
8	0	0	0	0	0	0	0	0	0	0	0	0	1	1	■	0	0	0	0	0	0	0	0	0	0	0	0	0	0	0	0	0	0	8
63	0	0	0	0	0	0	0	0	0	0	0	0	0	0	0	■	1	Cluster XI					0	0	0	0	0	0	0	0	0	1	0	63
29	0	0	0	0	0	0	0	0	0	0	1	0	0	0	0	1	■						0	0	0	0	0	0	0	0	0	1	0	29
27	0	0	0	0	0	0	0	0	0	0	0	0	0	0	0	0	0	■	1	1	0	1	0	0	0	0	0	0	0	0	1	0	1	27
51	0	0	0	0	0	0	0	0	0	0	0	0	0	0	0	0	0	1	■	1	1	1	0	0	0	0	0	0	0	0	0	0	0	51
25	0	0	0	0	0	0	0	0	0	0	0	0	0	0	0	0	0	1	1	■	1	1	1	1	0	0	0	0	1	1	0	0	0	25
7	0	0	0	0	0	0	0	0	0	0	0	0	0	0	0	0	0	0	1	1	■	1	0	0	Cluster XII					0	0	0	0	7
16	0	0	0	0	0	0	0	0	0	0	0	0	0	0	0	0	0	1	1	1	1	■	1	1	0	0	0	0	0	0	0	0	0	16
37	0	0	0	0	0	0	0	0	0	0	0	0	0	0	0	0	0	0	0	1	0	1	■	1	0	0	0	0	0	0	0	0	1	37
19	0	0	0	0	0	0	0	0	0	0	1	0	0	0	0	0	0	0	0	1	0	1	1	■	0	0	0	0	0	0	0	0	0	19
50	0	0	0	0	0	0	0	0	0	0	0	0	0	0	0	0	0	0	0	Cluster XIII					■	1	0	0	0	0	0	0	0	50
54	0	0	0	0	0	0	0	0	0	0	0	0	0	0	0	0	0	0	0						1	■	0	0	0	0	0	1	0	54
6	0	0	0	0	0	0	0	0	0	0	0	0	0	0	0	0	0	0	0	0	0	0	0	0	0	0	■	1	0	0	0	0	1	6
46	0	0	0	0	0	0	0	0	0	0	0	0	0	0	0	0	0	0	0	0	0	0	0	0	0	0	1	■	1	1	1	1	1	46
35	0	0	0	0	0	0	0	0	0	0	0	0	0	0	0	0	0	0	0	1	0	0	0	0	0	0	0	1	■	1	1	1	1	35
28	0	0	0	0	0	0	0	0	0	0	0	0	0	0	0	0	0	0	0	1	0	Cluster XIV					0	1	1	■	1	1	1	28
21	0	0	0	0	0	0	0	0	0	0	0	0	0	0	0	0	0	1	0	0	0	0	0	0	0	0	0	1	1	1	■	1	1	21
2	1	0	0	0	0	0	0	0	0	0	0	1	0	0	0	1	1	0	0	0	0	0	0	0	0	1	0	1	1	1	1	■	1	2
1	0	0	0	0	0	0	0	0	0	0	0	0	0	0	0	0	0	1	0	0	0	0	1	0	0	0	1	1	1	1	1	1	■	1
	4	32	55	56	45	14	49	33	59	57	30	41	3	15	8	63	29	27	51	25	7	16	37	19	50	54	6	46	35	28	21	2	1	

A.10 Abschließende Zuordnungsübersicht der Prozessmerkmale

Die nachfolgende Tabelle gibt eine Übersicht über die auf den Ähnlichkeitsclustern (siehe Kapitel 5.2.2) beruhende Zuordnung der konstituierenden agilen und plangetriebenen Prozessmerkmale zu den Merkmalsverbünden (siehe Abbildung 5-14). Diese Zuordnung bildet gleichzeitig die Grundlage für die Herleitung der hybriden Prozessmerkmale und ihren Ausprägungen in Kapitel 5.2.3. Die Spalte # der Tabelle führt sowohl die zugehörige Clusternummer (siehe Anhang A.7 bzw. A.9) als auch die Ordnungszahl des jeweiligen Prozessmerkmals (siehe Anhang A.6 bzw. A.8) auf.

Tabelle A-27: Zuordnungsübersicht der Prozessmerkmale

<table>
<tr><th>Merkmals-verbund</th><th>Hybrides Prozessmerkmal</th><th>Zuordnung</th><th>#</th><th>Konstituierendes Prozessmerkmal</th></tr>
<tr><td rowspan="16">Anforderungen</td><td rowspan="4">Umgang mit Zielen</td><td rowspan="2">plangetrieben</td><td>IX | 16</td><td>Festlegung der Ziele und der damit zu erwartenden Entwicklungsergebnisse</td></tr>
<tr><td>IX | 39</td><td>Striktes Verfolgen der geplanten Ziele</td></tr>
<tr><td rowspan="2">agil</td><td>XIV | 6</td><td>Ausformulierung von untergeordneten Teilzielen erst mit Verlauf des Entwicklungsfortschritts</td></tr>
<tr><td>XIV | 46</td><td>Sicherstellung und Bewertung der Bedeutung einer Anforderung für die Zielerreichung</td></tr>
<tr><td rowspan="2">Anforderungs-aufnahme</td><td rowspan="2">agil</td><td>XIV | 28</td><td>Kontinuierliche Berücksichtigung neu auftretender oder veränderter Anforderungen</td></tr>
<tr><td>XIV | 35</td><td>Liste der Anforderungen ist dynamisch</td></tr>
<tr><td rowspan="6">Art der Anforderungs-definition</td><td rowspan="3">plangetrieben</td><td>IX | 7</td><td>Detaillierte Produktdefinition zu Projektbeginn</td></tr>
<tr><td>IX | 17</td><td>Formulierung möglichst vollumfänglicher, konkreter Anforderungen an das Produkt</td></tr>
<tr><td>IX | 32</td><td>Präzise Aufgabenstellung</td></tr>
<tr><td rowspan="3">agil</td><td>XIV | 1</td><td>Anforderungen werden im Projektverlauf nach und nach verfeinert</td></tr>
<tr><td>XIV | 2</td><td>Anforderungen werden kundenorientiert definiert und gruppiert</td></tr>
<tr><td>XIV | 21</td><td>Formulierung von Anforderungen auf inhaltlich übergeordneter Ebene</td></tr>
<tr><td rowspan="3">Kunden-zentrierung</td><td>plangetrieben</td><td>IX | 20</td><td>Frühzeitige Festlegung der Kundenbedürfnisse</td></tr>
<tr><td rowspan="2">agil</td><td>XI | 29</td><td>Kontinuierliche Kundeneinbindung während des gesamten Entwicklungsprozesses</td></tr>
<tr><td>XI | 63</td><td>Zwingend proaktive Kundeneinbindung</td></tr>
</table>

Merkmals-verbund	Hybrides Prozessmerkmal	Zuordnung	#	Konstituierendes Prozessmerkmal
Prozess-planung	Suche nach Lösungs-konzepten	plangetrieben	I | 24	Kombination der domänenspezifischen Lösungs-konzepte zu einem optimalen Gesamtkonzept
			I | 46	Vollständige Ausarbeitung domänenspezifischer Lösungskonzepte
		agil	VII | 5	Ausarbeitung eines gemeinsamen Gesamtkonzepts
	Detaillierungsgrad der Prozess-planung	plangetrieben	I | 3	Antizipation und Vorwegnahme der zu erzielenden Entwicklungsergebnisse
			V | 23	Klar definierter und geführter Entwicklungsprozess
			I | 38	Strategische und operative Detailplanung auf allen Projektebenen
		agil	VII | 40	Planungsdetaillierung einhergehend mit Prozessfortschritt
			VII | 58	Vorausplanung des Entwicklungsprozesses nur auf übergeordneter Ebene
	Festlegung von Entscheidungs-punkten	plangetrieben	V | 9	Diskrete Entscheidungskriterien
			V | 13	Eindeutig definierte Meilensteine
			V | 22	Jeder Meilenstein muss für eine Produkt-finalisierung erfolgreich abgeschlossen werden
			V | 28	Meilensteine als Controlling-Punkt vorab definierter, zu erreichender Kriterien
			V | 43	Untergliederung der Meilensteine in zu erreichende Teilmeilensteine
		agil	III | 9	Definition von wenigen und ausschließlich übergeordneten Meilensteine
			III | 17	Entwicklungsentscheidungen werden zum Groß-teil im Rahmen der repetierenden Meeting-Struk-tur getroffen
			III | 60	Wechsel zwischen zwei Timeboxes als meilen-steinähnlicher Controlling-Punkt
	Anpassungs-fähigkeit des Prozesses	plangetrieben	V | 5	Der Entwicklungsprozess wird wie geplant umgesetzt
			V | 31	Präventive Absicherung nachfolgender Handlungen
		agil	III | 34	Kurzfristige Prozess- und Produktanpassungen möglich

Merkmals-verbund	Hybrides Prozessmerkmal	Zuordnung	#	Konstituierendes Prozessmerkmal
Prozess-planung	Priorisierung	plangetrieben	V | 19	Frühzeitige Festlegung der Entwicklungs-schwerpunkte
		agil	X | 3	Anwendung des Warteschlangen-Prinzips
			X | 8	Beschränkung bzw. Eingrenzung des Work-In-Progress
			X | 15	Entwicklung als Pull-System
			X | 30	Kontinuierliche Neupriorisierung der Entwicklungsaufgaben
			X | 41	Priorisierung der Entwicklungsreihenfolge
			X | 57	Verständnis für die optimale Reihenfolge der Entwicklungsaufgaben
Prozessablauf	Verlaufsform	plangetrieben	III | 26	Linearer, sequenzieller Prozessverlauf in Phasen
			III | 27	Mehrmaliges iteratives Durchlaufen einzelner Phasen/Abschnitte
		agil	XII | 19	Fehlerakzeptanz und Reversibilität als Teil des Prozessverständnisses
			XII | 37	(Nahezu) vollständig iterative Prozessgestaltung
	Prozesstakt	plangetrieben	III | 1	Abhängigkeit der Phasen untereinander
			III | 30	Phasen zunehmender Konkretisierung
			III | 47	Vorgabe bei der zeitlichen Reihung der Elemente
		agil	XII | 7	Bei Bedarf vorgeschaltete sequenziell verlaufende Zeitabschnitte
			XII | 16	Entwicklung erfolgt in kurzen, sich wiederholenden, gleichmäßig fixierten Zeiträumen
			XII | 25	Kadenz der Timeboxes als Methode zum Umgang mit inhärenter Variabilität in einem flussbasierten System
			XII | 27	Konkretisierung der Inhalte erfolgt individuell für jede Timebox
			XII | 51	Timeboxes als Umsetzung der Erfüllung funktionaler und nichtfunktionaler Anforderungen

Merkmals-verbund	Hybrides Prozessmerkmal	Zuordnung	#	Konstituierendes Prozessmerkmal
Prozessablauf	Kadenz der Produktreleases	plangetrieben	III | 49	Vorgegebener Release-Zyklus
		agil	II | 18	Ergebnisorientierte Entwicklung
			II | 23	Häufige Releases in regelmäßigen Abständen
			II | 31	Kontinuierlicher Fluss der inkrementellen Wertschöpfung
	Parallelisierung von Aktivitäten	plangetrieben	VII | 29	Parallelisierung voneinander unabhängiger Arbeitsschritte
			VII | 44	Untergliederung des Produkts in Teilumfänge für eine Systematisierung der erforderlichen Arbeitsschritte
		agil	VI | 20	Flexible Überlappung von Phasen
			VI | 38	Parallele Detaillierung unterschiedlicher Entwicklungsaufgaben
	Teilprojektbildung	plangetrieben	VII | 4	Bildung von Teilprojekten mit eigenständigem Prozessablauf
			VII | 37	Separierung der Funktionsentwicklung in Teilprojekten
	Synchronisation	plangetrieben	VII | 21	Integration des Gesamtsystems zu Prozessende
			VII | 40	Synchronisation einzelner Arbeitsergebnisse
		agil	VI | 43	Regelmäßige Synchronisation paralleler Arbeitsstränge
			VI | 61	Zeitliche Gleichschaltung paralleler Iterationen
Leistungen	Erzeugung von (Teil-) Ergebnissen	plangetrieben	VIII | 15	Entwicklung von funktionalen Produktinkrementen
			VIII | 48	Vorgegebene Arbeitsergebnisse
		agil	VIII | 22	Gemeinsames Verständnis der „Definition of Done" eines Inkrements
			VIII | 24	Inkrement als Grundlage für die Entscheidungsfindung hinsichtlich des weiteren Prozessverlaufs
			VIII | 42	Regelmäßige Erarbeitung von Teilprodukten (Inkrementen)
			VIII | 62	Ziel einer Iteration ist die Erfüllung definierter Deliverables

Merkmals-verbund	Hybrides Prozessmerkmal	Zuordnung	#	Konstituierendes Prozessmerkmal
Leistungen	Baselining	plangetrieben	VIII | 8	Determinierung erreichter Zwischenstände
			VIII | 36	Rücksprung auf bereits durchlaufenes Vorgängerelement möglich
		agil	I | 11	Durch die inkrementelle Entwicklung wird sichergestellt, dass stets eine bekannte (Teil-) Produktversion ("Baseline") existiert
			I | 12	Eine Festlegung der Produktdefinition zu Projektbeginn erfolgt nur auf Basis übergeordneter Anforderungen
			I | 36	Nacharbeit wird als Teil des Entwicklungs-prozesses akzeptiert
	Prototyping & Testing	plangetrieben	VI | 6	Detailliert festgelegte Testpläne, -umfänge und -abläufe
			VI | 18	Fortlaufende Eigenschaftsabsicherung in Bezug auf das spezifizierte Lösungskonzept
			VI | 34	Prototypen zur Ermöglichung von (Kunden-) Feedback
			VI | 35	Regelmäßige Durchführung von Validierungsschleifen
			VI | 42	Tiefgehende, umfangreiche Feldtests
		agil	XIII | 50	Testing ist kontinuierlich auf verschiedenen Ebenen in den Entwicklungsprozess integriert
			XIII | 54	Verändertes Verständnis eines Prototyps
Controlling	Dokumentation	plangetrieben	II | 10	Dokumentation aller Ziele und Anforderungen zur Prüfung und Kontrolle im weiteren Projektverlauf
			II | 11	Dokumentengetriebener Entwicklungsprozess
			II | 25	Kontinuierliche Dokumentation jedes Arbeitsergebnisses
			II | 45	Vollständig beschriebener Entwicklungsprozess
		agil	IV | 10	Dokumentation der wesentlichsten Prozessas-pekte zur Erzeugung von Transparenz
			IV | 26	Klare und präzise Kommunikation des Projektstatus jederzeit möglich
			IV | 39	Permanente Sichtbarkeit relevanter Aktivitäten und Ergebnisse

Merkmals-verbund	Hybrides Prozessmerkmal	Zuordnung	#	Konstituierendes Prozessmerkmal
Controlling	Prozess-überwachung	plangetrieben	II | 2	Absicherung und Überprüfung der Erreichung von vordefinierten Zwischenständen
			II | 41	Systematisches Controlling des Projektfortschritts
		agil	IV | 13	Einhaltung der Prozessregeln und -werte von Bedeutung für einen optimalen Prozessverlauf
			IV | 44	Regelmäßige Überprüfung des Projektfortschritts im Hinblick auf die Zielerreichung
			IV | 48	Tagesgenaue Überwachung des Projektfortschritts möglich
Kollaboration	Kaskadierung	agil	V | 47	Skalierung der Meeting-Struktur für den Einsatz mehrerer Teams
			V | 52	Unterteilung des Gesamtprojekts in einzelne kleine Entwicklungsteams
			V | 53	Unterteilung eines großen Teams in mehrere parallel arbeitende kleine Teams mit eigenen Iterationen
	Kooperation	agil	IX | 4	Auflösung von Silo-Denken zwischen Generalisten und Fachexperten
			IX | 32	Kontinuierliches Streben nach Optimierung der Zusammenarbeit im Projekt
			IX | 55	Vermeidung statisch festgelegter Teamstrukturen
			IX | 56	Vermeidung von verteilten Teams
	Befähigung des Teams	plangetrieben	IV | 12	Ein Kernteam des Projekts
			IV | 33	Projektleitung mit formaler Autorität
		agil	IX | 14	Enge Zusammenarbeit zwischen Team und Stakeholdern des Projekts
			IX | 45	Selbstorganisation des Teams
			IX | 49	Team ist in hohem Maß eigenständig entscheidungsfähig
	Format des Entscheidungs-prozesses	plangetrieben	IV | 14	Entscheidungen werden je nach Projektrelevanz von versch. Entscheidungsträgern getroffen
		agil	IX | 33	Kurzfristige Eskalation relevanter Fragestellungen zur Entscheidungsfindung an Stakeholder
			IX | 59	Vornehmlich dezentrale und nur geringe zentrale Entscheidungsfindung

A.11 Katalog der Ausprägungsbündel

Die im Folgenden dargestellte Auflistung umfasst die im Rahmen von Kapitel 5.3.2.2 beschriebenen 648 Ausprägungsbündel sortiert nach der Höhe ihrer Konsistenzmaße. Die Ausprägungsbündel sind das Ergebnis der bündelweisen Konsistenzbewertung und als Katalog potenzieller Grundtypen hybrider Entwicklungsprozesse zu verstehen. Zur Gewährleistung der Übersichtlichkeit der Auflistung wurden eine Reihe von Abkürzungen innerhalb der Merkmals- und Ausprägungsbezeichnungen verwendet. Eine Übersicht über diese Abkürzungen gibt Tabelle A-28.

Tabelle A-28: Verwendete Abkürzungen für die Übersicht der Ausprägungsbündel

Merkmal	Ausprägungen	Abkürzung in Tabelle
Prozesstakt	An Phasen orientierter Rhythmus	An Phasen...
	An Timeboxes orientierter Rhythmus	An Timeboxes...
Verlaufsform	Linear, sequenziell	Linear, ...
	Partiell iterativ	Partiell iterativ
	Hoch iterativ	Hoch iterativ
Festlegung von Entscheidungspunkten	Explizit getrieben durch Meilensteine	Explizit...
	Teils explizit, teils implizit getrieben	Teils..., teils...
	Implizit getrieben durch Produktinkremente	Implizit...
Parallelisierung von Aktivitäten	Keine Parallelisierung (Seriell)	Seriell
	Teilweise Parallelisierung (Mischform)	Mischform
	Volle Parallelisierung (Parallel)	Parallel
Synchronisation	Wenige Synchronisationspunkte im Prozess	Wenig Synchro.
	Regelmäßige Synchronisationspunkte im Prozess	Regel. Synchro.
	Kontinuierliche Synchronisation	Kont. Synchro.
Format des Entscheidungsprozesses	In hohem Maße zentral	Zentral
	Meist zentral, begrenzt dezentral	Meist zentral...
	Meist dezentral, begrenzt zentral	Meist dezentral...
	In hohem Maße dezentral	Dezentral

#	Ordnungsnummer des Ausprägungsbündels
KM	Konsistenzmaß des Ausprägungsbündels
#TI	Anzahl der totalen Inkonsistenzen innerhalb des Ausprägungsbündels
#PI	Anzahl der partiellen Inkonsistenzen innerhalb des Ausprägungsbündels

Tabelle A-29: Übersicht der Ausprägungsbündel nach Konsistenzwert

#	Prozesstakt	Verlaufs-form	Festlegung von ...	Parallelisie-rung von ...	Synchroni-sation	Format des ...	KM	#TI	#PI
1	An Timeboxes...	Hoch iterativ	Implizit...	Parallel	Kont. Synchro.	Dezentral	61	0	1
2	An Phasen...	Linear, ...	Explizit...	Seriell	Wenig Synchro.	Zentral	60	0	0
3	An Timeboxes...	Hoch iterativ	Implizit...	Seriell	Regel. Synchro.	Dezentral	60	0	0
4	An Timeboxes...	Hoch iterativ	Implizit...	Seriell	Kont. Synchro.	Dezentral	60	1	0
5	An Timeboxes...	Hoch iterativ	Implizit...	Mischform	Kont. Synchro.	Dezentral	60	0	0
6	An Phasen...	Linear, ...	Explizit...	Seriell	Wenig Synchro.	Meist zentral...	59	0	0
7	An Phasen...	Linear, ...	Explizit...	Parallel	Wenig Synchro.	Zentral	59	0	1
8	An Phasen...	Linear, ...	Explizit...	Parallel	Regel. Synchro.	Meist zentral...	59	0	0
9	An Timeboxes...	Hoch iterativ	Teils..., teils...	Parallel	Kont. Synchro.	Dezentral	59	0	0
10	An Timeboxes...	Hoch iterativ	Implizit...	Seriell	Regel. Synchro.	Meist dezentral...	59	0	0
11	An Timeboxes...	Hoch iterativ	Implizit...	Mischform	Regel. Synchro.	Dezentral	59	0	0
12	An Phasen...	Linear, ...	Explizit...	Mischform	Wenig Synchro.	Zentral	58	0	0
13	An Phasen...	Linear, ...	Explizit...	Parallel	Wenig Synchro.	Meist zentral...	58	0	1
14	An Phasen...	Linear, ...	Explizit...	Parallel	Regel. Synchro.	Zentral	58	0	0
15	An Timeboxes...	Hoch iterativ	Implizit...	Mischform	Regel. Synchro.	Meist dezentral...	58	0	0
16	An Timeboxes...	Hoch iterativ	Implizit...	Parallel	Regel. Synchro.	Dezentral	58	0	1
17	An Timeboxes...	Hoch iterativ	Implizit...	Parallel	Kont. Synchro.	Meist dezentral...	58	0	1
18	An Phasen...	Linear, ...	Explizit...	Mischform	Wenig Synchro.	Meist zentral...	57	0	0
19	An Phasen...	Linear, ...	Explizit...	Mischform	Regel. Synchro.	Meist zentral...	57	0	0
20	An Timeboxes...	Hoch iterativ	Teils..., teils...	Seriell	Regel. Synchro.	Dezentral	57	0	0
21	An Timeboxes...	Hoch iterativ	Teils..., teils...	Seriell	Kont. Synchro.	Dezentral	57	1	0
22	An Timeboxes...	Hoch iterativ	Teils..., teils...	Mischform	Kont. Synchro.	Dezentral	57	0	0
23	An Timeboxes...	Hoch iterativ	Implizit...	Seriell	Kont. Synchro.	Meist dezentral...	57	1	0
24	An Timeboxes...	Hoch iterativ	Implizit...	Mischform	Kont. Synchro.	Meist dezentral...	57	0	0
25	An Timeboxes...	Hoch iterativ	Implizit...	Parallel	Regel. Synchro.	Meist dezentral...	57	0	1
26	An Phasen...	Linear, ...	Explizit...	Seriell	Regel. Synchro.	Meist zentral...	56	0	0
27	An Phasen...	Linear, ...	Explizit...	Mischform	Regel. Synchro.	Zentral	56	0	0
28	An Phasen...	Linear, ...	Explizit...	Parallel	Regel. Synchro.	Meist dezentral...	56	0	0
29	An Phasen...	Linear, ...	Teils..., teils...	Seriell	Wenig Synchro.	Zentral	56	0	0
30	An Phasen...	Partiell iterativ	Explizit...	Parallel	Regel. Synchro.	Meist zentral...	56	0	0
31	An Timeboxes...	Hoch iterativ	Teils..., teils...	Seriell	Regel. Synchro.	Meist dezentral...	56	0	0
32	An Timeboxes...	Hoch iterativ	Teils..., teils...	Mischform	Regel. Synchro.	Dezentral	56	0	0
33	An Timeboxes...	Hoch iterativ	Teils..., teils...	Parallel	Regel. Synchro.	Dezentral	56	0	0
34	An Timeboxes...	Hoch iterativ	Teils..., teils...	Parallel	Kont. Synchro.	Meist dezentral...	56	0	0
35	An Timeboxes...	Hoch iterativ	Implizit...	Seriell	Wenig Synchro.	Dezentral	56	1	1
36	An Timeboxes...	Hoch iterativ	Implizit...	Seriell	Regel. Synchro.	Meist zentral...	56	0	1
37	An Phasen...	Linear, ...	Explizit...	Seriell	Wenig Synchro.	Meist dezentral...	55	0	0
38	An Phasen...	Linear, ...	Explizit...	Seriell	Regel. Synchro.	Zentral	55	0	0
39	An Phasen...	Linear, ...	Explizit...	Parallel	Kont. Synchro.	Meist zentral...	55	0	3
40	An Phasen...	Linear, ...	Teils..., teils...	Seriell	Wenig Synchro.	Meist zentral...	55	0	0
41	An Phasen...	Partiell iterativ	Explizit...	Seriell	Wenig Synchro.	Zentral	55	0	1
42	An Phasen...	Partiell iterativ	Explizit...	Seriell	Wenig Synchro.	Meist zentral...	55	0	0
43	An Timeboxes...	Partiell iterativ	Implizit...	Seriell	Regel. Synchro.	Meist dezentral...	55	0	0
44	An Timeboxes...	Partiell iterativ	Implizit...	Seriell	Regel. Synchro.	Dezentral	55	0	0
45	An Timeboxes...	Hoch iterativ	Explizit...	Parallel	Kont. Synchro.	Dezentral	55	1	2
46	An Timeboxes...	Hoch iterativ	Teils..., teils...	Mischform	Regel. Synchro.	Meist dezentral...	55	0	0
47	An Timeboxes...	Hoch iterativ	Teils..., teils...	Parallel	Regel. Synchro.	Meist dezentral...	55	0	0
48	An Timeboxes...	Hoch iterativ	Implizit...	Mischform	Regel. Synchro.	Meist zentral...	55	0	1
49	An Phasen...	Linear, ...	Explizit...	Mischform	Regel. Synchro.	Meist dezentral...	54	0	0
50	An Phasen...	Linear, ...	Explizit...	Parallel	Wenig Synchro.	Meist dezentral...	54	0	1
51	An Phasen...	Linear, ...	Explizit...	Parallel	Kont. Synchro.	Zentral	54	1	2
52	An Phasen...	Linear, ...	Explizit...	Parallel	Kont. Synchro.	Meist dezentral...	54	0	2
53	An Phasen...	Linear, ...	Teils..., teils...	Mischform	Wenig Synchro.	Zentral	54	0	0
54	An Phasen...	Linear, ...	Teils..., teils...	Parallel	Wenig Synchro.	Zentral	54	0	1
55	An Phasen...	Partiell iterativ	Explizit...	Seriell	Regel. Synchro.	Meist zentral...	54	0	0

#	Prozesstakt	Verlaufs-form	Festlegung von ...	Parallelisie-rung von ...	Synchroni-sation	Format des ...	KM	#TI	#PI
56	An Phasen...	Partiell iterativ	Explizit...	Mischform	Regel. Synchro.	Meist zentral...	54	0	0
57	An Phasen...	Partiell iterativ	Explizit...	Parallel	Regel. Synchro.	Zentral	54	0	1
58	An Phasen...	Partiell iterativ	Explizit...	Parallel	Regel. Synchro.	Meist dezentral...	54	0	0
59	An Timeboxes...	Partiell iterativ	Implizit...	Seriell	Regel. Synchro.	Meist zentral...	54	0	0
60	An Timeboxes...	Partiell iterativ	Implizit...	Mischform	Regel. Synchro.	Meist dezentral...	54	0	0
61	An Timeboxes...	Partiell iterativ	Implizit...	Mischform	Regel. Synchro.	Dezentral	54	0	0
62	An Timeboxes...	Partiell iterativ	Implizit...	Parallel	Kont. Synchro.	Dezentral	54	0	1
63	An Timeboxes...	Hoch iterativ	Teils..., teils...	Seriell	Kont. Synchro.	Meist dezentral...	54	1	0
64	An Timeboxes...	Hoch iterativ	Teils..., teils...	Mischform	Kont. Synchro.	Meist dezentral...	54	0	0
65	An Timeboxes...	Hoch iterativ	Implizit...	Seriell	Wenig Synchro.	Meist dezentral...	54	1	1
66	An Timeboxes...	Hoch iterativ	Implizit...	Parallel	Regel. Synchro.	Meist zentral...	54	0	2
67	An Phasen...	Linear, ...	Explizit...	Seriell	Wenig Synchro.	Dezentral	53	0	2
68	An Phasen...	Linear, ...	Explizit...	Seriell	Regel. Synchro.	Meist dezentral...	53	0	0
69	An Phasen...	Linear, ...	Explizit...	Mischform	Wenig Synchro.	Meist dezentral...	53	0	0
70	An Phasen...	Linear, ...	Explizit...	Parallel	Regel. Synchro.	Dezentral	53	0	2
71	An Phasen...	Linear, ...	Explizit...	Parallel	Kont. Synchro.	Dezentral	53	0	4
72	An Phasen...	Linear, ...	Teils..., teils...	Mischform	Wenig Synchro.	Meist zentral...	53	0	0
73	An Phasen...	Linear, ...	Teils..., teils...	Parallel	Wenig Synchro.	Meist zentral...	53	0	1
74	An Phasen...	Linear, ...	Teils..., teils...	Parallel	Regel. Synchro.	Meist zentral...	53	0	0
75	An Phasen...	Linear, ...	Implizit...	Seriell	Wenig Synchro.	Zentral	53	0	2
76	An Phasen...	Linear, ...	Implizit...	Seriell	Wenig Synchro.	Meist zentral...	53	0	1
77	An Phasen...	Partiell iterativ	Explizit...	Parallel	Wenig Synchro.	Zentral	53	0	2
78	An Phasen...	Partiell iterativ	Explizit...	Parallel	Wenig Synchro.	Meist zentral...	53	0	1
79	An Phasen...	Hoch iterativ	Teils..., teils...	Parallel	Kont. Synchro.	Dezentral	53	0	2
80	An Timeboxes...	Partiell iterativ	Explizit...	Seriell	Regel. Synchro.	Meist zentral...	53	0	1
81	An Timeboxes...	Partiell iterativ	Explizit...	Seriell	Regel. Synchro.	Meist dezentral...	53	0	1
82	An Timeboxes...	Partiell iterativ	Explizit...	Parallel	Regel. Synchro.	Meist zentral...	53	0	1
83	An Timeboxes...	Partiell iterativ	Explizit...	Parallel	Regel. Synchro.	Meist dezentral...	53	0	1
84	An Timeboxes...	Partiell iterativ	Teils..., teils...	Seriell	Regel. Synchro.	Meist dezentral...	53	0	0
85	An Timeboxes...	Partiell iterativ	Teils..., teils...	Seriell	Regel. Synchro.	Dezentral	53	0	0
86	An Timeboxes...	Partiell iterativ	Teils..., teils...	Parallel	Kont. Synchro.	Dezentral	53	0	0
87	An Timeboxes...	Partiell iterativ	Implizit...	Seriell	Wenig Synchro.	Dezentral	53	0	1
88	An Timeboxes...	Partiell iterativ	Implizit...	Seriell	Kont. Synchro.	Dezentral	53	1	0
89	An Timeboxes...	Partiell iterativ	Implizit...	Mischform	Regel. Synchro.	Meist zentral...	53	0	0
90	An Timeboxes...	Partiell iterativ	Implizit...	Mischform	Kont. Synchro.	Dezentral	53	0	0
91	An Timeboxes...	Partiell iterativ	Implizit...	Parallel	Regel. Synchro.	Meist dezentral...	53	0	1
92	An Timeboxes...	Partiell iterativ	Implizit...	Parallel	Regel. Synchro.	Dezentral	53	0	1
93	An Timeboxes...	Hoch iterativ	Explizit...	Seriell	Regel. Synchro.	Meist dezentral...	53	1	1
94	An Timeboxes...	Hoch iterativ	Explizit...	Seriell	Regel. Synchro.	Dezentral	53	1	2
95	An Timeboxes...	Hoch iterativ	Explizit...	Parallel	Regel. Synchro.	Meist dezentral...	53	1	1
96	An Timeboxes...	Hoch iterativ	Explizit...	Parallel	Regel. Synchro.	Dezentral	53	1	2
97	An Timeboxes...	Hoch iterativ	Explizit...	Parallel	Kont. Synchro.	Meist dezentral...	53	1	1
98	An Timeboxes...	Hoch iterativ	Teils..., teils...	Seriell	Wenig Synchro.	Dezentral	53	1	1
99	An Timeboxes...	Hoch iterativ	Teils..., teils...	Seriell	Regel. Synchro.	Meist zentral...	53	0	1
100	An Timeboxes...	Hoch iterativ	Implizit...	Parallel	Kont. Synchro.	Meist zentral...	53	0	3
101	An Phasen...	Linear, ...	Explizit...	Parallel	Wenig Synchro.	Dezentral	52	0	3
102	An Phasen...	Linear, ...	Teils..., teils...	Seriell	Wenig Synchro.	Meist dezentral...	52	0	0
103	An Phasen...	Linear, ...	Teils..., teils...	Mischform	Regel. Synchro.	Meist zentral...	52	0	0
104	An Phasen...	Linear, ...	Teils..., teils...	Parallel	Regel. Synchro.	Zentral	52	0	0
105	An Phasen...	Partiell iterativ	Explizit...	Seriell	Wenig Synchro.	Meist dezentral...	52	0	0
106	An Phasen...	Partiell iterativ	Explizit...	Seriell	Regel. Synchro.	Zentral	52	0	1
107	An Phasen...	Partiell iterativ	Explizit...	Seriell	Regel. Synchro.	Meist dezentral...	52	0	0
108	An Phasen...	Partiell iterativ	Explizit...	Mischform	Wenig Synchro.	Zentral	52	0	1
109	An Phasen...	Partiell iterativ	Explizit...	Mischform	Wenig Synchro.	Meist zentral...	52	0	0
110	An Phasen...	Partiell iterativ	Explizit...	Mischform	Regel. Synchro.	Zentral	52	0	1
111	An Phasen...	Partiell iterativ	Explizit...	Mischform	Regel. Synchro.	Meist dezentral...	52	0	0
112	An Phasen...	Partiell iterativ	Explizit...	Parallel	Regel. Synchro.	Dezentral	52	0	1

#	Prozesstakt	Verlaufs-form	Festlegung von ...	Parallelisie-rung von ...	Synchroni-sation	Format des ...	KM	#TI	#PI
113	An Phasen...	Partiell iterativ	Explizit...	Parallel	Kont. Synchro.	Meist zentral...	52	0	2
114	An Phasen...	Partiell iterativ	Explizit...	Parallel	Kont. Synchro.	Meist dezentral...	52	0	1
115	An Phasen...	Partiell iterativ	Explizit...	Parallel	Kont. Synchro.	Dezentral	52	0	2
116	An Phasen...	Partiell iterativ	Teils..., teils...	Seriell	Wenig Synchro.	Zentral	52	0	1
117	An Phasen...	Partiell iterativ	Teils..., teils...	Seriell	Wenig Synchro.	Meist zentral...	52	0	0
118	An Phasen...	Hoch iterativ	Explizit...	Parallel	Kont. Synchro.	Dezentral	52	1	3
119	An Phasen...	Hoch iterativ	Implizit...	Parallel	Kont. Synchro.	Dezentral	52	0	4
120	An Timeboxes...	Linear, ...	Explizit...	Parallel	Regel. Synchro.	Meist zentral...	52	1	1
121	An Timeboxes...	Partiell iterativ	Explizit...	Seriell	Regel. Synchro.	Dezentral	52	0	2
122	An Timeboxes...	Partiell iterativ	Explizit...	Mischform	Regel. Synchro.	Meist zentral...	52	0	1
123	An Timeboxes...	Partiell iterativ	Explizit...	Mischform	Regel. Synchro.	Meist dezentral...	52	0	1
124	An Timeboxes...	Partiell iterativ	Explizit...	Parallel	Regel. Synchro.	Dezentral	52	0	2
125	An Timeboxes...	Partiell iterativ	Explizit...	Parallel	Kont. Synchro.	Dezentral	52	0	2
126	An Timeboxes...	Partiell iterativ	Teils..., teils...	Seriell	Regel. Synchro.	Meist zentral...	52	0	0
127	An Timeboxes...	Partiell iterativ	Teils..., teils...	Mischform	Regel. Synchro.	Meist dezentral...	52	0	0
128	An Timeboxes...	Partiell iterativ	Teils..., teils...	Mischform	Regel. Synchro.	Dezentral	52	0	0
129	An Timeboxes...	Partiell iterativ	Teils..., teils...	Parallel	Regel. Synchro.	Meist dezentral...	52	0	0
130	An Timeboxes...	Partiell iterativ	Teils..., teils...	Parallel	Regel. Synchro.	Dezentral	52	0	0
131	An Timeboxes...	Partiell iterativ	Implizit...	Seriell	Wenig Synchro.	Meist zentral...	52	0	1
132	An Timeboxes...	Partiell iterativ	Implizit...	Seriell	Wenig Synchro.	Meist dezentral...	52	0	1
133	An Timeboxes...	Partiell iterativ	Implizit...	Parallel	Regel. Synchro.	Meist zentral...	52	0	1
134	An Timeboxes...	Partiell iterativ	Implizit...	Parallel	Kont. Synchro.	Meist dezentral...	52	0	1
135	An Timeboxes...	Hoch iterativ	Explizit...	Seriell	Kont. Synchro.	Dezentral	52	2	2
136	An Timeboxes...	Hoch iterativ	Explizit...	Mischform	Regel. Synchro.	Meist dezentral...	52	1	1
137	An Timeboxes...	Hoch iterativ	Explizit...	Mischform	Regel. Synchro.	Dezentral	52	1	2
138	An Timeboxes...	Hoch iterativ	Explizit...	Mischform	Kont. Synchro.	Dezentral	52	1	2
139	An Timeboxes...	Hoch iterativ	Teils..., teils...	Mischform	Regel. Synchro.	Meist zentral...	52	0	1
140	An Timeboxes...	Hoch iterativ	Teils..., teils...	Parallel	Regel. Synchro.	Meist zentral...	52	0	1
141	An Timeboxes...	Hoch iterativ	Implizit...	Seriell	Wenig Synchro.	Meist zentral...	52	1	2
142	An Timeboxes...	Hoch iterativ	Implizit...	Seriell	Regel. Synchro.	Zentral	52	1	2
143	An Timeboxes...	Hoch iterativ	Implizit...	Seriell	Kont. Synchro.	Meist zentral...	52	1	2
144	An Timeboxes...	Hoch iterativ	Implizit...	Mischform	Wenig Synchro.	Dezentral	52	1	1
145	An Timeboxes...	Hoch iterativ	Implizit...	Mischform	Kont. Synchro.	Meist zentral...	52	0	2
146	An Phasen...	Linear, ...	Explizit...	Mischform	Wenig Synchro.	Dezentral	51	0	2
147	An Phasen...	Linear, ...	Explizit...	Mischform	Regel. Synchro.	Dezentral	51	0	2
148	An Phasen...	Linear, ...	Explizit...	Mischform	Kont. Synchro.	Meist zentral...	51	0	3
149	An Phasen...	Linear, ...	Teils..., teils...	Seriell	Wenig Synchro.	Dezentral	51	0	1
150	An Phasen...	Linear, ...	Teils..., teils...	Seriell	Regel. Synchro.	Meist zentral...	51	0	0
151	An Phasen...	Linear, ...	Teils..., teils...	Mischform	Regel. Synchro.	Zentral	51	0	0
152	An Phasen...	Linear, ...	Teils..., teils...	Parallel	Regel. Synchro.	Meist dezentral...	51	0	0
153	An Phasen...	Linear, ...	Implizit...	Mischform	Wenig Synchro.	Zentral	51	0	2
154	An Phasen...	Linear, ...	Implizit...	Mischform	Wenig Synchro.	Meist zentral...	51	0	1
155	An Phasen...	Partiell iterativ	Explizit...	Seriell	Wenig Synchro.	Dezentral	51	0	1
156	An Phasen...	Partiell iterativ	Teils..., teils...	Parallel	Regel. Synchro.	Meist zentral...	51	0	0
157	An Phasen...	Partiell iterativ	Implizit...	Seriell	Wenig Synchro.	Meist zentral...	51	0	1
158	An Phasen...	Hoch iterativ	Explizit...	Parallel	Regel. Synchro.	Meist zentral...	51	1	2
159	An Phasen...	Hoch iterativ	Explizit...	Parallel	Regel. Synchro.	Meist dezentral...	51	1	1
160	An Phasen...	Hoch iterativ	Explizit...	Parallel	Kont. Synchro.	Meist dezentral...	51	1	2
161	An Phasen...	Hoch iterativ	Teils..., teils...	Parallel	Kont. Synchro.	Meist dezentral...	51	0	2
162	An Timeboxes...	Linear, ...	Explizit...	Seriell	Regel. Synchro.	Meist zentral...	51	1	1
163	An Timeboxes...	Linear, ...	Explizit...	Mischform	Regel. Synchro.	Meist zentral...	51	1	1
164	An Timeboxes...	Linear, ...	Explizit...	Parallel	Regel. Synchro.	Meist dezentral...	51	1	1
165	An Timeboxes...	Partiell iterativ	Explizit...	Mischform	Regel. Synchro.	Dezentral	51	0	2
166	An Timeboxes...	Partiell iterativ	Explizit...	Parallel	Kont. Synchro.	Meist dezentral...	51	0	1
167	An Timeboxes...	Partiell iterativ	Teils..., teils...	Seriell	Wenig Synchro.	Dezentral	51	0	1
168	An Timeboxes...	Partiell iterativ	Teils..., teils...	Seriell	Kont. Synchro.	Dezentral	51	1	0
169	An Timeboxes...	Partiell iterativ	Teils..., teils...	Mischform	Regel. Synchro.	Meist zentral...	51	0	0

#	Prozesstakt	Verlaufs-form	Festlegung von ...	Parallelisie-rung von ...	Synchroni-sation	Format des ...	KM	#TI	#PI
170	An Timeboxes...	Partiell iterativ	Teils..., teils...	Mischform	Kont. Synchro.	Dezentral	51	0	0
171	An Timeboxes...	Partiell iterativ	Teils..., teils...	Parallel	Regel. Synchro.	Meist zentral...	51	0	0
172	An Timeboxes...	Partiell iterativ	Teils..., teils...	Parallel	Kont. Synchro.	Meist dezentral...	51	0	0
173	An Timeboxes...	Partiell iterativ	Implizit...	Seriell	Kont. Synchro.	Meist dezentral...	51	1	0
174	An Timeboxes...	Partiell iterativ	Implizit...	Mischform	Kont. Synchro.	Meist dezentral...	51	0	0
175	An Timeboxes...	Hoch iterativ	Explizit...	Seriell	Regel. Synchro.	Meist zentral...	51	1	2
176	An Timeboxes...	Hoch iterativ	Explizit...	Parallel	Regel. Synchro.	Meist zentral...	51	1	2
177	An Timeboxes...	Hoch iterativ	Teils..., teils...	Seriell	Wenig Synchro.	Meist dezentral...	51	1	1
178	An Timeboxes...	Hoch iterativ	Teils..., teils...	Parallel	Kont. Synchro.	Meist zentral...	51	0	2
179	An Timeboxes...	Hoch iterativ	Implizit...	Mischform	Regel. Synchro.	Zentral	51	1	2
180	An Phasen...	Linear, ...	Explizit...	Seriell	Regel. Synchro.	Dezentral	50	0	2
181	An Phasen...	Linear, ...	Explizit...	Mischform	Kont. Synchro.	Zentral	50	1	2
182	An Phasen...	Linear, ...	Explizit...	Mischform	Kont. Synchro.	Meist dezentral...	50	0	2
183	An Phasen...	Linear, ...	Teils..., teils...	Seriell	Regel. Synchro.	Zentral	50	0	0
184	An Phasen...	Linear, ...	Teils..., teils...	Mischform	Wenig Synchro.	Meist dezentral...	50	0	0
185	An Phasen...	Linear, ...	Teils..., teils...	Mischform	Regel. Synchro.	Meist dezentral...	50	0	0
186	An Phasen...	Linear, ...	Teils..., teils...	Parallel	Wenig Synchro.	Meist dezentral...	50	0	1
187	An Phasen...	Linear, ...	Teils..., teils...	Parallel	Kont. Synchro.	Meist zentral...	50	0	3
188	An Phasen...	Linear, ...	Teils..., teils...	Parallel	Kont. Synchro.	Meist dezentral...	50	0	2
189	An Phasen...	Linear, ...	Teils..., teils...	Parallel	Kont. Synchro.	Dezentral	50	0	3
190	An Phasen...	Linear, ...	Implizit...	Seriell	Wenig Synchro.	Meist dezentral...	50	0	1
191	An Phasen...	Linear, ...	Implizit...	Mischform	Regel. Synchro.	Meist zentral...	50	0	1
192	An Phasen...	Linear, ...	Implizit...	Parallel	Wenig Synchro.	Zentral	50	0	4
193	An Phasen...	Linear, ...	Implizit...	Parallel	Wenig Synchro.	Meist zentral...	50	0	3
194	An Phasen...	Linear, ...	Implizit...	Parallel	Regel. Synchro.	Meist zentral...	50	0	2
195	An Phasen...	Partiell iterativ	Explizit...	Seriell	Regel. Synchro.	Dezentral	50	0	1
196	An Phasen...	Partiell iterativ	Explizit...	Mischform	Regel. Synchro.	Dezentral	50	0	1
197	An Phasen...	Partiell iterativ	Explizit...	Parallel	Wenig Synchro.	Meist dezentral...	50	0	1
198	An Phasen...	Partiell iterativ	Explizit...	Parallel	Kont. Synchro.	Zentral	50	1	2
199	An Phasen...	Partiell iterativ	Teils..., teils...	Seriell	Wenig Synchro.	Meist dezentral...	50	0	0
200	An Phasen...	Partiell iterativ	Teils..., teils...	Seriell	Wenig Synchro.	Dezentral	50	0	0
201	An Phasen...	Partiell iterativ	Teils..., teils...	Seriell	Regel. Synchro.	Meist zentral...	50	0	0
202	An Phasen...	Partiell iterativ	Teils..., teils...	Mischform	Regel. Synchro.	Meist zentral...	50	0	0
203	An Phasen...	Partiell iterativ	Teils..., teils...	Parallel	Regel. Synchro.	Meist dezentral...	50	0	0
204	An Phasen...	Partiell iterativ	Teils..., teils...	Parallel	Kont. Synchro.	Dezentral	50	0	1
205	An Phasen...	Partiell iterativ	Implizit...	Seriell	Wenig Synchro.	Zentral	50	0	3
206	An Phasen...	Hoch iterativ	Explizit...	Parallel	Regel. Synchro.	Dezentral	50	1	2
207	An Phasen...	Hoch iterativ	Teils..., teils...	Mischform	Kont. Synchro.	Dezentral	50	0	2
208	An Phasen...	Hoch iterativ	Teils..., teils...	Parallel	Regel. Synchro.	Meist dezentral...	50	0	1
209	An Phasen...	Hoch iterativ	Teils..., teils...	Parallel	Regel. Synchro.	Dezentral	50	0	1
210	An Phasen...	Hoch iterativ	Implizit...	Mischform	Kont. Synchro.	Dezentral	50	0	3
211	An Phasen...	Hoch iterativ	Implizit...	Parallel	Kont. Synchro.	Meist dezentral...	50	0	4
212	An Timeboxes...	Linear, ...	Explizit...	Seriell	Wenig Synchro.	Zentral	50	1	3
213	An Timeboxes...	Linear, ...	Explizit...	Seriell	Wenig Synchro.	Meist zentral...	50	1	2
214	An Timeboxes...	Linear, ...	Explizit...	Seriell	Regel. Synchro.	Meist dezentral...	50	1	1
215	An Timeboxes...	Linear, ...	Explizit...	Mischform	Regel. Synchro.	Meist dezentral...	50	1	1
216	An Timeboxes...	Linear, ...	Explizit...	Parallel	Regel. Synchro.	Zentral	50	1	2
217	An Timeboxes...	Linear, ...	Implizit...	Seriell	Wenig Synchro.	Meist zentral...	50	1	1
218	An Timeboxes...	Linear, ...	Implizit...	Seriell	Regel. Synchro.	Meist zentral...	50	1	0
219	An Timeboxes...	Linear, ...	Implizit...	Seriell	Regel. Synchro.	Meist dezentral...	50	1	0
220	An Timeboxes...	Linear, ...	Implizit...	Mischform	Regel. Synchro.	Meist zentral...	50	1	0
221	An Timeboxes...	Linear, ...	Implizit...	Mischform	Regel. Synchro.	Meist dezentral...	50	1	0
222	An Timeboxes...	Partiell iterativ	Explizit...	Seriell	Wenig Synchro.	Meist zentral...	50	0	2
223	An Timeboxes...	Partiell iterativ	Explizit...	Seriell	Regel. Synchro.	Zentral	50	0	3
224	An Timeboxes...	Partiell iterativ	Explizit...	Parallel	Regel. Synchro.	Zentral	50	0	3
225	An Timeboxes...	Partiell iterativ	Teils..., teils...	Seriell	Wenig Synchro.	Meist zentral...	50	0	1
226	An Timeboxes...	Partiell iterativ	Teils..., teils...	Seriell	Wenig Synchro.	Meist dezentral...	50	0	1

#	Prozesstakt	Verlaufs-form	Festlegung von ...	Parallelisie-rung von ...	Synchroni-sation	Format des ...	KM	#TI	#PI
227	An Timeboxes...	Partiell iterativ	Implizit...	Seriell	Wenig Synchro.	Zentral	50	0	4
228	An Timeboxes...	Partiell iterativ	Implizit...	Seriell	Regel. Synchro.	Zentral	50	0	3
229	An Timeboxes...	Hoch iterativ	Explizit...	Seriell	Kont. Synchro.	Meist dezentral...	50	2	1
230	An Timeboxes...	Hoch iterativ	Explizit...	Mischform	Regel. Synchro.	Meist zentral...	50	1	2
231	An Timeboxes...	Hoch iterativ	Explizit...	Mischform	Kont. Synchro.	Meist dezentral...	50	1	1
232	An Timeboxes...	Hoch iterativ	Teils..., teils...	Seriell	Regel. Synchro.	Zentral	50	1	1
233	An Timeboxes...	Hoch iterativ	Implizit...	Seriell	Wenig Synchro.	Zentral	50	2	3
234	An Timeboxes...	Hoch iterativ	Implizit...	Mischform	Wenig Synchro.	Meist dezentral...	50	1	1
235	An Timeboxes...	Hoch iterativ	Implizit...	Parallel	Wenig Synchro.	Dezentral	50	1	3
236	An Timeboxes...	Hoch iterativ	Implizit...	Parallel	Regel. Synchro.	Zentral	50	1	3
237	An Phasen...	Linear, ...	Explizit...	Seriell	Kont. Synchro.	Meist zentral...	49	1	3
238	An Phasen...	Linear, ...	Explizit...	Mischform	Kont. Synchro.	Dezentral	49	0	4
239	An Phasen...	Linear, ...	Teils..., teils...	Seriell	Regel. Synchro.	Meist dezentral...	49	0	0
240	An Phasen...	Linear, ...	Teils..., teils...	Mischform	Wenig Synchro.	Dezentral	49	0	1
241	An Phasen...	Linear, ...	Teils..., teils...	Parallel	Wenig Synchro.	Dezentral	49	0	2
242	An Phasen...	Linear, ...	Teils..., teils...	Parallel	Regel. Synchro.	Dezentral	49	0	1
243	An Phasen...	Linear, ...	Teils..., teils...	Parallel	Kont. Synchro.	Zentral	49	1	2
244	An Phasen...	Linear, ...	Implizit...	Seriell	Wenig Synchro.	Dezentral	49	0	2
245	An Phasen...	Linear, ...	Implizit...	Seriell	Regel. Synchro.	Meist zentral...	49	0	1
246	An Phasen...	Partiell iterativ	Explizit...	Mischform	Wenig Synchro.	Meist dezentral...	49	0	0
247	An Phasen...	Partiell iterativ	Explizit...	Parallel	Wenig Synchro.	Dezentral	49	0	2
248	An Phasen...	Partiell iterativ	Teils..., teils...	Seriell	Regel. Synchro.	Meist dezentral...	49	0	0
249	An Phasen...	Partiell iterativ	Teils..., teils...	Mischform	Wenig Synchro.	Zentral	49	0	1
250	An Phasen...	Partiell iterativ	Teils..., teils...	Mischform	Wenig Synchro.	Meist zentral...	49	0	0
251	An Phasen...	Partiell iterativ	Teils..., teils...	Mischform	Regel. Synchro.	Meist dezentral...	49	0	0
252	An Phasen...	Partiell iterativ	Teils..., teils...	Parallel	Wenig Synchro.	Zentral	49	0	2
253	An Phasen...	Partiell iterativ	Teils..., teils...	Parallel	Wenig Synchro.	Meist zentral...	49	0	1
254	An Phasen...	Partiell iterativ	Teils..., teils...	Parallel	Regel. Synchro.	Zentral	49	0	1
255	An Phasen...	Partiell iterativ	Teils..., teils...	Parallel	Regel. Synchro.	Dezentral	49	0	0
256	An Phasen...	Partiell iterativ	Teils..., teils...	Parallel	Kont. Synchro.	Meist dezentral...	49	0	1
257	An Phasen...	Partiell iterativ	Implizit...	Seriell	Wenig Synchro.	Meist dezentral...	49	0	1
258	An Phasen...	Partiell iterativ	Implizit...	Seriell	Wenig Synchro.	Dezentral	49	0	1
259	An Phasen...	Partiell iterativ	Implizit...	Seriell	Regel. Synchro.	Meist zentral...	49	0	1
260	An Phasen...	Partiell iterativ	Implizit...	Mischform	Regel. Synchro.	Meist zentral...	49	0	1
261	An Phasen...	Partiell iterativ	Implizit...	Parallel	Regel. Synchro.	Meist zentral...	49	0	2
262	An Phasen...	Hoch iterativ	Explizit...	Seriell	Regel. Synchro.	Meist zentral...	49	1	2
263	An Phasen...	Hoch iterativ	Explizit...	Seriell	Regel. Synchro.	Meist dezentral...	49	1	1
264	An Phasen...	Hoch iterativ	Explizit...	Mischform	Regel. Synchro.	Meist zentral...	49	1	2
265	An Phasen...	Hoch iterativ	Explizit...	Mischform	Regel. Synchro.	Meist dezentral...	49	1	1
266	An Phasen...	Hoch iterativ	Explizit...	Parallel	Regel. Synchro.	Zentral	49	2	1
267	An Phasen...	Hoch iterativ	Explizit...	Parallel	Kont. Synchro.	Meist zentral...	49	1	4
268	An Phasen...	Hoch iterativ	Teils..., teils...	Seriell	Wenig Synchro.	Dezentral	49	1	1
269	An Phasen...	Hoch iterativ	Teils..., teils...	Seriell	Regel. Synchro.	Meist dezentral...	49	0	1
270	An Phasen...	Hoch iterativ	Teils..., teils...	Seriell	Regel. Synchro.	Dezentral	49	0	1
271	An Phasen...	Hoch iterativ	Teils..., teils...	Seriell	Kont. Synchro.	Dezentral	49	1	2
272	An Phasen...	Hoch iterativ	Teils..., teils...	Mischform	Regel. Synchro.	Meist dezentral...	49	0	1
273	An Phasen...	Hoch iterativ	Teils..., teils...	Mischform	Regel. Synchro.	Dezentral	49	0	1
274	An Phasen...	Hoch iterativ	Teils..., teils...	Parallel	Regel. Synchro.	Meist zentral...	49	0	2
275	An Phasen...	Hoch iterativ	Implizit...	Seriell	Wenig Synchro.	Dezentral	49	1	2
276	An Phasen...	Hoch iterativ	Implizit...	Seriell	Regel. Synchro.	Meist dezentral...	49	0	2
277	An Phasen...	Hoch iterativ	Implizit...	Seriell	Regel. Synchro.	Dezentral	49	0	2
278	An Phasen...	Hoch iterativ	Implizit...	Seriell	Kont. Synchro.	Dezentral	49	1	3
279	An Phasen...	Hoch iterativ	Implizit...	Mischform	Regel. Synchro.	Meist dezentral...	49	0	2
280	An Phasen...	Hoch iterativ	Implizit...	Mischform	Regel. Synchro.	Dezentral	49	0	2
281	An Phasen...	Hoch iterativ	Implizit...	Parallel	Regel. Synchro.	Meist dezentral...	49	0	3
282	An Phasen...	Hoch iterativ	Implizit...	Parallel	Regel. Synchro.	Dezentral	49	0	3
283	An Timeboxes...	Linear, ...	Explizit...	Seriell	Regel. Synchro.	Zentral	49	1	2

#	Prozesstakt	Verlaufs-form	Festlegung von ...	Parallelisie-rung von ...	Synchroni-sation	Format des ...	KM	#TI	#PI
284	An Timeboxes...	Linear, ...	Explizit...	Mischform	Regel. Synchro.	Zentral	49	1	2
285	An Timeboxes...	Linear, ...	Explizit...	Parallel	Regel. Synchro.	Dezentral	49	1	3
286	An Timeboxes...	Linear, ...	Explizit...	Parallel	Kont. Synchro.	Meist dezentral...	49	1	2
287	An Timeboxes...	Linear, ...	Explizit...	Parallel	Kont. Synchro.	Dezentral	49	1	4
288	An Timeboxes...	Linear, ...	Teils..., teils...	Seriell	Wenig Synchro.	Zentral	49	1	2
289	An Timeboxes...	Linear, ...	Teils..., teils...	Seriell	Wenig Synchro.	Meist zentral...	49	1	1
290	An Timeboxes...	Linear, ...	Teils..., teils...	Seriell	Regel. Synchro.	Meist zentral...	49	1	0
291	An Timeboxes...	Linear, ...	Teils..., teils...	Seriell	Regel. Synchro.	Meist dezentral...	49	1	0
292	An Timeboxes...	Linear, ...	Teils..., teils...	Mischform	Regel. Synchro.	Meist zentral...	49	1	0
293	An Timeboxes...	Linear, ...	Teils..., teils...	Mischform	Regel. Synchro.	Meist dezentral...	49	1	0
294	An Timeboxes...	Linear, ...	Teils..., teils...	Parallel	Regel. Synchro.	Meist zentral...	49	1	0
295	An Timeboxes...	Linear, ...	Teils..., teils...	Parallel	Regel. Synchro.	Meist dezentral...	49	1	0
296	An Timeboxes...	Linear, ...	Teils..., teils...	Parallel	Kont. Synchro.	Dezentral	49	1	2
297	An Timeboxes...	Linear, ...	Implizit...	Seriell	Wenig Synchro.	Zentral	49	1	3
298	An Timeboxes...	Linear, ...	Implizit...	Seriell	Wenig Synchro.	Meist dezentral...	49	1	1
299	An Timeboxes...	Linear, ...	Implizit...	Seriell	Wenig Synchro.	Dezentral	49	1	2
300	An Timeboxes...	Linear, ...	Implizit...	Seriell	Regel. Synchro.	Dezentral	49	1	1
301	An Timeboxes...	Linear, ...	Implizit...	Mischform	Regel. Synchro.	Dezentral	49	1	1
302	An Timeboxes...	Linear, ...	Implizit...	Parallel	Regel. Synchro.	Meist zentral...	49	1	1
303	An Timeboxes...	Linear, ...	Implizit...	Parallel	Regel. Synchro.	Meist dezentral...	49	1	1
304	An Timeboxes...	Linear, ...	Implizit...	Parallel	Kont. Synchro.	Dezentral	49	1	3
305	An Timeboxes...	Partiell iterativ	Explizit...	Seriell	Wenig Synchro.	Zentral	49	0	4
306	An Timeboxes...	Partiell iterativ	Explizit...	Seriell	Wenig Synchro.	Meist dezentral...	49	0	2
307	An Timeboxes...	Partiell iterativ	Explizit...	Seriell	Wenig Synchro.	Dezentral	49	0	3
308	An Timeboxes...	Partiell iterativ	Explizit...	Seriell	Kont. Synchro.	Dezentral	49	1	2
309	An Timeboxes...	Partiell iterativ	Explizit...	Mischform	Regel. Synchro.	Zentral	49	0	3
310	An Timeboxes...	Partiell iterativ	Explizit...	Mischform	Kont. Synchro.	Dezentral	49	0	2
311	An Timeboxes...	Partiell iterativ	Explizit...	Parallel	Kont. Synchro.	Meist zentral...	49	0	2
312	An Timeboxes...	Partiell iterativ	Teils..., teils...	Seriell	Wenig Synchro.	Zentral	49	0	3
313	An Timeboxes...	Partiell iterativ	Teils..., teils...	Seriell	Regel. Synchro.	Zentral	49	0	2
314	An Timeboxes...	Partiell iterativ	Teils..., teils...	Seriell	Kont. Synchro.	Meist dezentral...	49	1	0
315	An Timeboxes...	Partiell iterativ	Teils..., teils...	Mischform	Kont. Synchro.	Meist dezentral...	49	0	0
316	An Timeboxes...	Partiell iterativ	Implizit...	Mischform	Wenig Synchro.	Dezentral	49	0	1
317	An Timeboxes...	Partiell iterativ	Implizit...	Mischform	Regel. Synchro.	Zentral	49	0	3
318	An Timeboxes...	Partiell iterativ	Implizit...	Parallel	Kont. Synchro.	Meist zentral...	49	0	2
319	An Timeboxes...	Hoch iterativ	Explizit...	Parallel	Kont. Synchro.	Meist zentral...	49	1	3
320	An Timeboxes...	Hoch iterativ	Teils..., teils...	Seriell	Wenig Synchro.	Meist zentral...	49	1	2
321	An Timeboxes...	Hoch iterativ	Teils..., teils...	Seriell	Kont. Synchro.	Meist zentral...	49	1	2
322	An Timeboxes...	Hoch iterativ	Teils..., teils...	Mischform	Wenig Synchro.	Dezentral	49	1	1
323	An Timeboxes...	Hoch iterativ	Teils..., teils...	Mischform	Regel. Synchro.	Zentral	49	1	1
324	An Timeboxes...	Hoch iterativ	Teils..., teils...	Mischform	Kont. Synchro.	Meist zentral...	49	0	2
325	An Timeboxes...	Hoch iterativ	Teils..., teils...	Parallel	Regel. Synchro.	Zentral	49	1	1
326	An Timeboxes...	Hoch iterativ	Implizit...	Parallel	Kont. Synchro.	Zentral	49	2	3
327	An Phasen...	Linear, ...	Explizit...	Seriell	Kont. Synchro.	Zentral	48	2	2
328	An Phasen...	Linear, ...	Explizit...	Seriell	Kont. Synchro.	Meist dezentral...	48	1	2
329	An Phasen...	Linear, ...	Teils..., teils...	Mischform	Regel. Synchro.	Dezentral	48	0	1
330	An Phasen...	Linear, ...	Implizit...	Mischform	Wenig Synchro.	Meist dezentral...	48	0	1
331	An Phasen...	Linear, ...	Implizit...	Mischform	Regel. Synchro.	Zentral	48	0	2
332	An Phasen...	Linear, ...	Implizit...	Mischform	Regel. Synchro.	Meist dezentral...	48	0	1
333	An Phasen...	Linear, ...	Implizit...	Parallel	Regel. Synchro.	Zentral	48	0	3
334	An Phasen...	Linear, ...	Implizit...	Parallel	Regel. Synchro.	Meist dezentral...	48	0	2
335	An Phasen...	Partiell iterativ	Explizit...	Mischform	Wenig Synchro.	Dezentral	48	0	1
336	An Phasen...	Partiell iterativ	Explizit...	Mischform	Kont. Synchro.	Meist zentral...	48	0	2
337	An Phasen...	Partiell iterativ	Explizit...	Mischform	Kont. Synchro.	Meist dezentral...	48	0	1
338	An Phasen...	Partiell iterativ	Explizit...	Mischform	Kont. Synchro.	Dezentral	48	0	2
339	An Phasen...	Partiell iterativ	Teils..., teils...	Seriell	Regel. Synchro.	Zentral	48	0	1
340	An Phasen...	Partiell iterativ	Teils..., teils...	Seriell	Regel. Synchro.	Dezentral	48	0	0

#	Prozesstakt	Verlaufs-form	Festlegung von ...	Parallelisie-rung von ...	Synchroni-sation	Format des ...	KM	#TI	#PI
341	An Phasen...	Partiell iterativ	Teils..., teils...	Mischform	Regel. Synchro.	Zentral	48	0	1
342	An Phasen...	Partiell iterativ	Teils..., teils...	Mischform	Regel. Synchro.	Dezentral	48	0	0
343	An Phasen...	Partiell iterativ	Teils..., teils...	Parallel	Kont. Synchro.	Meist zentral...	48	0	2
344	An Phasen...	Partiell iterativ	Implizit...	Seriell	Regel. Synchro.	Meist dezentral...	48	0	1
345	An Phasen...	Partiell iterativ	Implizit...	Mischform	Wenig Synchro.	Meist zentral...	48	0	1
346	An Phasen...	Partiell iterativ	Implizit...	Mischform	Regel. Synchro.	Meist dezentral...	48	0	1
347	An Phasen...	Partiell iterativ	Implizit...	Parallel	Regel. Synchro.	Meist dezentral...	48	0	2
348	An Phasen...	Partiell iterativ	Implizit...	Parallel	Kont. Synchro.	Dezentral	48	0	3
349	An Phasen...	Hoch iterativ	Explizit...	Seriell	Wenig Synchro.	Zentral	48	3	1
350	An Phasen...	Hoch iterativ	Explizit...	Seriell	Wenig Synchro.	Meist zentral...	48	2	2
351	An Phasen...	Hoch iterativ	Explizit...	Seriell	Regel. Synchro.	Dezentral	48	1	2
352	An Phasen...	Hoch iterativ	Explizit...	Mischform	Regel. Synchro.	Dezentral	48	1	2
353	An Phasen...	Hoch iterativ	Explizit...	Mischform	Kont. Synchro.	Dezentral	48	1	3
354	An Phasen...	Hoch iterativ	Teils..., teils...	Seriell	Wenig Synchro.	Zentral	48	2	1
355	An Phasen...	Hoch iterativ	Teils..., teils...	Seriell	Wenig Synchro.	Meist zentral...	48	1	2
356	An Phasen...	Hoch iterativ	Teils..., teils...	Seriell	Wenig Synchro.	Meist dezentral...	48	1	1
357	An Phasen...	Hoch iterativ	Teils..., teils...	Seriell	Regel. Synchro.	Meist zentral...	48	0	2
358	An Phasen...	Hoch iterativ	Teils..., teils...	Mischform	Regel. Synchro.	Meist zentral...	48	0	2
359	An Phasen...	Hoch iterativ	Teils..., teils...	Mischform	Kont. Synchro.	Meist dezentral...	48	0	2
360	An Phasen...	Hoch iterativ	Teils..., teils...	Parallel	Kont. Synchro.	Meist zentral...	48	0	4
361	An Phasen...	Hoch iterativ	Implizit...	Seriell	Wenig Synchro.	Meist zentral...	48	1	3
362	An Phasen...	Hoch iterativ	Implizit...	Seriell	Wenig Synchro.	Meist dezentral...	48	1	2
363	An Phasen...	Hoch iterativ	Implizit...	Seriell	Regel. Synchro.	Meist zentral...	48	0	3
364	An Phasen...	Hoch iterativ	Implizit...	Mischform	Regel. Synchro.	Meist zentral...	48	0	3
365	An Phasen...	Hoch iterativ	Implizit...	Mischform	Kont. Synchro.	Meist dezentral...	48	0	3
366	An Phasen...	Hoch iterativ	Implizit...	Parallel	Regel. Synchro.	Meist zentral...	48	0	4
367	An Timeboxes...	Linear, ...	Explizit...	Seriell	Wenig Synchro.	Meist dezentral...	48	1	2
368	An Timeboxes...	Linear, ...	Explizit...	Seriell	Regel. Synchro.	Dezentral	48	1	3
369	An Timeboxes...	Linear, ...	Explizit...	Mischform	Regel. Synchro.	Dezentral	48	1	3
370	An Timeboxes...	Linear, ...	Explizit...	Parallel	Kont. Synchro.	Meist zentral...	48	1	3
371	An Timeboxes...	Linear, ...	Teils..., teils...	Seriell	Wenig Synchro.	Meist dezentral...	48	1	1
372	An Timeboxes...	Linear, ...	Teils..., teils...	Seriell	Wenig Synchro.	Dezentral	48	1	2
373	An Timeboxes...	Linear, ...	Teils..., teils...	Seriell	Regel. Synchro.	Dezentral	48	1	1
374	An Timeboxes...	Linear, ...	Teils..., teils...	Mischform	Regel. Synchro.	Dezentral	48	1	1
375	An Timeboxes...	Linear, ...	Teils..., teils...	Parallel	Regel. Synchro.	Dezentral	48	1	1
376	An Timeboxes...	Linear, ...	Teils..., teils...	Parallel	Kont. Synchro.	Meist dezentral...	48	1	1
377	An Timeboxes...	Linear, ...	Implizit...	Mischform	Kont. Synchro.	Dezentral	48	1	2
378	An Timeboxes...	Linear, ...	Implizit...	Parallel	Regel. Synchro.	Dezentral	48	1	2
379	An Timeboxes...	Linear, ...	Implizit...	Parallel	Kont. Synchro.	Meist dezentral...	48	1	2
380	An Timeboxes...	Partiell iterativ	Explizit...	Seriell	Kont. Synchro.	Meist dezentral...	48	1	1
381	An Timeboxes...	Partiell iterativ	Explizit...	Mischform	Kont. Synchro.	Meist dezentral...	48	0	1
382	An Timeboxes...	Partiell iterativ	Teils..., teils...	Mischform	Regel. Synchro.	Zentral	48	0	2
383	An Timeboxes...	Partiell iterativ	Teils..., teils...	Parallel	Regel. Synchro.	Zentral	48	0	2
384	An Timeboxes...	Partiell iterativ	Teils..., teils...	Parallel	Kont. Synchro.	Meist zentral...	48	0	1
385	An Timeboxes...	Partiell iterativ	Implizit...	Seriell	Kont. Synchro.	Meist zentral...	48	1	1
386	An Timeboxes...	Partiell iterativ	Implizit...	Mischform	Wenig Synchro.	Meist zentral...	48	0	1
387	An Timeboxes...	Partiell iterativ	Implizit...	Mischform	Wenig Synchro.	Meist dezentral...	48	0	1
388	An Timeboxes...	Partiell iterativ	Implizit...	Mischform	Kont. Synchro.	Meist zentral...	48	0	1
389	An Timeboxes...	Partiell iterativ	Implizit...	Parallel	Regel. Synchro.	Zentral	48	0	4
390	An Timeboxes...	Hoch iterativ	Explizit...	Seriell	Wenig Synchro.	Dezentral	48	2	3
391	An Timeboxes...	Hoch iterativ	Explizit...	Seriell	Regel. Synchro.	Zentral	48	2	2
392	An Timeboxes...	Hoch iterativ	Explizit...	Parallel	Regel. Synchro.	Zentral	48	2	2
393	An Timeboxes...	Hoch iterativ	Teils..., teils...	Seriell	Wenig Synchro.	Zentral	48	2	2
394	An Timeboxes...	Hoch iterativ	Teils..., teils...	Parallel	Wenig Synchro.	Dezentral	48	1	2
395	An Timeboxes...	Hoch iterativ	Teils..., teils...	Parallel	Kont. Synchro.	Zentral	48	2	1
396	An Timeboxes...	Hoch iterativ	Implizit...	Seriell	Kont. Synchro.	Zentral	48	3	2
397	An Timeboxes...	Hoch iterativ	Implizit...	Mischform	Wenig Synchro.	Meist zentral...	48	1	2

#	Prozesstakt	Verlaufs-form	Festlegung von …	Parallelisie-rung von …	Synchroni-sation	Format des …	KM	#TI	#PI
398	An Timeboxes...	Hoch iterativ	Implizit...	Mischform	Kont. Synchro.	Zentral	48	2	2
399	An Timeboxes...	Hoch iterativ	Implizit...	Parallel	Wenig Synchro.	Meist dezentral...	48	1	3
400	An Phasen...	Linear, ...	Explizit...	Seriell	Kont. Synchro.	Dezentral	47	1	4
401	An Phasen...	Linear, ...	Teils..., teils...	Seriell	Regel. Synchro.	Dezentral	47	0	1
402	An Phasen...	Linear, ...	Teils..., teils...	Mischform	Kont. Synchro.	Meist zentral...	47	0	3
403	An Phasen...	Linear, ...	Teils..., teils...	Mischform	Kont. Synchro.	Meist dezentral...	47	0	2
404	An Phasen...	Linear, ...	Teils..., teils...	Mischform	Kont. Synchro.	Dezentral	47	0	3
405	An Phasen...	Linear, ...	Implizit...	Seriell	Regel. Synchro.	Zentral	47	0	2
406	An Phasen...	Linear, ...	Implizit...	Seriell	Regel. Synchro.	Meist dezentral...	47	0	1
407	An Phasen...	Linear, ...	Implizit...	Mischform	Wenig Synchro.	Dezentral	47	0	2
408	An Phasen...	Linear, ...	Implizit...	Parallel	Wenig Synchro.	Meist dezentral...	47	0	3
409	An Phasen...	Linear, ...	Implizit...	Parallel	Kont. Synchro.	Meist zentral...	47	0	5
410	An Phasen...	Linear, ...	Implizit...	Parallel	Kont. Synchro.	Meist dezentral...	47	0	4
411	An Phasen...	Linear, ...	Implizit...	Parallel	Kont. Synchro.	Dezentral	47	0	5
412	An Phasen...	Partiell iterativ	Explizit...	Seriell	Kont. Synchro.	Meist zentral...	47	1	2
413	An Phasen...	Partiell iterativ	Explizit...	Seriell	Kont. Synchro.	Meist dezentral...	47	1	1
414	An Phasen...	Partiell iterativ	Explizit...	Seriell	Kont. Synchro.	Dezentral	47	1	2
415	An Phasen...	Partiell iterativ	Teils..., teils...	Mischform	Wenig Synchro.	Meist dezentral...	47	0	0
416	An Phasen...	Partiell iterativ	Teils..., teils...	Mischform	Wenig Synchro.	Dezentral	47	0	0
417	An Phasen...	Partiell iterativ	Teils..., teils...	Mischform	Kont. Synchro.	Dezentral	47	0	1
418	An Phasen...	Partiell iterativ	Teils..., teils...	Parallel	Wenig Synchro.	Meist dezentral...	47	0	1
419	An Phasen...	Partiell iterativ	Teils..., teils...	Parallel	Wenig Synchro.	Dezentral	47	0	1
420	An Phasen...	Partiell iterativ	Implizit...	Seriell	Regel. Synchro.	Dezentral	47	0	1
421	An Phasen...	Partiell iterativ	Implizit...	Mischform	Wenig Synchro.	Zentral	47	0	3
422	An Phasen...	Partiell iterativ	Implizit...	Mischform	Regel. Synchro.	Dezentral	47	0	1
423	An Phasen...	Partiell iterativ	Implizit...	Parallel	Wenig Synchro.	Meist zentral...	47	0	3
424	An Phasen...	Partiell iterativ	Implizit...	Parallel	Regel. Synchro.	Dezentral	47	0	2
425	An Phasen...	Partiell iterativ	Implizit...	Parallel	Kont. Synchro.	Meist dezentral...	47	0	3
426	An Phasen...	Hoch iterativ	Explizit...	Seriell	Wenig Synchro.	Meist dezentral...	47	2	1
427	An Phasen...	Hoch iterativ	Explizit...	Seriell	Wenig Synchro.	Dezentral	47	2	2
428	An Phasen...	Hoch iterativ	Explizit...	Seriell	Regel. Synchro.	Zentral	47	2	1
429	An Phasen...	Hoch iterativ	Explizit...	Seriell	Kont. Synchro.	Dezentral	47	2	3
430	An Phasen...	Hoch iterativ	Explizit...	Mischform	Regel. Synchro.	Zentral	47	2	1
431	An Phasen...	Hoch iterativ	Explizit...	Mischform	Kont. Synchro.	Meist dezentral...	47	1	2
432	An Phasen...	Hoch iterativ	Explizit...	Parallel	Kont. Synchro.	Zentral	47	3	2
433	An Phasen...	Hoch iterativ	Teils..., teils...	Seriell	Kont. Synchro.	Meist dezentral...	47	1	2
434	An Phasen...	Hoch iterativ	Teils..., teils...	Parallel	Regel. Synchro.	Zentral	47	1	1
435	An Phasen...	Hoch iterativ	Implizit...	Seriell	Wenig Synchro.	Zentral	47	2	3
436	An Phasen...	Hoch iterativ	Implizit...	Seriell	Kont. Synchro.	Meist dezentral...	47	1	3
437	An Phasen...	Hoch iterativ	Implizit...	Parallel	Kont. Synchro.	Meist zentral...	47	0	6
438	An Timeboxes...	Linear, ...	Explizit...	Seriell	Wenig Synchro.	Dezentral	47	1	4
439	An Timeboxes...	Linear, ...	Explizit...	Mischform	Wenig Synchro.	Zentral	47	1	3
440	An Timeboxes...	Linear, ...	Explizit...	Mischform	Wenig Synchro.	Meist zentral...	47	1	2
441	An Timeboxes...	Linear, ...	Explizit...	Parallel	Wenig Synchro.	Zentral	47	1	4
442	An Timeboxes...	Linear, ...	Explizit...	Parallel	Wenig Synchro.	Meist zentral...	47	1	3
443	An Timeboxes...	Linear, ...	Teils..., teils...	Seriell	Regel. Synchro.	Zentral	47	1	1
444	An Timeboxes...	Linear, ...	Teils..., teils...	Mischform	Regel. Synchro.	Zentral	47	1	1
445	An Timeboxes...	Linear, ...	Teils..., teils...	Mischform	Kont. Synchro.	Dezentral	47	1	2
446	An Timeboxes...	Linear, ...	Teils..., teils...	Parallel	Regel. Synchro.	Zentral	47	1	1
447	An Timeboxes...	Linear, ...	Implizit...	Seriell	Regel. Synchro.	Zentral	47	1	2
448	An Timeboxes...	Linear, ...	Implizit...	Seriell	Kont. Synchro.	Dezentral	47	2	2
449	An Timeboxes...	Linear, ...	Implizit...	Mischform	Wenig Synchro.	Meist zentral...	47	1	1
450	An Timeboxes...	Linear, ...	Implizit...	Mischform	Regel. Synchro.	Zentral	47	1	2
451	An Timeboxes...	Linear, ...	Implizit...	Mischform	Kont. Synchro.	Meist dezentral...	47	1	1
452	An Timeboxes...	Partiell iterativ	Teils..., teils...	Mischform	Wenig Synchro.	Dezentral	47	0	1
453	An Timeboxes...	Partiell iterativ	Implizit...	Parallel	Wenig Synchro.	Dezentral	47	0	3
454	An Timeboxes...	Hoch iterativ	Explizit...	Seriell	Wenig Synchro.	Meist dezentral...	47	2	2

#	Prozesstakt	Verlaufs-form	Festlegung von ...	Parallelisie-rung von ...	Synchroni-sation	Format des ...	KM	#TI	#PI
455	An Timeboxes...	Hoch iterativ	Explizit...	Mischform	Regel. Synchro.	Zentral	47	2	2
456	An Timeboxes...	Hoch iterativ	Teils..., teils...	Mischform	Wenig Synchro.	Meist dezentral...	47	1	1
457	An Phasen...	Linear, ...	Teils..., teils...	Mischform	Kont. Synchro.	Zentral	46	1	2
458	An Phasen...	Linear, ...	Implizit...	Mischform	Regel. Synchro.	Dezentral	46	0	2
459	An Phasen...	Linear, ...	Implizit...	Parallel	Wenig Synchro.	Dezentral	46	0	4
460	An Phasen...	Linear, ...	Implizit...	Parallel	Regel. Synchro.	Dezentral	46	0	3
461	An Phasen...	Partiell iterativ	Explizit...	Mischform	Kont. Synchro.	Zentral	46	1	2
462	An Phasen...	Partiell iterativ	Teils..., teils...	Seriell	Kont. Synchro.	Dezentral	46	1	1
463	An Phasen...	Partiell iterativ	Teils..., teils...	Mischform	Kont. Synchro.	Meist dezentral...	46	0	1
464	An Phasen...	Partiell iterativ	Teils..., teils...	Parallel	Kont. Synchro.	Zentral	46	1	2
465	An Phasen...	Partiell iterativ	Implizit...	Seriell	Regel. Synchro.	Zentral	46	0	3
466	An Phasen...	Partiell iterativ	Implizit...	Mischform	Wenig Synchro.	Meist dezentral...	46	0	1
467	An Phasen...	Partiell iterativ	Implizit...	Mischform	Wenig Synchro.	Dezentral	46	0	1
468	An Phasen...	Partiell iterativ	Implizit...	Mischform	Regel. Synchro.	Zentral	46	0	3
469	An Phasen...	Partiell iterativ	Implizit...	Mischform	Kont. Synchro.	Dezentral	46	0	2
470	An Phasen...	Partiell iterativ	Implizit...	Parallel	Wenig Synchro.	Zentral	46	0	5
471	An Phasen...	Partiell iterativ	Implizit...	Parallel	Regel. Synchro.	Zentral	46	0	4
472	An Phasen...	Partiell iterativ	Implizit...	Parallel	Kont. Synchro.	Meist zentral...	46	0	4
473	An Phasen...	Hoch iterativ	Explizit...	Seriell	Kont. Synchro.	Meist dezentral...	46	2	2
474	An Phasen...	Hoch iterativ	Explizit...	Parallel	Wenig Synchro.	Zentral	46	3	2
475	An Phasen...	Hoch iterativ	Explizit...	Parallel	Wenig Synchro.	Meist zentral...	46	2	3
476	An Phasen...	Hoch iterativ	Teils..., teils...	Seriell	Regel. Synchro.	Zentral	46	1	1
477	An Phasen...	Hoch iterativ	Teils..., teils...	Mischform	Wenig Synchro.	Dezentral	46	1	1
478	An Phasen...	Hoch iterativ	Teils..., teils...	Mischform	Regel. Synchro.	Zentral	46	1	1
479	An Phasen...	Hoch iterativ	Teils..., teils...	Parallel	Wenig Synchro.	Dezentral	46	1	2
480	An Phasen...	Hoch iterativ	Teils..., teils...	Parallel	Kont. Synchro.	Zentral	46	2	2
481	An Phasen...	Hoch iterativ	Implizit...	Mischform	Wenig Synchro.	Dezentral	46	1	2
482	An Timeboxes...	Linear, ...	Explizit...	Mischform	Kont. Synchro.	Meist dezentral...	46	1	2
483	An Timeboxes...	Linear, ...	Explizit...	Mischform	Kont. Synchro.	Dezentral	46	1	4
484	An Timeboxes...	Linear, ...	Explizit...	Parallel	Kont. Synchro.	Zentral	46	2	3
485	An Timeboxes...	Linear, ...	Teils..., teils...	Seriell	Kont. Synchro.	Dezentral	46	2	2
486	An Timeboxes...	Linear, ...	Teils..., teils...	Mischform	Wenig Synchro.	Zentral	46	1	2
487	An Timeboxes...	Linear, ...	Teils..., teils...	Mischform	Wenig Synchro.	Meist zentral...	46	1	1
488	An Timeboxes...	Linear, ...	Teils..., teils...	Mischform	Kont. Synchro.	Meist dezentral...	46	1	1
489	An Timeboxes...	Linear, ...	Teils..., teils...	Parallel	Kont. Synchro.	Meist zentral...	46	1	2
490	An Timeboxes...	Linear, ...	Implizit...	Seriell	Kont. Synchro.	Meist dezentral...	46	2	1
491	An Timeboxes...	Linear, ...	Implizit...	Mischform	Wenig Synchro.	Zentral	46	1	3
492	An Timeboxes...	Linear, ...	Implizit...	Mischform	Wenig Synchro.	Meist dezentral...	46	1	1
493	An Timeboxes...	Linear, ...	Implizit...	Mischform	Wenig Synchro.	Dezentral	46	1	2
494	An Timeboxes...	Linear, ...	Implizit...	Parallel	Regel. Synchro.	Zentral	46	1	3
495	An Timeboxes...	Linear, ...	Implizit...	Parallel	Kont. Synchro.	Meist zentral...	46	1	3
496	An Timeboxes...	Partiell iterativ	Explizit...	Seriell	Kont. Synchro.	Meist zentral...	46	1	2
497	An Timeboxes...	Partiell iterativ	Explizit...	Mischform	Wenig Synchro.	Meist zentral...	46	0	2
498	An Timeboxes...	Partiell iterativ	Explizit...	Mischform	Kont. Synchro.	Meist zentral...	46	0	2
499	An Timeboxes...	Partiell iterativ	Explizit...	Parallel	Wenig Synchro.	Meist zentral...	46	0	3
500	An Timeboxes...	Partiell iterativ	Explizit...	Parallel	Kont. Synchro.	Zentral	46	1	3
501	An Timeboxes...	Partiell iterativ	Teils..., teils...	Seriell	Kont. Synchro.	Meist zentral...	46	1	1
502	An Timeboxes...	Partiell iterativ	Teils..., teils...	Mischform	Wenig Synchro.	Meist zentral...	46	0	1
503	An Timeboxes...	Partiell iterativ	Teils..., teils...	Mischform	Wenig Synchro.	Meist dezentral...	46	0	1
504	An Timeboxes...	Partiell iterativ	Teils..., teils...	Mischform	Kont. Synchro.	Meist zentral...	46	0	1
505	An Timeboxes...	Partiell iterativ	Teils..., teils...	Parallel	Wenig Synchro.	Dezentral	46	0	2
506	An Timeboxes...	Partiell iterativ	Implizit...	Mischform	Wenig Synchro.	Zentral	46	0	4
507	An Timeboxes...	Partiell iterativ	Implizit...	Parallel	Wenig Synchro.	Meist zentral...	46	0	3
508	An Timeboxes...	Partiell iterativ	Implizit...	Parallel	Wenig Synchro.	Meist dezentral...	46	0	3
509	An Timeboxes...	Hoch iterativ	Explizit...	Seriell	Wenig Synchro.	Meist zentral...	46	2	3
510	An Timeboxes...	Hoch iterativ	Explizit...	Seriell	Kont. Synchro.	Meist zentral...	46	2	3
511	An Timeboxes...	Hoch iterativ	Explizit...	Mischform	Kont. Synchro.	Meist zentral...	46	1	3

#	Prozesstakt	Verlaufs-form	Festlegung von ...	Parallelisie-rung von ...	Synchroni-sation	Format des ...	KM	#TI	#PI
512	An Timeboxes...	Hoch iterativ	Explizit...	Parallel	Kont. Synchro.	Zentral	46	3	2
513	An Timeboxes...	Hoch iterativ	Teils..., teils...	Seriell	Kont. Synchro.	Zentral	46	3	1
514	An Timeboxes...	Hoch iterativ	Teils..., teils...	Mischform	Kont. Synchro.	Zentral	46	2	1
515	An Timeboxes...	Hoch iterativ	Teils..., teils...	Parallel	Wenig Synchro.	Meist dezentral...	46	1	2
516	An Timeboxes...	Hoch iterativ	Implizit...	Mischform	Wenig Synchro.	Zentral	46	2	3
517	An Timeboxes...	Hoch iterativ	Implizit...	Parallel	Wenig Synchro.	Meist zentral...	46	1	4
518	An Phasen...	Linear, ...	Teils..., teils...	Seriell	Kont. Synchro.	Meist zentral...	45	1	3
519	An Phasen...	Linear, ...	Teils..., teils...	Seriell	Kont. Synchro.	Meist dezentral...	45	1	2
520	An Phasen...	Linear, ...	Teils..., teils...	Seriell	Kont. Synchro.	Dezentral	45	1	3
521	An Phasen...	Linear, ...	Implizit...	Seriell	Regel. Synchro.	Dezentral	45	0	2
522	An Phasen...	Linear, ...	Implizit...	Mischform	Kont. Synchro.	Meist zentral...	45	0	4
523	An Phasen...	Linear, ...	Implizit...	Mischform	Kont. Synchro.	Meist dezentral...	45	0	3
524	An Phasen...	Linear, ...	Implizit...	Mischform	Kont. Synchro.	Dezentral	45	0	4
525	An Phasen...	Linear, ...	Implizit...	Parallel	Kont. Synchro.	Zentral	45	1	5
526	An Phasen...	Partiell iterativ	Explizit...	Seriell	Kont. Synchro.	Zentral	45	2	2
527	An Phasen...	Partiell iterativ	Teils..., teils...	Seriell	Kont. Synchro.	Meist dezentral...	45	1	1
528	An Phasen...	Partiell iterativ	Teils..., teils...	Mischform	Kont. Synchro.	Meist zentral...	45	0	2
529	An Phasen...	Partiell iterativ	Implizit...	Seriell	Kont. Synchro.	Dezentral	45	1	2
530	An Phasen...	Partiell iterativ	Implizit...	Mischform	Kont. Synchro.	Meist dezentral...	45	0	2
531	An Phasen...	Partiell iterativ	Implizit...	Parallel	Wenig Synchro.	Meist dezentral...	45	0	3
532	An Phasen...	Partiell iterativ	Implizit...	Parallel	Wenig Synchro.	Dezentral	45	0	3
533	An Phasen...	Hoch iterativ	Explizit...	Mischform	Wenig Synchro.	Zentral	45	3	1
534	An Phasen...	Hoch iterativ	Explizit...	Mischform	Wenig Synchro.	Meist zentral...	45	2	2
535	An Phasen...	Hoch iterativ	Explizit...	Mischform	Kont. Synchro.	Meist zentral...	45	1	4
536	An Phasen...	Hoch iterativ	Explizit...	Parallel	Wenig Synchro.	Meist dezentral...	45	2	2
537	An Phasen...	Hoch iterativ	Explizit...	Parallel	Wenig Synchro.	Dezentral	45	2	3
538	An Phasen...	Hoch iterativ	Teils..., teils...	Mischform	Wenig Synchro.	Zentral	45	2	1
539	An Phasen...	Hoch iterativ	Teils..., teils...	Mischform	Wenig Synchro.	Meist zentral...	45	1	2
540	An Phasen...	Hoch iterativ	Teils..., teils...	Mischform	Wenig Synchro.	Meist dezentral...	45	1	1
541	An Phasen...	Hoch iterativ	Teils..., teils...	Mischform	Kont. Synchro.	Meist zentral...	45	0	4
542	An Phasen...	Hoch iterativ	Teils..., teils...	Parallel	Wenig Synchro.	Zentral	45	2	2
543	An Phasen...	Hoch iterativ	Teils..., teils...	Parallel	Wenig Synchro.	Meist zentral...	45	1	3
544	An Phasen...	Hoch iterativ	Teils..., teils...	Parallel	Wenig Synchro.	Meist dezentral...	45	1	2
545	An Phasen...	Hoch iterativ	Implizit...	Seriell	Regel. Synchro.	Zentral	45	1	3
546	An Phasen...	Hoch iterativ	Implizit...	Mischform	Wenig Synchro.	Meist zentral...	45	1	3
547	An Phasen...	Hoch iterativ	Implizit...	Mischform	Wenig Synchro.	Meist dezentral...	45	1	2
548	An Phasen...	Hoch iterativ	Implizit...	Mischform	Regel. Synchro.	Zentral	45	1	3
549	An Phasen...	Hoch iterativ	Implizit...	Mischform	Kont. Synchro.	Meist zentral...	45	0	5
550	An Phasen...	Hoch iterativ	Implizit...	Parallel	Wenig Synchro.	Dezentral	45	1	4
551	An Phasen...	Hoch iterativ	Implizit...	Parallel	Regel. Synchro.	Zentral	45	1	4
552	An Timeboxes...	Linear, ...	Explizit...	Seriell	Kont. Synchro.	Meist dezentral...	45	2	2
553	An Timeboxes...	Linear, ...	Explizit...	Seriell	Kont. Synchro.	Dezentral	45	2	4
554	An Timeboxes...	Linear, ...	Explizit...	Mischform	Wenig Synchro.	Meist dezentral...	45	1	2
555	An Timeboxes...	Linear, ...	Explizit...	Mischform	Kont. Synchro.	Meist zentral...	45	1	3
556	An Timeboxes...	Linear, ...	Explizit...	Parallel	Wenig Synchro.	Meist dezentral...	45	1	3
557	An Timeboxes...	Linear, ...	Teils..., teils...	Seriell	Kont. Synchro.	Meist dezentral...	45	2	1
558	An Timeboxes...	Linear, ...	Teils..., teils...	Mischform	Wenig Synchro.	Meist dezentral...	45	1	1
559	An Timeboxes...	Linear, ...	Teils..., teils...	Mischform	Wenig Synchro.	Dezentral	45	1	2
560	An Timeboxes...	Linear, ...	Teils..., teils...	Parallel	Wenig Synchro.	Zentral	45	1	3
561	An Timeboxes...	Linear, ...	Teils..., teils...	Parallel	Wenig Synchro.	Meist zentral...	45	1	2
562	An Timeboxes...	Linear, ...	Implizit...	Mischform	Kont. Synchro.	Meist zentral...	45	1	2
563	An Timeboxes...	Linear, ...	Implizit...	Parallel	Wenig Synchro.	Meist zentral...	45	1	3
564	An Timeboxes...	Partiell iterativ	Explizit...	Mischform	Wenig Synchro.	Zentral	45	0	4
565	An Timeboxes...	Partiell iterativ	Explizit...	Mischform	Wenig Synchro.	Meist dezentral...	45	0	2
566	An Timeboxes...	Partiell iterativ	Explizit...	Mischform	Wenig Synchro.	Dezentral	45	0	3
567	An Timeboxes...	Partiell iterativ	Explizit...	Parallel	Wenig Synchro.	Zentral	45	0	5
568	An Timeboxes...	Partiell iterativ	Explizit...	Parallel	Wenig Synchro.	Meist dezentral...	45	0	3

#	Prozesstakt	Verlaufs-form	Festlegung von ...	Parallelisie-rung von ...	Synchroni-sation	Format des ...	KM	#TI	#PI
569	An Timeboxes...	Partiell iterativ	Explizit...	Parallel	Wenig Synchro.	Dezentral	45	0	4
570	An Timeboxes...	Partiell iterativ	Teils..., teils...	Mischform	Wenig Synchro.	Zentral	45	0	3
571	An Timeboxes...	Partiell iterativ	Teils..., teils...	Parallel	Wenig Synchro.	Meist zentral...	45	0	2
572	An Timeboxes...	Partiell iterativ	Teils..., teils...	Parallel	Wenig Synchro.	Meist dezentral...	45	0	2
573	An Timeboxes...	Partiell iterativ	Teils..., teils...	Parallel	Kont. Synchro.	Zentral	45	1	2
574	An Timeboxes...	Partiell iterativ	Implizit...	Parallel	Kont. Synchro.	Zentral	45	1	4
575	An Timeboxes...	Hoch iterativ	Explizit...	Seriell	Wenig Synchro.	Zentral	45	3	3
576	An Timeboxes...	Hoch iterativ	Teils..., teils...	Mischform	Wenig Synchro.	Meist zentral...	45	1	2
577	An Phasen...	Linear, ...	Teils..., teils...	Seriell	Kont. Synchro.	Zentral	44	2	2
578	An Phasen...	Partiell iterativ	Teils..., teils...	Seriell	Kont. Synchro.	Meist zentral...	44	1	2
579	An Phasen...	Partiell iterativ	Implizit...	Seriell	Kont. Synchro.	Meist dezentral...	44	1	2
580	An Phasen...	Partiell iterativ	Implizit...	Mischform	Kont. Synchro.	Meist zentral...	44	0	3
581	An Phasen...	Hoch iterativ	Explizit...	Seriell	Kont. Synchro.	Meist zentral...	44	2	4
582	An Phasen...	Hoch iterativ	Explizit...	Mischform	Wenig Synchro.	Meist dezentral...	44	2	1
583	An Phasen...	Hoch iterativ	Explizit...	Mischform	Wenig Synchro.	Dezentral	44	2	2
584	An Phasen...	Hoch iterativ	Teils..., teils...	Seriell	Kont. Synchro.	Meist zentral...	44	1	4
585	An Phasen...	Hoch iterativ	Implizit...	Seriell	Kont. Synchro.	Meist zentral...	44	1	5
586	An Phasen...	Hoch iterativ	Implizit...	Mischform	Wenig Synchro.	Zentral	44	2	3
587	An Phasen...	Hoch iterativ	Implizit...	Parallel	Wenig Synchro.	Meist zentral...	44	1	5
588	An Phasen...	Hoch iterativ	Implizit...	Parallel	Wenig Synchro.	Meist dezentral...	44	1	4
589	An Phasen...	Hoch iterativ	Implizit...	Parallel	Kont. Synchro.	Zentral	44	2	5
590	An Timeboxes...	Linear, ...	Explizit...	Seriell	Kont. Synchro.	Meist zentral...	44	2	3
591	An Timeboxes...	Linear, ...	Explizit...	Mischform	Wenig Synchro.	Dezentral	44	1	4
592	An Timeboxes...	Linear, ...	Explizit...	Parallel	Wenig Synchro.	Dezentral	44	1	5
593	An Timeboxes...	Linear, ...	Teils..., teils...	Mischform	Kont. Synchro.	Meist zentral...	44	1	2
594	An Timeboxes...	Linear, ...	Teils..., teils...	Parallel	Wenig Synchro.	Meist dezentral...	44	1	2
595	An Timeboxes...	Linear, ...	Teils..., teils...	Parallel	Wenig Synchro.	Dezentral	44	1	3
596	An Timeboxes...	Linear, ...	Teils..., teils...	Parallel	Kont. Synchro.	Zentral	44	2	2
597	An Timeboxes...	Linear, ...	Implizit...	Seriell	Kont. Synchro.	Meist zentral...	44	2	2
598	An Timeboxes...	Linear, ...	Implizit...	Parallel	Wenig Synchro.	Zentral	44	1	5
599	An Timeboxes...	Linear, ...	Implizit...	Parallel	Wenig Synchro.	Meist dezentral...	44	1	3
600	An Timeboxes...	Linear, ...	Implizit...	Parallel	Wenig Synchro.	Dezentral	44	1	4
601	An Timeboxes...	Partiell iterativ	Teils..., teils...	Parallel	Wenig Synchro.	Zentral	44	0	4
602	An Timeboxes...	Partiell iterativ	Implizit...	Seriell	Kont. Synchro.	Zentral	44	2	3
603	An Timeboxes...	Partiell iterativ	Implizit...	Mischform	Kont. Synchro.	Zentral	44	1	3
604	An Timeboxes...	Partiell iterativ	Implizit...	Parallel	Wenig Synchro.	Zentral	44	0	6
605	An Timeboxes...	Hoch iterativ	Explizit...	Mischform	Wenig Synchro.	Dezentral	44	2	3
606	An Timeboxes...	Hoch iterativ	Explizit...	Parallel	Wenig Synchro.	Dezentral	44	2	4
607	An Timeboxes...	Hoch iterativ	Teils..., teils...	Mischform	Wenig Synchro.	Zentral	44	2	2
608	An Timeboxes...	Hoch iterativ	Teils..., teils...	Parallel	Wenig Synchro.	Meist zentral...	44	1	3
609	An Timeboxes...	Hoch iterativ	Implizit...	Parallel	Wenig Synchro.	Zentral	44	2	5
610	An Phasen...	Linear, ...	Implizit...	Seriell	Kont. Synchro.	Meist zentral...	43	1	4
611	An Phasen...	Linear, ...	Implizit...	Seriell	Kont. Synchro.	Meist dezentral...	43	1	3
612	An Phasen...	Linear, ...	Implizit...	Seriell	Kont. Synchro.	Dezentral	43	1	4
613	An Phasen...	Linear, ...	Implizit...	Mischform	Kont. Synchro.	Zentral	43	1	4
614	An Phasen...	Partiell iterativ	Teils..., teils...	Mischform	Kont. Synchro.	Zentral	43	1	2
615	An Phasen...	Partiell iterativ	Implizit...	Seriell	Kont. Synchro.	Meist zentral...	43	1	3
616	An Phasen...	Partiell iterativ	Implizit...	Parallel	Kont. Synchro.	Zentral	43	1	5
617	An Phasen...	Hoch iterativ	Explizit...	Mischform	Kont. Synchro.	Zentral	43	3	2
618	An Phasen...	Hoch iterativ	Teils..., teils...	Mischform	Kont. Synchro.	Zentral	43	2	2
619	An Phasen...	Hoch iterativ	Implizit...	Parallel	Wenig Synchro.	Zentral	43	2	5
620	An Timeboxes...	Linear, ...	Explizit...	Mischform	Kont. Synchro.	Zentral	43	2	3
621	An Timeboxes...	Linear, ...	Teils..., teils...	Seriell	Kont. Synchro.	Meist zentral...	43	2	2
622	An Timeboxes...	Linear, ...	Implizit...	Parallel	Kont. Synchro.	Zentral	43	2	4
623	An Timeboxes...	Partiell iterativ	Explizit...	Seriell	Kont. Synchro.	Zentral	43	2	3
624	An Timeboxes...	Partiell iterativ	Explizit...	Mischform	Kont. Synchro.	Zentral	43	1	3
625	An Timeboxes...	Partiell iterativ	Teils..., teils...	Seriell	Kont. Synchro.	Zentral	43	2	2

#	Prozesstakt	Verlaufs-form	Festlegung von ...	Parallelisie-rung von ...	Synchroni-sation	Format des ...	KM	#TI	#PI
626	An Timeboxes...	Partiell iterativ	Teils..., teils...	Mischform	Kont. Synchro.	Zentral	43	1	2
627	An Timeboxes...	Hoch iterativ	Explizit...	Seriell	Kont. Synchro.	Zentral	43	4	2
628	An Timeboxes...	Hoch iterativ	Explizit...	Mischform	Wenig Synchro.	Meist dezentral...	43	2	2
629	An Timeboxes...	Hoch iterativ	Explizit...	Mischform	Kont. Synchro.	Zentral	43	3	2
630	An Timeboxes...	Hoch iterativ	Explizit...	Parallel	Wenig Synchro.	Meist dezentral...	43	2	3
631	An Timeboxes...	Hoch iterativ	Teils..., teils...	Parallel	Wenig Synchro.	Zentral	43	2	3
632	An Phasen...	Partiell iterativ	Teils..., teils...	Seriell	Kont. Synchro.	Zentral	42	2	2
633	An Phasen...	Hoch iterativ	Explizit...	Seriell	Kont. Synchro.	Zentral	42	4	2
634	An Phasen...	Hoch iterativ	Teils..., teils...	Seriell	Kont. Synchro.	Zentral	42	3	2
635	An Phasen...	Hoch iterativ	Implizit...	Mischform	Kont. Synchro.	Zentral	42	2	4
636	An Timeboxes...	Linear, ...	Explizit...	Seriell	Kont. Synchro.	Zentral	42	3	3
637	An Timeboxes...	Linear, ...	Teils..., teils...	Mischform	Kont. Synchro.	Zentral	42	2	2
638	An Timeboxes...	Linear, ...	Implizit...	Mischform	Kont. Synchro.	Zentral	42	2	3
639	An Timeboxes...	Hoch iterativ	Explizit...	Mischform	Wenig Synchro.	Meist zentral...	42	2	3
640	An Timeboxes...	Hoch iterativ	Explizit...	Parallel	Wenig Synchro.	Meist zentral...	42	2	4
641	An Phasen...	Linear, ...	Implizit...	Seriell	Kont. Synchro.	Zentral	41	2	4
642	An Phasen...	Partiell iterativ	Implizit...	Mischform	Kont. Synchro.	Zentral	41	1	4
643	An Phasen...	Hoch iterativ	Implizit...	Seriell	Kont. Synchro.	Zentral	41	3	4
644	An Timeboxes...	Linear, ...	Teils..., teils...	Seriell	Kont. Synchro.	Zentral	41	3	2
645	An Timeboxes...	Linear, ...	Implizit...	Seriell	Kont. Synchro.	Zentral	41	3	3
646	An Timeboxes...	Hoch iterativ	Explizit...	Mischform	Wenig Synchro.	Zentral	41	3	3
647	An Timeboxes...	Hoch iterativ	Explizit...	Parallel	Wenig Synchro.	Zentral	41	3	4
648	An Phasen...	Partiell iterativ	Implizit...	Seriell	Kont. Synchro.	Zentral	40	2	4

A.12 Kurzstudie zu hybriden Entwicklungsprozessen in der Praxis

Für jeden theoretischen Idealtyp in Kapitel 5.3.3.1 muss die Existenz eines in der wirtschaftlichen Realität vorkommenden faktischen Prozesspendants geprüft werden. Der Nachweis eines solchen existierenden Realtyps zu jedem heuristisch hergeleiteten Typ ist die Voraussetzung für die Wahl dieses Typs als Grundtyp hybrider Entwicklungsprozesse. Die Überprüfung erfolgt auf Basis einer Kurzstudie, die mit 10 produzierenden Unternehmen durchgeführt wurde. Die im Zuge dieser Studie ermittelten 11 Konfigurationsprofile[810] sind im Folgenden dargestellt.

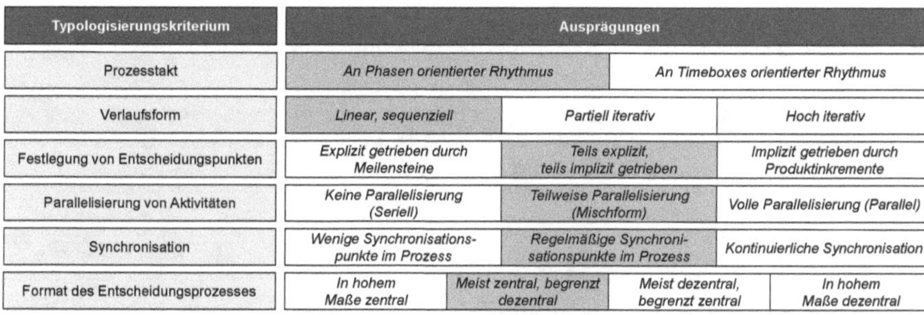

Abbildung A-7: Konfigurationsprofil von Unternehmen 1

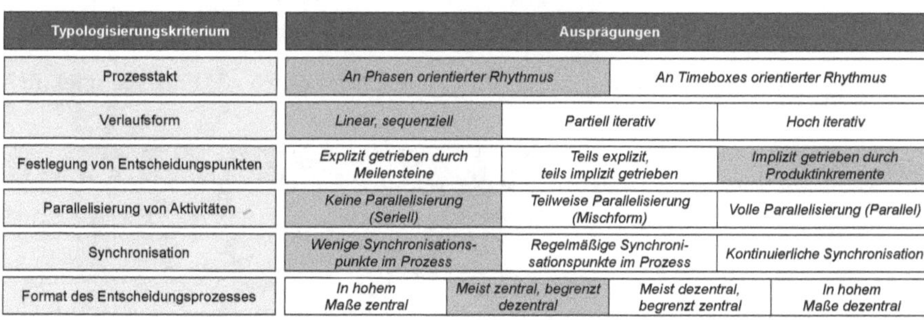

Abbildung A-8: Konfigurationsprofil von Unternehmen 2 (Praxisbeispiel für Grundtyp I)

[810] Aufgrund dessen, dass ein in der Kurzstudie betrachtetes Unternehmen zwei verschiedene Vorgehensweisen für die Umsetzung einer hybriden Entwicklung aufweist, weicht die Anzahl der dargestellten Konfigurationsprofile von der Anzahl an Unternehmen ab.

Typologisierungskriterium	Ausprägungen			
Prozesstakt	**An Phasen orientierter Rhythmus**	An Timeboxes orientierter Rhythmus		
Verlaufsform	Linear, sequenziell	**Partiell iterativ**	Hoch iterativ	
Festlegung von Entscheidungspunkten	**Explizit getrieben durch Meilensteine**	Teils explizit, teils implizit getrieben	Implizit getrieben durch Produktinkremente	
Parallelisierung von Aktivitäten	Keine Parallelisierung (Seriell)	Teilweise Parallelisierung (Mischform)	**Volle Parallelisierung (Parallel)**	
Synchronisation	Wenige Synchronisations-punkte im Prozess	**Regelmäßige Synchroni-sationspunkte im Prozess**	Kontinuierliche Synchronisation	
Format des Entscheidungsprozesses	In hohem Maße zentral	**Meist zentral, begrenzt dezentral**	Meist dezentral, begrenzt zentral	In hohem Maße dezentral

Abbildung A-9: Erstes Konfigurationsprofil von Unternehmen 3 (Praxisbeispiel für Grundtyp II)

Typologisierungskriterium	Ausprägungen			
Prozesstakt	**An Phasen orientierter Rhythmus**	An Timeboxes orientierter Rhythmus		
Verlaufsform	Linear, sequenziell	**Partiell iterativ**	Hoch iterativ	
Festlegung von Entscheidungspunkten	Explizit getrieben durch Meilensteine	**Teils explizit, teils implizit getrieben**	Implizit getrieben durch Produktinkremente	
Parallelisierung von Aktivitäten	**Keine Parallelisierung (Seriell)**	Teilweise Parallelisierung (Mischform)	Volle Parallelisierung (Parallel)	
Synchronisation	**Wenige Synchronisations-punkte im Prozess**	Regelmäßige Synchroni-sationspunkte im Prozess	Kontinuierliche Synchronisation	
Format des Entscheidungsprozesses	**In hohem Maße zentral**	Meist zentral, begrenzt dezentral	Meist dezentral, begrenzt zentral	In hohem Maße dezentral

Abbildung A-10: Zweites Konfigurationsprofil von Unternehmen 3 (Praxisbeispiel für Grundtyp III)

Typologisierungskriterium	Ausprägungen			
Prozesstakt	**An Phasen orientierter Rhythmus**	An Timeboxes orientierter Rhythmus		
Verlaufsform	Linear, sequenziell	**Partiell iterativ**	Hoch iterativ	
Festlegung von Entscheidungspunkten	Explizit getrieben durch Meilensteine	**Teils explizit, teils implizit getrieben**	Implizit getrieben durch Produktinkremente	
Parallelisierung von Aktivitäten	Keine Parallelisierung (Seriell)	Teilweise Parallelisierung (Mischform)	**Volle Parallelisierung (Parallel)**	
Synchronisation	Wenige Synchronisations-punkte im Prozess	Regelmäßige Synchroni-sationspunkte im Prozess	**Kontinuierliche Synchronisation**	
Format des Entscheidungsprozesses	In hohem Maße zentral	Meist zentral, begrenzt dezentral	**Meist dezentral, begrenzt zentral**	In hohem Maße dezentral

Abbildung A-11: Konfigurationsprofil von Unternehmen 4

Typologisierungskriterium	Ausprägungen			
Prozesstakt	**An Phasen orientierter Rhythmus**	An Timeboxes orientierter Rhythmus		
Verlaufsform	Linear, sequenziell	**Partiell iterativ**	Hoch iterativ	
Festlegung von Entscheidungspunkten	Explizit getrieben durch Meilensteine	Teils explizit, teils implizit getrieben	**Implizit getrieben durch Produktinkremente**	
Parallelisierung von Aktivitäten	Keine Parallelisierung (Seriell)	**Teilweise Parallelisierung (Mischform)**	Volle Parallelisierung (Parallel)	
Synchronisation	**Wenige Synchronisations-punkte im Prozess**	Regelmäßige Synchroni-sationspunkte im Prozess	Kontinuierliche Synchronisation	
Format des Entscheidungsprozesses	In hohem Maße zentral	**Meist zentral, begrenzt dezentral**	Meist dezentral, begrenzt zentral	In hohem Maße dezentral

Abbildung A-12: Konfigurationsprofil von Unternehmen 5

Typologisierungskriterium	Ausprägungen			
Prozesstakt	**An Phasen orientierter Rhythmus**	An Timeboxes orientierter Rhythmus		
Verlaufsform	Linear, sequenziell	Partiell iterativ	**Hoch iterativ**	
Festlegung von Entscheidungspunkten	Explizit getrieben durch Meilensteine	**Teils explizit, teils implizit getrieben**	Implizit getrieben durch Produktinkremente	
Parallelisierung von Aktivitäten	Keine Parallelisierung (Seriell)	**Teilweise Parallelisierung (Mischform)**	Volle Parallelisierung (Parallel)	
Synchronisation	Wenige Synchronisations-punkte im Prozess	**Regelmäßige Synchroni-sationspunkte im Prozess**	Kontinuierliche Synchronisation	
Format des Entscheidungsprozesses	In hohem Maße zentral	Meist zentral, begrenzt dezentral	**Meist dezentral, begrenzt zentral**	In hohem Maße dezentral

Abbildung A-13: Konfigurationsprofil von Unternehmen 6

Typologisierungskriterium	Ausprägungen			
Prozesstakt	**An Phasen orientierter Rhythmus**	An Timeboxes orientierter Rhythmus		
Verlaufsform	Linear, sequenziell	Partiell iterativ	**Hoch iterativ**	
Festlegung von Entscheidungspunkten	Explizit getrieben durch Meilensteine	**Teils explizit, teils implizit getrieben**	Implizit getrieben durch Produktinkremente	
Parallelisierung von Aktivitäten	Keine Parallelisierung (Seriell)	Teilweise Parallelisierung (Mischform)	**Volle Parallelisierung (Parallel)**	
Synchronisation	Wenige Synchronisations-punkte im Prozess	Regelmäßige Synchroni-sationspunkte im Prozess	**Kontinuierliche Synchronisation**	
Format des Entscheidungsprozesses	In hohem Maße zentral	Meist zentral, begrenzt dezentral	Meist dezentral, begrenzt zentral	**In hohem Maße dezentral**

Abbildung A-14: Konfigurationsprofil von Unternehmen 7 (Praxisbeispiel für Grundtyp IV)

<table>
<tr><th>Typologisierungskriterium</th><th colspan="12">Ausprägungen</th></tr>
<tr><td>Prozesstakt</td><td colspan="6">An Phasen orientierter Rhythmus</td><td colspan="6">An Timeboxes orientierter Rhythmus</td></tr>
<tr><td>Verlaufsform</td><td colspan="4">Linear, sequenziell</td><td colspan="4">Partiell iterativ</td><td colspan="4">Hoch iterativ</td></tr>
<tr><td>Festlegung von Entscheidungspunkten</td><td colspan="4">Explizit getrieben durch Meilensteine</td><td colspan="4">Teils explizit, teils implizit getrieben</td><td colspan="4">Implizit getrieben durch Produktinkremente</td></tr>
<tr><td>Parallelisierung von Aktivitäten</td><td colspan="4">Keine Parallelisierung (Seriell)</td><td colspan="4">Teilweise Parallelisierung (Mischform)</td><td colspan="4">Volle Parallelisierung (Parallel)</td></tr>
<tr><td>Synchronisation</td><td colspan="4">Wenige Synchronisations-punkte im Prozess</td><td colspan="4">Regelmäßige Synchroni-sationspunkte im Prozess</td><td colspan="4">Kontinuierliche Synchronisation</td></tr>
<tr><td>Format des Entscheidungsprozesses</td><td colspan="3">In hohem Maße zentral</td><td colspan="3">Meist zentral, begrenzt dezentral</td><td colspan="3">Meist dezentral, begrenzt zentral</td><td colspan="3">In hohem Maße dezentral</td></tr>
</table>

Abbildung A-15: Konfigurationsprofil von Unternehmen 8 (Praxisbeispiel für Grundtyp V)

<table>
<tr><th>Typologisierungskriterium</th><th colspan="12">Ausprägungen</th></tr>
<tr><td>Prozesstakt</td><td colspan="6">An Phasen orientierter Rhythmus</td><td colspan="6">An Timeboxes orientierter Rhythmus</td></tr>
<tr><td>Verlaufsform</td><td colspan="4">Linear, sequenziell</td><td colspan="4">Partiell iterativ</td><td colspan="4">Hoch iterativ</td></tr>
<tr><td>Festlegung von Entscheidungspunkten</td><td colspan="4">Explizit getrieben durch Meilensteine</td><td colspan="4">Teils explizit, teils implizit getrieben</td><td colspan="4">Implizit getrieben durch Produktinkremente</td></tr>
<tr><td>Parallelisierung von Aktivitäten</td><td colspan="4">Keine Parallelisierung (Seriell)</td><td colspan="4">Teilweise Parallelisierung (Mischform)</td><td colspan="4">Volle Parallelisierung (Parallel)</td></tr>
<tr><td>Synchronisation</td><td colspan="4">Wenige Synchronisations-punkte im Prozess</td><td colspan="4">Regelmäßige Synchroni-sationspunkte im Prozess</td><td colspan="4">Kontinuierliche Synchronisation</td></tr>
<tr><td>Format des Entscheidungsprozesses</td><td colspan="3">In hohem Maße zentral</td><td colspan="3">Meist zentral, begrenzt dezentral</td><td colspan="3">Meist dezentral, begrenzt zentral</td><td colspan="3">In hohem Maße dezentral</td></tr>
</table>

Abbildung A-16: Konfigurationsprofil von Unternehmen 9 (Praxisbeispiel für Grundtyp VI)

<table>
<tr><th>Typologisierungskriterium</th><th colspan="12">Ausprägungen</th></tr>
<tr><td>Prozesstakt</td><td colspan="6">An Phasen orientierter Rhythmus</td><td colspan="6">An Timeboxes orientierter Rhythmus</td></tr>
<tr><td>Verlaufsform</td><td colspan="4">Linear, sequenziell</td><td colspan="4">Partiell iterativ</td><td colspan="4">Hoch iterativ</td></tr>
<tr><td>Festlegung von Entscheidungspunkten</td><td colspan="4">Explizit getrieben durch Meilensteine</td><td colspan="4">Teils explizit, teils implizit getrieben</td><td colspan="4">Implizit getrieben durch Produktinkremente</td></tr>
<tr><td>Parallelisierung von Aktivitäten</td><td colspan="4">Keine Parallelisierung (Seriell)</td><td colspan="4">Teilweise Parallelisierung (Mischform)</td><td colspan="4">Volle Parallelisierung (Parallel)</td></tr>
<tr><td>Synchronisation</td><td colspan="4">Wenige Synchronisations-punkte im Prozess</td><td colspan="4">Regelmäßige Synchroni-sationspunkte im Prozess</td><td colspan="4">Kontinuierliche Synchronisation</td></tr>
<tr><td>Format des Entscheidungsprozesses</td><td colspan="3">In hohem Maße zentral</td><td colspan="3">Meist zentral, begrenzt dezentral</td><td colspan="3">Meist dezentral, begrenzt zentral</td><td colspan="3">In hohem Maße dezentral</td></tr>
</table>

Abbildung A-17: Konfigurationsprofil von Unternehmen 10

A.13 Einflussanalyse auf Ausprägungsebene der Prozessmerkmale

Für eine grundtypspezifisch ergänzende Gestaltung ist eine Detaillierung der übergeordneten Einflussmatrix (siehe Abbildung 5-24) auf Ausprägungsebene erforderlich. Tabelle A-30 und Tabelle A-31 stellen die Einflussanalyse auf eben dieser Ebene dar. Für jeden in der übergeordneten Einflussmatrix aufgezeigten aktiven Einfluss, den ein typenbildendes Prozessmerkmal auf ein typenbeschreibendes Prozessmerkmal ausübt, wird die Einflussanalyse auf Ausprägungsebene detailliert. Prozessmerkmale, die keinen Einfluss aufeinander besitzen, sind ausgegraut. Die Analyse selbst erfolgt anhand einer dreistufigen Skala. Mit „-1" werden negative Einflüsse zwischen zwei Ausprägungen, mit „1" dagegen positive Einflüsse zwischen zwei Ausprägungen festgehalten. Die Zuteilung einer „0" steht für einen neutral bewerteten Einfluss.

Tabelle A-30: Einflussanalyse der Prozessmerkmale auf Ausprägungsebene (1/2)

Legende: -1 Negativer Einfluss; 0 Neutraler Einfluss; 1 Positiver Einfluss. Gerichtete Leserichtung → „…beeinflusst…"

Typenbildende Prozessmerkmale (Typologisierungskriterien)		Typenbeschreibende Prozessmerkmale (1/2)																				
		Anforderungen											Prozessplanung									
		Umgang mit Zielen		Anforderungsaufnahme			Art der Anforderungsdefinition			Kundenzentrierung			Suche Lösungskonzepte		Detaillierungsgrad der Prozessplanung			Anpassungsfähigkeit des Prozesses			Priorisierung	
		Strikte Zielvorgabe mit forderndem Charakter	Lose Zielvorgabe mit leitendem Charakter	Einmalig statisch	Mehrmalig statisch	Beliebig dynamisch	Detailliert	Partiell verfeinernd	Grob	Keine aktive Kundeneinbindung	Aktive, diskrete Kundeneinbindung	Proaktive, kontinuierliche Kundeneinbindung	Von spezifischen Domänenkonz. zum gemeinsamen Gesamtkonzept	Vom gem. Gesamtkonzept zu spezifischen Domänenkonzepten	Vorausplanung operativer Arbeitsschritte	Entwurf eines groben Entwicklungsplans	Situative Planung in Timeboxes	Starrer Prozessverlauf	Adaptiver Prozessverlauf	Flexibler Prozessverlauf	Einmalig zu Projektbeginn	Stetig im Projektverlauf
Prozesstakt	An Phasen orientierter Rhythmus			1	0	-1									1	1	-1	1	0	-1		
	An Timeboxes orientierter Rhythmus			-1	0	1									-1	0	1	-1	1	1		
Verlaufsform	Linear, sequenziell			1	0	-1	1	1	-1						1	1	-1	1	0	-1	1	0
	Partiell iterativ			0	1	0	0	1	0						0	1	0	0	1	0	0	1
	Hoch iterativ			-1	-1	1	-1	0	1						-1	0	1	-1	0	1	-1	1
Festlegung von Entscheidungspunkten	Explizit getrieben durch Meilensteine									1	1	-1			1	1	-1	1	0	-1		
	Teils explizit, teils implizit getrieben									0	1	0			-1	1	1	-1	1	0		
	Implizit getrieben durch Produktinkremente									-1	1	1			-1	0	1	-1	0	1		
Parallelisierung von Aktivitäten	Keine Parallelisierung (Seriell)																	1	0	0		
	Teilweise Parallelisierung (Mischform)																	0	1	0		
	Volle Parallelisierung (Parallel)																	0	0	1		
Synchronisation	Wenige Synchronisationspunkte im Prozess												1	0				1	0	-1		
	Regelmäßige Synchronisationspunkte im Prozess												1	1				0	1	0		
	Kontinuierliche Synchronisation												0	1				-1	0	1		
Format des Entscheidungsprozesses	In hohem Maße zentral	1	-1															1	0	-1		
	Meist zentral, begrenzt dezentral	1	0															1	1	0		
	Meist dezentral, begrenzt zentral	0	1															0	1	1		
	In hohem Maße dezentral	-1	1															-1	0	1		

Tabelle A-31: Einflussanalyse der Prozessmerkmale auf Ausprägungsebene (2/2)

-1 Negativer Einfluss
0 Neutraler Einfluss
1 Positiver Einfluss

Gerichtete Leserichtung → „…beeinflusst…"

Typenbildende Prozessmerkmale (Typologisierungskriterien)	Typenbeschreibende Prozessmerkmale (2/2) →	Prozessablauf: Kadenz der Produkt-releases			Prozessablauf: Teilprojekt-bildung			Leistungen: Erzeu-gung Er-gebnisse		Leistungen: Baselining			Leistungen: Proto-typing & Testing		Controlling: Dokumen-tation		Controlling: Prozess-überwachung			Kollaboration: Kaska-dierung		Kollaboration: Kooperation			Kollaboration: Befähi-gung des Teams	
		Infrequent Delivery	Frequent Delivery	Continuous Delivery	Keine Teilprojektbildung	Vereinzelte Teilprojektbildung	Überwiegende Teilprojektbildung	Meilensteinorientiert	Funktionsorientiert	Vollumfängliche Determinierung	Ausgewählte Determinierung	Natürliche Determinierung	Separierte Betrachtung	Integrierte Betrachtung	Detailliert, mit Fokus auf Vollständigkeit	Wesentlich, mit Fokus auf Transparenz	Diskret, gebunden an Entscheidungspunkte	Regelmäßig, auf monatlicher/ wöchentlicher Basis	Kontinuierlich, auf täglicher Basis	Keine Skalierung der Meeting-Struktur	Skalierung der Meeting-Struktur	Ausschließlich vertikal	Horizontal und vertikal	Diagonal	Statisch gestaltete Teamstruktur	Dynamisch gestaltete Teamstruktur
Prozess-takt	An Phasen orientierter Rhythmus	1	1	-1				1	0				1	0	1	0									1	0
Prozess-takt	An Timeboxes orientierter Rhythmus	0	1	1				0	1				0	1	-1	1									-1	1
Verlaufsform	Linear, sequenziell	1	1	-1				1	0	1	0	-1	1	-1			1	1	0			1	1	0	1	0
Verlaufsform	Partiell iterativ	0	1	0				1	1	-1	1	0	1	1			0	1	0			0	1	1	1	1
Verlaufsform	Hoch iterativ	0	1	1				0	1	-1	0	1	0	1			0	1	1			-1	0	1	0	1
Festlegung von Entschei-dungspunkten	Explizit getrieben durch Meilensteine												1	0			1	0	0							
Festlegung von Entschei-dungspunkten	Teils explizit, teils implizit getrieben												1	1			0	1	0							
Festlegung von Entschei-dungspunkten	Implizit getrieben durch Produktinkremente												-1	1			0	0	1							
Paralleli-sierung von Aktivitäten	Keine Parallelisierung (Seriell)				1	-1	-1								1	0				1	0	1	0	0		
Paralleli-sierung von Aktivitäten	Teilweise Parallelisierung (Mischform)				0	1	-1								0	1				0	1	0	1	1		
Paralleli-sierung von Aktivitäten	Volle Parallelisierung (Parallel)				0	0	1								-1	1				-1	1	-1	0	1		
Synchroni-sation	Wenige Synchronisationspunkte im Prozess									1	0	-1					1	1	0						1	0
Synchroni-sation	Regelmäßige Synchronisations-punkte im Prozess									0	1	0					0	1	0						1	1
Synchroni-sation	Kontinuierliche Synchronisation									-1	0	1					0	1	1						0	1
Format des Ent-scheidungs-prozesses	In hohem Maße zentral														1	-1	1	0	0			1	0	-1		
Format des Ent-scheidungs-prozesses	Meist zentral, begrenzt dezentral														1	0	1	1	0			1	0	0		
Format des Ent-scheidungs-prozesses	Meist dezentral, begrenzt zentral														0	1	0	1	1			0	0	1		
Format des Ent-scheidungs-prozesses	In hohem Maße dezentral														-1	1	0	0	1			-1	0	1		

A.14 Eignungswertbestimmung je Grundtyp für das Akku-Projekt

Anhand der Darstellung der Zusammenhänge zwischen den zutreffenden Kontextfaktorausprägungen des Akku-Projekts der Forstwirtschaft AG, deren Gewichtungen und den generischen Wirkzusammenhängen je Grundtyp lassen sich mithilfe von Gleichung 5-5 die Eignungswerte der sechs Grundtypen bestimmen. Als Zwischenschritt sind die einzelnen Summanden der zu bestimmenden Eignungswerte dargestellt. Ein Summand ist nur dann ungleich „0“, wenn sowohl die Ausprägung eines Kontextfaktors als auch deren Wirkzusammenhang mit der Ausprägung eines Typologisierungskriteriums eines Grundtyps eine „1“ aufweist (siehe Tabelle A-32 bis Tabelle A-37).

Tabelle A-32: Eignungswertbestimmung der Grundtypen I und II (1/2)

					Grundtyp I "Inkrementgetriebenes Phasenmodell"							Grundtyp II "Flexibel adaptives Phasenmodell"						
		Ausprägung $AP_{i,j}$	$a_{i,j}$	$TK_{t,p}$ / g_i	An Phasen orientierter Rhythmus	Linear, sequenziell	Implizit getrieben durch Produktinkremente	Keine Parallelisierung (Seriell)	Wenige Synchronisationspunkte im Prozess	Meist zentral, begrenzt dezentral		An Phasen orientierter Rhythmus	Partiell iterativ	Explizit getrieben durch Meilensteine	Volle Parallelisierung (Parallel)	Regelmäßige Synchronisationspunkte im Prozess	Meist zentral, begrenzt dezentral	
1	Gesetzes-restriktion	Geringe Einschränkung	1	0,25%	0	0	0	0	0	0	0	0	0	0	0	0	0	0
		Mittlere Einschränkung	0	0,25%	0	0	0	0	0	0	0	0	0	0	0	0	0	0
		Hohe Einschränkung	0	0,25%	1	1	0	0	0	0	0	1	0	1	0	0	0	0
2	Dynamik der Anforderungen	Normale Änderungsrate (<5%)	0	2,94%	1	1	0	0	1	0	0	1	1	1	0	0	0	0
		Erhöhte Änderungsrate (5%-30%)	1	2,94%	0	0	0	0	0	0	0	0	1	0	0	1	0	0,0588
		Hohe Änderungsrate (>30%)	0	2,94%	0	0	1	0	0	0	0	0	0	0	0	0	0	0
3	Ressourcen-verfügbarkeit	Kritikalität sehr gering	0	6,37%	0	0	0	0	0	0	0	0	0	0	1	0	0	0
		Kritikalität gering	0	6,37%	0	0	0	0	0	0	0	0	0	0	1	0	0	0
		Kritikalität hoch	1	6,37%	0	0	0	1	0	0	0,0637	0	0	1	0	1	0	0,1275
		Kritikalität sehr hoch	0	6,37%	0	0	0	1	0	0	0	0	0	1	0	1	0	0
4	Status der Anforderungen	Durchgehend vollständig	0	4,17%	1	1	0	0	0	0	0	1	0	1	0	0	0	0
		Überwiegend vollständig	0	4,17%	0	0	0	0	0	0	0	0	1	0	0	0	0	0
		Überwiegend unvollständig	1	4,17%	0	0	0	0	0	1	0,0417	0	1	0	0	0	1	0,0833
		Durchgehend unvollständig	0	4,17%	0	0	1	0	0	0	0	0	0	0	0	0	0	0
5	Verfügbarkeit des Kunden	Direkter Kontakt	0	1,47%	0	0	1	0	0	0	0	0	0	0	0	1	0	0
		Indirekter Kontakt	1	1,47%	0	0	0	0	0	0	0	0	0	0	0	1	0	0,0147
		Kein Kontakt	0	1,47%	0	0	0	0	1	0	0	0	0	1	0	0	0	0
6	Kontroll- und Steuerungs-bedarf	Kaum Bedarf	0	6,37%	0	0	0	0	0	0	0	0	0	0	0	0	0	0
		Verstärkter Bedarf	0	6,37%	0	0	0	0	0	0	0	0	0	0	0	0	0	0
		Begrenzter Bedarf	0	6,37%	1	0	0	0	0	1	0	1	0	0	0	0	1	0
		Intensiver Bedarf	1	6,37%	1	0	0	0	0	0	0,0637	1	0	1	0	0	0	0,1275
7	Unternehmens-kultur	Clan	0	1,47%	1	0	0	0	0	1	0	1	1	0	0	0	1	0
		Hierarchisch	1	1,47%	1	1	0	0	0	0	0,0294	1	0	0	0	0	0	0,0147
		Demokratisch	0	1,47%	0	0	0	0	0	0	0	0	0	0	0	0	0	0
		Diszipliniert	0	1,47%	1	0	0	0	0	1	0	1	1	0	0	0	1	0
8	Verfügbarkeit des Manage-ments	Reagiert direkt	0	6,37%	0	0	1	0	0	1	0	0	0	0	0	0	1	0
		Reagiert mit gelegentlicher Verzögerung	1	6,37%	0	0	0	0	0	1	0,0637	0	1	0	0	0	1	0,1275
		Reagiert stark verzögert	0	6,37%	0	1	0	0	0	0	0	0	0	1	0	0	0	0
9	Verfügbarkeit von Stake-holdern	Reagiert direkt	0	3,19%	0	0	1	0	0	1	0	0	0	0	0	0	1	0
		Reagiert mit gelegent. Verzögerung	1	3,19%	0	0	0	0	0	1	0,0319	0	1	0	0	0	1	0,0637
		Reagiert stark verzögert	0	3,19%	0	1	0	0	0	0	0	0	0	1	0	0	0	0
10	Abhängigkeit von anderen Projekten	Asynchronität (<20%)	0	6,37%	0	0	0	0	1	0	0	0	0	0	0	0	0	0
		Teilsynchronität (20%-40%)	0	6,37%	0	0	0	0	0	0	0	0	0	0	0	1	0	0
		Synchronität (>40%)	1	6,37%	0	0	0	0	0	0	0	0	0	0	0	0	0	0
11	Entwicklungs-aufgabe	Parallelisierte Entwicklung	0	3,43%	0	0	0	0	0	0	0	0	1	0	0	0	0	0
		Fokussierte Entwicklung	0	3,43%	0	0	0	0	0	0	0	0	1	0	0	0	0	0
		Alternativenorientierte Entwicklung	0	3,43%	0	0	0	0	0	0	0	0	0	0	1	0	0	0
		Stark konvergente Entwicklung	1	3,43%	0	1	0	1	0	0	0,0686	0	0	0	0	0	0	0
12	Fristigkeit der Zielerreichung	Termineinhaltung problemlos	0	6,37%	0	1	0	1	0	0	0	0	0	0	0	0	0	0
		Termineinhaltung unkritisch	0	6,37%	0	0	0	0	0	0	0	0	1	0	0	0	0	0
		Termineinhaltung kritisch	1	6,37%	0	0	0	0	0	0	0	0	0	0	1	0	0	0,0637
13	Geografische Verteilung des Projektteams	Lokal	0	0,74%	0	0	1	0	0	0	0	0	0	0	0	0	0	0
		Regional	1	0,74%	0	0	0	0	0	0	0	0	1	0	0	0	0	0,0074
		Überregional	0	0,74%	1	0	0	0	0	1	0	1	1	0	0	1	1	0
		International	0	0,74%	1	1	0	0	0	0	0	1	0	1	0	1	0	0

Tabelle A-33: Eignungswertbestimmung der Grundtypen I und II (2/2)

					Grundtyp I "Inkrementgetriebenes Phasenmodell"							Grundtyp II "Flexibel adaptives Phasenmodell"						
		Ausprägung AP_{ij}	a_{ij}	TK_{cp} / g_i	An Phasen orientierter Rhythmus	Linear, sequenziell	Implizit getrieben durch Produktinkremente	Keine Parallelisierung (Seriell)	Wenige Synchronisations-punkte im Prozess	Meist zentral, begrenzt dezentral		An Phasen orientierter Rhythmus	Partiell iterativ	Explizit getrieben durch Meilensteine	Volle Parallelisierung (Parallel)	Regelmäßige Synchroni-sationspunkte im Prozess	Meist zentral, begrenzt dezentral	
14	Kapazitäten der Projekt-mitarbeitenden	Fokus auf viele Projekte	1	6,37%	1	1	0	0	0	0	0,1275	1	0	0	1	1	0	0,1912
		Fokus auf wenige Projekte	0	6,37%	0	0	0	0	0	0	0	0	1	0	0	0	0	0
		Fokus auf ein Projekt	0	6,37%	0	0	0	0	0	0	0	0	0	0	0	0	0	0
15	Modularität	Integralbauweise	0	3,43%	0	0	0	1	1	0	0	0	0	0	0	1	0	0
		Differenzialbauweise	1	3,43%	0	0	0	0	0	0	0	0	0	0	1	1	0	0,0686
16	Planbarkeit	Geringer Strukturierungsanteil	0	6,37%	0	0	0	0	0	0	0	0	0	0	0	0	0	0
		Mittlerer Strukturierungsanteil	1	6,37%	0	0	0	0	0	0	0	0	1	0	0	0	0	0,0637
		Hoher Strukturierungsanteil	0	6,37%	1	1	0	0	0	0	0	1	0	0	0	0	0	0
17	Priorität des Entwicklungs-projekts	Strategisch nicht bedeutsam	0	3,43%	0	0	0	0	0	0	0	0	0	0	0	0	0	0
		Strategisch bed. für einzelne Bereiche	1	3,43%	0	0	0	0	0	1	0,0343	0	0	0	0	0	1	0,0343
		Strategisch bed. für ges. Unternehmen	0	3,43%	0	0	0	0	0	1	0	0	0	1	0	0	1	0
18	Produkt-verständnis	Inkrement	0	3,19%	1	1	0	0	0	0	0	1	0	1	0	0	0	0
		Derivat	0	3,19%	1	0	0	0	0	0	0	1	1	0	0	0	0	0
		Plattform	1	3,19%	0	0	0	0	0	0	0	0	1	0	0	0	0	0,0319
		Durchbruch	0	3,19%	0	0	1	0	0	0	0	0	0	0	0	0	0	0
19	Schnittstellen-anzahl	Randsystem	0	3,19%	0	0	0	0	1	0	0	0	0	0	0	0	0	0
		Basissystem	1	3,19%	0	0	0	0	0	0	0	0	0	0	0	1	0	0,0319
		Integrationssystem	0	3,19%	1	0	0	0	0	0	0	1	0	1	0	1	0	0
		Zentralsystem	0	3,19%	1	0	0	0	0	0	0	1	0	1	0	0	0	0
20	Standardisie-rungsgrad	Geringe Wiederverwendung	1	3,43%	0	0	1	0	0	0	0,0343	0	1	0	0	0	0	0,0343
		Hohe Wiederverwendung	0	3,43%	1	1	0	0	0	0	0	1	1	1	0	0	0	0
21	Teamgröße	Klein (<10)	0	0,98%	0	0	0	1	1	0	0	0	0	0	0	0	0	0
		Mittel (10-50)	1	0,98%	0	0	0	0	0	0	0	0	0	0	0	1	0	0,0098
		Groß (<50)	0	0,98%	0	0	0	0	0	0	0	0	0	0	1	0	0	0
22	Teamzusam-mensetzung	Homogenes Team	0	1,23%	0	0	0	0	0	1	0	0	0	0	0	0	1	0
		Heterogenes Team	1	1,23%	0	0	0	0	0	1	0,0123	0	0	0	0	0	1	0,0123
		Stark heterogenes Team	0	1,23%	0	0	0	0	0	0	0	0	0	0	0	0	0	0
23	Technolog. Neuheitsgrad	Low-Tech	0	6,37%	1	1	0	0	0	0	0	1	0	0	0	0	0	0
		Medium-Tech	0	6,37%	1	0	0	0	0	0	0	1	1	0	0	0	0	0
		High-Tech	1	6,37%	0	0	0	0	0	0	0	0	1	0	0	0	0	0,0637
		Super-High-Tech	0	6,37%	0	0	0	0	0	0	0	0	0	0	0	0	0	0
24	Verfügbarkeit von Fertigungs-anlagen	Flexible Zugriffsmöglichkeit	0	6,37%	0	0	1	0	0	0	0	0	0	0	0	0	0	0
		Eingeschränkte Zugriffsmöglichkeit	1	6,37%	0	0	0	0	0	0	0	0	0	0	0	0	0	0
		Keine Zugriffsmöglichkeit	0	6,37%	0	0	0	0	0	0	0	0	0	1	0	0	0	0
25	Zwischen-resultate	Geringer Detaillierungsgrad	1	2,94%	0	0	1	0	0	0	0,0294	0	0	0	0	0	0	0
		Mittlerer Detaillierungsgrad	0	2,94%	0	0	0	0	0	0	0	0	0	0	0	0	0	0
		Hoher Detaillierungsgrad	0	2,94%	1	1	0	0	0	0	0	1	0	1	0	0	0	0
26	Kompetenzen und Fertigkeiten	Team aus Generalisten	0	3,19%	0	0	0	0	0	1	0	0	0	0	0	0	1	0
		Team aus T-Mitarbeitenden	0	3,19%	0	0	0	0	0	0	0	0	0	0	0	0	0	0
		Team aus Spezialisten	1	3,19%	0	0	0	0	0	1	0,0319	0	0	0	0	0	1	0,0319
			Eignungswert		0,632352941							1,262254902						

Tabelle A-34: Eignungswertbestimmung der Grundtypen III und IV (1/2)

Nr.	Kriterium	Ausprägung $AP_{i,j}$	$a_{i,j}$	g_i (TK$_{CP}$)	Grundtyp III "Seriell wechselndes Phasenmodell": An Phasen orientierter Rhythmus	Grundtyp III: Partiell iterativ	Grundtyp III: Teils explizit, teils implizit getrieben	Grundtyp III: Keine Parallelisierung (Seriell)	Grundtyp III: Wenige Synchronisationspunkte im Prozess	Grundtyp III: In hohem Maße zentral	Grundtyp III	Grundtyp IV "Parallel integriertes Phasenmodell": An Phasen orientierter Rhythmus	Grundtyp IV: Hoch iterativ	Grundtyp IV: Teils explizit, teils implizit getrieben	Grundtyp IV: Volle Parallelisierung (Parallel)	Grundtyp IV: Kontinuierliche Synchronisation	Grundtyp IV: In hohem Maße dezentral	Grundtyp IV
1	Gesetzes-restriktion	Geringe Einschränkung	1	0,25%	0	0	0	0	0	0	0	0	0	0	0	0	0	0
		Mittlere Einschränkung	0	0,25%	0	0	0	0	0	0	0	0	0	0	0	0	0	0
		Hohe Einschränkung	0	0,25%	1	0	1	0	0	0	0	1	0	1	0	0	0	0
2	Dynamik der Anforderungen	Normale Änderungsrate (<5%)	0	2,94%	1	1	0	0	1	0	0	1	0	0	0	0	0	0
		Erhöhte Änderungsrate (5%-30%)	1	2,94%	0	1	1	0	0	0	0,0588	0	0	1	0	0	0	0,0294
		Hohe Änderungsrate (>30%)	0	2,94%	0	0	0	0	0	0	0	0	1	0	0	1	1	0
3	Ressourcen-verfügbarkeit	Kritikalität sehr gering	0	6,37%	0	0	0	0	0	0	0	0	0	0	1	0	0	0
		Kritikalität gering	0	6,37%	0	0	0	0	0	0	0	0	0	0	1	0	0	0
		Kritikalität hoch	1	6,37%	0	0	0	1	0	1	0,1275	0	0	0	0	0	0	0
		Kritikalität sehr hoch	0	6,37%	0	0	0	1	0	1	0	0	0	0	0	0	0	0
4	Status der Anforderungen	Durchgehend vollständig	0	4,17%	1	0	0	0	0	0	0	1	0	0	0	0	0	0
		Überwiegend vollständig	0	4,17%	0	1	1	0	0	0	0	0	0	1	0	0	0	0
		Überwiegend unvollständig	1	4,17%	0	1	1	0	0	0	0,0833	0	0	1	0	0	0	0,0417
		Durchgehend unvollständig	0	4,17%	0	0	0	0	0	0	0	0	1	0	0	0	1	0
5	Verfügbarkeit des Kunden	Direkter Kontakt	0	1,47%	0	0	0	0	0	0	0	0	0	0	0	1	0	0
		Indirekter Kontakt	1	1,47%	0	0	1	0	0	0	0,0147	0	0	1	0	0	0	0,0147
		Kein Kontakt	0	1,47%	0	0	0	0	1	0	0	0	0	0	0	0	0	0
6	Kontroll- und Steuerungs-bedarf	Kaum Bedarf	0	6,37%	0	0	0	0	0	0	0	0	0	0	0	0	1	0
		Verstärkter Bedarf	0	6,37%	0	0	0	0	0	0	0	0	0	0	0	0	0	0
		Begrenzter Bedarf	0	6,37%	1	0	1	0	0	0	0	1	0	1	0	0	0	0
		Intensiver Bedarf	1	6,37%	1	0	0	0	0	1	0,1275	1	0	0	0	0	0	0,0637
7	Unternehmens-kultur	Clan	0	1,47%	1	1	0	0	0	0	0	1	0	0	0	0	0	0
		Hierarchisch	1	1,47%	1	0	0	0	0	1	0,0294	1	0	0	0	0	0	0,0147
		Demokratisch	0	1,47%	0	0	0	0	0	0	0	0	1	0	0	0	1	0
		Diszipliniert	0	1,47%	1	1	0	0	0	0	0	1	0	0	0	0	0	0
8	Verfügbarkeit des Manage-ments	Reagiert direkt	0	6,37%	0	0	0	0	0	1	0	0	1	0	0	0	0	0
		Reagiert mit gelegentlicher Verzögerung	1	6,37%	0	1	1	0	0	0	0,1275	0	0	1	0	0	0	0,0637
		Reagiert stark verzögert	0	6,37%	0	0	0	0	0	0	0	0	0	0	0	0	1	0
9	Verfügbarkeit von Stake-holdern	Reagiert direkt	0	3,19%	0	0	0	0	0	1	0	0	1	0	0	0	0	0
		Reagiert mit gelegent. Verzögerung	1	3,19%	0	1	1	0	0	0	0,0637	0	0	1	0	0	0	0,0319
		Reagiert stark verzögert	0	3,19%	0	0	0	0	0	0	0	0	0	0	0	0	1	0
10	Abhängigkeit von anderen Projekten	Asynchronität (<20%)	0	6,37%	0	0	0	0	1	0	0	0	0	0	0	0	0	0
		Teilsynchronität (20%-40%)	0	6,37%	0	0	0	0	0	0	0	0	0	0	0	0	0	0
		Synchronität (>40%)	1	6,37%	0	0	0	0	0	0	0	0	0	0	0	1	0	0,0637
11	Entwicklungs-aufgabe	Parallelisierte Entwicklung	0	3,43%	0	1	0	0	0	0	0	0	0	0	0	0	0	0
		Fokussierte Entwicklung	0	3,43%	0	1	0	0	0	0	0	0	0	0	0	0	0	0
		Alternativenorientierte Entwicklung	0	3,43%	0	0	0	0	0	0	0	0	1	0	1	0	0	0
		Stark konvergente Entwicklung	1	3,43%	0	0	0	1	0	0	0,0343	0	0	0	0	0	0	0
12	Fristigkeit der Zielerreichung	Termineinhaltung problemlos	0	6,37%	0	0	0	1	0	0	0	0	0	0	0	0	0	0
		Termineinhaltung unkritisch	0	6,37%	0	1	0	0	0	0	0	0	0	0	0	0	0	0
		Termineinhaltung kritisch	1	6,37%	0	0	0	0	0	0	0	0	1	0	1	0	0	0,1275
13	Geografische Verteilung des Projektteams	Lokal	0	0,74%	0	0	0	0	0	0	0	0	1	0	0	0	0	0
		Regional	1	0,74%	0	1	1	0	0	0	0,0147	0	0	1	0	0	0	0,0074
		Überregional	0	0,74%	1	1	1	0	0	0	0	1	0	1	0	0	0	0
		International	0	0,74%	1	0	0	0	0	1	0	1	0	0	0	0	0	0

Tabelle A-35: Eignungswertbestimmung der Grundtypen III und IV (2/2)

Nr.	Kriterium	Ausprägung AP_{ij}	a_{ij}	$TK_{i,p}$ / g_i	Grundtyp III "Seriell wechselndes Phasenmodell": An Phasen orientierter Rhythmus	Partiell iterativ	Teils explizit, teils implizit getrieben	Keine Parallelisierung (Seriell)	Wenige Synchronisationspunkte im Prozess	In hohem Maße zentral		Grundtyp IV "Parallel integriertes Phasenmodell": An Phasen orientierter Rhythmus	Hoch iterativ	Teils explizit, teils implizit getrieben	Volle Parallelisierung (Parallel)	Kontinuierliche Synchronisation	In hohem Maße dezentral	
14	Kapazitäten der Projekt-mitarbeitenden	Fokus auf viele Projekte	1	6,37%	1	0	0	0	0	0	0,0637	1	0	0	1	0	0	0,1275
		Fokus auf wenige Projekte	0	6,37%	0	1	0	0	0	0	0	0	0	0	0	0	0	0
		Fokus auf ein Projekt	0	6,37%	0	0	0	0	0	0	0	0	1	0	0	0	0	0
15	Modularität	Integralbauweise	0	3,43%	0	0	0	1	1	0	0	0	0	0	0	0	0	0
		Differenzialbauweise	1	3,43%	0	0	0	0	0	0	0	0	0	0	1	1	0	0,0686
16	Planbarkeit	Geringer Strukturierungsanteil	0	6,37%	0	0	0	0	0	0	0	0	1	0	0	0	0	0
		Mittlerer Strukturierungsanteil	1	6,37%	0	1	0	0	0	0	0,0637	0	0	0	0	0	0	0
		Hoher Strukturierungsanteil	0	6,37%	1	0	0	0	0	0	0	1	0	0	0	0	0	0
17	Priorität des Entwicklungs-projekts	Strategisch nicht bedeutsam	0	3,43%	0	0	0	0	0	0	0	0	0	0	0	0	1	0
		Strategisch bed. für einzelne Bereiche	1	3,43%	0	0	0	0	0	0	0	0	0	0	0	0	0	0
		Strategisch bed. für ges. Unternehmen	0	3,43%	0	0	1	0	0	1	0	0	0	1	0	0	0	0
18	Produkt-verständnis	Inkrement	0	3,19%	1	0	0	0	0	0	0	1	0	0	0	0	0	0
		Derivat	0	3,19%	1	1	1	0	0	0	0	1	0	1	0	0	0	0
		Plattform	1	3,19%	0	1	1	0	0	0	0,0637	0	0	1	0	0	0	0,0319
		Durchbruch	0	3,19%	0	0	0	0	0	0	0	0	1	0	0	0	0	0
19	Schnittstellen-anzahl	Randsystem	0	3,19%	0	0	0	0	1	0	0	0	0	0	0	0	0	0
		Basissystem	1	3,19%	0	0	0	0	0	0	0	0	0	0	0	0	0	0
		Integrationssystem	0	3,19%	1	0	0	0	0	0	0	1	0	0	0	0	0	0
		Zentralsystem	0	3,19%	1	0	0	0	0	0	0	1	0	0	0	1	0	0
20	Standardisie-rungsgrad	Geringe Wiederverwendung	1	3,43%	0	1	1	0	0	0	0,0686	0	1	1	0	0	0	0,0686
		Hohe Wiederverwendung	0	3,43%	1	1	1	0	0	0	0	1	0	1	0	0	0	0
21	Teamgröße	Klein (<10)	0	0,98%	0	0	0	1	1	0	0	0	0	0	0	0	0	0
		Mittel (10-50)	1	0,98%	0	0	0	0	0	0	0	0	0	0	0	0	0	0
		Groß (<50)	0	0,98%	0	0	0	0	0	0	0	0	0	0	1	1	0	0
22	Teamzusam-mensetzung	Homogenes Team	0	1,23%	0	0	0	0	0	1	0	0	0	0	0	0	0	0
		Heterogenes Team	1	1,23%	0	0	0	0	0	0	0	0	0	0	0	0	0	0
		Stark heterogenes Team	0	1,23%	0	0	0	0	0	0	0	0	0	0	0	0	1	0
23	Technolog. Neuheitsgrad	Low-Tech	0	6,37%	1	0	0	0	0	0	0	1	0	0	0	0	0	0
		Medium-Tech	0	6,37%	1	1	0	0	0	0	0	1	0	0	0	0	0	0
		High-Tech	1	6,37%	0	1	0	0	0	0	0,0637	0	0	0	0	0	0	0
		Super-High-Tech	0	6,37%	0	0	0	0	0	0	0	0	1	0	0	0	0	0
24	Verfügbarkeit von Fertigungs-anlagen	Flexible Zugriffsmöglichkeit	0	6,37%	0	0	0	0	0	0	0	0	0	0	0	0	0	0
		Eingeschränkte Zugriffsmöglichkeit	1	6,37%	0	0	1	0	0	0	0,0637	0	0	1	0	0	0	0,0637
		Keine Zugriffsmöglichkeit	0	6,37%	0	0	0	0	0	0	0	0	0	0	0	0	0	0
25	Zwischen-resultate	Geringer Detaillierungsgrad	1	2,94%	0	0	0	0	0	0	0	0	0	0	0	0	0	0
		Mittlerer Detaillierungsgrad	0	2,94%	0	0	1	0	0	0	0	0	0	1	0	0	0	0
		Hoher Detaillierungsgrad	0	2,94%	1	0	0	0	0	0	0	1	0	0	0	0	0	0
26	Kompetenzen und Fertigkeiten	Team aus Generalisten	0	3,19%	0	0	0	0	0	0	0	0	0	0	0	0	0	0
		Team aus T-Mitarbeitenden	0	3,19%	0	0	0	0	0	0	0	0	0	0	0	0	1	0
		Team aus Spezialisten	1	3,19%	0	0	0	0	0	1	0,0319	0	0	0	0	0	0	0
				Eignungswert	1,100490196							0,818627451						

Tabelle A-36: Eignungswertbestimmung der Grundtypen V und VI (1/2)

					Grundtyp V "Flexibel adaptives Iterationsmodell"							Grundtyp VI "Seriell wechselndes Iterationsmodell"						
		Ausprägung $AP_{i,j}$	$a_{i,j}$	$TK_{t,p}$ / g_i	An Timeboxes orientierter Rhythmus	Partiell iterativ	Explizit getrieben durch Meilensteine	Volle Parallelisierung (Parallel)	Regelmäßige Synchronisationspunkte im Prozess	Meist dezentral, begrenzt zentral		An Timeboxes orientierter Rhythmus	Partiell iterativ	Implizit getrieben durch Produktinkremente	Keine Parallelisierung (Seriell)	Regelmäßige Synchronisationspunkte im Prozess	In hohem Maße dezentral	
1	Gesetzes-restriktion	Geringe Einschränkung	1	0,25%	0	0	0	0	0	0	0	0	0	0	0	0	0	0
		Mittlere Einschränkung	0	0,25%	0	0	0	0	0	0	0	0	0	0	0	0	0	0
		Hohe Einschränkung	0	0,25%	0	0	1	0	0	0	0	0	0	0	0	0	0	0
2	Dynamik der Anforderungen	Normale Änderungsrate (<5%)	0	2,94%	0	1	1	0	0	0	0	0	1	0	0	0	0	0
		Erhöhte Änderungsrate (5%-30%)	1	2,94%	0	1	0	0	1	1	0,0882	0	1	0	0	1	0	0,0588
		Hohe Änderungsrate (>30%)	0	2,94%	1	0	0	0	0	0	0	1	0	1	0	0	1	0
3	Ressourcen-verfügbarkeit	Kritikalität sehr gering	0	6,37%	0	0	0	1	0	0	0	0	0	0	0	0	0	0
		Kritikalität gering	0	6,37%	0	0	0	1	0	0	0	0	0	0	0	0	0	0
		Kritikalität hoch	1	6,37%	0	0	1	0	1	0	0,1275	0	0	0	1	1	0	0,1275
		Kritikalität sehr hoch	0	6,37%	0	0	1	0	1	0	0	0	0	0	1	1	0	0
4	Status der Anforderungen	Durchgehend vollständig	0	4,17%	0	0	1	0	0	0	0	0	0	0	0	0	0	0
		Überwiegend vollständig	0	4,17%	0	1	0	0	0	0	0	0	1	0	0	0	0	0
		Überwiegend unvollständig	1	4,17%	0	1	0	0	0	1	0,0833	0	1	0	0	0	0	0,0417
		Durchgehend unvollständig	0	4,17%	1	0	0	0	0	1	0	1	0	1	0	0	1	0
5	Verfügbarkeit des Kunden	Direkter Kontakt	0	1,47%	0	0	0	0	1	0	0	0	0	1	0	1	0	0
		Indirekter Kontakt	1	1,47%	0	0	0	0	1	0	0,0147	0	0	0	0	1	0	0,0147
		Kein Kontakt	0	1,47%	0	0	1	0	0	0	0	0	0	0	0	0	0	0
6	Kontroll- und Steuerungs-bedarf	Kaum Bedarf	0	6,37%	0	0	0	0	0	0	0	0	0	0	0	0	1	0
		Verstärkter Bedarf	0	6,37%	0	0	0	0	0	1	0	0	0	0	0	0	0	0
		Begrenzter Bedarf	0	6,37%	0	0	0	0	0	0	0	0	0	0	0	0	0	0
		Intensiver Bedarf	1	6,37%	0	0	1	0	0	0	0,0637	0	0	0	0	0	0	0
7	Unternehmens-kultur	Clan	0	1,47%	0	1	0	0	0	0	0	0	1	0	0	0	0	0
		Hierarchisch	1	1,47%	0	0	0	0	0	0	0	0	0	0	0	0	0	0
		Demokratisch	0	1,47%	1	0	0	0	0	0	0	1	0	0	0	0	1	0
		Diszipliniert	0	1,47%	0	1	0	0	0	0	0	0	1	0	0	0	0	0
8	Verfügbarkeit des Manage-ments	Reagiert direkt	0	6,37%	0	0	0	0	0	0	0	0	0	1	0	0	0	0
		Reagiert mit gelegentlicher Verzögerung	1	6,37%	0	1	0	0	0	1	0,1275	0	1	0	0	0	0	0,0637
		Reagiert stark verzögert	0	6,37%	0	0	1	0	0	1	0	0	0	0	0	0	1	0
9	Verfügbarkeit von Stake-holdern	Reagiert direkt	0	3,19%	0	0	0	0	0	0	0	0	0	1	0	0	0	0
		Reagiert mit gelegent. Verzögerung	1	3,19%	0	1	0	0	0	1	0,0637	0	1	0	0	0	0	0,0319
		Reagiert stark verzögert	0	3,19%	0	0	1	0	0	1	0	0	0	0	0	0	1	0
10	Abhängigkeit von anderen Projekten	Asynchronität (<20%)	0	6,37%	0	0	0	0	0	0	0	0	0	0	0	0	0	0
		Teilsynchronität (20%-40%)	0	6,37%	0	0	0	0	1	0	0	0	0	0	0	1	0	0
		Synchronität (>40%)	1	6,37%	0	0	0	0	0	0	0	0	0	0	0	0	0	0
11	Entwicklungs-aufgabe	Parallelisierte Entwicklung	0	3,43%	0	1	0	0	0	0	0	0	1	0	0	0	0	0
		Fokussierte Entwicklung	0	3,43%	0	1	0	0	0	0	0	0	1	0	0	0	0	0
		Alternativenorientierte Entwicklung	0	3,43%	0	0	0	1	0	0	0	0	0	0	0	0	0	0
		Stark konvergente Entwicklung	1	3,43%	0	0	0	0	0	0	0	0	0	0	1	0	0	0,0343
12	Fristigkeit der Zielerreichung	Termineinhaltung problemlos	0	6,37%	0	0	0	0	0	0	0	0	0	0	1	0	0	0
		Termineinhaltung unkritisch	0	6,37%	0	1	0	0	0	0	0	0	1	0	0	0	0	0
		Termineinhaltung kritisch	1	6,37%	0	0	0	1	0	0	0,0637	0	0	0	0	0	0	0
13	Geografische Verteilung des Projektteams	Lokal	0	0,74%	0	0	0	0	0	0	0	0	0	1	0	0	0	0
		Regional	1	0,74%	0	1	0	0	0	0	0,0074	0	1	0	0	0	0	0,0074
		Überregional	0	0,74%	0	1	0	0	1	0	0	0	1	0	0	1	0	0
		International	0	0,74%	0	0	1	0	1	0	0	0	0	0	0	1	0	0

Tabelle A-37: Eignungswertbestimmung der Grundtypen V und VI (2/2)

Nr.	Kriterium	Ausprägung $AP_{i,j}$	$a_{i,j}$	$TK_{i,p}$ / g_i	Grundtyp V "Flexibel adaptives Iterationsmodell": An Timeboxes orientierter Rhythmus	Partiell iterativ	Explizit getrieben durch Meilensteine	Volle Parallelisierung (Parallel)	Regelmäßige Synchroni-sationspunkte im Prozess	Meist dezentral, begrenzt zentral		Grundtyp VI "Seriell wechselndes Iterationsmodell": An Timeboxes orientierter Rhythmus	Partiell iterativ	Implizit getrieben durch Produktinkremente	Keine Parallelisierung (Seriell)	Regelmäßige Synchroni-sationspunkte im Prozess	In hohem Maße dezentral	
14	Kapazitäten der Projekt-mitarbeitenden	Fokus auf viele Projekte	1	6,37%	0	0	0	1	1	0	0,1275	0	0	0	0	1	0	0,0637
		Fokus auf wenige Projekte	0	6,37%	0	1	0	0	0	0	0	0	1	0	0	0	0	0
		Fokus auf ein Projekt	0	6,37%	0	0	0	0	0	0	0	0	0	0	0	0	0	0
15	Modularität	Integralbauweise	0	3,43%	0	0	0	0	1	0	0	0	0	0	1	1	0	0
		Differenzialbauweise	1	3,43%	0	0	0	1	1	0	0,0686	0	0	0	0	1	0	0,0343
16	Planbarkeit	Geringer Strukturierungsanteil	0	6,37%	1	0	0	0	0	0	0	1	0	0	0	0	0	0
		Mittlerer Strukturierungsanteil	1	6,37%	0	1	0	0	0	0	0,0637	0	1	0	0	0	0	0,0637
		Hoher Strukturierungsanteil	0	6,37%	0	0	0	0	0	0	0	0	0	0	0	0	0	0
17	Priorität des Entwicklungs-projekts	Strategisch nicht bedeutsam	0	3,43%	0	0	0	0	0	1	0	0	0	0	0	0	1	0
		Strategisch bed. für einzelne Bereiche	1	3,43%	0	0	0	0	0	1	0,0343	0	0	0	0	0	0	0
		Strategisch bed. für ges. Unternehmen	0	3,43%	0	0	1	0	0	0	0	0	0	0	0	0	0	0
18	Produkt-verständnis	Inkrement	0	3,19%	0	0	1	0	0	0	0	0	0	0	0	0	0	0
		Derivat	0	3,19%	0	1	0	0	0	0	0	0	1	0	0	0	0	0
		Plattform	1	3,19%	1	1	0	0	0	0	0,0637	1	1	0	0	0	0	0,0637
		Durchbruch	0	3,19%	1	0	0	0	0	0	0	1	0	1	0	0	0	0
19	Schnittstellen-anzahl	Randsystem	0	3,19%	0	0	0	0	0	0	0	0	0	0	0	0	0	0
		Basissystem	1	3,19%	0	0	0	0	1	0	0,0319	0	0	0	0	1	0	0,0319
		Integrationssystem	0	3,19%	0	0	1	0	1	0	0	0	0	0	0	1	0	0
		Zentralsystem	0	3,19%	0	0	1	0	0	0	0	0	0	0	0	0	0	0
20	Standardisie-rungsgrad	Geringe Wiederverwendung	1	3,43%	1	1	0	0	0	0	0,0686	1	1	1	0	0	0	0,1029
		Hohe Wiederverwendung	0	3,43%	0	1	1	0	0	0	0	0	1	0	0	0	0	0
21	Teamgröße	Klein (<10)	0	0,98%	0	0	0	0	0	0	0	0	0	0	1	0	0	0
		Mittel (10-50)	1	0,98%	0	0	0	0	1	0	0,0098	0	0	0	0	1	0	0,0098
		Groß (<50)	0	0,98%	0	0	0	1	0	0	0	0	0	0	0	0	0	0
22	Teamzusam-mensetzung	Homogenes Team	0	1,23%	0	0	0	0	0	0	0	0	0	0	0	0	0	0
		Heterogenes Team	1	1,23%	0	0	0	0	0	1	0,0123	0	0	0	0	0	0	0
		Stark heterogenes Team	0	1,23%	0	0	0	0	0	1	0	0	0	0	0	0	1	0
23	Technolog. Neuheitsgrad	Low-Tech	0	6,37%	0	0	0	0	0	0	0	0	0	0	0	0	0	0
		Medium-Tech	0	6,37%	0	1	0	0	0	0	0	0	1	0	0	0	0	0
		High-Tech	1	6,37%	1	1	0	0	0	0	0,1275	1	1	0	0	0	0	0,1275
		Super-High-Tech	0	6,37%	1	0	0	0	0	0	0	1	0	0	0	0	0	0
24	Verfügbarkeit von Fertigungs-anlagen	Flexible Zugriffsmöglichkeit	0	6,37%	0	0	0	0	0	0	0	0	0	1	0	0	0	0
		Eingeschränkte Zugriffsmöglichkeit	1	6,37%	0	0	0	0	0	0	0	0	0	0	0	0	0	0
		Keine Zugriffsmöglichkeit	0	6,37%	0	0	1	0	0	0	0	0	0	0	0	0	0	0
25	Zwischen-resultate	Geringer Detaillierungsgrad	1	2,94%	0	0	0	0	0	0	0	0	0	1	0	0	0	0,0294
		Mittlerer Detaillierungsgrad	0	2,94%	0	0	0	0	0	0	0	0	0	0	0	0	0	0
		Hoher Detaillierungsgrad	0	2,94%	0	0	1	0	0	0	0	0	0	0	0	0	0	0
26	Kompetenzen und Fertigkeiten	Team aus Generalisten	0	3,19%	0	0	0	0	0	1	0	0	0	0	0	0	0	0
		Team aus T-Mitarbeitenden	0	3,19%	0	0	0	0	0	1	0	0	0	0	0	0	1	0
		Team aus Spezialisten	1	3,19%	0	0	0	0	0	0	0	0	0	0	0	0	0	0
			Eignungswert		1,24754902							0,906862745						

A.15 Verzeichnis betreuter Abschlussarbeiten

Im Rahmen der Erstellungsphase dieser Dissertation wurden in den Jahren 2018 bis 2021 am Werkzeugmaschinenlabor WZL der RWTH Aachen University unter wissenschaftlicher, fachlicher und inhaltlicher Anleitung der Autorin unter anderem die im Folgenden aufgeführten Abschlussarbeiten verfasst.

Tabelle A-38: Betreute Abschlussarbeiten

Name	Art der Abschlussarbeit	Titel
Steffen Haase	Bachelorarbeit Abgabe 11.2018	Identifikation und Analyse konstituierender Merkmale agiler und plangetriebener Vorgehensweisen im Kontext hybrider Produktentwicklungsprozesse
Marius Paul Krug	Masterarbeit Abgabe 11.2018	Hybrid product development - feasibility of the synchronization of traditional and agile process models
Philipp Quenzel	Masterarbeit Abgabe 11.2018	Typologisierung hybrider Produktentwicklungsprozesse
Antonius von Schlabrendorff	Masterarbeit Abgabe 01.2019	Entwicklung eines Gestaltungsmodells für die Kombination agiler und plangetriebener Prozesse im Kontext einer hybriden Produktentwicklung
Martin Steeger	Masterarbeit Abgabe 01.2021	Identifizierung projektrelevanter Einflussfaktoren unter Berücksichtigung einer kontextbasierten Gestaltung hybrider Entwicklungsprozesse

Lebenslauf

Persönliche Angaben

Name	Laura Johanna Ays geb. Koch
Geburtsdatum	24. August 1991
Geburtsort	Köln
Nationalität	deutsch
Familienstand	verheiratet
Eltern	Rosemarie Sander geb. Koch Peter Schröder (†)

Ausbildung

2001 – 2010	Abtei-Gymnasium Brauweiler, Pulheim-Brauweiler
2010 – 2014	Bachelorstudium des Wirtschaftsingenieurwesens, Fachrichtung Maschinenbau, Vertiefung Produktionstechnik, RWTH Aachen University
2014 – 2016	Masterstudium des Wirtschaftsingenieurwesens, Fachrichtung Maschinenbau, Vertiefung Produktionstechnik, RWTH Aachen University
2015	Auslandssemester am Beijing Institute of Technology (BIT), Peking, China

Berufliche Erfahrung

2010	Praktikantin, Kölner Verkehrs-Betriebe AG, Köln
2012 – 2013	Studentische Hilfskraft, Institut für Allgemeine Konstruktionstechnik im Maschinenbau IKT der RWTH Aachen University
2013 – 2014	Praktikantin, Daimler AG, Stuttgart
2014 – 2016	Studentische Hilfskraft, Abteilung Innovationsmanagement, Lehrstuhl für Produktionssystematik, Werkzeugmaschinenlabor WZL der RWTH Aachen University

2016 – 2022	Wissenschaftliche Mitarbeiterin, Abteilung Innovationsmanagement, Lehrstuhl für Produktionssystematik, Werkzeugmaschinenlabor WZL der RWTH Aachen University
2016 – 2022	Trainerin für Komplexitätsmanagement, Complexity Management Academy GmbH, Aachen
2020 – 2022	Gruppenleiterin Entwicklungsmanagement, Abteilung Innovationsmanagement, Lehrstuhl für Produktionssystematik, Werkzeugmaschinenlabor WZL der RWTH Aachen University

Aachen, im Mai 2022

In der Reihe **Ergebnisse aus der Produktionstechnik** zuletzt erschienen:

Busch, Max:
Intelligente Produktionsplanungsprozesse im Werkzeugbau
ISBN: 978-3-98555-095-1
Erscheinungsdatum: 14.07.2022

Eßer, Bastian:
Analyse des Betriebsverhaltens von Kugelgewindetrieben unter statischen axialen Betriebslasten
ISBN: 978-3-98555-065-4
Erscheinungsdatum: 11.07.2022

Fölling, Carsten:
Komplexitätsbeherrschung durch hybride Montageplanung
ISBN: 978-3-98555-090-6
Erscheinungsdatum: 30.06.2022

Schulz, Martin:
Optimierung des Temperaturfeldes beim Laserstrahlhärten
ISBN: 978-3-98555-078-4
Erscheinungsdatum: 23.06.2022

Ays, Johanna:
Kontextbasierte Integration agiler und plangetriebener Entwicklungsprozesse
ISBN: 978-3-98555-087-6
Erscheinungsdatum: 23.06.2022

Ebade Esfahani, Matthias:
Ontologie der Fabrikplanung mit Hilfe von Building Information Modeling (BIM)
ISBN: 978-3-98555-084-5
Erscheinungsdatum: 07.06.2022

Maslo, Semir:
Simulation of the Dynamic Vibration Behaviour and Spindle Speed Optimization During the Milling Process of Turbomachinery Components
ISBN: 978-3-98555-082-1
Erscheinungsdatum: 25.05.2022

Schmitz, Seth:
Datenbasierte Beschreibung der Prozessperformance in der Auftragsabwicklung
ISBN: 978-3-98555-079-1
Erscheinungsdatum: 19.05.2022

Goertz, David:
Gestaltungsmodell für eine vernetzte adaptive Montage im Werkzeugbau
ISBN 978-3-98555-072-2
Erscheinungsdatum: 05.05.2022

Scholz, Paul:
Applikation maschinell lernender Systeme in der vernetzten adaptiven Produktion
ISBN 978-3-98555-069-2
Erscheinungsdatum: 28.04.2022

Edition Wissenschaft
Apprimus

Wollbrink, Moritz:
Methodik zur Integration pulverbettbasierter additiver Fertigungstechnologien in Fertigungsprozessketten
ISBN 978-3-98555-070-8
Erscheinungsdatum: 22.04.2022

Menges, Alexander:
Bewertung von Produktvarianten mittels Process Data Mining
ISBN 978-3-98555-066-1
Erscheinungsdatum: 13.04.2022

Krauß, Jonathan:
Optimizing Hyperparameters for Machine Learning Algorithms in Production
ISBN 978-3-98555-020-3
Erscheinungsdatum: 13.04.2022

Schwenzer, Max:
Closing the Loop of Model Predictive Force Control in Milling with Ensemble Kalman Filtering
ISBN 978-3-98555-057-9
Erscheinungsdatum: 11.04.2022

Gützlaff, Andreas:
Entscheidungsprozess zur kontinuierlichen Gestaltung von Produktionsnetzwerken
ISBN 978-3-98555-058-6
Erscheinungsdatum: 22.03.2022

Patzwald, Marc:
Entwicklung von Technologiestrategien in einem volatilen Unternehmensumfeld
ISBN 978-3-98555-044-9
Erscheinungsdatum: 16.03.2022

Ochs, Jelena Katherina:
Model-Based Process Prediction for Predictive-Reactive Scheduling in Automated Stem Cell Production
ISBN 978-3-98555-059-3
Erscheinungsdatum: 22.04.2022

Fränken, Bastian:
Standortrollen in Produktionsnetzwerken
ISBN 978-3-98555-052-4
Erscheinungsdatum: 13.04.2022

Schäfer, Alexander:
Werkzeugseitiger Einsatz von NiTi-FGL zur Verbesserung der dynamischen Prozessstabilität bei der Fräsbearbeitung
ISBN 978-3-98555-060-9
Erscheinungsdatum: 11.04.2022

Grünebaum, Timm:
Methodik zur Gestaltung von Technologieketten und Prozessfolgen nach lebensphasenübergreifend ökologisch-ökonomischen Kriterien
ISBN 978-3-98555-043-2
Erscheinungsdatum: 24.03.2022

Hardt, Marvin:
Modeling the Material Behavior under Metal Cutting Conditions
ISBN 978-3-98555-045-6
Erscheinungsdatum: 16.03.2022

Buschhoff, Clemens:
Beitrag zur Qualitätssicherung beim in-situ Tape-Legen komplexer Laminate
ISBN 978-3-98555-047-0
Erscheinungsdatum: 14.03.2022

Edition Wissenschaft
Apprimus

MIX
Papier | Fördert gute Waldnutzung
FSC® C083411

Zeitfracht Medien GmbH
Ferdinand-Jühlke-Straße 7
99095 Erfurt, Deutschland
produktsicherheit@kolibri360.de